Ethnobotanik–Ethnobotany

Beiträge und Nachträge zur 5. Internationalen Fachkonferenz Ethnomedizin in Freiburg, 30.11. – 3.12.1980

Herausgegeben im Auftrag der
Arbeitsgemeinschaft Ethnomedizin
von
Ekkehard Schröder

Springer Fachmedien Wiesbaden GmbH

Das Titelbild zeigt Holzschnitte – Reproduktionen nach "The grete herball", gedruckt von Peter Treveris, London 1526

Ursprünglich erschienen bei Friedr. Vieweg & Sohn Verlagsgesellschaft mbH, Braunschweig in 1985

ISBN 978-3-528-07919-2 ISBN 978-3-663-14132-7 (eBook)
DOI 10.1007/978-3-663-14132-7

Für Margrit

Inhalt

III. Ethnobotanische Monographien
Ethnobotanical Monographies

IV. Ethnologie und Botanik. Fallstudien
Ethnology and Botany. Case Studies

Ethnobotanik - Einleitende Bemerkungen zu diesen Beiträgen und Nachträgen der 5. Fachkonferenz Ethnomedizin

Das Leben der Menschen ist eng mit den Pflanzen verbunden. Kenntnis, Umgang und Nutzung der Pflanzen stellen zentrale kulturelle Aktivitäten in allen Ethnien dar. Ethnobotanik bildet eine Brücke zwischen verschiedenen Vorgehensweisen, sich mit diesem zentralen menschlichen Thema wissenschaftlich zu befassen. Während aber die Botanik in der Pflanze ein Objekt naturwissenschaftlicher Betrachtung (1) sieht, wird in der Ethnobotanik nach der Bedeutung der Pflanzen für das Leben der Menschen gefragt. Dabei ist allerdings nicht eine bloße Frage nach der Nützlichkeit der verschiedenen Pflanzen gestellt. Die Pflanze als ästhetisches Objekt, als heiliges Geschöpf oder Medium, als Signatur im Kommunikationsprozeß, als Anstoß zu Philosophie und Naturerkennen, als Werkstoff, Nahrung, Arznei und magisches Utensil ist Gegenstand ethnobotanischer Fragestellungen. Als solcher fügt er sich in das Anliegen des interdisziplinären Dialoges im Arbeitsfeld Ethnomedizin, dem erklärten Ziel der gleichnamigen Arbeitsgemeinschaft. Mit viel Erwartung und gedanklicher Vorarbeit wurde die Tagung geplant. Bei der jetzigen Herausgabe erschien es sinnvoll, an Hand des vorgetragenen und im Weiteren gesammelten Materials das Thema auf den Bereich Ethnobotanik einzuschränken, da die Ethnopharmakologie einen viel engeren Blickwinkel auf die Arzneidroge und die Untersuchung von deren wirksamen Bestandteilen hat. Es ist daher auch nicht Anliegen dieses Tagungsbandes, einen argumentativen Leitfaden für die zum Teil verzwickte Diskussion um die Phytotherapie hier oder sonstwo zu liefern. Trotzdem ist auch in diesem Band die Pflanze in ihrer möglichen Eigenschaft , zu einem Heilmittel weiterverarbeitet und als solches angewandt zu werden, breiter dargestellt als andere ethnobotanische Aspekte. Dies liegt in der Natur der Sache und wird auch durch den Büchermarkt wiedergespiegelt (2).

---

(1) Bei der Redaktion dieses Sonderbandes wurden folgende Nachschlagwerke benützt: ZEPERNICK B., LANGHAMMER L., LÜDCKE J.B.P. 1984. *Lexikon der offizinellen Arzneipflanzen.* Berlin, New York: De Gruyter / *ZANDER; Handwörterbuch der Pflanzennamen*, neubearb. von F. ENCKE u. G. BUCHHEIM, Stuttgart: E. Ulmer, (1927)1972[10]/ BRAUN H. 1981. (4.überarb. u. erweiterte (!) Aufl.) *Heilpflanzenlexikon für Ärzte und Apotheker.* Stuttgart: G. Fischer.

(2) Als kleine rezente Auswahl seien angeführt so ein nützliches Werk wie der OERTEL/BAUER, erstmalig 1908 als *Heilpflanzentaschenbuch* von Adolf Oertel und Eduard Bauer im Ed. Bauerverlag in Bonn erschienen, seither zahlreiche überarbeitete Neuauflage; so liebevolle Werke wie die *Heilkräuter Kalender* (ab 1982) aus dem Clemens Zerling-Verlag in Berlin oder Elisabeth & Karl HOLLERBACHs *Kraut & Unkraut zum Kochen & Heilen* (1979; 8961 Haldenwang: Irisiana); so einen wertvollen Reprint wie HEILMANN Karl Eugen *Kräuterbücher in Bild und Geschichte* (repr. 1964; Grünwald b. München: K. Kölbl; die historischen Taschenbücher 13; ISBN 3-87411-517-8); in der Kürze so informell wie *Die Kräuter von Maurice Messègue für Gesundheit und Schönheit* im Hugo Hartmann-Verlag in Karlsruhe (1976[1]); dagegen so überflüssig wie MESSÉGUÉ Didier, *Die Kräuter meines Vaters* (Molden, Wien 1974); so preiswert popularisierend wie SCHUNK K. 1983 (18.Aufl), *Heilkraft aus Heilpflanzen,* 8711 Abtswind: Kaulfuss; so ausführlich wie Susanne FISCHERs *Blätter von Bäumen. Legenden, Mythen, Heilanwendung und Betrachtung von einheimischen Bäumen* bei 2001, Frankfurt; schließlich als Dokument heutiger Volksmedizin Maria TREBEN, *Gesundheit aus der Apotheke Gottes - Ratschläge und Erfahrungen mit Heilkräutern*, Vlg. W. Ennsthaler, Steyr 1980 (seither 15 Auflagen).

Friedr. Vieweg & Sohn Verlag, Braunschweig/Wiesbaden

Die 60 Autoren dieses Bandes demonstrieren die enge Beziehung von Mensch und Pflanze an Hand von Beispielen und pflanzenmonographischen Fallstudien aus Geschichte und Gegenwart, aus Kulturgeographie und Ethnologie. Insbesondere wird neben dem ausführlichen Material zu teilweise wenig bekannten Arzneipflanzen bei uns und in Ländern der Dritten Welt betont, daß ETHNOBOTANIK als ein interdisziplinäres Fach nicht nur das Heilpflanzenwissen erweitern will, sondern auch andere Weltbilder mit unterschiedlicher botanischer Kategorienbildung darzustellen versucht. Hierdurch wird unsere Sicht der Pflanzen als Nahrungsmittel, Rohstoff für Werkstoffe, Kultobjekt, Zaubermittel und letztlich pflanzliche Arzneidroge wesentlich erweitert. Die gesundheitspolitischen Perspektiven aus diesem Studium werden in ihrer Bedeutung für einzelne Länder aufgezeigt und kritisch diskutiert. Dieser erweiterte Bericht der 5. Int. Fachkonferenz Ethnomedizin in Freiburg im Dezember 1980 wendet sich mit seinen Materialien und Dokumenten an Ethnologen, Mediziner, Pharmakologen, Botaniker, Kulturgeschichtler und vor allem auch an Gesundheitspolitiker. Die Arbeitsgemeinschaft verspricht sich, durch ihn wesentliche Impulse den genannten Disziplinen vermitteln zu können. Zwar können wir auf eine sehr respektable Fachliteratur blicken (4), jedoch wurde bislang der ethnobotanische Gesichtspunkt hier eher randständig im Rahmen der Volkskunde eingenommen (3).

Wiederholt wurde darauf verwiesen, daß nur wenige Pflanzenfamilien untersucht sind (z.B. LOZOYA:421, OLÁH:122, JAIN:427ff), während hier auch skeptische Stimmen laut wurden (VELIMIROVIC:12ff). In den Referaten und Diskussionen scheinen die Argumente derer zu überwiegen, die sich von einem vermehrten Studium der Pflanzen eine Bereicherung unserer Medikalkultur versprechen (5). Hier sei auf

---

(3) Für Deutschland seien H. MARZELLs *Geschichte und Volkskunde der deutschen Heilpflanzen* genannt (1967. Darmstadt: Wiss.Buchges.) sowie der verdienstvolle Katalog zur Ausstellung des Kölner Rautenstrauch-Joest-Museums für Völkerunde (1981) "Rausch und Realität. Drogen im Kulturvergleich" (*). Eine bedeutende universitäre Tradition der Ethnobotanik findet sich vor allem in den USA, siehe u.a. LEWIS W.H. u. ELVIN-LEWIS M.P.F. 1977. *Medical Botany: Plants affecting Man's Health.* N.Y.:John Wiley & Sons (Vgl. Rez.in "Medicina Tradicional" II, Nr.8 (1980): 71-78) und, bewußt als 'Ethnobotanik' von der 'angewandten Botanik' und 'Medical botany' abgesetzt, die Festschrift für V.H.Jones: FORD R.I. (ed).1978. *The Nature and Status of Ethnobotany.* Ann Arbor: Univ. of Michigan (Vlg.Rez. in "Ethnomedizin" VI, 1-4 (1980): 344-347). Das '*Journal of Ethnobiology*' (Flagstaff, Ariz.) habe ich leider nirgens finden können. In Reader wird häufiger der special issue des Am. Anthrop. zitiert: *Folkbiology*, AA3(1976), Heft 3, in dem taxonomische und method. Probleme abgehandelt werden. In Frankreich wird schon lange den angewandten Aspekten Aufmerksamkeit geschenkt, z.B. in JATBA (*). Im Gegensatz zu deutschen Lexika findet sich allein im Bd. 24 der "Encyclopêdie de la Plêiade" (Ethnologie Gênêrale) ein 27seitiges Stichwort zur "Ethnobotanique" (Millot J., S. 1740-1766).

(4) Die angewandten Aspekte finden sich ausführlichst in CZYGAN Franz-C. (ed).1984. *Biogene Arzneistoffe. Entwicklungen auf dem Gebiet der Pharmazeutischen Biologie, Phytochemie und Phytotherapie.* Braunschweig/Wiesbaden: Vieweg.

(5) Optimismus teilen auch PELT J.-M. *Die grüne Revolution der Medizin* und PETKOV W. *Wirksamkeit alter bulgarischer Volksheilmittel*, beide in Unesco-Kurier XX (1979), Heft 7: 8-15 bzw. 39-41 (Das Heft ist ganz der Phytotherapie gewidmet), ebenso Willmar SCHWABE (gest.1983), der seinen Beitrag für diesen Band nicht mehr fer-

(*) Siehe Literaturhinweise auf S. 444ff

Ethnobotanik und Ethnopharmakologie
Programm der 5. Internationalen Fachkonferenz Ethnomedizin
Freiburg 30.11.-3.12.1980

Sonntag 30. November

19.30 Tagungsbeginn: Begrüßung der Teilnehmer durch Dr. Wulf Schiefenhövel, Vorsitzender der Arbeitsgemeinschaft Ethnomedizin und Professor Eduard Seidler, Dekan der Med. Fakultät der Universität in Freiburg

19.45 H. SHEIKH-DILTHEY: Kaffee: Zeremonial- und Heiltrank an der Swahiliküste

20.30 R. WERNER: Exorzismus im zentralmalayischen Dschungel, ein Filmvortrag

Montag 01. Dezember

9.00 W. STÖCKLIN: Pflanzen in der Medizin der Abelam (Neuguinea), Versuch einer Gliederung

9.45 P. HIEPKO und W. SCHIEFENHÖVEL: Die Pflanzenwelt aus der Sicht der Eipo, Hochland von Neuguinea

11.00 K.D. REHM: Jamu: die traditionellen Arzneimittel Indonesiens

14.30 J. FLEURENTIN: Contribution à l'étude de la médecine traditionnelle du Yémen

15.15 B. PFLEIDERER-LUTZE: Plants and Words - a Concept of 'Psychotherapy' in the Ayurvedic Tradition

16.30 D. TYLKOWA: Volkspharmakologie der Einwohner der Dörfer in den polnischen Karpaten

17.15 A. KOWALSKA-LEWICKA: Der Knoblauch in der Nahrung, Medizin und Magie in den polnischen Karpaten

19.30 "Der Geisterkodex": Film aus Nepal von Theo Ott

20.30 S. LECHNER-KNECHT: Ein nepalesischer Jhakri trommelt sich in Trance und die kultische Bedeutung von Wacholder, Erlebnis einer vorbuddhistischen Heilungszeremonie (Tondokument)

Dienstag 02. Dezember

9.00 W. SCHIEFENHÖVEL: Cassia Alata als Antimykotikum im westlichen Pazifik

9.45 G. MAZARS: Observations on Phyllantus Niruri, an Indian Medical Plant

11.00 N.J. MUGO: Some Drugs used in African Obstetric Practice:Need for Modern Training of their Use

11.45 A. KEITA: Expérience Malienne en Matière de Médecine Traditionnelle

14.00 Exkursion: Führung durch das Münster in Freiburg unter der Führung von Dr. Konrad Kunze, Freiburg. Anschließend Besuch des Augustinermuseums

20.00 V.J. BRØNDEGAARD: Contribution to the Discussion on Problems of Comparative Ethnobotany

20.45 A. PRINZ: Die jetzige Rolle der Pflanzenheilkunde bei den Azande im Vergleich zu den Forschungsarbeiten DeGraers aus dem Jahre 1929

Mittwoch 03. Dezember

9.00 A. AIMI: Ethnomedical Study of the 'soroche' (altitude sickness) in the Andean Plateaus of Peru

9.45 F. CABIESES: Psychoactive Plants in Primitive Peru, an Ethnohistorical Study

10.30 L. ROBINEAU: Bericht über das'Seminaire sur la Pharmacopée africaine et la médecine traditionnelle' (Pharco III) Cotonou 1980

11.45 H. VELIMIROVIC: Gibt es eine Zukunft für traditionelle Heilpflanzen in Ländern der Dritten Welt?

12.30 Schlußdiskussion und Evaluierung der Tagung (Leitung: E. Schröder)

Dieses Programm gibt den stattgefundenen Ablauf wieder

Pflanzen wie Rumex ssp. (BABULKA/OLAH:121ff) verwiesen, die derzeit nicht zu den offizinellen Arzneipflanzen in Deutschland zählen (1), aber "ethnobotanische" Bedeutsamkeit im obigen Sinne aufweisen, weiter u.a. auf Erlangia cordifolia, (MUGO:345ff), Cassia alata (SCHIEFENHÖVEL:143ff), Montanoa tomentosa (LOZOYA:416) und Butyrospermum parkii (TELLA:351ff).

Die ubiquitäre Bedeutung der Bäume zeigt auf mehr als nur eine 'medizinische Botanik'; hier werden unter anderen Platane, Eiche, Fichte, Feige, Birke, Mahagonie, Kokospalme, der Sheabutter-Baum u. Juniperus beschrieben. Die in diesem Band im Kapitel III vertretenen ethnologischen Studien sollen zeigen, daß anthropologische Untersuchungen (u.a. BRAND:257ff; LUNA:178ff; CABIESES:193ff) und ein Nachvollzug autochthoner Kategorienbildung (u.a. STÖCKLIN:277; KALIPKE: 289) zum Verständnis beitragen und zugleich botanisches Wissen erweitern. Botanik scheint überhaupt viele transkulturell vergleichbaren Kenntnissen u. Ordnungsprinzipien aufzuzeigen (HIEPKO:283ff).

Vielleicht können ethnobotanische Studien helfen, daß die Medizingeschichte gewahr wird, eher eine Geschichte der Pflanzenmedizin zu sein, daß die Medizin erst in der Auseinandersetzung mit den Volksheilkunden begann, bestimmte Kräuter zu verdammen, als aufgeklärte Ärzte von Pfuschern zu sprechen begannen (OLAH:130), daß mehr Kräuter ins Licht der experimentiellen Wissenschaften gerückt werden müssen, daß die eher technokratisch geprägte heutige medizinische Wissenschaft ein organischer Bestandteil der industriellen Zivilisation ist.

Die hier vorgelegte Sammlung von Beiträgen und Nachträgen repräsentiert den Rahmen der ursprünglich konzipierten Konferenz. Leider mußten viele - auch berühmte - Kollegen wegen einer spätangesetzten Verschiebung des Termines absagen und konnten nicht mehr kommen. Dazu kam es durch eine von wenig Sachkenntnis geleiteten Bearbeitung des Antrages bei der DFG. Später dann mußte Kollegen aus Übersee kurzfristig abgesagt werden, da die beantragten Mittel wenige Tage vor Konferenzbeginn gekürzt wurden. Ihre Beiträge sind jedoch hier enthalten. So mag dieser Band die Überzeugung der Tagungsteilnehmer bestärken, daß die Konferenz ein wichtiger Schritt für eine verstärkte internationale Zusammenarbeit gewesen sei. Im Namen der Arbeitsgemeinschaft Ethnomedizin erhoffe ich mir, durch diesen Sonderband von unserer Zeitschrift *curare* einen Anstoß zu weiteren Diskussionen gegeben zu haben.

An dieser Stelle möchte ich Guy Mazars(gm)(Straßburg) für die Redaktion der Résumés danken sowie Charlotte Dengler (Ladenburg) und Françoise Maurice (Saarbrücken) für die Erstellung der zum Teil sehr schwierigen Schreibarbeiten und besonders für die umfangreiche Hilfe bei Umbruch und Korrektur meiner Frau Margrit.

Saarbrücken im September 1985 Ekkehard Schröder

---

tigstellen konnte. In Ergänzung zu seinem Aufsatz "Übersicht über neuere Arzneipflanzen..." in AHZ 1980, Heft 5 sind in seinem Manuskript folgende Pflanzen aufgeführt: Amorpha fruticosa L., Arbutus unedo L., Argemone mexicana L., Casuarina equisetifolia I.R. et G. Forst, Cynomorium coccineum L., Gomphocarpus fruticosus (L.) R.B., Peganum harmala L., Myrtus communis L., Pistacia lentiscus L.

Teilnehmer an der 5. Internationalen Fachkonferenz Ethnomedizin

Folgende Teilnehmer finden Sie in dem Autorenverzeichnis:

AIMI A., S.20
BRØNDEGAARD V.J., S.18
CABIESES F., S.20
DUNARE N., S.23
FLEURENTIN J., S.23
HIEPKO P., S.21
KEITA A., S.22
KOWALSKA-LEWICKA A., S.18
LECHNER-KNECHT S., S.19
MAZARS G., S.19
MUGO N.J., S.22
PRINZ A., S.21
REHM K.D., S.23
ROBINEAU L., S.22
SCHIEFENHÖVEL W., S.21
SCHRÖDER E., S.17
SHEIKH-DILTHEY H., S.21
STÖCKLIN W., S.21
TYLKOWA D., S.18
VELIMIROVIC H., S.17

Folgende Teilnehmer nach der Liste mit korrigierten Daten:

ASSMANN Ellen Dr.med., Eifelstraße 17, 5000 Köln 1
DIESFELD Ingeborg, Am Mühlwald 50, 6903 Neckargemünd
DIPPOLD Max F., Hildastrasse 9, 78 Freiburg
FAKHARANI Michael Dr.med., Huteweg 23, 3557 Beltershausen
FAHRENKOPF Ulrich, Sundgauallee 33, 7800 Freiburg (Arzt)
FIGGE Horst Prof.Dr.phil., St.Galler Str. 9, 7815 Kirchzarten (Psychologe)
FROST Thomas, Paul-Lincke-Ufer 3 a, 1000 Berlin 65 (Arzt)
GORENFLOS Frank, Salzstraße 45, 7800 Freiburg
GÖTTIG Horst Dr.med.et sc.pol., Mittelberg 39, 3400 Göttingen
HENGSTERMANN Dorothea, Kegelhofstraße 31, 2000 Hamburg 20 (Ärztin)
HERZOG Rolf Prof.Dr.phil., Inst. f. Völkerkunde, Werderring 10, 7800 Freiburg
HINDERLING Paul Dr.phil., Blumenstraße 9, 6601 Eschringen (Ethnologe)
KALENDA T. Dibungi, Alexanderstraße 37 - 39 App.108, 6100 Darmstadt
KRÄMER Paul Dr.med., Schoppmannweg 6, 4770 Soest
LADIGES P.M., Oeder Weg 30, 6000 Frankfurt/Main (Schriftsteller)
LIND Ulf Dr.med.,Dr.phil., Hauptstraße 15, 5466 Neustadt/Wied
LUCKNER Andreas Dr.med., Grundstraße 28, 2000 Hamburg 19
NITZ Sabine, Im Amseltal 61, 1000 Berlin 28 (Ethnologin)
OCHSENFAHRT Heinrich, Dr.med.,Priv.Doz., Haedenkampstr. 5, 5 Köln 41
PFLEIDERER Beatrix Prof.Dr.phil.,Sem.f. Ethnologie, Rothenbaumchaussee 64a,2 Hamburg 13
ROSE Karin Dr.med., Ailbertusstr. 3, 5303 Bornheim 4
RIQUELME-URREA Horacio Dr.med., Univ. Nervenklinik, Martinistr. 52, 2 Hamburg 20
SCHIEFENHÖVEL Sabine Dr.med., Rennerodweg 22, 6230 Frankfurt 80 (Gynäkologin)
SCHENDA Rudolf Prof.Dr.phil., Zeltweg 67, CH-8032 Zürich (Volkskunde)
SCHLECHTINGEN Johannes Dr.med., Colmantstr. 31, 5300 Bonn 1
SCHOLZ Eberhard, Homburger Landstr. 455, 6000 Frankfurt 50 (medico international)
SCHUBERT Ingrid, Marie-Antonieweg 4, 8110 Murnau (Pharmazie)
SEIDLER Eduard, Prof.Dr.med., Inst.Med.Gesch.,Stephan-Meier-Str.85, 7800 Freiburg
SICH Dorothea PD Dr.med., Kleegarten 15, 6900 Heidelberg, (Ethnomedizin)
SCHWABE Wilmar Dr.med., Karlsruhe (†1983)
SIWON J. Drs., P.O.Box 13089, Den Haag, Netherlands, (Pharmakologe)
SPLETT Oskar, Maarweg 3, 5300 Bonn 1 (Entwicklungsplanung)
SPRANZ Bodo Prof.Dr.phil., Museum für Völkerkunde, 7800 Freiburg
WEIDLE Bernd, Untere Straße 12, 7400 Tübingen (Arzt)
WERNER Roland Prof.Dr.med.Dr.med.dent., Bahnhofsplatz 29, 2800 Bremen (Ethnomed.)

Es nahmen weiterhin etliche in die Teilnehmerliste nicht eingetragene Medizinstudenten aus Freiburg teil, die u.a. auch tatkräftig bei den organisatorischen Aufgaben zur Seite standen. Der Tagungsort befand sich im Kolpinghaus, Karlstr. 7.

Gibt es eine Zukunft für traditionelle Heilpflanzen in Ländern der Dritten Welt?

Helga und Boris Velimirovic

Do Traditional Plant Medicines have a Future in Third World Countries?

In order to provide underserved population groups with adequate health services until the year 2000, the avowed and much discussed aim of the World Health Organization and its member states, new means have to be found as time runs short. One of the proposed ways is to upgrade ethnobotany or ethnopharmacology, as a part of traditional medicine, as was discussed in various conferences which were organized or sponsored by WHO. Third World countries are demonstrating their interest in medicinal plants for example by collecting those plants which are known to healers or to the people to have been effective in the treatment of illness in order to make herbaria, programmes are elaborated for research in the effectiveness and safety of plant medicines, and for training in the connected disciplines.

Health officials expect that traditional plants and the remedies derived there of 1)- will serve as alternatives to pharmaceutical products, 2) will be used together with Western pharmaceutical products, 3) or, one the other hand, it is hoped to establish a pharmaceutical industry based on local resources, which could help to improve the national economy, besides providing cheap remedies for the people, and hopefully producing new medicines which could eventually cure diseases for which pharmaceutical products were not able so far to provide satisfactory therapies.

The idea to reappraise traditional plant remedies has occured earlier to the pharmaceutical industry which is less prone to political considerations and more practically, that is profit-oriented. Computerized programmes were developed to find out what plants are claimed to have certain therapeutic use for the same disease in more than one ethnic groups, collecting expeditions were organized, local herbalists and experienced people were interviewed in many countries, animal experiments carried out and unestimable financial resources spent. All that has not led to any significant results, and the programmes have faded away in many cases. Research of this nature calls for very complicated equipment, long periods of experimentation, and considerable financial investment. The question if therefore justified: Could small, local pharmaceutical industries fare better? Could their financial, laboratory and manpower resources obtain better results than the most sophisticated pharmaceutic industries of Europe and the United States? This is open to doubt. Equally so is the basic question whether the sometimes scarce resources should be committed to this venture and whether this is economically justified.

For the years to come traditional medicine will retain its role in countries of the Third World, the degree of which depending on a number of factors like geographical location and natural environment of a population group, the prevalent traditional system of medicine, ideology and power structure of the governments. As already noticeable in many parts of the world, the trend toward modern pharmaceutical drugs will increase gradually, leaving medicinal plants for the use as teas and remedies for minor disorders as is the case in industrialized countries. The industrial processing of accepted medicinal plants might be the first step in building national pharmaceutical industries, however, the hope for important and economically profitable discoveries of active new substances does not seem optimistic at this stage, in view of the tremendous investment in financial and other resources. It seems to be more advantageous for these countries to select the essential pharmaceutical drugs which are needed for a particular country, corresponding to the local morbidity pattern, and at costs the country can afford, as requested by the World Health Assembly of 1978.

Friedr. Vieweg & Sohn Verlag, Braunschweig/Wiesbaden

Deutsche Kurzfassung, vorgetr. in Freiburg; vgl. curare 3 (1980), 173-191

Die Weltgesundheitsorganisation und ihre Mitgliedstaaten haben sich zum Ziel gesetzt, bis zum Jahr 2000 auch solchen Bevölkerungsgruppen eine Gesundheitsversorgung zu bringen, die bisher benachteiligt waren. Da die Zeit eilt, müssen neue Wege ins Auge gefaßt werden. Zweidrittel der Bevölkerung in Ländern der Dritten Welt müssen sich im Krankheitsfalle traditioneller Medizin bedienen, da sie sich die verbesserten Methoden und Technologien moderner Medizin nicht leisten können. Manche Länder beabsichtigen daher, z.B. Medizinmänner in die offiziellen Gesundheitsdienste einzubeziehen, als Interimslösung, als Alternative oder als Ausgangspunkt auf dem Wege zu einem neuen und integrierten System, das traditionelle und moderne Medizin nebeneinander verwendet. Der Gedanke, Ethnobotanik oder Ethnopharmakologie als Teil der traditionellen Medizin aufzuwerten, wurde in den Weltgesundheitsversammlungen der vergangenen Jahre von den Mitgliedstaaten empfohlen und in der Folge in - von der WHO organisierten - Meetings, Konferenzen, Arbeitsgruppen mit dem Ziel diskutiert, die Forschung auf dem Gebiet der traditionellen Medizin im allgemeinen und traditioneller Heilpflanzen im besonderen zu fördern.

Die Länder der Dritten Welt beweisen ihr Interesse an Heilpflanzen z.B. damit, daß von offizieller Seite das Sammeln von solchen Pflanzen veranlaßt wird, die den Medizinmännern oder dem Volk als heilkräftig bekannt sind, um damit Herbarien anzulegen. Programme werden ausgearbeitet, um die Wirksamkeit und Sicherheit dieser Pflanzen zu erforschen und Trainingskurse in den diesbezüglichen Disziplinen aufzubauen. Wenn man die künftige Verwendung von Heilpflanzen diskutiert, sollte man sich im klaren sein, was von deren Rolle innerhalb der gesamten traditionellen Medizin und ihren Beziehungen zu modernen pharmazeutischen Produkten erwartet wird.

1a) Die im Volk verwendeten Pflanzen und die daraus gefertigten Heilmittel sollen als Alternative zu pharmazeutischen Produkten dienen, vor allem in Gebieten, in denen ein drastischer Mangel an importierten Medikamenten herrscht; sie sind leicht zugänglich, wurden jahrhundertelang gebraucht und sind bedeutend billiger als pharmazeutische Heilmittel;

b) Heilpflanzen sollen zusammen mit westlichen pharmazeutischen Produkten verwendet werden, das heißt, sie sollen in das moderne therapeutische System integriert werden - dem chinesischen Modell entsprechend - um die positiven Eigenschaften von traditionellen und modernen Heilmitteln gleichermaßen zu nutzen.

2) Andererseits ist geplant, in der Zukunft eine pharmazeutische Industrie aufzubauen, die auf lokalen Resourcen basiert und die helfen soll, die Wirtschaft des jeweiligen Landes zu stärken und billige Medikamente für die Bevölkerung herzustellen. Man hofft u.a. im Rahmen der lokalen pharmazeutischen Industrie in Heilpflanzen neue Substanzen zu entdecken, die im Kampf gegen solche Krankheiten Erfolg bringen könnten, mit denen moderne Medikamente bisher nicht fertig wurden.

In solchen Gebieten, in die die westliche Medizin nicht gelangt, gewährt die Verwendung von Heilpflanzen die einzige Art der Behandlung; allerdings wird immer wieder berichtet, daß dabei auch Gefahren bestehen. Krankenhausärzte in Ländern der Dritten Welt beklagen gelegentlich die negativen Folgen der Behandlung mit pflanzlichen Heilmitteln und erklären diese vor allem mit falscher Dosierung.

Bei formalisierten medizinischen Systemen können durch politische und ökonomische Entwicklungen der Stand des Wissens und das Niveau der Dienstleistungen beeinträchtigt werden. Die Bevölkerung wird immer vertrauter mit modernen pharmazeutischen Produkten. Nach einer Übergangsphase, in der traditionelle und moderne Heilmittel nebeneinander verwendet werden, geht eine allmähliche Verschiebung zu Gunsten der westlichen Medikamente vor sich, während traditionelle pflanzliche Heilmittel noch bei leichten Erkrankungen Verwendung finden. So wird auch der künftige Gebrauch von traditionellen Heilpflanzen weitgehend von der Haltung, von der Ideologie der jeweiligen Verantwortlichen und von den politischen Gegebenheiten abhängig sein. Gibt es tatsächlich ein Come-back von Heilpflanzen oder ist dieses nur ein Teil eines kontinuierlichen Prozesses? Auf den ersten Blick scheinen die Statistiken eine solche Vermutung zu unterstützen. Allerdings reflektieren sie nur den enormen Zuwachs des Handels im allgemeinen, einen Zuwachs der Industrieproduktion von praktisch allem und in diesem Zusammenhang auch besonders bei der kosmetischen Industrie, die große Mengen von Heilpflanzen verbraucht. Tatsächlich scheinen zugängliche Informationen darauf hinzuweisen, daß die Verwendung von Heilpflanzen dem gleichen Trend folgt wie alle anderen Medikamente, d.h. solche, die von der pharmazeutischen Industrie hergestellt werden.

Die Absicht, traditionelle pflanzliche Heilmittel näher zu betrachten und der Zweck, für den dieses geschehen soll, sind gut und auch naheliegend. Allerdings wird eine Aufwertung sowohl von den Anhängern dieser Idee als auch von anderen Wissenschaftlern in Frage gestellt. Obwohl Heilpflanzen ein wesentlicher und der am wenigsten umstrittene Teil der traditionellen Medizin sind, stellt diese eine "feste Einheit von therapeutischen und kulturellen Werten dar und kann daher nicht verstümmelt und schon gar nicht reduziert werden auf die Gewinnung und Isolierung aktiver Prinzipien aus Heilpflanzen"(1). Auf der anderen Seite stehen jene Wissenschaftler, die einer Wiederbelebung der traditionellen Medizin und so auch der Pflanzentherapie skeptisch gegenüberstehen und sich nicht leicht von ihrer Meinung abbringen lassen werden: "Es erscheint unvernünftig, Geld und Arbeitskräfte zu investieren,um die Kluft zwischen konventioneller medizinischer Praxis und den exotischeren Heilmethoden zu überbrücken"(2). Was aber anscheinend vielfach übersehen wurde, ist die Tatsache, daß der Gedanke, einen zweiten Blick auf Heilpflanzen zu werfen, der pharmazeutischen Industrie, die weniger abhängig von politischen Erwägungen und praktischer, d.h. profit-orientierter ist, bereits früher gekommen ist. Die meisten großen pharmazeutischen Gesellschaften haben in den letzten 20 Jahren umfangreiche Studien von einer Unzahl von Pflanzen gemacht, die angeblich heilkräftige Wirkungen haben; Computerprogramme wurden entwickelt, um ausfindig zu machen, welche Pflanzen gegen die gleiche Krankheit bei mehr als einer ethnischen Gruppe als wirksam eingesetzt werden, um dann vielversprechende Pflanzen zu testen. Expeditionen zum Sammeln von Pflanzen wurden organisiert, Interviews mit lokalen Herbalisten und mit pflanzenkundigen Personen in vielen Ländern durchgeführt. Tierversuche gemacht und ungeahnte finanzielle Mittel ausgegeben. All dies führte nicht zu einem nennenswerten Resultat und die Programme versandeten. Forschungsarbeit dieser Art benötigt äußerst komplizierte Ausrüstung, lange Perioden des Experimentierens (man braucht 5-8 Jahre, um heutzutage ein neues Medikament zu entwickeln) und erhebliche finanzielle Mittel,- einige Millionen Dollar, um allen wissenschaftlichen und regulatorischen Erfordernissen im Zusammenhang mit der Entwicklung eines neuen Medikaments zu genügen. So haben beispielsweise 1970 die Mitgliedgesellschaften der "Pharmaceutical Manufacturers' Association" der USA 126.060 Substanzen untersucht, extrahiert oder isoliert, während im gleichen Jahr nur 1013 Komponente das Stadium klinischer Versuche erreichten und nur 16 neue Komponente tatsächlich den Markt erreichten(3).

Die Frage ist deshalb berechtigt, ob es kleinen, lokalen pharmazeutischen Betrieben besser ergehen könnte, weil es oft an finanziellen Mitteln, Laboratoriumseinrichtungen und Arbeitskräften (klinische Pharmakologen, analytische Chemiker und Toxikologen) mangelt, die notwendig wären, um bessere Resultate zu erreichen als die hochentwickelte pharmazeutische Industrie in Europa und den USA. Das ist zweifelhaft, und so bleibt die Frage, ob die knappen Mittel für ein solches Unternehmen ausgegeben werden sollten und ob es überhaupt Priorität hat. Die meisten der oft gebrauchten Pflanzen mit deutlich nachweisbarer Wirkung fanden früher oder später ihren Weg in die moderne Medizin. Die Chancen sind gering, noch neue aktive Substanzen zu entdecken, da die meiste Arbeit bereits getan wurde, die schnell zur Entdeckung von Heilmitteln hätte führen können. "Dieses wiederaufgelebte Interesse an den Heilkräften von medizinischen Pflanzen hat die Frage hervorgebracht, welche Richtung eingeschlagen werden sollte, um den größten Erfolg zu erzielen bei der experimentellen Arbeit, die jetzt im Gange ist. Denn es ist unwahrscheinlich, daß es uns jemals gelingen wird, gründlich jede der 500.000 verschiedenen Vegetabilien zu studieren, die auf unserem Planeten wachsen..." "Bei dem jetzigen Stand der Entwicklung der Pharmakotherapie steht es ganz außer Frage zu versuchen, mit pflanzlichen Heilmitteln die wirksamen Medikamente zu ersetzen, die uns im Kampf gegen die meisten Krankheiten zur Verfügung stehen..."(4), sogar dann noch, wenn wir anerkennen, daß Pflanzentherapie in gewissen Fällen einen deutlichen Vorteil im Vergleich zu manchen modernen Medikamenten zeigt. Die Prioritäten bei Ländern der Dritten Welt liegen auf dem Gebiet von infektiösen und parasitären Erkrankungen. Für diese gibt es (mit Ausnahme von Chinin) keinen Ersatz für moderne chemische Drogen und Antibiotika. Eine zukünftige Entwicklung von Medikamenten gegen Infektionskrankheiten, für die es noch keine wirksamen Mitteln gibt oder für die bessere gebraucht werden, wird von chemischen Untersuchungen in der modernen Pharmaindustrie erwartet, wie in dem von der WHO erstellten Forschungsprogramm für Tropenkrankheiten erkannt wurde. Heutzutage ist das moderne Medikament, selbst von pflanzlicher Herkunft, ein Industrieprodukt, und so wohl auch in weniger entwikkelten Ländern. Eine von der amerikanischen Lebensmittel- und Medikamentenverwaltung durchgeführte Untersuchung zeigte, daß 82% einer von ihr zusammengestellten Liste von Medikamenten, die als repräsentativ für wichtige Errungenschaften für die Medizin angesehen wurden, von der Industrie entdeckt worden waren. Alle weniger entwickelten Länder zusammen (ohne die sozialistischen Länder und China) waren für nur 10% der pharmazeutischen Produktion verantwortlich, und davon ein erheblicher Teil unter ausländischer Lizens(5). Die gesamte Weltproduktion liegt in den Händen von 50-60 pharmazeutischen Gesellschaften, die etwa 60% der Medikamente in der nicht-sozialistischen Welt herstellen. Lokale Betriebe haben selten mit Forschung und Entwicklung zu tun, mit einigen Ausnahmen.

Welche Chancen bestehen nun für ein weniger entwickeltes Land bei dem wissenschaftlichen und technologischen Unternehmen, neue Medikamente aus den Pflanzen zu entwickeln? Könnte die Größenordnung der Wirtschaftlichkeit ausreichen, ein Minimum zu erreichen, um die Kosten für Produktion, Kontrolle und Testen des Rohmaterials, für die Förderung von Export und Vertrieb auszugleichen oder wird, falls wirklich etwas Vielversprechendes gefunden wird, dieses von den mächtigen pharmazeutischen Gesellschaften in entwickelten Ländern übernommen, d.h. aufgekauft oder synthetisch nachgebildet?

Diese Fragen stehen offen; viel wichtiger aber ist es, eine andere WHO Resolution, und zwar in Bezug auf die "essentiellen Medikamente' (WHA 31.32) im Auge zu behalten, die unter anderem die folgenden Ziele festsetzt: Die WHO wird aufgefordert,
"- weiterhin die Medikamente zu identifizieren, die unerläßlich sind für die Primärbetreuung und die Bekämpfung solcher Krankheiten, die bei einem großen Teil der Bevölkerung vorherrschen;
- mit Mitgliedstaaten zusammenzuarbeiten, mit dem Ziel, der gesamten Bevölkerung Zugang zu den essentiellen Medikamenten zu verschaffen, und zwar zu Preisen, die das Land sich leisten kann;
- lokale Produktion aufzubauen, wo immer es möglich ist, in Übereinstimmung mit den (jeweiligen) Bedürfnissen;
- den Dialog mit der pharmazeutischen Industrie weiter aus zu bauen, um deren Mitarbeit bei der Versorgung mit Medikamenten großer unterversorgter Segmente der Weltbevölkerung zu gewährleisten..."(6).

In den kommenden Jahren werden traditionelle Heilpflanzen eine gewisse Rolle in Ländern der Dritten Welt beibehalten, in einem Ausmaß, das abhängen wird von Faktoren wie geographische Lage und natürliche Umwelt einer Bevölkerungsgruppe, traditionelles medizinisches System, Ideologie und Machtstruktur der Regierung. Wie bereits in vielen Teilen der Welt bemerkbar, wird der Trend zu modernen pharmazeutischen Medikamenten ständig zunehmen, während den Heilpflanzen die Verwendung für Tees oder bei leichten Erkrankungen bleibt, wie es in industrialisierten Ländern der Fall ist. Die industrielle Verarbeitung von bewährten Heilpflanzen könnte ein erster Schritt sein bei dem Aufbau einer nationalen pharmazeutischen Industrie. Die Hoffnung auf wichtige Entdeckungen von aktiven neuen Substanzen jedoch, und ebenso die Erforschung von in der Volksmedizin gebrauchten Heilpflanzen, scheint im Moment zu optimistisch zu sein und das nicht nur wegen der enormen Investitionen an finanziellen Mitteln und geschulten Arbeitskräften, die dafür notwendig wären. Ein derartiger totaler Einsatz würde die Resourcen von weniger entwickelten Ländern übermäßig strapazieren. Es wäre daher empfehlenswert, daß sie in erster Linie die essentiellen Medikamente auswählen, die sie für ihr spezifisches Morbiditätsbild benötigen, und die dem von Gesundheitsbehörden gesteckten Ziel und dem jeweiligen Stand der Gesundheitsdienste entsprechen. Es könnte wirtschaftlicher sein, diese Medikamente wenn möglich selbst herzustellen und daneben solche Pflanzen anzubauen, die für eine symptomatische Behandlung erprobt sind. In jedem Falle liegen Entscheidungen und Verantwortung bei den Regierungen.

ANMERKUNGEN (1) JOHNSON-ROMUALD Faadji. 1978. A 31 Technical Discussions/8, p. 5. Technical Discussions on "General Policies and Practices in Regard to Medicinal Products". Geneva: WHO, May. // (2) KEWITZ H. 1975. Assessment of Herbal and Traditional Remedies. In: Clinical Pharmacological Evaluation in Drug Control, p. 104, Annex XKV. Regional Office for Europe. Copenhagen: WHO. // (3) DOUGLAS R.D. 1979. National Drug Policies - More State Intervention or Less. *World Medicine*, vol. 14, no. 21, July 28, p. 29-36. // (4) PETKOV Vesselin. 1979. Bulgaria's Folk Remedies stand the Test of Time. *UNESCO Courier*, July, p. 39-41.// (5) JAMES Dilmus. Science and Technology Policy in Latin America: A Case Study of the Pharmaceutical Industry. p. 9, unpublished manuscript. (Quoting 39, p.1323 and 41, p. 4). // (6) WHA 31.32. 1978. Thirty-first World Health Assembly Action Programme on Essential Drugs. Geneva: WHO, May 23.

Die Autoren dieses Sonderbandes

Oskar von Hovorka (1867–1930)
Dr. med., zuletzt Primarius der Landesirrenanstalt Kierling-Gugging, beschäftigte sich intensiv mit Volksmedizin (u.a. in Dalmatien) u. vor allem mit der „Zaubermedizin", zahlreiche Publ., u.a. mit Kronfeld die „vergleichende Volksmedizin".
S. 25–30, 81

Adolf Kronfeld (3.5.1861–14.6.1938)
Dr. med., auch Ausbildung in Kunstgeschichte und klassischer Archäologie, seit 1909 alleiniger Redakteur der Wiener Medizinischen Wochenschrift, u.a. Mitherausgeber der „vergleichenden Volksmedizin (1908/09)". (Das Foto stammt von M. Schneider, aus dem Bildarchiv des Inst. für Gesch. der Med. Univ. Wien).
S. 25–30, 81

Ekkehard Schröder *24.3.1944
Studium: Ethnologie, Philosophie, Medizin, z.Zt. Weiterbildung zum A. f. Psychiatrie und Neurologie. Interessengeb.: Religions- und Musikethnologie, Ethnomedizin, Wissenschaftstheorie. Schriftleiter der Ztschr. curare
Fasanenweg 6
6601 Saarbrücken-Scheidt
S. 7–11, 311 f., 444 ff.

Alfred Dieck *4.4.1906
Dr. phil., Kulturhistoriker und Moorarchäologe, wissenschaftliche Erforschung vorgeschichtlicher Moorfunde in Europa, Museologe (Moormuseum). Zahlreiche Fachpubl., Ehrenmitglied der Arbeitsgemeinschaft Ethnomedizin.
Parkstr. 39
D-2800 Bremen 1
S. 31–32, 35–36, 85–94

Helga Velimirovic *9.11.1923
Dr. phil., Ethnologin (Nebenf.: Altamerikanistik). Ethnomed. Forschungen auf den Philippinen (5 Jahre), in Zaire, Peru, Türkei, Nigeria u.a. und mehrere med.-anthrop. Publikationen.
Billrothgasse 23/3/9
A-8010 Graz
S. 12–16

Boris Velimirovic *27.1.1924
Prof. Dr. med. (Univ. Wien), DTPH (Lon), Innere, öffentl. Gesundheitswesen, Epidemiologie, Infektionskr. Über 20 Jahre mit der WHO in Asien, Ferner Osten, Afrika, beiden Amerikas, zuletzt Kopenhagen. Jetzt Vorstand am
Institut f. Sozialmedizin der Univ.
Universitätsstr. 6
A-8010 Graz
S. 12–16

Tamás Grynaeus *26.9.1931
Dr. med. Psychiater, Neurologe, Ethnologie. Arbeitstherapeutische und ärztliche Tätigkeit (jetzt Klinik Hl. Johannis Khaus, Budap.); Forsch. und Publ. in Ethnomedizin, -botanik, Medizingeschichte, Paläopathologie, Psychiatrie

Széhér ut. 76
H-1021 Budapest

S. 33–34

József Papp *10.5.1900
Ausbildung in Gartenbau, später Lehre; Saatgutforschung, Botanischer Lehrstuhl; zuletzt Leiter des Naturschutzgebietes am Szigliget. Publ. aus dem Geb. der Dendrologie, Floristik u. des Naturschutzes.

Széhér ut. 76
H-1021 Budapest

S. 33–34

Vagn J. Brøndegaard *24.7.1919
Ethnobotaniker und Schriftsteller. Studien zur Volksmedizin. Autor des 4bändigen Standardwerkes „Folk og Flora; dansk etnobotanik" (Rosenkilde og Baggers Forlag, 1978–1980); „Folk og Fauna" in Vorb. 600 weitere z.T. deutsche ethnobot. Publikationen.

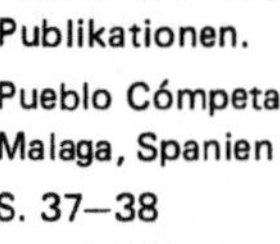

Pueblo Cómpeta
Malaga, Spanien

S. 37–38

Elsa Marietta Cappellatti *12.10.1938
Prof. Dr. rer. nat., pharmazeutische Biologie. Volksbotanische Forschungen in Nord- und Nordostitalien, Erforschung aktiver Prinzipien (SEM).

Dipartimento di Biologia, Universita'
Via Orto Botanico, 15
I-35123 Padova, Italien

S. 39–47

Danuta Tylkowa
Dr. phil., Volkskundlerin. Ethnobotanische und folkloristische Studien.

Mogilska 73
31-545 Kraków
Polen

S. 61–64

Anna Kowalska-Lewicka
Dr. phil., Volkskundlerin. Ethnobotanische und folkloristische Studien.

Warmijska
30-069 Kraków
Polen

S. 49–54

beide am: Inst. Historii Kultury Materialnej
Polskiej Akademii Nauk
Zakład Etnografii, Prakownia Etnografizna
Ul. Mikołajska 9, 31-027 Kraków, Polen

Adam Paluch *9.1.1943
Dr. phil., Ethnograph, Arbeitsgebiete: Ethnomedizin, Ethnobotanik, Phytotherapie, speziell Polens (Habilitation), Trepanation und Mutilationen (Publ.), Feldstudien in Südpolen, Lehre

Katedra Etnografii Uniwersytet Wrocławski
Ul. Szewska 50/51
50-139 Wroclaw, Polen

S. 55–60

Edzard Klapp *10.10.1937
Erster Staatsanwalt b. d. LG Stuttgart. Studiengebiete: Ethnobotanik, Märchenforschung, vergl. Rel.wissenschaft. Als Jugendstaatsanwalt (einseitige) Kontakte mit Menschen in Grenzsituationen

Vaihinger Straße 19
D-7031 Steinenbronn

S. 67–72

Stephan A. Aumüller *10.5.1903
Prof. h. c., Hauptschuldirektor i.R., Biologie, Geographie, Volkskunde. Forsch. u. Veröff. zur Ornithologie, Bioakustik, Volksmykologie, Mitarb. am burgenländischen Landesarchiv, Umweltschutz.

Pöttschinger Straße 1
A-7201 Neudörfl/Leitha

S. 73–80

Pierre Delaveau *4.6.1921
Professor für Botanik. Arbeitsgebiete: Pflanzenphysiologie (Flavonoide), Makrophagenstimulation, Forschungen zu zahlr. Pflanzenfamilien, Geschichte der Botanik, Publ.
Université, Av. de l'Observatoire 4
F-75006 Paris
S. 82–84

Guy Mazars *6.2.1947
Dr. phil., Medizinhistoriker. Arbeitsgebiete: Sanskritphilologie, Religionsgeschichte und Medizingeschichte, Yoga. Seit 1974 Leiter des Seminars für Geschichte der Wissenschaften in Asien der Univ.
Centre Europ. d'Hist. de la Médecine.
Université Louis Pasteur
4, rue Blaise Pascal
F-67070 Strasbourg Cédex
S. 101–108

Sigrid Lechner-Knecht
Dr. rer. nat. Biologin. Umfassende Studien, auch in Parapsychologie. Weltweit Reisen (Mittel- und Südamerika, Ceylon, Nepal u.a.), Veröffentlichungen und Vorträge aus ihren völkerkundlichen Studien, besonders zu Themen der Lebens- und Glaubensweisen.
Günterstalstr. 68
D-7800 Freiburg/Breisgau
S. 95–100

R. Kumaraswamy, Prof., M.I.S.H.R (Canada), M.I.S.T.M (Australia), F.I.S.O.M (S. Korea), M.I.S.E.M (W. Germany), FIC (Acu) Srilanka. Special Officer, Medicinal Farms of Tamil Nadu (Madras), Research Professor International College of Acupuncture Sciences (S. Korea) Secretary, Siddha Science Development Committee, Govt. of Tamil Nadu.
D-3, Bus Stand Colony, Palayamkottai – 627 002, India
S. 109–120

Andor Oláh *26.9.1923
Dr. med., früher Pathologe, heute Landarzt. Studien und Veröffentlichungen zur hippokratischen und alt-orientialischen Heilkunst, Linguistische Studien im Rahmen der Volksmedizin. Kulturkrit. Arb. als Medizingeschichtler und Neohippokratiker.
2000 Szentendre
Iskola u. 13/Ungarn
S. 121–142

Peter Babulka *4.7.1953
Dr. mat. pharm., Diplomgartenbauingenieur. Untersuchungen an wildwachsenden Heilpflanzen (nat. Heilpflanzenvertrieb), Veröff. und Vorträge. Vizepräs. der Sektion Ethnomedizin der ung. med. hist. Gesellschaft.
Research Inst. for Botany
Hungarian Academy of Sciences
H-2163 Vácrátót, Ungarn
S. 121–142

Said Gholam Mochtar *1948
Botaniker und Sprachlehrer, lebte bis 1981 in Kabul, seither verschollen.
S. 157–160

Hartmut Geerken *15.1.1939
Orientalist und Paramykologe. Mykologische Feldforschungen in Ägypten, Afghanistan, Griechenland und Westafrika, zahlr. Veröff.
Wartaweil 25
D-8036 Herrsching
S. 157–160

Xavier Lozoya Legorreta *11.9.1945
MD, Medizingeschichte, Ethnopharmakologie, Phytotherapeutische Forschungen u. Publ., Ass. Prof. in Moskau (1968–76), Direktion IMEPLAM, Mex. (1975–1980)
Biomedical Research Unit MTH IMSS (Inst. Mex del Seguro Soc.)
Luz Saviñon 214
Mexico D.F. 03100
S. 417–426

Egbert Potratz *29.5.1944
Soziologe, früher in der Drogenberatung (Release). Ethnopharmakologische Studien und Arbeitsstelle, Feldstudien.
Greflinger Str. 2
D-2000 Hamburg 60
S. 261–276

Luis Eduardo Luna
Feldforschungen bei Schamanen im Gebiet von Iquitos, ethnopharmakologische Erhebungen, Filmdokumente.
Swedish School of Economics
Arkadiankatu 22
00 100 Helsinki 10, Finnland
S. 178–192

Fernando Cabieses
Dr. med., Neurochirurgie. Zahlr. Publ. zur andinen Ethnobotanik u. Geschichte, Organisator des Congr. Mundial de Medicina Folklorika 1979 in Lima und Cuzco, Arbeit am Peruan. Museum der Gesundheitswissenschaften
Avenida Grau 1541
(P.O.Box 5231)
Lima 18, Peru
S. 193–208

Hubert Fichte *1935
Schriftsteller; Zahlreiche Reisen, Studien u.a. zu den afri-brasilianischen Religionen. In seinen Schriften soll Ethnographie und Poetik vermittelt werden.
Dürerstr. 9
D-2000 Hamburg 52
S. 241–248

Antonio Scarpa *25.3.1903
Prof. Dr. med., Pädiatr. u. Chirurg. Priv.-Doz. für Ethnomedizin in Padua u. Genua. Ztschr. Ethnoiatria (1967/68). Forschungsreisen u. Publ., Ethnomed. Sammlung in Genua. Ehrenmitglied der AGEM.
Istituto Italiano di Etnomedicina
Via Caroli, 8/25
I-16035 Rapallo (Ge)
S. 209–226

Antonio Aimi *16.8.1951
Dr. phil., studierte Philosophie und Ethnologie in Bologna. Ethnomedizinische Feldforschungen in Peru mit A. Scarpa.
I-43039 Salsomaggiore Terme (Parma)
S. 209–226

Napoleão Figueiredo *26.3.1923
Prof. Dr. phil., Ethnologe. Spez. für primitive Religionen, Feldforschungen bei kleinen Gruppen und Segmenten urbaner Gruppen im Amazonasbecken. Ethnobotanik.
Museu Paraense Emilio Goeldi
Av. Magalhães Barata, 376
Belém-Pará, Brasilien
S. 227–236

Maria Elisabeth van den Berg *11.9.1945
Ph. D., Historikerin B.A. (Belém), Agraringenieurin M.Sc. (Sáo Paolo). Forsch.: Medizinpflanzen, Ethnobotanik, Flora in Amazonien.
Museu Paraense Emilio Goeldi
Av. Magalhães Barata, 376
Belém-Pará, Brasilien
S. 227–236

Armin Prinz *29.7.1945
Dr. phil. et med., Ethnologe und praktischer Arzt, Lehrauftr. Ethnomedizin Uni. Wien, ethnomed. Feldforsch. bei den Azande 1972, 74, 75, 83/4; Geschäftsf. der Österr. Ethnomed. Gesellschaft, Filmdokumente beim JWF Göttingen.

Cobenzlgasse 21
A-1190 Wien

S. 249–252

Helmtraut Sheikh-Dilthey *.15.4.1944
Dr. phil., Ethnologin, Religionswissenschaft, Kunstgesch. Feldfor. vor allem in Kenya und Pakistan, Märchenforschungen.

Am Zapfenberg 4
D-6900 Heidelberg

S. 253–256

Roger-Bernard Brand *9.5.1942
Doctorat de 3ème cycle en ethnologie (Paris V-Sorb.). Über 10 Jahre Feldforschungen in Schwarzafrika, bes. Bénin, Nigeria, Togo, Mali; bevölkerungspolitische, agrarökonomische, religionsethnologische und interethnische Fragestellungen und Publ.

3, av. de Grande-Rive
F-74500 Evian-les-Bauns

S. 241–260

Sudhanshu Kumar Jain *30.6.1926
Ph. D., Botaniker, Direktor des Botanical Survey of India; spez. Arb.geb.: Taxonomie der Gräser, Ethnobotanik, Pflanzenschutz, zahlr. Publ und Vortragsreisen.

Botanic Garden, Howrah
711103 India

S. 427–xxx

Wulf Schiefenhövel *2.10.1943
Dr. med., Privatdozent. Forschungen zur Ethnomedizin und Humanethologie vor allem Melanesiens, Lehrauftrag für Ethnomed. Univ. München, wiss. Film, Mitarbeiter der

Forschungsstelle für Humanethologie am Max-Planck-Institut für Verhaltensphysiologie
D-8131 Seewiesen

Seiten 143–156, 283–288

Paul Hiepko *16.2.1932
Prof. Dr. rer. nar., Botaniker. Taxonomie der Samenpflanzen, bot. Nomenklatur, Ethnobotanik, Pflanzenmorphologie, Tropenbotanik (Westafr., Melanesien), Leiter der

Abt. Samenpflanzen, Bot.-garten u. Museum
Königin-Luise-Str. 6–8
D-1000 Berlin 33

S. 283–288

Werner H. Stöcklin *1.3.1932
Dr. med., Arzt für Kinderheilkunde und Tropenmedizin, Ethnologe. 1962–64 Med. Officer in Papua Neuguinea, 1969–70 Ltd. Arzt des Maprik Hosp., Sepik Distr., Papua Neuguinea. Veröffentl. über Feldforschungen im Sepikdistrikt. (Kuru, Abelam u.a.), seit 1973 Facharztpraxis.

Rössligasse 32
CH-4125 Riehen bei Basel

S. 277–282

Hans Kalipke *1.8.1933
Wissenschaftl. Oberrat im Fachbereich Erziehungswissensch. der Univ. Hamburg. Seit 1978 Forschungsprojekt „ursprüngliches Verstehen und Denken", dabei 32 Monate bei den Sakai auf Sumatra.

Hermann-Balk-Str. 113
D-2000 Hamburg 73

S. 289–304

Chief (Dr.) F. O. Esho *3.1.1933
Traditioneller Heiler, spezialisiert bes. auf psychiatrische und gynäkologische Probleme. Aktivitäten im Gesundheitswesen Nigerias im Rahmen seiner Standesorganisation. Herbal medical clinic & healing home. Vortragstätigkeit.
P.O. Box 2266 Agege,
Lagos, Nigeria
S. 306–308

Fataki L. H. Nzenze *2.11.1911
Katholischer Priester. Seit 1938 praktische ethnobotanische Forschungen in versch. Dörfern; Trad. mediz. Ausbildung bei seinem Vater, Mitglied des „Comm. nat. de la recherche de plantes médic. et toxiques".
St. Muzeyi
Lingwala, B. P. 1800
Kinshasa, Rep. du Zaire
S. 309–311

Jean Jacques Corbeil
*28.12.1913
Katholischer Priester, Missionar, Materielle Kultur in Zambia, Öffentlichkeitsarbeit, Gründung und Leitung des Moto-Moto-Museums in Mbala.
P.O. Box 230
Mbala, Zambia
S. 313–324

N. J. Mugo
B. Sc., M.B.CH.B., Ph. D., Ethnopharmakologische und -pharmakognostische Studien, WHO-Berater, Senior Lecturer am
Department of Biochemistry
University of Nairobi
Kenya
S. 345–350

Norbert Krüger *8.2.1949
Dr. med., Kinderarzt, Tropenmedizin, klin. Tätig. in Sierra Leone und Samoa, Hochschulass. der Univ. Göttingen, Lehrtätigkeit u.a. „pädiatrische Probleme in den Tropen".
Kinderklinik der Universität
Humboldtallee 38
D-3400 Göttingen
S. 325–336

Marianne Krüger *20.1.1950
Dr. med., Ärztin, Tropenmedizin, klin. Tätig. in Sierra Leone und Samoa.
Dermatologische Klinik der Universität
von-Siebold-Str. 3
D-3400 Göttingen
S. 325–336

Arouna Keita *23.3.1953
Pharmazeut, wissenschaftlicher Mitarbeiter am Institut National de Recherches sur la Pharmacopée et la Médicine traditionelle (I.N.R.P.M.T.)
Office Malien de Pharmacie
B. P. 1746
Bamako, Mali
S. 339–344

Lionel Robineau *31.10.1948
Dr. med., Tropenmedizin, Gesundheitserziehung und Primary Health Care, Arzneipflanzen. Untersuchungen u. Publ. im Rahmen der ENDA in Dakar bis 1982. Jetzt tätig bei
enda-caribe
Apdo. 2100 Huacal
Santo Domingo
Rep. Dominicana
S. 337–338

Ayodele Tella *2.3.1925
Ph. D. (Liverpool), Professor für Pharmakologie, u.a. Studien zur Wirkung traditioneller Heilpflanzen; Editor der neuen Ztschr. „Journal of Research in Ethno-Medicine".
Dept. of Pharmacology, Coll. of Medicine of the Univ. of Lagos
P.M.B. 12003 Lagos, Nigeria
S. 351–354

Samiá Al Azharia Jahn
*28.4.1928
Med. Dr. (Lund/Schweden). Forsch. zur Genetik (Ursula Jahn) und zur Rezeptorphysiologie; seit 1974 Leiterin des „Water Purification Project" in Khartoum/Sudan; Märchenforschungen.
GTZ, Fachber. 332
Postfach 5180
D-6236 Eschborn 1
S. 355–368

Friedr. Vieweg & Sohn Verlag, Braunschweig/Wiesbaden

Hans Becker *1940
Prof. Dr. rer. nat., Pharmazeut. Sekundärstoffwechsel in Callus-Kulturen, Arzneipflanzenanalytik, pharmazeutische Biologie, Ernst-Scheurich-Preisträger (1982) mit Dr. Reichling.

Inst. f. pharmaz. Biologie, Univ.
Im Neuenheimer Feld 364
D-6900 Heidelberg

S. 370–382

Supa Chavadej *1945
Apothekerin, ab 1971 wissenschaftl. Mitarbeiterin an der Fak. f. Pharmazie der Chulalongkorun Univ., dann der Makidot-Univ. Ab 1979 Promotion in Heidelberg am

Inst. f. pharmaz. Biologie, Univ.
Im Neuenheimer Feld 364
D-6900 Heidelberg

S. 370–382

Jacques Fleurentin *27.3.1950
Botaniker, Ethnopharmakologe, Ethnobotanische Forschungen im Yemen (1977), Phytopharmakol. Studien über Wirkungen auf Leber u. ZNS.

Centre des Sciences de l'Environnement
Lab. de pharmacognosie de l'université
1 rue des Recollets
F-57000 Metz

S. 383–392

Jean Marie Pelt *24.10.1933
Professeur de biologie végétale, Pharmazeut. Untersuchungen zu leberaktiven Phytopharmaka, zahlreiche Publ., Lehrtätigkeit, Direktor am

Institut Européen d'écologie
1, rue des Recollets
F-57000 Metz

S. 383–392

Henk J. G. Bilo *9.8.1951
M.D., Infektionskrankheiten, Diabetesforschung, ärztl. Tätigkeit auf den Seychellen (1979–81).

Stoholm 40
2133 KH Hoofddorp, Niederlande

S. 393–402

Corry E. Bilo-Groen *16.12.1946
Krankenschwester (S.R.N.). Tätigkeit auf den Seychellen (1979/80).

Stoholm 40
2133 KH Hoofddorp, Niederlande

S. 393–402

Klaus Dieter Rehm *29.3.1938
Dr. rer. nat., Apotheker, Arb.-geb.: Arzneimittelanalytik, Phytochemie, 1976–79 in Jakarta/Indonesien, tätig am IPHAR (Inst. für klin. Pharmakologie).

Mauerkircher Str. 125
D-8000 München 91

S. 403–410

Nicolae Duňare *27.1.1916
Prof. Dr. phil., Ethnologe und Kulturgeschichtler, vor allem Volkskunst u. Volkskunde des Karpathenbogens. Volksheilkunde. Koordinator des Kreises für mediz. Ethnologie in der anthrop. Kommission der Akademie der SR Rum.

Calea Giuleşti 48A/20
77794 Bukarest/Rumänien

S. 411–418

I.
Ethnobotanisches in Europa
Glimpses on European Ethnobotany

14

Abb. 7. Alraunmännchen und -weibchen

Alpenleinkraut (Linaria alpina Mill.), eine Skrofulariazee, ist ebenfalls ein „Beschreikräutel" der bayrischen Alpen. Die Blätter des gemeinen Leinkrautes (L. vulgaris Mill.), des gelben Löwenmaules, Wald- oder Frauenflachses wurden früher zu Breiumschlägen verwendet.

Alraun, Alraunwurzel, die berühmteste aller Zauberpflanzen, der menschenähnliche Wurzelstock der Mandragora officinalis L., der schon im Altertume gefeierten und verehrten Solanazee. Man vermutet, daß die Pflanze Dudaim der Bibel Mandragora war. Rahel wünscht (1 Mos. 30, 14 ff.) Dudaim zu haben, um die Liebe Jakobs zu erwecken und gesegneten Leibes zu werden. Die Pflanze, die im Hebräischen „Liebeskraut" heißt, scheint auch gewirkt zu haben, denn Rahel genas eines Knaben (daselbst 23). Oefele (514) schildert die Sache recht drastisch: Rahel, die schöne Schwester, genießt mit seltener Unterbrechung Nacht für Nacht die Liebe Jakobs, ohne schwanger zu werden. Lea, die ältere, häßliche Schwester, bezahlt die wenigen Brosamen von ehelicher Liebe, die für sie abgefallen waren, mit vier Söhnen. Nun erst, in der schwesterlichen Rivalität sehnt sich Rahel nach Kindern. Aber auch hier weiß sie noch ihre Schönheit zu schonen, indem sie das Geschäft der Schwangerschaft, Geburt und Säugung ihrer Magd Bilha überträgt, selbst aber nur die Adoptivmutterschaft über deren Sohn Dan beansprucht. Als nun die vierfache Mutter Lea gar nicht mehr in so intime Berührung mit Jakob kam, um schwanger werden zu können, weiß sie erst durch Preisgabe ihrer noch jungfräulichen Magd Silpa Jakob für einige wenige, intime Umarmungen von ihren Rivalinnen Rahel und Bilha abzuziehen; dann kauft sie direkt ihrer Schwester Rahel eine Nacht ab. Für Lea ist nun schon wieder eine einzige Begattung Jakobs genügend, um Befruchtung eintreten zu lassen. Unterdessen mußte auch Rahel über die ersten Jugendjahre herausgekommen sein, da Leas Sohn Ruben schon erwachsen war. Die körperlichen Reize waren zwar nicht von Entbindungen zerstört, aber von den Jahren begannen sie vernichtet zu werden. Lea droht durch ihren Kindersegen zur übermächtigen Rivalin zu werden. Jetzt wird bei Rahel die Sehnsucht nach einem eigenen Sohn immer mächtiger, und die in diesen Dingen erfahrene Lea muß als Kaufpreis für eine von Rahel überlassene eheliche Umarmung Jakobs ihrer bevorzugten Schwester die Mandragora, als Mittel, schwanger zu werden, selbst überliefern. Auf diese Art wird Rahel die Mutter Josephs.

Abb. 8
Alraun
(Aus Kronfeld, Zauberpflanzen [388])

Friedr. Vieweg & Sohn Verlag, Braunschweig/Wiesbaden

Im Hohen Lied 7, 13 wird die Dudaim als eine stark duftende Pflanze erwähnt. Alraunwurzel ist noch heute ein angesehenes Liebesmittel (Aphrodisiakum) der Araber.

Celsus (121 III Kap. 18) erwähnt die Äpfel des Alraunes als Schlafmittel, verwendet die Wurzel bei Schleimfluß der Augen und die Abkochung als Linderungsmittel bei Zahnschmerz. Eine Darstellung der Alraunwurzel im deutschen Glauben verdanken wir Kronfeld (388). Mit etwas Phantasie kann man in der Wurzel, welche auch das Zaubermittel der Kirke gewesen sein soll, die Gestalt eines nackten Menschen erblicken und in den 4 Wurzelästen Arme und Beine. Daher die Pflanze bei Pythagoras: „ἀνθρωπόμορφος“ (die menschenähnliche) heißt. Ein in der Erde wachsender kleiner Mensch, ein leibhaftiger Homunkulus, mußte frühzeitig Sinnen und Denken anregen. Plinius (543 XXV 94) schreibt vor: „Das Ausgraben geschieht, nachdem man sich überzeugt hat, daß kein entgegengehender Wind herrscht, und nachdem man, das Gesicht gegen Westen gerichtet, mit einem Schwerte 3 Kreise gezogen.“ Josephus Flavius übertrumpft ihn, indem er sagt, man dürfe die Mandragora nicht selbst aus dem Boden ziehen, sondern ein schwarzer Hund müßte angetrieben werden, die mit dem oberen Teil an seinen Schweif festgebundene Wurzel auszuraufen, worauf man ein markerschütterndes Geschrei der Mandragora vernehme und der Hund tot hinstürze. Der Alraungräber müsse sich die Ohren mit Wachs verstopfen, um das Geheul der Wurzel zu überleben. Von diesem dem Menschen unerträglichen Mandragorageschrei weiß auch Shakespeare:

Abb. 9. „Alraunwurzel“ mit Gewand aus dem Besitze Kaiser Rudolphs II. (s. Allermannsharnisch)

Abb. 10. „Alraunwurzel“ mit Gewand aus dem Besitze Kaiser Rudolphs II. (s. Allermannsharnisch)

Weh, wenn ich dazu früh erwachen sollte,
Wenn mich ein ekelhafter Dunst umqualmt,
Wenn's kreischt, als grübe man Alräunchen aus,
Bei deren Ton der Mensch von Sinnen kommt —

16 klagt Julie (Romeo und Julie Akt 4 Szene 3), bevor sie den Schlaftrunk nimmt, und Suffolk (Heinrich VI. zweiter Teil Akt 3 Szene 2) meint von seinen Hassern:

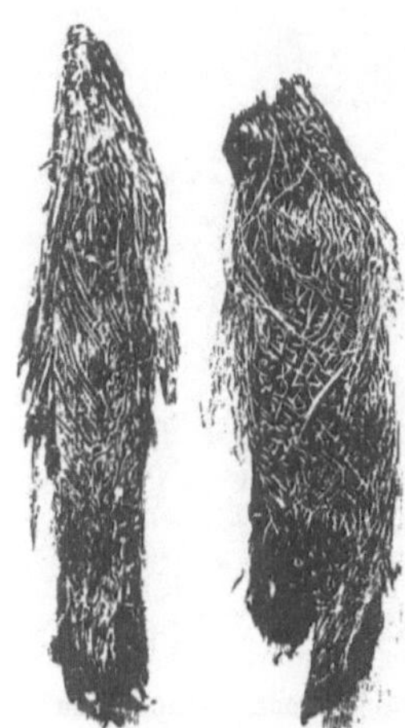

Abb. 11. Glücksmännchen von Mariazell

Was soll ich sie verfluchen? Wenn ein Fluch
Todbringend wäre, wie Alraunenstöhnen,
Ich fände Worte so durchbohrend scharf,
So herb, verrucht und greulich anzuhören...

In dem berühmten Dioskurides aus dem 5. nachchristlichen Jahrhundert der Wiener Hofbibliothek ist ein Bild zu finden, welches den Meister die ihm von einer allegorischen Figur dargereichte Mandragorawurzel beschreiben und dieselbe zugleich von einem Zeichner skizzieren läßt; zu Füßen des Dioskurides fällt der eben verendete Hund rücküber.

Abb. 12. Baumwurzel in Koboldgestalt (Aus Kronfeld, Zauberpflanzen [388])

Für den deutschen Vorstellungskreis wuchsen die Fabeleien des Josephus Flavius mit germanischem Mythos und christlichem Mysterium zusammen. So sagt die hl. Hildegard (289) von der Alraunwurzel, sie sei, als von menschlicher Gestalt und aus derselben Erde wie Adam entstanden, der Versuchung des Teufels mehr als alle übrigen Pflanzen ausgesetzt. Kein Notleidender verschmähe es, solchen Alraun mit frischem Wasser abzuwaschen, in sein Bett zu legen und zu sprechen: „Herr, der du den Menschen aus Lehm ohne Schmerzen gebildet hast, hier lege ich dieselbe Erde, welche jedoch niemals gesündigt hat, zu mir, damit meine sündige Erde jenen Frieden, den dieselbe ursprünglich besaß, wieder erlange.“ Von den spekulativen Verkäufern des Alraunes wurden auch die Schauer des Schindangers benützt, um von dem gläubigen Abnehmer möglichst viel Geld zu erpressen. Der echte Alraun wachse nur unter dem Hochgericht und gerade an der Stelle, wo ein Junggeselle den Schreckenstod durch den Strang gefunden und sein Samen in die Erde getropft sei. Wer nun eine Alravnwurzel beim Theriakkrämer gekauft hatte, wusch sie mit rotem Wein und gab ihr ein Kleid von weißer und roter Seide, dazu wohl auch ein Mäntelchen. In der Abb. 8 auf S. 14 ist der nackte Alraun zu sehen, welcher zu Anfang des 18. Jahrhunderts in der Sammlung des Professors Hermann von der Hardt (Marienburg) verwahrt und von Samuel Schmid in seiner 1739 veröffentlichten Abhandlung über Alraune nach der Natur abgezeichnet wurde. Ganz „Natur“ ist die Wurzel freilich nicht. Man merkt ihr an, daß weiblich mit dem Schnitzmesser nachgeholfen wurde.

Abb. 13. Alraun (Aus Kronfeld, Zauberpflanzen [388])

Professor Matiegka (451) schreibt: Daß die Alraun- oder Mandragorawurzel auch in den böhmischen Ländern als Heilmittel hochgeschätzt wurde, aber auch von verschiedenem Aberglauben umworben war, beweisen die Anspielungen des Philosophen Stitný (im 14. Jahrhundert) und des Meisters Johannes Hus (15. Jahrhundert), sowie die Beschreibungen und Abbildungen in den böhmischen Herbarien und ärztlichen Büchern,

z. B. in dem von J. Černý (Knicha lekarská, Nürnberg 1517). Bekanntlich hat auch 17
Kaiser Rudolph II. teuer erworbene Mandragorenwurzeln besonders verwahren und pflegen lassen. Dr. Č. Zibrt, welcher dieser interessanten Wurzel mehrere Artikel gewidmet hat, lieferte im Český Lid (XII 289) eine Abbildung der in der Wiener Hofbibliothek aufbewahrten Exemplare (s. S. 15).

Abb. 14. Mandragorapflanzen nach Abbildungen im Codex Neapolitanus der Wiener Hofbibliothek

Der Alraun gab, wenn man seiner artig wartete, Bescheid auf alle Fragen und prophezeite die Zukunft. Er verdoppelte in stiller Nacht neben ihn gelegtes Geld, brachte Glück in allem, heilte Krankheiten, half den Frauen in der schwersten Stunde, schützte den Wein vor dem Sauerwerden, das Vieh vor dem Behexen usw. Und bis zur Stunde noch sagt man in Wien, so einer besonderes Glück im Spiele hat: „Der muß a Draunl (Alräunchen) im Sack haben!“ Diese Beharrlichkeit, ja Unausrottbarkeit bestimmter Vorstellungen im Denken des Volkes ist mit Bezug auf den Alraun um so merkwürdiger, als es verhältnismäßig zeitig an aufklärenden Stimmen keineswegs gefehlt hat.

Abb. 15. Mandragorapflanze im Codex Byzantinus der Wiener Hofbibliothek

Bei dem hohen Geldwert, den ein Alraun hatte, dachten die Theriakkrämer bald an ein Surrogat. Zuerst griff man nach dem „wilden Alraun“, dem auf felsigen Plätzen der Alpen, Sudeten und des Riesengebirges, in der deutschen Heimat also, wild vorkommenden Allermannsharnisch (Allium victorialis, s. d.). So rührten die Alraune Kaiser Rudolphs II., von denen ein Paar, „Männchen und Weibchen“, mit samtenem Gewand angetan, in der Wiener Hofbibliothek verwahrt wird, vom Sieglauch her (s. S. 15).

Allermannsharnisch statt Alraun konnte man sich noch gefallen lassen. Fälschung und Betrügerei war es aber, wenn aus den Wurzeln der allverbreiteten Zaunrübe

Friedr. Vieweg & Sohn Verlag, Braunschweig/Wiesbaden

18 (Bryonia, s. d.) Alraune geformt und anstatt echter um schweres Gold verkauft wurden. Die Wurzel wurde entweder zugeschnitzt oder noch jung in eine menschliche Hohlform hineingesteckt, die sie bei weiterem Wachstum annehmen mußte. Baumbach berichtet in „Truggold" von einem Alraunschwindel.

Über Wandlungen des Mandragoraglaubens siehe Mandragora.

Wie schon erwähnt, sieht man in älteren naturgeschichtlichen Werken köstliche Abbildungen der Mandragora, wobei sich die Künstler mit der natürlichen Wurzel nicht begnügten. So wurden wirkliche Haare auf den Kopf gegeben, eine Nase, Schnurr-, Backen- und Kinnbart konstruiert; die Hände mußten Finger und die Füße Zehen haben.

286 **Mandragora.** Wir ergänzen hier die Mitteilungen über die volksmedizinische Verwendung des Alrauns (s. d.).

Matiegka (451) berichtet von den Tschechen: Noch bis jetzt wird die Alraunwurzel (Galgenmännlein, mužíček) zu abergläubischen Zwecken ausgegraben. Primus Sobotka bemerkt allerdings, daß es sich bei den Tschechen nicht um die nur im Süden wachsende Mandragora handeln kann, sondern nur um einen zu den übernommenen abergläubischen Anschauungen passenden Ersatz. Als solcher wurde nun die Zaunrübe (posed, Bryonia dioica) und die Tollkirsche (rulík, Atropa Belladonna) gewählt. Vreščák (Schreier) nennt man bei den Slowaken (309) eine nicht näher bekannte Pflanze, die auf dem Grenzberge Lopenik wachsen und beim Ausgraben entsetzlich schreien soll. Dies ist ein Anklang an Mandragora; aber Mandragora wächst auf slowakischem Gebiete nicht.

Die südrussische Zaunrübe (Bryonia alba) zeichnet sich dadurch aus, daß sie menschenähnliche Wurzeln hat, gewöhnlich von der Gestalt eines kleinen Kindes. Das ist der wichtigste und hauptsächlichste Charakterzug der ganzen Vorstellung, von dem alle anderen ausgehen und um den sie sich ergänzend gruppieren. Schon das bloße Vorhandensein einer Zaunrübe im Garten oder im Hof gilt als glückbringend für das Haus
287 und die ganze Familie. Deswegen schätzt man die Pflanze sehr, und wenn man sie irgendwo findet, so umzäunt man sie sofort sorgfältig, damit sie unangetastet wachsen könne. Man muß sie aber sehr vorsichtig und nach bestimmten Regeln behandeln und

pflegen, sonst rächt sie sich schwer an dem Missetäter und bringt ihm anstatt Glück Unheil und Verderben. Wenn man beim Graben mit dem Eisen auf die Wurzel der Zaunrübe stößt, so muß man sofort innehalten, damit man sie nicht schneidet, denn dadurch könnte man „sein Glück zugrunde richten". Man könnte davon auch auf der Stelle gelähmt oder wahnsinnig werden. Aus demselben Grunde darf man sie auch ohne gewisse Vorsichtsmaßregeln nicht herausreißen und anrühren. Dies wird in manchen Gegenden überhaupt nur einem Menschen, welcher der Zaubereigenschaften der Pflanze völlig unbewußt ist, unbestraft gegönnt und sogar für heilbringend aufgefaßt. In der Regel können es jedoch nur erfahrene und solcher Dinge kundige Leute, die gewöhnlich als Zauberer und Hexen gelten, unternehmen. Dabei müssen sie, bevor sie die Pflanze oder einen Teil von ihr aus dem Boden reißen, auf die Erde 3 Groschen und 1 Stück Brot legen, dann die Operation höchst vorsichtig vollbringen und nach alledem das Brot und Geld an Stelle der fehlenden Wurzel eingraben — ein Überbleibsel des altertümlichen, dem Erd- oder Pflanzengeiste dargebrachten Opfers. Die auf solche Weise ausgegrabene Wurzel badet man zunächst in Milch, dann trocknet man sie gehörig aus und wickelt sie sorgfältig in Fetzen ein, wonach sie als wirklicher, tatkräftiger und einflußreicher Fetisch in einer Schachtel im Hause aufbewahrt und gepflegt wird. Sie bringt nun dem Hause Glück und Reichtum, erteilt verschiedene Auskünfte, entdeckt Diebe usw. (Jaworskij 334a).

Abb. 137. Zaunrübe (Bryonia alba)

Merkwürdig ist auch die Wandlung, die der Mandragoraglauben auf galizischem und Bukowinaer Boden genommen hat. Die „Matraguna" der Rumänen in der Bukowina ist mit Tollkirsche (Atropa Belladonna) und tollkirschenartigem Tollkraut (Scopolina atropoides) identisch. Aus diesen Kräutern werden Zaubertränke gebraut, die selbst den Tod herbeiführen können, wofür die Leute euphemistisch sagen: „Er hat die Matraguna bekommen." Der Trank ist so der wahre Lethetrank, wie er auch aus der echten Mandragora bereitet wurde. „Gib mir Mandragora zu trinken," sagt Kleopatra (Shakespeares „Antonius und Kleopatra" Akt 1 Szene 5) zu Charmian, „daß ich die Kluft der langen Zeit verschlafe, wo mein Antonius fort ist." Den galizischen Ruthenen ist die „Matryguna" eine geheimnisvolle Pflanze, deren Beschreibung zumeist auf das Bittersüß (Solanum Dulcamara) paßt, während die von ihr erzählten Geschichten mutatis mutandis auf den Alraun stimmen. Wer die Matryguna besitzen will, muß nüchtern und andächtig, im Feiertagsgewand um 12 Uhr mittags zu ihr gehen, ihr Geschenke darbieten, sie mit einem Zauberspruche beschwören und die „Careca" (Kaiserin!) um die Erlaubnis bitten, sie aus der Erde nehmen zu dürfen; dabei stößt sie dann einen Schrei aus usw. Mit Recht weist Hölzl darauf hin, daß „Matraguna" durch eine im Rumänischen häufige Vertauschung der Liquida r und n aus „Mandragora" entstanden ist und schließlich zu einer Kollektivbezeichnung für Pflanzen verschiedener Art geworden ist. Bemerkenswerterweise handelt es sich aber
288 überall um Solanazeen, die auch nach der modernen Pharmazie von hohem Werte sind (388).

Heilpflanzen bei den ältesten Ackerbauern in Mitteleuropa vor etwa sechstausend Jahren

Alfred Dieck

Healing plants of the old peasants in central Europe 6000 years ago.

Plantes médicinales chez les anciens paysans d'Europe Centrale il y a 6000 ans.

Leider finden sich Hinweise auf Heilpflanzen bei schriftlosen Volksgruppen in vorgeschichtlichen Zeiten üblicherweise nur an entlegenen Stellen und meistens auch nur als unscheinbare Bemerkungen in größeren Arbeiten mit andersartigem Titel, sodaß sie der ethnomedizinischen Forschung normalerweise entgehen. Das ist auch bei den hier zu bringenden Forschungsunterlagen der Fall. Es handelt sich um Nachweise von Pflanzen, die gestern und heute als Heilpflanzen Anwendung fanden/finden. Es ist natürlich unbekannt, ob sie auch von unseren Vorfahren vor über sechstausend Jahren in diesem Sinne verwendet wurden. Es spricht aber sehr viel dafür, weil u.a. bereits sechzig Jahrtausende zuvor bei den Neandertalern Heilpflanzen als Grabbeigaben nachweisbar sind (1).

Heilpflanzen bei den ältesten Ackerbauern in Mitteleuropa - den "bandkeramischen" Volksgruppen (2) - vor über 6000 Jahren stellte jüngst Professor Dr. Ulrich Willerding von der Universität Göttingen auf Grund eigener Untersuchungen und bereits veröffentlicher Literatur in einer kleinen Übersichtstabelle (3) zusammen. Ich füge hier die mir aus der Zeit zwischen den beiden Weltkriegen bekanntgewordenen volkstümlichen Namen für diese Heilpflanzen und deren Belegherkunft hinzu. Zu betonen ist, daß normalerweise mehrere Unterarten dieser Arten als Heilpflanzen Verwendung fanden bzw. finden und die jüngstvergangene mitteleuropäische Volksmedizin oft keinen Unterschied zwischen ihnen in der Pflanzenbenennung macht.

1) *Agropyron repens* P.B. = Quecke (4), Hundsweizen (5), Pädergras (5), Zwecken (5), Paier (Mittleres Wesergebiet), Hundsgras (Landkreis Halle/S.), Schließgras (bei Oldenburg i.O.), Spitzgras (bei Bremen), Wasserquecke (Saalemündungsgebiet; wegen der harntreibenden Wirkung). // 2) *Chenopodium album* L. = Weißer Gänsefuß. // 3) *Galium aparine* L. = Klebkraut. Wassersuchtkraut (bei Halle/S). // 4) *Linum usitatissimum* L. = Lein. Flachs (allgemein), Haar (mittleres Wesergebiet), Ölfaser (Mittelschlesien). // 5) *Malva sylvestris* L. = Wilde Malve. Käsepappel (6). // 6) *Plantago lanceolata* L. = Spitz-Wegerich. // 7) *Polygonum aviculare* L. = Vogel-Knöterich. // 8) *Polygonum persicaria* L. = Floh-Knöterich. // 9) *Prunus spinosa* L. = Schlehe. Schwarzdorn (allgemein), Dornschlebe (mittleres Wesergebiet). // 10) *Quercus spec.* = Eiche. // 11) *Rubus idaeus* L. = Himbeere. // 12) *Rumex acetosella* L. = kleiner Sauerampfer. Leberampfer (Landkreis Halle/S.). // 13) *Sambucus nigra* L. = Schwarzer Holunder. Flieder (allgemein), Holler (bei Hannover), Holder (bei Bremen). // 14) *Silene vulgaris* GARCKE = taubenkropf. Klatschnelke (wie Anm.5: I 235), Leimkraut (wie oben). // 15) *Solanum nigrum* L. = Schwarzer Nachtschatten.// 16) *Stellaria media* L. = Vogel-Miere. Hühnerdarm (mittleres Wesergebiet), Sternmiere (bei Halle/S.). // 17) *Verbena officinalis* L. = Eisenkraut. Altarkraut (wie Anm. 5: I 120), Opferkraut (wie eben), Segenkraut (wie eben), Isiskraut (wie eben), Dinskraut (Ziuskraut=Dienstagkraut; wie eben), Isenkraut (wie eben), Zauberkraut (in Breslau).

ANMERKUNGEN

(1) SOLECKI R.S. 1971: *Shanidar, the first Flower People* - Vgl. dazu den Heilpflanzen dieses Fundplatzes im nördlichen Irak betreffenden Hinweis in A. DIECK "Postmortale Lageveränderungen in vor- und frühgeschichtlichen Gräbern" in: *Archäologisches Korrespondenzblatt* 4, Mainz 1974, S. 277-283, hier: Anm.6 (Traubenhyazinthe, Lichtnelke, Malve, Kreuzkraut). // (2) Da uns unbekannt ist, wie sich in früheren

Zeiten Volksgruppen selbst nannten, gibt die Archäologieforschung diesen "Namen" auf Grund der für diese Gruppen typischen Geräte oder Gefäße. In vorliegendem Fall handelt es sich um Bevölkerungsgruppen, die ihre Tongefäße durch in Kurven geführte ununterbrochene Linienbänder verzierten. // (3) WILLERDING U. 1983: "Zum ältesten Ackerbau in Niedersachsen" im Sammelband "Frühe Bauernkulturen in Niedersachsen", Beiheft 1 der *Archäologischen Mitteilungen aus Nordwestdeutschland* Hg.: Staatliches Museum für Naturkunde und Vorgeschichte Oldenburg, (Redaktion Dr.Dr. Günter Wegner), p. 179-219 (hier: S.194 f.), mit ausführlichen Literaturangaben. // (4) Die hervorgehobenen Bezeichnungen sind der Tabelle von Willerding entnommen. // (5) v. HOVORKA u. KRONFELD 1908: *Vergleichende Volksmedizin*. Stuttgart, S. I 353. // (6) vgl. DIECK A. 1979: "Malva silvestris, Capsella bursa pastoris und Juniperus communis in vor- und frühgeschichtlichen Funden" in *curare* 2 : 117-124 (Korrektur ebd.S. 209 "Erratum": pastoralis in pastoris). - A. DIECK "Malvenfunde bei einer völkerwanderungszeitlichen Moorleiche von Dörgen, Stadt Haselünne, Kr. Meppen und andere vor- und frühgeschichtliche Malvenfunde" in *Nachrichten aus Niedersachsens Urgeschichte*, Hildesheim 1976, S. 463-467.

Hinweise auf römerzeitliches Heilwesen

Alfred Dieck

Hints on the use of medicinal plants in the roman time.

Quelques remarques d'usage des plantes médicinales du temps des romains.

Für unsere Kenntnisse über das römerzeitliche Heilwesen gibt es mehrere Quellen. Zum einen sind es Angaben bei griechischen und römischen Schriftstellern, die über die Stichwörter in den einschlägigen großen Nachschlagewerken (z.B. Pauly-Wissowa) leicht zu erreichen sind. Zum anderen sind es Spezialarbeiten über Ärztehäuser, vor allem in Pompeji und Herculaneum, von denen als grundlegendes Werk - besonders wegen seiner guten Abbildungen - B. VULPES *Illustrazione di tutti gli strumenti chirurgici scavati in Ercolano e in Pompei*, Neapel 1847, zu nennen ist. Hinzu kommen Ausgrabungsfunde. In trockenen Wüstensanden Nordafrikas und des Irans haben sich getrocknete Heilkräuter erhalten, die m.W. aber noch nicht zusammenfassend publiziert wurden. In Mitteleuropa sind es vor allem Moorfunde und verkohlte Pflanzenreste. Besonderen Aufschluß geben hier Heilpflanzen aus dem römischen Lazarett von Neuß am Rhein, das von etwa dem Jahr 35 bis ca. 92 nach Chr. bestand. Hier konnten aus verkohltem Bauschutt vier Heilkräuter identifiziert werden: *Centaurium umbellatum* (Tausendgüldenkraut), *Hyoscyamus niger* (Schwarzes Bilsenkraut), *Plantago lanceolata* (Spitzwegerich) und *Hypericum perforatum* (Johanniskraut).

Tausengüldenkraut wurde, entsprechend den Nachrichten antiker Schriftsteller als Wundheilmittel und gegen Augenleiden genutzt. Dem gleichen Zweck diente es im Mittelalter Europas. Schwarzes Bilsenkraut kam als Narkoticum bei Griechen und Römern in Anwendung. Es fand sich aber auch in alten ägyptischen Gräbern und ist als Narkoticum und Giftpflanze heute noch bei nordafrikanischen (z.B. ägyptischen und libyschen) sowie süditalienischen Heilern (und "Un-heilern", "die mit dem Bösen Blick", angeblich) im Gebrauch. Im klassischen Altertum und im europäischen Mittelalter diente es auch zur Heilsalbenbereitung. Spitzwegerich gebrauchte man, gemäß den antiken Schriftstellern, als Mittel gegen Bronchialleiden und zur Heilung von Geschwüren. In letzterem Fall kam ein Absud zur inneren und äußeren Anwendung - so wie es noch im Gebiet der mittleren und unteren Saale (bei Halle/Saale, in Anhalt) für die Zeit um 1930 bezeugt ist. Johanniskraut wurde zur "Blutreinigung" genutzt, so wie es heute noch - z.B. bei Bremen und im Oldenburgischen - Anwendung findet.

Nach Abschluß dieser Miszelle erschien die "Sondernummer 1984" der "Zeitschrift für Archäologie und Kulturgeschichte: Antike Welt", Feldmeilen (Schweiz) 1984, mit dem Titel "Die Arzthäuser in Pompeji". Auf S.69-78 sind - aus dem Exemplar der Bayerischen Staatsbibliothek München - die Tafeln der o.g. Arbeit von Vulpes reproduziert. Auf S.62 sind weitere ärztliche Instrumente abgebildet.

Identifizierung altungarischer Heilpflanzennamen

Tamás Grynaeus / József Papp

Identification of medicinal plants in Old Hungary. - Identification des plantes médicinales en Vieille Hongrie.

Seit dem 11. Jahrhundert finden sich in ungarischen Urkunden und Sprachdenkmälern Pflanzennamen, z.B. 1055 im Stiftungsbrief der Abtei von Tihany. Das erste ungarische Kräuterbuch, das Herbarium von Peter MELIUS JUHÁSZ, erschien aber erst im Jahre 1578. Für die Zwischenzeit finden wir in Glossarien und thematischen Wörterbüchern (Sopr. Szj., Schl., Murm., etc.), dann in handschriftlichen oder im Ausland erschienenen, in Ungarn mit Glossen versehenen, ärztlich-botanischen Werken zahlreiche alte ungarische Pflanzennamen. Die in den erwähnten Quellen gefundenen alten lateinischen und ungarischen Heilpflanzennamen identifizierten die meisten Verfasser, z.B. R.RAPAICS, selbstverständlich mit ähnlichen oder gleichlautenden heutigen botanischen bzw. ungarischen Namen, ungeachtet der Ungenauigkeit zeitgenössischer Bezeichnungen und der Veränderung ihrer Bedeutung im Laufe der Zeit. Allein die allerdings nicht zahlreichen Bestimmungen der zwei Botaniker und Autoren Károly FLATT und Endre COMBOCZ halten einer Kritik stand. Ihren Spuren folgend bearbeiteten wir die Angaben von sieben illustrierten und glossierten Codices und Inkunabeln. Die ungarischen Eintragungen stammen aus der Zeit vom Ende des 15. bis zum Ende des 16. Jahrhunderts. Den Abbildungen folgen nach den lateinischen (und ungarischen) Namen gewöhnlich morphologische und ärztlich-botanische Beschreibungen. Es handelt sich um folgende Werke:

(1) Eine am Ende des 14. Jahrhunderts entstandene, reich illustrierte sogenannte Casanate-Corvine. (Naturwissenschaftliche Kenntnisse in thematisch-lexikalischer Aufzählung. Die ungarischen Glossen stammen vom Ende des 15. bzw. Anfang des 16. Jahrhunderts).

(2) Herbolarium Vincentinae, ed. 1491. (Ungarische Glossen aus derselben Zeit wie in (1).

(3) Ortus Sanitatis, ed. 1517. Glossen aus 1520-1530.

(4) Botanicon von DORSTENIUS, Frankfurt/M., 1540. (Ungarische Glossen: 16. Jh.).

(5) Leonhardus FUCHSIUS: Commentarius de stirpium historia, Basel, 1542. (Ungarisches Glossen aus der zweiten Hälfte des 16. Jh.).

(6) Carolus CLUSIUS: Rariorum stirpium historia. Antwerpen, 1583, bzw. C. CLUSIUS-S. BEYTHE: Stirpium nomenclator pannonicus [II.]Antverpen 1584. (Mit vielen ungarischen Pflanzennamen.

(7) Das moral-botanische Werk von Lukács PÉCSI aus dem Jahre 1591, in ungarischer Sprache, mit 20 ungarischen Pflanzennamen.

Nach unserer Meinung kann man nur unter gleichzeitiger, d.h. synoptischer Berücksichtigung der Abbildung, des Namens und - soweit vorhanden - der morphologischen Beschreibung die alten ungarischen Pflanzennamen identifizieren. Doch auch dies gelingt wegen der schlechten Qualität der Bilder und Irrtümer der Schriftsteller oder Glossatoren nicht immer mit vollständiger Sicherheit. In gemeinsamer Arbeit des Botanikers und Medizinhistorikers, und nur mit dieser strengen Methode, gelang es uns, aus dem 15. Jahrhundert 59 und aus dem 16. Jahrhundert 479, also insgesamt 585 ungarische Pflanzennamen zu identifizieren. Die in dem 11.-14. Jahrhundert aufgezeichneten, zahlreichen Pflanzennamen sind mit dieser Methode wegen fehlender Pflanzenbilder und -beschreibungen leider nicht identifizierbar. Aber aus diesen Pflanzennamen, aus von Pflanzennamen stammenden Ortsnamen, archäologischen Funden und xylotomischen Untersuchungen lassen sich wichtige Rückschlüsse zur Pflanzenkenntnis und zur Pflanzengeographie dieser Epoche ziehen. Mit der Einordnung der Pflanzen nach der Spezies und der Datierung erlangten wir eine Vorstellung von den ärztlichen-ethnobotanischen Kenntnissen der Periode des oben erwähnten Jahrhunderts und fanden folgende bevorzugt verwendete Pflanzen:

Agrimonia	Inula hel.	Rubus
Allium	Iris	Rumex
Artemisia	Juniperus	Salvia
Aristolochia clem.	Linaria	Sambucus
Asarum eur.	Matricaria	Sempervivum
Asparagus off.	Menta	Solanum
Bryonia	Nuphar lut.	Stachys
Capsella b.-past.	Origanum vulg.	Symphytum
Cychorium int.	Paeonia off.	Veratrum
Eurphorbia	Physalis alk.	Verbascum
Gentiana	Pimpinella	Vinca (Genus bzw. Spezies).
Hyosciamus	Plantago	

Als wir diese Liste mit den in der heutigen Ethnoiatrie gebrauchten Pflanzen verglichen, stellten wir eine auffallende Übereinstimmung fest. Wir ermittelten, daß ein Name zur Bezeichnung für mehrere verschiedene Spezies diente, aber auch, daß einer Pflanzenspezies mehrere verschiedene ungarische Namen beigelegt wurden. Das ist nicht überraschend, da unsere Daten und Quellen aus der Zeit des noch vor LINNÉ bestehenden Durcheinanders in der Systematik stammen. Wesentlich interessanter ist aber, daß in der heutigen Ethnobotanik ähnliche Tendenzen vorherrschen. Wir können aber nicht nur das Überleben mittelalterlicher Anschauungen und systematischer Grundsätze bis in unsere Tage beobachten, sondern auch die altüberlieferte Kenntnis der Verwandtschaft einzelner Pflanzenarten nach Erscheinung, Farbe und Verwendung. Nicht nur die Form, auch der Inhalt lebte weiter und blieb unverändert durch Jahrhunderte erhalten: ein Drittel der erwähnten Namen aus dem 15. und 16. Jh. wurde durch heutige ethnobotanische Sammlungen bestätigt. Diese Konstanz, die zeitgenössischen Angaben, die aus späteren Zeiten stammenden Analogien und die ziemlich späte Verbreitung der Kräuterbücher in Ungarn deuten darauf hin, daß die alten ungarischen Pflanzennamen unserer Quellen überwiegend Volkskenntnisgut bewahrten.

LITERATUR

FLATT Károly. 1900. Pécsi Lukács és botanikai müve. *Term. Tud. Közl.* 32:456.

GOMBOCZ Endre. 1936. A magyar botanika története. Budapest.

GRYNAEUS Tamás, PAPP József. 1978. Régi magyar (gyógy) növénynevek. *Comm. Hist. Atr. Med. Suppl.* 9-10:31-49. // -- 1979. Anzeiger *ibid.* No. 86:131-137.

IVÁNYI Béla. 1935. Régi magyar növénynevek. *Magyar Nyelv* 7:172.

MELIUS JUHÁSZ Péter. 1578. Herbarium. Kolozsvár. Facsim. edit. = Comm. Hist. Med. Hung. 23, 5, 1962.

RAPAICS Raymund. 1932. *A magyarság virágai.* Budapest.

SÁGI István, FRECH Miklós. 1966. *A régészeti növénytan alapelemei és néhány módszertani kérdése.* Muzeumi Médszertani Utmutató Füzetek 5. sz. Budapest.

Sonnentau (Drosera, Herba Rosellae) als Volksheilmittel in Europa

Alfred Dieck

Sundew as folk medical plant in Europe – Rossolis comme plante médicinale populaire

Der Sonnentau, eine *Droseracee*, früher offizinell "Herba rosellae" genannt, bevorzugt saure Böden und wächst vor allem auf naturbelassenen, mehr oder weniger weitflächigen Hochmooren. Er gedeiht aber auch in nassen, schmalen und tiefen kleineren Schluchten des Bergwaldes und des felsigen Flach- und Hügellandes. Hier kann man meist ein stark gehäuftes Vorkommen auf einem Kleinstraum beobachten. Wohl stets ist Drosera (vor allem Rundblättriger Sonnentau, *Drosera rotundifolia*) mit Torfmoosarten, Sphagnaceen, vergesellschaftet. In der europäischen Volksmedizin verwendet(e) man den Sonnentau auf viererlei Weise: entweder wird/wurde der aus Blättern und Blüten ausgepreßte Saft dieser fleischfressenden Pflanze als Tropfmittel äußerlich gebraucht oder man legt(e) den leicht gepreßten oberen Teil der Pflanze auf die zu heilende Stelle oder man nutzt(e) nur den von den Drüsenhaaren ausgeschiedenen klebrigen Saft zur inneren Anwendung oder man trug getrockneten Sonnentau als Amulett.

SONNENTAU ALS AUGENHEILMITTEL: In weiten Teilen Mitteleuropas diente der Sonnentau als äußerlich anzuwendendes Augenheilmittel. Gebrauch von Drosera wurde mir vor allem für solche Fälle bekannt, in denen das Augenbett und die Sehkraft durch Unfall geschädigt waren. In zwei Fällen wurde eine erfolgreiche sommerliche Daueranwendung von acht bzw. elf Jahren bezeugt. Die ausgepreßte Flüssigkeit träufelte man in die Augen oder man legte den leicht gepreßten oberen Teil der Pflanze auf die Augen. Nach den von mir erfaßten Unterlagen kann frisch gesammelter Sonnentau im letzteren Falle bis zu drei Tagen zum Gebrauch aufgehoben werden. Ist er schon etwas welk, so muß man ihn mit Wasser benetzen, doch soll die Schmerzen lindernde Wirkung dann nicht mehr so intensiv sein wie bei frisch angewendeten Pflanzen. Bald nach dem Pflücken ausgepreßter Saft ist etwa zwei bis drei Wochen haltbar und wirksam. Irgendwelche Zusatzmittel zum Haltbarmachen des Pflanzensaftes wurden mir nicht genannt.

Volksmedizinischer Gebrauch von Sonnentau wurde mir bisher nur für die Zeit bis zum 2. Weltkrieg bezeugt. Soweit später Auskünfte erteilt wurden, bezogen sie sich alle auf ältere übliche Anwendung.

1) SPA, Belgien: Elf Jahre mit schmerzstillendem Erfolg angewendet(1). // 2) RÖNNELMOOR, Kreis Wesermarsch: Acht Jahre hindurch mit dem gleichen Erfolg angewendet(2, 3). // 3) AIGING bei Traunstein, Oberbayern(6). // 4) ALTWASSER bei Bärn, Troppau, Sudeten(7). // 5) BEVERN bei Bremervörde, Niedersachsen(6). // 6) BURGHAUSEN an der Salzach, Oberbayern(10). // 7) CHEMNITZ (jetzt Karl-Marx-Stadt), Sachsen(6). // 8) CHEMNITZ bei Neubrandenburg, Mecklenburg(6). // 9) DAVERT bei Minden, Westfalen(9). // 10) ERNSTTHAL, Hohenstein-Ernstthal, Sachsen(6). // 11) GIESSHÜBEL, Elbsandsteingebirge (4). // 12) HARD am Bodensee, Bregenz, Vorarlberg(5). // 13) HJÖRRING Nordjütland(11). // 14) ILSENBURG, Harz(4). // 15) JOHANNGEORGENSTADT, Erzgebirge(7). // 16) KLINGENTHAL, Erzgebirge(7). // 17) LENORA an der Moldau, Böhmerwald(7). // 18) LIMBOURG, Belgien(1). // 19) MAASBREE, Niederlande(1). // 20) PRUTTING bei Rosenheim, Oberbayern(6). // 21) REICHENAU bei Zwittau, Lausitz(4). // 22) SCHLANGENBAD, Taunus(9). // 23) STEIGE, Vogesen(5). // 24) STEINDORF am Ossiacher See, Villach, Kärnten(5). // 25) THALE, Harz(4). // 26) WILHELMSFELD bei Heidelberg, Odenwald(2). // 27) ZWIESEL, Bayerischer Wald(7).

Überblickt man die vorstehend - außer am Anfang - alphabetisch aufgeführten 27 Belegorte, so zeigt sich, daß die volksmedizinische Anwendung von Sonnentau gegen Augenschmerzen in weiten Teilen Mitteleuropas bekannt war. Die Randbelege (im Norden Norddänemark, im Osten Schlesien und Sudetengebiet, im Süden der Alpenraum von Kärnten bis zum Bodensee, im Westen Ostfrankreich sowie Ostbelgien und Ostniederlande) dürften keine echte Begrenzung eines Anwendungsraumes sondern nur Zufallsgrenzen eines Beobachtungsraumes darstellen.

SONNENTAU ALS ALLHEILMITTEL BEI INNERER ANWENDUNG: Die Alchemisten des ausgehenden 16. Jahrhunderts glaubten, in den klebrigen Tropfen an den Drüsenhaaren des Sonnentaus den Stoff zur Bereitung der "Goldtinktur" und des "Lebenselexiers" gefunden zu haben(12). Besonders trug der Chemiker Aleardus von Villanova zum Ruf des Sonnentaus bei. Aleardus lebte am Ende des 16. Jahrhunderts als Professor in Barcelona. Durch die Inquisition vertrieben, fand er Zuflucht in Italien. Hier destillierte er aus der Drosera sein berühmtes "Goldwasser", das gegen alle Krankheiten dienlich sein sollte(12). Als wohlschmeckender Likör wurde es bald unter dem Namen "Rosoglio" (ros solis = Tau der Sonne) bekannt und war noch in der Zeit vor dem 1. Weltkrieg in Italien populär(12). Des weiteren galt Drosera früher als sehr geschätztes Mittel gegen Schwindsucht(12).

SONNENTAU ALS AMULETT UND BEI HEXEREI: Auch als Amulett wurde Sonnentau verwendet. FRANK (13) schreibt: "Man macht verschiedene Amulette aus dem Kraut, hänget solches in schwerer Geburt auf den Bauch; den Wahnwitz zu vertreiben, hänget man es an den Hals, und die Zahnschmerzen zu stillen, hält man es im Mund." Bei Hexerei war Sonnentau unentbehrlich. So verwendeten es vor dem 1. Weltkrieg die Ruthenen in Galizien(12) und die Sudentendeutschen - zumindesten - in Troppau(7).

AUSWERTUNG: Die vorstehenden Darlegungen zeigen, daß Sonnentau in der europäischen Volksmedizin und im europäischen Volksglauben eine so große Rolle spielte, daß man ihn - mit den Alchemisten des ausgehenden Mittelalters - als "Goldwasser", d.h. nahezu als "Allheilmittel" wirkend, ansah. Seine reichliche Anwendung - auch als beliebter Likör - zeigt, daß Drosera bis zum Anlaufen der umfassenden, intensiven landwirtschaftlichen "Kultivierungsarbeiten" bei den "Ödflächen" in Europa vor dem 1. Weltkrieg und besonders während und nach den beiden Weltkriegen in sehr reicher Fülle verbreitet gewesen sein muß. Heute sind jedoch die Standorte dieser fleischfressenden Pflanzen durch diese zerstörenden Maßnahmen in Mitteleuropa so selten und ihre örtliche Verbreitung jeweils so gering geworden, daß die Fundstellen gezielt gesucht werden müssen.

ANMERKUNGEN (1) Auskunft von Herrn Dr. VAN BENEDEN, Spa, 1960. // (2) Auskunft von Herrn Dr. med. RENEFELD, Bremen, 1934.// (3) Die am 5.8.1934 registrierten Aufzeichnungen wurden anläßlich einer ethnomedizinischen Tagung im Völkerkundemuseum Leipzig gefertigt und sind Auszüge aus Vorträgen und Diskussionsbeiträgen sowie persönliche Auskünfte. // (4) Auskunft von Herrn Dr. med. MAHLSTEDT, Dresden, 1934. // (5) Auskunft von Herrn Dr. med. MAISER, Innsbruck, 1934. // (6) Auskunft von Herrn Apotheker ALBRECHT, Leipzig, 1934. // (7) Auskunft von Herrn Dr. med. HERRMANN, Troppau, 1934. // (8) Auskunft von Herrn Dr. med. STEINER, Knittelfeld, Steiermark, 1934. // (9) Auskunft des Geologen und Lehrers K. PFAFFENBERG, Sulingen, 1951. // (10) Auskunft von Frau SPENGLER, Bad Reichenhall, 1979. // (11) Auskunft von Herrn Zahnarzt Holger FRIIS, Hjörring, 1965. // (12) O. von HOVORKA, A. KRONFELD "Vergleichende Volksmedizin" Stuttgart, 1908, Bd. 1, S. 397f. // (13) Die genaue Quelle hierzu ist aus HOVORKA-KRONFELD nicht ersichtlich. Es handelt sich entweder um Sebastian FRANK (Veröffentlichungen von 1531 und 1534) oder um G. FRANK (1691 und 1674).

Notizen zur Ethnobotanik Andalusiens

Vagn J. Brøndegaard

The author gives a short overview on the till now undiscovered field of ethnobotanical knowledge in Andalusia. - L'auteur rapporte de l'Andalousie, une région sans ancune recherche d'ethnographie des plantes et de phytothérapeutique empirique.

Wenn von wissenschaftlichen Entdeckungsreisen die Rede ist, denken wohl die meisten an ferne exotische Länder - dort wo einst Leute wie Joseph HOOKER, Alexander von HUMBOLDT oder Carl Peter THUNBERG ihre Namen berühmt machten. Man ist geneigt zu meinen, auf unserem Kontinent gäbe es wenig oder nichts ethnologisch Neues mehr zu entdecken.

Ich bin Däne, wohne aber seit 1965 in Andalusien, einer Region, etwa so groß wie Portugal oder der amerikanische Bundesstaat Maine oder ein wenig kleiner als Bayern. In Andalusien gibt es noch keine ethnobotanische Forschung. Mit 87.000 km^2 ist Andalusien die größte spanische Region. Das Klima ist subtropisch. Dreimal je eineinhalb Monate fuhren meine Frau und ich kreuz und quer durch Andalusien, um ethnobotanisches Material zu sammeln. Wir kehrten mit einer reichen Beute zurück: etwa 800 Synonyme (die meisten davon waren bisher nicht aufgezeichnet worden) sowie Angaben über die Verwendung (häufig medizinischer Art) von etwa 150 Arten.

Die spanischen Pflanzennamen sind bis jetzt in noch nur drei der insgesamt vierzehn Regionen systematisch erfaßt worden(1). Die katalanischen wurden 1954 von Francesc MASCLANS publiziert, es folgten 1955 die baskischen und 1971 die auf Gran Canaria. Darüber hinaus sind zahlreiche Synonyme, jedoch ohne Ortsangaben, anderswo verzeichnet - wie beispielsweise *Flora analitica* von Arturo CABALLERO, *Flora basica* von Emilio GUINEA und *Plantas medicinalis* von FONT QUER; im letztgenannten Werk findet man auch sehr viele ethnomedizinische Angaben.

Nicht unerwartet sind die meisten andalusischen Pflanzennamen - wie im übrigen Europa - durch Vergleiche mit Tieren bzw. ihren Organen entstanden. Der Tiername wird bekanntlich auch pejorativ verwendet. So bezieht sich in unserem Material z.B. *conojitos* "Kaninchen", auf elf verschiedene Blumen, und sechs werden *uñas de gato* "Katzenkrallen", benannt. Auffallend ist, daß eine ebenso große Gruppe Pflanzennamen durch Vergleiche mit anderen Pflanzen gebildet wird - so *ajo* "Knoblauch", *clavele* "Nelke", *naranja* "Apfelsine" und *pepino* "Gurke". Eine weitere große Motivgruppe sind Pflanzennamen, die mit dem menschlichen Körper und seiner Bekleidung, mit Personennamen sowie mit familiären oder beruflichen Begriffen verknüpft sind. In einer Region wie Andalusien mit fast 100 prozentiger katholischer Bevölkerung ist es kein Wunder, daß viele Pflanzennamen ein religiöses Motiv enthalten wie etwa *zapaticos del Niño Jesus* "des Jesuskindes kleine Schuhe" für *Fumaria*, *lagrimita de la Virgen* "Tränen der heiligen Jungfrau" für *Alyssum maritimum* und *llaga de Cristo* "Christuswunde" für *Tropaeolum majus*. Der Teufel ist in mehr als ein Dutzend Pflanzennamen vertreten. *Monstera deliciosa* heißt vielerorts *costilla de Adam* "Adamsrippe", denn das etwas schiefe Blatt hat auf der einen Seite meistens eine Blattrippe weniger.

Friedr. Vieweg & Sohn Verlag, Braunschweig/Wiesbaden

Wenden wir uns aber jetzt der ethnomedizinischen Verwendung zu. Es sollen hier nur einige wenige Beispiele zitiert werden. Wichtig ist, daß die meisten Heilpflanzen nach der jeweiligen Krankheit benannt sind, gegen welche sie verwendet werden: *hierba de la sangre* "Blutkraut", *mata de riñon* "Nierenstrauch", *mata de piedra* "Steinstrauch" usw.

In der Wundbehandlung bzw. gegen Entzündungen gebraucht man u.a. *Trachelium coeruleum, Anchusa hybrida, Digitalis obscura, Nicotiana glabra* und *Sedum sediforme*. *Carthamus lanatum* wird als Hämostyptikum verwendet. *Paronychia argentea, Sanguisorba officinalis* und *Arbutus unedo* werden als blutreinigend erachtet. Gegen Hochdruck trinkt man den Dekokt aus *Andryala integrifolia* und *Phlomis lychnitis*, gegen Nierenleiden *Hypericum, Verbascum sinuatum, Lepidium* und *Phlomis purpurea*, Magenleiden *Rumex species, Borago officinalis* und *Lippia triphylla*, - ferner *Lavendula stoechas* gegen Rheuma, *Cleome lusitanica* gegen Kopfschmerzen, *Phagnalon rupestre* gegen Diabetes, *Aristolochia* und *Lavandula stoechas* gegen Maltafieber, *Juniperus communis* wird gegen Maul- und Klauenseuche verabreicht.

Wir wir bald in Erfahrung brachten, waren es fast nur ältere Leute, die über Namen und Verwendung der Pflanzen Bescheid wußten. Es war erstaunlich, wie viel Bauern, Hirten und Hausfrauen über die sie umgebenden Pflanzen berichten konnten. Wir nahmen aber nur Stichproben auf. M.E. gibt es in Andalusien und höchst wahrscheinlich im übrigen Spanien sehr viel Ethnobotanik bzw. Ethnopharmazie, die der Wissenschaft noch verborgen ist. Es wäre eine dringende und zugleich vielversprechende Aufgabe, diesen ethnologischen Schatz zu heben. Eine solche systematische Ermittlung, die viele Monate wenn nicht Jahre in Anspruch nehmen würde, konnten wir uns leider aus finanziellen Gründen nicht leisten. Eine persönliche Anfrage im Ministerium für Wissenschaft und Unterricht in Madrid um eine bescheidene Beihilfe wurde abgelehnt(2).

ANMERKUNGEN

(1) MASCLANS Francese. 1954. *Els noms vulgars de les plantes en les terres Catalanes*. Barcelona. - BOUDA K. & BAUMGARTL D. 1955. *Nombres vascos de las plantes*. Salamanca. - SEGUI Jean. 1953. *Les noms populaires de plantes dans les Pyrenêes Centrales*. Barcelona. - KUNKEL G. 1971. *Nombres vernaculos de la flora de Gran Canaria*. Las Palmas.

(2) Nach Auskunft des Autors besteht seitens der andalusischen Provinzregierung Interesse an einer Drucklegung zur referierten Studie.

HINWEIS

BRØNDEGAARD V.J. 1985. *Ethnobotanik. Gesammelte Abhandlungen*. Berlin: Vlg. Mensch und Leben (Bregenzer Str.7, 1 Bln.15), 310 S. mit zahlr. Abb.,36 DM, ISBN 3-88911-006-1. Der Band ist in der Reihe Beiträge zur Ethnomedizin, Ethnobotanik und Ethnozoologie (BEEE) erschienen und legt eine Auswahl der Aufsätze des Autors in deutscher Sprache vor: Beiträge über Dipsacus fullonum, die Saat-Wucherblume (Chrysanthemum segetum), Elfentanz und Hexenringe, Holzschlag und Mondphasen, Kinderspiele mit Pflanzen, Primitives Lab, Orchideen als Aphrodisiaca, Vegetabilische Kontrazeptiva, Lycoperdon und Bovista in der Volksmedizin, Indianische Veterinärmedizin u.a.

Antifungal, Parasiticide, Insecticide, and Anthelmintic Herbal Remedies in the Traditional Medicine of North-Eastern Italy

Elsa M. Cappelletti

SUMMARY In the course of an extensive ethnopharmacobotanical research carried out in North-Eastern Italy from the Alps to the Po Plain, some herbal remedies still employed in domestic medicine to cure diseases caused by pathogenic fungi or used against insects or intestinal worms, were recorded. Only a few plant species, known to contain saponins or volatile oils, are reputed to have antifungal activity. To cure people infested with lice, many herbal remedies are available, largely based on plant species containing alkaloids, steroid glycosides or volatile oils. Ferns containing phloroglucinol derivatives, seeds from the *Cucurbitaceae*, garlic and members of the family of the *Compositae* are the most frequently employed anthelmintic species.

ZUSAMMENFASSUNG Im Verlaufe einer ausgedehnten ethnopharmaco-botanischen Studie in Nord-Ost-Italien, von den Alpen bis zur Po-Ebene wurden einige Heilkräuter beschrieben, die in der Hausmedizin noch verwendet werden, um durch pathogene Pilze hervorgerufene Krankheiten zu behandeln, sowie gegen Insekten oder Eingeweidewürmer. Nur wenige Pflanzen, die Saponine oder ätherische Öle enthalten, sollen einen fungiziden Effekt haben. Zur Behandlung von Läusen stehen viele Kräuterheilmittel zur Verfügung, vor allem durch Pflanzen mit Alkaloiden, Steroid-Glykosiden oder ätherischen Ölen. Farne, die Phloroglucinolderivate enthalten, sowie Kerne der *Cucurbitaceen*, Knoblauch und Pflanzen der *Compositaceen*-Familie sind häufig als Anthelmintika verwandt.

RÉSUMÉ Une recherche ethnopharmacobotanique dans l'Italie du Nord-Est, des Alpes jusqu'à la Plaine du Po, nous a permis de vérifier que certains remèdes végétaux sont encore utilisés dans la médecine traditionnelle pour le traitement des affections provoquées par des champignons pathogênes ou comme insecticides ou vermifuges. Peu de plantes â saponines ou à huiles volatiles sont réputées avoir une activité antifongique. Plusieurs plantes sont employées pur combattre les poux: il s'agit de plantes qui renferment des alcaloides, des glycosides stéroïdiques ou des huiles volatiles. Sont réputés avoir und activité vermifuge des fougères renfermants des dérivés du phluoroglucinol, les graines des *Cucurbitacées*, l'ail et plusieurs espèces des *Composées*. gm

INTRODUCTION In some instances herbal remedies are still employed in the domestic medicine of North-Eastern Italy, in spite that the modern pharmaceutic products are nowadays available to everybody. Traditional knowledge of medicinal plants is however being lost. In order to preserve this information, an extensive ethnopharmacobotanical research has been carried out and several areas (from the Alps to the Po Plain) have been taken into account(see fig.). In the inquired areas, the bulk of the recorded information refers either to plant remedies reputed to exhibit diuretic properties, or to remedies topically applied to cure rheumatic diseases, wounds or ulcers (CAPPELLETTI, CIRIO and MUTTI 1979; CAPPELLETTI 1979, and unpublished data). In the present paper the plant species which are reputed to exhibit antifungal, parasiticide, insecticide or anthelmintic properties, are considered.

In the text, numbers between brackets refer to the research areas drawn on the geographical map (see fig.).

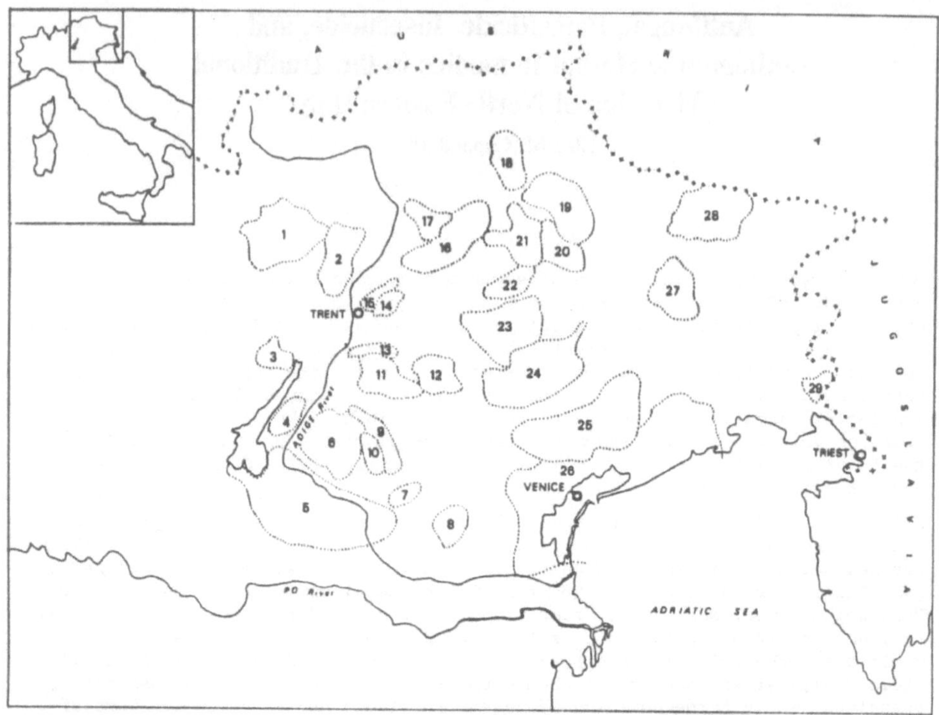

Fig. 1. Research area. 1 = Val di Sole; 2 = Middle and Lower Val di Non; 3 = Val di Ledro; 4 = Southern Mount Baldo; 5 = Verona Plain and Lake Garda hills; 6 = Western Mounts Lessini; 7 = Colli Berici; 8 = Colli Euganei; 9 = Agno Valley; 10 = Chiampo Valley; 11 = Astico and Posina Valleys; 12 = Sette Comuni Plateau (SE part); 13 = Folgaria and Lavarone Plateau; 14 = Val dei Mocheni; 15 = Val di Piné; 16 = Val di Fassa and Val di Fiemme; 17 = Val d'Ega; 18 = Val Badia; 19 = Boite Valley; 20 = Val di Zoldo; 21 = Valleys of Agordo; 22 = Primiero and Upper Mis Valley; 23 = Valleys of Feltre; 24 = Foothill belt of Treviso; 25 = Treviso Plain; 26 = Venice Lagoon and hinterland; 27 = Val Tramontina; 28 = But Valley; 29 = Karst of Monfalcone.

METHODS During field work the local plant name, the plant part employed, harvest time, preparation and administration ways, together with the therapeutic properties traditionally attributed to each plant species, were recorded. Inquiries were made about the origin of each herbal remedy, in order to gather information as much as possible handed down orally, from father to son. Plant samples were collected by the informants themselves and voucher specimens were deposited in the Herbarium of the Institute of Botany and Plant Physiology of the University of Padua. Nomenclature follows that of the "Flora Europaea" (TUTIN et al. 1964, 1968, 1972, 1976 and 1980).

Friedr. Vieweg & Sohn Verlag, Braunschweig/Wiesbaden

Results and Discussion

Plant species used against pathogenic fungi

Only little information has been got about the plants used to cure fungal diseases. Apparently only two ailments caused by fungi are known by people: thrush, an infection formerly rather common in children, due to *Candida albicans* (Robin) Berkhout., and tinea of man and domestic animals, due to several species belonging mainly to the genera *Trichophyton* and *Microsporum*. No information has been recorded about another fungal disease, the athlete's foot infection. To cure thrush, a decoction from leaves of *Salvia officinalis* L. is frequently used (2, 3, 15, 21). In one instance more complex remedy has been reported, that is an infusion made from leaves of sage and *Rosmarinus officinalis* L., flower heads of *Chamomilla recutita* (L.) Rauschert, and stigmatic filaments of *Zea mays* L. (5). The volatile oils and the high content in phenolic compounds may account for the employment of sage and rosemary.

A number of polyacetylenes and of their thiophene derivatives from some species of *Compositae* have been reported to be phototoxic to bacteria and fungi, namely to *Candida albicans*, in presence of long-wave UV (CAMM, TOWERS and MITCHELL 1975; CHAN et al. 1979). A plant species containing several polyacetylenes (*Bidens pilosa* L.) and another one containing thiophenes (*Eclipta alba* (L.) Hassk.), both used to cure thrush, in Hawai (DEGENER 1975) and in Guyana (MIHALIK 1978) respectively, have been found to exhibit phototoxic activity against *C. albicans* (WAT, JOHNS and TOWERS 1980). *Chamomilla suaveolens* (Pursh.) Ryd. is phototoxic against *C. albicans* (TOWERS et al. 1977). The German camomile (*Chamomilla recutita* (L.) Rauschert) has however proved to be ineffective against *C. albicans*, though being phototoxic and slightly antibiotic towards *Saccharomyces cerevisiae* Hansen (WAT, JOHNS and TOWERS 1980).

The stigmatic filaments of *Zea mays* are known to contain tannins, sytosterol, potassium salts, traces of volatile oils and allantoin (PARIS and MOYSE 1967). In young maize plants an antifungal substance, namely methoxybenzoxalinone, has been found both in free form and bound to glucose (VIRTANEN 1965). To the author's knowledge no data are however available about a possible presence of this substance in maize stigmatic filaments.

One of the plant species most widely employed to cure tinea is *Tamus communis* L. Tuber slices or infusions are applied topically to the affected area (7, 8). This traditional medical practice seems to be quite reliable. In fact a steroid sapogenin (diosgenin) is known to be present in *Tamus communis* roots (LAORGA and PINAR 1960) and considerable body of evidence has been gained about toxicity of both triterpene and steroid saponins to pathogenic fungi (TSCHESCHE and WULFF 1965; WOLTERS 1968; DÉFAGO 1977; BALANSARD et al. 1980). Largely available saponin containing plants, such as *Hedera helix* L. and *Cyclamen purpurascens* Miller, apparently are not used to cure fungal diseases, although extensively employed topically in the therapy of scabies, wounds, and as anti-inflammatory remedies in rheumatic diseases (CAPPELLETTI and TREVISAN, unpublished data). Another saponin containing species, *Verbascum thapsus* L. is used topically as fungicide by the Zuñi Indians (CAMAZINE and BYE 1980). The presence of steroid saponins and of iridoid glycosides would account for the antimicrobial and insecticidal employment of this species (PLOUVIER and FAVRE-BONVIN 1971; HEGNAUER 1973).

The roots of *Solanum dulcamara* L., rubbed on the skin, are considered a very effective remedy against tinea in some areas of the Po Plain (5, 25). The recorded therapeutic practice may have a valid pharmacological basis, this species being known to contain steroid glucoalkaloids and saponins (RÖNSCH and SCHREIBER 1965 and 1966; WILLUHN 1967; WILLUHN and KUN-ANAKE 1970). The crushed fruits of *Solanum torvum* Swartz are used in a Maya village to treat athlete's foot infection (ARNASON et al. 1980).

In some valleys of the Alps (3, 15) an alliin containing species, namely *Allium vineale* L., is used against dermatophytes: a poultice from crushed fresh bulbs is applied to the affected skin. Alliin enzymatically yields allicin, which proved to have activity against some bacteria and fungi, some common dermatophytes included (SMALL, BAILEY and CAVALLITO 1947; KHAERTYNOV and NAZYPOV 1972; UCHIDA, TAKAHASHI and SATO 1975). Another traditional remedy against tinea consists of a decoction from roots of *Arctium lappa* L., rubbed on the affected area (24). The leaves of this species or those of *Artium minus* Bernh., known to contain the fungistatic and bacteriostatic sesquiterpene lactone arctiopicrine (CAVALLITO, BAILEY and KIRCHNER 1945; CAVALLITO and KIRCHNER 1947; PARIS and MOYSE 1971) are not used, to the author's knowledge, to cure tinea in North-Eastern Italy, unlike what recorded in Central Italy (FERRI 1961). A rather unusual remedy against tinea, reported for a valley of the Alps (Val di Fassa (16) consists of leaves of *Malva sylvestris* L. boiled in urine; the liquid is used to wash the affected areas. We have to notice that urine is considered a useful topical remedy against exzema and herpes near Padua (Colli Euganei (8)). Against the dermatophytes of domestic animals, crushed bulbs of *Allium vineale* L. (3, 15) or a decoction from the stem bark of *Ilex aquifolium* L. (3) are employed.

In North-Eastern Italy no plant species containing anthraquinone derivatives was found to be utilized in traditional medicine against parasitic fungi. ACHARYA and CHATTERJEE (1975) have shown that chrysarobin exhibits fungicidal activity for some dermatophytes, and the effectiveness of a poultice from roots of *Rumex crispus* L. (a traditional medicine of the Zuñi Indians against athlete's foot infection), is attributed by CAMAZINE and BYE (1980) to anthraquinone derivatives. In Central Italy a poultice from the alkaloid containing *Sedum acre* L. (FRANCK 1958) is used against tinea (CHICHIRICCO' et al. 1980), while in North-Eastern Italy several *Sedum* species are considered vulnerary plants (CAPPELLETTI 1979). In Central Italy another remedy against tinea consists of a decoction from the seeds of *Lupinus albus* L. (FERRI 1977).

Plant species used against skin parasites and to fight insects

Besides their antifungal properties, the bulbs of *Allium vineale* are reputed a good remedy against scabies too (3). Two species containing triterpene saponins, i.e. *Hedera helix* L. (decoction from leaves) (21) and *Cyclamen purpurascens* Miller (olive-oil in which tuber slices have been cooked) (16, 22), are applied topically against scabies. Other herbal remedies used in North-Eastern Italy to treat scabies are: olive-oil in which leaves of *Fragaria vesca* L. had boiled (21), decoction from the bark of *Daphne mezereum* L. (3) or a poultice from *Euonymus europaeus* L. fruits (23). The bark of *Daphne mezereum* contains coumarin compounds (KOSHELEVA and NIKONOV 1968 and 1970) and toxic principles being reported fatal to man, dog and horse (ROLÅN and WICKBERG 1970; STOUT et al. 1970). Ivy and *Euonymus europaeus* are reported to be a traditional remedy against scabies in Central Italy too (CHICHIRICCO' et al. 1980). In some instances (16) the leaves of *Eupatorium cannabinum* L. (containing the sesquiterpene lactone eupatoriopicrine, DOLEJŠ and HEROUT 1962) are rubbed on the skin affected with scabies, or poultices from leaves of *Plantago major* L. (in which aucubin has been put in evidence by DUSINSKY and TYLLOVA 1960) are applied (11).

A great variety of herbal remedies is utilized to cure people infested with lice. Some of the plant species employed are known to contain alkaloids. Examples are: *Huperzia selago* (L.) Bernh. (11) and *Lycopodium clavatum* L. (15) (decoction of the aerial parts to make topical applications), both containing toxic alkaloids (MUSZYNSKI 1934 and 1955); *Veratrum album* L. (1, 2) (decoction from leaves, rhizome, and parasiticide used since Middle Age, PARIS and MOYSE 1967); *Colchicum autumnale* L. (28) (decoction from leaves collected in spring when a considerable colchicine content is present, as pointed out by COASSINI LOKAR et al. 1980). A decoction from the entire plant of *Symphytum officinale* L. represents another traditional remedy against lice (24, 25). This plant species is known to contain pyrrolizidine alkaloids (DELORME, JAY and FERRY 1977; TITTEL, HINZ and WAGNER 1979) together with polyphenol compounds and allantoin (HEGNAUER 1964). Hair infested with lice is washed with a decoction from seeds of *Vicia faba* L. (5), known to contain the alkaloids epinine and vicine (PICCINELLI 1955; LIN and LING 1962) or from leaves of *Urtica divica* L. in which BLAIM (1962) has found nicotine, the insecticidal properties of which are well known. No information concerning the employment of tobacco leaves has been recorded. *Urtica dioica* is elsewhere reputed a remedy against scabies (CHICHIRICCO' et al. 1980). *Nerium oleander* L. is widely cultivated in North-Eastern Italy wherever environmental conditions are favourable. Its leaves, known to contain steroid glycosides (HEGNAUER 1964) are used in decoction to make wash against lice (24, 25). Another folk remedy consists of a decoction from the aerial parts of *Verbascum thapsus* L. (1). As previously discussed, the present chemical knowledge would account for the use of this species as parasiticide.

A poultice made from the entire flowering plant of *Crocus vernus* (L.). Hill is reputed an effective remedy against lice in some areas of Eastern Alps (28). Steroid saponins seem to occur in a lot of species belonging to this genus (HEGNAUER 1963). The leaves of *Juglans regia* L., rich in naphtoquinone derivatives (DAGLISH 1950) - many of which exhibit antimicrobial and anthelmintic activities (SKRIPKA, VLADIMIRTSEV and CHERKASOV 1972; PAPAGEORGIOU et al. 1979) -, are used (1, 12) in decoction against lice, as well as those of *Thymus serpyllum* L. (1, 13), a species well known for its antiseptic properties (PARIS and MOYSE 1971). The juice from persil (*Petroselinum crispum* (Miller) A.W.Hill) leaves (15), or persil fruits crushed in animal fat (27), or water in which onion (*Allium cepa* L.) bulbs have been soaked (27), represent other traditional herbal remedies against lice.

The only species of the *Compositae* used for this purpose is *Artemisia absinthium* L. (decoction from leaves)(9), more frequently utilized in North-Eastern Italy for its anthelmintic properties. Against lice, fronds of *Dryopteris filix-mas* (L.) Schott are spread in bed (17); sometimes the same fronds or leaves of *Sambucus nigra* L. (11) (containing a cyanogen glycoside, PARIS and MOYSE 1971) are spread on floor of chicken coop to rid animals of parasites. *Solanum nudum* HBK has been reported to be employed for the same purpose (ARNASON et al. 1980). *Tanacetum vulgare* L., very often utilized as an anthelmintic drug, is sometimes spread in kennels against fleas (11). To fight moths, the saponin (aescin) containing seeds of *Aesculus hippocastanum* L. (5) and plants of *Antennaria dioica* (L.) Gaertn. (1) are used. Anthraquinone derivatives were found (GARCIA MARQUINA and

VILLA 1949) in *Antennaria dioica* flower heads; most likely sesquiterpene lactones and polyacetylene compounds may play a role in giving rise to the efficacy of this folk remedy.

Anthelmintic plant species

The herbal remedies traditionally used against worms include some well known anthelmintic species. The toxicity of *Dryopteris filix-max* to tapeworms is well known as well as its dangerosity. Consequently it is used more as an antirheumatic topical remedy than as an anthelmintic one. However, the powdered rhizome or rhizome infusions or decoctions are seldom utilized against tapeworms (1, 3). Two other ferns, namely *Dryopteris cristata* (L.) A. Gray (6) and *Polystichum aculeatum* (L.) Roth (18, 19), have been reported as anthelmintic folk remedies. The phloroglucinol derivatives, known to possess strong anthelmintic properties, are present in most species of the genus *Dryopteris* and, outside *Dryopteris*, only in a few closely related fern genera, for instance *Ctenitis* and *Polystichum* (EUW et al. 1980). So far phloroglucinols have been found only in two *Polystichum* species (*P. tsus-simense* (Hook.) J.Sm. and *P. rigens* Tagawa, WIDÉN et al. 1976 and 1978). The question naturally arises whether the informants had mistaken *Polystichum aculeatum* for *Dryopteris filix-mas* or whether this fern may contain phloroglucinols and therefore may have a valid pharmacological basis).

The flowers of *Hypericum perforatum* L., macerated in olive-oil or in alcohol, are considered (4, 16) very effective against worms, in addition to their use as a vulnerary remedy. In this connection we must remember that phloroglucinols very similar to those found in male fern have been found in *Hypericum uliginosum* L. (PARKER and JOHNSON 1968). Another well known anthelmintic species, *Punica granatum* L., although rather widely cultivated, is unfrequently employed (24); moreover only the twig bark, less rich in alkaloids than the root one (PARIS and MOYSE 1967) is taken into account; the root bark is on the contrary used in Central Italy (FERRI 1977).

The seeds of two *Cucurbitaceae*, *Cucurbita pepo* L. (1o, 2o) and *Cucumis sativus* L. (5, 7) are eaten to get rid of ringworms. The seeds of the former species contain the aminoacid cucurbitin (DUNHILL and FOWDEN 1965) for which an anthelmintic effect has been demonstrated (GONZALES et al. 1974). The bulbs of several *Allium* species are also employed against worms. Besides the well known anthelmintic drug *Allium sativum* L. (7) (SCHMIDT 1973), *Allium vineale* L. (15) and *Allium schoenoprasum* L. (16) can be used. Sometimes (24) garlic bulb juice is associated with crushed leaves of *Ruta graveolens* L., another species the anthelmintic properties of which have been recognized (BENIGNI, CAPRA and CATTORINI 1964). In Central Italy *Ruta graveolens* as well as *Ruta chalepensis* L. is used against worms (FERRI 1977; CORSI and PAGNI 1978).

In North-Eastern Italy many species belonging to the family of the *Compositae* are reputed to have anthelmintic activity. They include *Artemisia caerulescens* L. (decoction from leaves), a santonin containing species (KAWATANI and VODOPIVEC 1956) which grows in proximity of the salt marshes bordering the Lagoon of Venice (26), and *Artemisia absinthium* L. (2, 3, 6, 9, 18, 19) (infusion or decoction from leaves) which contains some sesquiterpene lactones but no santonin (HEGNAUER 1964). Another well known anthelmintic species (BENIGNI, CAPRA and CATTORINI 1964) belonging to this family is *Tanacetum vulgare* L., of which an infusion from flower heads is used (1, 13, 14, 28). People attribute effectiveness against worms both to an infusion from leaves of *Carlina acaulis* L. (1, 2) and to flower heads of German camomile boiled in oil together with lemon juice (6). Evidence is now available about the anthelmintic activity of sesquiterpene compounds (TODOROV et al. 1974; SUSPLUGAS et al. 1979), which appear to be widespread among the *Compositae*.

Other folk anthelmintic remedies include decoctions from the phloem of *Vitis vinifera* L. (29) and infusions from rhizomes of *Elymus repens* (L.) Gould (5). The rhizomes of this species contain a volatile oil yielding agropyrene (TREIBS 1947), exhibiting antibiotix effect on dermatophytes (HEJTMANEK and DADAK 1959). The employment of *E. repens* against dermatophytes has never been reported in traditional medicine of North-Eastern Italy.

In Northern Italy knowledge of medicinal plants is being lost, mainly because modern remedies are available to everybody. Owing to better hygienic conditions, some diseases (for instance some diseases caused by parasites) are nowadays less common than some years ago. This fact may contribute (at least in part) to the disappearance of some traditional herbal remedies. Information gathered in the course of our ethnopharmacobotanical research, has put in evidence that most of the recorded folk traditional remedies seem to be scientifically reliable in the light of present phytochemical and pharmacological knowledge.

LITERATURE

(1) ACHARYA T.K. and CHATTERJEE I.B. (1975): *Isolation of chrysophanic acid - 9 anthrone, the major antifungal principle of Cassia tora*. Lloydia, 38, 218-22o.// (2) ARNASON T., UCK F., LAMBERT J. and HEBDA R. (1980): *Maya medicinal plants of San José Succotz, Belize*. J. Ethnopharm., 2, 345-364.// (3) BALANSARD G., TIMON-DAVID P., JULIEN J., BERNARD P. and GASQUET M. (198o): *Douvicidal and antifungal activities of α-hederin extracted from Hedera helix leaves*. Planta med., 39, 234. // (4) BENIGNI R., CAPRA C. and CATTORINI P.E. (1964): *Piante medicinali. Chimica, farmacologia e terapia. II*. Inverni e Della Beffa, Ed., Milano.// (5) BLAIM K. (1962): *Zur Frage des Vorkommens von Nikotin in Pflanzen*. Flora, 152, 171-172.

(6) CAMAZINE S. and BYE R.A. (198o): *A study of the medical ethnobotany of the Zuñi Indians of New Mexico*. J. Ethnopharm., 2, 365-388.// (7) CAMM E.L., TOWERS G. H.N. and MITCHELL J.C. (1975): *UV-mediated antibiotic activity of some Compositae species*. Phytochem., 14, 2oo7-2o11.// (8) CAPPELLETTI E.M., CIRIO M.E. and MUTTI L. (1979): *L'uso delle piante officinali nella medicina popolare del Feltrino (Belluno)*. Atti Ist.Ven.Sci., Lett. ed Arti, Venezia, Cl. Sci.mat., fis.e nat., 137, 113-131.// (9) CAPPELLETTI E.M. (1979): *Ricerche etnofarmacobotaniche in alcune zone dell'Italia Nord-orientale: specie vulnerarie*. Atti Acc. Naz. Lincei, Roma, Rend.Cl.Sci.fis., mat.e nat., 66, 577-586.// (1o) CAVALLITO C.J., BAILEY J.H. and KIRCHNER F.K. (1945): *The antibacterial principle of Arctium minus. I. Isolation, physical properties and antibacterial action*. J. Am. Chem. Soc., 67, 948-95o.

(11) CAVALLITO C.J. and KIRCHNER F.K. (1947): *The antibacterial principle of Artium minus. II. The unsaturated lactone structure*. J. Am. Chem. Soc., 69, 3o3o-3o32.// (12) CHAN G.F.Q., LEE M.M., GLUSHKA J. and TOWERS G.H.N. (1979): *Photosensitizing thiophenes in Porophyllum, Tessaria and Tagetes*. Phytochem., 18, 1566.// (13) CHICHIRICCO' G., CIFANI M.P., FRIZZI G. and TAMMARO F. (1980): *Phytotherapy in the Subequana Valley, Abruzzo, Central Italy*. J. Ethnopharm., 2, 247-258.// (14) COASSINI LOKAR L., TOME' F., POLDINI L. and PORATTI M. (198o): *Indagine sul contenuto di colchicina in Colchicum autumnale L. dell'Italia settentrionale*. Studia Geobot., Trieste, 1, 265-274.// (15) CORSI G. e PAGNI A.M. (1978): *Studi sulla flora e vegetazione del Monte Pisano (Toscana Nord-Occidentale). I. Le piante della medicina popolare nel versante pisano*. Webbia, 33, 159-2o4.

(16) DAGLISH C. (195o): *The Determination and occurrence of a hydrojuglone glucoside in the walnut*. Biochem. J., 47, 458-462.// (17) DÉFAGO G. (1977): *Rôle des saponines dans la résistance des plantes aux maladies fongiques*. Ber. Schweiz. Bot. Ges. 87, 79-132.// (18) DEGENER O. (1975): *Plants of Hawai National Parks*. Braum-

Brumfield Inc. 299-3oo.//(19) DELORME P., JAY M. and FERRY S. (1977): *Inventaire phytochimique des Borraginacées indigènes: étude des alcaloides et des composés polyphénoliques (composés anthocyaniques et flavoniques)*. Pl. méd. et Phytothérapie, 11, 5-11// (2o) DOLEJŠ L. and HEROUT V. (1962): *Constitution of eupatoriopicrin, a germacranolide from Eupatorium cannabinum*. Coll. Czechoslov. Chem. Commun., 27, 2654-2661, CA 58 (1963): 1o244.

(21) DUNNILL P.M. and FOWDEN L. (1965): *The amino acids of seeds of the Cucurbitaceae*. Phytochem., 4, 933-944.//(22) DUSINSKY G. and TYLLOVA M. (196o): *The aucubin content in some domestic Plantago species and in some drugs (determination and identification)*. Czeskoslov. Farm., 9, 6o-62, CA, 58, (1963): 4376.//(23) EUW J.V., LOUNASMAA M., REICHSTEIN T. and WIDÉN C.J. (198o): *Chemotaxonomy in Dryopteris and related fern genera. Review and evaluation of analytical methods*. Studia Geobot., 1, 275-311.//(24) FERRI S. (1961): *Flora medicinale del Senese*. Atti Accad. Fisiocritici Siena, Sez. Agraria, S. II. 8:71-78.//(25) FERRI S. (1977): *Piante medicinali e fitoterapia nel territorio di Cetona e Sarteano (Siena)*. Webbia, 31, 1o5-113.

(26) FRANCK B. (1958): *Alkaloide in Sedum acre und verwandten Sedumarten*. Chem. Ber., 91, 28o3-2818.//(27) GARCIA MARQUINA J.M. and VILLA M.G. (1949): *Anthraquinone derivative in a plant of the Compositae family*. Farmacognosia, Madrid, 9, 255-259, CA, 44 (195o): 5541.//(28) GONZALES A.E., BRAVO O.R., GARCIA M.H., SANTOS de la R., M. and TOMAS del M., L. (1974): *Pharmacological (anthelmintic) study of Cucurbita maxima seeds and their active principle, cucurbitin*. An.R.Acad.Farm., 4o, 475-486, CA, 82 (1975): 149446.//(29) HEGNAUER R. (1963): *Chemotaxonomie der Pflanzen. Band 2. Monocotyledoneae*. Birkhäuser Verlag, Basel und Stuttgart.// (3o) --- (1964): *Chemotaxonomie der Pflanzen. Band 3. Dicotyledoneae, I. Teil: Acanthaceae-Cyrillaceae*. Birkhäuser Verlag, Basel und Stuttgart.

(31) --- (1973): *Chemotaxonomie der Pflanzen. Band 6. Dicotyledoneae: Rafflesiaceae-Zygophyllaceae*. Birkhäuser Verlag, Basel und Stuttgart.// (32) HEJTMANEK M. and DADAK V. (1959): *The antibiotic effect of agropyrene on dermatophytes*. Naturwissenschaften, 46, 152, CA 53 (1959): 22253.//(33) KAWATANI T. and VODOPIVEC S. (1956): *Two further crystalline compounds from Artemisia caerulescens, discovery of an Artemisia containing l-β-santonin*. J. Pharm. Soc. Japan, 76, 1214-1215, CA 51 (1957): 3514.//(34) KHAERTYNOV S. Kh. and NAZYPOV M.N. (1972): *Effect of several antibiotics on the development of microscopic fungi*. Uch.Zap.Kazan.Vet.Inst., 112, 236-237, CA 81 (1974):21575.//(35) KOSHELEVA L.I. and NIKONOV G.K. (1968): *Phytochemical study of Daphne mezereum*. Farmatsiya, Moscow, 17, 4o-47, CA 7o(1969): 1o3683.

(36) --- (197o): *Seasonal dynamics of the hydroxycoumarin content in Daphne mezereum*. Farmatsiya, Moscow, 19, 36-4o, CA 74 (1971):1o324.//(37) LAORGA R. and PINAR M. (196o): *National sources of steroids. IX. Sapogenins of Asparagus albus, Tamus communis, Polygonatum officinale, Smilax aspera variety mauritanica, Smilax aspera variety en-aspera, Aphyllanthes monspeliensis, Ruscus aculeatus and Agave sisalana*. An.Real.Soc.Españ.fys. y quim., Madrid, 56 B, 797-8o2, CA 55 (1961): 23934.//(38) LIN J.-Y. and LING K.-H. (1962): *Isolation of an active principle from faba beans (Vicia faba)*. T'ai-wan I Hsueh Hui Tsa Chih, 61, 484-488, CA 65 (1966):4143.//(39) MIHALIK G.J. (1978/79): *Guyanese ethnomedical botany. A folk pharmacopoeia*. Ethnomedicine, 1/2, 83-96.//(4o) MUSZYNSKI J. (1934): *Alkaloidy europejskich gatunkow Lycopodium*. Acta Soc.Bot.Poloniae, 11, 277-286.//(41) --- (1955): *Alkaloidy i glikozydy flawonowe widłakow*. Acta Soc.Bot.Poloniae, 24,237-244.

(42) PAPAGEORGIOU V.P., WINKLER A., SAGREDOS A.N. and DIGENIS G.A. (1979): *Studies on the relationships of structure to antimicrobial properties of naphtoquinones and other constituents of Alkanna tinctoria*. Planta med., 35, 56-6o.//(43) PARIS R.R. and MOYSE H. (1967): *Précis de Matière médicale. Tome II*. Masson Ed., Paris. //(44) --- (1971): *Précis de Matière médicale. Tome III*. Masson Ed., Paris.//(45) PARKER W.L. and JOHNSON F. (1968): *The Structure determination of antibiotic compounds from Hypericum uliginosum*. J.Am.Chem.Soc., 9o, 4716-4723.//(46) PICCINELLI D. (1955): *Ricerche cromatografiche preliminari sulle ossi-fenil-alchil-ammine in Vicia faba*. Boll.Soc.Eustachiana e Ist.Sci.Univ.Camerino, 48,1o5-1o7.

(47) PLOUVIER V. and FAVRE-BONVIN J. (1971): *Les iridoïdes et séco-iridoïdes: répartition, structure, propriétés, biosynthèse.* Phytochem., 1o, 1697-1722.//(48) REISCH J., SPITZNER W. and SCHULTE K.E. (1967): *Zur Frage der mikrobiologischen Wirksamkeit einfacher Acetylen-Verbindungen.* Arzneim.Forsch., 17, 816-825.//(49) ROLAN A. and WICKBERG B. (197o): *The structure of mezerein, a major toxic principle of Daphne mezereum L.* Tetrahedron Letters, 49, 4261-4264.//(5o) RÖNSCH H. and SCHREIBER K. (1965): *15-α-hydroxy-soladulcidin und 15 α-hydroxy-tomatidin, zwei neue Steroidalkaloide aus Solanum dulcamara L.* Tetrahedron Letters, 24, 1947-1952.//(51) --- (1966): *Über α_1 und δ-solamarin, zwei neue Tomatidenol-glycoside aus Solanum dulcamara. L.* Phytochem., 5, 1227-1233.

(52) SCHMIDT G.L. (1973): *Garlic. More than just a taste.* Food Technol. N.Z., 8, 15-16.//(53) SKRIPKA L.I., VLADIMIRTSEV I.F. and CHERKASOV V.M. (1972): *Effect of some chemical substances on the development of ascarid eggs.* Probl. Parazitol. Tr. Nauch. Konf. Parazitol. Ukr. SSR, 7th, 2, 265-266, CA 79 (1973):14425.//(54) SMALL L.V., BAILEY J.H. and CAVALLITO C.J. (1947): *Alkyl Thiosulfinates.* J. Am. Chem. Soc., 69, 171o-1713.//(55) STOUT G.H., BALKENHOL W.G., POLING M. and HICKERNELL G.L. (197o): *The Isolation and Structure of Daphnetoxin, the poisonous Principle of Daphne species.* J.Am.Chem.Soc., 92, 1o7o-1o71.//(56) SUSPLUGAS C., BALANSARD G., JULIEN J., TIMON-DAVID P., ROSSI J.C. and GASQUET M. (1979): *Evidence of anthelmintic action of aerial parts from Inula viscosa L.; attribution to a sesquiterpenic acid of this activity.* Planta med., 36, 253-254.//(57) TITTEL G., HINZ H. and WAGNER H. (1979): *Quantitative Bestimmung der Pyrrolizidin-alkaloide in Symphyti Radix durch HPLC.* Planta med., 37, 1-8.

(58) TODOROV V., DRYANOVSKA L., NAIDENOVA E. and AVRAMOVA P. (1974): *Helminthographic investigation of water-soluble nitrogen-containing derivatives of sesquiterpene lactones.* Epidemiol.Mikrobiol.Infekts.Boles., 11, 376-38o, CA 83 (1975):223o6. //(59) TOWERS G.H.N., WAT C.-K., GRAHAM E.A., BANDONI R.J., CHAN G.F.Q., MITCHELL J.C. and LAM J. (1977): *Ultraviolet-mediated antibiotic activity of species of Compositae caused by polyacetylenic compounds.* Lloydia, 4o, 487-498.//(6o) TREIBS W. (1947): *Über das Agropyren, einen natürlichen aromatischen En-in-Kohlenwasserstoff der Queckenwurzel.* Chem. Ber., 8o, 97-1o1.//(61) TSCHESCHE R. and WULFF G. (1965): *Über die antimikrobielle Wirksamkeit von Saponinen.* Z. Naturforsch., 2ob, 543-546.//(62) TUTIN T.G., HEYWOOD V.H., BURGES N.A., VALENTINE D.H., WALTERS S. M. and WEBB D.A. (1964): *Flora Europaea. I. Lycopodiaceae to Platanaceae.* Cambridge University Press, Cambridge.

(63) TUTIN T.G., HEYWOOD V.H., BURGES N.A., MOORE D.M., VALENTINE D.H., WALTERS S.M., and WEBB D.A. (1968): *Flora Europaea. II. Rosaceae to Umbelliferae.* Cambridge University Press, Cambridge.//(64) --- *Flora Europaea. III. Diapensiaceae to Myoporaceae.* Cambridge University Press, Cambridge.//(65) --- (1976): *Flora Europaea. IV. Plantaginaceae to Compositae (and Rubiaceae).* Cambridge University Press, Cambridge.//(66) --- (198o): *Flora Europaea. V. Alismataceae to Orchidaceae (Monocotyledones).* Cambridge University Press, Cambridge.//(67) UCHIDA Y., TAKAHASHI T. and SATO N. (1975): *The characteristics of the antibacterial activity of garlic.* Japan.J.Antibiot., 28, 638-642, CA 84 (1976): 111547.//(68) VIRTANEN A.I. (1965): *Studies on organic sulfur compounds and other labile substances in plants.* Phytochem., 4, 2o7-228.

(69) WAT C.-K., JOHNS T. and TOWERS G.H.N. (198o): *Phototoxic and antibiotic activities of plants of the Asteraceae used in folk medicine.* J. Ethnopharm., 2, 279-29o.//(7o) WIDÉN C.-J., SARVELA J. and IWATSUKI K. (1976): *Chemotaxonomic studies on Arachniodes (Dryopteridaceae). I. Phloroglucinol derivatives of Japanese species.* Bot.Mag. Tokyo, 89, 277-29o.//(71) WIDÉN C.-J., HUURRE, SARVELA J. and IWATSUKI K. (1978): *Chemotaxonomic studies on Arachniodes (Dryopteridaceae). II. Phloroglucinol derivatives and taxonomic evaluation.* Bot.Mag.Tokyo, 91, 247-254.//(72) WILLUHN G. (1967): *Untersuchungen zur chemischen Differenzierung bei Solanum dulcamara. L. II. Der Steroidgehalt.* Planta med., 15, 58-73.//(73) WILLUHN G. and KUN-ANAKE A. (197o): *Untersuchungen zur chemischen Differenzierung bei Solanum dulcamara. V. Isolierung von Tomatidin aus Wurzeln der Solasodin-Sippe.* Planta med., 18, 354-36o.//(74) WOLTERS B. (1968): *Saponine als pflanzliche Pilzabwehrstoffe. Zur antibiotischen Wirkung von Saponinen. III.* Planta, 79, 77-83.

Der Knoblauch in der polnischen Volkskultur

Anna Kowalska-Lewicka

ZUSAMMENFASSUNG Knoblauch wird in Polen seit Bestehen des Staates angebaut, heute besonders im Süden (Karpaten, bes. Tatrafuß). Die Autorin stellt das Wissen von Nahrungs-, Geschmacks- und Heilungs- sowie von magischen Eigenschaften des Knoblauchs in der alten polnischen Literatur dar sowie den Knoblauchgebrauch in der Kultur des 19. und 20. Jh. in den Küchen der Adels-, Bürger- und Bauernkreise und in jenen der nationalen Minderheiten der Juden und Armenier. Knoblauch spielt in der polnischen Küche eine verhältnismäßig geringe Rolle, zumal sein Geruch negativ beurteilt wird. Dennoch wird er bei der Vorbereitung mancher Speisen, besonders bei aus Schweinefleisch erzeugten Würsten verwendet. In der Volksmedizin ist er dagegen allgemein bekannt, und zwar als ein Mittel gegen Erkältung, gegen Parasiten des Verdauungskanals und gegen andere Krankheiten. Er wird auch in der Magie als Schutzmittel und zum Schadenzauber angewandt.

SUMMARY In Poland garlic is being cultivated since the origin of the nation, mostly in the south (Carpaths, Tatra). The author shows the knowledge of garlic as factor in nutrition, gustation, healing and as magic substance, and its use in the 19th and 20th century cookery by different social classes and the national minorities of the Jews and the Armenians. Garlic is not very important in the polish kitchen, mostly because of its smell. People take it into kinds of saussage from pork. In folk medicine it is well known against common cold, parasites of the intestines, and others. It finds different magical applications. es

RESUME L'ail est cultivê en Pologne depuis que cet Etat existe, aujourd'hui surtout dans le sud (Carpathes, au pied des monts Tatra). L'auteur expose les qualités nutritives, gustatives médicales et magiques de l'ail dans l'ancienne littérature polonaise. Elle traite aussi de l'utilisation de l'ail dans la culture des XIXe et XXe siècles dans l'alimentation des nobles, des bourgeois et des paysans, ainsi que des minorités nationales (Juifs es Arméniens). L'ail joue un rôle relativement restreint dans la cuisine polonaise, surtout à cause de son odeur. Cependant, on l'utilise dans la préparation de certains mets, surtout les saucisses de porc. Par contre, il est bien connu dans la médicine populaire comme moyen de combattre les refroidissements, les parasites de l'appareil digestif et autres maladies. En magie, il protège des mauvais sorts.gm

Die Entwicklung des Knoblauchanbaus und der Zucht in Polen wie überhaupt bei den Slawen ist bisher kaum erforscht worden, obwohl dessen Geschichte weit in die Vergangenheit reicht. Dabei wurde der Knoblauchanbau auf polnischem Boden niemals in großem Ausmaß getrieben. Im 19. und in der ersten Hälfte des 20. Jahrhunderts entwickelte er sich besonders in Dörfern des Karpatengebietes sowie in der am Fuße diesen Gebirges gelegenen und daher *Podkarpacie* genannten Landschaft, wo auch das Klima für diesen Zweck besonders günstig war. In der polnischen Literatur vergangener Jahrhunderte wird der Knoblauch verhältnismäßig selten erwähnt, wesentlich seltener als andere Gemüsearten und als Zutat gebrauchte Pflanzen (wie z.B. die ihm nahestehende Zwiebel). Besonders interessant ist, daß er in den aus dem 16. bis zum 18. Jahrhundert stammenden Quellen entweder als eine Heilpflanze erwähnt wird oder als eine Pflanze, die Krankheiten verursacht, beziehungsweise als eine solche, die magische Eigenschaften hat, nicht aber als eine zur Ergänzung von Speisen (1).Auch in den ältesten Kochbüchern ist von ihm überhaupt keine Rede (2).In dem für die Geschichte altpolnischer Sitten und Bräuche wohl wichtigsten, von J. BYSTRON verfaßten Grundriß, dessen Autor fast sämtliche vorhandenen Quellen ausgebeutet hatte, wird in dem dem Essen und Trinken gewidmeten Kapitel der Knoblauch nicht einmal erwähnt, während z.B. die Zwiebel darin mehrmals auftritt (3).

Dies wird uns verständlicher, wenn wir die polnische Küche des 19. und der ersten Hälfte des 20. Jahrhunderts ansehen. Trotz aller Moden, verschiedene Zutaten aus entfernten südlichen Überseeländern wie Pfeffer, Lorbeer, Ingwer, Gewürznelke und dergleichen sowie in geringerem Maß jene polnischer Herkunft wie Kümmel, Wacholder, Meerrettich, Pfefferminze und andere, war der Knoblauch fast gar nicht im Gebrauch. Eigentlich wurde er in ganz Polen Würsten zugefügt und diente als ein zusätzliches Konservierungsmittel zu gesalztem und in Fässern oder in anderen Gefässen gelagertem Fleisch (in Nordpolen) und schließlich auch in Nord- und Ostpolen als aromatische Zutat zu einigen aus Hammelfleisch zubereiteten Speisen. Auch in Ostpolen wurde er als Zutat zum *barszcz* (der als Barsch bekannten Suppe aus eingesäuerten roten Rüben) sowie zum *żur* (Suppe aus eingesäuertem Hafer- oder Gerstenmehl) gebraucht. Und damit ist auch die Liste der mit Knoblauch zubereiteten Würste und Speisen der polnischen Küche oberer Schichten zu Ende. Wohl etwas häufiger als in den anderen Teilen des Landes finden wir Knoblauch in den für die ehemaligen Ostgebiete Polens typischen Speisen bei der ukrainischen als auch bei der polnischen Bevölkerung in Gebrauch. Auch hier wurde er aber mehr wegen seiner magischen Eigenschaften als wegen seiner Schmackhaftigkeit gebraucht. Schließlich benutzte man den Knoblauch als Zutat zu einer Suppe der ärmsten Bevölkerung der Städte, die man im 19. und anfangs des 20. Jahrhunderts die "Bettlersuppe" beziehungsweise "Wassersuppe" nannte. Diese bestand aus den mit heißem Wasser übergossenen trockenen Brotresten, etwas Salz und Knoblauch.

Während die ethnisch polnische Bevölkerung Knoblauch nur in kleinen Mengen verwandte, erscheint er in der Kochkunst zweier nationaler Minderheiten, bei polnischen Armeniern und bei den Juden, als eine sehr viel gebrauchte und ebenso beliebte Zutat. Die Armenier waren in den Ostgebieten Polens (bezogen auf die vor 1939 bestehenden Grenzen) angesiedelt, ursprünglich meistens als Kaufleute. In verhältnismäßig kurzer Zeit haben sie sich jedoch in die polnische Gesellschaft eingelebt. Dabei wurden sie bald nicht nur bürgerliche Kaufleute, sondern auch teilweise Gutsbesitzern. Sie bewahrten jedoch zahlreiche ihrer ursprünglichen Kultureigenschaften, wodurch sie sich von der polnischen Bevölkerung unterschieden,-ihre eigene Sprache, Religion und eine ganze Reihe von Elementen der materiellen Kultur und Sitten, darunter auch die eigene Kochkunst, in der der Knoblauch eine bedeutende Rolle spielte (4).

Die Kochkunst der polnischen Armenier ist bisher noch nicht bearbeitet worden. Deswegen bediene ich mich hier eines schriftlich überlieferten Berichtes einer Armenierin, die aus der Ortschaft Kuty stammte, wo bis zum 2. Weltkrieg eine Gruppe von polnischen Armeniern wohnte, die Armenisch sprachen und ihre altnationalen Traditionen, darunter auch jene der eigenen Kochkunst kultivierten: "In der armenischen Küche (wobei die Rede stets von den seit Jahrhunderten in Polen lebenden Armeniern ist) fand der Knoblauch eine große Anwendung. Von der Kindheit an war jeder an seinen Geschmack und seinen Geruch gewöhnt, so daß er immer gerne sowohl in Speisen als auch im rohen Zustand gegessen wurde. Ganz besonders paßte er zu dem Barsch, auch fast zu jedem Fleischbraten, zu Hühnern, zum *Schaschlik*, zum Kalbsbeingelee, zu Bohnen oder Erbsen und zu den Gemüsesalaten. Roh wurde er mit den Würsten gegessen, und ganz besonders gut paßte er zu geräucherten Speckseiten. Außerdem war er unentbehrlich als Zutat bei der Erzeugung von Würsten: dem armenischen Salami, dem geräucherten Ziegenfleisch, den Gänsebrüsten sowie der Wurst und dem marinierten Osterschinken".

Auch in der jüdischen Küche war der Knoblauch als Zutat zu zahlreichen Speisen und zu den aus Rindfleisch erzeugten Würsten im Gebrauch. Täglich wurde er auch roh gegessen. Im Gegensatz zu den Armeniern, die in Polen nicht allzu zahlreich waren und eine Schicht von wohlhabenden Bürgern und Gutsbesitzern bildeten, war unter den polnischen Juden ein überwiegend großer Teil Armer, die in den Städten, besonders in Kleinstädtchen wohnten, sich aber auch in Dörfern als Schenkwirte, Kleinhändler und Vermittler ansiedelten. Besonders diese ärmste und zugleich zahlenstärkste Gruppe von Juden verzehrte Knoblauch massenweise, sowohl in gekochten Speisen als auch roh, also in jener Form, die den stärksten Geruch hinterließ. Deswegen war auch diese ärmste jüdische Bevölkerungsgruppe von ständigem Knoblauchgeruch umgeben.

Der Knoblauch wurde in der traditionellen polnischen Küche nicht nur wenig gebraucht, sondern wurde auch wegen seines Geschmacks, vor allem aber wegen seines Geruches nachteilig beurteilt. Bereits im 16. Jahrhundert suchte man nach Mitteln, um seinen "stinkigen Geruch" zu beseitigen, wobei empfohlen wurde, den Knoblauch bei Neumond zu pflanzen und ihn während der letzten Mondphase zu sammeln. Ein aus dem 18. Jahrhundert stammender Spruch lautet : "Einem ist der Moschus lieb, dem anderen der Knoblauch". Diese Gegenüberstellung des damals sehr hoch geschätzten Moschusgeruches und des Knoblauchs spricht für sich selbst. Auch in verschiedenen anderen polnischen Sprichwörtern und Redewendungen spiegelt sich die negative Beurteilung der Völker wider, die Knoblauch aßen und die demzufolge den nach dem Empfinden der Polen unangenehmen Geruch dieser Pflanze von sich gaben. In einem im 17. Jahrhundert geschriebenen Werk steht es :"Du stinkst nach Knoblauch wie ein Ungar". Besonders jener den Juden folgende Knoblauchgeruch war stets zum Objekt verschiedener Spottsprüche und bissiger Scherze seitens der polnischen Bevölkerung. Man hat ja sogar den Knoblauchgeruch mit der jüdischen Bevölkerung identifiziert. In einem gereimten Spruch, der aus dem 19. Jahrhundert erhalten geblieben ist, wird sogar behauptet, daß es die Strafe Gottes dafür sei, daß sie das ihnen einst angebotene Himmelsbrot verachtet haben sollen. Er lautet : *"Skarał Pan Bóg Żydów, posłuchajcie panny, jedzą teraz czosnek, bo nie chcieli manny"* was sich fast wörtlich ins Deutsche übersetzen läßt :"Hört, wie hat der Herr Gott den Juden die Schuld vergolten ? Jetzt essen Knoblauch jene, die keine Manna wollten".

Im Gegensatz zur Küche begegen wir in der Volksmedizin dem Knoblauch recht häufig. In vergangen Jahrhunderten tritt er manchmal als eine schädliche Pflanze auf, was noch ein Beweis dafür liefert, daß er in der polnischen Küche unbeliebt war. Eine aus dem 16. Jahrhundert stammende Quelle informiert, daß "wenn ihn (d.h. den Knoblauch) jemand öfters zu essen pflegt, dem wird er die Zahl der Läuse vermehren". Eine andere Quelle behauptet (im 17. Jh.), daß der Knoblauch "den Klerikern einen Aussatz auf dem Gesicht ausschlagen lasse" und daß er "Gehirnentzündung und Wahnsinn hervorrufe". Neben diesen Angaben von den angeblich schädlichen Wirkungen des Knoblauchs hat man auch länsgt die Heileigenschaften dieser Pflanze bemerkt. Nicht immer wurde seine Wirkung richtig geschätzt, dennoch wurde er in der Medizin als Heilmittel bei verschiedenen Krankheiten angewandt. So finden wir beispielsweise folgende aus dem 18. Jahrhundert stammenden ärztlichen Empfehlungen: "Das Wasser trinken, in welchem sieben Knoblauchsköpfe gekocht wurden, um das Urinieren aufzuhalten", "Indem man den Rücken und die Pulse mit drei Knoblauchsköpfen einreibt, wird dadurch das Fieber entfernt", "Die auf den Nabel gelegten, mit Knoblauch zerriebenen (Beifuß)-Spitzen verursachen ein monatliches Abführen".

Nach diesen Beispielen ärztlicher Empfehlungen aus dem 18. Jahrhundert wenden wir uns jetzt der zeitgenössischen Volksmedizin zu(5). Hierbei soll bemerkt werden, daß noch um die Wende vom 19. zum 20. Jahrhundert, sowie in den zurückgebliebeneren Regionen des Landes sogar bis zur Mitte des 20. Jahrhunderts, unter der Dorfbevölkerung ein rationales wie auch ein irrationales medizinisches Wissen verbreitet war, das sich auf eine alte Tradition stützte. In den Dörfern wirkten noch Quacksalber beiderlei Geschlechts. Desweiteren befanden sich noch vor dem ersten Weltkrieg wie in den vergangenen Jahrhunderten fast regelmäßig in Adelshöfen und in den Klostern die sogenannten "Apotheken", die überwiegend mit den in der Umgebung gesammelten Kräutern (Heilkräutern) bestückt waren. Aus diesen wurden Absude und Alkoholextrakte gewonnen und verschiedene aus mit Fett und Harzen verriebenen Heilkräutern erzeugte Salben und andere als Arzneien anzuwendende Mittel hergestellt. Die "Herren des Hofes", Mönche und Nonnen, waren neben den Quacksalbern oftmals die einzigen Ärzte, mit welchen die Bevölkerung der Dörfer und der kleinen Städtchen, ja sogar die arme Bevölkerung der großen Städte in Berührung kam.

Eben in einer solchen Medizin des letzten Jahrhunderts wird der Knoblauch als Heilmittel vor allem gegen zwei Krankheiten beziehungsweise Beschwerden angewendet: gegen Erkältung und gegen die Parasiten des Verdauungskanals. Die Informationsgeber zitierten oft den Spruch, daß der Knoblauch eine Arznei gegen 99 Krankheiten sei, (und in einer anderen Version, daß er eine Arznei gegen 9 Krankheiten sei) obwohl man dabei auch etwas skeptisch und mit einem gewissen Humor hinzufügte, daß er zwar gegen 99 Krankheiten sei, jedoch bei dieser hundersten, unter welcher der betreffende Patient gerade leide, allerdings nicht helfe. Allgemeine Anwendung findet er bei Erkältung, besonders bei Husten, aber auch bei starkem Schnupfen, ja sogar auch bei Grippe. Zu diesem Zweck soll man den Knoblauch zerreiben und den mit Milch verdünnten und aufkochten Brei gleich trinken, wobei auch manche noch etwas Butter zur Milch zuzugeben pflegten. In einer solchen Form ist dieses Heilmittel in ganz Polen der Bevölkerung in den Dörfer und der Städte bekannt. Auch die polnischen Armenier wenden es an. Eine andere Anwendungsform im Falle einer Erkältung ist folgende: Brei aus zerriebenem Knoblauch wird auf die Brust gelegt, nachdem man jedoch die Haut mit Fett (Butter oder Schweineschmalz) eingeschmiert hat, zumal der Knoblauch bestimmte Reizeigenschaften hat, die bei Anwendung ohne Sachkenntnis Hautentzündungen oder sogar das Entstehen von Wunden verursachen können. Vom Knoblauchauflegen spricht bereits eine Quelle aus dem Anfang des 18. Jahrhunders, indem geraten wird: "zerquetschen und auf die Brust legen -die Brustbeschwerden werden damit entfernt". Diese Anwendung ist auch heute noch bekannt. Z.B. wird in den Sandezer Beskiden der zerriebene Knoblauch mit kleingehacktem Speck gemischt und diese Mischung wird auf die Brust des Kranken aufgetragen. Bekannt ist die Vorbeugung einer Erkältung, indem man bei starkem Frieren die Hände und die nackten Fußsohlen mit Knoblauch anreibt. Mit Knoblauch werden auch Warzen geheilt. Wenn sie mit zerriebenem Knoblauch behandelt werden, verschwinden sie nach einer gewisser Zeit.

Die reizenden Eigenschaften des Knoblauchs dienten um die Wende vom 19. zum 20. Jahrhundert den jungen Männern, die sich dem Militärdienst entziehen wollten. Bevor diese sich der Musterung stellten, beschmierten sie sich die Haut, beziehungsweise belegten sie diese eine gewisse Zeit mit zerriebenem Knoblauch, was das Entstehen schwer heilender Wunden verursachte. (Informationsmaterial liegt in *Podhale* vor). Ebenso allgemein in ganz Polen verbreitet wie die Anwendung bei Erkältung ist die gegen Parasiten des Verdauungskanals, besonders bei Kindern. Den kleinen Kindern wird Milch mit zerriebenem Knoblauch zum Trinken gegeben. Die ältere Kinder essen ihn roh mit Brot. Die Anwendung von Knoblauch als Heilmittel gegen dieselben Parasiten wird von G. HEGI (für Deutschland, Österreich und die Schweiz) erwähnt (6). Eine andere aber schon ganz irrationale Art, die an den Parasiten leidenden Kinder zu heilen ist, aufgefädelte Knoblauchzehen um den Hals der Kranken zu hängen. Diese ist in der polnischen Volksmedizin sowie in der armenischen (auf dem polnischen Gebiet) bekannt. Diese Heilungsart, die eigentlich an der Grenze zwischen Volksmedizin und Magie oszilliert, wird auch bei Gelbsucht angewendet. Noch während des 2. Weltkrieges kam es im Gebiet der heutigen Woiwodschaft von Suwatki vor, daß man bei dieser Krankheit ein solches Halsband trug, "so lange die Haut die gelbe Farbe nicht verloren hatte und der Knoblauch nicht trocken wurde". Eine ähnliche Heilmethode wandte man gegen Gelbsucht auch im Schlesien und in den Sandezer Beskiden an. Unter den Bergbewohnern von *Podhale* ist immer noch diese Tradition lebendig, so wie man einst während der Choleraseuche die Halsbänder aus Knoblauch trug, was vor der Erkrankung beschützen sollte.

Reichliche Anwendung fand der Knoblauch auch in der Magie (gegen Zauber als auch in jener absichtlich schädigenden). Bereits in den aus dem 17. Jahrhundert stammenden Quellen finden wir die Schutzeigenschaften des Knoblauchs erwähnt. Nun einige Beispiele: "Wer ihn (d.h. Knoblauch) gegessen hat, wird den ganzen Tag vor Bissen giftiger Bestien geschützt", "Am Tage, an dem jemand Butter oder Knoblauch auf nüchternen Magen gegessen hat, braucht er keine Angst vor Gift zu haben". Der Knoblauch schützte nicht nur vor Gift, sondern auch vor Schädlingen. Im 18. Jahrhundert glaubte man z.B., daß er auf einen Baum gehängt die Frucht vor den Vögeln schütze, oder daß die Kornwürmer aussterben, wenn man die Wände des Speichers und die Kornschaufeln mit Knoblauch einreiben würde.

Diese Schutzeigenschaften des Konblauchs waren auch noch auf andere Weise von Nutzen. MOSZYNSKI (7) weist darauf hin, daß alle Zusammenkünfte und jede Begegnung mit Fremden, unter denen sich jemand befinden könnte, der einem seiner Mitmenschen etwas Schädliches antun wollte, in der traditionellen Volkskultur für etwas Gefährliches gehalten wurden, wovor man sich auf magische Art schützen sollte. Deswegen trugen bei den Slawen die Neuvermählten während der Hochzeitsfeierlichkeiten Knoblauch bei sich. Ein Bericht über die Hochzeitszeremonie in der Umgebung von Sanok läßt uns wissen, daß noch im 20. Jahrhundert sich in dem Blumenkranz, welchen die Braut auf dem Kopf trug, drei Knoblauchknollen befanden, von denen eine von vorn, die andere von hinten und die dritte von der rechten Seite angesteckt wurden. Dem Bräutigam setzte sein Vater einen Kranz auf den Hut, an dem vorn, hinten und an der rechten Seite drei Knoblauchknollen befestigt waren. In derselben Umgebung war es auch im Gebrauch, in das fürs Hochzeitsfestmahl zubereitete Brot Knoblauch einzubacken (8). Eine bestimmte Schutzwirkung sollte auch der während des Weihnachtsschmauses verzehrte Knoblauch haben. Diesen Teil des jährlichen Ritenzyklus hielt man für einen wichtigen Moment, der für das ganze kommende Jahr entscheidend sein sollte. Deswegen erschien auch in der Sanokgegend alljährlich der Knoblauch auf jedem Weihnachtstisch, und zwar sowohl in ukrainischen als auch in polnischen Familien. Nach dem Teilen der Oblate, verbundenen mit gegenseitigen Weihnachtswünschen, aßen alle Teilnehmer etwas Knoblauch mit Salz auf. In manchen Dörfern war es auch Brauch, daß der Wirt die übrig gebliebenen Knoblauchzehen in alle vier Ecken der Wohnstube warf. Der Brauch, Knoblauch zu essen, wird in Dorfkreisen verschieden erläutert; wer z.B. am Weihnachtsabend Knoblauch gegessen hat, wird nicht von Flöhen gebissen, er wird keine Kopf- oder Zahnschmerzen haben und allgemein gesund bleiben. In allen Fällen wird das Essen von Knoblauch mit dessen Schutzwirkung begründet. Dieser Schutzwirkung des Knoblauch schenkten auch die polnischen Armenier Anerkennung. Wenn sich einer von ihnen (auch noch im 20. Jahrhundert) auf eine längere Reise machte, pflegte er eine Knoblauchknolle in den Koffer hineinzulegen, so einfach, damit alles gut gehe.

Bis auf die letzten Jahre pflegte man in den von den großen Kulturzentren isolierten Dörfern Südpolens an den Tagen, die man für besonders gefährlich hielt (nämlich Tage, an denen die Hexen besonders aktiv werden sollten), die Tür beziehungsweise die Türschwelle des Stalles mit am Tage der Heiligen Luzia geweihtem Knoblauch einzureiben, um dadurch das Vieh vor Zaubereien zu schützen. Knoblauch galt als ein äußerst wirksames Mittel bei verschiedenen Tätigkeiten der Zauberer. Bis auf die letzteren Jahre war noch besonders unter den *baca* (9), die sich mit Zaubern befaßten, aber auch unter den Berufszauberern hohen Ranges in den Sandezer Beskiden (10) die Methode recht lebendig, Knoblauch "von großer magischer Kraft" zu bereiten. Ein Zauberer (stets ein Mann) mußte dazu nämlich am Vortag des Tages des Heiligen Adalberts ins Gebirge gehen, um dort eine Giftschlange zu finden und dieser den Kopf mit einem Beilschlag abzuhauen. Den Schlangenkadaver sollte man mit Gezweig gut bedecken, da ein großes Unglück hervorgerufen werden konnte, wenn ihn die Sonne gesehen hätte. Den Schlangenkopf nahm der Zauberer dagegen mit. Auf dem ganzen Rückweg zum Dorf, durfte er kein einziges Wort mit irgend jemand, dem er begegnete, sprechen. Danach sollte man eine Knoblauchzehe nehmen und sie in den Rachen der Giftschlange stecken. Danach wurde der Schlangenkopf auf einer Grenzscheide zwischen zwei Feldern vergraben, und zwar ganz heimlich, damit es niemand wüßte und den dort später aufgewachsenen Knoblauch finden könnte. Erst am Sommerende, als schon der Knoblauch erntenreif war, grub der Zauberer den in dem Schlangenrachen aufgewachsenen Knoblauchskopf aus und brachte ihn nach Hause. Einem allgemein verbreiteten Glauben nach enthielt ein solcher Knoblauch das Schlangengift und bildete in den Händen des Zauberers ein gefährliche Waffe. Solchen am Tage der Heiligen Agatha mit Salz zerriebenen Knoblauch gab man danach den Schafen vor dem ersten Melken, nachdem sie im Frühling auf die Bergalmen getrieben wurden. Dies sollte nämlich die Milchausbeute vermehren. Nach der Meinung mancher *baca* war dieses Verfahren unehrlich, zumal tatsächlich die eigenen Schafe mehr Milch abgaben, dieser Milchüberschuß jedoch auf eine magische Art den Schafen der anderen Nachbarn entnommen wurde.

Die Bedeutung des Knoblauchs als eine magische Eigenschaften besitzenden Pflanze beeinflußt auch die Vorstellungen über den Anbau und die Art und Weise der Verarbeitung. So soll man beispielsweise den Knoblauch nicht abschälen, was folgendes Sprichwort empfiehlt : "Mache mich nicht nackt, damit dir nicht etwas Böses passiert". Bei den polnischen Armeniern (was auch der polnischen Bevölkerung bekannt ist) wird sogar untersagt, den Knoblauch mit dem Messer zu schneiden, um ihn damit nicht beleidigen ; man darf ihn nur zerreiben. Schließlich gibt es in der Umgebung von Sanok bestimmte Vorschriften, die sich auf den Knoblauchanbau im Falle des Todes der Wirte beziehen. "Nachdem der Wirt oder die Wirtin gestorben war, ist während der Trauerzeit, die ein Jahr und sechs Wochen dauern sollte, Knoblauch auf eigenem Boden anzupflanzen nicht gestattet worden. Eigener Knoblauch mußte vernichtet werden und zum alltäglichen Gebrauch wurde er von den Nachbarn geliehen. Nachdem die Trauerzeit vorbei war, pflanzte man erstmal den Knoblauch gemeinsam mit einem Nachbarn und aus dem geliehenen Samen, und erst nachdem dieser aufgewachsen war, hat man den eigenen wieder auf eigenem Boden pflanzen dürfen" (8).

ANMERKUNGEN

(1) ROSTAFIŃSKI: *Zielnik czarodziejski to jest zbiór przesadów o roślinach* (Zauberkünstlerisches Pflanzenbuch, das heißt eine Sammlung von dem an Pflanzen gebundenen Aberglauben). Kraków, 1893. Der Autor, ein Botaniker und zugleich Historiker, hat in diesem Werke die Zitate aus polnischen Kräuterbüchern, medizinischen Handbüchern und anderen im 16.-18. Jh. erschienenen Druckschriften gesammelt.

(2) CZERNIECKI S.: *Compendium ferculorum albo zebranie potraw* (Compendium ferculorum oder eine Sammlung von Speisen). 1682. (Es ist das allerälteste der polnischen Kochbücher).

(3) BYSTROŃ J.: Dzieje obyczajów w dawnej Polsce (Die Geschichte der Sitten und Bräuche in Altpolen). 3. Ausg.,Bd.2,1976.

(4) Die Armenier kamen im 14.Jh. aus Armenien nach Polen. Sie siedelten sich in den Städten des damaligen Ostpolen ein und trieben Handelsgeschäfte, besonders mit der Türkei. Wesentlich erleichtert wurde ihnen dies durch die Kenntnis des Türkischen sowie die Gegenwart der auf dem Gebiet des Osmanischen Kaiserreiches zahlreichen armenischen Kolonien, in denen sie Unterstützung fanden. Um die Wende des 17./18. Jh. haben die polnischen Armenier, die bis dahin beim griechisch-orthodoxen Glaubensbekenntnis geblieben waren, eine Union mit der katholischen Kirche geschlossen. Dies war zugleich der Anfang ihrer Polonisierung, die im 19. Jh. endgültig vollzogen wurde. Heutzutage kennen Armenisch nur noch ganz wenige, dafür bleiben sie dem armenisch-katholischen Ritus treu.

(5) Das ethnographische Material, das sich auf die Anwendung des Knoblauchs in der Küche sowie in der Heilkunst und bei den magischen Volksriten bezieht, ist größtenteils das Ergebnis eigener Untersuchungen der Autorin.

(6) HEGI G.: *Illustrierte Flora von Mittel-Europa mit besonderer Berücksichtigung von Deutschland, Österreich und der Schweiz.* II Bd. München.

(7) MOSZYNSKI K.: *Kultura ludowa Slowian* (Die Volkskultur der Slawen). Kraków 1929.

(8) SCHRAMM W.: *Ludowe obrzedy weselne we wsiach doliny Hoczawki i Tarnawki Ziemi Sanockiej* (Die Hochzeit-Volksriten in den im Tal von Hoczawka und Tarnawka gelegenen Dörfern der Sanok-Region). Wroclaw 1958.

(9))"Baca" heißt der Vorsteher einer Gruppe von Hirten, welche im Frühling mit Schafsherden in die Karpaten-Almen ziehen und dort, von ihren Heimatdörfern entfernt, die Schafe bis Herbst weiden. Außer den Kenntnissen aus dem Bereich der Schafzucht, Tierheilkunde und Schafskäseerzeugung gehören ebenso zu den Fähigkeiten eines "baca" jene magischen Handlungen, die die Herde beschützen und die Milch vermehren sollen.

(10) Sandezer Beskiden - Ostteil der polnischen Karpaten.

Plants in Funeral Ceremonies in the Polish Countryside

Adam Paluch

SUMMARY Belief in the continued existence of souls after death was the reason why people searched for certain measures in which accessories taken from the plant world play a prominent role even today, although to a much smaller degree than thirty years ago. Most of all these measures have to ensure the best existence for souls in that world. Certain of them are to relieve the pain of dying people and to protect the living against the eventual visits of the dead souls. In these measures, blessed plants played a particular role, and also periwinkle *(vinca minor L.)* myrtle, asparagus, poppy seeds *(papaver somniferum L.)* and straw.

ZUSAMMENFASSUNG Der Glaube an ein Weiterleben der Seele nach dem Tode bewog Menschen zu bestimmten Vorkehrungen, bei denen Gegenstände aus dem Pflanzenreich eine überragender Bedeutung spielten, selbst bis auf den heutigen Tag, wenn auch nicht mehr so ausgeprägt. Die meisten dieser Maßnahmen zielten auf die möglichst günstigen Voraussetzungen für die Seelen dort. Einige sollten den Schmerz von Sterbenden verringern und die Überlebenden gegen überraschende Heimsuchungen durch die Seelen Verstorbener feien. Unter diesen Maßnahmen spielt das Segnen von Pflanzen eine große Rolle; dazu gehören Immergrün, Myrthe, Spargel, Mohnsamen und Stroh.

RÉSUMÉ La croyance en une survie de l'âme après la mort a incité les hommes à rechercher certains moyens dans lesquels des ingrédients empruntés au monde végétal ont joué continuent de jouer un rôle prépondérant, même si c'est à un moindre degré qu'il y a trente ans. La plupart de ces moyens ont pour but d'assurer une meilleure existence de l'âme en ce monde. Certains d'entre eux doivent atténuer les souffrances des mourants et protéger les vivants d'éventuelles atteintes des âmes des défunts. Des plantes sacrées y jouent un rôle particulier, entre autres la pervenche, la myrte, l'asperge, les graines de pavot et la paille. gm

The ceremonies, rituals and practices accompanying a person's death have the aim, most of all, to break the link between the deceased and the present life, the world of living people. The Christian religion, recognizing the coexistence of soul and body, accorded to the first eternal life, and hence the survival of the body after death. Related to this the belief in the soul's existence after death - which is only a stage, a transient form of life - called for certain practices. Accessories taken from the plant world had a great part in these practices, rituals and gestures, beginning from the moment of the death bed agony until the accompaniment of the mortal remains to the place of rest at the cemetery.

We will study every moment connected with a man's death, in which plants were included.

Already when a person is seriously sick, dying on his death bed, the dying man is incensed (1) with herbs, or else he is placed on straw or dried stems and pease cods strewn on the ground. It seems that people (the nearest relations) practised this with the purpose of protecting the dying man in the face of death, so lengthening his life. However, their intentions are contradictory, and have one mea-

Friedr. Vieweg & Sohn Verlag, Braunschweig/Wiesbaden

ning: to accelerate and make easier the death throes.(2) And in a way, they are a confirmation of the inevitability of death: practices of this kind were generally employed in "serious death throes".(3)

If the dying man was suffering greatly, and if death was not imminent, he was taken from bed to the ground on which straw had been placed.(4) This custom was universal in almost all of Europe, as A. FISCHER states: "it appears in all of Poland ... similarly as in Lusatia, and among Czechs, Slovaks and Serbs".(5) Sometimes also dried stems and pease cods from which the peas had been picked or pea seeds, (6) which were put on the head of the dying person. In Poland the custom of placing the dying person on stems and pease cods or peas has been noted only in Podhale.(7) These practices were also known in Łotwa and Little Russia (Małoruś).(8) It is difficult to explain this type of behaviour. For example, A. FISCHER (9) considers that placing the dying man on the earth is a basic matter in these practices, and hence the transfer of the dying man to a hole in the ground is a symbolic act of burial. Such accessories as straw, stalks and pease cods and other things as well as sand and ash are secondary. In reality the downward direction towards the ground may signify adversity, in this case death, but what significance do peas or straw have here? Perhaps simply the uncomfort of the dying man lying on peas had the purpose of hastening his death, a sort of final discouragement to life. The following saying may be an attempt to explain the use of straw: "on straw a man is born, on straw he dies".(1o) However this is only a supposition and an explanation of this problem demands separate deep investigation and analysis.

If in the above practices straw or peas were used, located simply in the farmyard, only *blessed plants* were used for incensing in the dying man.(11) For this purpose herbs from a wreath blessed on the feast of the Herbal Mother of God (15th August) were mainly used, as well as wreaths blessed on Corpus Christi. These practices were known in eastern Poland, more or less along the Vistula and Pilica River. (12) The incensing of the dying man was to shorten his suffering and hasten his death. Sometimes to this purpose a brew of blessed herbs was given to the dying man's mouth.(13) In the region of Dobrzyński (Kujawy) "(an Eastern palm) instead of the candle blessed on Candlemas Day was put into the hand of the dying man".(14) However the author of this information does not say exactly if it was so done for every death, or else in particular circumstances, as, for example, in a severe death agony.

If death is already taking someone from the human society of living peoples, family neighbours and the whole village society are informed. An interesting method of giving information about a death was noted at the beginning of the twentieth century in the village of Zabno in the Zamość voivodeship where common origan *(Origanum vulgare* L.) was taken from cottage to cottage in a direction opposite to the apparent movement of the sun.(15) A stick of hazel (*Corylus avellana* L.) played a similar role in the vicinity of Puck near Gdańsk,(16) and in the region of Nałęczów in the Lublin district,(17) a branch of birch (*Betula* sp.) weaved into the shape of a wreath.

After death a range of practices connected directly with the dead man follow: among others, the closing of eyes and mouth, the suitable arrangement of the body, washing, dressing and decking the body with plants. All these practices are connected with a moment very basic to both the dead man and the society in which he dwelt and from which he had to part company. The dead man (his soul) enters another existence. In the face of this it is necessary to relate it ritually with the world, of the living and in a dignified manner (clean body, tidy clothes etc.) and so to be sent into the next world, sometimes being protected against wicked forces and powers on "this journey" (by the blessed accessories on the dead man).

The dead body is most often washed in ordinary water, known as washing oneself clean with soaked cloths. Sometimes, for example, in the region of Wieluń,(18) decoctions of herbs were prepared for this purpose, which in this area is blessed on the feast of the Herbal Mother of God: periwinkle (*Vinca minor* L.), stonecrop (*Sedum acre* L.), rue (*Ruta graveolens* L.), common motherwort (*Artemisia vulgaris* L.). If the practice connected with difficult death throes is not resorted to today so much, the practice of decking the corpse and coffin(19) with plants can be still observed as in times past. It should be emphasized that this custom is generally observed in this country. Analysing the archival material of the Polish Ethnographic Atlas Workshop (Polish Academy of Sciences) in Wrocław(2o) I ascertained that seven types of plants were used for this purpose. Most often was myrtle (*Myrtus communis* L.), next medicinal asparagus (*Asparagus officinalis.* L.), periwinkle (*Vinca minor* L.) and rosemary (*Rosmarinus officinalis* L.), sometimes wormwood (*Artemisia absinthium* L.), rue (*Ruta graveolens* L.) and box (*Buxus sempervivens* L.).(21)

It is very characteristic that young girls (maidens) and bachelors are dressed as for a wedding: a white dress, a wreath on the head, a bouquet attached to the coat lapel. To a certain degree it is possible to explain this as a symbolic attainment of their unfulfilled hopes and dreams (waiting for the moment of marriage) and also as a "wedding with death". *Myrtle* is a typical wedding plant, which also occupies a prominent place in funeral ceremonies. Here is a table which depicts decking the dead with myrtle, in a break up into sex and age group (in hundreds):(22)

Children of	Women		Men		Elderly of
both sexes	maidens	married	bachelors	married	both sexes
%: 28.7	36.1	3.7	27.7	2.o	1.8

As you can see, most often young people are decked with myrtle; the heads of single girls and children were decked with wreath of myrtle, while bachelors receive little bouquets attached to the breast with a knot. On the other hand, married women, adult men and elderly people were very rarely decked with myrtle. These plants, and also wreathes, symbolized innocence and cleanliness of body and soul, this being often emphasized by those people questioned.(23).

Also, *asparagus* is more often put into the coffins of the young than of old people. Look at the table:

Children of	Women		Men		Elderly of
both sexes	maidens	married	bachelors	married	both sexes
%: 23.3	23.6	15.o	21.5	8.4	8.2

In this it has to be emphasized that the coffin(24) rather than the corpse is decked with asparagus.

In similar proportions the decking of the body with *periwinkle* is presented. Most often are children (25.6%), girls (25.6%), bachelors (19.6%), more rarely women (13%), men (8.2%) and elderly (8%).

Similarly, and even more rarely, the bodies of adult people are decked with *rosemary*. As a plant from which wedding wreaths were most often made, it was most often given to unmarried girls (look at the table):

Children of	Women		Men		Elderly of
both sexes	maidens	married	bachelors	married	both sexes
%: 24.4	34.4	8.3	24.6	4.3	4.o

Wormwood is rarely placed on the coffin,(25) and if so, it is done rather in the eastern region of Poland, and was placed on the coffin to an equal degree for all (look at the table):

	Children of both sexes	Women: maidens	Women: married	Men: bachelors	Men: married	Elderly of both sexes
%:	12.3	14.3	17.5	15.6	21.1	19.2

The questioners themselves often mentioned that these act as preservatives,(26) and also "in order that the dead would not be felt." (27) It is completely probable that the use of wormwood in these cases can be explained precisely from considerations of a practical nature.

Also, *rue* was able to arrest the process of bodily decay,(28) it was however given most to maidens (look at the table):

	Children of both sexes	Women: maidens	Women: married	Men: bachelors	Men: married	Elderly of both sexes
%:	12.5	43.8	12.5	18.8	6.2	6.2

Most probably rue wreaths were given to girls' coffins, so also an analogy to bridal clothes. This wreath symbolizes virginity(29) and was used in wedding wreaths.(3o)

More rarely the corpses (regardless of sex) were decked with branches of boxwood. Evergreen bushes of an inland European origin used for this purpose were noted in a few village, especially those grouped on Pomerania (Pomorze).(31) This custom is practised by autochthonous families.

Recapitulating it has to be stated that the corpses of girls (29.8%) children (25%) and bachelors (23.9%) were most often decked with plants, thus dead people of a young age, and in the following order adult people: women (9.7%), men (6.2%) and elderly (5.4%).

Apart from the above mentioned plants *white lilies* were sometimes used for this purpose, which were given, for example, in Oleśnica in Pomerania, to children and girls "as a symbol of youth and innocence",(32) lavender (*Lavandula officinalis* Ch. e. Vitt.) to children, girls and bachelors in Komańcza, near Sanok in south-east Poland. (33) Next, in Opolszczyzna,(34) wild snapdragons (*Antirrhinum orontium* L.) which also plays a protective role against evil spirits and misfortune, were given to the coffin of the dead, but, for example, in Wróblów(35) near Wschowa, autochthonous people gave ivy to dead persons of an adult age, regardless of sex.

Plants including volatile oils were also placed on the coffin as, for example, branches of spruce (*Picea abies* L.), fir (*Abies alba* Mill.),(36) larch (*Larix* sp.),(37) menthol herbs (*Mentha piperita* L.).(38) Probably this was done with the aim of suppressing the smells coming from the corpse.

In several cases the custom was noted of incensing corpses, and here the informants clearly emphasize that it concerns this "that there would not be a stench from the dead",(39) "to dissipate the smell from the dead".(4o) Most importantly blessed herbs were used, but not always. For example in Wiry(41) near Poznań the dead maiden was ordinary myrtle, and in Topolany(42) near Białystok was wormwood.

A discussion of placing blessed plants on the coffin deserves separate consideration: *Easter palms*, wreaths, bouquets of herbs. These plant accessories are generally placed under the head of the deceased, or else the coffin pillow is stuffed with them (herbs), and also placed at the bottom of the coffin. Sometimes Easter palms were given to the deceased hands, as had a place for example in the village of Grabczak near Opole, prompting the following statement: "in order to knock with it at the heavenly gates."(43)

Blessed plants placed before the deceased had to be a sort of proof confirming that he had a righteous, orderly life, which in consequence facilitated his entry into heaven. Repeatedly the informants argued in a similar way: "they were to help the deceased in the next world",(44) "as proof they had led an exemplary life",(45) "so that the spirits would make life easier in the next world".(46) These practices were also motivated in the following way: "so evil spirits would not have access to the deceased",(47) "as a souvenir of the assumption of the Blessed Virgin Mary when only flowers were left on the tomb",(48) "so that the dead would have a peacefull sleep".(49) These customs were especially known to people from eastern Poland, on the western territory they came to together with the settlers, about which the informants reffered to repeatedly.(5o)

In agreement with the definition there is still one more custom connected with death and plants. It concerns the pouring of poppy seeds (*Papaver somniferum* L.) on the coffin: this occurred with the Kaszuby and Kociewiaki people, (51) on the road during the funeral procession to the church and at the cemetery: this was practised for example by the Łemkowie and Bojkowie people (Beskid Niski, Bieszczady - South-East Poland).(52) Poppy seed was sprinkled on graves,(53) and everything was done with the purpose of protecting and ensuring the safety of people against the visitations of the dead. The practice was explained in this way, that the soul of the dead man was busy with counting or collecting the poppy seed and so would not have time to disquiet the living. It has to be remembered that poppy seed also plays a magical defensive role, protecting people and animals from the evil influence of witches(54) and vampires.(55). For example, in the village of Pomigacze near Białystok(56) poppy seeds were sprinkled on the coffin or in the mouth of the dead person. Poppy seed is also known in Poland as a narcotic and sleeping draught(57). Acquaintance with this property may also play a part in the custom of sprinkling poppy seed on the coffin, or even in the mouth of the deceased, in order that somehow the sleep of death would be deepened.

As one can see, magical practices connected with the death of a man include in their array a great number of accessories connected with the plant world. Apart from other functions, these practices had the most important purpose of ensuring the best existence for souls in the "next world".

FOOTNOTES

(1) At present the intensity of these practices (and also of similar ones which will be discussed in the latter part of this article) has significantly decreased. Already some of these practices remain only in human memory. These customs continue rather to the period of the end of the nineteenth century until World War II. // (2) FISCHER A. 1921. Zwyczaje pogrzebowe ludu polskiego, Lwów, p. 74-80.// (3) Informant M. Zahuta, born 1898, Dębsko near Drawsko Pomorskie, comes from the Przemyśl voivodeship (archive of the Polish Ethnographic Atlas PAN in Wroclaw).// (4) Most often mentioned is rye straw, see FISCHER A. (= 2). // (5) FISCHER A. (2), p. 79. It is necessary however to point out that, according to the map prepared for publication by W. Sokół (to be published in Facicle 8, map number 457 of the Polish Ethnographic Atlas), the range of this custom's appearance (concerning rye straw) encompasses Little Poland (Małopolska) in the interwar period and partly Mazovia and Podlasie (to the north up to the river Narew). // (6) The villages Dzianisz and Zakopane. GUSTAWICZ B., Podania i przesądy, gadki i nazwy ludowe w dziedzinie przyrody, Zbiór Wiadomości do Antropologii Krajowej, vol. 6, 1982, p. 279. // (7) + (8) FISCHER A. (2), p. 79. // (9) = (2), p. 79, 80. // (10) =(2), p. 77. // (11) E.G. informant M. Zahuta coming from Przemyśl voivodeship says: "it does not matter which herbs it is, but it must be blessed" (archive of PAE PAN in Wrocław). // (12) The range of these practices clearly widened in the eastern direction. They were known, for example, in Wileńszczyzna, Podolia,

a fact mentioned by transplanted persons from that side (informants: M. Ardukaniec, born 1905, from Suliszewo near Drawsko Pomorskie, J. Łukojć, born 1928, from Sławęcin near Choszczna, W. Salej, born 1930, from Kaława near Międzyrzecze - archive PAE PAN in Wrocław) and also in Samogitia (Zmudź) - FISCHER A., op. cit., p. 69.// (13) Poles practised this custom in Wileńszczyzna before World War II (informant: J. Łukojć). // (14) KARWICKA T. 1979. Kultura ludowa ziemi dobrzyńskiej, Warszawa, p. 193. // (15) DĄBROWSKA S. 1902. Obrzędy religijne i zwyczaje. Pogrzeb, Wisła, vol. 16, p. 361. // (16) FISCHER (2), p. 151. // (17) =(2), p. 152. // (18) =(2), p. 94-95. // (19) This concerns rather the direct decking of the corpse: in the case of a coffin, only the interior. // (20) About 1000 interviews carried out in the years 1969-1973 on the basis of a questionnaire prepared by J. Gajek. // (21) Wreath with thyme were also given, for example, or else bunches of southernwood. However, blessed plants will be discussed separately; und also for the reason that the dead were not decked with them, but placed in the coffin, often under the corpses, so in an invisible place. // (22) All the statistical data was worked out on the basis of materials collected in the archives of PAE PAN in Wrocław. // (23) E.G. informants: P. Makarowicz, born 1905, from Choroszczynka near Biała Podlaska, from Futoma near Rzeszów, from Woźniki near Piotroków Trybunalski and others (archive of PAE PAN in Wrocław). // (24) For example in such villages on Pomeriana such as Pobłocie near Kołobrzeg, Czarna Dąbrówka near Słupsk, Rybna near Wejherowo, Barkoczyn near Kościerzyna and others (archive of PAE PAN in Wrocław).

(25) In the analysed archival material 57 cases of this plant's use were ascertained. In comparison, myrtle in 625 cases. // (26) Informant J. Kopcinek, born 1928, from Moniatycze near Hrubieszów (archive of PAE PAN in Wrocław). // (27) Informant A. Halicka, born 1901, from Kopisk near Białystok (archive of PAE PAN in Wrocław). // (28) KOLBERG O., WSZYSTKIE D. Chełmskie II, vol. 34, p. 195. // (29) WAWRZENIECKI M. 1916. Nieco o roślinach, z których wite są wianki święcone na Boże Ciało, Wisła, vol. 29, p. 22. // (30) GUSTAWICZ B. =(6), p. 287. // (31) For example, such villages as Bobowo near Kwidzyn, Budzieszowice near Goleniów (archive of PAE PAN in Wrocław). // (32) Informant J. Grabowski, born 1900, from Oleśnica near Chodzież (archive of PAE PAN In Wroclaw). // (33) ARCHIVES of PAE PAN in Wrocław. // (34) Z. Szromba-Rysowa, Zbieranie i uzytkowanie plodów naturalnach (in:) Stare i Nowe Siołkowice part II, Biblioteka Etnografii Polskiej no.12, p. 155 (note 23). // (35) Informatn G. Majorczyk, born 1915 (archive of PAE PAN in Wrocław). // (36) Information from, among other places, from the vicinity of Opatów Kielecki, Złotów, Międzychód (archive of PAE PAN in Wroclaw). // (37) Informant M. Zaprt, born 1893, from Zarzęcin near Opoczno (archive of PAE PAN in Wrocław). // (38) Informant W. Aleksiuk, born 1900, from Topolany near Białystok (archive of PAE PAN in Wrocław). // (39) =(38). // (40) The village of Lugojna near Częstochowa (archive of PAE PAN in Wrocław). // (41) Informant J. Kromólska, born 1904 (archive of PAE PAN in Wrocław). // (42) Informant W. Aleksiuk (archive of PAE PAN in Wrocław). // (43) Informant Z. Wodarz, born 1893 (archive of PAE PAN in Wrocław). // (44) Informant Z. Głowaczewska, born 1907, from Krojanty near Chojnice (archive of PAE PAN in Wrocław). // (45) Informant A. Żurkowska, born 1892, from Lelów near Włoszczowa (archive of PAE PAN in Wrocław). // (46) Informant P. Beca, born 1929, from Jelonek near Szczecinek (archive of PAE PAN in Wrocław). // (47) Informant A. Komar, born 1905, from Szymanów near Wrocław (archive of PAE PAN in Wrocław). // (48) Informant W. Bartczak, born 1899, from Wodzierady near Łask (archive of PAE PAN in Wrocław). // (49) Informant S. Łysik, from Wieszawa near Tarnowskie Góry (archive of PAE PAN in Wrocław). // (50) Informants: P. Brzeska, born 1890, from Barkoczyn near Kościerzyna, M. Truch, born 1916, from Szyszków near Lubań Slaski and others (archive of PAE PAN in Wrocław). // (51) NADMORSKI D. 1892. Kaszuby i Kociewie. Język, zwyczaje, przesądy, podania, zagadki i pieśnie ludowe w północnej części Prus Zachodnich, Poznań, p. 68-69. // (52) FALKOWSKI J., PASZNYCKI B. 1935. Na pograniczu łemkowsko-bojkowskim. Zarys etnograficzny, Prace Etnograficzne, no. 2, p. 77. // (53) FISCHER A. 1926. Lud Polski. Podręcznik etnografii Polski, Lwów , p. 123-128. // (54) GUSTAWICZ B. =(6), p. 277. // (55) FISCHER A. =(2), p. 350. // (56) Informant M. Więcko, born 1901 (archive of PAE PAN in Wrocław). // (57) This property of the poppy seed is quite well known in all the country. In particular, mothers often gave children poppy seed for sleeplessness and nocturnal crying.

Sonderband 3/85, 61–64

Die Volkspharmakologie der Dorfbewohner in den polnischen Karpaten

Danuta Tylkowa

Die den polnischen Teil des Karpatenbogens bewohnenden Bauern haben bis vor kurzem noch mit eigenen Mitteln ihre Bedürfnisse nach medizinischer Behandlung befriedigt. Ätiologie und Diagnostik dieser volksmedizinischen Anschauungen bildeten ein abgrenzbares Wissensgebiet. Die Dorfgesellschaft konnte damit ihren Gesundheitsschutz selbst erbringen. Im vorliegenden Beitrag werden hauptsächlich die pflanzlichen Heilmittel beschrieben. Die Phytotherapie ist auch heute noch, wo die ärztliche Fürsorge das ganze Land erfaßt, lebendig geblieben und zeigt sogar Züge einer Renaissance. Die akademische Medizin akzeptiert heute diese Therapie. Weitere Forschungen sind wünschenswert.

SUMMARY Farmers of the Carpaths nearly till up to now were selfreliant concerning the satisfaction of medical needs.Folkmedical etiology and diagnostic were a well defined field of knowledge. The villagers' society could afford their preservation of health. Below mainly the phytotherapeutics are mentioned. Herbal cure is still alife in rural areas although modern medical care is available. One can find even a revival. Academical medicine today accepts the plants, but more research is desirable. es

RESUME Jusqu' à une date récente, les paysans habitant dans la partie polonaise des Carpathes ont fait face à leurs besoins médicaux avec leurs propres moyens. L'étiologie et le diagnostic dans les conceptions de la médecine populaire forment un domaine de savoir qui peut être délimité. La population des villages pouvait ainsi assurer elle-même la protection de sa santé. Dans cet article sont surtout décrits les remèdes à base de plantes. Aujourd'hui, bien que l'assistance médicale couvre tout le pays, la phytothérapie reste encore vivante et connaît même un renouveau. La médecine officielle accepte à présent cette thérapeutique. D'autres recherches sont souhaitables. gm

Professionelle Gesundheitspflege ist ein ziemlich neues Phänomen seit der Beendigung des zweites Weltkrieges. Die unvergleichbar geringe Ärztezahl im Verhältnis zu den Hilfebedürfenden als auch hohe Behandlungskosten und Verkehrsschwierigkeiten bedingten es früher, daß die akademische Medizin selten Gelegenheiten hatte, sich unter den angesprochenen Dorfgemeinschaften zu verbreiten. Alle diese Faktoren beeinflußten zweifellos das Bestehenbleiben der im Verlauf von vielen Jahren ausgearbeiteten und seit Generationen mündlich überlieferten Therapiemethoden auf dem Land, die einen selbstgenügsamen Gesundheitsschutz gewährleisteten. Viele Beschwerden versuchte man zu beseitigen, indem man die allgemein bekannten und den Dorfbewohnern zugänglichen Therapiemethoden benutzte. Die Dorfbewohner kurierten sich dabei meistens im Familienkreis, also im Bereich eigener Möglichkeiten und nur in ernsteren Fällen verließen sie sich auf die Hilfe von Volksspezialisten im Medizinbereich: Orthopäden, Hebammen, Kräutersammler, Zahnärzte und Besprecher, die sich irrationaler, magischer Methoden bedienten.

Die gegenwärtigen die Gesamtkultureinwirkungen umfassenden Modernisierungsprozesse beeinflußten auch verständlicherweise den Charakter der Haltungen, die mit Gesundheitsfürsorge und den Therapiemethoden bei

Friedr. Vieweg & Sohn Verlag, Braunschweig/Wiesbaden

einzelnen Krankheiten verbunden waren. Sowohl in Prophylaxe als auch im Therapiebereich beobachtet man gegenwärtig das Bevorzugen von ärztlichen Anordnungen. Natürlich ist dies kein einheitlicher Prozeß, sondern ein Prozeß, dessen Verlauf im Bereich einzelner Dorfgemeinschaften in den polnischen Karpaten verschieden läuft. Dabei ist noch eine Tatsache zu erwähnen. Eine andere Stellung zum traditionellen Medizinwissen nimmt die ältere Generation ein, die dieses nicht nur im Gedächnis bewahrt, sondern auch in der Praxis benutzt. Die jüngere Generation eignet sich leichter alle Neuerungen an und paßt sich der neuen Wirklichkeit an. Sie nimmt traditionelle Therapiemethoden nicht ganz ernst. Ja, mehr noch, sie befolgt meistens nur die Ratschläge der Fachärzte.

Bevor Probleme der Volkspharmakologie besprochen werden, scheint es wichtig zu sein, nochmal auf den Begriff der Volksmedizin hinzuweisen, deren von ihrer Besonderheit zeugendes Charakteristikum die Tatsache ist, daß sie sowohl rationale als auch irrationale Elemente beinhaltet. Die rationalen Elemente als Ergebnis von Erfahrungen und korrekten Beobachtungen ermöglichen es die Ursachen und Krankheitssymptome richtig miteinander zu assoziieren. Die irrationalen Elemente sind bedingt durch geringe Kenntnisse der Anatomie und Physiologie, falsche Interpretation von Krankheitssymptomen sowie den Glauben an Einmischung der übernatürlichen Kräfte ins Menschenleben. Dieses Wissen besteht mit den ärztlich-magischen Praktiken in den Karpaten-Dörfern weiter, indem das Verhältnis des Rationalen zum Irrationalen zugunsten der wissenschaftlich begründeten Sachverhalte verändert wird. Die Ursachen dieses Prozesses bestehen sowohl in weltanschaulichen Umwandlungen, die letzlich im Dorfmilieu enstanden sind, in Verbreitung der Kenntnisse über den menschlichen Organismus und sein Funktionieren mittels der Elementarschule als auch in immer mehr zugänglicher Arztversorgung professionellen Charakters auf Land. Bevor die eng mit Krankheitsbekämpfung verbundenen Probleme - das heißt die zu diesem Zweck verwendeten Arzneimittel- besprochen werden, ist noch zu betonen, daß die Volkstherapiemittel, die von den Dorfbewohnern benutzt werden, größtenteils auf rationalen Grundlagen beruhen. In manchen Fällen besitzten sie nur eine bestimmte Umrahnung magischen Charakters, die -dem eingewurzelten Volksglauben entsprechend - die Überzeugung von der Wirksamkeit eines Arzneimittels verstärkt. Die Magie als einzige Therapiemethode kommt gegenwärtig sehr selten vor, im vorliegenden Referat wird sie außer Acht gelassen.

Die von Dorfbewohnern in Polnischen Karpaten verwendeten Volkstherapiemittel werden aufgeteilt in: 1) Arzneimittel pflanzlicher Herkunft, 2) Arzneimittel tierischer Herkunft, 3) Arzneimittel mineraler Herkunft. Obige Teilung im Bereich der Volkspharmakologie scheint allgemeingültig zu sein. Die Arzneimittel werden im Therapieprozeß entweder homogen (zum Beispiel Pflanzen), oder gleichzeitig parallel (zum Beispiel Arzneimittel pflanzlicher und tierischer Herkunft) beziehungsweise im Gestalt von bestimmten Mischungen angewendet.

Die Arzneimittel *pflanzlicher* Herkunft sind unter den verwendeten Therapiemitteln an erster Stelle zu nennen. Die Priorität der Phytotherapie im Volkspharmakologiebereich der Bewohner dieses Gebietes wurde bedingt durch große Mengen von den in den Karpathen vorkommenden Pflanzengattungen heilsamen Charakters. Dazu gehören vor allem die wildwachsenden Pflanzen sowie Bäume und Sträucher in den Wäldern und auf den Feldern. In der Volkstherapie werden auch die speziell zu diesem Zweck in häuslichen kleinen Blumengärten angebauten Pflanzen verwendet, sowie verschiedenartige Gemüse und Sträucher in Obstgärten. Im vorliegenden Referat, das die Bedeutung der Phytotherapie im allgemeinen Krankheitsbekämpfungprozeß von Dorfbewohnern in den polnischen Karpaten lediglich berührt, wird den wild wachsenden Pflanzen große Aufmerksamkeit geschenkt, ohne die Rolle der angebauten Pflanzen zu unterschätzen.

Jahrelange genaue Beobachtungen und Erfahrungen ermöglichten den Dorfbewohnern, bestimmte Eigenschaften von einzelnen wild wachsenden Pflanzen kennenzulernen. Es ist sicher kein Zufall, daß meistens erfahrene Hirten Dorfheiler waren, die anhand der Tierbeobachtungen über Kenntnisse von Pflanzenwirkungen verfügten. Während die Hirten ihre Herden auf die Weide trieben, bemerkten sie häufig, daß manche Pflanzen von Tieren gesucht und gefressen, andere dagegen vermieden wurden. Wenn die zufällig jungen und unerfahrenen oder ausgehungerten Tieren diese ungeeigneten Pflanzen zusammen mit Gras fraßen, wurden sie leichter oder schwerer vergiftet. Bemerkenswert ist, daß die Volksmedizin sorgfältig die Giftpflanzen vermeidet. Sie werden von den erfahrenen Heilern und von den dem Kreis älterer und lebenskundiger Frauen abstammenden Heilerinnen, die ihr Wissen im großen Maße den von ihren Müttern und Großmüttern gewonnen Informationen verdanken, ziemlich selten verwendet. Diese heilkundigen Frauen bereichern ihr Wissen zusätzlich mit eigenen langjährigen Beobachtungen und Erfahrungen. Zu betonen ist hier, daß der durchschnittliche Dorfbewohner auch über umfangreiches Wissen von verschiedenartigen Eigenschaften einzelner Pflanzen verfügt. Davon zeugt am deutlichsten die Allgemeinheit der Pflanzentherapie. Es gilt noch zu erwähnen, daß in fast jedem Dorf eine Person wohnt - in den meisten Fällen eine Frau - die sowohl fürs Kräutersammeln als auch für die Therapie mit deren Hilfe zuständig ist. Kleinere oder größere Menge von Heilpflanzen besitzt außerdem fast jede Hausfrau in ihrer Hausapotheke. Die getrockneten und zusammengebundenen Pflanzen werden im Dachgeschoß oder an anderer Stelle trocken aufbewahrt. Die Heilstoffe kommen in verschiedenen Pflanzenteilen vor, die aus diesem Grund als Spezifika genutzt werden können. Das betrifft sowohl Blätter, Blüten, Frucht und Kraut - was in Volksmedizin oft vorkommt - als auch Wurzeln und Samen, sowie bei den Bäumen Sprosse und Rinde. Die Arzneien pflanzlicher Herkunft werden in den Formen Aufguß, Absud, Auszug und die durch das Zugießen der Kräuter mit Spiritus hergestellte Eingießung angewandt. Im Therapieverfahren wird auch frischer Pflanzensaft verwendet. Die Arzneimittel werden entweder aus einer Pflanzengattung oder aus mehreren in Mischung angefertigt, was zur stärkeren Komplexeinwirkung beiträgt. Außerdem stellt man verschiedene Heilsalben und Sirupe auf Pflanzenbasis her. Es ist noch zu betonen, daß Phytoterapie innere und äußere Verwendung findet (Umschläge, Heilbäder, Spülen). Als Arzneimittel werden frische oder - was häufiger vorkommt - getrocknete Kräuter angewendet. Dabei ist zu beachten, daß sie an luftigen Stellen im Schatten zu trocknen sind, denn die Sonne zerstört - wie richtig behauptet wird - heilsame Eigenschaften dieser Pflanzen. Vor dem Abtrocknen entfernt man die Erde von den Wurzeln, die nachher mit kühlem Wasser gespült werden. Heißes Wasser neutralisiert aktive Therapiesubstanzen.

Mit dem Kräutersammeln unter den Dorfgemeinschaften in den polnischen Karpaten verbindet sich zahlreicher Aberglauben, der gegenwärtig jedoch selten befolgt wird. Den traditionellen Anweisungen entsprechend bemühte man sich, möglichst große Menge von Kräuter bis zum zum 23. Juni, das heißt am Vorabend des Heiligen Johannes des Täufers zu sammeln, da diese Kräuter angeblich die wirksamsten sind. Dieses Verfahren war bedingt durch den Volksglauben, daß in der Johannisnacht die Hexen die Kräuter sammeln, die infolgedessen nicht mehr kraftvoll sind. Es gilt jedoch zu betonen, daß die Gewohnheit, die Kräuter in der genannten Periode zu sammeln, auf rationaler Grundlage beruht, da die meisten der Heilpflanzen in ihrer Blütezeit gesammelt wurden, das heißt in der zweiten Junihälfte, etwa um den Johannistag. Ende Sommer oder im Herbst wurden die für Therapie nötigen Wurzeln gesammelt, denn in dieser Zeit besitzen sie die größte Menge an geeigneten Substanzen. Samen und Obst gewann man nach der Reife, Baumsprossen und -rinde zur Frühlingsbeginn in der Zeit der intensivsten Saftzirkulation.

Von der riesigen Menge der in Therapie verwendeten wild wachsenden Pflanzen nennen wir lediglich einige, die von den Dorfbewohnern meistens gesammelt werden. Dazu gehören von allem :

1) Die Kamille (*Matricaria Chamomilla*) als ein entzündungshemmendes und schmerzlinderndes Mittel wird innerlich und äußerlich meistens bei Magenbeschwerden, besonders bei kleinen Kindern und bei Entzündungen der Haut und der Schleimhäute verwendet. 2) Das Johanniskraut (*Hypericum perforatum L.*) bei Leber- und Magenbeschwerden. 3) Das Tausendgüldenkraut (*Centaurium umbellatum* GILIB), das populärste und wirksamste Arzneimittel bei Nahrungsmittelvergiftungen. 4) Der Schachtelhalm (*Equisetum arvense L.*) bei Lungenbeschwerdern, Wassersucht und Nierenerkrankungen. 5) Der Huflattich (*Tussilago farfara L.*) als wirksames Mittel bei entzündeten Atmungswegen. 6) Zwei Wegericharten (*Plantago maior L.*, *Plantago lanceolata L.*) innerlich bei Katarrh der Harnwege und des Verdauungskanals, äußere Anwendung : frische Blätter werden auf Brandwunden, Geschwüre gelegt. 7) Der Mauerpfeffer (*Sedum maximum Sut*) ein wundheilendes Mittel, usw. In der Phytoterapie der Karpatenbewohner werden auch Waldbeeren wie Blaubeere (*Vaccinium myrtillus L.*) Himbeere (*Rubus idaeus L.*), Brombeere (*Rubus caesius L.*) sowie Wacholderbeeren (*Juniperus communis L.*) und Holunderbeeren (*Sambucus nigra L.*) verwendet. Oft sammelt man auch junge Kiefersprosse (*Pinus silvestris L.*) und Eichenrinde (*Quercus robur L.*) Unter den angebauten Heilpflanzen sind zu nennen : Pfefferminze (*Menta piperita L.*), Wermut (*Artemisia absinthium L.*), Salbei (*Salvia officinalis L.*), Melisse (*Melissa officinalis L.*), Ringelblume (*Calendula officinalis L.*). Von den für Therapie wichtigen Gemüsegattungen scheinen beachtenswert zu sein Knoblauch, Zwiebel und Rüben. Bewußt verzichte ich an dieser Stelle darauf, die therapeutische Wirkung dieser Pflanzen zu besprechen, denn es würde zuviel Zeit in Anspruch nehmen.

Arzneimittel *tierischer* Herkunft werden oft in der Volksmedizin der polnischen Karpaten angewendet. Es scheint, daß dieses Faktum durch den Charakter der Hauptbeschäftigung der Bewohner dieser Region, die entwickelte Tierzucht und die Jagd, bedingt ist. Als Therapiemittel wurden verschiedene Organe genutzt wie Herz, Milz und andere sowie der Harn dieser Tiere. Sehr populär sind Milch und ihre Produkte wie Butter, Käse, Molke. Die frische und ungekochte Milch wird als Medizin zum Auswaschen von kranken Augen und zu Umschlägen bei Erkältungen verwenden. Heiße Milch entweder mit Butter oder Knoblauch und Honig heilt erfolgreich die Krankheiten der Atmungswege, besonders den Husten. Außerdem wird Milch bei der Zubereitung von manchen Kräuterabsuden genutzt, für Salbei, Huflattich und Leinsamen, was zu besseren Ergebnissen führen soll. Molkenumschlage werden allgemein bei Quetschwunden, Kopf- und Rheumaschmerzen verwandt.

Von den Tierfetten erfreuten sich das Dachsfett großer Popularität. Es wird sowohl innerlich mit heißer Milch bei Lungenentzündung, Tuberkulose und Asthma als auch äußerlich als Einreibe- und Umschlagmittel bei Erkältungen und Gelenkkrankheiten verwendet. Auf diesselbe Weise wird auch das Schweinefett verwendet. Das ungesalzte Schweineschmalz ist ein Bestandteil von Salben, andere therapeutisch verwendeten Produkte tierischer Herkunft sind Eier. Das mit Zucker geriebene und eventuell mit heißer Milch aufgegossene Eigelb soll bei Erkältungen und Kehlkopfkrankheiten, rohes Eiweiß gegen Brandwunden helfen. Honig wird besonders geschätzt und entweder allein oder in Verbindung mit Wasser, Butter, Kräuterabsud oder Alkohol verwendet. Die Zusammensetzung des Honigs soll es ermöglichen, zahlreiche Krankheiten wie die der Atmungswege und des Herzens zu bekämpfen. Ausgenützt werden auch die therapeutischen Eigenschaften des Wachses, das meistens ein Bestandteil der Wundsalben bildet. An dieser Stelle wären noch Spinnweben als blutungsverhinderndes Mittel zu erwähnen.

Unter den Arzneimitteln *mineralischer* Herkunft sind vor allem Salz, Erdöl, Schwefel und Sand zu nennen. Mit Salzlösung wird bei entzündetem Hals gegurgelt, im Wasser, das mit Salzen vermischt wird, werden erkältete oder an Rheumatismus leidende Kinder gebadet. Salzwasserumschläge helfen gegen Kopfschmerzen. Bei Erkältungen findet auch Erdöl breite Verwendung. Einige Erdöltropfen werden zusammen mit Zucker oder Honig angewendet. In den letzten Jahren wird das Erdöl (je einige Tropfen täglich) als ein Mittel gegen Krebskrankheiten getrunken. Auch Erfrierungen werden mit Erdöl geheilt. Schwefel bildet Bestandteil der die Hautkrankheiten heilenden Salben. Heiße Sandumschläge lindern Gelenkschmerzen und Koliken.

II.

Ethnomykologisches in Europa
Glimpses on European Ethnomycology

Kultmahl von Sol und Mithras (Lobdengau-Museum Ladenburg/Neckar). Relief aus Keupersandstein mit Bemalung; Römische Kaiserzeit um 125 nach Christus (vgl. KLAPP, S. 70)

Friedr. Vieweg & Sohn Verlag, Braunschweig/Wiesbaden

VORWORT....*

Seitdem ich die "Griechische Mythologie" im Jahre 1958 überarbeitete, machte ich mir Gedanken über den betrunkenen Gott Dionysos, über die Kentauren mit ihrem widerspruchsvollen Ruf - ihrer Weisheit und ihres schlechten Benehmens wegen - und über das Wesen der göttlichen Ambrosia und des Göttertrunkes Nektar. Das alles steht in enger Verbindung, denn die Kentauren beteten Dionysos an, dessen ausschweifendes Herbstfest die "Ambrosia" genannt wurde. Ich glaube nicht länger, daß seine Mainaden, wenn sie tobend und rasend über das Land zogen, Tiere oder Kinder in Stücke rissen und sich dann rühmten, nach Indien und zurück gereist zu sein, nur von Wein oder Efeubier trunken waren.

Neue Erkenntnisse lassen darauf schließen, daß die Satyrn (Mitglieder des Ziegen-Clans), die Kentauren (vom Pferde-Clan) und ihre Mainaden diese Getränke nur dazu verwendeten, ein viel stärkeres Rauschmittel hinunterzuspülen: und zwar einen ungekochten Pilz, amanita muscaria, *den Fliegenpilz. Er ruft Halluzinationen, sinnlosen Aufruhr, prophetische Sicht, sexuelle Energie und eine bemerkenswerte Muskelstärke hervor. Nach einigen Stunden solch einer Ekstase folgt vollständige Trägheit. Dieses Phänomen könnte die Geschichte erklären, wie Lykurgos, nur mit einem Hirtenstab bewaffnet, die trunkene Armee des Dionysos, die aus Mainaden und Satyrn bestand, nach ihrer siegreichen Rückkehr aus Indien aufreiben konnte.*

Auf einem etruskischen Spiegel ist amanita muscaria *zu Füßen Ixions eingraviert. Ixion war ein thessalischer Heros, der sich in Gesellschaft der Götter an Ambrosia ergötzte. Einige Mythen bestätigen meine Theorie, daß seine Abkömmlinge, die Kentauren, diesen Pilz aßen. Nach der Meinung verschiedener Historiker wurde der Pilz auch von den norwegischen "Berserkern" verwendet, da er ihnen wilde Kraft im Kampfe gab. Ich nehme an, daß Ambrosia und Nektar berauschende Pilze enthielten. Es war* amanita muscaria *oder auch* panaeolus papilionaceus, *ein kleiner, schlanker Pilz, der auf dem Dunghaufen wächst. Dieser ruft harmlose und höchst erfreuliche Halluzinationen hervor. Ein ihm ähnlicher Pilz ist auf einer attischen Vase zwischen den Hufen des Kentauren Nessos abgebildet. Die "Götter", denen allein Ambrosia und Nektar zustanden, waren wahrscheinlich die Heiligen Königinnen und Könige des präklassischen Zeitalters. Das Verbrechen des Königs Tantalos bestand darin, daß er ein Tabu brach, als er einen Bürgerlichen einlud, seine Ambrosia mit ihm zu teilen.*

In Griechenland ging das Heilige Königinnen- und Königtum unter. Es scheint, daß Ambrosia dann das geheime Element der Eleusischen, Orphischen und anderer Mysterien wurde, die mit Dionysos verbunden waren. Alle Teilnehmer dieser Mysterien mußten über alles, was sie aßen oder tranken, Stillschweigen geloben; sie erlebten unvergeßliche Visionen, und ihnen wurde Unsterblichkeit versprochen. Die Ambrosia, die den Siegern des Olympischen Wettlaufs gereicht wurde, als Sieg ihnen nicht länger das Heilige Königtum gab, war offensichtlich ein Ersatz: eine Mischung aus Nahrungsmitteln, deren Anfangsbuchstaben das griechische Wort für Pilz bildeten. Die von klassischen Autoren überlieferte Zusammensetzung des Nektar und des Kekyon, des mit Pfefferminz gewürzten Getränks der Demeter zu Eleusis, ergab in ähnlicher Weise das Wort Pilz.

.....

* Aus dem "Vorwort zur deutschen Ausgabe" von RANKE GRAVES Robert v. 1960. *Griechische Mythologie*. 2Bde. rde 113/114 u. 115/116. Reinbek: Rowohlt, mit freundlicher Genehmigung des Verlages.

 Ethnobotanik Sonderband 3/85, 67–72

Rabenbrot

Edzard Klapp

Ergänzter Nachdruck aus curare 5 (1982), 217-222

ZUSAMMENFASSUNG Robert v. RANKE-GRAVES hat in seiner Einleitung zur "Griechischen Mythologie" (rde Bd. 113/114), gestützt auf WASSON, die Herausarbeitung von "Fliegenpilzspuren" zum Desiderat erhoben - anscheinend ohne bislang darin Gefolgschaft in der etablierten Wissenschaft zu finden. Werke christlicher Kunst enthalten ebenfalls Fliegenpilzspuren. Damit wird der vorwiegend linguistische Ansatz von ALLEGRO auf ein "zweites Bein" gestellt: die i n t e n t i o n a l e inhaltliche Ausdeutung n i c h t schriftlicher Dokumente.

SUMMARY In his introduction of "The Greek Myths" Robert v. RANKE-GRAVES called already for a study of the "traces of fly-fungus", based on WASSON's findings. Till now his proposal hardly finds successors in the well-established disciplines. According to the author several hints on use of fly-fungus are to be found in the christian art. He tries to complete the linguistic approach of ALLEGRO by an interpretation of "intended contents" of non written documents.

RESUME Dans son introduction des "mythes grecs" Robert v. RANKE-GRAVES (rde 113/114) demande déjà des recherches sur les traces du tue-mouches, basées sur les découvertes de WASSON. L'auteur constate un manque de persévération au milieu des disciplines établies. Il montre des traces du tue-mouches dans l'art chrétien.

Dieric Bouts:
Elias und der Engel in der Wüste

Textvorlage zu dem pilzähnlichen Arrangement aus der Elias-Legende ist 1.Kön.19,6. Ein Engel weckt Elias und sagt: Steht auf und iß! Und Elias sieht einen Krug mit Wasser und "geröstetes Brot". Das gibt Nahrung und Kraft für eine vierzigtägige Wanderung... - wobei die mystische Zahl "40" wohl für "unirdisch lange" steht.

Friedr. Vieweg & Sohn Verlag, Braunschweig/Wiesbaden

Auf des HERRN Geheiß zog sich der Prophet Elias an den Bach Krith zurück und lebte daselbst von dem Brot, das ihm Gottes Raben brachten (1.Kön. 17, 4+6). Die christliche Kunst hat sich dieses Themas oft angenommen. In entlegenen Landstrichen des nahen und mittleren Ostens ist die Bezeichnung *Rabenbrot* für den (halluzinogenen) Fliegenpilz noch heute gebräuchlich (1). Man darf annehmen, daß jener volksbotanische Übername auch für den vorerwähnten Zug der Elias-Legende Pate gestanden hat. Und daß es Pilznahrung war, die Elias zu sich nahm, bevor ihm der HERR neue Order zukommen ließ, ist auf dem Bilde "Elias und der Engel in der Wüste" von Dieric Bouts (2) dezent angedeutet: Brötchen und Becher sind scheinbar unverfänglich in Pilzform arrangiert.

Hat es - zumindest bis in neuere Zeit - eine stetige, nicht-amtliche Überlieferung gegeben, derzufolge *Rabenbrot* für Fliegenpilz stand? Der Hl. Hieronymus bringt die Historie vom Besuch des Hl.Antonius beim Hl. Paulus von Theben. Schon unterwegs begegnet Antonius einem Kentauren (3). Nachdem er auf Paulus gestoßen ist und beide Heilige ihre Artigkeiten ausgetauscht haben, rauscht der himmlische Rabe mit einer Doppelportion Brot hernieder. Grünewald hat diesen Moment auf einer Tafel des Isenheimer Altars festgehalten. Das Gegenstück bildet die Darstellung von der Heimsuchung des Hl. Antonius - schon die Bildsymmetrie verrät den inneren Zusammenhang (4): haben die dämonischen Phantasmen ihren Ursprung in der Rabenbrotanwendung?

Spukgestalten, wie sie den Hl. Antonius bedrängen, werden in den biblischen Psalmen wieder und wieder als Feinde, Widersacher, Verleumder und Gottesleugner benannt, ja es kommt ihnen anscheinend geradezu eine konstituierende Rolle im Ritus zu. Die etablierte Psalmenforschung hat bis heute wenig überzeugend versucht, historische Entsprechungen zu jenen Feindbildern in der Außenwelt aufzuzeigen. Nähme man indes den hier angedeuteten psychedelischen Ansatz ernst, so folgte daraus auch eine Neuinterpretierung von Entstehung und Aufgabe der Klage-Psalmen: Sie hätten dann dazu gedient, den sakralen Pilzanwender psychohygienisch zu stützen und zu führen.

Wir hätten es folglich mit einem kultisch relevanten Phänomen exogener Psychosen zu tun. Hierfür spricht der Umstand, daß die "Feinde" des Psalmisten wie Rauch oder Spreu dahinzuschwinden pflegen, sobald sie ihre Rolle ausgespielt haben. Andererseits vermittelt uns die klinische Psychiatrie der Jetztzeit einschlägige stereotype Aussagen vergifteter Patienten. Ein Kiffer: "...Auf dem Bahnhof und im Zug grinsten mich alle so blöd an..." Zum Krankheitsbild vieler Psychosen gehört es, daß der Betroffene alles Erlebte persönlich auf sich bezieht und verzerrt wertet:"...nicht ein Mann, der mich haßt, tritt frech gegen mich auf...Nein, du bist es, ein Mensch aus meiner Umgebung, mein Freund, mein Vertrauter...." (Psalm 55 13 + 14).

Da vom Psalter wohlfeile Textausgaben im Buchhandel erhältlich sind (Ökumenische Übersetzung derzeit für 4,20DM), mag hier von längeren Zitaten abgesehen werden können: Für das herbeigeflehte rettende "Reich Gottes" - Gegenstück zu jener Schreckenswelt - finden sich dort ebensoviele Umschreibungen. Um dieser Herrlichkeit willen nimmt der Adept den vorhergehenden Katzenjammer auf sich: Gott liebt ein gebrochenes Herz und zerschlagene Glieder (Ps. 34, 19).

Probasti meum Deus // Visitasti nocte // Igne me Examinasti

Auf dem erwähnten Marterbild des Isenheimer Altars schwebt er denn auch in Himmlicher Aureole verheißungsvoll über dem gequälten Gläubigen.

* * *

Der Löwenüberwinder und Honigschlecker Simson heiratete eine Philisterin. Auf der Hochzeit gab er den Gästen ein Rätsel auf: "Speise ging von dem Fresser und Süßigkeit von dem Starken". Diese Szene - Simson, der an der Hochzeitstafel Rätsel aufgibt - wird von Rembrandt in einem Bilde dargestellt (5). Hauptperson des Bildes ist die Braut, mit schwer ergründlichem Gesichtsausdruck, so als wollte sie zum Galeriebesucher sagen: "Na, merkst du was?" Vor ihr befindet sich ein merkwürdiger Tafelaufsatz, eine mit diversen Kräutern garnierte Platte mit einem schlanken Kelch in der Mitte; stellte man sich das Ganze separat vor, ähnelt es einem auf den Kopf gestellten Pilz... Nun, die Antwort der Philister ist ihrerseits in Frageform gekleidet:"Was ist süßer denn Honig? Was ist stärker denn der Löwe?"(Richter 14,18).

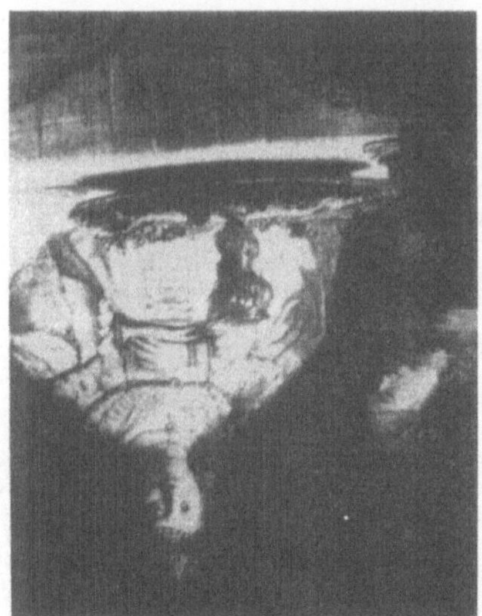

Die ganze Legende ist verfertigt nach der Devise, daß der Hund gar nicht tief genug vergraben sein kann. Mit dem Honig dürfte der "Felsen-Honig" (vgl. Psalm 81, 17; Deuteronomium 32, 13), also das Ingrediens des Felsenwunders (Exodus 17, 6) gemeint sein. War es der Saft ausgepreßter Fliegenpilze? Träfe das zu, dann wäre die in die "Rätsel-Lösung" verpackte Verknüpfung von Löwe und Honig schlüssig: Wem es gelungen ist, die "Feinde" (=den Löwen) zu überwinden, der darf den "Honig" genießen (6). Genauer genommen: Was ist stärker denn der Löwe, was ist süßer denn Honig? Auf beide Teilfragen kann die Antwort lauten: Das Wort Gottes, nämlich das fleischgewordene Wort Gottes. Letzeres, das "fleischgewordene Wort Gottes" oder der "Sohn Gottes" (7) ist nichts anderes als die uralte Rauschdroge Fliegenpilz. Ihre Anwendung zeichnet sich dadurch aus, daß der Horrortrip dem seligen Flash voraufgeht.

Es bleibt der Reife und Weisheit des Anwenders überlassen, in den aus der Tiefe seines Unbewußten auftauchenden Schreckensbildern Widerspiegelungen der eigenen Seele zu erkennen (8). Ist hier der legitime Ort, nach dem ursprünglichen und echten Sinn des Gebots der Feindesliebe (Matth. 5,44) zu fragen) Es läge dann in diesem Gebot eine Überwindung der beim Psalmisten vorherrschenden Grundeinstellung ("Zerschmettere den Löwen die Zähne, HERR!"); nunmehr lautet die Lösung, die eigenen Schattenseiten nicht zu verneinen, sondern anzuerkennen, ja zu "lieben". "Feindesliebe" in diesem Sinne wäre die Vorbedingung für Nächstenliebe (9). Es fällt auf, daß das (mit in die "Bergpredigt" aufgenommene) Gebot der Feindesliebe in engem redaktionellen Zusammenhang mit den sogenannten Seligpreisungen steht. Für letztere aber lassen sich samt und sonders Entsprechungen aus dem Kanon der Psalmen aufweisen:

Die Armen werden das Land bekommen (Psalm 37, 11).
Das Opfer, das Gott gefällt, ist ein zerknirschter Geist,
ein zerbrochenes und zerschlagenes Herz
wirst du, Gott, nicht verschmähen (Psalm 51, 21).

Die Gilde der offiziellen Hüter des reinen Glaubens, von Amts wegen zur Unterordnung der Exegese unter die Dogmatik vergattert, scheut sich annoch, solche Dinge auch nur zur Kenntnis zu nehmen, geschweige denn zur Diskussion zu stellen. Aus Angst wovor und worum? Ein gebildeter Buddhist, dem man vorrechnete, daß dem Boddhisattva Avalokitesvara nie eine bürgerliche Existenz zukam, würde schlicht entgegnen: "Na und?" Ein Gallus, Priester der Kybele (gäbe es solche noch), befragt nach wann und wo des Erdenlebens von Attis, würde mit den Schultern zucken. Vergebens fragt man nach dem "geschichtlichen" Wirkungsort der Heldentaten des Mithras. Diese unausgesprochenen Negativatteste, jedem insider geläufig, haben der Ausbreitung der betreffenden Kulte keinen Abbruch getan. Im übrigen spricht vieles dafür, daß (auch) die Kulte von Mithras und Attis sich um die rituelle Anwendung des Fliegenpilzes rankten - ebenso wie die Dionysos-Mysterien. ... letztere betreffend, braucht man nur an die aus der klassischen griechischen Vasenmalerei geläufigen Mänadendarstellungen zu erinnern: bekleidet mit Pantherfellen, bringen die Mänaden mit bloßen Händen Rehkitze und andere "Tiere" ein - jeweils explizite Anspielungen in einer intentionalen Bildersprache!

* * *

Das Lobdengau-Museum in Ladenburg am Neckar birgt als bedeutendsten Schatz ein mithräisches Kultbild; es zeigt Sol und Mithras (S.65) auf der Haut des erlegten Himmelsstieres beim Festmahl. Sol, in heroischer Nacktheit, hält sein Trinkhorn vor die Scheibe des "Sonnenbaumes", um anzudeuten, woher seine Kraft kommt. Im "Sonnenbaum" läßt sich unschwer die Unterseite eines Pilzhutes erkennen; man wird nicht darin fehlgehen, den "Sonnenbaum" als Fliegenpilz anzusprechen. Auch lassen mehrere kennzeichnende Züge der kanonisierten Mithras-Ikonographie eine ausgesprochene "Pilzbürtigkeit" annehmen. Hingewiesen sei auf die "Felsgeburt" des Mithras, seine "phrygische" Mütze, sein Hervorlugen aus dem Baum, sein "Felsenwunder" (Schuß mit Pfeil auf -wolkenähnlichen- Felsen) und anderes mehr. Wer in dem reichhaltigen Fundus des Corpus Cultus Cybelae Attidisque (10) blättert, wird noch häufiger auf pilzbezügliche Attisdarstellungen stoßen. Und auch die Legende des Attis legt Annahme von Pilzverwandtschaft nahe: Mit den Figuren von Attis tristis and Attis hilaris treten wieder die typischen Zustände der Fliegenpilz-Diätetik zutage. Zur Zusammengehörigkeit von Tränen und Jubel vgl. Psalm 126! Aber wer unter den Vertretern der Amtskirche ist bereit, das Mysterium von Karfreitag und Ostern mit dem Verzehr und der Auswirkung des Fliegenpilzes in offenen Zusammenhang zu bringen? Er müßte mit Kanzelverbot und Amtsenthebung rechnen. Wenn derartige Besorgnis anhält, werden wir es also bestenfalls erleben, daß sich ein auf vielleicht 500 Jahre zu veranschlagendes Umdenken anbahnt. Indes liegt kein zwingender Grund vor, daß das so langsam abläuft. Lediglich die für zwingend angesehenen Denkgewohnheiten sind es, die hier hemmend wirken.

Charles de TOLNAY sagt zu Hieronymus Bosch (11) bei der Besprechung von Hölle und Himmel: "Bosch ersetzt das Paradies und die Hölle des Mittelalters, die objektive Bilder der himmlischen und höllischen Hierarchien waren, durch subjektive Visionen, die den Auffassungen der großen Mystiker entsprechen und nur in der Innenwelt der Seele existieren." In diesem Satz sind die Wörter "objektiv" und "nur" recht verräterisch. Was war zuerst da -Himmel und Hölle "draußen" oder "drinnen"? "Was... mag wohl eher dagewesen sein, die spontane Vorstellung von einem zukünftigen Leben, in dem die körperlose Seele, von den Fesseln der Zeit und des Raumes befreit, die ewige Seligkeit erfährt, oder die zufällige Entdeckung halluzinogener Pflanzen, die ein Gefühl von Euphorie erwecken, das Bewußtseinszentrum verwirren und Zeit und Raum zu neuen Dimensionen ausweiten?... Die (letztere) Erfahrung hat vielleicht ... eine nahezu explosive Wirkung auf den noch schlafenden Geist des Menschen gehabt und ihn dazu gebracht, an Dinge zu glauben, an die er niemals zuvor gedacht hatte. Das ist, wenn man so will, direkte Offenbarung." (12).

Mit voller Absicht erörtere ich hier die Bilder von Bouts, Grünewald und Rembrandt. Ich halte es für sinnvoll, derartige Kunstwerke als Belegstücke für ein Fortleben der inhaltlich richtigen Lehre (g e g e n die der Amtskirche!) anzuführen. Die Schriften des Alten und des Neuen Testaments verlieren nichts an Würde und Bedeutung, wenn man sich bemüht, die Intentionen ihrer Kryptographen zu verstehen.

* * *

NACHTRAG

Wir verdanken Sergius GOLOWIN (13) - anläßlich der Interpretation der Verkörperungen Vishnus, und zwar des Zwerg-Avatars - einen Hinweis auf magische Kraft und heiligen Pilz. Dazu sei hier ergänzend ein Wesenszug des *Löwen-Avatars* hervorgehoben: Der Löwen-Avatar ist nach der gängigen bildlichen Darstellung einer, der dem Adepten (dem "Feind") heftig im Gedärm wühlt, aber gleichzeitig mit r o s a (!) Bändchen wieder sorglich die Wunde verschnürt. Das damit angedeutete (esoterische) Initiations-Drama wird (für exoterischen Gebrauch) mit einer volkstümlichen cover-story (14) verstellt.

CXIX

Wischnu

4te Incarnation.

Zur Entschlüsselung entsinne man sich des Umstandes, daß die r o s a Farbe (der Bändchen) für die brahmanische Kaste reserviert ist. Dem Verfasser sind nord-indische, aus dem 19. Jahrhundert herrührende Hinterglasmalereien, für rituellen Gebrauch verfertigt, bekannt, die nicht nur jene Farbe deutlich machen, sondern den (rituell) "Getöteten" jeweils mit entspanntem wachem Gesichtsausdruck zeigen.

BASIS-LITERATUR

WASSON R.G. (1969): *Soma - Divine Mushroom of immortality.* (Ethno-mycological Studies N°.1), New York: Harcourt Brace Jovanovich, Inc.

ALLEGRO J.M. (1971): *Der Geheimkult des heiligen Pilzes - Rauschgift als Ursprung unserer Religionen* (aus dem Englischen übertragen von Peter Marginter). Wien: Molden. Englische Originalausgabe (1970): *The sacred Mushroom and the Cross.* London: Hodder and Stoughton.

ANMERKUNGEN

(1) GHOLAM MOCHTAR Said und GEERKEN Hartmut (1979): Die Halluzinogene Muscarin und Ibotensäure im Mittleren Hindukusch - Ein Beitrag zur volksheilpraktischen Mykologie in Afghanistan. *Afghanistan J.* 62 (1979).Reprint hier, S.157-160//(2) 1464, Kirche St. Peter, Löwen; vgl. Abb. Taf. III 8, in: ALPATOW M.W. (1964): *Geschichte der Kunst.* Bd. II, Dresdnen: VEB Verlag der Kunst. // (3) Lieblingsspeise der sagenhaften Kentauren soll ausgerechnet der Fliegenpilz gewesen sein! Vgl. Hinweis bei R. v. RANKE-GRAVES (1960): *Griechische Mythologie* Rowohlts Deutsche Enzyklopädie 113-14Bd.I, Vorwort zur deutschen Ausgabe S. 7/8, reprint hier S. 65.

(4) Vgl. Abb. S. 167 u. 183 in: Max SEIDEL (1973/1980): *Mathis Gothart Nithart Grünewald - "Der Isenheimer Altar".* Stuttgart: Chr. Belser Verlag. // (5) - heute Dresden, Abb. 168/169 in: ALPATOW M.W. (1966): *Die Dresdner Galerie.* Dresden: VEB Verlag der Kunst. // (6) Vgl. Offb. Joh. 10, 9 + 10. // (7) "Pilze und Knollen werden Geschöpfe der Götter genannt, da sie sich nicht wie andere Lebewesen aus Samen entwickeln." - so Porphyrius, zit. nach LIONNI L. (1978): *Parallele Botanik.* S. 8. Köln: Middelhauve.

(8) "Wisse, daß die Gestalten, sie mögen sein, wie sie wollen, die du im Bardo betrachten kannst, unwirkliche, von dir hervorgerufene Traumbilder sind, die du ausstrahlst, ohne sie als dein Werk zu erkennen, und die dich erschrecken. ..." Bardo thös dol; zit. nach DAVID-NEEL Alexandra (1962): *Unsterblichkeit und Wiedergeburt - Lehren und Bräuche in China, Tibet und Indien.* S. 54. Wiesbaden: Brockhaus. // (9) "Jegliche Minne ist gebauet auf Eigenminne", sagt Meister Eckehart. // (10) Erscheint bei Brill, Leiden, herausgegeben v. VERMASEEREN. // (11) Deutsch bei Holle, Baden-Baden (1965): S. 110: Bei der Besprechung von Hölle & Himmel (Dogenpalast). // (12) BARNARD M. (1968): *The God in the Flowerpot,* The American Scholar, Herbst 1963; zit. nach MASTERS R.E./J. HOUSTON, Psychedelische Kunst. München: Knaur-TB Nr. 261 (1971), S. 92/93.

(13) Sergius GOLOWIN in *Bildlexikon der Symbole,* hrsg. von Wolfgang BAUER u.a., Abi Melzers Productions, Dreieich 1980, S. 82 re.Spalte. - Vgl. ferner: Sergius GOLOWIN, "Psychedelische Volkskunde", *Antaios* Bd.XII. // (14) siehe Stichwort "Wischnu" - Wischnu's vierte Verkörperung, Narasinha awatara (als Mensch-Löwe)in Dr. W. VOLLMER, *Vollständiges Wörterbuch der Mythologie aller Nationen,* Stuttgart 1836, S. 1542/1543. Wir entnehmen jenem Werk auch die hier wiedergegebene Abbildung des "Löwen-Avatars" (Vollmer, Tafel CXIX).

Beiträge zur Geschichte der Pilzkunde im Burgenland. Anfänge der Pilzkunde bis Carolus Clusius

Stephan A. Aumüller

Contributions to the history of mycology in the Burgenland/Austria from its beginning to Carolus Clusius. Vernacular names (german and hungarian) are put together with the scientific denomination.

Reprint: 1980, 1981. *Natur und Umwelt im Burgenland*. 2 Teile: 3 (2):35-42 und 4 (1): 17-22

Das pilzkundliche Wissen über unser burgenländisches Heimatland hat eine sehr wechselvolle Geschichte. Es nahm im 16. Jahrhundert mit Charles de l'ESCLUSE (C.CLUSIUS) einen glanzvollen Aufstieg, versank aber bald nach ihm in einen Jahrhunderte währenden Dämmerschlaf, bis sich erst wieder STERBEECK, BRITZELMAYER, FRIES, KALCHBRENNER, KANITZ, PRITZEL, REICHARDT, SADLER, ISTÂNFFI, RIEDL und andere des bahnbrechenden Werkes *Fungorum in Pannoniis observatorum brevis Historia* (1601) erinnerten und es als die absolut erste, regional gebundene wissenschaftliche Pilzmonographie anerkannten.

In der ersten Hälfte unseres Jahrhunderts waren es vor allen die Professoren LOHWAG (Vater und Sohn), die als Gastforscher die Landschaften unseres Landes durchstreiften und über bemerkenswerte Pilzfunde berichteten. Erst in der Gegenwart dürfen wir in der Person des jungen Mag. Dr. Stefan PLANK den ersten bodenständigen Mykologen begrüßen, in den wir die berechtigte Hoffnung setzen, die systematische Durchforschung des Burgenlandes auf dem Gebiet der Makro- und Mikromykologie einzuleiten. Seine Monographie über die *Ökologie und Verbreitung holzabbauender Pilze im Burgenland* hat neben einer Reihe kleinerer Abhandlungen auch schon im Ausland Aufmerksamkeit erregt.

Obwohl der Mensch schon immer mit den Pilzen aus der Sicht giftig oder eßbar, schädlich oder unschädlich konfrontiert war, so standen der ernsthaften Beschäftigung mit diesen rätselhaften Wesen verschiedene Hindernisse im Wege. Als Saprophyten oder Parasiten besitzen sie kein Chlorophyll und wurden daher noch nicht als Pflanze, sondern als Ausschwitzungen der Steine, des feuchten Erdbodens und der faulenden Baumstrünke angesehen. Ein noch größeres Rätsel bereitete die verborgene Art und Weise der Pilzvermehrung. Das Fehlen von Samen (Früchten), weiters eines geeigneten Hilfsmittels zur Erkennung der Sporen im Pilzfruchtkörper als Urheber der Vermehrung -das Mikroskop war noch nicht erfunden- waren die Ursachen einer langandauernden Stagnation in der Erforschung der Lebensweise der Pilze. Selbst CLUSIUS vermochte eher zu ahnen als zu wissen, daß bei den Pilzen Sporen die Überträger des Lebens von Generation zu Generation sind.

Schon in den Schriften des THEOPHRASTOS -etwa 300v.Chr.- finden wir Hinweise auf die Existenz von Pilzen. Ein besonderes Kennzeichen und Hemmnis des Mittelalters ist, daß die Schriften der "Alten" als tabu galten, d.h. man bemühte sich wohl, diese zu deuten, aber nicht kritisch zu betrachten und mit eigenen Erkenntnissen aus der unmittelbaren Anschauung zu bereichern. Selbst CLUSIUS, der als einer der ersten Naturalisten am Beginn der Neuzeit frischen Wind in die Erforschung des Naturlebens brachte, zitierte und würdigte noch THEOPHRASTOS. DIOSCORIDES, der im ersten Jahrhundert v.Chr. lebte, befaßte sich in seinem fünfbändigen Werk *De materia medica* mit den Heilmitteln pflanzlichen, tierischen und mineralischen Ursprungs. Darin unterscheidet er schon die eßbaren Pilze von giftigen, ist aber noch der Ansicht, daß letztere nicht selbst ihre Giftstoffe erzeugen, sondern diese aus den sie umgebenden Materien beziehen. Im ersten Jahrhundert n.Chr. war es PLINIUS, der sich in seinem 36 Bände (Bücher) umfassenden Werk *Historia naturalis* auch mit einzelnen Pilzen befaßte.

Im 15. Jahrhundert waren es vor allen RINIUS (1415) und BARBARO (1492?), die sich mit einzelnen Pilzen befaßten: letzterer versuchte darüber hinaus die Pilze auch schon nach ihrem Habitus zu klassifizieren. BARBARO faßte auch die Ansichten des DIOSCORIDES und PLINIUS zusammen. COLUMELLA (Beginn des 16. Jahrhunderts) nennt in seinem 12-bändigen Werk *De re rustica* einige Pilzarten, die mit den heute geltenden Artnamen wie *Morchella esculenta*, *Macrolepiota procera*, *Agaricus campester*, *Boletus edulis*, auch *Lycoperdon*-Arten, identifiziert werden konnten. BRASSAVOLA (1536) beschrieb irrtümlich die Rafflesiaceae *Cytinus hypocistis* als phytopathogenen Mikropilz an *Cistus salviaefolius;* RUELLE (1537) hob hervor, daß Sonnenwärme, Wind und Regen wichtige Faktoren für die Entwicklung der Pilze seien; LONICERUS (1540) bewertete die mykologischen Angaben von GALENUS und AVICENNA; GESNER (1541) beschrieb unter *fungus ramosa* die Art *Clavaria coralloides*; FUCHS (1542) berichtete über einen schmarotzenden Mikropilz auf *Digitalis purpurea* und berief sich in seinen weiteren mykologischen Angaben auf ältere Autoren; CORDUS (1546) und LONICERUS (1546) befaßten sich u.a. mit dem Fliegenpilz (*Amanita muscaria*) und letzterer teilte die Pilze in die Kategorien "brauchbar" und "unbrauchbar" ein und bestätigte *Boletus edulis* als hervorragenden Speisepilz; CARDAMUS (1550) vermochte einige Pilzarten in ihrer Charaktesierung voneinander gut abzugrenzen, und CORDUS berichtete über die "sexuelle Sensibilität" der Art *Elaphomyces grannulatus.*

MATTIOLI (1554) unternahm als erster den Versuch einer systematischen Gliederung der Pilze in Arten und Gattungen und beschrieb Pilzarten aus den Gattungen *Pleurotus*, *Lentiporus*, *Fomes*, *Rhizopogon*, *Lycoperdon*, *Clavaria;* LONICERUS (1557) beschrieb ebenfalls mehrere Pilzarten in seinem Pflanzenbuch; BOCK (1560) ist noch immer der Auffassung, die Pilze seien keine Pflanzen, weil sie weder Wurzeln noch Blüten und Samen hätten; JUNIUS (JONGHE) begann bereits anhand der verstreuten Fundorte seines Pilzes "Phallus hadrian" (*Phallus hadriani*) in mehreren Ländern Europas den Grundsatz der geographischen Verbreitung zu erahnen und ALDROVANDI (1565) malte bereits naturgetreue Pilzbilder, legte ein Herbarium an und beschrieb weiters einige neue Pilze; SACCI (1565) erkannte in *Agaricum (Fomitopsis officinalis)* bereits dessen baumzerstörende Eigenschaft, während ALDROVANDI (1568) in der Tatsache, daß gewisse Pilzarten nur in Eichenwäldern zu finden sind, das Prinzip der Symbiose erahnte. LOBELIUS und PENNA (1570) befaßten sich in ihrer Studie ebenfalls mit Baum- bzw. Waldpilzen. MERCURIALE (1571), ein Zeitgenosse von CESALPINO, wiederholte die These des THEOPHRASTOS, daß Pilze sehr wohl auch Pflanzen seien (im Gegensatz zu BOCK), aber im Laufe der Fortentwicklung ihre Wurzeln verloren hätten. LOBELIUS (1581) befaßte sich vor allem mit der Morphologie zahlreicher Pilzarten, während DODONAEUS (1583) keine neuen Aspekte eröffnete und sich vor allem mit den Ergebnissen des JUNIUS (1564) begnügte.

CESALPINO (1583) kann nach MATTIOLI (1554) als zweiter Systematiker in der Mykologie betrachtet werden, allerdings mit der Einschränkung, daß die Pilze *herbae sine semina* seien, obwohl sich seine Aufmerksamkeit wohl auch schon der Farbe der Sporen zuwendete. Er teilte die Hutpilze bereits in 16 Gattungen ein.

Mit dieser auszugsweisen Übersicht der alten Geschichte der Mykologie, deren Daten größtenteils dem Manuskript von DDr. Bela POZSÁR, Budapest, als einem Beitrag zur Neuauflage des CLUSIUS-ISTVANFFIschen Pilzwerkes 1601-1900 entnommen wurden, sind wir bereits bei CLUSIUS angelangt, der als Hofbotaniker des Kaisers MAXIMILIAN II. in der einstigen Österreich-Ungarischen Monarchie in den Jahren 1573-1588 seine segensreiche botanische Tätigkeit entfaltete und dank seiner guten Beziehungen zu dem ungarischen Magnaten Balthasar de BATTHYÁNY Gelegenheit hatte, in einem verhältnismäßig engbegrenzten Raume (heutiger Südteil des Burgenlandes) eine mykologische Tätigkeit zu entfalten, die in seinem Werk "*Fungorum in Pannoniis...*" ihren bleibenden Niederschlag fand und weltweit als die erste wissenschaftliche Pilzmonographie anerkannt wurde.

Die bis zum Auftreten des C.CLUSIUS geäußerten Ansichten über die Pilze sind mehr oder minder als Mosaiksteine zu betrachten, die erstmals der große flämische Gelehrte zu einem einheitlichen Bild zusammenzufügen versuchte. Aber auch er hatte noch mit Problemen und Schwierigkeiten zu kämpfen. Unter diesen ist an erster Stelle das Fehlen einer einheitlichen Nomenklatur (die binominale Nomenklatur LINNÉs kam erst im 18.Jahrhundert zustande) und eines natürlichen Systems der Lebewesen zu nennen. Die diversen vagen Beschreibungen und die damit verbundene Unsicherheit in der Determinierung der Pilze (auch der übrigen Pflanzen und der Tiere) führte CLUSIUS wohl zum Bedürfnis, auch deren volkstümliche Namen zu notieren. Damit hat Clusius vor allem auch der heutigen Ethnobotanik als Bindeglied zwischen der wissenschaftlichen Botanik (auch der Mykologie) und der Volkskunde ein wertvolles Hilfsmittel in die Hand gegeben. CLUSIUS beherrschte wohl sieben Sprachen, darunter auch die deutsche, nicht aber die ungarische Sprache, und so leisteten ihm Balthasar de BATTHYÁNY als Gastgeber und Stephan BEYTHE als dessen Hofprediger bei der Ermittlung der ungarischen Vulgärnamen wertvolle Dienste. Den eindeutigen Beweis dafür erbringen die Originalaquarelle von den Pilzen, die höchswahrscheinlich Esaye le GILLON, ein Neffe des C. CLUSIUS malte und seither in der Abendländischen Handschriftensammlung der Universitätsbibliothek zu Leiden unter der Signatur "Cod. 303" verwahrt werden. Die handschriftlichen Vermerke auf den Aquarellen lassen die Schriftzüge sowohl des CLUSIUS als auch seiner Helfer BATTHYÁNY und BEYTHE erkennen. Die späteren Revisoren der CLUSIUSschen Pilzbeschreibungen bedienten sich stets mit Erfolg dieser Volksnamen, die größtenteils auch heute noch im Burgenland gebräuchlich sind.

Das Ergebnis der jüngsten Revision CLUSIUSscher Pilzbeschreibungen und Abbildungen (s. die Holzschnitte im Originalwerk und die Aquarelle im "Cod.303) hat erfreulicherweise auch die deutschen und ungarischen Vulgärnamen berücksichtigt, wobei Namen, die mit einer bestimmten Pilzart nicht identifiziert werden konnten, unberücksichtigt blieben. Der ungarische Mykologe Dr. Bohus GÁBOR. Mitarbeiter des Nationalmuseums in Budapest, der diese mühevolle Aufgabe übernahm, hat damit auch der Ethnobotanik im Burgenland einen wertvollen Dienst erwiesen.

Das Druckwerk "*Fungorum in Pannoniis...*" ist nicht als eigenständige Ausgabe, sondern im Rahmen der CLUSIUSschen *Opera omnia* als ein Kapitel des 2.Teiles *Rariorum plantarum Historia* 1601 in Antwerpen erschienen. CLUSIUS teilte die Pilze in die zwei großen Gruppen *fungi esculenti* und *fungi perniciales* ein, wie es ja auch die neuesten Werke, wohl im Rahmen der systematischen Ordnung, noch tun, so.z.B. Bruno CETTO in seinem "Großen Pilzführer" (1978-1979), mit 2594 Pilzbeschreibungen und 1265 Farbaufnahmen. Innerhalb dieser Gruppen reihte Clusius seine Pilze grundsätzlich alle in Gattungen und Arten ein; dies ist wohl schon ein beachtlicher Fortschritt, wenngleich diese Gliederung den Grundsätzen der gegenwärtig geltenden Systematik der Pilze nicht mehr ganz entspricht. Fallweise enthält das Werk auch schon folkloristische Hinweise in bezug auf technische oder volksmedizinische Verwendung einzelner Pilze.

Eine eingehende Würdigung dieses wissenschaftlichen Erstlingswerkes auf dem Gebiete der Makromykologie sei einer gegenwärtig in Arbeit begriffenen Neuauflage vorbehalten.* Abschließend sei nur noch -im Sinne der BOHUS'schen Revision- auf die Liste der sicher festgestellten Arten in den beiden Quellen (Druckwerk und Codex) nebst den aus der zweiten Hälfte des 16. Jahrhunderts stammenden deutschen und ungarischen Vulgärnamen in der Reihenfolge der Tafeln des Codex hingewiesen.

* vom Autor. 1983. Carolus Clusius: Fungorum in Pannoniis. Budapest

LITERATUR einschl. nicht im Text zit. Literaturstellen der Vollständigkeit halber

AINSWORTH G.C. 1976: *Introduction to the history of mycology*. Cambridge Univ. Press, London/New York/Melbourne.

ALDROVANDI U. 1565: *Lectio de Fungis*. Bologna. 1568: *Historia arborius*. Bologna.

AUMÜLLER S. 1979: *Entstehungsgeschichte und Schicksal des CLUSIUS-Codex*. Neudörfl/L. (Öst.), Manuskript.

BOCK H. 1560: *Kreuter Buch*. Darin Vnderscheidt, Würkung der Kreuter, Stauden Hecken etc. Straßburg.

BARBARO B. 1492: *Castigationes Plinianae*. Venetiis.

BARB A. 1974: Der Maler der Pilzaquarelle des CLUSIUS-Codex. *Burgenländische Heimatbl.* 36:116-123.

BOHUS G. 1945. Interprētation des Bolets de CLUSIUS, 1-2. *Acta Mycol.Hung.*2:20-27, 69-76/ 1947: A CLUSIUS Codex galambgombáinak megfejtése (Revision der Pilzgruppe "galambgomba" (=Täublinge) im CLUSIUS Codex). *Magyar Gombászat* IV:55-65/ 1973: Mikológiai érdekességek a CLUSIUS Codexből (mykologische Merkwürdigkeiten aus dem CLUSIUS-Codex). *Szombathely, Vasi Szemle* (Eisenburger Rundschau) XXVI,4. / 1974: Solution des Russeles du Codex CLUSIUS. *Acta Mycol. Hung.* 4:55-65 / 1975: CLUSIUS-Codex gombafajainak revíziója (Revision der Pilzarten des CLUSIUS-Codex). *Mikol. Közlemények* (Mykologische Mitteilungen) 3:121-128 / 1975: Revision des espèces du Codex CLUSIUS. *Mikol. Közlem.* 3:128-136 / 1979. *Revision der Pilzarten des CLUSIUS-Codex* (Leiden BPL 303). Budapest, Manuskript.

BRASSAVOLA A.M. 1536. *Examen omnium simplicium medicamentorum, quorum in officinis usus est*. Roma.

BRIGANTI V. 1884. *Historia Fungorum*. Napoli.

BRITZELMAYR M. 1894. Die Hymenomyceten in STERBEECKS Theatrum Fungorum. Bot. Cbl. 61:42-57 / 1895. Die Hymenomycetes in STERBEECKS Theatrum Fungorum. Bot. Cbl. 62: 209-211.

CARDAMUS H. 1550. *Agaricus XXI*. Norimbergae.

CESALPINO A. 1583. *De plantis liber XVI*. Florentiae.

CLUSIUS C. 1583, 1584. *Stirpium Nomenclator Pannonicus*. 1. Ausgabe: Güssing 1583; 2. Ausgabe: Antwerpen 1584 / 1583.*Rariorum aliquot Stirpium per Pannoniam, Austriam* etc. Antverpiae, ex officinae Christophori Plantini. / 1601. *Fungorum in Pannoniis observatorum brevis Historia*. Als Kapitel im Teil I. der CLUSIUS'schen Opera omnia erschienen in Antwerpen bei Johannes MORETUS. Bislang einzige Neuauflage s. bei ISTVÁNFFI G., Budapest 1900.

CODEX Vulcanianus, *16.-17. Jh. Sammlung von rund 1000 Briefen von und an CLUSIUS*. Leiden, Universitätsbibliothek, Sign.: Vulc. 101.

COLUMELLA L.J.M. 1504. *De re rustica libri XII*.

CORDUS V. 1546. *Dispensatorium simplicium*. Norimbergae.

CSAPODY I. 1973. Clusius magyar mecenása és munkatársai (Der ung. Mäzen und die ung. Mitarbeiter des CLUSIUS). *Szombathely, Vasi Szemle* 27:407-415.

CZVITTINGER D. 1711. *Speciem Hungariae Literatae*. Francofurti et Lipsiae. (Im Abschnitt "Beytheus Stephanus, Hungarus..." wurde die erste Pflanzenliste "Stirpium Nomenclator Pannonicus" des C. CLUSIUS durch zahlreiche deutsche Volksnamen von Pflanzen - darunter auch von Pilzen - erweitert neu veröffentlicht.)

DODONAEUS R. 1583. *Pemptades seu stirpium historiae*. Antverpiae.

GESNER C. 1541. *Historia plantarum et vires... juxta elementorum ordinem*. Basileae.

HARGITA P. 1972. The birth of mycology. Intern. scientific cooperation in the 16th century. *Acta Agronomica Acad. Scient. Hung.* 21:397-404.

HORVÁTH E. 1973: CLUSIUS a mikológia atyja. *Szombathely, Vasi Szemle* XXVII,4:578- 582.
HUNGER F.W.T. 1926: *CLUSIUS-tentoonstelling in het Stedelyk Museum "De Lakenhal" te Leiden, 19.Oct - 30.Oct. 1926.* Leiden Universitätsbibliothek. / 1927-1943. *Charles de l'ESCLUSE, Nederlandsch kruidkundige 1526-1609.* 's-Gravenhage. Band I/ 1927:XXIII + 467.
ISTVÁNFFI G. 1894: *A leydeni CLUSIUS-codex.* Budapest, Természettudományi Közlöny-Pótfüzet (Naturwiss.Mitteilungsbl.Ergänzungsheft)37:30-32 / 1894. Franciscus van STERBEECKS "Theatrum Fungorum oft het Toonel der Camernoelien 1675" und die CLUSIUS-Commentatoren, beleuchtet durch den Leydener CLUSIUS-Codex. *Termr.Füzetek* (Naturwissenschaftl. Hefte)17:192-204. / 1895: De Rebus Sterbeeckii. *Bot.Cbl.* 62:426-427. /1895: CLUSIUS, mint a magyar gombászat megalapitója (CLUSIUS als Begründer der ungarischen Pilzkunde). *Naturwiss. Anz.* 13:264-275. /1898: Mykologie von CLUSIUS. *Sitzber. Ung. Akad. Wiss.*, III. Cl.14:1895/1896. /1898: Theatrum fungorum des CLUSIUS und STERBEECK im Lichte der Mykologie. *Sitzber. Ung. Wiss.*, III. Cl.14. / 1899: *A magyar ehető és mérges gombák könyve* (Buch der eßbaren und giftigen Pilze Ungarns). Budapest, XXIX + 361. /1900: *A CLUSIUS-Codex mykológiai méltatása, adatokkal C. életrajzához.* Etudes et commentaires sur le Code de l'ESCLUSE augmentés de quelques notices biographiques. Budapest, Selbstverlag, 86 Farbtafeln, 287 Seiten.
JUNIUS (JONGHE) H. 1564: *Phalli, ex fungorum geneta in Hollandiae.* Delft.
KALCHBRENNER K. 1873: *A magyar gombászat fejlődéséről és jelen állapotáról.* (Entwicklung und gegenwärtiger Stand der ungarischen Pilzkunde). Budapest, Értekezések a természettudományok köréből (Abhandlungen aus dem Gebiete der Naturwissenschaften)1.
KÁNITZ A. 1865: *Versuch einer Geschichte der ungarischen Botanik.* Linnaea 33.
LOBELIUS M. 1581: *Kruydtboeck oft Beschryuinghe Van allerley Ghewassen, Kruyderen Hesteren ende Gheboomten.* T. 1-2. Antwerpen / & PENA P. 1570: *Stirpium adversaria nova.* Londini.
LONICERUS A. 1540: *Methodus rei herbariae et animadversionibus in Galenum et Avicenam.* Mainz. /1546: *Herbarium, arborum, fructicum, etc. imagines.* Mainz. /1557: *Kräuterbuch und künstliche Conterfeyungen der Bäume, Stauden, Hecken usw.* Ulm.
MATTIOLI P.A. 1554: *Commentarii in Pedacii Dioscorides.* Venetiae.
MIDDELHOEK V. 1946: *De micologische iconographie van CLUSIUS tot LANGE.* Mededeel. Nederl. Mycol. Vereenigung:29-55.
MORREN E. 1875. Charles de l'ESCLUSE, sa vie et oeuvres 1526-1609. *Bull. Fed. Soc. d'Hortic. Belgique* (1874):1-59.
PETKOVŠEK V. 1968. Historia fungorum und CLUSIUS'Codex im Lichte neuerer Untersuchungen. *Schweiz Z. Pilzkde.* 46:173-188.
POZSÁR B. 1979. *Das pilzkundliche Wissen vor der Begründung der Mykologie durch Carolus CLUSIUS.* Budapest, Manuskript.
RAAB H. 1966. Aus der Geschichte der Mykologie. II. Mittelalter und Renaissance. *Schweiz Z. Pilzkde.* 44:149-154.
REICHARDT H.W. 1876. Naturgeschichte der Schwämme Pannoniens. *Festschr. der Zool.-Bot. Ges. Wien aus Anlaß des 25-jährigen Bestandes*:1-42.
ROZE E. 1899-1900. Le petit traité des Champignons comestibles et pernicieux de la Hongrie déscrits au XVI siècle par Charles de l'ESCLUSE d'Arras. *Bull. Soc. Mycol. France*, 15:280-304.
SACCI B. 1565. *Historiae ticinensis libri X.* Romae.
SADLER J. 1841-1845. *A növénytan a XVI. században* (Geschichte der Pflanzenkunde im 16.Jh.). Budapest, Magyar Természettudományi Társulat Évkönyve (Jahrb. der Ung. Naturwiss. Ges.) I:99-113.
SCHUSTER V. 1969. Carolus CLUSIUS' mykologische Tätigkeit in Pannonien. *Z. Pilzkde.* 35:149-156.
SMIT P. 1978. Carolus CLUSIUS in Pannonien. *Tijdschrift voor Geschiedenis der Geneeskunde, Natuurwetenschappen, Wiskunde en Techniek* 1:23-34.
SPRENGEL C. 1807-1808. Historia rei herbariae. *Amstelodami sumptibus tabernae Librariae* I:1-407.
STERBEECK F. 1654-1675. *Theatrum fungorum oft het tooneel der Campernoelien.* Antwerpen.
STREINZ W. M. 1862. *Nomenclator fungorum.* Vindobonae.
UBRIZSY A. 1977. *CLUSIUS' pilzkundliche Aquarelle* (les aquarelles mycologiques de Charles de l'ESCLUSE). Wien, Verb. wissensch. Ges. Österreichs.
UBRIZSY G. 1968. A magyarországi mykológiai kutatások a múltban és jelenleg (Die mykologischen Forschungen Ungarns in der Vergangenheit und Gegenwart). Budapest. *Herba Hungarica* 7,2-3:11-16. / 1969. Mycoflora of Vas Country, Western Hungary, with Special Reference to the Researches of Carolus CLUSIUS (1526-1609). *Acta Phytopathol.Acad. Scien. Hungaricae* 4:261-266.
VRIESE W.H. de 1843. *Over eene verzameling eigenhandige brieven van beroemde en geleerde personen aan Carolus CLUSIUS, voorhanden op de Bibliotheek der Hogeschool te Leiden.*
WEGENER H. 1936. Das große Bilderwerk des Carolus CLUSIUS in der Preußischen Staatsbibliothek. *Forschungen und Fortschritte* 12:374-376 (Das über 2000 Aquarelle umfassende Sammelwerk wird seit 1945 vermißt).*
WINKLER 1854. *Geschichte der Botanik.* Frankfurt/M. XX+640.

* 1981 in der UB.Kraków aufgefunden .

Liste der sicher festgestellten Pilzarten im CLUSIUS-Codex nebst den aus der zweiten Hälfte des 16. Jahrhunderts stammenden Vulgärnamen in der Reihenfolge der Tafeln des Codex (nach BOHUS 1979).

Tafel-Nr.	Lateinischer Pilzname	Vulgärname deutsch	Vulgärname ungarisch
1	*Morchella conica* PERS. *Gyromitra esculenta* (PERS.) FR.	Maurachen Braun Maurachen	Szemerchyek -
2	*Pleurotus cornucopiae* PAUL ex.FR.	-	szilw alya
3	*Coprinus niveus* (PERS. ex FR.) FR.	Mistschwammen	Ganeion tetem nem Jo
4	*Morchella conica* PERS. *Gyromitra esculenta* (PERS.) FR. *Morchella elata* FR.	- Stockmaurachen Vollmaurachen	- - -
5	*Pleurotus cornucopiae* PAUL ex FR.	Buchenschwammen, Hagenbuche	Szilfa termewt alya, gilwa gyertyan fatermewt.
6	*Agaricus campester* (L.) Fr.	Angerling	Chöpörke Gomba
7,8	*Russula foetens* FR.	Hohe Schwamen	Borsos gomba
9,10	*Pleurotus cornucopiae* PAUL ex.FR.	-	Szilfan termewt gylva, Szilfa gylva
11	*Amanita rubescens* (PERS. ex FR.) S.F. GRAY	-	Bagoly gomba
12	*Pluteus pellitus* (PERS.ex FR.) KUMMER	Birchen schwam	Nyrfa gombaya
13/1	*Russula nigricans* (BULL.) FR.	Herenchy schwaindling	Dizno gomba
13/2	*Russula furcata* (GMELIN ex FR.) FR	-	-
14	*Cantharellus cibarius* FR.	Hasen örlein	niwl gomba
15	*Amanita pantherina* (DC.ex FR.) SECR.	Krotten schwammen	Bagoly gomba nem is megh enny
16	*Psatyrella candolleana* (FR.) R.MRE	-	Bagoly fö nem is megh enny
17	*Rhodophyllus clypeatus* (L.ex FR.) QUEL.	-	Szilva alya
18	*Morchella esculenta* PERS.ex St.AMANS *Calocybe gambosa* (FR.) DONK *Agaricus bisporus* /LGE.) SING.	- St-Georg schwammen -	- Szent Gyewrgi gambaia -
19/1	*Polyporus squamosus* (HUDS.) FR.	Pasternitz	Peztritcz
19/2	*Polyporus squamosus* (HUDS.) FR.	Pasternitz	Peztritcz
20	*Polyporus squamosus* (HUDS.) FR.	Pasternitz	Peztritcz
21	*Lactarius pyrogalus* BULL. ex FR.	-	monyaro alya gomba
22	*Laetiporus sulphureus* (BULL.ex FR.) MURRILL	Kersenbaum schwammen	Rewes ceresnye fa gomba
23	*Laetiporus sulphureus* (BULL. ex FR.) MURRILL	Felber schwammen	füz fan termet Nem Jo
24	*Laetiporus sulphureus* (BULL. ex FR.) MURRILL	Felber schwammen	füz fan termet Fiz fa gomba
25	*Lactarius vellereus* (FR.) FR	Kremling	Herench
26	*Russula acrifolia* ROMAGN. (=*R. densifolia auct.*)	kremlinge	Herynch

27	*Russula romellii* R. MRE	Fliegen Schwam	-
28	*Amanita muscaria* (L. ex FR.) HOOKER	Rott fliegen Schwamm, Fliegen schwammen	-
29	*Lactarius piperatus* (L. ex FR.) S.F. GRAY	Pfefferling	Keserew gomba
30	*Lactarius* cf *chrysorrheus* FR	Roder pfifferling	Vörös keserö gomba
31	*Amanita vaginata* (BULL.ex FR) QUEL.	Narren Schwamm	-
32	*Amanita crocea* (QUEL.) SING. *Amanita pantherina* (DC. ex FR.) SECR.	Fliegen Schwammen -	- -
33	*Pluteus pellitus* (PERS. ex FR.) KUMMER	unleserlich	-
34	*Russula delica* FR.	saw Daschen	-
35	unbestimmbar	-	-
36	*Fistulina hepatica* FR. ex SCHFF.	schwartz smeer schwammen	fekete tinor
37	eine Form von *Cortinarius* genus *Pflegmaticum* subgenus	Schwartze Hirsch-ling	-
38	*Collybia butyracea* (BULL. ex FR.)QUEL	Geysklaw	-
39	*Cantharellus cibarius* FR.	Reheling	-
40	*Russula virescens* (SCHFF.) FR.	frow teubelinge	Galambicza
41	*Russula foetens* FR.	Rotte kremling	Vörös herench
42	*Lactarius torminosus* (SCHFF.ex FR.) S.F. GRAY	Rauche hirschling	-
43	*Cortinarius bovinus* FR.ss.CKE.	Fliegen Schwammen	-
44	unbestimmbar	Frow teubelinge	Ut felem terewn nem Jo
45	*Russula cyanoxantha* (SCHFF.ex SECR.) FR.	blaw teubelinge	Keek galambicza kêk galambgomba
46	*Russula xerampelina* (SCHFF.ex SECR.) FR.	Rott Teubelinge	Verews galambicza
47	*Russula adusta* (PERS.) FR.	Schwarze Teubelinge	Herinch, galambicza
48	*Russula adusta* (PERS.) FR.	Teubelinge	waras galambicza ez az legjobbik
49	*Macrolepiota mastoidea* (FR.) SING. *Anellaria semiovata* (SOW.ex FR.) PEARS et DENIS	- -	kijo gomba -
50	unbestimmbar	Natter schwammen	kijo gomba
51	unbestimmbar	-	kijo gomba
52	*Paxillus involutus* (BARTSCH) FR.	hor greylen	-
53	*Leccinum duriusculum* (KALCHBR. et SCHULZ ap. FR.) SING. *Boletus aureus* BULL. ex FR.	Bültz -	feyer varganya -
54	*Boletus pinicola* VILT.	Ein grauer bulz	Varganya adultior
55	*Tricholoma pardinum* QUÉL.	bingsolin	aprow varganya ad Bartholomei
56/1	*Xerocomos subtomentosus* (L.ex FR.) QUÉL.	-	Varganya
56/2	*Boletus erythropus* var. *clusii* BOHUS	bingslin, nicht gutt zu essen	Baba varganya

57	*Amanita caesarea* (SCOP. ex FR.) PERS. ex SCHW.	Keyserling	Urgomba
58	*Macrolepiota procera* (SCOP. ex FR.) SING.	Waitzling	Evvz lab
59	*Leccinum aurantiacum* (BULL. ex FR.) S.F. GRAY	Ein Roder Bulz	Varganya
60	*Kuehneromyces mutabilis* (SCHFF. ex FR.) SING. et SMITH	-	tovisalya gomba
61,62	siehe unter 56/2		
63	*Ramaria botrytis* (FR.) RICK	Rott hierschling Weiß hierschling	Szarvas gomba
	In "Fungorum in Pannoniis" sind noch weitere Namen verzeichnet:		
		I.Ziegenbart,Geiß-bart,Schoberling, Hirschling II. Gelber sigen-bart III.Rotte Geisbart Rotte Hirschling	Szarvas gomba sarga Szarvas gomba
64	*Lactarius torminosus* (SCHFF. ex FR.) GRAY	Gresselinge vel Gamenling	fenyo alya gomba
	Lactarius pallidus PERS. ex FR.	-	-
65	*Boletus aerus* BULL. ex FR.	Schwartze bultz	varga annya is megh enny
66	*Leccinum crocipodium* (LET.)WATLING	-	Sarga varganya, varga annya enni nem Jo
67	*Grifola frondosa* (DICKS) GRAY	Scheberling	Bokros gomba
68	*Collybia distorta* (FR.) QUÉL.	kieling ad Bartholomaei	-
69	*Suillus collinitus* O.KUNTZE	-	-
70	*Cortinarius* sp.	Ein wilder bulz	Varganya
71	*Lactarius sanguifluus* PAULET ex FR.	falsche Greslinge	-
72	*Psatyrella hydrophila* (BULL.ex MERAT) R. MRE.	Under Thorn schwammen	tuuis alya gomba, nyul file,Tino or
73	*Clitopilus prunulus* (SCOP. ex FR.) KUMMER	-	nem is ennyi
74	*Tremella mesenterica* RETZ	-	unleserlich
75	*Sarcoscypha coccinea* (FR.)LAMBOTTE	-	-
76	*Calvatia caelata* (BULL.) MORG.	Weiberfrist	pöffetegh
77	*Lactarius rufus* (SCOP.) FR.	-	-
78	*Collybia fuscipes* (BULL. ex FR.)QUÉL.	-	Nem Jo gomba
79	*Hypholoma sublateritium* (FR.)QUÉL.	tovis alya	-
80	*Russula* sp.	-	-
81	*Psathyrella hydrophilus* (BULL. ex MERAT) R. MRE.	-	tövis alya gomba Jo Meg enny
82	*Sarcoscypha coccinea* (FR.) LAMBOTTE	Ein Roder Holz-schwamm, Holtz schwammen	-
83	*Dryodon coralloides* (SCOP.) FR.	Wilde hirschling	Feyer szarvas gomba
84	*Hypholoma fasciculare* (HUDS. ex FR.) KUMMER	Stock schwammen	tu salya gomba
85	*Langermannia gigantea* (BARTSCH ex PERS.) ROSTK	Weiberfist	Pöffeteg

III.
Ethnobotanische Monographien
Ethnobotanical Monographies

186 **Ginseng** (Panax Ginseng), ein Wundermittel der Chinesen (Ginseng = Weltwunder, Panax = Panazee). Der 30–60 Zentimeter hohe Strauch wird von den Chinesen seiner Wurzel wegen hoch geschätzt. Man schreibt ihr in der Heimat sehr bedeutende Kräfte zu, und von den chinesischen Ärzten wird sie fast jedem Kranken, der dem Tode nahe ist, als letzte, Wunder wirkende Arznei gereicht. Früher glaubte man auch in Europa, nachdem sie gegen 1700 bekannt wurde, an ihre Kräfte, jetzt gilt sie als indifferente, wertlose Droge.

Die Ginsengwurzel heilt ferner nach den Erzählungen der Koreaner jegliche Krankheit, restauriert die Kräfte des Menschen und ist das beste stärkende Mittel in der Welt; überhaupt wird diese Pflanze von den Völkern des fernsten Ostens hoch geschätzt. Man behauptet sogar, daß sie die Kraft hat, das hinschwindende Leben eines Sterbenden für einige Tage aufzuhalten. Dabei haben nach der Versicherung der
187 Koreaner die einzelnen Teile dieser Wurzel verschiedene Heilkraft und werden darum bei verschiedenen Krankheiten gebraucht. So soll der obere Teil der Wurzel Augenkrankheiten heilen, das zweite Glied allgemeine Schwäche und endlich das dritte und vierte Glied — die sog. Arme und Beine der Wurzel — Magenkrankheiten, Erkältung und Frauenleiden. Zur Herstellung der Arznei nimmt man eine Wurzel, zerkleinert sie und läßt sie mindestens einen Monat lang in Branntwein liegen; die auf diese Weise erhaltene Essenz wird den Kranken in kleinen Quantitäten eingegeben, nachdem vorher noch einige andere Mittel hinzugetan worden sind. Auch Europäer haben eine solche Arznei zu gebrauchen versucht und haben sich dadurch nur ernste Entzündungen zugezogen (664).

Der Name Ginseng bedeutet nach Zaremba (784) „die menschliche Kraft". Die zu arzneilichen Zwecken dargestellten Präparate sind durchsichtig, von rötlicher oder gelblicher Farbe. Die berühmtesten chinesischen Ärzte haben ganze Bände über den Ginseng geschrieben, wobei sie ihm beinahe wunderbare Heilwirkung zumuten; er soll in Greisen jugendliche Kräfte neuerwecken, bei großer Ermüdung erfrischen, sinkende Kräfte beleben usw. Es sollen 77 verschiedene bevorzugte Präparate in der Ginsengwurzel vorhanden sein. Den Kranken wird ein solches Ginsengpräparat gewöhnlich mit Zusatz von Ingwer, Honig usw. verabreicht, außerdem aber wird Ginseng selbst als Zugabe vielen anderen Arzneien beigemischt. Der Verbrauch ist ungemein groß, so daß außer dem heimischen noch ganze Transporte aus der Tatarei ins Land geschafft wurden. Beim Einsammeln müssen zahlreiche, auf Aberglauben beruhende Vorschriften und Vorsichtsmaßregeln beobachtet werden. Die Heilwirkung z. B. gilt nur dann für gesichert, wenn die Wurzel in den ersten Tagen des zweiten, vierten und achten Monates geerntet wird. Die gebräuchlichste Form des Ginseng ist eine Abkochung, durch Eindampfen auf Sirupkonsistenz gebracht. Dasselbe wird gern als Zusatz zu Tee oder Suppe genommen, vorzüglich ist es aber bei reichen und alten Mandarinen beliebt, denen es die durch Alter oder verschiedene Exzesse verloren gegangenen Kräfte wiedergeben soll. In den chinesischen Apotheken bildet gewöhnlich Ginseng den Hauptbestandteil vieler pharmazeutischer Präparate.

Reprint v. HOVORKA/KRONFELD

Le Gingseng, drogue ancestrale d'Extrême-Orient, devant la critique expérimentale

Pierre Delaveau

Reprint aus *Les Médecines traditionnelles de l'Asie. Actes du Colloque de Paris, 11-12 juin 1979*, édition préparée par G. MAZARS, Univ. L. Pasteur, Strasbourg 1, 1981, hier S. 75-84. Die ausgewerteten Quellen sind noch nicht fortgeschrieben worden, ggf. kann der Autor hier Hinweise erteilen. Die chin. Zeichen bedeuten 'zhen'-chen', chin. für Ginseng (67).

En Extrême-Orient, le *Ginseng* bénéficie depuis des temps immémoriaux d'une réputation des plus flatteuse. Les propriétés bénéfiques qu'on lui rapporte sont tellement variées que cette "panacée" n'a guère été prise au sérieux par les auteurs occidentaux. Trois raisons paraissent expliquer ce divorce entre la position en Extrême-Orient et celle que nous connaissons en Occident. Tout d'abord le côté magique - l'anthropomorphisme de la racine - et la réputation d'aphrodisiaque jettent un discrédit a priori sur les travaux scientifiques qui pourraient être réalisés sur la drogue. Ensuite, selon une pensée orientale qui ne distingue guère les aspects thérapeutiques et alimentaires et les rattachent à une vision cosmogonique, le *Ginseng* a eu du mal à être classé en Occident dans la catégorie des médicaments. Enfin les auteurs, qui ont essayé de découvrir des propriétés pharmacologiques, ont été souvent déçus par la discrétion des effets observés au moins au cours d'expériences de courte durée. Pourtant de nombreux travaux pharmacologiques et biochimiques apportent des arguments solides à l'appui de l'activité du *Ginseng*. Il est intéressant de les signaler ici en suivant une classification pharmacologique classique.

I - Effets Généraux A) RESISTANCE A LA FATIGUE: l'administration prolongée (2 à 4 semaines) du *Ginseng* total ou d'extraits accroît la résistance de la souris au cours du test de la nage (1,2,3,4,5,6,7). B) RESISTANCE AU STRESS: la résistance du rat à des actions agressives -température trop froide ou trop chaude est également accrue (8). La température rectale, modifiée par des agressions thermiques est plus rapidement restaurée sous l'effet du *Ginseng* (9). Après l'effet du froid, la température rectale de la souris est plus vite restaurée sous traitement au *Ginseng* (10). Après effet de l'élévation thermique, la drogue facilite le retour à l'état initial chez le rat, sans avoir d'action sur le mécanisme même du stress; le siège de l'action doit être périphérique (11,12) de même la restauration de la teneur en acide ascorbique de la surrénale se fait par un mécanisme périphérique (13). Comme l'hydrocortisone et la chlorpromazine, les principes actifs de la drogue évitent la chute de la protéinémie entraînée par le stress au froid (14). Il semble stimuler la biosynthèse de l'ADN de la surrénale (15) et des cellules épithéliales de la muqueuse gastrointestinale de la souris normale et favorise le processus de guérison après le stress (16). Ce mécanisme d'un effet anabolisant reviendra sous d'autres aspects. C) EFFETS SUR LE COMPORTEMENT: Administrée à la souris, le *Ginseng* diminue l'agitation et développe l'activité exploratrice (17,18,19), augmente la fréquence des repas et l'activité des animaux jeûnant (20), ainsi que le gain de poids et le temps de survie tout accrus chez des rats privés de nourriture par rapport à des témoins recevant des placebos (21). Il semble bien que ce soient les saponosides qui élèvent l'activité exploratrice antagonisant la chlorpromazine et diminuant l'inhibition causée par l'activité extrapyramidale de celle-ci (22). En même temps, la drogue tranquillise le rat soumis à des agressions (23).

II - Effets sur le système nerveux central Dès 1956, PETKOV observait un effet stimulant des processus d'exitation comme l'inhibition au niveau du cortex cérébral. Ultérieurement se modéraient ses conclusions: l'effet du *Ginseng* doit probablement son influence à une mise en condition du système nerveux et des muscles, ainsi que d'autres organes pour réagir aux stimulus -en particulier la charge en potassium intracellulaire doit intervenir (24). Les potentiels évoqués sous l'effet de la lumière sont augmentés (25).

III - Appareil digestif et foie Peut-être y a-t-il stimulation de la secrétion gastrique d'acide chlorhydrique (26,27)? Chez le lapin intoxiqué par le thioacétamide, le *Ginseng* normalise les activités enzymatiques perturbées (28).

IV - Appareil urinaire Il exerce des effets anti-diurétiques modérés, probablement par stimulation du lobe postérieur de l'hypophyse (secrétion d'ADH accrue) (29).

V - Glandes endocrines métabolisme Les effets favorables sur les surrénales ont déjà été signalés. Il semble bien que l'activité thyroidienne soit accrue (30). S'il n'a pu être prouvé d'effet anticholestérolémiant net (31), la teneur en cholestérol et celle des acides gras du foie s'abaissent au cours d'un traitement prolongé (32). Chez les sujets humains à cholestérolémie élevée, l'administration de *Ginseng* aurait tendance à abaisser cette dernière (33). Sous son effet, il serait possible de modifier les masses adipeuses de l'épididyme (34). Récemment il a été prouvé que la réputation ancestrale de la drogue en tant qu'antidiabétique était fondée et que le principe hypoglycémiante est un peptide de poids moléculaire voisin de 1.000 (35).

VI - Organes hématopoietiques L'activité hématopoiétique est stimulée (36) et la production des cellules sanguines accrue dans la moelle (37).

VII - Organes sexuels Une déficiance en testostérone chez le rat, entraîne une diminution du nombre des cellules entéro-chromaffintes ainsi que des altérations cellulaires. Le *Ginseng*, comme le fait le testostérone, permet de corriger partiellement ces altérations (38). A l'opposé d'une réputation usurpée, la drogue dite aphrodisiaque ne paraît nullement modifier le poids et les caractères histologiques des divers organes sexuels mâles et femelles chez le rat (39). Des oestrogènes-oestriol et oestrone ont été mis en évidence dans le *Ginseng* (40), d'où des applications cosmétologiques.

VIII - Pharmacologie biochimique C'est probablement là le point le plus important qui peut apporter l'explication générale de plusieurs effets. De nombreux travaux récents ont montré l'effet stimulant des saponosides du *Ginseng* dans des processus biochimiques. Facilitation de la synthèse de l'ADN de la corticosurrénale (41, 42) et de la rate (43, 44). Raccourcissement du cycle de l'ADN de cette glande (45), de la rate (46), du thymus (47) de l'épithélisme du colon (48) et de celui du duodenum (49). Stimulation de l'activité de la RNA polymérase des noyaux hépatiques du rat (50). Le traitement au *Ginseng* stimule l'incorporation des acides aminés dans les protéines plasmatiques (51, 52, 53) et modifie l'activité de diverses enzymes (54). La réduction du glutathion est favorisée (55). Des composants à effets réducteurs empêchent la proxydation des lipides consécutive à une intoxication par l'alcool (56, 57). On observe en outre une élévation de la teneur en dapamine et en noradrénaline ainsi qu'une diminution de celle de la sérotonine dans le tronc cérébral; il y a activation de la phosphodiastérese qui hydrolyse l'AMP cyclique (58). On note un effet sur l'activité pyruvate kinase du foie du rat conduisant à mieux moduler l'utilisation de la ration alimentaire selon sa richesse en glucides (59).

IX - Actions diverses C'est la modification du métabolisme et du comportement de divers réactifs pharmacologiques ayant souvent valeur de médicaments: dibazol (60), phénobarbital (61), tétrachlorure de carbone (62). On note également un certain pouvoir protecteur vis à vis des radiations ionisantes (63, 64) et d'agents chimiques ionisants (65). Enfin, des propriétés cytotoxiques ont été trouvées pour certains constituants liposolubles (66).

En conclusion des nombreux travaux effectués, les traits suivants peuvent se dégager:

1) La plupart des effets ne s'observent qu'après une période de latence prolongée, comme si l'organisme devait s'imprégner progressivement des principes actifs ou comme si ces derniers devaient être métabolisés lentement.

2) plusieurs des effets traditionnellement rapportés au *Ginseng* ont été prouvés:
- augmentation de la résistance à la fatigue physique / - amélioration de la mémoire / - effet oestrogène dû à des dérivés de l'oestrane / - meilleure utilisation de la ration alimentaire, en particulier adaptation à un régime en glucides / - effet antidiabétique dû à un peptide / - effet rajeunissant vis-à-vis des tissus animaux.

3) l'effet anabolisant et stimulant de la biosynthèse des ADN et ARN paraît être un des côtés les plus intéressants de l'activité.

Si l'on rappelle que d'après certains auteurs, l'intensité des actions varierait selon la période de l'année à laquelle est appliqué le traitement, on aura ajouté un élément de mystère supplémentaire à cette drogue riche en saponosides particuliers et en autres constituants encore mal connus. Pour elle a été proposée la notion d'"adaptogène", catégorie nouvelle en pharmacologie qui implique l'idée d'actions lentes, progressives, douces, contribuant à réinsérer le malade dans l'harmonie du monde. Drogue produite de façon intensive par la Corée, la Chine, le Japon, le *Ginseng* n'a probablement pas fini d'exercer une pression manifeste sur le plan économique et de susciter de nombreux travaux.

BIBLIOGRAPHIE (1) BYKOV V.T. et NAIDENOVA I.N. 1957. Chung Yao Tong Pao, 3 (3)101-2 (Chinese) // (2) KOLLA V.E. et BELEN'KII E.E. 1963. Materialy k Izucheniyu Zhen-Shenya i Drugikh Lekarstenii Dal'nego Vostoka (5)115-7 // (3) RUCKERT K.H. 1974. Office of Monopoly, Samhwa Printing Co, Seoul, pp 59-64 // (4) STERNER W. et KIRCHDORFER A.M. 1970. Zeitschrift für Gerontologie, 5, 307-312 // (5) BREKHMANN I.I., DARDYMOV I.V. et YU I. 1966. Farmokol i Toksikol, 29 (2)167-71 CA 65:7846 // (6) MEDVEDEV M.A. 1963. Materialy Kizucheniyu Zhen-shenya i Drugikh Lekarstenii Lastenii Dal'nego Vostoka, (5)237-9 // (7) KAKU T., MIYATA T., URONO T., SAKO I. et KINOSHITA A. 1975. Arzneimittel-Forschung (Drug Res.), 25, 3, 343-347, 4, 539-547 // (8) ANONYMOUS 1959. Chinese Med. J., 77 (3)296 // (9) HU C.Y., KIM C.C. et KIM J.K. 1967. Ch'oesin Uihake, 10 (3) 73-7 CA67:97113a // (10) KIM C.C. 1965. Katorik Taehak Uihakpu, Nonmunjip, 9, 29-44 CA 65:11191 h // (11) YOON H.S. et KIM C. 1971. Katorik Taehak Uihakpu, Nonmunjip, 21:25-35 // (12) RHE J.S. et KIM C. 1968. Katorik Taehak Uihakpu, Nonmunjip, 15, 69-81 // (13) KIM C., KIM C.C., KIM M.S., HU C.Y. et LEE J.S. 1970. Lloydia, 33, 1, 43-8 // (14) KIM C. 1964. Katorik Taehak Uihakpu, Nonmunjip, 8, (4) 251-64 CA 63:12187e // (15) CHOI C.K.. 1971. Ch'oesin Uihak, 14 (19):109-12 CA 77:135214 h // (16) SUH B.H. et CHUNG I.C. 1969. Katorik Taehake Uihakpu, Nonmunjip, 17, 17-30 BA 59:56419 // (17) CHIN H.W. 1974. Sêoul Uidae Chapchi, 15, (2) 1-6 // (18) HONG S.A., PARK C.W., KIM J.H., CHANG H.K., HONG S.K. et KIM M.S. 1974. The Central Research Institute Office of Monopoly, Sam-hwa Printing Co Sêoul, pp.33-44 // (19) TAKAGI K. 1966. The 11th Pacific Science Congress (Abstracts) Tokyo, 8, 13 // (20) CH'U S.Y. et al.1965. Har-erh-pin Chung-i (Harbin Chinese Traditional Med. Harbin) (4-5) 34-7 // (21) HONG S.A., CHANG H.K. et HONG S.K. 1972. Ch'oesin Uihak, 15 (1) 87-91 Insam Munhun Teuksip.5: 12-9 (1974) // (22) SIM S.C. et HOH J.S. 1973. Korean J. Pharmacol., 9 (2)9-16 // (23) KIM E.C., CHO H.Y. et KIM J.M. 1971. Korean J. Pharmacol., 2 (1) 23-8 // (24) PETROW W.D. 1956. International Physiological Congress, 20th Brussels Vol. 2pp.721-2 // (25) PETKOV W. 1963. Proc.First International Pharmacological Meeting, Vol 10 (Abst.), August 22 5 (1961) pp159-60 Mac Milan Co N.Y. // (26) ANDREEW I. 1965. Deut. Gesundheitw. 20:935. // (27) KO Y.W. 1969. Korean J. Inter. Med. 12, 187-93 // (28) YANG Y.K. 1969. Korean J. Intern. Med. 12, 491-4 // (29) HAHN D.R. 1975 April 9th-14th. Symposium of Gerontology Lugano, Switzerland (Abs.) // (30) BREKHMAN II et GRINEVICH M.A. 1966. Mater. IZuch. Zhen-sheya Drugikh Lek. Sred. Dal'n. Vostoka 7, 243-7 BA 49; 2825.QRef.Zh Otd. Vyp. Farmakol. Khimioterap. Sred Toksikol. n°5.54 193 (1967). // (31) SARATIKOV A.S. et CHERDYNTSEV S.G. 1966. Stimulatory Tsentl. Nerv. Sist., pp 62-6 CA 66:93853f. // (32) CHO H.W. et OH J.S. 1962. Yakhak Hoeji, 6, (1), 19-20 CA 58 1833 g // (33) CHOI T.K. et HONG S.A. 1968. Korean J. Pharmacol., 4 (1) 17-26 // (34) POPOV IM. 1975. Symposium of Gerontology Lugano, Switzerland, April 9th-14th. (Abst.) // (35) PARK C.W. et KIM M.S. 1974. Korean J. Pharmacol., 10 (1) 1-5 // (36) OKUDA H. 1978. The 2nd International Ginseng Symposium Abstracts. Sêoul. Sep.7-11. // (36) PARK C.S. 1970. Katorik Taehak Uihakpu Nonmunjip, 19, 55-68 CA 75:97071 h // (38) YAMAMOTO M. TAKEUCHI N., KUMAGAI A. et YAMAMURA Y. 1977. Arzneim. Forsch. /Drug Res., 27 (1) N°6 p.1169-72 // (39) MOON Y.B. et PARK M.H. 1970. Korean J. Physiol., 4, 103-6 // (41) AHN K.H. 1962. Korean Choongang Uihake, 3, 161-2 // (42) ANGUELAKOVA, ROVESTI P. et COLOMBO F. 1972. Parfums. Cosmet., Savons, 2 (12)555-6 // (43) CHO S.E. 1971. Ch'oesin Uihak 14 (4) 135-8 // (44) CHOI C.K. et KIM C. 1971. Katorik Taehak Uihakpu, Nonmunjip, 21 211-25 // (45) LEE I.G. 1971. Ch'oesin Uihak 14 (5) 51-4. // (46) YOON H.S. 1971. Ch'oesin Uihak, 14, (10)113-6 CA 77: 13521 d // (46) YOON H.S. 1971. Ch'oesin Uihak, 14, (10) 113-6 CA 77:13521 d // (47) CHOI S.N. et KIM C. 1973. Katorik Taehak Uihakpu, Nonmunjip, 25, 143-51 // (48) CHUNG H.Y. et KIM C. 1972. Katorik Taehak Uihakpu, Nonmunjip, 22, 13-23 CA //:135212 f // (49) KIM B.H. et KIM C. Katorik Taehak Uihakpu, Nonmunjip, 25, 105-3 // (50) KIM W.B. et KIM C. 1972. Katorik Taehak Uihakpu, Nonmunjip, 22, 169-79. // (51) HAI S., OURA H., TSUKADA K. et HIRAI Y. 1971. Chem. Pharm. Bull., 19 (8) 1656-63 CA 76:603 t // (52) OURA H., TSUKADA K., HIAI S. et NAKASHIMA S. 1967. Proc. Symp. Chem. Physiol. Pathol. (Japon) 7, 110-5 // (53) OURA H., NAKASHIMA S., TSUKADA K. et OHTA Y. 1972. Chem. Pharm. Bull., 20 (5) 980-6 CA 77:96875 c (((54) SHIBATA Y. 1978. Chem. Pharm. Bull., 26:12, 3832-35 // (55) CHUNG No JOO. Sept.1978. The 2nd International Ginseng Symposium // (56) SCHOLE J. May 1977. Institute of Physiological Chemistry of the Veterinary High School of Hannover // (57) PETKOV V. 1978. Arzneimittel-Forschung/Drug Research, 28, 3:388-93 // (58) YOKOZAWA T. 1979. Chem. Pharm. Bull. Japan. 27,2, 419-46 // (59) HU C.Y. et KIM C. 1967. Katorik Uihakpu Nonmunjip, 12, 49-60 BA 49:89066 // (60) HU C.Y. KIM C.C. et KIM J.K. 1967. Ch'oesin Uihak, 10 (3) 73-7 CA 67:9713 a // (61) CHOI Y.C. 1972. Seoul Uidae Chapchi, 13 (1) 1-14 CA:78 12314 d // (62) TKHOR L.F., TARANENKO G.A. et Yu. P. KOZLOV Mosk. Obshch. Isp. Prir., Otd. Biol. Tr., 1966, 16, 73-7 CA 66:112779e // (63) VASIL'EV G.A., UKESHE A.B. et SOKOLOV V.I. 1969. Radiobiologiya, 9 (4) 570-3 AB 51:17893 // (64) MOON Y.B. 1964. Insam Munhun Teukjip (Sêoul), 3, 25-31 Chunman Uidae Chapchi, 1:31. // (65) PARK D.L. 1964. Insam Nunhum Teukjip (Seoul) 2, 55-65 // (66) WOO IK HWANG et SUNGMAN CHA. 1979. The 2nd International Ginseng Symposium. Sept.// (67) Ajouté par l'editeur:BARANOV A.I. 1982. Medicinal uses of ginseng and related plants in the Soviet Union: recent trends in the Soviet literature. J. of Ethnopharmacology 6, 339-354, ici p.334.

Die Birke (Betula L.) in der Volksmedizin Europas

Alfred Dieck

The birchtree in the European folk medicine, documents since the middle ages.
Le bouleau dans la médecine populaire européene, ses applications depuis le le moyen age.

1. Vorkommen der Birke in Europa

Die Birke *Betula* L. gehörte als anspruchsloser und Helligkeit liebender Strauch und Baum zu den ersten Gehölzen, die bei der nacheiszeitlichen Wiederbewaldung der Nordhalbkugel der Erde vor etwa 12.000 Jahren in die eisfrei gewordenen Gebiete in Richtung Norden vordrangen. Je nach den unterschiedlichen Großklimaphasen in den folgenden Jahrtausenden verschob sich der Birkengürtel mit wechselnd zunehmender Erwärmung(1) weiter nach Norden und bildet heute die "polare Waldgrenze". Allerdings befinden wir uns - wie schon mehrmals in nachchristlicher Zeit(2) - seit etwa 90 Jahren wieder in einer derartigen Problemklimazeit, welche den Birkengürtel in Ausdehnung und Lage in den nördlichen geographischen Breiten schwanken läßt. In dieser heutigen Problemzeit lassen sich die Verantwortungen durch außerirdische Beeinflussung (z.B. unterschiedlich intensive Sonnenfleckentätigkeit) und menschliche Unvernunft (seit etwa 1955 beschönigend mit "Großwirtschaftshilfe", "weitflächige Umstrukturierungen" usw. bezeichnet) noch nicht exakt festlegen und somit ggf. durch menschliche Vernunft zu regulieren versuchen.

Bei der weitflächigen geographischen Verbreitung der Birke mit ihren mehr als sechzig Arten schon in vorchristlicher Zeit, in welcher der Mensch möglichst vieles aus seiner natürlichen Umwelt durch einfache physikalische oder chemische Vorgänge für Nahrung, Kleidung, Geräte usw. und vor allem auch zu medizinischen Zwecken zu nutzen gezwungen war, spielte deshalb ein Baum wie die Birke mit ihrer ungewöhnlich vielfältigen Nutzbarkeit eine gewichtige Rolle im religiösen Leben - wobei der Begriff "religiös" im weitesten Sinne des Wortes zu fassen ist.

Die räumlichen Grenzen der volksmedizinischen Verwendung der Birke und ihrer Teile - im folgenden soll fast nur von Europa gesprochen werden - ist gegeben durch ihr natürliches Vorkommen: Im Süden bildet die Gebirgskette der Pyrenäen über die Alpen bis zum Kaukasus die Begrenzung. Kommt die Birke in einer oder mehreren Arten jedoch gelegentlich südlich dieser Gebirgskette vor, so wächst sie auch dort fast nur auf humusarmen Sandböden oder auf sauren Bruchwaldböden mit etwa pH 7,5 bis 9. So kommt in den Bergen Griechenlands und der Krim sporadisch die Hängebirke, *Betula pendula* oder *Betula verrucosa*, vor. In Italien ist endemisch die *Betula aetnensis* auf dem Ätna nachzuweisen. Im Norden Europas ist auf Island die Birke - ausser seltener Zitterpappel (Aspe oder Espe = *Populus alba*) - die einzige natürlich wachsende Baumart. Im nordeuropäischen Festland bildet die Birke als Baum die nördliche Waldgrenze und geht dann strauchförmig als *Betula nana* in die Tundra über. Gen Osten reicht die Birkenverbreitung weit in die Taiga bzw. gen Nordost in die sibirische Tundra hinein. Durch diese Wuchsgebiete ist auch die geographische

Grenze abgesteckt, innerhalb derer die Birke in der Volksmedizin Verwendung fand und gelegentlich heute noch findet. Hieraus ergibt sich auch, daß die Birke im Altertum Griechenlands und Italiens keine Bedeutung in der Volksmedizin hatte(3).

2. Älteste Quellen über volksmedizinische Verwendung der Birke

Das meiste, was wir über Ethnomedizinisches aus Europa über die Birke (aber auch über anderes Volksheilkundliches) aus älterer Zeit wissen, verdanken wir der Sozialeinrichtung der "Spinnstuben", "Spinten" und ähnlich genannt, die vermutlich weit in vorchristliche Zeit zurückreicht. Einer der Gründe für diese Annahme ist, daß die "Spinnstuben" in fast allen Teilen Europas bis noch nach dem 1. Weltkrieg nachweisbar sind und sie "leben" noch in Stadt und Land - wenn auch in anderer Form. Bei dieser Einrichtung handelt es sich um folgendes: Wenn der Winter intensives Außenarbeiten in Hof und Feld verwehrte, kam die Zeit häuslicher Arbeiten, welche es Männern und Frauen ermöglichte, das, was an Werkzeug, Kleidung usw. erforderlich war, selbst herzustellen. Derartige Arbeiten wurden am besten in einer Gruppe verrichtet. Gemeinsam gesungene Lieder - um jetzt nur die weiblichen Arbeiten zu verfolgen - förderten durch ihren Rhythmus ein fast unbewußtes rotierendes Inbetriebhalten der "Spindeln", ein "Striegeln" des Spinngutes und andere in steter Folge erforderliche Arbeiten: also trafen sich abends außer der Bäuerin und den Mägden (meistens eigene Töchter oder Töchter von Nachbarn) reihum in den Höfen die Frauen und Mädchen aus den Nachbarhöfen zu gemeinsamem Werken. Da galt aber auch der Weisheitsspruch: "Wenn gute Reden sie begleiten, dann fließt die Arbeit munter fort!" Den Redestoff gaben empirisch gewonnene Erfahrungen allgemeiner Art und vor allem auch Sorge vor Krankheiten, deren Wesen selbst unsere Großeltern noch nicht wissen konnten. Denken wir hierbei (als Zeitvergleich) nur daran, daß z.B. Robert Koch mit seinen grundlegenden Arbeiten und Erfolgen - welche wesentlich mit dazu beitrugen, daß die "Volksmedizin" so stark zurückgedrängt wurde - noch lebte, als ich zur Welt kam! Seit so kurzer Zeit erst konnte also das wissenschaftlich gewonnene Wissen auch in das Wissen der ärztlich "Ungebildeten" eindringen.

Der volksmedizinische Gesprächsstoff der mit einem "Striegel", einer "Spindel" oder einem "Rocken" tätigen Frauen wurde erstmals um 1475 (also bald nach der Erfindung der Buchdruckerkunst in Europa) in Brügge unter dem Titel "Les evangiles des quenouilles" veröffentlicht. Dieses "Rocken-Evangelium" kam 1520 auf Niederländisch/Niederdeutsch in Antwerpen und dann 1537 in englischer Sprache heraus. In Deutschland erschienen ebenfalls Übersetzungen, z.T. mit Ergänzungen durch deutsches "Erfahrungsgut". Besonders wichtig wurde eine auf über 600 "Sätze" - also kurzformulierte "Erfahrungen" - erweiterte Neubearbeitung durch den Apotheker J. G. SCHMIDT, die 1718 in Chemnitz veröffentlicht wurde als "Gestriegelte Rockenphilosophie oder Aufrichtige Untersuchung der von vielen superklugen Weibern hochgehaltenen Aberglauben." Dieser Arbeit folgte bald andere reichhaltige Literatur entsprechender Art in den verschiedensten Sprachen.

3. Ethnomedizinische Anwendung der Birke und ihrer Teile

Im folgenden sei darauf eingegangen, welche Teile der Birke - mit oder ohne besondere Zubereitung - volksmedizinisch genutzt wurden. Die äußerst vielfältigen Anwendungen der Birke oder ihrer Teile, die ausschließlich dem "Heilzauber", "Abwehrzauber" oder "Schadenszauber" dienten, sind so vielfältig, daß sie unbedingt hier en bloc erwähnt werden müssen. Aber in den folgenden Ausführungen bleiben sie nahezu unberücksichtigt, weil sie nicht zur enger gefaßten Ethnomedizin gehören.

3.1. DER BIRKENBAUM IN SEINER GESAMTHEIT

Die Birke in ihrer Gesamtheit spielte als allgemeiner "Glücksbringer" bis heute eine nicht unbedeutende Rolle. Sie wurde in der volksmedizinischen Arzneikunde gegen viele echte oder vermeintliche Erkrankungen bei Mensch und Tier angewendet. Diese "allumfassende" Bedeutung zeigt sich sowohl bei den am Ort stehengelassenen Bäumen als auch abgeschlagenen und als "Brauchtumsschmuck" verwendeten Birken.

3.1.1. Die am Wuchsort stehengelassene Birke: In Josbach, zum Beispiel, einem Ort bei Marburg(Lahn)(4) war es früher üblich, nach Beendigung der Heuernte an den Stamm möglichst einer Birke (ggf. einer Eiche, einem Baum der die gleiche Wertschätzung in der Ethnomedizin hatte/hat wie die Birke) einen Feldblumenstrauß mit einem roten Band anzubinden. Dieses "Anbinden" sollte "in der Schwalm bei Marburg und im Waldeckschen" möglichst von einer kleinen Tochter, Nichte oder Enkelin des Bauern geschehen: Diese Handlung "brachte Feld und Kind Glück"(5). Ein Gleiches wurde mir noch für jüngstvergangene Zeit für Südfinland bezeugt(6): Dort wird ein Teil dieses Bandes dem Kind als Zopfband oder - wenn es kurze Haare trägt - als Kopfband geschenkt. Aber auch in Rußland war dieser Bindebrauch am "Semik", einem Frühlingsfest am siebten Donnerstag nach Ostern, bekannt. MANNHARDT(7) berichtet, daß anläßlich dieses Festes junge Mädchen eine besonders schöne Hängebirke mit einem Band oder Gürtel umwanden. Durch zu geringes Winterfutter so schwach gewordene Schafe, daß sie im Frühjahr als "Schwanzvieh"(8) auf Tragen zum Weidegang transportiert werden mußten, wurden dreimal um eine kräftige Birke getragen, ehe man sie von der Trage herabnahm, so daß die Schafe frisches Futter zu sich nehmen konnten. Ihnen gab man vor dem Weiden etwas Birkengrün(5).

3.1.2. Die abgeschlagene Birke: Die abgeschlagene Birke war/ist von besonderer Bedeutung. Das gilt sowohl für den im dörflichen Festzug mitgetragenen Baum, als auch für den Baum, der in der Nacht zu Pfingstsonntag einem Mädchen vor die Haustür gestellt wird bzw. der Birke, die am Weg einer Fronleichnamsprozession aufgestellt wird. Seine Bedeutung liegt meist allgemein im "Glück bringenden Bereich". Spezielles "Glück" bringt die "Pfingstmaie" der Beschenkten. Persönliches "Glück", d.h. "Schutz vor Krankheit und Unglück" brachte in der Oberpfalz das Birkenbäumchen, das für jedes Kind auf dem Bauernhof in der Walpurgisnacht in den Misthaufen gesteckt wurde(9). Ein gleiches war noch nach dem ersten Weltkrieg in Mittelschlesien(10), bei Posen(10), beim Zobten in Schlesien(10) üblich. Auf die Bäumchen am Zobten wird noch weiter unten einzugehen sein.

3.2. TEILE DER BIRKE

Von der Birke wurden sowohl das Holz und der aus ihm gewonnene Teer als auch die Rinde (oft auch als "Bast" bezeichnet und von diesem nicht unterschieden), die Knopsen, der Saft, die Blätter und die Zweige volksmedizinisch verwendet.

3.2.1. Birkenholz

3.2.1.1. Birkenfackeln zerschaben: Bemerkenswert ist, daß man bei besonderen Anlässen mancherorts früher Fackeln aus Birkenholz verwendete und den unverbrannten Rest volksmedizinisch gebrauchte: Umzug um den Ort vor Anzündung des Osterfeuers im Kreis Brilon in Westfalen (sowohl in Winterberg als auch bei Brilon)(11). Ergänzend hierzu eine Tagebuchnotiz von 1832(12): "Selbiger Birkenfackelumzug dienet der Gesundheit und dem Wohle der Menschen, des Viehs und der Saaten. Die Reste dieser Fackeln werden sorgfältiglich aufgehoben. Bei Hize", d.h. fiebrigen Erkrankungen, "schabet man etwas und giebet es denen Krancken". "Fackeln, so man zum Sonnenfeuer abends mitnimmt und brennet, trage man bei sich bei Krampfungen. Nachts binde man es an das krampfende Bein. Es hilfet besonders, wenn man dieses Birken bei Krampfung abbinden lässet und damit den großen Zehn zurückbiegen tut. Wohl erprobet!"(12).

3.2.1.2. Birkenholz / Fackeln bei sich tragen: Das eben erwähnte bei sich Tragen von Birkenholz gegen Krampf als Volksheilmittel erwähnt schon Conrad von MEGENBERG(13), der in den Jahren 1349 und 1350 eigene Beobachtungen und Materialien aus der Schrift "De natura rerum" des Dominikaners Thomas von CHANTIMPRÉ, eines Schülers von Albertus MAGNUS, zusammentrug: "pirkenholz wer daz pei im tregt, daz ist für den krampf guot."

3.2.1.3. Holzknorren: Ein Holzknorren von einer Birke in einem Haustierstall aufgehängt, "schützt gegen Krankheiten der Tiere": bei Oldenburg(14), bei Brilon(12), bei Magdeburg(14), bei Halle (Saale)(14), Mittelschlesien(15), Böhmen(16), Nordjütland(17), Südschweden(17). Zerschabter Holzknorren einer Birke in heißem Wasser ausgelaugt: Die Flüssigkeit hilft innerlich als Abführmittel (Brilon)(12), als Gebärerleichterung (Brilon)(12), bei Kolik von Pferden, die "danach wohl eine Stunde und mehr mit der Peitsche an langer Leine im Kreis getrieben werden" (Brilon)(12). Asche von verbranntem Birkenholzknorren: äußerlich: auf Frostbeulen mit Birkensaft träufeln (Brilon)(12), innerlich in Warmbier: bei Atemnot (Mittelschlesien)(15).

3.2.1.4. Geschnitztes Birkenholz: "Wer aus mitten in einem Ameisenhaufen gewachsener Birke einen hölzernen Schlauch oder Hahn drehen läßt, und zapft Wein oder Bier hindurch, der wird geschwind ausschenken"(18). In der Oberpfalz gegen Zahnweh(19): Mit einem Holzsplitter von einer Fronleichnamsbirke stochert man den schmerzenden Zahn und vergräbt den Splitter auf einem Kreuzweg.

3.2.2. Holzteer

Holzteer(20), durch "trockene Destillation" aus dem Birkenholz gewonnen, wurde sowohl äußerlich als auch innerlich angewendet.

3.2.2.1. Äußerliche Anwendung: Zum Abdecken von Wunden in Nordsibirien: Während ihrer Gefangenschaft in Nordsibirien während des 1. Weltkrieges erhitzten deutsche und österreichische Kriegsgefangene nach bei der einheimischen Bevölkerung üblichen Weise Birkenteer und ließen ihn nach ziemlicher Abkühlung zähflüssig über die frische Wunde laufen(21). Einreiben mit warmem Teer bei Ischias bei den Samen (=Lappen) Nordskandinaviens(22). Einreiben mit warmem Teer bei "Windrehe" (=Gliedersteifheit der Pferde) in der Gegend des Zobten in Schlesien(10).

3.2.2.2. Innere Anwendung: Einnehmen von Birkenteer vermischt mit Branntwein gegen Würmer: in Litauen(23), in Mittelschlesien(15).

3.2.2.3. Holzteer durch Destillation verändert: Destillate aus Birkenholzteer fanden vor allem in Finland vielseitige Anwendung gegen fiebrige Erkrankungen. Sie wurden mit Alkohol vermischt getrunken(21).

3.2.3. Rinde (auch Bast)

Die Rinde der Birke - normalerweise nicht vom Bast unterschieden - diente vielfach heilkundlichen Zwecken.

3.2.3.1. Rinde als Verbandsmaterial: In Nordsibirien wurde die Innenseite frisch von der Birke abgezogener Rinde lose über Wunden gebunden(21). Bei Rippenbrüchen wurde ebendort von der einheimischen Bevölkerung und entsprechend auch von Deutschen und Österreichern, die dort im 1. Weltkrieg in Kriegsgefangenschaft gehalten wurden, frische Birkenrinde fest um den Oberkörper gebunden. Nach dem Trocknen der Rinde gab sie einen guten Stützverband(21).

3.2.3.2. Birkenrinde zur Beeinflussung von Walnußwirkung: Im Aargau: "Wenn man den bloßen Kern einer Nuß in ein Stück Birkenrinde gewikkelt in die Erde gräbt, so wächst ein Nußbaum, der Früchte ohne Schalen trägt"(24). Ergänzend hierzu sagte die Volksmedizin in Brilon (12): "Die Magd ... mußte schimpflich ihren Dienst aufgeben. Sie hat von einem Tabulettwarenhändler", d.h. einem Hausierer, "Nüsse gekauft, so von einer Nuß stammt, die in Birkenrinde gewickelt einen Baum erzeugete. Solche Nüsse werden heimlich empfohlen, so ein Mädchen sonst ein Schandkind hervorbringt. Es werden Namen getuschelt, von denen man so etwas nie erwartet. Es scheinet ein schon zur Zeit der Mutter meiner Mutter gebrauchtes Mittel zu sein, so mit anderem gemischet wurde. Sie sagte es mir." Mit "Sie" scheint die Großmutter der Tagebuchschreiberin gemeint zu sein.

3.2.3.3. Rindenabkochung: Rindenabkochungen wurden äußerlich und innerlich angewendet: Äußerlich: bei Halle (Saale) wurden Abkochungen abgekühlt auf suchtende Wunden geträufelt(14). Innerlich: Bei Bremen im Teufelsmoor gegen "Wechselfieber"(14). Birkenrinde wurde während des 2. Weltkrieges meinen Gebirgsjägerkameraden in "geweihten Umhängebeuteln" angeboten und von einigen "Wissenden" gekauft. Diese Rinde sollte "bei Bedarf" benutzt werden. Von einem der oberösterreichischen Kameraden weiß ich, daß er eine Abkochung dieser "geweihten Rinde" zur Behandlung wundgelaufener Füße benutzte(14). Im Berchtesgadenschen und Salzburgischen wurden "Amulette" aus mit geheimnisvollen Zeichen beschrifteter Birkenrinde von Wildschützen benutzt, wie 1927 eine Verhandlung im Amtsgericht Bad Reichenhall ergab. Mehrere dieser kreuzförmigen Amulette wurden vorgelegt. Sie sollten - nach Aussage des Angeklagten - zum einen gegen "Entdeckung" schützen und zum anderen bei Verletzungen bei der Jagd nützen(14).

3.2.4. Knospen
Die Knospen werden zur inneren bzw. äußeren Behandlung verschieden zubereitet:

3.2.4.1. Knospen zur inneren Behandlung: Die Knospen werden zerquetscht und mit heißem Wasser ziehen gelassen: In Nordnorwegen galt dieses Getränk 1943 als gallefördernd und steinetreibend(22).

3.2.4.2. Knospen zur äußeren Behandlung: Die Knospen werden zerquetscht und mit höherprozentigem Alkohol - leicht zugedeckt - etwa vierzehn Tage in die Sonne gestellt und anschließend kühl aufbewahrt. Vermischt mit in Wasser gekochten Ameisen galt der Knospensaft noch 1943 in Nordnorwegen als gutes Einreibemittel gegen Rheuma. Er wurde nach einem Schwitzbad in der Sauna in die schmerzenden Stellen einmassiert(22).

3.2.5. Kätzchen und Same
Sowohl für die Staubblüten und Stempelblüten, "Kätzchen", als auch für den Samen wurde mir bisher keine ethnomedizinische Verwendung bekannt.

3.2.6. Birkensaft
Das "Birkenwasser", wie im deutschsprachigen Volksmund der zucker- und saponinhaltige Saft genannt wird, wird auf folgende Weise gewonnen: Von März bis Mai, wenn der Saft in den Bäumen steigt, wird der Birkenstamm angebohrt und in die Bohrlöcher ein Federkiel oder ein Holzröhrchen geschoben, durch die der Saft in ein darunterhängendes Gefäß abfließt. Je Tag können mehrere Liter dieser Flüssigkeit gewonnen werden. Ende Mai werden die Löcher mit Harz oder Erde verstopft, um ein "Verbluten" der Bäume zu verhindern. Dieser Saft wird teils unverdünnt, teils mit Wasser oder Alkohol vermischt, innerlich oder äußerlich als Volksheilmittel und "Gesundheitsgetränk" angewendet. Um den Birkensaft über die Gewinnungsmonate hinaus haltbar zu machen, ließ man ihn vielerorts in Mitteldeutschland(14) und Mittelschlesien (15) gären.

3.2.6.1. Birkensaft als Getränk: In weiten Teilen Mittel- und Nordeuropas war es noch bis etwa 1930 üblich, daß Jungen und Mädchen auf dem Land "ihrer" Birke den süßen Saft als Erfrischungsgetränk abzapften. Die älteste Nachricht über diese Kinderfreude bringt Conrad von MEGENBERG(13) aus der Zeit um 1350. Der durch von SCHULENBURG(25) gebrachte "Aberglaube", daß im Spreewald "Kinder, die den Birkensaft viel lecken" Kopfläuse bekämen, ist wohl nicht als "ethnomedizinischer Aberglaube", sondern als "abschreckendes Erziehungsmittel" für Kinder zu werten, welche durch zu vieles Birkensaftabnehmen den Baum in Ausblutungsgefahr brachten. Parallelen zu derartigen "Erziehungsmitteln" gab es in der Ethnomedizin und in "Erziehungsmärchen" wohl auf der gesamten Erde. Birkensaft galt allgemein als "Kräftigungsmittel". In diesem Sinn wurde er auch von den Arbeitern beim Bau der Gotthartbahn angewendet, wie der Armenpfarrer Josef MÜLLER berichtet(26). Bei Halle a.d. Saale(14), in Mittelschlesien(15), Dänemark(17) und Schweden(17) wurde Birkensaft gegen Gicht, Rheumatismus und zum Harntreiben verwendet. Im Gegensatz hierzu galt in der Steiermark(27) der Birkensaft als verhaltendes Mittel bei Bettnässen. In Nordsibirien(21) wurde Birkensaft gegen Husten, bei Steinleiden und gegen Würmer eingenommen. Auch in Schweden galt/gilt Birkensaft als gutes Mittel gegen Würmer(17, 28). Im Lungau, Land Salzburg, galt Birkensaft als gutes Mittel gegen Steinleiden und Impotenz(29).

3.2.6.2. Birkensaft als äußerliche Anwendung: Birkensaft unverdünnt äußerlich angewendet, heilt Hautkrankheiten (in Böhmen)(30). Er "fördert den Haarwuchs. Man muß den Saft morgens und abends schon bei dem Kinde in die Kopfhaut einreiben und wenigstens jedesmal eine Viertelstunde gut die Haare bürsten. Das muß man tun sein lebenlang. Der Saft muß aber mit gutem Bier haltbar gemachet seyn. Wohl erprobet!" (in Brilon)(12). Unverdünnter Birkensaft in frische Wunden geträufelt, bringt schnellere Heilung (in Norddänemark)(17).

3.2.7. Birkenblätter

Birkenblätter wurden in folgender Form volksmedizinisch äußerlich bzw. innerlich verwendet: als "frische Maiblätter", als "ältere Blätter", als "gekochte Blätter", als "getrocknete Blätter" und als "destillierte Blätter".

3.2.7.1. Frische Maiblätter: Die von März bis Mai gewonnenen "frischen Maiblätter" werden taufeucht in einen Sack getan, in den ein "gichtiges" oder "reißendes" Glied gesteckt wird und in dem es drei Tage bleibt, der entstehende "Dunst" soll die Schmerzen vertreiben: bei Barby (Elbe)(14), bei Halle (Saale)(14), in Mittelschlesien(15), in Dänemark und Südschweden(29), in Nordsibirien(21), bei Brilon(12), in Böhmen(16). "Frische Maiblätter, feucht und immer wieder gekühlt, sind gut auf heißen Gliedern bei Fieber" (im Land Salzburg)(29).

3.2.7.2. Ältere Blätter: Von Juni bis August gepflückte Blätter werden teils in gleicher Art verwendet, wie "frische Maiblätter". Doch werden sie mit fließendem Brunnenwasser benetzt in die "Schwitzsäcke" getan. Ihre Wirkung soll nicht so gut sein, wie die der "frischen Blätter": bei Barby (Elbe)(14), bei Halle (Saale)(14), in Mittelschlesien(15). Für Brilon hieß es: "mit fließendem Wasser genetzet, so gehet die Kranke" (= Krankheit)(12).

3.2.7.3. Gekochte Blätter: Brilon: "Gekochte frische Maiblätter und ältere Blätter auf kranke Stellen, wie Krätze, Geschwüre geleget sind hilfreich. Sie helfen auch nach Wundreiten. Ein Sud ohne Blätter kann als Thee getrunken werden. Ist sehr gut gegen geschwollene Beine"(12). HOVORKA/KRONFELD(31) erwähnen für Preußisch-Polen und Nordböhmen sowie GEBHARD(10) für Posen, das Gebiet um den Zobten und die nächste Umgebung von Breslau den Tee als harntreibendes Mittel bei Wassersucht und Nierenleiden nach Scharlach bzw. GEBHARD(15) für Mittelschlesien bei Nieren- bzw. Gallensteinen.

3.2.7.4. Getrocknete Blätter: Brilon: "Abgetrocknete Blätter der Maien oder gepflückte Blätter trockne man scharf in einer Pfanne oder Röhre und halte sie in einem Kräuterbeutel an luftiger Stelle bereit. Bei Ohrenschmerzen und Schmerzen bei nicht laufendem Schnupfen fülle man zwei Sammetbeutel und mache sie sehr warm. Abwechselnd auf den Schmerz geleget, heilet nach wenigen Tagen. Doch Vorsicht bei zugigter Luft! Wohl erprobet!"(12). Heiße Beutel mit Birkenblättern bzw. einem Gemisch von getrockneten Birkenblättern mit Kamillenblüten wurden in meiner Verwandtschaft (Nienburg/Weser, Barby/Elbe, Magdeburg, Halle/Saale und Jauer in Schlesien) bei Ohrenschmerzen und Nasennebenhöhlenentzündungen neben Dampfbädern aus Birkenblättern und Kamillenblüten angewandt, wobei in Jauer noch Pfefferminze hinzukam (14).

Birke (Betula L.)
Bd. 3, 1882, S. 73

Die zu diesem Artikel gehörige Abbildung auf Tafel Laubhölzer: Waldbäume I. zeigt die gemeine Weißbirke (Betula verrucosa); dargestellt sind: 1. Die Spitze eines Triebes mit den großen männlichen und den kleinern weiblichen Kätzchen. 2. Belaubter Zweig mit einem Fruchtkätzchen und an der Spitze mit zwei männlichen Blütenknospen. 3. Triebspitze mit Laub- und männlichen Blütenknospen im Winter. 4 und 5. Stücke weiblicher Kätzchen. 6. Weibliche Blüte mit drei nackten Fruchtknoten, deren jeder zwei fadenförmige Narben trägt. 7—9. Männliche Blüten von vorn, von der Seite und von unten gesehen. 10. Staubgefäß. 11. Deckblatt der weiblichen Blüte. 12. Die aus dem Deckblatt erwachsene Deckschuppe. 13. Geflügelte Frucht, Birkensame. (Fig. 1, 3—5 natürliche Größe, 2 verkleinert, 6—13 vergrößert.)

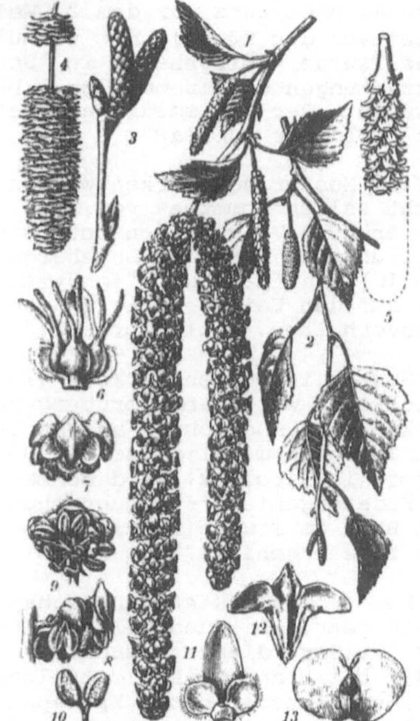

Tafel Laubhölzer: Waldbäume I
Aus Brockhaus' Conversations-Lexikon,
13. Aufl. Bd. 10, 1885

Friedr. Vieweg & Sohn Verlag, Braunschweig/Wiesbaden

3.2.7.5. Destillierte Blätter: Eine andere Zubereitung frischer Birkenblätter zu medizinischen Zwecken bestand in folgendem(31): "Das grüne Birkenlaub wird beim Ausschlagen klein gehackt und mit Weißbier drei Wochen lang gären gelassen und dann destilliert, dies so gebrannte Wasser soll ein Mittel gegen den Brand und den fressenden Krebs sein. (Schulmittel der Landbader)." Eine anscheinend ähnliche Zubereitung von Birkenblättern war vor 1934 in der Steiermark bekannt(27).

3.2.8. Einzelne Birkenzweige
Im Volksbrauch war/ist es bei vielen Völkern der Erde üblich, zu einer gewissen Jahreszeit Menschen oder Tiere leicht mit frischen Zweigen bestimmter Bäume oder Sträucher, besonderen Ruten oder Riemen aus dem Fell frisch geschlachteter Opfertiere(32) zu schlagen, um "Unheil abzuwehren", "Fruchtbarkeit zu fördern" oder "kultisch zu reinigen". MANNHARDT (33) hat diesen Brauch einschließlich seiner Bedeutung unter dem Begriff "Lebensrute" zusammengefaßt, der sich unter dieser Bezeichnung oder seiner Übersetzung in andere Sprachen seitdem in der Wissenschaft international eingebürgert hat.

Die veröffentlichten bzw. in Archiven lagernden Unterlagen über die Verwendung von Birkenzweigen oder Birken im Sinne der "Lebensrute" sind so zahlreich, daß hier nicht näher auf sie eingegangen werden kann, zumal sie fast nicht zur Behandlung spezifischer Erkrankungen angewendet wurden/werden. Beachtenswert ist aber die "religiöse" Handhabung der "Lebensrute" bei ihrer Übergabe von einem Menschen an einen anderen. Sie war "Tabu-regeln" unterworfen. In Masuren übernahm die Hausfrau aus der Hand des Hirten die von ihm gebrochene Birkenrute, nachdem sie ihre Finger mit ihrer Schürze verhüllt hatte(34). Das gleiche (nach GEBHARD)(10) in der nächsten Umgebung von Breslau noch kurz vor dem 2. Weltkrieg. Hier wurde ein Büschel von Ruten von der Bäuerin mit verhüllten Händen übernommen. Dieses Büschel wurde kleingehackt in "Schnaps" getan und bei Magen- oder Darmerkrankungen eingenommen bzw. bei Hämorrhoidalblutungen äußerlich angewendet. Der volksmedizinische Name für diese Blutungen war bei Breslau "Goldener Aderlaß".

3.2.9. Nester von Birkenzweigen
Nicht selten kommt es vor, daß Birkenzweige nesterartig verwachsen. Der frühere Volksmund nannte sie "Hexennester". Unverarbeitet in Ställen - u.a. in der Lüneburger Heide(14) und in der Nähe des Zobten(10) - aufgehängt, "schützen sie vor Krankheit". "Einer Gebärenden auf den Leib geleget und auf dem Leib entwirrt überwinden das Kindverhalten. Wohl erprobet!" (bei Brilon)(12).

Nester in jungen Birken, die anläßlich von kirchlichen Festen abgeschlagen waren und vorübergehend als Festschmuck dienten, wurden zerkleinert und scharf ausgepreßt. Der Saft sollte gegen folgende Erkrankungen dienlich sein: äußerlich bei Migräne (in Tirol)(21), Kropf (in Tirol)(21) und Böhmen(16), Frostbeulen (in Tirol(21) und im Sudetengebiet(16), Quetschungen (Mittelschlesien)(15). Innerlich bei Blut im Stuhl (in Tirol und Oberösterreich)(21), Blut im Urin (im Sudetengebiet)(16), Darmbluten (in Böhmen)(16).

Der trockene Rest der mechanisch ausgepreßten Nester wurde zum einen getrocknet und pulverisiert, zum anderen in Alkohol aufbewahrt. Das "Pulver" diente: äußerlich bei eiternden Wunden (bei Halle/Saale) (14), bei Brandwunden (Mittelschlesien)(15), bei Warzen (in Tirol) (21) und innerlich bei Epilepsie (in Böhmen)(16), bei Herzangst (in Böhmen)(16), bei Keuchhusten (Mittelschlesien)(15).

4. Weiterführende Forschungshinweise

Weiterführendes Forschungsmaterial über die Birke in der Volksmedizin dürfte sich im "Bibliographischen und Wissenschaftlichen Archiv der Volkskunde" (Österreichisches Museum für Volkskunde), A-1080 Wien, Laudongasse 15-19, befinden. Es wird von dem Geschäftsführenden Direktor Dr. Klaus Beitl geleitet und erfaßt alle einschlägigen deutschsprachigen Dokumentationen seit ihren Anfängen.

ANMERKUNGEN

(1) Vgl. u.a. M. SCHWARZBACH "Das Klima der Vorzeit. Eine Einführung in die Paläoklimatologie" 3. Aufl., Stuttgart 1974 und F. OVERBECK "Botanisch-geologische Moorkunde unter besonderer Berücksichtigung der Moore Nordwestdeutschlands als Quellen zur Vegetations-, Klima- und Siedlungsgeschichte" Neumünster 1975.

(2) Vgl. die literarischen Belege u.a. über die zeitweilige Möglichkeit, mit Pferdefuhrwerken über das zugefrorene Meer zwischen dem heutigen Jugoslavien und Italien zu fahren, das mehrmalige Zufrieren der Nilmündung sowie Silvesterfeiern zwischen blühenden Pflanzen (wie auch Neujahr 1983!) in: A. DIECK "Lebensmittelpreise in Mitteleuropa und im Vorderen Orient vom 12. bis 17. Jahrhundert" in: Ztschr. f. Agrargeschichte, Frankfurt/M. 3, 1955, S. 157-160. _ A. DIECK "Tauschobjekte, Preise und Löhne des Vorderen Orients und Mitteleuropas im Mittelalter und Nachmittelalter" in: Forschungen und Fortschritte 36, Berlin 1962, S. 77-79. - A. DIECK "I prezzi dei generi alimentari nell' Europa centrale e nel Medio Oriente dal XII al XVII seculo" in: I prezzi in Europa dal XIII seculo a oggi" Turino 1967, p. 144-150.

(3) M.W. gibt es kein altgriechisches oder hebräisches Wort für Birke. PLINIUS erwähnt 16: 75, 176 und 209 Birke als "betulla". Die botanische Bezeichnung "Betula" ist spät.

(4) U. JAHN "Die deutschen Opfergebräuche bei Ackerbau und Viehzucht", Breslau 1884, S. 207.

(5) Aus dem Nachlaß von Dr. GRABERT, Berlin: "Angelegt 1824", am 7. und 8. Sept. 1951 bei dem Geologen und Lehrer Kurt PFAFFENBERG, Sulingen, abgeschrieben.

(6) Auskunft im Nationalmuseum Kopenhagen am 7. Dez. 1965 durch Dr. Frederic BJØRNSON, Helsinki.

(7) W. MANNHARDT "Wald- und Feldkulte", 2 Aufl., besorgt von W. HEUSCHKEL, 2 Bde. Berlin 1904-1905. Hier: I 434.

(8) Noch um 1860 offizielle Bezeichnung für Vieh, das infolge zu geringer Winternahrung so schwach war, daß es den Weg vom Stall zur Frühjahrsweide nicht auf eigenen Füßen zurücklegen konnte. Schafe und Schweine wurden auf Tragen zur Weide gebracht, Rinder auf einer Pferdeschleppe - also am Bauchgurt mit einem Ende befestigten Stangen - transportiert. Beim Heben auf die Trage bzw. Schleppe wurden die schwachen Tiere am Kopf und an Schwanz und Beinen angefaßt.

(9) F. SCHÖNWERTH "Aus der Oberpfalz. Sitten und Sagen". 3 Bde., Augsburg 1857-1859. Hier I 322.

(10) Auskunft meines Ende des Krieges gefallenen Breslauer Freundes Dr. phil. Hans GEBHARD: Einzelangaben von Orten: hier Posen, Zobten und nächste Umgebung von Breslau.

(11) A. KUHN "Sagen, Gebräuche und Märchen aus Westfalen und einigen anderen, besonders den angrenzenden Gegenden Norddeutschlands", Leipzig 1859. Hier II, 140 Nr. 408.

(12) "Tagebuch der Carolina Elisabetha HEINRICHIN". Im Schulmuseum Brilon.

(13) Conrad von MEGENBERG "Buch der Natur" hgg. von F. PFEIFFER, Stuttgart 1861. - Conrad von MEGENBERG "Das Buch der Natur. In neuhochdeutscher Sprache bearbeitet ... von H. SCHULZ, Greifswald 1897.

(14) Eigene Beobachtungen bzw. selbst erfahren (in den Jahren zwischen den beiden Weltkriegen).

(15) Auskunft meines Ende des Krieges gefallenen Breslauer Freundes Dr. phil. Hans GEBHARD: allgemein für Mittelschlesien.

(16) Auskunft von Dr. med. HERRMANN, Troppau, 1934. - Diese und weitere Auskünfte aus dem Jahr 1934 wurden am 5.8.1934 anläßlich einer ethnomedizinischen Tagung im Völkerkundemuseum Leipzig von mir niedergeschrieben und sind Auszüge aus Vorträgen und Diskussionsbeiträgen sowie persönliche Auskünfte.

(17) Auskunft von Zahnarzt Holger FRIIS, dem Gründer und ersten Leiter des Museums in Hjörring in Nordjütland. Herr FRIIS hat mir 1932 und 1965 viel über alte Bräuche und Sitten berichtet und meine Notizen hierüber ständig überprüft.

(18) "Gestriegelte Rockenphilosophie" s. im Text unter 2.

(19) J. HÖSER "Oberpfälzische Volksheilkunde"1921, S. 24.

(20) Hier sei darauf verwiesen, daß auch wichtige Arzneimittel Teer als Rohstoffgrundlage haben, z.B. Aspirin, Germanin, Kreolin, Lysol usw. Das ist ein Zeichen, daß die einst empirisch gewonnene Erfahrung der Heilwirkung von Teer von der "klassischen Medizin" ihre Bestätigung fand.

(21) Auskunft von Dr. med. MAISER, Innsbruck 1934. - Vgl. (16).

(22) Auskunft von Apotheker BRECHT, Hannover 1952.

(23) "Am Urquell. Monatsschrift für Volkskunde", Bd. 3, 1892, S. 72f.

(24) "Zeitschrift für deutsche Mythologie und Sittenkunde", Bd. 1, Göttingen 1853, S. 444.

(25) W. von SCHULENBURG "Wendisches Volksthum in Sage, Brauch und Sitte". Berlin 1882, S. 163.

(26) J. MÜLLER "Sagen aus Uri. Aus dem Volksmund gesammelt", Basel 1926, Bd. 1, S. 240 und 345. - Hier erzählt ein alter Gastwirt, die Arbeiter hätten den Saft "in Wein verwandelt".

(27) Auskunft von Dr. med. STEINER, Knittelfeld, Steiermark, 1934. - Vgl. hierzu Anm. 16.

(28) O. von HOVORKA u.A. KRONFELD "Vergleichende Volksmedizin. Stuttgart 1908, II 94.

(29) Auskunft von Professor Dr. Martin HELL, Salzburg.

(30) A. WUTTKE "Der Deutsche Volksaberglaube der Gegenwart", 4. Aufl., Leipzig 1900. Hier Nr. 512.

(31) Wie Anm. 28: I 70f.

(32) Z.B. bei den Lupernalia der Römer. Vgl. PLUTARCH "Alexander der Große - Caesar" 61. - OVID "Fasti" 2, 425ff.

(33) Wie Anm. 7. Hier: I 279.

(34) H. FRISCHBIER "Hexenspruch und Hexenbann. Ein Beitrag zur Geschichte des Aberglaubens in der Provinz Preußen". Berlin 1870, S. 153.

Die heilige Heilpflanze Tulasi (Ocimum sanctum L.) in der Volksmedizin, in Volksglauben und Brauchtum von Indien und Nepal

Sigrid Lechner-Knecht

ZUSAMMENFASSUNG Das unscheinbare, in Nepal und Indien heimische Lippenblütlergewächs *Tulasi* (*Ocimum sanctum* L.) gehört zu den heiligsten Pflanzen der Hindu und spielt in der Volksmedizin als Heilpflanze und im Kultus (im Toten- und Hochzeitskult und bei Jahresfesten) eine große Rolle. Die Inhaltsstoffe von *Ocimum sanctum* sind ätherische Öle, u.a Thymol und das als Kamper auskristallisierende geblich-grüne Terpen, das eine kühlende, antiseptische, desinfizierende, wurmwiderige Wirkung hat. Wichtig sind auch die adstringierenden Gerbstoffe. Die Samen enthalten Schleim. Die Hauptindikationen sind: alle Erkältungskrankheiten, Fieber, Eingeweidewürmer, Giftschlangenbisse und Skorpionstiche. Als beliebtes Verjüngungsmittel (Rasayana) stärkt *Tulasi* die Lebenskraft und Potenz und regt den Kreislauf an. Es hilft auch gegen Blitzschlag und Bewußtlosigkeit, vertreibt die Moskitos (frische, im Zimmer aufgehängte Pflanzen) und eignet sich zur Trinkwasserreinigung.

SUMMARY The insignificant labiate *tulasi* (*Ocimum sanctum* L.) of India and Nepal is one of the most sacred hindu plants. It ist important in folk medicine and in ritual use (marriage and celebration of deaths). It contains etheric oils with adstringent, antiseptic, and anthelmintic qualities. Main indications: common cold, fever, intestinal worms, snake bites. As remedy for rejuvenescene (rasayana) and vitalisation it is important, also it is useful against lightning and loss of consciousness, against mosquitoes and for water purification. es

RESUME La modeste labiacée *tulasi* (*Ocimum sanctum* L.) qui pousse au Nêpal et en Inde fait partie des plantes les plus sacréees des hindous et jouent un grand rôle dans la médecine populaire comme plante médicinale et dans le culte des morts, les rites du mariage et les fêtes annuelles. Les constituants de *Ocimum sanctum* sont des huiles essentielles, entres autres le thymol et le terpène jaune verdâtre qui cristallise sous forme de camphre et dont l'action est rafraîchissante, antiseptique dèsinfectante et vermifuge. Les principales indications sont tous les refroidissements, la fièvre, les vers intestinaux, les morsures de serpents venimeux et les piqûres de scorpions. Comme élixir de jouvence (Rasạyana), *tulasi* augmente la force vitale et active la circulation. Elle est utile aussi contre la foudre et la perte de conscience, chasse les moustiques et sert â purifier l'eau potable. gm

Das unscheinbare Lippenblütlergewächs *Tulasi* oder *Tulsi* (*Ocimum sanctum* L.) ist eine der heiligsten Pflanzen in Indien und Nepal. Sie spielt in der Volksmedizin als Heilpflanze und im Kultus als heilbringende Pflanze eine große Rolle. Hierbei wird der Doppelsinn des Wortes "Heil" deutlich. Heilung bedeutet die Wiederherstellung, das Ganz- oder Heilmachen einer zerstörten Ganzheit. Sie ist damit auch eine Heiligung. Denn außerhalb des westlichen Kulturkreises wird Krankheit als eine in Disharmonie geratene Einheit verstanden, durch eigenes Verschulden oder durch krankmachende Geister verursacht, und die Heilung ist Rückkehr zur Harmonie, zur göttlichen Ordnung. Die Heilkunde und das Wissen von den Heilpflanzen beruht nach hinduistischer Vorstellung nicht auf Erfahrung, die sich im Verlauf von Generationen anreicherte, sondern auf göttlicher Offenbarung. Daher besitzen alle Pflanzen Heilkräfte, einige besonders vielseitige. Deshalb auch ihre besondere Heiligkeit.

Die Heiligkeit von *Tulasi* hat mythologische Hintergründe: *Tulasi*, "die Reine, Segensreiche, unvergleichlich Schöne" war mit einem Dämon vermählt. Gott Vischnu hatte ihm zum Dank für eine Hilfeleistung Unverletzbarkeit geschenkt, unter der Bedingung, daß ihm seine Frau die eheliche Treue bewahrt. Weder Götter noch Menschen konnten ihm etwas anhaben. Da er aber arrogant und lästig wurde, verlangten die Menschen seinen Tod. Doch da *Tulasi* unbestechlich treu war, konnte Vischnu, an sein Gelübde gebunden, gegen den Dämon nicht vorgehen. Als er immer aufdringlicher und gefährlicher wurde, griff Vischnu wegen der bedrängten Menschen zu einer List: Er verwandelte sich in die Gestalt ihres Gatten, des Dämon Jalandhar und vereinigte sich mit ihr. So war *Tulasi* unschuldig untreu geworden, und der Dämon konnte getötet werden. Als *Tulasi* von dieser Täuschung und dem Mißbrauch ihrer Treue erfuhr, ließ sie sich als *sati* mit ihrem getöteten Gatten verbrennen. Aus ihrer Asche wuchs eine heilige Heilpflanze hervor, die als göttliches Wesen und als Sinnbild ehelicher Treue höchste Verehrung genießt, besonders bei den Frauen. *Tulasi* gilt als die große heilige Mutter. Wer sie verehrt, schließt damit auch die Verehrung von Schiva, Vischnu und anderen hohen Gottheiten ein.

INHALTSSTOFFE UND HEILWIRKUNG: Ocimum sanctum gehört nach indischer Vorstellung zur Gruppe der *Surasadi*, den Vertreibern der Dämonen (Asuras) gegen Infektionen und Eingeweidewürmer. Es enthält wie alle Labiaten flüchtige ätherische Öle, die chemisch Derivate des Terpens mit kühlender, antiseptischer, desinfizierender und (Eingeweide-) wurmwidriger Wirkung sind. Ocimum sanctum enthält wie Thymian Thymol; die Blätter enthalten ein gelblich-grünes ätherisches Öl, das als sog. Kampfer auskristallisiert (Terpen) und adstringierende Gerbstoffe; die Samen sind schleimhaltig.

Der Gattungsname "Ocimum" wurde von Plinius aus dem (bei Theophrast und Hippokrates verwendeten) griechischen "okimon" übernommen. Das Wort hängt mit "ozein" = riechen zusammen wegen des balsamischen Duftes der ätherischen Öle. Die Vertreter der Gattung sind in Indien heimisch, so auch das bei uns kultivierte Basilien- oder Königskraut (*Ocimum basilicum*), eine beliebte Gewürzpflanze (Basilikum).

HAUPTINDIKATIONEN: schleimlösend und auswurffördernd (speziell die Samen), Blutungen hemmend (z.B. bei der Periode), hustenstillend, fiebersenkend, ein Mittel gegen Eingeweidewürmer, Schlangenbisse und Skorpionsstiche und gegen Potenzschwäche. Es stärkt den Kreislauf, die Lebenskraft und Aktivität und gilt als Verjüngungsmittel. Es ist auch zur Trinkwasserreinigung geeignet: Etwa 1-2 Eßlöffel der zerriebenen Pflanze werden mit 1 Liter Wasser gemischt und dem verschlammten, bakteriell verunreinigten Wasser zugesetzt, wodurch die Tonpartikel rasch ausflocken samt der Krankheitserreger. Dies erspart die in der dritten Welt unerschwinglich teuren Filter und bei dem knappen Brennmaterial ein Abkochen. Die frischen aufgehängten Kräuter sollen Moskitos (daher engl. "mosquito plant") vertreiben. In Indien und in den Tief- und Mittellagen Nepals wird *Tulasi* bei den Tempeln und vor den Häusern wegen der kultischen und der vielseitigen Arzneimittelbedeutung angepflanzt.

TULASI ALS ARZNEI: Nach K.M. Nadkarani (vgl. "Indian Materia Medica", Bombay Bd. 1, 1976) dient die getrocknete pulverisierte Pflanze als Stomachicum (appetitanregend und verdauungsfördernd) und dienen die Blätter, zerrieben und mit etwas Wasser versetzt, als Heilpaste gegen Furunkel. Als Tee (kurz mit kochendem Wasser überbrüht) fieber-

Brahmanenfrau beim Bemalen des Hausaltars,
in der Vertiefung die heilige Tulasi-Pflanze

senkend, besonders bei Malaria, heilend bei Magen- und Leberstörungen. Dem Saft aus ausgepreßten Blättern werden metallische Zubereitungen (pulverisiertes Eisen, Silber u.a.) beigefügt, und dieser Sirup wird aufgeleckt bei Hautkrankheiten (Lepra, durch den Ringwurm erzeugte Gänge in der Haut, bei Krätze). Außerdem - zur Verstärkung der Wirkung - kann der Saft der Blätter mit einem Zusatz von Zitronensaft getrunken und eingerieben werden, also innerliche und äußerliche Anwendung.

Der ausgepreßte Saft dient auch als *Rasayana* (Verjüngungsmittel) nach folgendem Rezept: 2 mal täglich 1/2 Tola (ca. 5,8 gr.); auch als Prophylaktikum gegen Epidemien (erhöht die Widerstandskraft), auch als Ohrentropfen, gegen Ruhr und Cholera, Lungenentzündung und Brechen. Besonders wirksam vermischt mit Honig, Ingwer, Zwiebelsaft. Mittel gegen Ancylostoma (Hakenwürmer), Saft der frischen Blätter, der Blütenspitzen und der Haarwurzeln gegen Schlangenbisse.

Die getrockneten Blätter oder die ganze Pflanze abgekocht und mit Wasser versetzt (1:10) sind ein Hausmittel gegen Diphterie, Bronchitis, alle Erkältungskrankheiten und Diarrhö (adstringierende Gerbstoffe!). Ein besonders wirksames Husten- und Bronchitismittel ist eine Abkochung aus folgender Mischung:

Blätter von *Tulasi*
Wurzeln von *Solanum jacquinii*
Clerodendron siphonatus
Ingwer (Wurzel von *Cingiber officinale*).

Eine Abkochung der Blätter mit Zugabe von etwas Cardamonpulver und etwas *Salep*, (Pulver aus etwa 10 verschiedenen, stärkehaltigen! Orchideenknollen, das über den Hafen von Aleppo - daher der Name

Salep! - in den Handel gebracht wurde),ist ein Stärkungs- und Potenz steigerndes Mittel (Liebestrank). Die pulverisierten getrockneten Blätter sind ein Schnupfpulver bei "Stinknase" (eitriger Nebenhöhlenkatarrh), desinfizierend. Besonders wirksam ist ein Ölgemisch aus *Tulasi*blättern, Wurzeln von *Solanum jacquinii* und von *Acorus calamus*, schwarzem Pfeffer, Paprika, Ingwer.

Bei sehr gefährlichen giftigen Schlangenbissen soll diese Saftmischung aus grünen Blättern, Blütenspitzen und Haarwurzeln 3-4 Tage lang dem Patienten eingeflößt werden, oder - falls das nicht möglich ist - 1/2 Tola auf Ohren, Nabel, Lippen, Augen auftragen. Dies soll ein sicheres Heilmittel sein. Diese gleiche Therapie wird auch bei Blitzschlag und Bewußtlosigkeit (Sonnenstich?) angewendet. Wer die Wurzel bei Gewitter im Arm hält, bleibt vor Blitzschlag verschont.

REGENERATIONSMITTEL: Zur allgemeinen Stärkung der Widerstandskraft, der Vitalität und Langlebigkeit und der Religiosität (die in einem langen Leben gepflegt werden kann, was wichtig als Vorbereitung für ein gutes Karma im nächsten Leben ist) soll man eine Halskette aus frischen *Tulasi*-Pflanzen tragen. Durch die Stärkung der Lebensenergie werden allgemein Krankheiten geheilt. Besonders wird Nervenschwäche kuriert. Als spezielles Potenzmittel soll die Wurzel (das Gewicht einer 4 Ana-Münze) in der Abenddämmerung gegessen werden, noch intensiver wirkt Wurzelpulver (1/2 Ana-Gewicht) mit Ghi (Butterschmalz) täglich abends eingenommen. Das Wurzelpulver auf schmerzende Körperpartien (z.B. Skorpionsbisse) aufgetragen, lindert die Schmerzen.

Eine Mischung von pulverisiertem *Tulasi* (ganze Pflanze) mit Ingwer, der Wurzel von *Solanum jacquinii* trocken oder mit Flüssigkeit geschluckt ist ein Mittel gegen Lungenentzündung. Mit dieser vielseitigen Heilwirkung ist *Tulasi* ein Allheilmittel, was die große Bedeutung im Mythos und Volksglauben verständlich macht.

Tulasi im Volksglauben und Brauchtum

Auf meinen Wanderungen durch Nepal traf ich in Brahmanen- und Chhetri-Dörfern (die hinduistischen Nepali leben meist in dörflicher Kastengemeinschaft) auf *Tulasi*-Altäre vor den Häusern, wo die Bewohner, gleichgültig, ob Vischnu- oder Shivaanhänger, ihr tägliches Opfer bringen. Zufällig hatte ich auch einmal das Glück, zuschauen zu können, wie eine Brahmanin einen solchen HAUSALTAR mit mythologischen Gestalten, ohne Vorlagen, farbig bemalte. Ende Oktober fand ich überall frische oder verwelkte *Tulasi*-Pflanzen auf den Hausaltären. Denn das Fest der mystischen Hochzeit von Tulasi Devi mit Vischnu wird in Nepal am 10. Kartik gefeiert (der Monat Kartik dauert von Mitte Oktober bis Mitte November).

Nur der Brahmanenpriester darf die heilige Pflanze pflücken. Er steckt einen Strauß dieses unscheinbar gefärbten Lippenblütlers in eine Vertiefung des Altars, der als Zeichen der Göttlichkeit von *Tulasi* unter einem Baldachin steht. Bei einer feierlichen *Puja* (Andacht, Opferzeremonie) wird die heilige Pflanze mit einer geweihten Schnur, *achala*, an einen Bambusstab (*Arundinaria intermedia*, nep. *nigalo*) gebunden, als symbolischer Nachvollzug der mystischen Hochzeit. "Tulasi is the meeting point between heaven and earth" (nach DUBOIS, GUPTA: 74). Das Haus ist im kommenden Jahr vor Unheil bewahrt.

Wer Grashalme abschneidet, die dicht bei *Tulasi* wachsen, bekommt von Vischnu alle Todsünden verziehen. Wer diese Pflanze im Sommer begießt, erwirbt sich ewigen Segen. Wer sie mit einem Schirm vor großer Sonnenbestrahlung schützt, wird von allen Sünden befreit. Wer dies im Monat Baisakh (Mitte April bis Mitte Mai) tut, dem ersten Monat im Jahr (die nepalischen Monate beginnen alle in der Mitte der unsrigen), und sie ständig begießt, vollzieht eine Opferhandlung, die einem Pferdeopfer gleichkommt, das höchste Kultbedeutung hat. Wer (kostbare!) Kuhmilch über *Tulasi* spritzt, in dessen Haus wird die Glücksgöttin wohnen. Wer ihre Wurzeln mit Kuhdung nährt, abends neben die Pflanze eine Butterlampe stellt, sie vor dem Pflücken durch unwissende Kinder und dem Verbiß durch Affen, Ziegen, jungen Wasserbüffeln bewahrt, ist gesegnet und geschützt. Wer sich im frühen Morgen in tiefer Verehrung *Tulasi* nähert, der wird Gott Vischnu einen Augenblick lang schauen. Wer dies täglich tut und dabei *Tulasi* anruft und ihre Blätter berührt, sichert sich für immer Wohlstand, Glück, Sündenvergebung (durch den Anruf), Gesundheit, Beseitigung aller menschlicher Leiden und Gebrechen (durch Berührung der Blätter). Wer ein Blatt ißt, erhält mit Sicherheit die Vergebung aller Sünden. Wer eine Girlande aus *Tulasi*blüten trägt, in dem kann Sünde nicht wohnen. Wer mit *Tulasi*-Blättersaft seine Haare wäscht, reinigt sein Wesen wie durch ein Bad im heiligen Ganges. Ehrung der Ahnen, Gelübde, Opfer, Andachten nahe bei *Tulasi* schützen vor Ungemach auf Reisen und sind für alle Ewigkeit unauslöschlich gute Taten als Ausgleich für das Sündenkonto. Und so gibt es noch viele andere Segnungen, die hier nicht aufgeführt werden können.

Da die Pflanze wegen ihrer HEILKRAFT gesammelt wird, muß der Priester hierfür eigens ausgewählte, durch Fasten und Beten GEREINIGTE MENSCHEN (vorwiegend Frauen) weihen, die das SAMMELN mit größter Vorsicht vollziehen: Sie schlagen dreimal die Hände zusammen und beten inbrünstig zu "Mutter Tulasi, der Reinen, Segensreichen, unvergleichlich Schönen". Beim Pflücken darf kein Zweig oder Blatt geschüttelt werden und kein verwelktes Blatt darf zu Boden fallen. Würde das geschehen, so wäre das eine schwere Beleidigung gegen Tulasi Devi und Vischnu. Dienstags und sonntags dürfen die Blätter weder gepflückt noch gekocht werden, das würde die "Seele" der Pflanze morden (nach GUPTA 4, S. 74ff.). Bei den Nair in Kerala / Südindien, ist Tulasi Gott Schiva zugeordnet. Auch sie glauben, daß ein Trank Wasser, in dem *Tulasi*blätter gelegen haben, Gesundheit garantiert und alle Krankheiten heilt.

Auch im HOCHZEITSKULT spielt *Tulasi* eine Rolle. Heiratslustige nepalische Mädchen bringen am Vollmondtag des Monats Aswin (Mitte September bis Mitte Oktober) am *Tulasi*-Altar Gebete und Opfer dar. Nach dem Fest am 10. Kartik vollziehen am 11. Kartik die Eltern von Braut und Bräutigam eine *Tulasi-Puja*, womit offiziell die Hochzeitssaison eröffnet wird, die über den ganzen Winter dauert und mit einer *Puja* beendet wird. Es ist nicht üblich, im Sommer zu heiraten, außerhalb der Zeit des mystischen Vollzugs der *Tulasi*-Hochzeit. Selbstverständlich ermittelt der Astrologe die für das Brautpaar günstigste Konstellation während der Heiratsmonate. Der Genuß von *Tulasi*-Samen gilt als Mittel, um die Liebesleidenschaft zu dämpfen. Witwen nehmen sie gern, um ihre Keuschheit zu bewahren.

Für den TOTENKULT ist *Tulasi* besonders wichtig. Bei den Magar der Gandakizone (Zentralnepal) trinkt der Sterbende als eine Art "letzte Ölung" einen Aufguß aus den Blättern. Danach wird ihm (möglichst vom Priester) ein frisches Blatt auf die Zunge gelegt. Da die Magar Buddhisten sind, verehren diese demnach ebenfalls Tulasi, wie überhaupt in Nepal nicht nur eine große Toleranz zwischen Hinduismus und Buddhismus besteht, sondern auch dieselben Gottheiten verehrt werden. Von Angehörigen der Brahmanenkaste erfuhr ich, daß vor dem Bett Sterbender eine *Puja* (Andacht) mit *Tulasi* vollzogen wird, die man in ein Gefäß stellt, sichtbar für den Sterbenden. Dann legt man ein Stückchen der Wurzel auf die Zunge, Blätter auf das Gesicht, die Ohren, Augen und den Scheitel, spritzt von Kopf bis Fuß heiliges Wasser (vom Ganges oder eines Nebenflusses) mit einem *Tulasi*-Zweig und ruft dreimal beschwörend *Tulasi!* Nun kann die Seele des Sterbenden unmittelbar zum Himmel eingehen, bis sie sich in einem anderen Körper inkarniert.

Bei den Chhetri (Kriegerkaste) und Brahmanen Nepals besteht der Glaube, daß die Verstorbenen des vergangenen Jahres, die sich noch in einem "erdnahen" Stadium befinden, die *Tulasi*-Pflanze auf dem Hausaltar als nächtliches Absteigequartier benützen. Um den Totengeistern, die mit Einbruch der Dunkelheit kommen - sie vermeiden Tageslicht, ein weltweit verbreiteter Glaube -, den Weg zu leuchten, wird an der Spitze des Bambusstabes eine Butterlampe angebracht. Allabendlich wird diese angezündet. Zu diesem Zweck zieht man den mit dem Bambusstab verbundenen Teil der *Tulasi*-Pflanze mit einer Schnur herab. Für dieses Herabziehen klügeln sich die Leute oft ein von Haus zu Haus verschiedenes System aus. Manchmal stellt man einen *Tulasi*-Strauß auch aufs Dach, vielleicht, um den Totengeistern den Weg zum "Übernachtungsplatz" zu verkürzen oder zu erleichtern. Die Beleuchtung ist wichtig für die Ankunft der Geister und ihren Rückweg, besonders zur Zeit des herbstlichen Ekadasi-Festes.

Mit *Tulasi* werden alle bösen Geister und DÄMONEN ABGEWEHRT, ja, sie kann sogar Dämonen töten, was durch den oben geschilderten *Tulasi*-Mythos verständlich ist.

Tulasi ist vielleicht die heiligste Pflanze in Nepal und Indien, natürlich auch für die östlichen Botaniker. Hier gerät der Forscher des Westens an eine geheimnisvolle Schranke; denn er fragt sich, warum gerade diese Heilpflanze, mit deren arzneilicher Wirkung sich viele andere Pflanzen messen können, eine solch hervorragende kultische Stellung einnimmt. Diese Frage wird sich in westlicher Betrachtungsweise der Natur sicherlich nie beantworten lassen. Für den östlichen Menschen sind die Geschöpfe mehr als "nur Stoff".

LITERATUR

BERGEMANN H. 1967. Die Bedeutung der lamaistischen Heilkunde. *Erfahrungsheilkunde* 10:321-328.

DOPAT K. 1974. Botanische Beobachtungen in Indien und Nepal. *Deutsche Apothekerzeitung (DAZ)* 51:2020-2026 (Teil I) und 1975 7:217-223 (Teil II).

v. FÜRER-HAIMENDORF Ch. 1964. *The Sherpas of Nepal.* London.

GUPTA Sh. M. 1971. *Plants Myths and Traditions in India.* Leiden.

KNECHT S. 1971. Rauchen und Räuchern in Nepal. *Ethnomedizin* 1:209-226.

KNECHT S. 1974. Gesundheit, Krankheit und Heilmethoden in Nepal. *Ther. d. Gegw.* 113:1516-1550.

KNECHT S. Ernährung, Fasten und Hygiene in Nepal (Teil 1 + 2). *Ther. d. Gegw.* 114 (1975) 7:1126-1148 und 115 (1975) 8:1296-1312.

KNECHT S. 1976. Magische Heilmethoden in Nepal. *Ther. d. Gegw.* 115:458-496.

LECHNER-KNECHT S. 1979. Ayurveda - Wissen vom langen Leben. *Med. Klinik.*1938-1942.

LECHNER-KNECHT 1978. *Reise ins Zwischenreich.* Herderbücherei Nr. 681, vergriffen.

NEUREUTHER G. 1961. Als Arzt im Karakorum. *Med. Wochenberichte*, 34, 1639-1644.

PANDE B.D. 1967. *The wealth of medicinal plants of Nepal.* Kathmandu: Trichandra College, 873-889.

VAKIL R. 1967. Alte indische Medizin. *Documenta Geigy,* 3-7.

WALLNÖFER H. 1966. *Wissen vom langen Leben.* Stuttgart: Fink.

Ohne Autor: *Nepal and the Gurkhis.* London 1965.

Verschiedene Ausgaben der *Caraka Samhita* und der *Sushruta Samhita*.

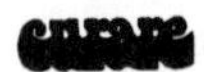 Ethnobotanik Sonderband 3/85, 101–108

Observations on tāmalakī, an Indian Medicinal Plant

Guy Mazars

SUMMARY *Tāmalakī* is an annual herbaceous plant which has been in use in indian traditional medicine from very early times. The same names were given to two plants of the same genus, *Phyllanthus niruri L.* and *Phyllanthus urinaria L.*, which have the same properties and therapeutical uses. According to āyurvedic literature, *tāmalakī* is required for the preparation of many remedies which are said to cure fever, diarrhoea, jaundice and urinary diseases. Today *Phyllanthus niruri L.* is often taken alone as deobstruent and diuretic. A decoction of the plant is administred in jaundice; or the whole plant is crushed and its juice is given with milk morning and evening. Modern pharmacological studies of *Phyllanthus niruri* and some other species of *Phyllanthus* have resulted in the finding of a number of alkaloids. But the therapeutical effects of *Phyllanthus niruri* might be due to other substances and further experiments will be needed to test the action of the plant.

RÉSUMÉ *Tāmalakī* est une plante herbacée annuelle en usage depuis très longtemps dans la médecine traditionnelle de l'Inde. Les mêmes noms ont été donnés à deux plantes du même genre, *Phyllanthus niruri L.* et *Phyllanthus urinaria L.*, qui ont les mêmes propriétés et usages thérapeutiques. D'après la littérature āyurvédique, *tāmalakī* entre dans la préparation de nombreux remèdes qui passent pour guérir fièvre, diarrhée et affections urinaires. Ajourd'hui *Phyllanthus niruri* L. est souvent utilisée seule comme cholagogue et diurétique. Une décoction de la plante est administrée en cas de jaunisse; ou bien la plante entière est écrasée et on en boit le jus coupé de lait matin et soir. L'étude pharmacologique de *Phyllanthus niruri* et d'autres espèces de *Phyllanthus* a permis d'isoler un certain nombre d'alcaloides. Mais les effets thérapeutiques de *Phyllanthus niruri* pourraient être dûs à d'autres substances et des recherches supplémentaires seront nécessaires pour tester l'action de la plante.

ZUSAMMENFASSUNG *Tāmalakī*, ein einjähriges Kraut, wird seit langem in der traditionellen indischen Medizin benutzt. Der gleiche Name wird zwei verschiedenen Arten gegeben: *Phyllantus niruri* L. und *Phyllantus urinaria* L., die gleiche therapeutische Eigenschaften besitzen. Nach der ayurvedischen Literatur wird *tāmalakī* zur Herstellung zahlreicher Heilmittel gegen Fieber, Durchfall und Harnwegserkrankungen verwandt. Heute wird *Phyllantus niruri* L. allein häufig als Cholagogum und Diuretikum benutzt. Ein Dekokt der Pflanze wird bei Gelbsucht eingenommen, bzw. die ganze Pflanze wird zerquetscht und der Saft, mit Milch versetzt morgens und abends getrunken. Pharmakologische Studien von *Phyllantus niruri* und anderer Phyllantusarten haben einige Alkaloide nachgewiesen, jedoch scheint der therapeutische Effekt auf anderen Substanzen zu beruhen, so daß weitere Erforschung notwendig ist, um die Wirkung der Pflanze zu untersuchen.

At the International Conference "Ethnomedicine and History of Medicine" that took place in Hamburg in may 1980, I had an opportunity to say a few words about the problems which remain to be solved before new experiments on indian medicinal plants can be fruitfully devised. First, we have to identify a great part of the raw materials used in the indigenous materia medica. Furthermore, it is necessary to know the dosage, the part of plant that is used, and the method of preparation. We have also to ascertain the identification of the syndromes treated with indigenous remedies, because there is no well established correspondance between indian traditional nosology and western modern nosology.

Friedr. Vieweg & Sohn Verlag, Braunschweig/Wiesbaden

In a short article published in 1979(1), I already endeavoured to show the difficulties connected with the study of *tāmalakī*, an herbaceous plant which has been in use in indian medicine from very early times being mentioned in the *Carakasaṃhitā* and other ancient sanskrit medical treatises. The other sanskrit names of the plant are *bhūmyāmalakī*, *bhūdhātrī*, *bahupatrā*, and *bahuphalā*. It is called *bhuiāṃvalā* in hindī and *bhuiamlā* in bengali. This herb was called *bhūmyāmalakī (bhuiāṃvalā, bhuiamlā)* and *bhūdhātrī*, respectively "ground-*āmalakī*" and "ground-*dhātrī*", in comparison with *Phyllanthus emblica L. (āmalakī, dhātrī)* which is a tree, both species having analogous properties. The phytonyms *bahupatrā* ("which has many leaves") and *bahuphalā* ("which has many fruits") refer also to the physical appearance of the plant. All these names were also given to another plant of the same genus, *Phyllanthus urinaria L.*, which has the same properties and uses(2).

Many authors had long ago identified *tāmalakī* as *Phyllanthus niruri L.*, an annual herbaceous plant of the family Euphorbiaceae, subtribe Phyllanthinae, genus Phyllanthus. In his "Icones plantarum indiae orientalis"R. WIGHT describes the plant as follows:
"*Phyllanthus niruri* (Linn.), annual, erect, ramous: branches herbaceous, ascending: floriferous branchlets (pinnate leaves of old authors) filiform: leaves elliptic, mucronate, entire, glabrous: flowers axillary; male flowers minute, two or three with one longer pedicelled female in each axil, terminating in three transverse anthers: capsule globose, glabrous, 3-angled with 2 seed in each sell: seed triangular, albumen very abundant embryo axile. A common weed everywhere, and, where it has moisture enough to grow, always in flower. The male flower are minute and might easily be overlooked beside the female ones which are more conspicuous, hanging in rows below the leaves...(3).

But according to modern botanical studies the identity of *Phyllanthus niruri L.* collected in India is doubtful, since "true *P. niruri* is an American species not known to be immigrant in India"(4).

However BALWANT SINGH and CHUNEKAR in their book "Glossary of vegetable drugs in Bṛhattrayī"(5), R.K. SHARMA and BHAGWAN DASH in their translation of the *Carakasaṃhitā*(6) and other authors continue to identify *tāmalakī* as *Phyllanthus niruri L.* P.V. ŚARMA in his "Dravyaguṇavijñāna" identifies *tāmalakī* as *Phyllanthus urinaria L.* only, but he distinguishes two varieties, white and red(7). In tamil the indian "niruri" is known as *kīḻānelli*(8). This name corresponds to the sanskrit *bhūmyāmalakī*, *nelli* being the tamil name of *Phyllanthus emblica L. (āmalakī)*(9). But the tamil name of *Phyllanthus urinaria L.* is *civappukkīḻānelli* which signifies "red-*kīḻānelli*"(10). That is also the meaning of *ratpiṭavakkā* which is the sinhalese name of *Phyllanthus urinaria L.* (11).

Whatever it may be, a close examination of the literature provides convincing evidence that *tāmalakī* has been used as a generic name for at least two species of *Phyllanthus* having the same properties, but it likewise supplies ample evidence that there is still uncertainty concerning the botanical identity of one of these species which was identified as *Phyllanthus niruri L.* It seems that the confusion goes back to the description of the plant by Linnaeus. According to R. WIGHT "it was an error of Linnaeus to call this plant *Niruri*, seeing it is the *Kirganeli* of the Hortus Malabaricus, and an even worse one, on the part of Willdenow, to call another plant, not even a native of India, *Kirganelia*"(12). It is interesting to note that *nīruri* is a tamil word which refers to the diuretic effect of the plant(13). As to *kirganelli*, it is a malayalam name of the indian "niruri"(14).

The ancient indian physicians attributed manifold virtues to *tāmalakī*. In the *Carakasaṃhitā*(15) it is classified among the plants which are said to remove cough (*kāsa*) and dyspnoea (*śvāsa*), and it goes into the composition of the famous *cyavanaprāśa*(16). According to the āyurvedic literature, *tāmalakī* is also required for the preparation of the following remedies:

1) *pippalyādi ghṛta*, a ghee (*ghṛta*) against fever (*jvara*), consumption (*kṣaya*), cough (*kāsa*), headache (*śiraḥśūla*), pain in the side (*pārśvaśūla*) and a disease called *halīmaka*(17) which is sometimes interpreted as chlorosis. But the interpretation is not correct, because it is a serious illness. According to G.J. MEULENBELD its description in the sanskrit texts may point to a severe chronic anaemia, associated with jaundice(18).
2) *balādi ghṛta*, employed in cases of fever, consumption, cough, headache and pain in the side(19).
3) *trāyamāṇādi ghṛta*, recommended in cases of "abdominal tumour" (*gulma*), erysipelas (*visarpa*), fever, heart disease (*hṛdroga*), jaundice (*kāmalā*)(20) or skin disease (*kuṣṭha*)(21).
4) *durālabhādi ghṛta*, which is said to cure fever, burning sensations (*dāha*), giddiness (*bhrama*), cough, pain in shoulders (*aṃsaśūla*), pain in the side, headache, thirst (*tṛṣṇā*), vomiting (*vamana*) and diarrhoea (*atisāra*)(22).
5) *amṛtaprāśa ghṛta*, useful in treating cough, hiccup (*hikkā*), fever, dyspnoea (*śvāsa*), burning sensations, thirst, "blood-bile" (*asrapitta*)(23), vomiting and genital and urinary diseases (*yonimūtraroga*)(24).
6) *daśamūlādi yavāgū*, a gruel (*yavāgū*) against cough, pain in the side, hiccup, dyspnoea and consumption(25).
7) *śaṭyādi cūrṇa*, a powder useful for dyspnoea and hiccup(26).
8) *tejovatyādi ghṛta*. prescribed in cases of haemorrhoids (*arśas*) arising from *vāta*, chronic diarrhoea (*grahaṇī*), pain in the side and dyspnoea(27).
9) *tryūṣaṇādi ghṛta*, which is said to cure cough, fever, "abdominal tumours", "inability to eat" (*aruci*), splenomegaly (*plīhāroga*), headache, pain in the cardiac region (*hṛdayaśūla*), pain in the side, jaundice, haemorrhoids, as well as other disorders described as *pāṇḍuroga*(28). According to G.J. MEULENBELD, *pāṇḍuroga* or "morbid pallor" includes anaemia, jaundice and other diseases associated with an altered colour of the skin(29).
10) *kantakārī ghṛta*, against cough, hiccup and dyspnoea(30).
11) *jīvantyādi leha*, a remedy useful in treating cough(31).
12) *jīvantyādi cūrṇa*, which removes pain in the side, fever, cough, hiccup and dyspnoea(32).
13) *jīvantyādi ghṛta*, employed in the treatment of *rājayakṣman* or "kingly consumption", the cachexia resulting from various consumptive diseases(33).

It is not easy to identify the syndromes treated with these remedies. The above-mentioned disorders may be related to several diseases recognized in modern medicine. However, some of the enumerated symptoms suggest hepatic disorders associated with diarrhoea and jaundice.

In the sanskrit texts the curative virtues of *tāmalakī* are explained according to the āyurvedic theories of *rasa*, *guṇa*, *vīrya*, *vipāka* and *prabhāva*:

1) *rasa* or "tastes" are six in number: sweet (*madhura*), sour (*amla*), saline (*lavaṇa*), pungent (*kāṭu*), bitter (*tikta*) and astringent (*kaṣāya*)(34).
2) *guṇa* or "qualities" of drugs are both physical and pharmacological in nature (35).
3) *vīrya* or "potency" is of two kinds, hot and cold. Substances having hot potency produce heat in the body. On the contrary, the substances having cold potency produce cooling effect. In addition to these two potencies, there are six other attributes which determine the therapeutic effect of a drug(36).
4) *vipāka* or "digestive alteration" is of three kinds: sweet, sour and pungent. It is said that, during the course of digestion, substances with a pungent, bitter and astringent taste become pungent, sour substances remain sour, sweet ones remains sweet and saline ones become sweet(37).

5) *prabhāva* or "specific action" is the special faculty of a drug to cure a disease, which cannot be explained as an effect of either "taste", "quality", "potency" or "digestive alteration" of the drug(38).

It is stated in the *Rājanighaṇṭu* (XIVth cent.) that *"bhūdhātrī* is astringent (*kaṣāya*), sour (*amla*), destructive of "bile" (*pitta*) and urinary diseases, cold. It removes urinary diseases (*mūtraroga*) and burning sensations (*dāha*)"(39). And in the *Bhāvaprakāśa* (XVIth cent.): "*bhūdhātrī* is productive of "wind" (*vāta*), bitter, astringent, sweet, cold. It removes thirst, cough, "blood-bile" (*pittāsra*), "phlegm" (*kapha*) itching and ulcers"(40). According to K.M.NADKARNI, the plant is considered de-obstruent, diuretic, astringent and cooling. A *decoction of the plant* is administered in jaundice; or half ounce rubbed up in a cup of milk is given morning and evening; or the *root* or the dried small bitter *leaves in powder*, are used in teaspoonful doses. The whole plant is employed also in some forms of dropsy, gonorrhoea and other genito-urinary affections of a similar type. The young *tender shoots* are administered in the form of infusion for chronic dysentery. The *juice of the stem* mixed with oil is used in ophthalmia. The whole p l a n t pounded with its root and combined with rice water is used as *poultice* for ulcers and swellings. A poultice of the leaves mixed with salt cures itch and other skin affections"(41).

In his book "Médecine traditionnelle de l'Inde" Paramananda MARIADASSOU states that the *niruri* "combattrait, à la fois, anthrax, affections des yeux, phobies diverses; il serait également désobstruant du canal cholédoque, anti-dysentérique, anti-diabétique; il guérirait aussi: ulcères rebelles, piqûres venimeuses de guêpes et frelons... La médecine traditionnelle préconise spécialement contre la jaunisse les jeunes pousses, soit à la dose de 7grs, 50 avec autant de fenugrec, en infusion dans un demi-litre d'eau, soit simplement de 15 à 20 grammes de ces jeunes pousses écrasées dans 500 grammes de lait de vache, à prendre matin et soir, à jeûn. La poudre de feuilles, à la dose d'une cuiller à café, serait un excellent stomachique"(42). The medicinal use of the indian "niruri" is well known in Siddha medicine. According to indian traditions, this system was propounded by Siddha, "Perfect" beings who are endowed with wonderful powers or *siddhi*, as shrinking to the size of an atom, going through stone walls, walking on water or flying through the sky. The Siddha medicine is very popular in the State of Tamilnadu where it goes under the tamil name of *cittavaittiyam* (43). *Kīḻāneḷḷi* is refered to in tamil texts claiming to derive from the teaching of the Cittar (tamil form of sanskrit Siddha). According to T.B. Sambasivam PILLAI, *kīḻāneḷḷi* "is very common in swampy soils. Its leaves and flowers are very small; root is white and leaves are bitter. Root, leaves and young shoots are all used medicinally as deobstruent, diuretic and astringent; root and leaves either as powder or decoction used in Rejuvenation, jaundice and dysentery. Oil in which the whole plant is boiled and anointed on the head before having a bath is said to cure internal fever, bodily heat, burning of the eyes and the extremities, tremor etc. The whole plant mixed with milk is prescribed for jaundice, dropsy, diarrhoea etc."(44). In tamil treatises *kīḻāneḷḷi* occurs in a list of 108 rejuvenating drugs(45). It occurs also as a rejuvenating plant in sanskrit texts. According to the *Rasārṇavakalpa*, a sanskrit work on alchemy and iatrochemistry which might have been composed in the eleventh century A.D.(46), *bhūdhātrī (=tāmalakī)* goes into the composition of a rejuvenating drug which is said to suppress wrinkles (*vali*) and grey hair (*palita*). It is further stated that "by the application of urine and faeces of the person taking this drug, copper will be turned into gold. If it is applied for one month, lead will be turned into gold"(47).

Nowadays, the indian "niruri" is usually taken alone as a diuretic and seems to give good results especially in the treatment of diseases of the liver. It is often used in association with *Eclipta alba* Hassk. (sanskrit *bhṛṅgarāja*), a Compositea which was reported to be useful in the treatment of hepatitis and cirrhosis of the liver (48). Both plants enter into the composition of a product manufactured and sold, under the name *Livorem*, by the firm "Shakti Remedies" in Madurai (India). Each 5 ml. of this preparation contains:

Eclipta alba	300 mg
Phyllanthus niruri	300 mg
Tribulus terrestris	100 mg

The third component, *Tribulus terrestris L.*, is refered to as *gokṣura*, *gokaṇṭaka*, *trikaṇṭaka* and *svadaṃṣṭrā*in sanskrit medical treatises(49).

The earliest references to the therapeutic properties of some *Phyllanthus* in the western literature are those of JUSSIEU(50) BAILLON(51), PLANCHON and COLLIN(52). According to the informations collected by these authors, it is obvious that*Phyllanthus niruri L.* was considered a panacea. What remains now is its use as a diuretic(53). Chemical studies of *Phyllanthus niruri* and some other species of *Phyllanthus* have resulted in the finding of a number of active principles including phyllanthine(54), hypophyllantine(55), phyllochrysine and securinine(56), phyllantidine(57), quercetine(58), and other substances(59).

In order to get more informations on the action of *Phyllanthus*, particularly *Phyllanthus urinaria L.* and *Phyllanthus niruri L.*, some of their properties were studied in vitro. Decoctions of these plants have been shown to inhibit the growth of *Escherichia coli* Migula, *Staphylococcus aureus* Rosenbach 211 3B and *Bacillus subtilus* Cohn(60). These data are in accordance with the use of several species of *Phyllanthus* in traditional medicine, especially for the treatment of infectious diseases. But the therapeutic effects of *tāmalakī*, particularly in case of hepatitis, might be due to other substances and further experiments will be needed to test the action of the plant.

ABBREVIATIONS

A.H. Aṣṭāṅgahṛdayasaṃhitā, 5th ed., Varanasi, 1975 (Kashi Sanskrit Series 150).

Ca. Carakasaṃhitā, ed.by Gaṅgāsahāya Pāṇḍeya, Varanasi, 1969-1970 (Kashi Sanskrit Series 194).

Su. Suśrutasaṃhitā, ed. by Kavirāja Ambikādutta Śāstrī, 3rd ed., Varanasi, 1974, (kashi Sanskrit Series 156).

Ci. Cikitsāsthāna.

Sū. Sūtrasthāna.

NOTES AND REFERENCES

(1) MAZARS G. (1979): A propos de Phyllanthus niruri. *Scientia Oriantalis*, 16, p. 51-58.

(2) NADKARNI K.M. (1976): *The indian materia medica*. Bombay 1927, p. 663-664; 3rd ed., Bombay, p. 947-948. - ŚARMĀ P.V.(1969): *Dravyaguṇavijnāna*: Varanasi, Chowkhamaba Vidyabhawan (in hindī), vol. 2, p. 570-572.

(3) WIGHT R. (1852): *Icones plantarum indiae orientalis*. Vol. V., Madras, p.(25).

(4) WEBSTER G.L., J.R. ELLIS (1962): Cytotaxonomic studies in the Euphorbiaceae, subtribe Phyllanthinae. *American Journal of Botany*, 49, p. 17.

(5) SINGH T.B., K.C. CHUNEKAR (1972): *Glossary of vegetable drugs in Bṛhattrayī*. Varanasi, Chowkhamba Sanskrit Series Office, p. 177.

(6) SHARMA R.K., BHAWAN DASH (1976 u. 1977): *Carakasaṃhitā*. Varanasi, Chowkhamba Sanskrit Series Office, vol. I, p. 97; vol. II p. 293.

(7) ŚARMA P.V., *op. cit.*, p. 570.

(8) See: SAMBASIVAM PILLAI R.V. (1931): *Tamil-english dictionary of medicine, chemistry, botany and allied sciences*. Madras, Research Institute of Siddhar's Science, vol. II, p. 1472-1473.- See also: GIBOIN L.M. (1949): *Epitomé de botanique et de matière médicale de l'Inde et spécialement des établissements français dans l'Inde....* Pondichéry, p. 120.

(9) SAMBASIVAM PILLAI T.V. (1977): *op. cit.*, vol. IV, p. 3073, s.v.*nelli*.

(10) *ibid.*, vol. III, 1931, p. 2213.

(11) Cf. BANDARANAYEKE, W.M., SULTANBAWA M.U.S., WEERASEKARA S.C., BALASUBRAMANIAM S. A Glossary of Sinhala and Tamil Names of the Plants of Sri Lanka. *The Sri Lanka Forester*, vol. XI, Nos 3 & 4 (New Series), jan.-dec. 1974, (special issue), p. 136.

(12) WIGHT R.: *op. cit.*, p. (25).

(13) See also about the meaning of the term *nīruriñci*: SAMBASIVAM PILLAI T.V. (1977): *op.cit.*, vol. IV, p. 3016.

(14) Cf. GIBOIN L.M., *op.cit.*, p. 120.

(15) *Ca.Sū.* IV, 16(36-37).

(16) Cf. *Ca.Ci.*, I, 1. 62-69; *Uttarasthāna* A.H. XXXIX, 33-40; NADKARNI K.M., *op. cit.*, 329-330.

(17) *Ca.Ci.* III, 219-221; *Su.Uttaratantra* XXXIX, 219-221; *A.H.Ci.* I. 90-92.

(18) MEULENBELD G.J. (1974): *The Mādhavanidāna and its chief commentary...*, Leiden, E.J. Brill, p. 627.

(19) *Ca.Ci.* III, 224-226.

(20) According to MEULENBELD G.J., *op.cit.*, p. 627, *kāmalā* is a pronounced form of jaundice, which may include obstructive jaundice.

(21) *Ca.Ci.* V, 118-121.

(22) *Ca.Ci.* VIII, 106-110.

(23) According to MEULENBELD G.J., *op.cit.*, p. 627, the disease called "blood-bile" (*raktapitta* or *asrapitta*) "comprises all disorders in which loss of blood, or matter supposed to be "blood-bile", occurs through the openings of the body...".

(24) *Ca.Ci.* XI, 35-43; *A.H.Ci.* III, 94-101.

(25) *Ca.Ci* XVII, 102-103.

(26) *Ca.Ci* XVII, 123-124; *A.H.Ci.* IV, 46.

(27) *Ca.Ci.* XVII, 141-144; *A.H.Ci.* IV, 52b-54.

(28) *Ca.Ci* XVIII, 39-42; XXVI, 87-89.

(29) MEULENBELD G.J. *op.cit.*, p. 626.

(30) *Ca.Ci.* XVIII, 125-128; *A.H.Ci.* III, 59-63a.

(31) *Ca.Ci.* XVIII, 176-179.

(32) *A.H.Ci.* IV, 43b-45.

(33) *A.H.Ci.* V, 17.

(34) See about the tastes, their combinations and actions: *Ca.Sū.* XXVI; *Su.Sū.* XLII; *Su.Uttaratantra* LXIII; *A.H. Sū.* X; see also KUTUMBIAH P. (1969): *Ancient Indian Medicine...* Revised ed., Bombay, p. 37, 114-115, 118-119; other references in MEULENBELD G.J., *op.cit.*, p. 493.

(35) There are 10 pairs of *guṇa* one opposing the other: a drug may be heavy or light, dull or sharp, cold or hot, unctuous or ununctuous , smooth or rough, dense or liquid, soft or hard, stable or fluid, subtle or gross, non-slime or slime.

(36) See about "potency": MEULENBELD G.J., *op.cit.*, p. 501-502.

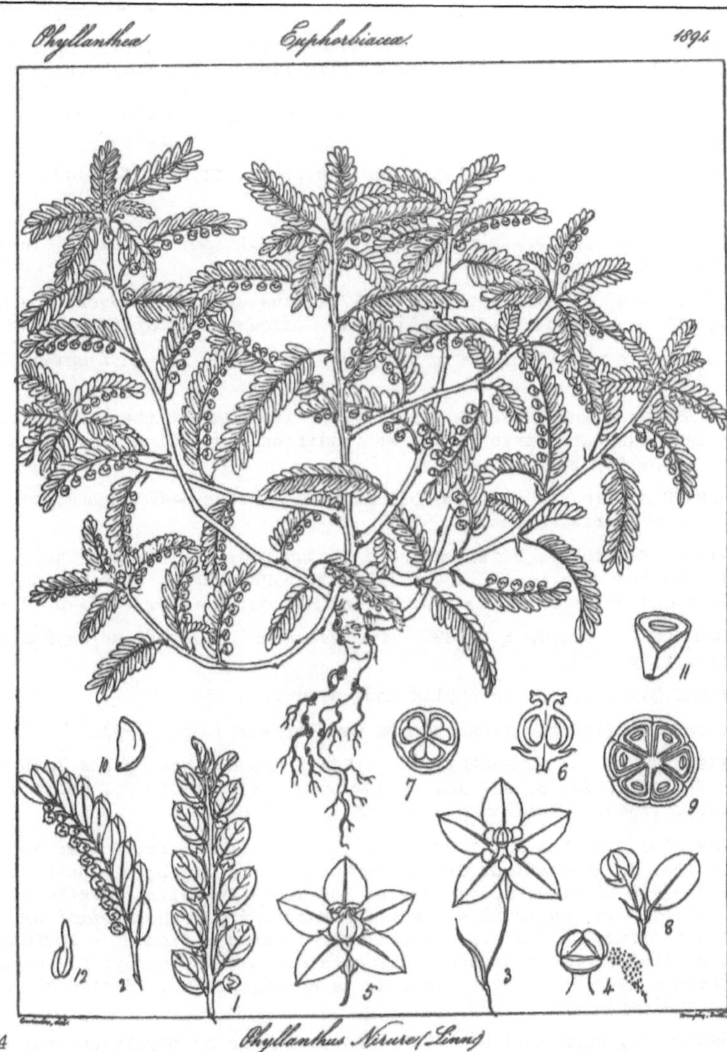

From R. WIGHT, op.cit., p.1894

(37) According to Āyurveda, a substance having sweet *vipāka* aggravates the "phlegm", one having sour *vipāka* aggravates the "bile" and pungent *vipāka* aggravates the bodily "wind". "Bile" and "wind" are alleviated by sweet *vipāka*, "phlegm" and "wind" are alleviated by sour *vipāka* and "phlegm" is alleviated by pungent *vipāka*.

(38) For example, two drugs may be similar in taste, quality, potency and *vipāka*, but their action might vary from each other. This is because of their *prabhāva*.

(39) *Rājanighaṇṭu* quoted by ŚARMA P.V. *op.cit.*, p. 572.

(40) *Bhāvaprakāśanighaṇṭu, guḍūcyādivarga* 277-278.

(41) NADKARNI K.M., *op.cit.*, p. 663-664.

(42) PARAMANANDA MARIADASSOU (1935): *Médecine traditionnelle de l'Inde*. Pondichéry, III, p. 44.

(43) See about Siddha medicine: SAMBASIVAM PILLAI T.B. (1931): *op.cit.*, vol. I, Introduction; vol. III (1931): p. 2118-2148. - ZVELEBIL K.V. (1973): *The Poets of the Powers*. London, Rider, p. 31-34. - MAZARS G. (1978): La médecine des Siddha, in: P. HUARD, J. BOSSY, G. MAZARS, *Les médecines de l'Asie*. Paris, Seuil, p. 63-71.

(44) SAMBASIVAM PILLAI T.V. (1931): *op.cit.*, vol. II, p. 1472-1473.

(45) *ibid.*, p. 1280.

(46) ROY M., SUBBARAYAPPA B.V. (1976): *Rasārṇavakalpa*. New Delhi, Indian National Science Academy, p. 5.

(47) *ibid.*, p. 13 (sanskrit text), p. 67 (translation). However, ROY M. and SUBBARAYAPPA B.V. identified *bhūdhātrī* as *Flacourtia cataphracta* Roxb. (p. 122).

(48) SUBRAHMANIAM R. (1959): Cirrhosis of the liver. *The Antiseptic* (Madras) 56, p. 355-363.

(49) Cf. SINGH B. and CHUNEKAR, *op.cit.*, p. 144.- About the properties and uses of *Tribulus terrestris* in indian traditional medicine see: ŚARMA P.V., *op. cit.*, p. 563-565.

(50) JUSSIEU A. (1824): *De euphorbiacearum generibus medicisque earum dem viribus tentamem*. Paris, Didot, p. 96.

(51) BAILLON H. (1876): *Dictionnaire de botanique*. Paris, Hachette, p. 561; see also by the same author, "Phyllanthe" in DECHAMBRE, *Dictionnaire encyclopédique des sciences médicales*. Paris, Masson, t.XXIV, 1887, p. 817.

(52) PLANCHON G., COLLIN E. (1896): *Drogues simples d'origine végétale*. Paris, Doin, I, p. 342.

(53) MAZARS G.: A propos de Phyllanthus niruri, p. 55.

(54) OTTOW W.H. (1891): *Jahresbericht der Pharmazie*. p. 85-87.

(55) KRISHNAMURTI G., SHESHARDI T.R. (1946): *Proceedings of the Indian Academy of Sciences*. 24, p. 357-364. - ROW L.R., SRINIVASULU C., SMITH M., SUBBA RAO G.S.R. (1964): *Tetrahedron letters*. p. 1557-1576.

(56) PARELLO J., MELERA A., GOUTAREL R. (1963): Phyllochrysine et sécurinine, alcaloides du Phyllanthus discoides Muell. Arg. (Euphorbiacées). *Bulletin de la Société Chimique de France*, p. 989-910.- See also: PARELLO J. (1966): *Alcaloides du Phyllanthus discoides Muell. Arg. (Euphorbiacées), isolement et determination des structures*. Thèse, Paris, Science. - ROUFFIAC R., PARELLO J. (1969): Etude chimique des Alcaloides du P. niruri L. (Euphorbiacées). Présence de l'antipode optique de la norsécurinine. *Plantes médicinales et Phytothérapie*, 3, p. 220-223.

(57) PARELLO J., MUNAVALLI S. (1965): Phyllanthine et phyllantidine, alcaloides du Phyllanthus discoides Müll. Arg. (Euphorbiacées). *Comptes rendus de l'Académie des Sciences*, Paris, t. 260, série D, p. 337-340.

(58) STANISLAS E., ROUFFIAC R., FAYARD J.J. (1967): *Plantes médicinales et Phytothérapie*. p. 136-141.

(59) See TEA KETH NARA, GLEYE J., LAVERGNE DE CERVAL E., STANISLAS E. (1977): Flavonoides de Phyllanthus niruri L., Phyllanthus urinaria L., Phyllanthus orbiculatus L.C. Rich. *Plantes médicinales et phytothérapie*, 11, p. 82-86; CHAUHAN J.S., MOHAMMAD SULTAN, SRIVASTAVA S.K. (1977): Two new glycoflavones from the roots of Phyllanthus niruri. *Planta medica*, 32, p. 217-222.

(60) HAICOUR R. (1973): *Propriétés antibiotiques de l'extrait aqueux de certains Phyllanthus (Euphorbiacées). Mise en évidence et premiers éléments de l'analyse*. 56 p. (Thèse de doctorat de 3° cycle, Paris-Sud). - See also: NOZERAN R., HAICOUR R. (1974): Mise en évidence d'une activité antibactérienne chez des Phyllanthus (Euphorbiacées). *Comptes rendus de l'Académie des Sciences*, Paris, t. 278, série D, p. 3219-3222.

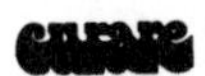 Ethnobotanik Sonderband 3/85, 109–120

Ethnopharmacognostical Studies of the Vedic Jangida and the Siddha Kattuchooti as the Indian Mandrake of the Ancient Past

R. Kumaraswamy

SUMMARY The Siddha system of medicine today remaining as the remnant of the delugial Lemurian medicine of the past abounds in the reference to a group of 64 psychic herbs which are reported to have a miraculous sway on the human welfare. Similarly the Ayurveda, one of the Upavedas of the vedic times has got many herbs to its credit in the art of promoting sex virility and human longivity. Of the medicinal herbs mentioned in the vedic literature, next to the kingly herb of *Soma*, the peculiar herb of *jangida* is enumerated as an awe-inspiring plant endowed eith eerie virtues of magic and miraculous healing powers in cases of arthritis and other afflictive syndromes of the human body. (Atharva veda II, 4:1 & XIX 34; Kausika sutra:8). It is referred also as a panacea for senility and associated ailments. It is invariably extolled as an agent promoting fecundity in women and virility in man. However even today, neither the erudite vedic commentators, the indologists nor the ethnobotanists could help the botanical identity of the drug.

In the field of Ayurveda the identity of a paralell aphrodisiac drug of *Lakshmana* reported to promote fecundity in women (Charaka and Bhavaprakasa) escapes the botanical identity of the scientists so far. Similarly the *Siddha* Medical literature of South India alludes to the presence of an occult medicinal plant called *Kaattuchooti* with the morphological features resembling the human body in shape and smell and ethnological uses as an amulet by the cultural races of South India in the art of magic and medicine. The peculiar man-like shape of the root and the methods of collection of drug are elaborately mentioned in *Tantric Siddha* literature (T.V.S.Pillai) and also Jainic Tamil writings like *Jeevaka Chinthaamani* etc. Ethnological traditions of the English people refer to mandrake in many volumes and some of the Shakespearean plays refer to the manlike root of Mandrake wealing like a vampire on being uprooted. Homer refers to the moly as a remedy against sorcery. The oriental medical literature abounds with a parallel plant record of Ginseng having a human shape and healing virtues as a panacea of the far east on similar circumstances.

The question is whether the *Jangida* of Atharva Veda and the *Kaattuchootti* of the Tamil Siddha medical literature could be traceable to the present *Mandrake* or the Korean *Ginseng* based on its peculiar physiognomy, ethnology and herbology or to an altogether different Indian herb of Vedic origin? With a view to solve this question, this ethnopharmacognostic study is undertaken by the author of this paper utilising a key of parameters based on the ethnological aspects of a) the root exhibiting a human form, b) its magical uses as an amulet against sorcery as available from the present practices, c) its amorous uses for sex virility and fecundity, d) its medical uses for arthritis and other forms of ailments. This key is applied to screen through the available features attributable to these plants in order to pinpoint the original botanical taxon traceable to the vedic *Jangida*. As a result of this study the *Mandragora Officinarum* of the high Himalayas is traced to the *Jangida* if the Atharva veda and the *Kattuchootti* of Siddha literature and the mandrake of the Shakespearean literature. The ginseng of the orients is negatively screened.

This study also establishes the distinct botanical identity of the aphrodisiac drug of *Lakshmana* of Ayurveda as the taxon of *Ipomoea muricata* of convolulaceae and refutes the past reports tracing it to the taxa of *Mandragora officinarum* and *Smithia gemniflora* and *Solanum ferox* as having no ethnobotanical basis.

Friedr. Vieweg & Sohn Verlag, Braunschweig/Wiesbaden

ZUSAMMENFASSUNG Eine der ältesten und meist verwendeten Pflanzen der indischen Pharmakopöe (sowohl in der Siddha, Ayurveda als auch der Unani) wird ausführlich beschrieben und ihrer Bedeutung und Verwendung nach analysiert. Das indische JANGIDA (*Withania somnifera*) wird in seiner Bedeutung und Anwendung dem koreanischen Ginseng gleichgestellt.

RESUME Une des plus vieilles et plus importantes plantes de la pharmacopée indienne (Siddha, Ayurveda et Unani) est présentée et son utilisation et importance est analysée. Les parallèles du JANGIDA indien (*Withania somnifera*) au Ginseng coréen sont démonstrés. es

The Siddha system of Medicine today remaining in South India as the remnant of the delugial Lemurian Medicine of the past abounds in references to a group of 64 psychic herbs under the disciplines of medicine, alchemy, rejuvenation, yoga and spiritual wisdom. These herbs are reported to have a miraculous sway on the human welfare. Likewise Ayurveda, one of the upavedas of the vedic times has got a store of singular herbs to its credit serviceable in the art of promoting healthful virility and human longivity. Of the six outstanding herbs mentioned in the vedic literature as the 'Liberators of Sin' next to the kingly herb of *Soma*, the peculiar herb of *Jangida* is enumerated as an awful spring herb (AV XXXIV: 7) endowed with the eerie virtues of magic and miraculous healing powers.

'The ancient plants surpass thee not,
nor any herbs of recent days.
A potent charm is *Jangida*,
a most felicitous defence. (AV XXXIV: 7).

It is one of the hoary medicinal plants known to humanity. *Jangida* is prescribed for cases of *Vishkandha* (rheumatism) *Visra* (violent convulsions) for tormenting pain, *Jamba* (infantile teething disorders) and *Sanskandha* (Neuralgic inflammation).

'Let *Jangida's* protecting might,
encompass us on every side.
Wherewith he quells Vishkandha and
Sanskandha might by greater might'. (AV XXXIV: 5)

'While their lips uttered Indra's name,
the Rishis gave us *Jangida* which in the
earliest time Gods made a remedy,
Vishkandha's cure'. (AV XXXV: 1)

It is also a remedy against lumbago, consumptive cough, fever and pleurasy.

'Lumbago and rheumatic pain, consumptive
cough, and pleurasy. And fever
which each Autumn brings,
may *Jangida* make powerless'. (AV XXXIV: 1o)

It is extolled as a medicine for the decay of the seven tissues of the body.

'Baffle the lound factitious howl,
make impotent the seven decays,
As when an archer speeds the shaft,
driveaway want, O *Jangida'*. (AV XXXIV: 3)

It is a panacea for prolonging the human longivity.

'This counteracts the sourceress,
this banishes malignity.
Then may victorious *Jangida* prolong
the days we have to live'. (AV XXXIV: 4)

'All sorcerers made by the Gods,
all that arise from mortal men.
These, one and all, let *Jangida*
healer of all, make impotent'. (AV XXXV: 5)

It is advocated as a veterinary medicine for the poultry and stock.

'*Jangida*, thou art Angiras;
thou art a guardian, *Jangida*.
Let *Jangida* keep safely all
our bipeds and our quadrupeds'. (AV XXXIV: 1)

It is a safeguard against all sorcery and witchcrafts.

'Dicewitcheries, the fifty-threes,
the hundred witchcraft practisioners.
All these may *Jangida* make weak,
bereft, of their effectual force'. (AV XXXIV: 2)

It is invariably used as an amulet and charm in ethnomedical practice for destroying the might of magic and malignity.

'This Amulet destroys the might of
magic and malignity;
So may Victorious *Jangida*
prolong the years we have to live'. (AV IV: 6)

It delights the distressed mind and dispels the penury of men (XXXIV: 3). It is a hot stimulant drug (Agiras) and tranquillizer for the disturbed mind deranged look and diabolic deed.

'Hard-hearted men, the cruel eye,
the sinner who hath come to us.
Destroy thou these with watchful care.
O thou who hast a thousand eyes.
Thou, *Jangida* art my defence'. (AV XXXV: 3)

Jangida is forest born and at times cultivated too. During cultivation it is said to undergo three stages of fixating.

'May cannabis and *Jangida* preserve
me from Vishkandha - that
brought to us from the forest
this sprung from the saps of husbandry'. (AV IV: 5)

It is three times fixed on the surface of the earth, the secret of which the old brahmins know very well.

'Three times the Gods engendered thee
fixed on the surface of the earth.
The Brahmans of the older time knew
that there name was Angiras'. (AV XXXIV: 6)

It is extolled as an agent promoting virility in man and fecundity in women.

'Then when thou sprangest into life,
Jangida of unmeasured strength
Indra, o mighty one, bestowed great
power upon thee from the first'.(AV XXXIV: 8)

Summarizing the above observations *Jangida* seems to be a medicinal plant frequently referred in Atharva Veda as a charm against demons and specific remedy against various diseases. It is a herb with divine powers and appears to have been cultivated too. During the practise of cultivation it is being fixed thrice by wise men during dibbling, transplanting and fixing the drug in the milk. The description of the plant however is not given. Nevertheless, according to BLOOMFIELD and other vedic commentators it seems to have a resemblance to "the moly that Hermes once to wise Ulyssess gave' (Odyssey X: 3o5). DIERBACH interprets moly as the mandrake. This identity is a matter of uncertainty and remains questionable. Therefore, as on today neither the erudite vedic commentators, the indolongists nor the ethnobotanists could help the botanical identity of this herb. Hence the present study.

Mandrake in Biblical days

Mandrake was widely known in the Biblical land of Palestine and surrounding lands. It was known as loveapple. To it were ascribed certain amorous and aphrodisiac properties as the genesis story of Lea and Rachel attests (Genesis 3o: 4-16; Songs: 7:13). During the days of Bible it was recommended as an anaesthetic drug for performing empirical surgeries by the physicians through the administration of loveapple juice to produce narcosis and sedation of the patients. It has a similar analogy in India were a legendary vegetable drug called *Sommohini* has been reported in an ancient textbook of Bhojabrabhandam where it is said to have been used as an anaesthetic medicine by Lord Buddha. This drug has also a puranic reference in the great epic of Ramanayana.

Mandrake in Ayurveda

In the field of Ayurveda the identity of a similar extinct herbal drug of *Lakshmana* which is noted for promoting virility in man and fecundity in women (*Charaka* and *Bhavaprakasa*) escapes the botanical identity of the scientist so far. Earlier pharmacographic workers trace the identity of *Lakshmana* to the mandrake (G. WATT 1895) (*Bhaishasa Ratnavali*; RAMAMOORTHY T. 1935). This tracing is based on the humanoid form and forking habits of the root (*Vishakamool*) and its reported virtues in promoting sex virility and fecundity. In the long costal lines of conkan country of India another root of *Putrakanda* traceable to the taxas of a white flowering *Solanum xanthocarpum* is recognized under the name of *Lakshmana* as a current substitute for *Lakshmana*. Certain Sanskrit lexicographers have recognized a fern *Hemionites cordifolius* (Thaamboolasikhi) as *Lakshmana*. However, the Ayurvedic stalwart *Charaka* refers it to an *Lagopopiodes* (MF. MONIER WILLIAMS 1899) and also strangely enough to *Smithia gemniflora* Roth (M. RAMA RAO 1o14). In order to settle this disputed identity of *Lakshmana* as the mandrake an ethnopharmacognosy is again necessary.

Mandrake in Siddha Medicine

A paralled confusion with regard to the botanical identity of the occult herb of *Kattuchooti* is present in the field of Siddha medicine. It is often confused with identity of *Lakshmana* (G. WATT 1895; T. RAMAMOORTHI 1935; T.V.S. PILLAI 1938) although the Tamil lexicon and other Siddha works traces *Kattuchooti* to the Mandrake, based on the humanoid physiognomy of the root and its ritualistic uses in the tantric practices in magic and medicine (*Jeevakachinthamani*).

The human root of Korean Medicine

Yet another paralled record of the availability of a humanoid root is prevalent in North East Asian countries like South Korea, Mongolia, China, etc. This human root of Ginseng is reported to be a panacea capable of miraculous cure for many chronic iatrogenic disorders of today. The peculiar manlike shape of the root and the ritualistic method of collection of the root have a striking similarity to the prevalent ethnomedical practices available in South India for *Kattuchooti* (mandrake) of Siddha medicine. However, the ginseng is endowed with the adaptogenic medicinal virtues which are absent in the Siddha mandrake (*Mandragora officinarum* L.), which is a poisonous plant.

The Problem of Study

The problem is whether the *Jangida* of Atharvaveda has got any traceable link to the present day mandrake (*Mandragora*) or the Korean ginseng (*Panax ginseng*) based on its peculiar physiognomy ethnology and herbology? Or is *Jangida* an altogether different Indian herb of vedic times?

Materials and Methods: With a view to solve this problem this ethnopharmacognostic study is undertaken by the authors of the paper utilising a key of parameters based on the ethnological aspect of:

a) the root exhibiting a human form and forking habit;
b) its wild and cultivated occurrence in nature;
c) its medicinal uses in rheumatism and other form of arthritic and neuralgic ailments;
d) its adaptogenic virtues as a panaceal drug;
e) its effective uses for virility and fecundity in sex invigoration (Vajikarna).
f) its ritualistic uses as a charm or amulet against sorcery as available from the present ethnomedical practices in India;
g) fixing *Jangida* thrice in the surface of the earth.

Market survey of herbs

Different market samples of the above herbs under the most popular local names were procured from different places of India and the samples were pharmacognistically screened to findout their identity and establish their taxonomic stand. Based on this preliminary data the key of parameters is prepared and applied to screen through the available features attributable to these plants in order to pinpoint the original botanical taxon traceable to the vedic *Jangida*.

Parameter - I

Humanoid shape of the root: The humanoid appearance is due to the trait of natural forking of the root which is shared by:

1. *Mandragora officinarum* L. of the Mediterranean and South European zones.
2. *Mandragora caulescens* C.B. Clark of the Sikkim Himalayas.
3. *Panax ginseng* of South Korea and nearby oriental regions.
4. *Withania somnifera* Dunal (2 varieties growing in the North Western Zones of India).

Of the four taxa enlisted *Mandragora officinarum* is a stemless perennial having a genetic trait of producing a forked tap root tuber. It simulates a human shape. As such it is called as *Vishakamool*. The second Himalayan taxon of *Mandragora caulescens* has a aerial stem and a stout root and seldom produces such humanoid fleshy tubers. The third oriental taxon of *Panax ginseng* has also got a built in genome for producing forked humanoid roots. The last Indian taxon of *Withania somnifera* has two varietal forms often producing a knoted rootstock and a forked fleshy tap root assuming a rough humanoid form which is commonly distributed in the indust valley zones of Punjab and Rajasthan.

Parameter - II

Cultivated and wild distribution of the plant

The first two taxa of mandragora are not known under cultivation and are wild in distribution. *Mandragora officinarum* L. and *Mandragora autumanalis* Spreng both known as mandrake and worn as charms in India (DUMACK 1884) are natives of Mediterranean, South Europe and Asia minor. They are said to be similar to Belladonna roots. However, their roots are sold in the bazars of North India especially in Patna and Simla and medicinally known as a hypnotic, sedative, mydriatic anaesthetic and narcotic. They are said to be similar to Belladonna and poisonous in properties. However, unlike belladona they are not cultivated. The Indian taxon of *Mandragora caulescens* C.V. Clark is a stemmed herb growing to 3o cm with stout roots and distributed in Sikkim at the altitude of about 4ooo feet. The herb contains a parasympatholytic alkaloid - Mandrogrine. As such it is poisonous. It is known only under wild state (T.A. HENRY 1949). The above observations on various species of Mandragora makes it obvious that this plant is not known under cultivation like *Jangida* and therefore it is ruled out as the taxon qualifying for the identity of the vedic *Jangida*.

The third taxon of *Panax ginseng* eventhough known under cultivation and wild states is highly endemic to the North East Korean and Mongolian regions even today. Therefore the chances are very remote for its imported uses in the vedic times from such distantly distributed places.

The fourth taxon of *Withania sommnifera* popularly known as the horseroot has references from the known from the time of Purarvasu, Atreya, Susruta and Charaka under the name of *Aswagandha* throughout the Indian continent. The very name is derived from the smell resembling horse urine and this is invariably same in all indian languages vouching for its popularity from time immemorial. In the Southern Dravidian language of India, it is known as the beautiful horse root (*Amkuram kizhangu*). This plant has been known under cultivation and wild states. It has an extensive distribution in the North West frontier Indian states. It is no wonder that the timehonoured cultivation of this popular plant has resulted in a number of allopatric polyploidal hybrids in the form of four known varieties if not more (C.K. ATAL 1975. Please see the survey graph). It is interesting to note the anthropogenic distribution of *Withania* in the past and present in the ancient civilized sites of prevedic cultures of India namely the Harappan sites of the Indus belts now traceable to the States of Punjab and Rajasthan. It is striking to see the varieties producing forking knotty roots which are confined to these regions only.. The authropogenic distribution of *Withania* has a parallel to the distribution of *Chitraka* (*Plumbago indica*), a celebrated flowering plant of South India.

This taxon eventhough belongs to the solanaceous order sharing close relation with *Mandragora* , is little toxic and more medicinal when compared to Mandragora, Atropa, Datura, etc. which invariably contain the poisonous parasympatholytic tropane group of alkaloids associated with the solanaceous family. Infact, Sushruta in his work has recommended it as a reputed panaceal (Rasayana) prescription for several ailments. This ancient intuitive wisdom is well corroborated today by the several phytochemical provings establishing the occurence of several singular C28 steroidal chemicals,as an exception in Solanaceae under the name of *Withanolides* reported in Aswagantha and its outstanding property as an adaptogenic drug next to ginseng. Therefore, it could be taken now for granted that *Withania somnifera* almost qualifies for the place of the vedic *Jangida* in its botanical identity.

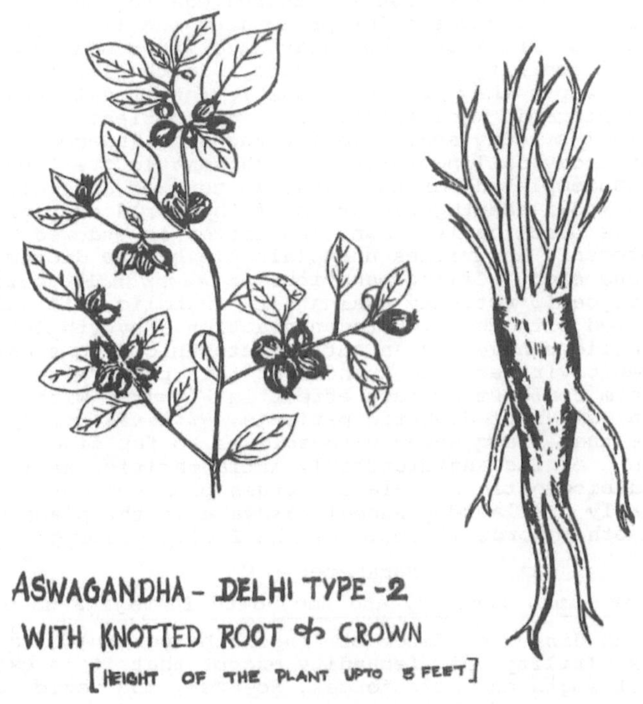

Parameter III

Medicinal uses in rheumatic and other arthritic inflamations

In many Atharva vedic hymns the *Jangida* is spoken of as a specific antidote for *Vishkandha* traceable to rheumatism by several vedic commentators. That it is predominantly advocated as an outstanding remedy for violent inflamatory conditions like *Sanskandha* and *Visira* (Neuralgic inflamations and convulsions) even though it is prescribed for other inflamatory diseases like sprue syndromes, consumptive cough, pleuracy and intermittant fevers which each *sisira* (Autumn and Winter) brings (AV XXXIV: 1o) about. Discounting the use of Mandrogora for such conditions owing to the lack of clinical support it becomes obvious that either ginseng or Aswagandha could complete for the place of vedic *Jangida*. Of the two herbs, ginseng is more scientifically known as cardiovascular and cardiotonic drugs and *Withania* as a specified for inflamatory rheumatic conditions based on the evidences of clinical work so far done. Under this context it is more appropriate to trace *Withania somnifera* to the vedic *Jangida* than the *ginseng*. Recent researches on *Withania* done in India and abroad have proved the trust worthy role of microbial anabolic. This goes in tune with the vedic observations on the curative role of *Aswaghandha* for several inflamatory conditions, through the ages. Where as the esoteric *soma* as a psychotropic drug for selfintoxication and enjoyment for the atharvan priests could not stand the test of time and its poor role as a medicament was lost in oblivion, nevertheless, the most popular medicinal herb of *Jangida* used for mitigating the maladies of the humanity at large, could survive the onslaught of the vicissitudes of time under a different attributive name of *Aswagandha* from the postvedic to the present times.

Parameter - IV

Its adaptogenic virtues as a panaceal drug

Several references are seen in Atharvaveda to the role of *Jangida* as a *panaceal* drug advocated for prolonging the life span. Such biogenetic stimulant drugs are the Rasayana of Ayurveda capable of a arresting cell senility and tissue decay. In the light of the modern scientific concepts they are the mostly steriodal anabolic herbs producing adaptogenic manifestations in the patients. They are the positive remedies today available for the drug induced iatrogenic diseases (of today calling forth a psychosomatic treatment). If such a basis is contemplated for the panaceal herb of *Jangida*, then of the hitherto-known adaptogenic drugs of the world only ginseng and *Aswagandha* are practically known. The latter is endowed with a number of adaptogenic activities unexplainable by the dictums of modern sciences . One such baffling behaviour of *Aswagandha* could be found in its hypoglycemic activity against its anabolic role which is normally correlated with the diabetogenic action. Nevertheless, this mysterious anabolic behaves as an antidiabetogenic drug substantiating its adaptogenic virtues. The authors of this paper with the aid of a medical team could study this effect in *Withania* with very good results in a number of diabetic patients. *Withania somnifera* with a band of more than twenty seven withanolides so far discovered under the background of its antimicrobial, antiarthritic, antiinflamatory anabolic and biogenetic stimulant virtues promises more as a practical and cheaply available panaceal rasayana in the place of vedic *Jangida*. In other words it could be the Indian ginseng.

Parameter - V

Promotor of human virility and fecundity in Vajikarna practice

There is no direct evidence of *Jangida* being mentioned as a promoter of sex virility and fecundity except that it is extolled as a donor of strength and life forces. However, the vedic commentators in their attempt to identify *Jangida* to the moly or mandrake have indirectly introduced the concept of associating *Jangida* as a potent drug of sex virility and fecundity in the art of *Vajikarna*. Among the important vajikarna drugs advocated to ward off sterility and reinforce libido in man and vigour in women, SUSTRATA holds *Aswagandha* (*Withania somnifera*) as a matchless *vajikarna* herb. Subsequent Ayurveda literature contributing to this concept of sex potency of *Aswagantha* Name this plant as *Mathana priva Vajipriya*, etc. However, the fabulous sex virility attributed to the love potions and medicaments prepared from the mandrake has no scientific basis except it brings about a parasympatholytic excitement in the body. It is this so called attribute of mandrake that has led to the erroneous tracing of the mandrake to the classical aphrodisiacal drug of *Lakshmana* advocated by *Charaka* as a remedy for sterility in human beings. Sex being primarily a psychosomatic phenomenon, an effective aphrodiasiac should contribute to central nervous or a psychotropic or sympathomimetic and parasympathomimetic stimulation and no way it could be a parasympatholytic drug like Mandrake. As by the Siddha classical literature *Lakshmana* is a climber with the yellowish betel like leaves (*Bhogar Nigandu*). *Lakshmana* is a climber in the shape a serpentine hood. Hence the name of Serpenthood climber or *Sivas climber*. The flowers are also reported to possess a serpentine head like corolla of white or red tinge and saffron like fragrance. The root of *Lakshmana* is reported to promote fecundity and called Putrakanda (Charaka). The climbers such as believed to be a yogic herb for performing *Kundalini Yoga*. A course of consuming the root for about ninety days along with honey and sugarcandy is believed to tune up the **complexion** of the skin and darken the grizzled hair and remove the wringles of the body and tranquillize the mind and tender a state of trance with supreme intellectual bliss.

In tantric medicine it is reported to act as a fascinating philitre if it is unguented with bezoar and applied on the forehead in between the eye brows. In alchemical science the oil is advocated for consolidation of mercury and the whole plant is prescribed for rejuvenation. In toxicology the leafpaste in urine when administered through nose is an antidote for snake poison. Snake charmers of South India use the root as a charm against the snakes. The powder in milk is an antidote for several poisons (T.V.S. PILLAI 1938). There are five varieties of this plant reported and they are profusely available in Kolli hills of India. Several Siddha classical seers like BOGAR KARUVOORAR et al. extol the virtues of the plant in their medicinal treatises.

From the above observations it could be made clear that one cannot hopefully look towards mandrake as an aphrodisiac for sex virility and as remedy for human sterility. Therefore, it is possible that the mandrake is a misnomer for *Lakshmana* based on mistaken identity. The most promising competitors for the name of hitherto unknown classical *Lakshmana* could be pharmacognised based on the morphological and medicinal characteristics made available by the Siddha systems of medicine of South India the forerunner of Ayurvedic system of Ancient India. Taking into consideration of the habitat, habit therapeutic uses and ethnomedical practices with regard to the drug *Lakshmana* the most possible botanical taxon that could be traced to the drug is *Calonyction muricatum* Don. (*Ipomoea muricatum* L.) the night blooming fragrant bluemoon flower of Convolvulaceae. The recent chemical and pharmacological investigations done in this plant can corroborate the role of this drug as a psychotropic agent in yogic practices and also as a central nervous stimulant, semenogogue nervous stimulant in sex virility and human sterility. Large amount of behenic acid (3.7%), is reported in this plant (KELKAR et al. 1949). The unusual consideration of the behenic acid in this plant could be correlated with its efficacy in sex stemina yogic practices. Aswagandha cannot qualify for the identity of *Lakshmana* due to its shrubby erect habit, habitat and adaptogenic virtues, eventhough it has got sex stimulant and semenogogue properties and it is used today as a common remedy for the sexual debility.

Parameter - VI

Ritualistic uses as a charm against sorcery in ethnomedical practices in India

Several hymns of Atharva veda extol the magical virtues of *Jangida* against evil spirits and sorcery. It is advocated for being used as an amulet to protect men and animal from malefic forces and malignity for all reasons. As such it seems to be a common ethnomedical practice during the vedic period to resort to *Jangida* as a powerful charm to protect humanity.

Applying this ethnomedical parameter as a charm against sorcery and magic to all the three taxa of *Mandragora, Panax ginseng Withania,* we could cite instances of the prevalence of many superstitious and magical traditions associated with all these three herbs even to this civilized days. While uprooting the tubers of Mandragora and Panax ginseng more orders similar esoteric and traditional practices followed. With regard to the ritualistic use of these herbs as a charm in ethnomedical practice in India, *Withania* has more recorded evidences as revealed by a recent survey. Wearing the cut pieces of the fresh tubers around the loins or necks of children as a safeguard against intestinal disorders prevalent in South India at present is reminiscent of the vedic period where *Jangida* amulet was advocated as a charm against *Jambha* (an unfertile disorder).

ANTHROPOGENIC SITES OF JANGIDA

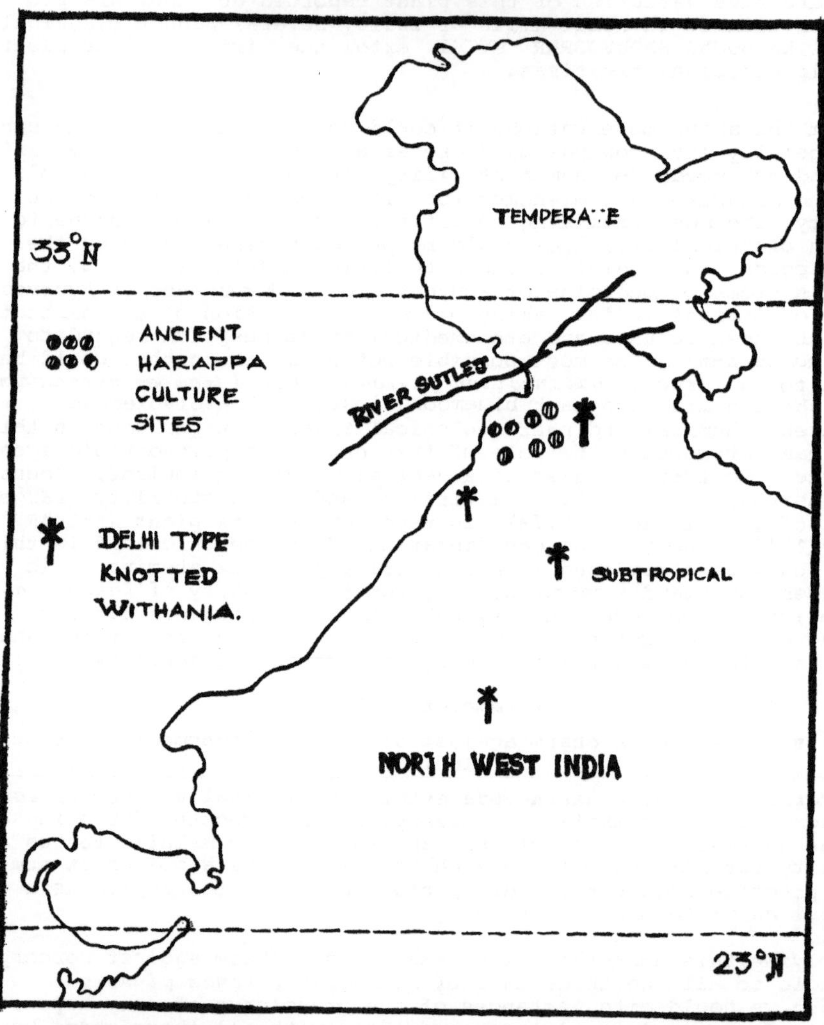

SURVEY GRAPH OF KNOTTED WITHANIA [JANGIDA] IN NORTH WEST INDIA.

In Kerala this drug is used in incantation practises to expell the evil spirit. Therefore it is called *Evilkiller* (*Payvetti*). So also in Andra Pradesh of India, it is used for process of sorcery therefore, it is known as *Pilli ventron* (the conqueror of evils).

Secretive *Withania* potions prepared by the esoteric magicians and Vaidyas are used as occult philters for fascination of the opposite sexes in villagefolks in ethnomedical practises. Whether this practise has any scientific basis or not is a question for investigation. But the very presence of such ethnomedical practises with regard to *Withania* lends credence to this tracing of *Withania* to the vedic *Jangida* of the past. Wearing cut pieces of mandrake or ginseng as an amulet in India is unknown at present, in percepts and practise.

Parameter - VII
Fixing Jangida thrice on the surface of earth

This peculiar and baffling attribute spoken in Atharva Vedic hymns of fixing *Jangida* thrice during its cultivation has a special message for interpretation as in the case of vedic 'soma rasa' being screened through three filters. This is obviously a cryptic but creamy phraseology of the hymn.

' Three times the gods engendered thee fixt on the
surface of the earth."
Surface to the earth.
The Brahmans of the ancient times knew
that their name was Angiras! - AV XXXIV:6

These lines speak of the gods fixing *Jangida* on the surface of earth thrice. Farmers do only two fixing for a plant during normal cultivation - namely dibbling the seeds and transplanting the seedlings. Therefore the first two fixing implies the agronomic operations of dibbling the *Jangida* seeds and then transplanting the seedlings. This is a common practise in the hot tropics for Solanaceas plants like Brinjal, Capsicum, etc. Then what is the stage of the third fixing? This according to the authors of this paper refers to the fixing of the root of *Jangida* as a vegetable drug in the adjuvants like cow's milk, lime juice or Cow's urine etc. In Siddha and Ayurvedic medical practises of India, many drugs even if they are found mildly toxic invariably are subject to this fixing in an adjuvant for the attenuation of the toxicity. This is a kind of rectification called *Samskhara*. In the case of *Jangida* it refers to the third fixation in a adjuvant like milk for the purpose of attenuation of the toxicity if any. This subtle implication of a secretive ethnomedical practise has a striking parallel in the preparation of soma rasa as detailed in the 9th Cantoe of *Rigveda* which speaks of screening of the soma rasa through three different mysterious filters of sunrays lambwool and the human body (coming out as urine) of the drinker.

'The guardian of the Rtd (Soma)
cannot be deceived
He of the good inspiring force;
He carries three filters in his heart'. (R.V. IX: 33:8 ab)

'Thou runnest through the three filters
stretch out; thou flowest the length clarified.
Thou art fortune, thou art the giver of the gift,
Liberal for the liberal, O soma juice!. (R.V. IX: 97:55)

Summarizing conclusions

The salient points of the discussions so far made on the identity of the vedic *Jangida* as the Indian taxon of *Withania somnifera* DUNAL, which is a popular adaptogenic herbal drug widely known in all the three branches of Indian medicine - Siddha, Ayurveda and Unani - under the postvedic name of *Aswagandha* could provide the following summarizing conclusions:

1. Ethnomedical, ethnopharmacological and ethnological parameters culled out from the vedic testises of Atharva veda and applied to the present day data available with the indigenous medical records of Siddha, Ayurveda and Unani medicines of India, lend credence to the identity of vedic *Jangida* as the herbal taxon of *Withania somnifera* DUNAL of the present. It could be deemed as the Indian counterpart of the Korean ginseng based on the several adaptogenic activities.
2. *Jangida* seems to have an anthropogenic distribution throughout the Indus valley belt associated with the time honoured localities of the Harappan civilizations of the prevedic India. Therefore, this could be considered as the oldest medicinal plant in the unwritten pharmacopoea of man next to the kingly herbal *Soma*..
3. The present pharmacognostical identification of the ancient aphrodisiac drug of *Lakshmana* to the present botanical taxon of *Mandragora officinarum* Linn. or other species of Mandragora is undeniable. Corroborative evidences emanating from the sister system of Siddha medicine and the chemicopharmacological investigations of modern sciences support the identity of *Lakshmana*, by the authors of this paper to *Calonyction muricatum* Don. of *Convolvulaceae*.
4. The vedic works are replete in cryptic codes which present the cream of the message for providing the necessary clues for the proper ethnomedical interpretation and identification of the herbs as in the case of three fixations in the cultivation of *Jangida* and three filters as in the case of *Soma*. Therefore, a more deep and meticulous reading of the vedas under the background and knowledge of the ethnomedical informations is a sine qua non for the identity of other unknown herbs of vedic times.

REFERENCES

1. BLOOMFIELD (1885): Hymns of Atharvaveda.
2. HOMER: Odyssey: 3o5.
3. Anonymos: Genesis: 3o.
4. Anonymos: Songs: 7:13.
5. WATT G. (1891): Bhoja prabhandam 83:1.
6. Ibid: A dictionary of the economic products of India V: 143.
7. RAMAMOORTHI T. (1935): The handbook of Indian Medicine: 485.
8. PILLAI T.V.S. (1938): Medical Dictionary II: 1334.
9. HENRY T.A. (1949): The plant alkaloids: 149.
1o.ATAL C.K. (1975): Pharmacognosy & phytochemistry of Withania somnifera: 9.
11.KELKAR (1949): Journal of Indian Chemical Society 24:87.

Traditionelle Anwendung und Möglichkeiten der modernen phytotherapeutischen Verwendung der Ampferarten (Rumex sp.)

Andor Oláh / Péter Babulka

In verbis et herbis magna vis est. (Cato)

"Fübe-fába adta az Isten az orvosságot!"
(ung. Sprichwort: In Baum und Gras gab Gott uns Medizin).

ZUSAMMENFASSUNG Etwa 150-200 Rumex Spezies sind auf der ganzen Welt bekannt. Ihre Verwendung als Medizin und Nahrungsmittel kann auf eine mehrtausendjährige Vergangenheit zurückblicken. Auf allen Kontinenten und in allen Ländern kennt die Volksheilkunde die Verwendung der einheimischen Arten. Alte ungarische Kräuter- und Ärztebücher aus der Zeit vom 14. bis 19. Jahrhundert berichten ebenfalls über vielseitige Verwendung dieser Pflanzenarten. Von der Mitte des 19. Jahrhunderts an werden sie dann, im allgemeinen mit der Phytotherapie gleichzeitig, aus der Materia medica der offizinellen Medizinwissenschaft und der Heilpflanzenliteratur verdrängt. Die ungarische Volksheilkunde hat bis zum heutigen Tage die traditionelle Verwendungsweise dieser wertvollen Heilpflanze und das sich darauf beziehende Wissensgut bewahrt. Die Volksmedizin verwendet sie bei Durchfall, Ruhr, Magenschmerzen, Leberleiden, Gelbsucht, Gicht. Hautleiden, als harntreibendes Mittel sowie als Lungen- und Blutreinigungsmittel. Durch Empfehlen einer Medizin wird anhand von verbaler Suggestion die heilende Wirkung noch gesteigert. Der humoralpathologischen Anschauungsweise des Volkes zufolge reinigt die Ampfer-Kur das verdorbene Blut und verhilft allgemein zu einer Reinigung des Organismus. Gleichzeitig kommt auch eine analogische Betrachtungsweise zur Geltung (rot ist der Ampfertee, wie das rote Blut, deshalb, kuriert er von der Ruhr). Alle Teile der Ampferarten (Blätter, Blüten, Stile, Wurzeln) enthalten Antrachinon-Derivate, Gerbstoffe und Flavonoide: sie verfügen über abführende, herz- und kreislaufstärkende, entzündungshemmende Wirkungen. Die neuesten Forschungen bestätigen die traditionellen Indikationen; im Zuge einer Reformierung der heutigen Medizinwissenschaft ist ihre ärztliche Anwendung im Rahmen des Aufbaus eines neuen natürlichen Lebensweise- und Heilverfahren-Systems berechtigt.

RESUME Environ 150 à 200 espèces de Rumex sont connues dans le monde. On les utilise depuis des millénaires comme médicaments et comme aliments. La médecine populaire de tous les continents et de tous les pays connait l'utilisation des espèces endémiques. De vieux recueils médicaux et des formulaires hongrois du 14e au 19e siècles parlent également des multiples usages de ces variétés de plantes. A partir du milieu du 19e siècle, on les a exclues de la matière médicale de la médecine officielle et de la littérature concernant les plantes médicinales, en même temps que la phytothérapie. La médecine populaire hongroise a conservé jusqu'à nos jours l'utilisation traditionnelle de ces précieuses plantes et le savoir qui s'y rattache. La médecine traditionnelle les utilise en cas de dysenterie, maux d'estomac, troubles hépatiques, ictère, goutte, maladie de peau, comme diurétique et comme moyen de purifier les poumons et le sang. L'action de ces remèdes est encore renforcée par la suggestion verbale. Suivant les représentations populaires de la pathologie humorale, une cure d'oseille purifie le sang vicié et aide à la purification de tout l'organisme. En même temps, se manifeste un raisonnement par analogie (la tisane d'oseille est rouge comme le sang; voilà pourquoi elle guérit la dysenterie). Toutes les parties des différentes variétés d'oseilles (feuilles, fleurs, tiges, racines) contiennent des dérivés de l'anthraquinone, du tanin, des flavonoïdes qui ont une action laxative, cardiotonique et anti-inflammatoire. Les recherches les plus récentes

Friedr. Vieweg & Sohn Verlag, Braunschweig/Wiesbaden

confirment les indications traditionnelles. A l'heure d'une réforme des sciences médicales actuelles, leur application médicale se justifie dans le cadre de l'élaboration d'un nouveau mode de vie naturel et d'un nouveau système de santé.

gm

SUMMARY About 150-200 species of rumex are known all over the world. Their use as medicine and as food has a past of some thousand years. Domestic sp. are known and used in the folk medicine of all continents. Old hungarian herbars and medical books of the 14th to the 19th century also report on the different way of their use. With the middle of the 19th cent. they disappeared more and more from the officinal materia medica and literature.Nevertheless the hungarian medical folklore has traded the knowledge of use of this appreciable medical plant till nowadays. Here it is known to cure dysenteria, stomach-ache, leaver disease, jaundice and podagra, skin disease and as diuretic and lung and blood cleaning drug. The recommendation of a medicine together with verbal suggestion strengthens the curative effect. Rumex cures are cleaning the blood and the organism according to the popular view point of humoral pathology. All parts of rumex are usefull, they content antrachinone-derivates, flavonoids and tannine. Recent research prooves the traditional indications. Its medical application will find a renaissance by reforming the actual medical science in favour of a new and more natural way of life and curing.

es

Einleitung

Die Pharmakophagie bedeutet für die Menschheit heutzutage ebenso eine Gefahr wie das Rauschgift, den Alkoholismus mit einbegriffen. Es ist eine bekannte Tatsache, daß der pro Kopf Verbrauch an Medikamenten auf der ganzen Welt von Jahr zu Jahr steigt. Die separate Fachwissenschaft der "Pathologie der Therapie" und ihre gigantische Fachliteratur ist weitverbreitet; einen wesentlichen Teil der ärztlichen Tätigkeit bildet heute schon die Heilung der durch die "Therapie" Erkrankten. Pharmakophagie und die technokratische Medizinwissenschaft sind organischer Teil der industriellen Zivilisation, sie gehören dazu und sind das letzte, schon ins Negative umgeschlagene Stadium der zur Zeit des Humanismus begonnenen Entwicklung der Naturwissenschaften und des Positivismus. Es taucht nun der Anspruch auf Wandel und Änderung auf. Die "grüne Medizinwissenschaft"(1) ist Teil eines universellen kulturellen Erneuerungsprozesses und gründet auf der Wiederentdeckung und Weiterentwicklung der alten östlichen und traditionellen Medizinwissenschaft. Sie ist ein Teil des Ausbaus eines neuen natürlichen Lebensweise- und Heilverfahrens-Systems im Zeichen der Versöhnung mit der Natur, anstelle einer kriegerischen Konfrontation und Knechtung der Natur (siehe Tabelle 1)(2). Diese aktuelle Entwicklung möchten wir anhand unserer Studie ebenfalls fördern.

Es ist eine bekannte Tatsache, daß vom Standpunkt des Wirkstoffes aus gesehen, erst ein Achtel bis ein Zehntel der Pflanzenwelt untersucht worden sind, und diese sozusagen eine unerschöpfliche Quelle für weitere Forschungen bildet. Eine Hilfe könnte bei diesen Forschungen wohl die Untersuchung der in der Volksmedizin seit altersher verwendeten Pflanzen bedeuten. In unserer Studie möchten wir die volksmedizinische Anwendung der *Rumex*-Arten sowie ihre Verwendungsmöglichkeiten in der modernen Therapie darlegen.

Tabelle 1: Wandlung des Verhältnisses zwischen Mensch und Natur im Laufe der Jahrtausende (zusammengestellt von A. OLAH)

Urzeit	Griechisch-römisches Altertum	Mittelalter	Die Entwicklung der industriellen Zivilisation	Neuzeit post-industrielles Zeitalter
? - 600 v.Chr. mehrere Tausend Jahre	600 v.Chr.- 300 n.Chr. etwa 900 J.	300 n.Chr.- 1300 (etwa 1000 Jahre)	1300 - 1900 (etwa 600-700 J.	vom 20. Jh. an
Der Arzt / der Mensch / ist Diener der Natur "MEDICUS MINISTER NATURAE"		Der Arzt/der Mensch/ist Herr/ Feind/ der Natur "MEDICUS MAGISTER NATURAE"		Der Arzt/der Mensch/ ist Freund der Natur "MEDICUS AMICUS NATURAE"
instinktmäßiger Diener der Natur SCHAMAN	bewußter Diender der Natur HIPPOKRATES und hippokratischer Arzt	Herr und Überwinder der/sündigen/menschlichen Natur /Askete/ Schkolastischer Arzt	der äußeren Natur Herr und Besieger TECHNOKRAT	des Körpers und der Seele Frieden/ Pax animae et corporis/ Psychosomatische Medizin

Ein Beweis für die Wandlung des Verhältnisses zwischen Mensch und Natur ist die Tatsache der seit Mitte des vorigen Jahrhunderts begonnenen Entwicklung eines natürlichen Lebens- und Heilmethoden-Systems (Naturheilkunde, naturisme). Deren Etappen sind auf deutschem Sprachgebiet die Tätigkeit eines Prießnitz, Schroth, Kneipp usw., Gründung von Vegetarier- und Tierschutzvereinen; die Gründung von Sanatorien und Instituten der natürlichen Heilmethode durch Platen und Bilz. Zur gleichen Zeit werden in den Dreißiger Jahren von Bicsérdy, Bucsányi, Szikaszay und Zelenyák hier in Ungarn vegetarische, naturheilkundige Vereine, Schulen, Zeitschriften und Restaurants gegründet. Dazu gehören heute: ein natürlicher, giftfreier Pflanzenanbau, die Partei der "Grünen", Joga-Schulen, die Verbreitung der chinesischen und japanischen Medizinwissenschaft im Westen, Verbreitung und Entwicklung der Reformhäuser, der Makrobiotik, des Vegetarismus und der Phytotherapie, Vermehrung und Verbreitung der Naturheilkunde-Schulen etc.

1. Allgemeine geschichtliche und volksmedizinische Daten zu den Rumex-Arten

Die zur Familie der *Polygonacae* gehörenden *Rumex*-Arten sind auf der ganzen Welt zu finden. Ihre Zahl wird auf etwa 200 geschätzt. In Ungarn sind etwa 20 Arten zu finden, die Mischarten nicht mit einbezogen. Die häufigsten einheimischen Arten sind *Rumex acetosella, R. acetosa, R. crispus, R. conglomeratus, R. hydrolapathum, R. sanguineus, R. obtusifolius* (3). Dieser weiten Verbreitung ist es auch zuzuschreiben, daß die Rumex-Arten in der Vergangenheit eine weltweit vielseitig verwendete Heilpflanze waren (siehe Tabelle 2, S.125. HARTWELL und seine Mitarbeiter(4) haben eine weltliterarische Bearbeitung der Verwendung von 3000 Pflanzen gegen Krebs-Erkrankungen vom 3. Jahrtausend v. Chr. an bis ins 20. Jahrhundert vorgenommen(5).

Legende zu Tabelle 2

AFRIKA
(1) Kongo
(2) Ägypten
(3) Äthiopien
(4) Nigeria
(5) Süd-Afrika
ASIEN
(6) China
(7) Indien
(8) Japan
(9) Mongolei
(10) Sowjetunion
(11) Sowjetunion
(12) Himalaja
(13) Tibet
KANADA
(14) Kanada
MITTEL- und SÜDAMERIKA
(15) Brasilien
(16) Chile
(17) Mexiko
(18) Peru
EUROPA
(19) Belgien
(20) England
(21) Finnland
(22) Frankreich
(23) Deutschland
(24) Ungarn
(25) Holland
(26) Polen
(27) Rumänien
(28) Sowjetunion
(29) Tschechoslowakei
(30) Schweden
NICHT KONTINENTALES GEBIET
(31) Aleuten
(32) Balearischen Inseln
(33) Kanarischen Inseln
(34) Madagaskar
(35) Madeira Inseln
(36) Neuseeland
(37) Tasmanien
USA
(38) Alabama
(39) California
(40) Carolina
(41) Colorado
(42) Dakota
(43) Illinois
(44) Indiana
(45) Iowa
(46) Kentucky
(47) Massachusetts
(48) Mississipi
(49) Missouri
(50) Oklahoma
(51) Pennsylvania
(52) Tennessee
(53) Texas
(54) Virginia

Die Landkarte wurde aufgrund der uns zur Verfügung stehenden Daten angefertigt, ist also nicht identisch mit der Gesamtanwendung des Ampfers als Nahrungsmittel und Heilpflanze .

In der Volksheilkunde verwendete Ampfer-Arten

Rumex abyssinicus Jacq.
Rumex acetosa L.
Rumex acetosella L.
Rumex acutus L.
Rumex aegyptiaca L.
Rumex alopecuroides L.
Rumex alpinus L.
Rumex acquaticus L.
Rumex brasiliensis Link.
Rumex britannica L.
Rumex bucephalorus L.
Rumex confertus Willd.
Rumex conglomeratus Murr.
Rumex crispus L.
Rumex dentatus L.
Rumex ecklonianus Meisn.
Rumex hydrolapathum Huds.
Rumex hymenosphalus Torr.
Rumex japonicus Houtt.
Rumex madaiwo Makino.
Rumex maderensis Lowe.
Rumex maritimus L.
Rumex mexicanus Meisn.
Rumex nepalensis Spreng.
Rumex obtusifolius L.
Rumex orbiculatus Gray.
Rumex patientia L.
Rumex pictus Forsk.
Rumex pulcher L.
Pumex romassa Remy.
Rumex roseus L.
Rumex sanguineus L.
Rumex scutatus L.
Rumex simpliciflorus Murb.
Rumex verticillatus L.
Rumex vesiccarius L.
Rumex woodii N.E. Br.

Tabelle 2: Anwendung des Ampfers als Nahrungsmittel und Heilpflanze in der traditionellen Heilkunde

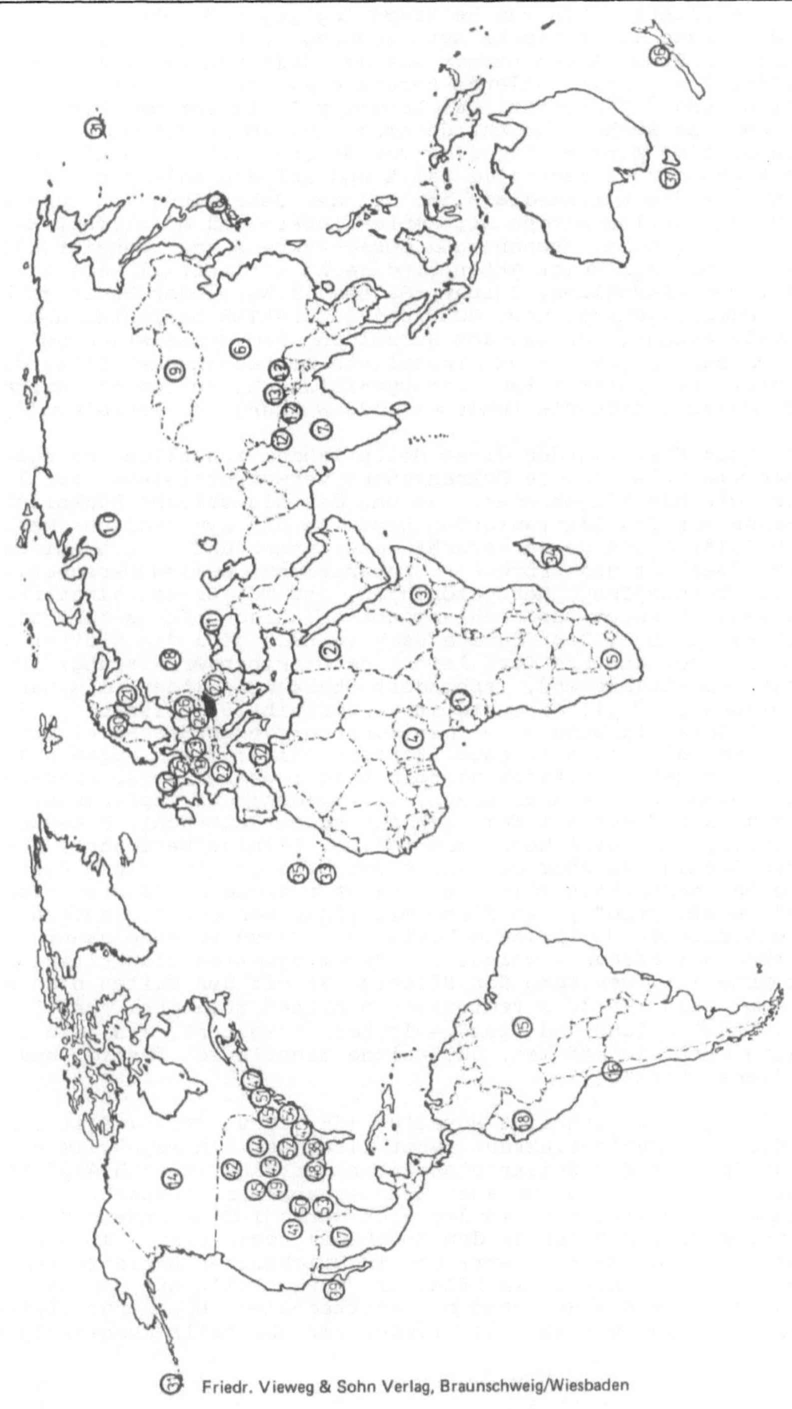

Aufgrund von etwa 125 literarischen Daten kann festgestellt werden, daß von Tasmanien bis Kanada, von Chile bis Wales, 15 Rumex-Arten seit dem Altertum bis zum heutigen Tag gegen "Krebs" verwendet werden. Die erste literarische Aufzeichnung bezüglich einer solchen Verwendung der Rumex-Arten stammt aus der Zeit von Ptolemaios Euergetes (246-221 v. Chr.). Galenos benützte Ampfer bei Induration der Niere, Blase und Gebärmutter. Das Londoner Antidotarium (7.-8. Jahrhundert) und das Rechenauer Antidotarium (9.-10 Jahrhundert) heilte damit krebsartige Wunden; Rogerius von Salerno (12 Jahrhundert) behandelte Krebs der Fleischteile damit und auf den Balearen und in Chile benützte die Volksmedizin ihn bei der Behandlung von Tumoren. Anderen Daten zufolge wurden mit Ampfer Leber- und Milzkrebs, Hautkrebs, Parotis-Tumore, Rachen- und Gesichtskrebs usw. geheilt. Die Anwendungsformen der Rumex Arten sind recht vielseitig: Kataplasma-Umschläge, Tee, Pastillen, Pulver, Salbe, in Wein oder Essig gekochte Droge, Dampfumschlag, usw. COLE und BUCHHALTER berichten über die antitumorale Wirkung von aus der Wurzel und dem Wurzelstamm der *Rumex hymenosephalus* gewonnenen alkoholisch-methanolischen flüssigen Extrakten(6). Den polimer leukoantocyanidinen Einheiten der Extrakte ist ihrer Meinung nach die tumorhemmende Wirkung zuzuschreiben(7).

Außer gegen Krebs wurden diese Heilpflanzen innerlich und äußerlich gegen vielerlei andere Erkrankungen verwendet (siehe Tabelle 3). Betrachten wir nun eingehender, was uns der historische Rückblick zeigt. Schon vor 3-4 Jahrtausenden benützte die ayurvedische Medizinwissenschaft(8) diese gegen verschiedene innere und äußere Leiden: Dyspepsie, Übelkeit und Erbrechen, Leberleiden, Gallenüberschuß, Schluckauf, Verstopfung, Herz-Störungen, Asthma, Bronchialkatarrh, Hämorrhoiden, Skorpion- und Schlangenbisse, Erschöpfungs-Zustand, Alkoholismus, Tumore. Der Caraka Samhita nach sind die Blätter des *R. vesicarius* von abführender, leicht harntreibender Wirkung; ihr Saft wirkt appetitanregend, verhindert Übelkeit, mildert das Zahnweh(9). Dioskurides (1. Jahrhundert) beschreibt 5 Ampferarten, die ziemlich gleichartig benützt werden konnten: gekochtes Kraut erweicht den Bauch; roh als Umschlag gegen Kopfausschlag; Samen gegen Dysenterie, Verdauungsbeschwerden, Skorpionstich; Wurzel gegen Aussatz, Flechten, Ohren- und Zahnschmerzen, Milzleiden; als Zäpfchen stillen sie den Fluß der Frau; mit Wein gekocht gegen Gelbsucht, Blasenstein, Skorpionenbiß; befördert Menstruation(10). Plinius berichtet, daß, als Caesar Germanicus über den Rhein vordrang und in seinem Heer viele an Skorbut erkrankten (die Ärzte nannten diese Mundfäule "stomakake" und "skelotyrbe"), sie diese mit einer von den eingeborenen Friesen empfohlenen Heilpflanze kurierten. Diese Pflanze nannten die Römer "Herba Britanicus", welche als *Rumex aquaticus* identifiziert werden konnte(11). Der Name der Pflanze hat mit den Briten nichts zu tun, er setzt sich aus drei teutonischen Worten zusammen: "brit" = verengen, "tan" = Zahn und "ica" = locker, erweitert, d.h. die lokkeren Zähne wird sie stärken, das weiche Zahnfleisch festigt und dichtet diese Pflanze(12).

Über *R. patientia* schreibt Horatius (65 - 8 v. Chr.): "Ist Dein Magen träge, das Patientiakraut räumt alles aus dem Wege". Im Mittelalter baute man in den Heilkräutergärten der Klöster auch Ampferarten an. Deshalb wurde *R. alpinus* auch Mönchsrhabarber, Rhabarbara Monachorum genannt; später dann wurden noch verschiedene andere Rumex-Wurzeln unter diesem Namen in den Apotheken registriert. Im Londoner Antidotarium (7.-8. Jahrhundert) und im Reichenauer Antidotarium (9.-10. Jahrhundert) kommt ein Pflaster, hergestellt aus dem Saft des *R. acetosa* vor. In den Rezepten der Ärzteschule von Salerno (Petrocellus und Rogerius von Salerno) finden wir ebenfalls Rumex-Präparate.

Tabelle 3: Mit Rumex-Arten geheilte Krankheiten

	Krankheiten der Verdauungsorgane	Hautleiden	Infektiöse Leiden	Andere	Anzahl d. Datenquellen
ungarische medizinhistorische Daten vom 14.-19 Jahrh.	Durchfall (Diarrhoea) Verstopfung Kolik Darmleiden Leberschwellung Gelbsucht	Wunden Geschwüre Jucken Krätze Abszess "kosz", "semereg" (34) Hämorrhoiden	Ruhr (Dysenterie) Pest Pyodermie	gegen Skorbut Gicht Fieber (Hitze) Ampfer hat eine tonisierende, kühlende, blutreinigende, harntreibende Wirkung	33
ungarische volksmedizinische Daten aus dem 20. Jahrhundert (publizierte u.nicht publizierte Daten, eigene Sammlungen mit eingeschlossen)	Durchfall (Diarrhoea) Magenschmerzen Magenleiden Leberleiden Gelbsucht	Wunden Geschwüre Eitergeschwür Abszess Krätze "kosz" (34)	Ruhr (Dysenterie) Bauchtyphus Gonorrhoe Pyodermie	Blutungen (Gebärmutterblutung) Gicht harntreibende Wirkung	28
sich auf traditionelle Heilkunde beziehende weltliterarische Daten von 3000 v.Chr. an bis heute	Diarrhöe Kolik Verdauungsstörungen Leberleiden Gelbsucht Würmer	Hautkrebs Wunden Geschwüre Eitergeschwüre Abszesse Ausschläge Hämorrhoiden Skorpion- und Schlangenbisse Insektenstiche	Blattern Dysenterie Bilharziosis Gonorrhoe syphilitische Geschwüre Hautinfektionen	Blutungen (Gebärmutterblutung) weißen Ausfluß Skorbut Milzleiden Blasenstein harntreibende, blutreinigende, tonisierende, fieberlindernde Wirkung	50

Zur Zeit der Renaissance hielt Simon Pauli einen Sud der Patientia-Wurzel mit Hühnerkot gemischt für das beste Mittel gegen Krätze; in den Taxen und Pharmakopöen aus der Zeit des 15.-19. Jahrhunderts stoßen wir ebenfalls auf viele Rumex-Arten. (Lüneburger Liste 1473; Taxe Worms 1582; Mainzer Taxe 1582; Pharm. Württemberg 1741; Preussische Pharmakopea 1799 etc.). Auch die Materia Medica Americana (1778) enthält vielseitige Verwendungen dieser Pflanze(13). Neuere Heilpflanzenbücher weisen, verglichen mit dem zurückgedrängt Werden des 19. Jahrhunderts, immer häufiger auf die Heilwirkung der verschiedenen Rumex-Arten hin(14).

Bevor wir uns den ungarischen Daten zuwenden, auf welchem Gebiet uns erschöpfendes Material zur Verfügung steht, betrachten wir einige Daten der Volksheilkunde verschiedener Völker der Erde. Cutler berichtet, daß die Indianer die Wurzel des *R. floribus* und des *R. verticillatus* mit Erfolg bei eitrigen Geschwüren benützen und diese Heilmethode als Geheimnis vor den Europäern hüten. Die Choctaw-Indianer bereiten aus den Blättern dieser Pflanzen ein Bad zur Verhütung der Pocken. Die Chiskasaw-Indianer betrachten *R. crispus* - wahrscheinlich der gelben Blüten wegen - als Heilmittel gegen Gelbsucht. Die zerdrückten grünen Blätter eben dieser Pflanze binden die Teton-Dakota-Indianer auf Abszesse, damit diese reifen und auseitern. Die tanninhaltigen Wurzeln verwenden die Flambeau-Ojibawa-Indianer zur Heilung von Schnittwunden. Die Pima-Indianer benützen *R. hymenosephalus Torr.* zur Behandlung von Lippengeschwüren, Halsschmerzen und Wunden. Deren Wurzel ist nach Meinung der Wichita- und Pawnee-Indianer das Mittel gegen Durchfall. Die Wurzel der *R. mexicana* (je nach der Farbe) halten die Yuma-Indianer als das beste Mittel gegen Leber- oder Verdauungsstörungen, Gelbsucht und menstruelle Blutungsstörungen. Die Meskiwaski-Indianer benützen einen Sud aus der Wurzel der *R. brittannica* L. als Gegengiftmittel, die Ptawatomi-Indianer benützen ebendies als Blutreinigungsmittel(15). *R. verticillatus* halten die nordamerikanischen Indianer für ein gutes Mittel gegen Gelbsucht (16). Die Hopi und Papago-Indianer stellen aus der Wurzel des *R. hymenosephalus* ein Mittel gegen Erkältung und Halsschmerzen her(17).

Illinoiser Folklore-Daten zufolge (1868) ist äußerliche Abwaschung mit einem Sud aus dem Herba der *Rumes sp.* sowie Tee aus ebendiesem gut gegen Geschwüre. Weiterhin heißt es da, daß mit Schweinefett gemischte *Rumex sp.* gut gegen Hühneraugen sei. Die Arizona-Indianer heilen Warzen mit der Wurzel des *R. hymenosephalus*(18). Wurzel-Saft sowie ein Sud aus den Kernen des *R. sanguineus* heilt Geschwüre(19).

Die transvaaler Europäer halten eine Dosierung von 3 x 1 Suppenlöffel eines konzentrierten Absuds des *R. nepalensis* für ein wirksames Mittel gegen Bilharziose(20). In Transvaal bereitet die Volksmedizin auch einen Brei aus den Blättern der *R. acetosa* zur Behandlung von Geschwüren und Abszessen(21). Die Kerne mehrerer *Rumes sp.* benützt man in Südafrika auch gegen Dysenterie(22). Die Kaffern verwenden einen Sud aus Wurzeln des *R. ecklonianus* als Wurmabtreibungsmittel(23). Die Bewohner von Belgisch Kongo und Burundi bereiten ein Getränk aus den Blättern der *R. maderensis Lowe* als Fieberheilmittel (24). Die Volksmedizin auf Madagaskar bereitet einen Tee aus *R. nepalensis* gegen Kolik und syphilitische Geschwüre(25).

Aus der japanischen Volksmedizin haben wir folgende Daten: *R. aquaticus* und *R. madaiwo* gegen Durchfall und bei Menstruationsstörungen; Wurzel, Blätter und Kerne des *R. japonicus* gegen Zahnweh; Herba des *R. acetosa* gegen Hämorrhoiden; Wurzeln, Blätter und Kerne des *R. japonicus* gegen Abszesse und Insektenbisse; Herba des *R. acetosa* gegen Blutungen(26). Die Wurzel des *R. crispus* wird in Europa als Abführmittel, Tonicum und Blutreinigungsmittel benützt(27). In verschiedenen Teilen Frankreichs werden Blätter der *R. scutatus* als Mittel gegen Dysenterie verwendet(28). Geiger berichtet über die Anwendung des *Radix Lapathi acuti* im Volke (1830): "Die frische geschabte Wurzel wird mit Rahm zur Salbe gemacht, gegen Hautausschläge, Krätze usw. aufgelegt"(29). Der Hoppe-Drogenkunde (1958) zufolge werden *R. acetosella* und *R. acetosa* "in der Volksheilkunde zu sogenannten Frühjahrskuren und als Blutreinigungmittel verwendet"(30).

2. Ungarische geschichtliche Daten

Was nun Ungarn betrifft, so stoßen wir in alten ungarischen Codices, Wörterbüchern, Herbarien und Ärztebüchern fast überall auf Ampfer (ung: *lósóka*), er ist also eine seit altersher bei den Ungarn verwendet Heilpflanze. Als Pflanze wird er zum ersten Mal in der zweiten Hälfte des 14. Jahrhunderts in einem Corvina Kodex erwähnt und zwar unter dem Namen *madársóska* und *spenácz*. Im Herbolarium (1941) lesen wir über"*lappicum majus lorum*",ebenso im Hortus Sanitatis (1517). Dem ungarischen Archivwörterbuch zufolge kommt das Wort *sóska* (Sauerampfer, *R. acetosa*) schon 1544 vor. Aus dem Jahre 1571 besitzen wir ebenfalls Daten(31).

Außer den Namen geben uns diese alten ungarischen Herbarien und Ärztebücher auch ein Bild über die Verwendungsweise der verschiedenen Ampferarten. Peter MELIUS macht uns in seinem Herbarium (1578) im Kapitel "De lapatho aut Rumice" mit vier Arten von Rumex bekannt. "Des Ampfer (Rumex sp.) Blätter und Wurzeln erweichen den Bauch, die Samen ziehen ihn zusammen (d.h. wirken gegen Durchfall). Wenn Du die Wurzeln und Blätter des Ampfer zerkleinerst und in Honigwasser kochst, dieses trinkst, heilt es die Gelbsucht und ist recht gut gegen Schüttelfrost". Und weiter heißt es: "Mit dem Saft des 'Spitzampfer' die schorfige Wunde waschen ist recht nützlich"(32). Auch in dem "Ungarischen Ärztebuch des 16. Jahrhunderts" kommt der Ampfer öfters vor. z.B. heißt es da bei Durchfall: Zerstoße die Kerne des Sauerampfers, gib dies in Wein oder Wasser gemischt zu trinken". Gegen Gelbsucht (ung: *sár*): "Preß den Saft der Ampferwurzel aus, doch zuerst zerkleinere diese gut; drei Tage lang gib das jeden Morgen zu trinken. In drei Tagen ist er geheilt"(33). Ferenc PÁPAI PÁRIZ erwähnt in seinem "Pax Corporis" mehrmals das "Sauerampfer-Wasser", den Sauerampfer, Ampfer: gegen Obstipation, Kolik, Dyspepsia, Hepatomegalia, Fieber, Melancholie, Herzklopfen, Pest, Augenschmerzen, Nasenbluten, Hämorrhoiden (ung: *süly*).

Das Herbarium der Anna ZAY (1718) empfiehlt gegen Kolik, Ruhr (*semereg*) und Grind (ung: *kosz*) am Kopfe (Crusta lactea, Mykosis superficialis, Favus, Ekzema seborrhoicum etc.): "Nimm Erbsen, siede diese in Fett, gib Ampfer dazu, damit reibe Deinen Kopf ein und wo immer Du Ausschlag hast, das hilft bestimmt"(35). Der "Pozsoner Garten" des János LIPPAY (1753) berichtet detailliert über die Ampferarten. Über *R. trifolium, acetosella*: "Pflanzt jemand sie in seinen Garten, unter die Bäume, wird er ihn sowohl als Mahlzeit zubereitet, als auch als Salat verwenden können. Sowohl gegessen als auch getrunken, stillt er den Durst: kühlt dem Menschen die entzündete Leber". ... "Es tut sehr gut, mit seinem Sud die Wunden zu waschen. Ebenfalls nützt dies auch bei einer eitrigen Wunde am Bein"(36). Der "Alten und neuen Diaetetica" (1787) des István MÁTYUS zufolge: "Stillt der Ampfer die Hitze des Blutes und bewahrt es vor Fäulnis". Über *R. acetosa* und *hortensis* heißt es weiter: "Die Wurzel erweicht den Bauch und bringt sehr löblich den Harn in Bewegung. Der Sud seiner Blätter ist gut gegen Durchfall, Ruhr, Skorbut und Schüttelfrost" (37).

Das Kräuterbuch des Samuel DIÓSZEGI (1813) ergänzt das Wissen seiner Vorgänger:"*Paréj* (*R. Patientia*), *vizi lórum* (*R. aquaticus*) und *havasi lórum* (*R. alpinus*)-Wurzeln sind von stärkender, wundheilender und blutreinigender Kraft,und es ist sehr nützlich, die Krankheiten der Haut, Krätze, *fokadék* (Pustula, Ekthyma, Akne. Impetigo etc.) (38) mit einem Sud daraus zu waschen"(39). József Sadler erwähnt ebenfalls in seinem Buch 'Erklärung zur Sammlung ungarischer Pflanzen' (1824) *R. acetosa, acetosella* und *sanguineus*: "Einst war dies ein Arzneimittel, und es wurde mit nicht geringem Erfolg als Fiebermittel, zum Durstlöschen, als Diuretikum und gegen Fäulnis verwendet, ja auch heute wird es noch benützt". Im 19. Jahrhundert wird der Ampfer ganz aus den Ärztebüchern verdrängt, die Heilpflanzenbücher erwähnen ihn auch immer seltener. Daniel Wagner (Heilungscharakteristiken und Heilungswissen der Pflanzenwelt, 1865) erwähnt nur gerade, daß "der *Radix lapathi acuti* früher gegen chronische Hautausschläge benützt wurde, heute er aber nurmehr selten verschrieben wird". Unter den im 20. Jahrhundert erschienenen Heilpflanzenbüchern widmet nur noch Dr. János ZELENYÁK (Wirkung und Verwendung der Heilpflanzen, 1908) eine Seite den *R. acetosa* und *R. acetosella*(40), danach wird der Ampfer entweder überhaupt nicht erwähnt, oder nur gerade mit einigen Worten.

3. Ungarische volksmedizinische Daten

Diese Übergehung ist ganz unbegründet. Die ungarische Volksheilkunde hat all das, was aus dem Medikamentenschatz, den phytotherapeutischen Erfahrungen und Ergebnissen alter Zeiten sozusagen verlorenging, bis in unsere Tage hinein aufbewahrt. Von dieser Tatsache konnten wir uns während unserer Sammlungstätigkeit im Komitat Békés überzeugen(41), indem wir diese auch mit landesweiten Sammlungsdaten verglichen (siehe Tabelle 4). Wir konnten feststellen, daß die Benützung der Ampferarten im Volke im Großen und Ganzen mit den therapeutischen Indikationen der alten ungarischen Ärzte- und Kräuterbücher übereinstimmt. (Dies kann wohl nicht einfach so ausgelegt werden, daß die Volksheilkunde ein aus den alten Ärzte- und Kräuterbüchern übernommenes Wissensgut sei, sondern in vergangenen Jahrhunderten bestand noch eine gegenseitige Einwirkung und Wechselwirkung zwischen der offiziellen Medizinwissenschaft und der Volksheilkunde; diese wurde dann im 18. Jahrhundert unterbrochen, als der aufgeklärte Arzt begann, die Volksmedizin als Kurpfuscherei und dummen Aberglauben zu verurteilen und der als "Kurpfuscher" abgestempelte Volksmediziner gesetzlich verfolgt und bestraft wurde). Die Benennungen, welche das Volk den Ampferarten gibt, sind ebenso vielseitig wie ihre Anwendungsmethoden: *lósóska, lósósdi, lósorgya, lúsornya, lúsósnya, lúsozsgya, madársósdi, rétisóska, vadsóska, sóslórum, soslórium, lórom, koszfü, koszgyökér, rekenö* etc. Wir verfügen auch über einige zu verallgemeinernde Daten über das Sammeln und Aufbewahren dieser Pflanzenarten. Während der Arbeit, unterwegs zur Arbeit oder sonstwohin, sobald sie eine Ampferart bemerken, pflücken sie sie sogleich und geben sie in den Ranzen. Sie werden von Erwachsenen, noch öfter aber von Kindern gepflückt. In einem Korb oder auf Papier am Aufboden ausgebreitet, wird der Ampfer dann getrocknet. Ist er getrocknet, wird er in einem Sack am Aufboden aufgehängt. In den meisten Häusern ist meistens ein kleiner Vorrat davon vorhanden. Gern wird jedermann davon gegeben, nicht nur auf Verlangen, sondern er wird auch empfohlen, sobald sie von einer Krankheit hören, die damit geheilt werden kann. In den ersten Jahrzehnten unseres Jahrhunderts wurde der Ampfer noch allgemein verwendet, nicht nur als Heilpflanze, sondern auch als Nahrungsmittel.

"Am Sonnabend ging das Volk schon hinaus, Mädchen, Burschen, Frauen und Männer, den wilden Ampfer für den Sonntag zu klauben. Sie es-

Tabelle 4: Aus in der traditionellen Heilkunde verwendeten Rumex-Arten hergestellte Medikamente

Pflanzenteil	Verwendung	
	äußerlich	innerlich
Wurzel und Wurzelstamm	ausgedrückter Saft infusum decoctum syrup Pflaster Salbe(aus Pulver oder Sud)	infusum decoctum(in Wasser oder Essig gekocht) flüssiger Extrakt tockener Extrakt Pulver
Blatt	frisch zerquetscht, zerdrückt in gerösteter Form infusum decoctum öliger Umschlag angefertigtes Kataplasma Salbe	infusum decoctum Zäpfchen
Herba	decoctum	decoctum
Frucht und Kerne	infusum decoctum	infusum decoctum in gerösteter Form

sen den auch hier gerne. Im April wächst der schon. Man kriegt ihn auch am Markt zu kaufen, sie verkauften ihn auch. Sie bereiteten ihn so zu, indem sie ihn in einem Topf sauberen Wassers zum Kochen stellten und dann mit Milch und Mehl eindickten" (42). "Anfang Juli kann man ihn ebenfalls pflücken, wie die Krauseminze" (43). "Den stumpfblättrigen Ampfer (*R. obtusifolius*) klaubt das Volk nur so im Frühjahr, wenn er schon wächst, und ißt ihn, der schmeckt sehr gut. Den gibt es auch den ganzen Sommer hindurch, nicht nur im Frühjahr"(44). "Des *Lapuburgyán* (*Radix lapathi*) Kerne klauben sie zwischen den zwei Marientagen (5. Aug. - 8. Sept.), zerstoßen sie und geben sie ins Getränk" (Göcsej). "Jeder hatte oben im Boden getrockneten Ampfer, Melonenschalen, Osterluzei (*Aristolochia clematitis*) und Pilze (*Calvatia maxima*). Das braucht man dort, wo Vieh gehalten wird. Bei Durchfall gaben wir russischen Essig und Ampfer" (45). Um diesen als Heilpflanze und Nahrungsmittel zu pflücken, muß man natürlich wissen, wie er aussieht. Dies ist allgemein bekannt, es wird auch ausführlich beschrieben wie er aussieht: "Er hat eine rote Samenkapsel; draußen wächst er, am Rande des Wassers, in feuchter Erde. Er wächst so hoch, daß man ihn sogar als Peitsche benützen kann" (46). "Der *Lósósdi* ist so wie der Sauerampfer, nur hat er größere Blätter"

(Csángès). Über seine Verwendung als Nahrungsmittel haben wir verschiedene ungarische Daten. "Sie pflücken auch den wilden Ampfer. Daraus bereiten sie eine Soße. Dieser ist etwas saurer als der Sauerampfer" (47). Soße und Gemüse macht man aus dem Wiesenampfer, wilden Ampfer, Ampfer (Monor)(48). Aus dem wilden Ampfer (Rumex Arten) bereiten sie Gemüse (49). Aus dem *Rumex acetosa* kocht man im Frühling Suppe (50). Auf der ganzen Welt wird der Ampfer ebenfalls als Nahrungsmittel verwendet. *Rumex acetosa* L. gedeiht in der gemäßigten Klimazone der alten und neuen Welt, seine Blätter werden sowohl mit Spinat gemischt, als auch separat gegessen. In Mitteleuropa und im Kaukasus werden die Blätter des *R. alpinus* als Salat oder als Spinat verzehrt. In den Sommermonaten wird er zur Konservierung von ungesalzener Butter verwendet.

In den gemäßigten Zonen Europas und Asiens werden die jungen Blätter des stumpfblättrigen Ampfers (*R. obtusifolius*) als Gemüse verzehrt. Die Blätter des *R. crispus* werden sowohl in Europa als auch in Nordasien, Nordamerika, Chile und auf Neuseeland gekocht als Gemüse verzehrt. Die Blätter des *R. arcticus Trautv.* werden in den Gegenden des Nordpols, in Sibirien und auf Alaska frisch gegessen. Die Eskimos Alaskas essen ihn gesäuert oder in Öl. Die Arizona-Indianer essen den *R. Berlandieri* Meisn. mit der Frucht der Opuntia supp. zusammen. Die nordamerikanischen Navajos essen die Blätter des *Rumex hymenosephalus* Torr. als Gemüse. Die Klamath-Indianer von Oregon verzehren die Blätter und Stile des *R. paucivolius* Nutt. als Gemüse. Die Blätter des *R. mexicanus* Meisn. verzehren mehrere Indianerstämme im Westen Nordamerikas und in Mexiko als Gemüse. Die Blattstile des *R. hymenosephalus* Torr. werden in Nordamerika und in Mexiko manchmal anstelle von Rhabarber gegessen. Die Blätter des *R. brasiliensis* Link. werden in Brasilien als Gemüse verzehrt. Die Blätter des *R. vescarius* L. werden von den Beduinen gekocht gegessen. Der *R. abyssinicus* Jacq. wird im Kongo angebaut, die Bevölkerung verzehrt ihn als Gemüse (51). Geiger schreibt folgendes: "In der Haushaltung wird der Sauerampfer häufig als Gemüse, zu Suppen usw. verwendet. Hager (um 1930) erwähnt vom Sauerampfer, daß er als Gemüse angebaut wird" (52).

Die verschiedenen Teile der Ampferarten - Wurzel, Blätter, Herba, Kerne, Blüte - werden landesweit gegen verschiedene Beschwerden angewendet (Tabelle 4). Der Großteil der volksmedizinischen Daten gibt keine genaue Artenbestimmung, deshalb scheint es, als mache das Volk keinen Unterschied bezüglich der Anwendung der verschiedenen Arten. Die häufigste Anwendung ist zur Zeit: Ampfersamentee gegen Durchfall bei Mensch und Tier. Wichtig ist zu bemerken, daß es aufgrund der volksmedizinischen Daten sehr schwer, ja oft unmöglich ist, eine genaue Diagnose zu stellen; vor allem bei älteren Daten finden wir bezüglich der Verwendung der Pflanzen meist solche allgemeine Bestimmungen wie z.B. gegen Durchfall, gegen Hautleiden. Bei der Aufarbeitung der Daten haben wir unter dem Namen "durchfallartige Erkrankungen" mehrere von Durchfallsymptomen begleitete Krankheiten zusammengefaßt: akute oder chronische Enterocolitis, akute oder chronische Kolitis, Dysenterie, Typhus abdominalis etc. Die verbreitetste Art der Verwendung des Ampfers im Komitat Békés ist ein aus Samen gekochter Tee gegen Durchfall. (Wir verfügen über Daten aus folgenden Ortschaften: Békés, Békéscsaba, Bélmegyer, Csorvás, Dév ványa, Kevermes, Sarkad, Vésztő). Ebendiese Verwendung findet der Ampfer auch in anderen Gegenden: Hernadszentandrás, Hajdunánás, Hatvan, Nádudvar, Okány, Kisujszállás, Szeged, Újdiósgyőr. Daten von den Ungarn aus Siebenbürgen: Aranyos-Tal, Tal der Borsa, aus der Bukowina Csángós, Háromszék, Kalotaszeg, Szuhavölgy-Szuhafő. Art der Teezubereitung (Dosierung): In einem Liter Wasser eine halbe Handvoll Ampferstile und Kerne kochen, zwei Dezi davon trinken (Békés). In einen Litertopf voll Wasser gab sie eine halbe Handvoll Kerne und kochte Tee daraus. In zwei bis drei Tagen war dem Kind der Durchfall vergangen (Bélmegyer). "Eine Handvoll Ampferkerne kochen wir in ein bis zwei Liter Wasser. Trinkt man von diesem Tee, vergeht die Krankheit sofort. Man soll soviel Tee davon trinken, wieviel einem guttut" (Kevermes). Eine Pflanze (ohne Wurzel) in 1 Liter Wasser (Sarkad). In einem halben Liter Wasser 2-3 Stengel (Békéscsaba). In 1 Liter Wasser einen Stil kochen, das Ganze kann getrunken werden (Sarkad). Einen Kaffeelöffel Ampferkerne auf 2 Dezi Wasser (Bélmegyer). Einen Suppelöffel Kerne auf 2-3 Dezi Wasser (Túr, Slovakei). Ohne nähere Mengenbestimmungen werden oft nur allgemeine Äußerungen gemacht: "es kommt darauf an, wie stark der Durchfall ist", wieviel Kerne man in den Tee gibt (Bélmegyer). "Die Ampferkerne muß man als starken Tee kochen. Von starkem Tee reden wir dann, wenn er eine rote Farbe hat (Kisújszállás).

Andere Arten der Verwendung: In Gyímes (Siebenbürgen) wird der Stengel der Rumex sp. mitsamt den Blüten dran gekocht und als Mittel gegen Durchfall gegeben. Blätter-Sud: "Ampferblätter sind sehr gut gegen Durchfall. Der Saft ist so rot wie Blut. Je stärker, desto wirksamer" (Sarkad). Die Kerne der Rumex sp. werden auch in Schnaps eingeweicht und so gegen Durchfall verwendet (Kalotaszeg). In Rotwein eingeweichte Ampferkerne (Okány). Kerne und Blüten werden in Wein gekocht, durchgeseit und der Sud getrunken (Hajdunánás). Die reifen Ampferkerne werden roh gegen Durchfall gegessen (Tiszacsege). "Hat jemand z.B. Durchfall und zwar so starken, daß es schon fast wie Ruhr scheint, muß man Ampferkerne pflücken, trocknen, fein zerstoßen, auf geröstetes Brot streuen und dem Kranken zu essen geben (Csorvás). Auch gegen Ruhr wird der Ampferkerntee als wirksames Mittel gegeben (Békés, Bélmegyer, Csorvás, Kaszaper, Kevermes, Túrricse, Makád). Ein Bauer aus Békés erzählte, daß während seiner Kriegsgefangenschaft zur Zeit des 1. Weltkrieges eine Bauchtyphus- und Ruhr-Epedemie ausgebrochen war. Er hatte seinen mitgefangenen Kameraden gesagt: "Nichts anderes, nur diesen Ampfertee trinken wir, jeder wird in Ordnung kommen. Und da gab es noch Wacholderbeeren (*Juniperus communis*); deren Kerne sammelten wir und kochten auch Tee daraus, und auch vom Ampfer. Von fünfzehntausend überlebten kaum Fünf bis Sechstausend. Wir Ungarn überlebten alle, denn, wen ich nur heilen konnte, den heilte ich: Ampfer und Wacholderbeeren". Die Volksheilkunde benützt zur Heilung des Viehs auch den Ampfer gegen Durchfall. Daten aus dem Komitat Békés: Ampfertee gegen Durchfall bei Mensch und Tier. In einen halben Liter Wasser 2-3 Stengel (Békéscsaba). Dem Schwein gibt man am besten gegen Durchfall Ampfer (Doboz). Das junge eintägige Kälbchen hatte sich "überfressen", eine Woche lang hatte es Durchfall. Der Ampfertee brachte es sofort in Ordnung (Körösladány). Gegen Durchfall beim Pferd: in 8 - 10 Liter Wasser 3 halbe Handvoll Ampferkerne kochen, dieses ihm täglich zu trinken geben, bis es gesund wird (Békés). Daten aus anderen Teilen des Landes. Hajdunánás: Die ganze Ampferpflanze wird zerkleinert, dem Vieh ins Futter gemischt oder ins Maul gestopft, gegen Durchfall. - Benützung von Ampferkerntee: im Komitat Szatmár, in Kalotaszeg, im Aranyoser Tal, in der Bukowina.

Weitere Verwendungsarten in der Volksmedizin beim Menschen (innerlich): Gegen Magenschmerzen aus den Blüten bzw. den Kernen des Ampfer bereiteter Tee (Kaszonaltiz). Ampferwurzeltee bei Leberleiden, Gelbsucht, Bauchschmerzen (Siebenbürgen, Külsörekecsin). Ampfersamentee (*R. conglomeratus*) als harntreibendes Mittel (Martos, Komitat Komárom). Ampferblättertee treibt die Gicht heraus (Orosháza). Ampfertee "löst das Phlegma von der Lunge". Der Datenübermittler hatte 3 Monate im Spital gelegen, auf der Lunge hatte er einen "Herd so groß wie die Handfläche", außerdem Verwachsungen. Der Tee hatte ihn gesund gemacht (Komitat Szatmár). Der Ampfersamentee ist herzstärkend (Csorvás).

Außer gegen Durchfall wird der Ampfersud am häufigsten äußerlich bei Behandlung von Krätze und Abszessen und als Wundheilmittel verwendet. Die Ampferwurzel befand sich auch unter den Heilpflanzen, die der Söller Osteopath (ung. volkstümlich *csontraó*) für Bäder, Umschläge und Salbenpräparate verwendete (Ormanság). Aus dem Heilkräuterbuch des Veszelszki (1798) erfahren wir, daß "die Völker der Erde die Blätter des Ampfers mit Nutzen auf Schwellungen und auf wegen der Gicht geschwollene Glieder drauflegen". Dem Volksglauben zufolge bekommt, wer vorm Sankt Georgstag Ampfersuppe und Gemüse kocht, in dem Jahr keine Krätze (Komitat Békés). Der Palatin Tamás Nádasdy schreibt aus dem kanizsaer Feldlager 1566 an seine Frau Orsika Kanizsay, daß er sehr unter Scabies (ung: *zsennyedék*) leide, diese mit Hopfenbad heile und nachher mit einem Gemisch von Ampfer, Buttermilch und Wachs einreibe. (Dies entspricht also volksmedizinischen Daten aus der Zeit). - Reibt man mit dem gekochten Saft des Ampfers (*R. crispus*) den krätzigen Körper ein, so vergeht die Krätze (Szeged). Das Volk nennt den *R. Lapathi acuti kosz-gyökér* (*Kosz* für Favus, Skabies, Ekzema, Psoriasis etc. *gyökér* = Wurzel); in den ersten Jahrzehnten unseres Jahrhunderts wurde sie sogar noch in den Apotheken unter diesem Namen geführt (Daten Károly Berdés). Eine Eiterbeule hatte er drinnen an der Zahnwurzel, er nahm Ampferblätter (*R. acetosa*) zwischen die Zähne und biß darauf. Sofort brachte er den Abszess zum Platzen (Komitat Szatmár). Die Blätter und Keime des Ampfers (*R. sanguinea L., R. crispus L.*) zerstoßen, mit Rahm vermischen, im Ampferblätter eingewickelt im Rohr braten und warm auf den Abszess drauflegen (Burzental, siebenbürg. Sammlung des Aurél Vajkay). Vom Anfang des 19. Jahrhunderts haben wir folgende Daten aus Udvarhelyszék (Siebenbürgen): Bei Geschwülsten, Geschwüren, Wunden, geschwürigem Hautkrebs: grab Ampferwurzel aus, reib sie und bind sie so roh drauf. Den ausgedrückten Saft der Ampferblätter in einem Glas sammeln und aufbewahren, Schnittwunden damit einreiben; ihrer Erfahrung nach heilt es so schnell (Nagykamarás. Sammlung von Tamás Grynaeus). Mit einem Sud aus Ampfersamen (*R. crispus* und andere Rumex-Arten) waschen sie die Wunden der Haustiere (Kalotaszeg) (53).

Anschauungshintergrund der Ampferverwendung

a) Psychosomatische Anschauung

In verbis et herbis magna vis est! Berechtigterweise haben wir Catos Ausspruch als das Motto unserer Arbeit gewählt: die ungarische Volksheilkunde hat die Phytotherapie immer auch verbal unterstützt. Wir können auch nicht behaupten, daß dies nur instinktiv geschehe, sondern sie sind sich vielmehr der heilenden Kraft des Wortes bewußt. Diese zeigt folgendes Sprichwort: 'Ein Wort tröstend und schön, macht den Kranken genesen. Die Suggestio verbalis erfolgt in Form einer sogenannten "Empfehlung" (ung: *komendálás*, d.h. Heilungsangebot, Heilmethoden-Antrag). Unseren Sammlungen aus dem Komitat Békés nach werden, während dem Kranken der Ampfer empfohlen wird, Ausrufe wie folgende laut: "Es gibt keine Apothekenmedizin,die dem gleichkäme". - Der Kranke kriegt solchen starken Durchfall, daß er sich vor Qualen im Bett wälzte. Der Besucher versicherte ihm: "Dafür gibt es so eine gute Medizin, die auf Schritt und Tritt zu finden ist". Er ging hinaus und brachte Ampfer herein. Zwei Tage trank der Kranke Tee davon und wurde gesund. Dieser Kranke erzählt nun, während er den Ampfertee anderen empfiehlt und gegen Durchfall anpreist, seinen eigenen Fall, von welch schwerer Krankheit er geheilt worden ist. Dies ist die zweite Form der verbalen Suggestion, ein geheilter Fall erzählt seine eigenen überzeugenden Erfahrungen, während er dem Kranken die Medizin empfiehlt. (Unser Datenübermittler selbst ist 70 Jahre alt. Wochenlang litt er an einem hartnäckigen Durchfall, kein Medikament half ihm. Er hatte drei Tassen Ampfersamentee getrunken und war in

Ordnung gekommen. Dies erzählt er, während er den Ampfersamentee empfiehlt). "Es kam schon so aus mir heraus, wie Wasser. Der Ampfer, der brachte meinen Bauch zum Stillstand, ja! In der Apotheke gibt es keine Medizin, die ihm gleichkommt." "Hat man Durchfall, sogar blutigen, sobald man diesen Ampfertee trinkt, ist es als ob der Durchfall eins abgekriegt hätte". - Ein andermal wird zur Empfehlung des Ampfers dazugefügt: " es gab schon Fälle, wo der Arzt nicht mehr helfen konnte und wir heilten sie", (d.h. den Durchfall mit Ampfersamentee geheilt).

Placebo-Untersuchungen haben bewiesen, welch wichtige Rolle die begleitende Suggestion beim Eingeben der Medizin spielt, des Kranken Glaube, Überzeugung und Vertrauen in die Wirkung der Medizin. Selbstverständlich ist im Falle des Ampfers, wie wir später noch sehen werden, nicht nur von suggestiver Wirkung die Rede; die Ampferarten verfügen über einen vielseitigen wertvollen Wirkstoffgehalt. Der auf Grund der psychosomatischen Anschauungsweise heilende Arzt muß dies immer in Betracht ziehen. Solche Erfahrungen machen wir leider in den Ordinationsräumen der Ärzte nicht, wo die Medikamenten-Verschreibung und Rezept-Ausgabe meist mechanisch, routinemäßig und in abgestumpfter Atmosphäre verläuft. Die Volksheilkunde hat die alte psychosomatische Betrachtungsweise bewahrt(54), sie begleitet die natürlichen Heilmethoden und die Phytotherapie immer auch mit Psychotherapie. Die eine Art dieser begleitenden Psychotherapie ist die sich in Empfehlungen manifestierende verbale Suggestion. Der pawlowschen Auffassung nach ist im Verhältnis zum ersten Signalsystem, den Sinnesorganen, das Wort und die Sprache nur ein Signalsystem zweiten Grades, und doch ist dieses zweite Signalsystem für den Menschen ebenso wichtig und tiefgreifend und kann sogar in einem gegebenen Fall einen viel stärkeren Reiz bedeuten wie die Wahrnehmung der Sinnesorgane. Auf jeden Fall schafft es eine günstige Voraussetzung für die Wirkung der Medizin. (Ebenso wie wir ja alle die mögliche iatrogen schädliche Wirkung des "bösen Wortes" kennen).

Hier soll auch von der Wiederentdeckung einer uralten Wahrheitserkennung die Rede sein. Der Avesta nach gibt es dreierlei Arten von Ärzten: mit Messern arbeitende, mit Pflanzen und mit heiligen Worten heilende Ärzte. Ahura Mazda zitiert die heilenden "heiligen Worte", die Mantras. In den indischen Veden, und den drei Grundbüchern der ayurvedischen Heilkunde (Çaraka, Suśruta, Vāghbaṭa Saṃhitā) treffen wir ebenfalls auf eine ähnliche Auffassung, auf die Hochschätzung der heilenden Mantras.(In der ungarischen Volksheilkunde dienen solche "heiligen Worte", Mantras, außer dem Empfehlen auch den "Besprechungen").

b) Analoge Betrachtungsweise

Die Gültigkeit der "analogen Anschauung" in der Volksmedizin ist gut bekannt. Die Gelbsucht wird mit gelb blühenden, der weiße Ausfluß mit weiß blühenden Pflanzen geheilt usw. Bei Besprechungen der Volksmedizin der Indianer konnten wir beobachten, daß sie die Gelbsucht mit gelbblühenden Rumex-Arten heilen. Es ist bemerkenswert, daß, Sammlungen aus dem Komitat Békés zufolge, dort der konzentrierte Sud aus Ampferkernen rot genannt wird, rot wie das Blut. Im Dorf Tapé aus der Szegeder Gegend nennen sie den Ampfer "Rotkraut". Bei an Ruhr leidenden Kranken heißt es im Volksmund, daß das"Blut aus ihnen kommt" (sie blutigen Stuhl haben). Wir können die analogische Betrachtungsweise hier leicht erkennen: wenn Blut aus dem Kranken abgeht, dann heilt ihn der rote Ampfertee. (Die Samen des Ampfers sind schon an und für sich rotbraun). "Die Ampferblätter sind sehr gut gegen Durchfall. So ist der Saft wie das rote Blut. Je stärker, desto wirkungsvoller". Eintragungen in alten Sterbebüchern (Laiker vollzogen die Leichenbeschauung) lauten oft: er starb an "Blut". Die Ruhr wurde auch so genannt. Einer Eintragung aus Udvarhelyszék Anfang des 19. Jahrhunderts zufolge sind Ampferkerne auch "gegen Blut" (gegen Ruhr) gut. Der blutrote Ampfersamentee. Der symbolisch-intuitiven Denkweise der analogischen Anschauung entspricht die Domination der rechten Gehirnhälfte, was natürlich nicht heißen soll, daß jene jeder Logik entbehrt. Es ist interessant, daß die heutige rationale wissenschaftliche Forschungsmethode die Entdeckungen und Erkenntnisse der symbolisch-intuitiven Anschauungsweise bestätigt.

c) Humoralpathologie (Prinzip der "Blutreinigung")

Vergleichen wir diese mit beiden obigen Anschauungen, so ist diese, geschichtlich gesehen, ein neueres Stratum derjenigen Auffassung, welche von Hippokrates (460-377 v. Chr.) an bis ins 17. Jahrhundert gültig war und welche das Verderben der Körperflüssigkeiten und ihre Verhaltensänderung als Grund der Krankheiten betrachtete. Aufgabe der Heilung ist es folglich, das Blut wieder in Ordnung zu bringen, die "Sauberkeit" der Körperflüssigkeit, den Originalzustand oder das richtige Verhältnis der Körperflüssigkeiten wieder herzustellen. Bei dieser Wiederherstellung und Reinigung kommt - der Humoralpathologie zufolge - eine wichtige Rolle der Abführung der schlechten Flüssigkeiten durch Erbrechen, Abführmittel, Nasenbluten, Ausputzen der Wunde, Schleimausspucken usw. zu. In der ungarischen Volksheilkunde ist dies alles bis zum heutigen Tage noch gültig. Es kommt auch bei der Heilung durch Ampfer zur Geltung. Folgende Eintragung aus Orosháza ist charakteristisch dafür: "Die Ampferblätter putzen die Gicht heraus. Die Gicht kommt davon, daß man sich erkältet. Sie nimmt überhand und das Blut reinigt sich nicht"(55). Auf die reinigende Wirkung des Ampfertees weist auch folgendes hin: "Der Ampfersamentee löst das Phlegma von der Lunge", säubert die Lunge von der Absetzung der schlechten Flüssigkeit (Phlegma). - Er ist von leichter harntreibender und reinigender Wirkung. - In alten ungarischen Daten finden wir auch Beweise für diese humoralpathologische Anschauung. Die Gelbsucht, deren ein alter Name *sár* (Schlamm) ist, - d.h. sie überschwemmt den Organismus wie eine schlammartige Schlacke -, wird im 16. Jahrhundert mit dem Saft der Ampferwurzel geheilt. Dieser ist von abführender Wirkung, d.h. er putzt den "Schlamm", die schlechte Körperflüssigkeit, den schlechten Humor, aus dem Körper. Diószegi (1813) betont auch, daß der Ampfer von "blutreinigender Wirkung" ist, deshalb heile er die Übel und Krankheiten der Haut. Ausländische geschichtliche und volksmedizinische Daten weisen ebenfalls darauf hin, daß sich da im Hintergrund eine humoralpathologische Anschauungsweise befindet. Die Ptawatomi-Indianer benützen den *R. britannica* L. als Blutreinigungsmittel. Europäische Volksheilkunde betrachtet den *R. cirspus* als Blutreinigungsmittel. *R. acetosella* und *R. acetosa* wird als Frühlingskur zur Blutreinigung verwendet. Auf der ganzen Welt zeigen geschichtliche und volksmedizinische Daten, daß Ampfer bei Leber und Gallenleiden und gegen Gelbsucht verwendet wird, und zwar muß die gallige, schlechte Flüssigkeit, der Schlamm, in solchen Fällen entfernt werden. Entscheidendstes Argument ist aber, daß die Rumex-Arten früher zum "Genus Lapathum" gehörig eingereiht wurden; der Name kommt vom griechischen "lapazein", d.h. reinigend, purgativ, was auf die purgative Wirkung dieser Pflanzen hinweist. Dieser Name ist bis heute bei einigen dieser Spezies erhalten geblieben: *R. hydrolapathum*(56).

Archaische und neuere Prinzipien und Anschauungselemente bilden in der Praxis der Volksheilkunde eine organische Einheit. Die ungarische Volksheilkunde entspricht einem natürlichen Heilsystem, welches auch eine theoretische Grundlage besitzt; diese theoretische Grundlage formuliert das Volk, entsprechend seinem eigenen Gedankengang, in einer ausdrucksvollen, anschaulichen Sprache, voller bildlicher Kraft.

5. Die volksmedizinische und althergebrachte ärztliche Verwendung des Ampfers im Lichte der modernen Forschung

Wir können nicht umhin, die medizinische Anwendungsweise des Ampfers im Volke den Ergebnissen der heutigen Medizinwissenschaft gegenüberzustellen und dabei die Frage aufzuwerfen, ob all dies eine berechtigterweise zum Untergang verurteilte, veralterte Heilmethode sei, oder ob diese Methode es wert sei, erhalten und weiterentwickelt zu werden? Die Erforschung der Volksheilkunde kann nicht nur zum Selbstzweck in einem folkloristischen, kulturgeschichtlichen, medizingeschichtlichen Rahmen bleiben! Die wirkstoffgehaltlichen und biologischen wertmesserischen Untersuchungen, welche in der zweiten Hälfte des vorigen Jahrhunderts begonnen hatten, bestätigen den Großteil der traditionellen Anwendungsmethoden und eröffnen neue Perspektiven für die klinische Medizinwissenschaft auf dem Gebiet der Heilung einzelner Krankheiten.

Die Rumex-Arten sind Quellen solcher biologisch aktiver Verbindungen, welche zur therapeutischen Verwendung geeignet sein könnten. Eine detaillierte Darlegung der Resultate dieser Untersuchungen würde den Rahmen unserer Studie weit überschreiten, deshalb wollen wir die wichtigsten Wirkstoffgruppen nur kurz erwähnen.

Die wichtigsten Wirkstoffgruppen, die in den verschiedenen Teilen dieser Pflanze vorkommen sind folgende: Antrachinon-Derivate, Gerbstoffe, Flavonoide und Antocyanine.

1) ANTRACHINON-DERIVATE. In den Drogen des Rumicis rhizoma et radix ist das Vorkommen der Antrachinon-Derivate am bedeutendsten, welche entweder frei oder in glykosid-gebundenem Zustand vorkommen (In Form von Antron und Antranol). In den älteren Wurzelstämmen (zwei oder mehrjährig) einiger Rumex-Arten wurden 3% oder mehr Antracen-Derivate nachgewiesen. Diese Drogen werden vor allem als Abführmittel und als Dermatologikum verwendet.

a) Abführende Wirkung. Auf oralem Wege eingenommen gelangt es entweder auf direktem Wege in den Dickdarm oder durch den Blutkreislauf. Hier reduziert sich das Antron-Derivat des Antrachinon, übt eine milde darmreizende Wirkung aus und steigert die Peristaltik des Darmes und beschleunigt seine Entleerung. Die Wirkung erfolgt nach etwa 6-12 Stunden. Deshalb ist dies Mittel vor allem zur Behandlung von chronischer Obstipation geeignet. Es wurde bewiesen, daß die Droge desto wirksamer ist, je größer der Antraglykosid-Gehalt und je kleiner der Gehalt an Gerbsubstanz ist(57).

b) Dermatologische Anwendung. Aus den Wurzeln und Wurzelstämmen der Rumex-Arten ist es auch gelungen krizarobinartige Substanz zu gewinnen; diese kann als Krizarobinersatz bei der Behandlung von Hautleiden in Betracht gezogen werden.

c) Bakteriostatische Wirkung. Mit dem flüssigen Extrakt der Rumex-Wurzel wurden die Entwicklung und Infizierungsfähigkeit des Tuberkulosebazillus und anderer Bakterien gehemmt. Es gelang, diese Wirkung bei 5 Rumex-Arten nachzuweisen (58).

d) Blutungsstillende Wirkung. 1976 berichteten chinesische Ärzte über die erfolgreiche klinische Anwendung eines aus pflanzlichen Drogen bestehenden blutungsstillenden Mittels und zwar bei der Behandlung von Blutungen bei Magen- und Darmgeschwüren, Magenschleimhautentzündung, Magenkrebs, Prolapsus der Magenschleimhaut und Darmdivertikeln. Den einen Bestandteil dieses Pulvers bildete die Wurzel des *Rumex madaio*. Diese enthielt vor allem Krizofanol und Emodin sowie solche Substanzen, welche die Blutung stillen, sowie die Blutplättchenbildung des Knochenmarks anspornen, und die Empfindlich- und Durchlässigkeit der Kapillaren vermindern(59). Dieses Forschungsergebnis ist wirklich beachtenswert, da die chinesische Medizinwissenschaft in der Reihe der Untersuchungen der traditionellen chinesischen Phytotherapie schon mehrere wertvolle Resultate erzielt hat!

e) Antitumor-Wirkung. Diese haben wir schon einleitend besprochen.

2) GERBSTOFFE. Je nach der Rumex-Art wurden verschiedentlich 5-15% nachgewiesen. Den höchsten Gerbstoffgehalt gelang es bei *R. hymenosephalus* nachzuweisen. Letztere ist unter dem Namen Canaigre schon seit altersher in der Urheimat der Indianer (Kalifornien, Mexiko, Texas) bekannt; sie benützen diese seit mehr als 200 Jahren zum Gerben sowie zur Behandlung solcher Krankheiten, bei welcher adstringierende und hämostatische Blutstillung und lokale Entzündungshemmung nötig sind. (die Wirkungen der Gerbstoffe) (60).

3) FLAVONOIDE. Verglichen mit der in der Wurzel enthaltenen Droge sind die sich in den über der Erde wachsenden Teilen der Rumex-Arten befindlichen Antracen-Derivate von geringerer Bedeutung. In den Blättern einiger Arten kommen sie jedoch in größeren Mengen als in den Wurzeln vor und erreichen 1-2%. In den vegetativen und reproduktiven (über der Erde befindlichen) Teilen der Pflanze ist das Vorkommen der Flavonoide bedeutend: Kvercetin, Kvercitin, Rutin, Hyperozid, Vitaxin, Avikularin und Nepodin. Ihre Wirkung ist vielseitig, sie verbessern die Herztätigkeit und den Blutkreislauf, die eigene Blutversorgung des Herzens (Wirkung auf die Herzkranzgefäße), vermindern die Empfindlichkeit der Kapillaren, ihre Durchlässigkeit, sind von entzündungshemmender Wirkung. Sie hemmen das Wachstum der grampositiven Bakterien (61).

Außer den Laboruntersuchungen haben zahlreiche klinische Untersuchungen stattgefunden, welche ebenso wie die Versuche die vielseitige Heilwirkung der Rumex-Arten sowie Erfahrung und Anwendungsmethoden der Volksmedizin und alten Ärzte bestätigt haben. Durch Laboruntersuchungen ergänzte klinische Beobachtungen haben die Wirksamkeit (bakteriostatische Wirkung) des Rumicis flos et fructus auf die den Durchfall hervorrufenden Mikroorganismen gezeigt, Shigella dysenteriae und Shigella Flexneri miteinbegriffen. Die bakteriostatische Wirkung der Blüten wurde ebenfalls gezeigt, außerdem auch die Wirkung auf andere Bakterien und schädliche Pilze (Actinomyces albus, Staphylococcus aureus, Candida albicans etc.) Extrakte aus Blättern, Stilen und Wurzeln waren ebenfalls wirkungsvoll (62) (Tabelle 5).

Welche Möglichkeiten versprechen nun die bisherigen Untersuchungen der Rumex-Arten? Extrakte der Wurzeln und Wurzelstämme könnten importierte Drogen ersetzen; Rhizoma und Radix kann als Laxans und Dermatologikum verwendet werden; vielversprechend ist auch das Gewinnen und die therapeutische Anwendung der Bioflavone; antibiotische Verwendung kommt ebenfalls in Frage (Flos, Herba, Radix).

Wir müssen nicht nur in Richtung der Gewinnung von Wirkstoffen und ihrer medikamentösen Verarbeitung weitergehen, sondern danach trachten, die Drogen (Wurzel, Herba, Kerne) sobald wie möglich auch anzuwenden, wie es uns die Erfahrungen nahelegen und ebenso die diese bestätigenden neuesten experimentellen klinischen Resultate (63).

Natürlich müssen wir über so einen engen pragmatischen Standpunkt hinaus das in der Einleitung Gesagte noch einmal betonen: eine Reform der technokratischen Medizinwissenschaft ist nötig und der Ausbau eines neuen natürlichen Heilmethodensystems, und ein Bauelement dazu wäre wohl die traditionelle Verwendung des Ampfers. Doch auch die Anschauungsweise des Volkes kann auf die Anschauung der Vertreter der offiziellen Medizinwissenschaft befruchtend wirken: in der Verarbeitung der neohippokratischen medizinischen Schule, unterstützt vom Volkshippokratismus, gewinnt die Humoralpathologie neue Aktualität. Es würde sich auch lohnen, über die Frühlingskuren unserer Vorfahren nachzudenken und diese wieder zu beleben. Im Zeichen der volkstümlichen psychosomatischen Anschauung gelangt die die medikamentöse und andere Therapien begleitende Möglichkeit der entsprechenden verbalen Suggestion wieder in den Vordergrund. Doch auch die zu abstrakte trokkene, einseitig rationale Denkungsart und professionelle wissenschaft-

Tabelle 5: Die Wirkungen nach der pharmakologischen und klinischen Untersuchung der Ampfer-Arten

laxative Wirkung	Beweist der Wirkung nach	Ádám 1962, 1964
antibakterielle Wirkung	gegen Shigella dysenteriae Shigella flexneri	Kisgyörgy et al. 1960, 1963
	Mycobacterium tuberculosis var. hominis Salmonella typhi Salmonella typhi murium Pseudomonas aeruginosa	Pop et al. 1966
	Staphylococcus aureus	Pop et al. 1966 Bongarenko 1964 Ferenczy et al. 1972
fungizide Wirkung	gegen Candida albicans Fusarium avenaceum Actinomyces griseus	Bongarenko 1964
	Actinomyces albus	Martinec et al. 1951
blutstillende Wirkung	In 250 Fällen wurden Blutungen in den oberen Verdauungstrakten mit Ampfer in Form von Pulver besonders erfolgreich beseitigt (Putung Central Hospital, Shanghai 1976)	
antitumorale Wirkung	gegen Sarkom 180 und Walker 256 erfolgreich verwendet im Cancer Chemotherapy National Service Center, Bethesda, Maryland (Cole und Buchhalter 1965)	

liche Sprache werden ebenfalls durch die künstlerisch-symbolische archaische Anschauungsweise und Volkssprache bereichert werden können.

LITERATUR und ANMERKUNGEN

(1) "Diejenigen verachtenden Verhaltensweisen, welche in wissenschaftlichen Kreisen zum 'guten Ton' gehörten, sind bezüglich der Heilpflanzen heute schon sinnlos geworden, da wir im Lichte der neuesten Forschungen wissen, welch großen Nutzen die Medizinwissenschaft von den Heilpflanzen haben kann. Das Zeitalter der 'grünen Medizinwissenschaft' hat schon begonnen." Vesselin PETKOV (1979). Pur une 'mêdecine verte'. *Le Courier de l'Unesco* 32:7, S. 39-41.

(2) Einen Teil dieses Erneuerungsprozesses bildet der Vorstoß der Vorkämpfer des Umweltschutzes, der 'Grünen', ihr zunehmend sich geltend machender Einfluß auf politischer, gesellschaftlicher und wirtschaftlicher Ebene gleichermaßen.

(3) HEGI G. (1958). *Illustrierte Flora von Mitteleuropa*. München. Band III/1. - SOÒ R. (1970). *A magyar flòra ès vegetàciò rendszertani növènyföldrajzi kèzikönyve*. Budapest, Akadèmia Kiadò. Bd. IV. (Handbuch der pflanzengeographischen Systematik der ungarischen Flora und Vegetation).

(4) HARTWELL J.L. (1967). Plants used against cancer. *Lloydia*, vol. 30, No. 4, 379-386. Daten bezüglich der Rumex-Arten in *Lloydia*, Vol. 33, No. 3, S.376-381.

(5) Da wir von der Verwendung gegen Krebs-Erkrankungen sprechen, müssen wir HARTWELLs Aussagen in Betracht ziehen: "It is well known, that the names for cancer and other growth have meant different things to different people at different times. Much has been included under 'cancer', that we would not now include, and much that we now call cancer has been unrecognized as much. In this survey the writer has no other choice than to accept the authors' own names." *Lloydia*, vol. 30, No. 4 (1967) S. 381.

(6) COLE J.R., BUCHHALTER L. (1975). *J. Pharm. Sci.* 54 (9), 1376-78. - BUCHHALTER L., COLE J.R. 1967. *J. Pharm. Sci.* 56, S.1033-1034.

(7) Im Schlußteil unserer Studie befassen wir uns ausführlich mit den sich auf den Inhalt der Wirkstoffe und der Wirkungslehre der Rumex-Spezies beziehenden Forschungen. All dies bestätigt auch Anastasius Ausspruch: "In den letzten Jahren ist das Interesse an den Heilpflanzen weltweit gewachsen, an den Forschungen jener Überlieferungen, über welche jedes Volk auf dem Gebiet der Heilung der Krankheiten verfügt. Die Heilpflanzen sind die unerschöpflichen Quellen der Natur und berechtigen uns zu der Annahme, daß solch Heilwirkung in ihnen versteckt liegt, mit welcher der Mensch des 20. Jahrhunderts viele solcher Leiden heilen kann, für welche die moderne Medizinwissenschaft noch keine wirksamen Heilmethoden ausarbeiten konnte." ANASTASIU, 1969. *A gyógynövények birodalmában* (Im Reich der Heilpflanzen). Editura Agrosilvica Bucureşti, S. 5-6.

(8) Ayurvedisch heißt die 'Wissenschaft vom langen Leben'. Die drei klassischen Werke, die Caraka Saṃhitā, die Suśruta Saṃhitā und die Vāghbata Saṃhitā wurden zwischen dem 4. Jahrhundert v. Chr. und dem 1. Jahrhundert n. Chr. geschrieben, doch es war bereits uralte mündliche Überlieferung, die da aufgezeichnet wurde.

(9) KRITIKAR K.R., BASU B.D. 1975. *Indian Medicinal Plants*. Delhi: Vivek Vihar, Band III, S.2111-17. - Caraka Samhitā in six volumes. Jamnagar/India 1949.

(10) SCHNEIDER W. 1974. *Lexikon zur Arzneimittelgeschichte*, Band V/3. Pflanzliche Drogen, Frankfurt: Govi Verlag, S.194-195.- (11) idem, S.197 - (13) idem.

(12) GRIEVE 1959. *A Modern Herbal*. Harmondsworth, Middlesex: Penguin Books, S.260.

(14) GRIEVE 1959. *A Modern Herbal*. - LECLERC H. 1976. *Precis de phytotherapie*. Paris: Masson. LUCAS R. 1977. *Secrets of the Chinese Herbalists*. New York: Parker Publ. - MILLSPAUGHS 1974. *American Medicinal Plants*. Dover Publ. - LEWIS 1977. *Medical Botany*. New York-London: J. Wiley. - GÖRZ 1974. *Großes Kräuter- und Gewürzbuch*. Falken v. Niederhausen.

(15) VOGEL V.J. 1973. *American Indian Medicine*. Norman University of Oklahoma Press, S.397-398. - (16) idem, S. 289.

(17) UPHOF J.C. Th. 1968. *Dictionary of Economic Plants*. J. Cramer Verlag, S.460.

(18) *Lloydia*, vol. 33, No.3, S. 376.

(19) SCHOEPF Ic.D. 1787. *Materia medica americana potissium regni vegetabilis*. Erlangen: Palmius.

(20) KRITIKAR-BASU = (9),S.2114. - (21) idem,S.2116. - (22) idem, S. 2112.

(23) UPHOF, =(17) S. 460. - (24) idem S. 460.

(25) KRITIKAR-BASU =(9), S. 2113.

(26) Daten aus dem Brief von Prof. Shibata.

(27) LEWIS, (14), S. 284.

(28) KRITIKAR-BASU =(9) idem, S. 2117.

(29) SCHNEIDER =(10), S.196.- (30) idem, S. 196.

(31) GRYNAEUS T., PAPP J. 1970. Régi magyar(gyógy) növénynevek, 15-17. század. (Alte ungarische Heilpflanzennamen, 15.-17. Jahrhundert). Historia Pharmaceutica. *Communicationes de Historia artis Medicinae*. Suppl. 9-10, S.31-48.

(32) MELIUS P. 1962. Herbarium...Kolozsvár, 1578. Reed. *Communic. ex Bibl. Hist. Med.* Budapest, no. 23. S. 121.

(33) XVI. Századi Magyar Orvosi Könyv. Közzéteszi: Varjas Béla (Ungarisches Ärztebuch aus dem 16. Jahrhundert). Kolozsvár, 1943, S. 250.

(34) *Kosz* = Grind: Bezeichnung des Volkes für verschiedene Hautleiden (Crusta lactea, Mykosis superficialis, Favus, Ekzema seborrhoicum, Psoriasis, Scabies etc.). - *Semereg, sömörog*: das Volk versteht darunter im allgemeinen umschriebene, sich leicht schälende, trockene, kaum entzündete, manchmal jukkende, leicht heilende Hautleiden (Ekzema seborrhoicum, trichophytia superficialis, psoriasis etc.).

(35) ZAY Anna 1979. *Herbarium 1718*. Edit. Nyireghyháza, S. 3.

(36) LIPPAY J. 1753. *Posoni kert*. (Posoner Garten). Györ.

(37) MÁTYUS I. 1787. *Ó és új Diaetetica*. (Alte und neue Diaetetica). Pozsony, S. 220-221.

(38) *Fakadék*: Pustula, Ekthyma, Akne, Impetigo etc.

(39) DIÓSZEGI S. 1813. *Orvosi füvészkönyv* (Medizinisches Kräuterbuch). Debrecen, S. 221.

(40) ZELENYÁK J. 1908. *A gyógynövények hatása és használata* Wirkung und Verwendung der Heilpflanzen). Budapest, S. 135.

(41) OLÁH A. Népi gyógynövény-ismeret Békés megyében (Heilpflanzenkenntnis des Volkes im Komitat Békés). Handschrift.

(42) FEHER Julianna 1957. *Gyöjtögető gazdálkodás. Pest megyei gyűjtés*. Sammlung aus dem Komitat Pest), S. 24, Handschrift.

(43) VARGYAS L. 1945. Adatok a makádi néphithez (Daten zum makader Volksglauben). *Ethnographia - Népélet*, LVI/1-4. Nummer, S. 108.

(44) FEHÉR Julianna, S. 18. = (42) S. 18

(45) SÁNDOR M. 1976. Egy bihari parasztasszony hiedelmei (Die Vorstellungswelt einer biharer Bauersfrau). *Folklór Archivum* No. 4, S. 226.

(46) GRYNAEUS T. 1964. Gyógynövényárusok Szeged piacain (Heilpflanzenverkäufer auf Szegeder Märkten). *Comm. ex. Bilb. Hist. Med.Hung.* 30, S. 89-126, 105.

(47) KARDOS L. 1943. *Az örség népi táplálkozása* (Volksernährung in der Örség). Budapest, S. 160.

(48) *Ethnographia*, 1937., S. 452.

(49) GUNDA B. 1938. Gyüjtögető gazdálkodás emlékei egy Gerecs hegységi tót faluban (Daten einer Sammeltätigkeit aus einem slowakischen Dorf in den gerecser Bergen). *Ethnographia* 49, S. 213-214.

(50) PÉNTEK J., SZABÓ T.A. 1976. Egy háromszéki falu népi növényismerete (Pflanzenkenntnis des Volkes eines háromszéker Dorfes). *Ethnographia* 87, S. 203-225.

(51) UPHOF = (17), S. 460.

(52) SCHNEIDER =(10), S. 195.

(53) Verwendete Literatur: BOSNYÁK Sándor 1972. Embergyógyítás a bukovinai és a bukovinaiaktól elszakadt csángók között (Heilung der Menschen bei dem bukowinaer und ausgewanderten Csángo's). Budapest.Handschrift. // GÖNCZI F. 1914. *Göcsej*. Kaposvár. // CZIMMER A. *Adatok a Tiszántúl népi orvoslásához* (Daten zur Volksheilkunde jenseits der Theiss). // GRYNAEUS T. 1963-64. *Népi orvoslás Orosházán* (Volksheilkunde in Orosháza). Szántó K. Muzeum Évkönyve, Orosháza. // IGMÁNDY J., KELEMEN S. 1943. *A népi orvoslás gyógynövényei Hajdunánáson* (Heilpflanzen der Volksmedizin in Hajdunánás). Debreceni Szemle. // KOVÁCS J. 1901. *Szeged és népe*. (Szeged und seine Bewohner). Szeged. // KÓCZIÁN, PINTER, SZABÓ. 1975. Adatok a gyímesi csángók gyógyászatához. (Daten zur Heilkunde der gyimescher Csángos). *Gyógyszerészet* 19 (6) S. 226-230. // KÓCZIÁN-SZABÓ 1977. Etnobotanikai adatok Kalotaszegről (Ethnobotanische Daten aus Kalotaszeg). *Botanikai Közlemények* 64 (1) S. 23-30. // KÓCZIÁN G. 1977. Kalotaszegi népgyógyászati adatok (Kalotaszeker ethnomedizinische Daten). *Gyógyszerészet* 21 (1) S. 5-17.// OLÁH A. idem. // PÁPAY 1907. Oláhpaládi babonák (Oláhpalader Aberglaube). *Ethnographia*. // RÁCZ G. 1957. Népgyógyászati adatok az Aranyos völgyéből (Volksmedizinische Daten aus dem Aranyoser Tal). *Orvosi Értesitő, Marosvásárhely*, No. 2, S. 3-4. // SZOBOSZLAI I. né 1951. Pest megyei gyűjtés, Tahitótfalu (Sammlungen aus dem Komitat Pest, Tahitótfalu). Handschrift. // Sz. MORVAY Judit 1952. Szatmár megyei gyűjtés, Nagyhodos (Sammlung aus dem Komitat Szatmar. Nagyhodos). Handschrift. // VAJKAI A. 1943. *Népi orvoslás a Borsa völgyében* (Volksheilkunde im Tal der Burzen). Kolozsvár.

(54) OLÁH A. 1980. Psychosmatische Aspekte der ungarischen Volksmedizin. *Curare* vol. 3, S. 113-124.

(55) GRYNAEUS T. *Népi orvoslás Orosházán* (Volksmedizin in Orosháza). = (31) S.391.

(56) GRIEVE = (12) S. 258.

(57) CIULEI I., V. ISTUDOR 1973. *Farmacia* 21 (2), S. 85-89. // CSAJTAY M. 1975. *Gyógyszerészet* 19 (9), S. 333-335. // LUKIC 1959. *Planta Medica* 7 (4) S. 400-405. // RADA, BRAZDOVA 1972. *Ceskosl. Farm.* 21 (7), S. 302-305. // RADA, STARHOVA 1967. *Die Pharmazie* 22, S. 522-524. // BABULKA P. 1980. *Acta Pharmaceutica Hungarica* 50, S. 177-182. // TEUSCHER E. 1973. *Pharmakognosie*. Berlin: Akademia Verlag. // ÁDÁM L. *Marosvásárhelyi Orvosi Szemle* 1964 (1), S. 10-14; 1962 (3), S. 292-296.

(58) POP I. et al. 1966. *Marosvásárhelyi Orvosi Szemle* 1, S. 71-73.

(59) Traditional Chinese and Western Medicine Ward. Putung Central Hospital Shanghai Zhonghua Neike Zazhi 1, 1976, 176.

(60) DEKKER J. 1913. *Die Gerbstoffe*. Berlin: Gebr. Borntraeger V. // HOPPE H.A. 1977. *Drogenkunde II*. Berlin- New York: Walter de Gruyter.

(61) LUKIC et al. 1962. *Archiv za Farmaciju* 12 (2), S. 65-67. // GRZNÁR R. 1978. *Farm. Obzor* 47 (5) S. 195-199. // KISGYÖRGY et al. 1963. *Marosvásárhelyi Orvosi Szemle* 1, S. 51-53. // FERENCZY et al. 1972. *Acta Biologica, Szeged* 18, S. 93-116.

(62) BERGER F. 1952. *Handbuch der Drogenkunde* Band III, Wien: Verlag Maudrich.// KISGYÖRGY =(61).

(63) "Wir müssen zugeben, daß die Phytotherapie im Vergleich zu den modernen Medizinen einen unleugbaren Vorteil bedeutet. Die biologisch aktiven Stoffe der Pflanzen sind die Stoffwechselprodukte eines lebenden Organismus; den Großteil dieser assimiliert der menschliche Organismus auf eine natürlichere Weise als die synthetischen Medikamente, welche ihm fremd sind". PETKOV = (1), S. 41.

(Ausführlichere literarische Daten beim Verfasser).

Cassia Alata - Plädoyer für die Reaktivierung eines traditionellen Heilmittels im westlichen Pazifik

Wulf Schiefenhövel

ZUSAMMENFASSUNG Im pazifischen Raum ist die durch *Trichophyton concentricum* hervorgerufene Hautmykose *Tinea imbricata* eine z.T. sehr häufige Erkrankung, die vor allem wegen ihrer sozial-diskriminierenden Auswirkungen Aufmerksamkeit verdient. In der botanischen und ethnomedizinischen Literatur dieser Region wird die früher üblich gewesene Behandlung der Tinea imbricata mit Blättern der *Cassia alata* (Fam. *Caesalpiniaceae*) nur selten erwähnt. Im Gegensatz dazu konnte der Autor diese autochthone Therapieform in vielen Regionen Melanesiens nachweisen. Vermutlich wirksamster Bestandteil der Cassia alata ist das Chrysarobin (1,8-Dihydroxy-3-methyl-anthrachinon), das seit etwa 100 Jahren in der europäischen Pharmakopöe als Mittel gegen Psoriasis und einige Hautpilzerkrankungen bekannt ist. Infolge der allgemeinen Akkulturation und des Imports z.T. sehr effektiver Therapeutika geraten auch gut wirksame traditionelle Heilmittel wie die Cassia alata in Vergessenheit. Es wird für den Erhalt bzw. die Re-Introduktion der Mykosebehandlung mittels Cassia alata plädiert, umso mehr, als die teure, nebenwirkungsreiche und nicht immer erfolgreiche Therapie mit dem systemisch wirkenden Griseofulvin in ländlichen Gebieten nur unzureichend durchgeführt werden kann. Heilpflanzen wie die Cassia alata rechtfertigen nach Ansicht des Verfassers den Einsatz in klinischen Versuchen, ohne daß zuvor langwierige und kostspielige chemisch-pharmakologische Analysen vorausgehen müssen.

SUMMARY *Tinea imbricata* caused by *Trichophyton concentricum* is a common disease in the pacific deserving special attention because of its socially discriminating effects. In the botanical and ethnographic literature of this region the traditional treatment of Tinea imbricata with leaves of *Cassia alata* (fam. *Caesalpiniaceae*) is rarely mentioned. The author, contrastingly, noted in many areas of Melanesia that knowledge of this autochthonous therapy still exists. The probably most effective component in the leaves of Cassia alata is Chrysarobin (1,8-Dihydroxy-3methyl-anthrachinone) which is used in the European pharmacopoea since about 100 years against psoriasis and some mycotic infections of the skin. In the course of general acculturation and the import of partially very effective drugs also useful traditional medicinal plants like Cassia alata fell into oblivion. It is argued that treatment of Tinea imbricata with Cassia alata should be kept or re-introduced especially as the costly therapy with Griseofulvine can hardly be administered properly in rural areas, often has serious side-effects and as reinfections do occur. The author is of the opinion that traditional medicinal plants like Cassia alata justify their being tested clinically without prior costly and time-consuming chemical and pharmacological analysis.

RESUME La mycose *Tinea imbricata* provoquée par *Trichophyton concentricum* est une maladie commune du Pacifique, qui mérite une attention spéciale en raison des discriminations sociales qu'elle entraîne. Dans la littérature botanique et ethnographique de cette région le traitement traditionnel de Tinea imbricata avec des feuilles de *Cassia alata (Césalpiniacée)* est rarement mentionné. Pourtant, l'auteur a noté dans plusieurs régions de la Mélanésie que la connaissance de cette thérapeutique autochtone est encore attestée. Le constituant probablement le plus actif des feuilles de Cassia alata est la chrysaborine (1,8-Dihydroxy-3methyl-anthraquinone) qui est utilisée dans la pharmacopée européenne, depuis près d'un siècle, contre le psoriasis et certaines mycoses de la peau. A la suite de phénomènes d'acculturation et de l'importation de remèdes très efficaces, des plantes médicinales traditionnelles comme Cassia alata tombent dans l'oubli. Il est montré que le traitement de Tinea imbricata par cassia alata doit être conservé ou réintroduit car la thérapeutique coûteuse par la Griseofulvine est difficilement praticable en milieu rural et qu'elle a souvent de sérieux effets secondaires. L'auteur pense que des plantes médicinales traditionnelles comme Cassia alata pourraient faire l'objet d'essais cliniques sans de coûteuses et longues analyses chimiques et pharmacologiques préalables. gm

Tinea imbricata - eine tropische Hautpilzerkrankung

Reisenden in pazifische Länder fällt häufig eine Hautpilzerkrankung der Einheimischen auf, die insbesondere in den feuchtheißen Küstenzonen vorkommt, in den kälteren Bergregionen Neuguineas etwa ist sie seltener, in Höhenlagen ab etwa 1700 m fehlt sie ganz. Die kreisförmigen weißlichen Abschuppungen der obersten Epidermisschichten sind auf dem Untergrund der dunklen Haut besonders gut zu sehen (Abb. 1 u. 2). Betroffen sind vor allem der Rumpf und die Extremitäten, das Gesicht weist fast nie Krankheitssymptome auf. Trotzdem ist die sozialdiskriminierende Wirkung dieser Mykose vor allem subjektiv groß. Auf diesen Zusammenhang weist auch B. VELIMIROVIC in seiner Abhandlung über Trichophytosen in den Tropen hin (1977:64). So versuchen die Betroffenen etwa, die Krankheitszeichen so gut wie möglich unter europäischer Kleidung, etwa Hemden mit langen Ärmeln zu verstecken. Die gängigen dermatologischen Bezeichnungen für diese Hautinfektion sind *Tinea imbricata* und *Tokelau*. Die Bewohner der Tokelau Gruppe nördlich von Samoa waren möglicherweise besonders häufig von der Tinea imbricata betroffen, so daß ihre Insel zum Synonym für diese Trichophytie wurde.

Im Englischen wird die Erkrankung recht mißverständlich als *ringworm* bezeichnet, womit zwar die circuläre Hautschuppung, aber nicht die Pathogenese richtig wiedergegeben ist, denn es handelt sich ja nicht um ein durch Würmer verursachtes Leiden. Im Malaiischen und Indonesischen ist der Terminus *kurap* verbreitet. Nach VELIMIROVIĆ (1977: 64-66) sind im pazifischen Raum folgende weitere Bezeichnungen im Gebrauch: *malabar*, *fiji*, *scale ringworm*, auf den Solomon Inseln wird die Tinea imbricata *bakua* genannt, auf Fiji *matenisolo* oder *solo* (wodurch möglicherweise die Herkunft von den Solomon Inseln angedeutet wird), auf den Gilbert und Ellice Inseln, die nach Erlangung ihrer Unabhängigkeit Kiribati und Tuvalu heißen, wird die Hautkrankheit *onne*, *kunekune* oder *salo* genannt. Im tok pisin, dem aus vielen Sprachen gespeisten melanesischen Pidgin, wird die Tinea imbricata mit *grile*, auf Neu-Hannover mit *mangrile* bezeichnet, also *grile* des Menschen (MIHALIC 1971). In diesen Termini steckt offenbar die französische Wurzel *gril*, *grille*, die in unserem *Grill* fortlebt und in der ursprünglichen Bedeutung Gitter, Rost, meint; die hintereinander angeordneten Linien sind ja für die Tinea imbricata pathognomonisch. Ein ähnliches Konzept liegt wohl auch der Bezeichnung *kaskado* zugrunde, die in der Variante der Bahasa Indonesia üblich ist, die im indonesischen West-Neuguinea gesprochen wird, nämlich das Kaskadenförmige der Schuppenringe. In der dritten großen Handelssprache Neuguineas, dem hiri motu, heißt die Tinea imbricata *sipoma*.

Im Lehrbuch der Tropenheilkunde von NAUCK wird die Hauterkrankung folgendermaßen beschrieben: "Bei der Tinea imbricata oder Tokelau (T. concentricum) erscheinen rötliche oder bräunliche Flecken, die sich peripher ausbreiten. Die oberflächlichen Schichten der Epidermis lösen sich in Schuppen ab, die mit einer Kante an der Unterfläche haften und "dachziegelartig" aneinandergelagert sind. Es kommt zu der Ausbildung konzentrischer Ringe in rosettenartiger Anordnung. Ferner besteht lebhafter Juckreiz trotz relativ geringfügiger ekzematöser Reaktion. Auffallend sind der überaus chronische Verlauf und die Ausdehnung über den ganzen Körper, wobei gerade die bei anderen Mykosen vorzugsweise befallenen Stellen (Achsel, Schenkelfalte, Gesicht, Handfläche und Fußsohle) weniger betroffen sind" (1967:339). VELIMIROVIC (1977:67) weist darauf hin, daß gelegentlich auch die Handflächen und Fußsohlen betroffen sind. Nach meinen eigenen Erfahrungen mit Tinea imbricata-Patienten steht der Juckreiz nicht im Vordergrund der Beschwerden; die Mykose zeichnet sich gerade durch relativ blanden Verlauf aus, d.h. die Erreger verursachen keine heftige Abwehrreaktion, und das ist vermutlich einer der Gründe für den chronischen Verlauf der Infektion.

Friedr. Vieweg & Sohn Verlag, Braunschweig/Wiesbaden

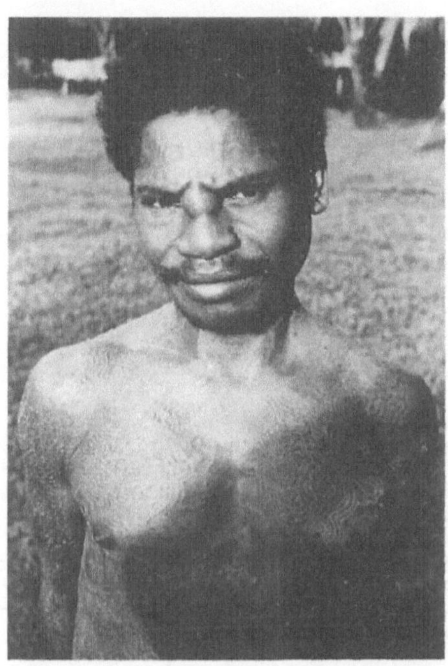

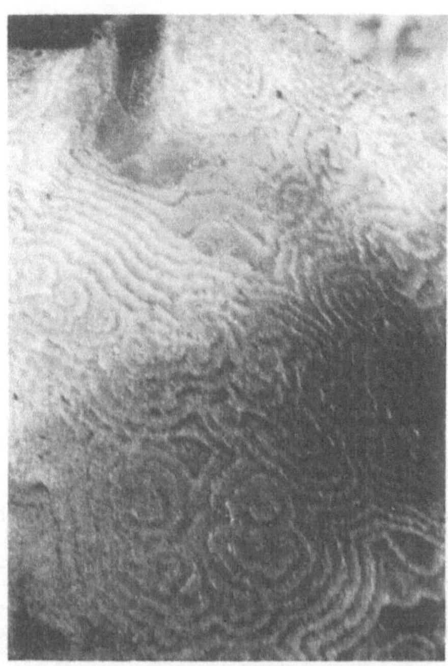

Abb. 1) Patient mit ausgedehnter Tinea imbricata; Deformation der Nasenwurzel als Nebenbefund. Abb. 2) Rosettenförmige Schuppenringe bei Tinea imbricata.

Auch von anderen Mykosen ist ja bekannt, daß sie umso eher abheilen, je heftiger die Reaktion der betroffenen Hautareale ist.

Zur Verbreitung und Epidemiologie der Tinea imbricata, die von der manchmal ähnliche Symptome verursachenden nicht auf tropische Gebiete beschränkten Tinea circinata (Erreger: Trichophyton purpureum seu rubrum) zu unterscheiden ist, hat VELIMIROVIC interessante Angeben gemacht (o.c.). In den niedrig gelegenen Regionen Neuguineas wird die befallene Bevölkerung auf ca. 10% geschätzt, in manchen Dörfern ist die Rate bis zu 18%. Auf den Solomon Inseln, die ja ebenfalls eine rassisch und sprachlich als melanesisch klassifizierte Bevölkerung haben, kann die Befallsrate bei Schulkindern bis 60% ansteigen; 10-13% der in einer WHO-Studie erfaßten Studenten in der Nähe der Hauptstadt Honiara waren infiziert. Auf Fiji wurde im Rahmen einer weiteren WHO-Untersuchung eine Rate von 6%, auf den kleineren Inseln Viti Levu und Vanua Levu lagen die Zahlen bei 7,1% bzw. 4,9%. In West-Samoa fand man, sozusagen als Nebenbefund, bei Patienten, die ambulant in Außenstationen bzw. stationär in Krankenhäusern versorgt wurden, in 3,1% bzw. 6,5% Tinea imbricata. Auf den Gilbert und Ellice Inseln schließlich war die Tinea imbricata ebenfalls häufig, wenn auch Statistiken nicht zur Verfügung standen (VELIMIROVIC 1977:66).

Zur Epidemiologie und zum Ansteckungsmodus wird angenommen, daß direkter Hautkontakt, wie er ja in den pazifischen Gesellschaften typisch ist, eine wesentliche Rolle bei der Übertragung spielt, allerdings bekommen nicht alle Mitglieder einer Familie diese Mykose. VELIMIROVIC (1977:67) weist auf den Befund hin, daß Kinder von infizierten Müttern, aber nicht infizierten Vätern auffällig weniger oft erkrankten als

Kinder, deren beide Elternteile infiziert waren, obwohl in beiden Fällen der Hautkontakt zur infizierten Mutter während des Bruststillens und der anderen Pflegehandlungen viel intensiver gewesen sein mußte, als zum Vater.

SCHOFIELD, PARKINSON und JEFFREY (1963) fanden, daß an Tinea imbricata erkrankte Männer häufig keine Ehepartnerin fanden. Dieser Bericht entspricht meinem eigenen Eindruck: Zum Schönheitsideal der Bewohner des Pazifik gehört ebenso wie bei uns und wohl in allen Kulturen eine gesunde Haut - hier scheint es sich, nebenbeibemerkt, um ein interessantes biologisch fundiertes Universale zu handeln. Die Betroffenen leiden also unter ihrer Erkrankung. Das kommt in Neuguinea u.a. in der derogativen tok pisin Bezeichnung *grile pukpuk*, *schuppiges Krokodil* für eine Person mit Tinea imbricata zum Ausdruck.

Cassia alata als Antimykotikum

Die *Cassia alata* (Fam. *Caesalpiniaceae*, früher: *Leguminosae*) ist eine auffällige, bis etwa 4m hohe Pflanze in der Sekundärvegetation tropischer Länder (Abb. 3 u. 4). Sie findet sich häufig in aufgelassenen Gärten, an Waldrändern, Wegen, Gräben, Bach- und Flußufern und in Strandnähe. Sie wird bisweilen angepflanzt, wächst aber mittlerweile großenteils auch wild. Sie ist an den charakteristischen kerzenähnlichen gelben Blüten sowie den typischen, oval geformten Blättern zu erkennen, die tagsüber ausgebreitet, nachts zusammengefaltet sind. Im Deutschen wie in der internationalen lateinischen Bezeichnung ist diese Eigenschaft der Pflanze namensgebend gewesen: *geflügelte Kassie* , bzw. *Flügelkassie*. Dasselbe Kriterium verwenden verschiedene Neuguinea-Sprachen, die für die Cassia alata ähnliche volkstaxonomische Namen haben, so z.B. *Schlafblatt*, weil die Blätter sich nachts "zum Schlafen" zusammenlegen. Im Englischen heißt die Cassia alata nach ihren charakteristischen Blüten *seven golden candlesticks*, *golden candlestick* oder *ringworm shrub*. Der letzte Terminus ist besonders auffällig, denn die Tatsache, daß er in den englischen Sprachschatz einging, verweist auf die Wirksamkeit der Pflanze als Heilmittel gegen die Tinea imbricata, englisch *ringworm*. Vermutlich haben englische Kaufleute, Pflanzer oder Beamte diese Kenntnis und den Pflanzennamen aus den tropischen Kolonien nach England gebracht. In der Ethnomedizin des west-pazifischen Raumes gibt es nur wenige derartige Fälle, daß eine Pflanze mit ihrer von den Einheimischen genutzten pharmakologischen Wirksamkeit in das englische Vokabular einging - ein weiteres Beispiel ist der Baum *Excoecaria agallocha*, der *river poison tree* oder *blind your eye* heißt.

Die Cassia alata hat einige sehr viel berühmtere Schwestern, vor allem die Cassia senna, daneben Cassia fistula, Cassia angustifolia, Cassia tora u.a., die wie Cassia senna Lieferanten der Anthrachinon-haltigen Folia sennae, den Sennesblättern sind, die als wirksames Abführmittel auch noch heute Verwendung finden und in vielen Laxantien enthalten sind. Auch Cassia alata hat, innerlich genommen, eine purgierende Wirkung, auf die jedoch in diesem Zusammenhang nur mit der Bemerkung eingegangen werden soll, daß Cassia alata Effekte dieser Art in vielen traditionell-medizinischen Systemen genutzt werden, wie Tab.1 zeigt.

Für Melanesien wird die Verwendung von Cassia alata als Phytotherapeutikum erstaunlich selten erwähnt, obwohl diese auffällige Pflanze sehr häufig vorkommt. In seiner umfangreichen Kompilation führt STERLY (1979:232-233; er zitiert hier die Angaben FUTSCHERS) Cassia alata nur für die Gunantuna auf Neu-Britannien an, die die mehrfachen pharmakologischen Wirkungen dieser Pflanze weitgehend nutzten, da sie nicht nur die Blätter (mit Kalk und Öl bzw. Petroleum vermischt) als Anti-

Abb. 3) Cassia alata mit charakteristischen Blütenständen (gelb) und schlanken Schotenfrüchten. Abb. 4) Cassia alata-Blüte, unterhalb davon 2 Schoten.

mykotikum, sondern auch einen Absud aus Blättern, Blüten und dem Holz gegen Obstipation und die Samen als Wurmmittel verwendeten. Für die Verwendung der Cassia alata als Antimykotikum bei Tinea imbricata und ebenfalls als Purgans im indonesischen Raum zitiert STERLY de CLERCQ. In dem von PAIJMANS herausgegebenen Werk über die Vegetation Neuguineas nennt POWELL die Cassia alata ebenfalls nur einmal und zwar recht kursorisch als Mittel gegen Hauterkrankungen und *grile* also Tinea imbricata (POWELL 1976:138-139). In ZEPERNICKs Zusammenstellung über die Arzneipflanzen der Polynesier (1972) kommt Cassia alata nicht vorob zu Recht, konnte bisher noch nicht nachgeprüft werden. Auf die kleineren Korallenatolle des Pazifik ist die Cassia alata möglicherweise erst spät gelangt. Auf den Trobriand-Inseln konnte ich erst bei dem kürzlichen dritten Aufenthalt ihre Anwendung als Mittel gegen Tinea imbricata ermitteln; interessant ist, daß die Pflanze in biga gala wa'la, der Sprache der Hauptinsel und einiger Nebeninseln, den Namen *mramra* trägt, ganz offensichtlich eine Entlehnung aus der in dieser Region von einigen erwachsenen Männern gesprochenen Handelssprache hiri motu, in der *muramura* jegliche Art von Medizin im Sinne von Therapeutikum oder auch von Zauber bedeutet. Der Ruf der Cassia alata als Antimykotikum war offenbar so gut, daß diese Pflanze von den Trobriandern mit dem Motu-Wort für Heilmittel schlechthin bezeichnet wurde.

In Tabelle 2 ist die Verbreitung der Cassia alata in Neuguinea und auf den Solomon Inseln angegeben, soweit ich sie bei meinen verschiedenen Feldaufenthalten seit Ende 1975 (1) feststellen konnte; es wurde dazu keine eigene Untersuchung durchgeführt, sondern bei sich bietender Gelegenheit gefragt, ob die Pflanze bekannt sei und gegen Hautpilzerkrankungen verwendet werde.

In seiner wertvollen Zusammenstellung der Flora des malaiischen und indonesischen Raumes führt BURKILL (1966:479-480) die einheimischen Namen der Cassia alata auf, die auf Malaiisch *gelenggang* oder *ludanggan* oder *daun kurap* (wörtl.:Blatt der Tinea imbricata) heißt, im Javanischen *ketepeng*, *ketepeng china*, im Sundanesischen West-Javas u.a.*katepeng manila*. Man erkennt, daß die Pflanze, die ehemals im tropischen Südamerika beheimatet war, verschiedenen nördlich von Indonesien gelegenen Regionen (China, Philippinen) zugeschrieben wird.- Wahrscheinlich spiegelt sich darin der Weg der Einbürgerung in den westlichen Pazifik. BURKILL erwähnt auch einige einheimische Namen der Cassia alata in Thailand. In einer umfangreichen Zusammenstellung wichtiger philippinischer Heilpflanzen, die von der Botanischen Gesellschaft der Universität der Philippinen herausgegeben wurde (CO 1977), wird die Flügelkassie überhaupt nicht erwähnt, in einer ethnobotanischen Abhandlung über die Itawes im Norden Luzons dagegen mehrfach (ROCERO 1982).

An diesen Beispielen zeigt sich bereits die Unmöglichkeit, aus der Häufigkeit der Nennung in der Literatur Rückschlüsse auf die Verbreitung bzw. Verwendung einer bestimmten Pflanze zu ziehen. Die Angaben im Schrifttum sind deshalb nicht repräsentativ. Ethnologen, Ärzte, Kolonialbeamte u.a. haben zumeist keine systematischen ethnomedizinischen Erhebungen durchgeführt, ihre Berichte dürfen also bestenfalls als Hinweis auf die Existenz bestimmter therapeutischer Maßnahmen, nicht aber als Beweis dafür genommen werden, daß nicht erwähnte Heilpflanzen und Behandlungsweisen etwa nicht vorkämen. Da in der herkömmlichen Bestandsaufnahme, wie am Beispiel der Nutzung von Cassia alata als Antimykotikum erkennbar ist, wichtige traditionelle Therapieformen nicht ausreichend erfaßt werden, hat die ethnomedizinische Feldforschung hier eine, vor dem Hintergrund des eminet schnellen Kulturwandels besonders wichtige Aufgabe.

Die antimykotische Wirkung der Cassia alata beruht auf der in den Blättern und anderen Pflanzenteilen enthaltenen Chrysophansäure, die auch als Rhein und Rhabarbergelb bezeichnet wird, dem Dioxymethylanthrachinon, das durch Oxydation aus Chrysarobin entsteht und u.a. in unserem Rhabarber vorkommt. Chrysarobin ist seit etwa 100 Jahren als sehr wirksames Mittel gegen Erkrankungen der Haut, insbesondere die Psoriasis, die Schuppenflechte, im europäischen Arzneimittelschatz enthalten. Nach HAGER (1949:466-467) wurde es aus Spalten und Hohlräumen des brasilianischen Baumes *Andira araroba* als sogenanntes Goa-Pulver gewonnen. In diesem Zusammenhang würde es interessant sein, die ethnomedizinischen Angaben aus der brasilianischen Volksmedizin daraufhin durchzusehen, ob Andira araroba von den Einheimischen ebenfalls als Dermatikum verwendet wurde. R. WOLFF-EGGERT, die in einer Dissertation einen Teil meiner melanesischen Heilpflanzensammlung bearbeitete, faßt die Wirkung des Chrysarobins folgendermaßen zusammen: "Das stark haut- und schleimhautreizende Chrysarobin stellt ein Gemisch freier, nicht glykosidisch gebundener Anthrone und Anthrachinone dar mit 1,8-dihydroxy-3-methyl-9-anthrachinon als Hauptbestandteil. Ebenso wie das ähnliche, synthetisch hergestellte Dithranol gehört Chrysarobin noch heute zu den wirksamsten Mitteln gegen die Schuppenflechte und wird auch bei Mykosen verwendet. Die Wirkung der Droge ist auf starke zellteilungshemmende Eigenschaften zurückzuführen"(1977:37). In HAGERs Handbuch (op.cit.) ist als Indikation zur Anwendung einer 5-10%igen Salbe oder Lösung mit Chrysarobin angegeben: Psoriasis, Ekzema marginatum, Pityriasis versicolor und Herpes tonsurans, einer durch Trichophyton tonsurans hervorgerufenen, häufig durch Friseurwerkzeug übertragenen Pilzinfektion des Kopfes. Weiter oben wurde ja bereits dargestellt, daß es sich auch bei der Tinea imbricata um eine Trichophytie handelt. Da die durch den Hautpilz Microsporon furfur hervorgerufene Pityriasis versicolor ebenfalls eine Mykose ist, kann also an der antimykotischen Wirksamkeit der Chrysophansäure bzw. des Chrysarobins und damit der Cassia alata kein Zweifel bestehen.

Tabelle 1 Die Verwendung der Cassia alata als Heilmittel

Region	Indikation	verw. Teile	Quelle
1) Pazifik einschl. Neuguinea	Hautkrankheiten Tinea imbricata	Blätter	(1,3,4,5)
2) Queensland/Australien	Ekzem	Rinde, Blüten Blätter	(1)
3) malaiische Halbinsel malaiischer Archipel, Indonesien	Hautkrankheiten Tinea imbricata	Blätter	(3,4,6)
4) Itawes Nord-Luzon, Philippinen	Tinea imbricata und andere Hautkrankheiten	Blätter	(7)
5) Indochina	Hautkrankheiten	Blätter	(3)
6) China	Hautkrankheiten	Blätter	(6)
7) Indien	Hautkrankheiten	Blätter	(2,3)
8) Ceylon	Ascariasis u.a. Darmwurmerkrank.	Früchte	(1)
	Schlangenbiß	(?)	(1)
9) Bhutan	Hauterkrankungen	Blätter	(3)
10) Mauritius	Obstipation	Blätter	(1)
	Darmwurmerkrank.	Früchte	(1)
11) Ost-und Südafrika	Hauterkrankungen bei Kinder	Blätter	(1)
	Ameisenrepellent	(?)	(1)
12) Belgisch-Kongo	Lepra	(?)	(1)
13) Surinam	Hauterkrankungen	Blätter	(1)
	Darmwurmerkrank.	Früchte	(1)
14) Brasilien	Obstipation und Darmwurmerkrank.	Früchte	(8)

(1) WATT u. BREYER-BRANDENWIJK (1962)/(2) KIRTIKAR u. BASU (1935)/(3) SIWON (1980)/ (4) STERLY (1970)/(5) SCHIEFENHÖVEL (1967-1983)/(6) BURKILL (1966)/(7) ROCERO (1982)/ (8) HOPPE (1975)

Das Prinzip der Anwendung der Cassia alata in Melanesien war oder ist in allen genannten Gebieten gleich: Blätter, vor allem jüngere werden auf der Haut zerrieben. Die Zubereitungsformen unterscheiden sich jedoch insofern, als in einigen ethnischen Gruppen den (eventuell zerkleinerten) Blättern Muschelkalk und Kokosöl oder Petroleum zugesetzt wird. Insbesondere letzterem Zusatz wird eine günstige Wirkung zugesprochen. - Nach der zuvor gegebenen pharmakologischen Evaluierung ist also die Behandlung der Tinea imbricata mit Cassia alata-Blättern als wirksam und damit sinnvoll zu bezeichnen. Sie stellt eines der vielen traditionellen Handlungsprinzipien dar, die auch den Kriterien der naturwissenschaftlichen Medizin standhalten. Zur weiteren Aufdeckung der Wirkungsweise der Cassia alata-Blätter, zur Klärung der Frage, ob die Hemmwirkung des Chrysarobins auf die Zellteilung der Trichophyton-Kolonien oder die hautreizende Eigenschaft des Rheins und der anderen Anthrachinonglykoside oder eine Kombination von beiden entscheidend sind, wären, wie auch weiter unten nochmals dargestellt wird, ausführliche klinische Tests wünschenswert.

Verschwinden des Gebrauchs von Cassia alata als Folge der medizinischen Akkulturation

Wenn auch zum derzeitigen Zeitpunkt die Flügelkassie von Erwachsenen und Kindern taxonomisch meist noch sicher benannt wird und die mögliche Verwendung als Mittel gegen Tinea imbricata zumindest in einigen Ethnien und bei der älteren Generation noch bekannt ist, so ist doch festzustellen, daß sie nurmehr sehr selten tatsächlich in der beschriebenen Weise angewendet wird. Vor einigen Monaten sprach ich einen etwa 60jährigen Koiari-Mann vom Hochplateau im Norden von Port Moresby, der Hauptstadt von Papua Neuguinea an, der das am Wochenende von Ausflüglern besuchte Gelände um die Wasserfälle des Laloki-Flusses säuberte. Ich deutete auf eine Reihe in voller Blüte stehender Cassia alata-Büsche und fragte in hiri motu, ob er mir sagen könne, wie diese Pflanze in seiner Sprache heiße. Er war zunächst etwas verwirrt und sagte, daß er den Namen vergessen habe. Als ich erwähnte, daß die Blätter dieser Pflanze von vielen Einheimischen seines Landes als Mittel gegen *sipoma* benutzt worden sei, reagierte er ganz verblüfft und gab mir dann lächelnd den gesuchten Namen, *aremaidi*, der ihm jetzt wieder eingefallen war. Er sagte:"Es ist merkwürdig, daß Du als Weißer diese Pflanze besser kennst als wir, denn unsere Kinder wissen von ihrer Heilwirkung gegen *sipoma* nichts mehr. Auch ich hatte das und den Namen der Pflanze schon fast vergessen". Wir führten dann ein langes, recht persönliches Gespräch, gegen dessen Ende er nochmals das Verschwinden vieler Kenntnisse der Alten bedauerte. In stark akkulturierten Gebieten wie der Umgebung von Port Moresby, hat die Schule als Lerninstanz die orale Tradition abgelöst, kulturelles Erbe aus der Ethnobotanik und Ethnomedizin geht so verloren, und zwar schneller als etwa Elemente der traditionellen Kunst oder der Mythologie, denn die werden in dem erst 1975 selbständig gewordenen Papua Neuguinea erfreundlicherweise auch durch offizielle Initiativen gefördert und gepflegt.

Im Fall der Hautinfektion mit Tinea imbricata begeben sich erkrankte Personen entweder in ambulante Behandlung bei Missionsstationen oder Medical Aid Posts und ländlichen Krankenhäusern, andere lassen den Befund unbehandelt. Darin zeigt sich der typische Effekt des Kulturwandels, der auch in anderen Bereichen zu konstatieren ist: Zum einen hatte der weiße Mann so viele äußerst wirksame Mittel gebracht, daß das autochthone Medizinalsystem fast überall aufgebrochen und zum größten Teil außer Kraft gesetzt ist. Die Einheimischen folgten zum anderen dem Zivilisierungs- und Indoktrinationsdruck vor allem einiger Missionen, legen regelrechtes Schamverhalten gegenüber ihrer eigenen Kultur an den Tag und lehnten die traditionellen Heilmethoden als "rückständig" ab, benutzen sie nicht einmal dann, wenn etwa keine westlichen Antimykotika zur Verfügung standen. D.h. die traditionellen Heilmethoden kommen zumeist nichteinmal mehr als solche der zweiten Wahl in Frage. Ich habe in meinen verschiedenen Aufenthalten in Melanesien, die zusammengenommen einen Zeitdauer von etwa 4 1/2 Jahren ausmachen, jedenfalls nie einen Einheimischen gesehen, der Cassia alata-Blätter in der herkömmlichen Weise zur Behandlung einer Tinea imbricata verwendet hätte.

Behandlung der Tinea imbricata durch Griseofulvin

In dem von KORTING herausgegebenen Lehrbuch der Dermatologie (1980) sowie in anderen Standardwerken wird empfohlen, die Tinea imbricata mit Griseofulvin zu behandeln. Diese Therapie wurde auch in den pazifischen Ländern eingeführt. In Papua Neuguinea und in geringerem Maße

Tabelle 2 Verwendung von Cassia alata als Antimykotikum (West Pazifik und angrenzende Gebiete)

	Ethnie	Region	lokaler Name	Quelle
1)	Biaker	Insel Biak IJ	kamudara	1
2)	Waropen	Nordküste IJ	ainda rana	1
3)	Mantembu	Insel Yapen IJ	pamangkori	1
4)	Ambai	"	pamanggora	1
5)	Tanah merah	Nordküste IJ	kundow kepei	1
6)	Waris		kasuma	1
7)	Wondama		korekore	1
8)	Meibrat	Ayamaru/Vogelkopf IJ	ara bawen	1
9)	Tehid	Teminabuan/Vogelkopf IJ	alwade	1
10)	Inanwatan	Misaro/Vogelkopf IJ	guguraho	1
11)	Yelmek	Merauke/Südküste IJ	welulul, yokodaya	1
12)	Trobriand	Insel Kaileuna PNG	mramra	1
13)	Koiari	Hinterland von Port Moresby PNG	aremaidi	1
14)	Roro	Central Province PNG	kamarikamari	1
15)	Begua	Lake Murray PNG	gowetai	1
16)	Diwaturanga	Verafune, Insel Guadalcanal Solomon Inseln	solopa	1
17)	Malaien	Malaya	gelenggang, ludanggan daun kurap	2
18)	Javaner	Java	ketepeng, ketepeng china u.a.	2
19)	Sundanesen	West Java	katepeng manila u.a.	2
20)	Thai	Thailand	khirkak, chim het yai, chua het tek	2

(1) SCHIEFENHÖVEL (1976-1983)/ (2) BURKILL (1966) / IJ-Irian Jaya (West-Neuguinea) PNG-Papua New Guinea (Ost Neuguinea).

auch in Irian Jaya erhielten Missionare, Missions- und Regierungsärzte zum Teil große Menge aus dem Ausland geschickten Griseofulvins, eines systemisch verabreichten Antimykotikums, von dem bis zu 4g/Tag über Zeiträume von bis zu einigen Wochen oral genommen werden müssen.

Griseofulvin hat etliche ernstzunehmende Nebenwirkungen, es schädigt die Leber, den Porphyrinstoffwechsel und soll vor allem bei schwangeren Frauen und bei Kindern nicht angewendet werden. Es handelt sich also um ein Mittel, das nur nach ärztlicher Indikationsstellung und unter ärztlicher Kontrolle gegeben werden sollte. Derartige Voraussetzungen sind jedoch in den wenigsten Gebieten Melanesiens gegeben. Im Gegenteil, die Arzneien werden oft in zu geringer oder überhöhter Dosierung und nach unzureichender Diagnosestellung von bisweilen wenig geschultem Personal, z.B. Lehrerinnen und Lehrern an Kinder und Jugendliche verteilt. Ich halte daher die Verwendung von Griseofulvin für gefährlich unter den meist obwaltenden Bedingungen und plädiere für ihren Ersatz durch äußerlich anzuwendende Mittel wie die Anwendung von

Cassia alata-Blättern. C. GAJDUSEK, ein hervorragender Kenner Neuguineas und Mikronesiens, hat darauf hingewiesen (1976), daß die Tinea imbricata vor allem bei Schulkindern und Studenten behandlungsbedürftig ist, da die Erkrankung für diesen Personenkreis sozial besonders belastend ist; in diesen Fällen sei also eine möglichst effiziente Therapie anzuwenden. Regelmäßig zur Schule kommende oder, wie es häufig der Fall ist, in boarding schools lebende Kinder können vielleicht tatsächlich fachgerecht mit Griseofulvin behandelt werden. Jedoch bleibt zweifelhaft, ob dieser Weg richtig ist. VELIMIROVIC (1977:67) hat auf Erfahrungen hingewiesen, daß Patienten aus Fiji und Papua Neuguinea, die nach Griseofulvintherapie geheilt in ihre Dörfer zurückgingen, regelmäßig erneute Tinea imbricata Infektionen erlitten. Außerdem läßt sich in den meisten Fällen nicht sicherstellen, daß die Griseofulvinanwendung richtig dosiert durchgeführt wird. Da zudem keine routinemäßigen Kontrolluntersuchungen stattfinden, werden mögliche Schädigungen durch dieses Mittel oft gar nicht oder zu spät zu entdecken sein.

Ein weiterer ökonomisch-gesundheitspolitischer Faktor muß in diesem Zusammenhang noch berücksichtigt werden: Nach der Erlangung der Unabhängigkeit und durch die weltweiten wirtschaftlichen Schwierigkeiten sind die Budgets der Gesundheitsministerien zum Teil bedeutend kleiner als in den Jahren der Kolonialzeit oder Treuhänderschaft. Eine Therapie von Hautmykosen mit dem vergleichsweise sehr teuren Griseofulvin wird also aus diesen Gründen in Zukunft wahrscheinlich immer seltener möglich sein. Ein weiterer Grund, nach Alternativen Ausschau zu halten.

Vorschlag für klinische Versuche mit Cassia alata

Wegen der beschriebenen offenbar guten pharmakologischen Wirksamkeit eines Teils ihrer Inhaltstoffe (2), der leichten Verfügbarkeit der Heilpflanze, der Behandlungsbedürftigkeit der Tinea imbricata und weil sie Teil des kulturellen Erbes der Einheimischen ist, erscheint die Verwendung der Cassia alata als Antimykotikum geeignet, als Modell in gesundheitspolitische Forschungs- und Erziehungsprogramme aufgenommen zu werden. In einer ersten Stufe müßten möglichst gut dokumentierte klinische Tests durchgeführt werden, über die einige der noch offenen Fragen etwa nach dem hauptsächlichen Wirkmechamismus (Hemmung der Zellteilung oder Hautreizung und damit In-Gang-Setzen körpereigener Abwehrvorgänge gegen die an sich bland verlaufende Mykose) oder den wirksamsten Pflanzenteilen, der günstigsten Zubereitungsform und der notwendigen Häufigkeit der Anwendung beantwortet werden könnten. Sollte sich herausstellen, daß die Cassia alata-Therapie anderen Methoden, insbesondere der systemischen Griseofulvin-Anwendung hinsichtlich des Therapieerfolgs und des Ausbleibens schädlicher Nebenwirkungen ebenbürtig oder gar überlegen ist, wäre es geboten, eine größere Aufklärungskampagne zu starten, die sowohl die Bevölkerung und die traditionellen Heilkundigen als auch die Ärzte und das weitere im Gesundheitsdienst tätige Personal in geeigneter Form einbeziehen müßte. Sollte sich herausstellen, daß die Cassia alata sich als zu wenig wirksam oder in anderer Weise problematisch erweist, wäre für die Anwendung lokaler Antimykotika zu plädieren. Vielleicht könnte sogar die Industrie für die Entwicklung eines tropischen Hautpilzmittels, möglicherweise unter Verwendung einiger Inhaltsstoffe der Cassia alata, interessiert werden.

Diskussion und Zusammenfassung

Die in vielen tropischen Ländern verbreitete traditionelle Therapie der Tinea imbricata mit Cassia alata-Blättern ist ein besonders gutes Beispiel für eine Reihe wichtiger Elemente der Ethnomedizin, auch ein Beweis für die Leistungsfähigkeit der Volksmedizin, aber auch ihrer sukzessiven Verdrängung durch den Import kosmopolitischer Medizin.

1) Die Kenntnis und Nutzung der *Cassia alata* als *Antimykotikum* hätte, das ist meine Hypothese, bis vor ein bis zwei Generationen in den meisten Küsten- und Tieflandzonen Melanesiens nachgewiesen werden können. Selbst wenn heute mit breitem geographischem Kamm sorgfältige Erhebungen durchgeführt würden, käme man bei alten Informanten der Ethnobotanik und Ethnomedizin dieser Pflanze sicherlich noch auf die Spur. Trotzdem ist sie in frühen Reiseberichten und der gängigen ethnographischen Literatur unterrepräsentiert. Cassia alata und Tinea imbricata zeigen, daß es, sei es aus Gründen primär ungerichteter akademischer Entdeckerfreude oder im Hinblick auf gesundheitspolitische Entwicklungen, sinnvoll sein kann, bisher unbeachtete schriftliche Zeugnisse oder, im Zuge einer Feldstudie, Informanten nach autochthonen Therapiemustern zu befragen. Ich meine, daß derartige Themen sinnvolle Übungen sein können für Medizinstudenten in Entwicklungsländern aber auch der Industrienationen, wo man der Medizinhistorie, der ersteren bisweilen mehr Aufmerksamkeit und Liebe entgegenbringt, als es dort selbst geschieht, wo die stürmische Phase des Aufbaus am westlichen Vorbild ausgerichteter Gesundheitssysteme die Blicke mehr nach vorn als nach hinten lenken läßt.

2) Die antimykotische Wirksamkeit der Cassia alata ist bei der jungen Generation von Papua New Guineans weitgehend unbekannt und bei den Älteren z.T. in Vergessenheit geraten. Es wäre interessant, einmal zu untersuchen, ob das autochthone Heilmittel von importierten Medikamenten verdrängt wurde oder ob sein Verschwinden im Zuge eines mehr allgemeinen Trends geschah: weg von dörflich-traditionellen hin zu westlich-städtischen Lebensformen. Man müßte dazu Befragungen von Tinea imbricata-Patienten vornehmen und zu ermitteln versuchen, ob und wieviele von ihnen erfolgreich mit modernen lokal oder systemisch angewendeten Antimykotika behandelt wurden. Wenn es, wie von SCHOFIELD, PARKINSON und JEFFREY (1963) beobachtet, in den letzten etwa 20 Jahren einen Rückgang der Tinea imbricata-Infektionen gegeben hat, wäre das vermutlich eher auf mehr generelle Änderungen hygienischer und kosmetischer Gewohnheiten wie etwa das häufigere Wechseln und Waschen der Kleidung, den geringeren Körperkontakt zwischen Personen, den Gebrauch von Körperölen etc. , zurückzuführen als auf die Anwendung moderner Antimykotika. Es ist aber auch möglich, daß die Morbiditätsrate gar nicht merklich gesunken ist und daß das traditionelle Heilmittel also gar nicht von anderen möglicherweise überlegenen Therapieformen, sondern aufgrund der angedeuteten allgemeinen Akkulturation verdrängt wurde.

3) Der Ersatz traditioneller phytotherapeutischer Behandlungsformen durch z.T. mit bedenklichen Nebenwirkungen belastete importierte Pharmazeutika ist stets problematisch. Einmal hat die vom medizinischen Wandel betroffene Bevölkerung das Konzept der neuen Behandlungsphilosophie noch nicht internalisiert, etwa die Notwendigkeit, vorgeschriebene Dosen über einen vorgeschriebenen Zeitraum einzunehmen und die Therapie nicht etwa schon bei Verschwinden einiger Symptome abzubrechen . -Selbst in den weitgehend informierten Bevölkerungen Mitteleuropas deckt sich das medikale Verhalten der Patienten ja nicht mit den pharmakologischen und allgemein ärztlichen Idealforderungen. Außerdem, und das ist vermutlich gravierender, sind ja die pathogenen Vorstellungen in der traditionellen und in der kosmopolitischen Medizin fast nie kongruent, so daß auf beiden Seiten oft Unverständnis herrscht und die Kommunikation über die notwendige Therapie oder die Prognose eingeschränkt ist. Andererseits ist es auch schwierig, einheimische Patienten, die stark wirksame Pharmazeutika wie Griseofulvin nehmen, von den langfristigen

Nebenwirkungen etwa hepatotoxischer Art zu überzeugen. Unter diesen Umständen und Schwierigkeiten der medizinischen Akkulturation sollte vor allem für den Bereich der ländlichen Gesundheitsfürsorge ein "Re-Etablieren" traditioneller Behandlungsmethoden in's Auge gefaßt werden, vor allem solcher, die auf der äußerlichen Anwendung pflanzlicher Heilmittel beruhen. Auf weitere Vorteile solchen Vorgehens etwa Kostengünstigkeit, leichte Verfügbarkeit etc. wurde bereits früher hingewiesen (SCHIEFENHÖVEL 1982).

4) Derartige Entscheidungen mögen umso leichter fallen, je unzweifelhafter die Wirksamkeit traditioneller Heilmethoden belegt werden kann. Wie aus einigen Beiträgen dieses Bandes ersichtlich ist, schlägt das Pendel ja bereits in diese Richtung aus: Staatliche Stellen in Afrika etwa führen großangelegte screening-Tests traditioneller Heilpflanzen auf der Basis der einheimischen Indikationen durch, weil sie aufgrund ökonomischer Zwänge und auch aus neu erwachtem Nationalgefühl Alternativen zum Import von Pharmazeutika suchen. Daß traditionelle Heilpflanzen durchaus nachprüfbare Wirkungen haben können, zeigt sich etwa in Indonesien, wo es eine ungebrochene volksmedizinische Tradition gibt, die dazu geführt hat, daß in semi- und kleinindustrieller (Familien-) Produktion pflanzliche Heilmittel für den Markt des volkreichen Inselstaates hergestellt werden (vgl. SCHIEFENHÖVEL 1978) und wo Behörden des Gesundheitsministeriums mit modernen Labormethoden traditionell verwendete Heilpflanzen auf erweiterte Anwendbarkeit prüfen (vgl. REHM in diesem Band). Auch die Cassia alata, deren vermutlicher Hauptwirkstoff Chrysarobin in der europäischen Pharmakopoe etwa bei der Behandlung der Psoriasis noch immer eine hervorragende Rolle spielt, gehört zu den zahlreichen Phytotherapeutika, die sich für weitere pharmakologische und klinische Forschungen empfehlen.

5) Der Vorschlag an Entwicklungsländer, solche pflanzliche Heilmittel in großangelegten klinischen Testreihen zu untersuchen, die sich im Verlauf langer ethnomedizinischer Tradition zumindest in dem Sinne bewährt haben, daß bei ausreichender pharmakologischer Wirksamkeit bedenkliche Nebenwirkungen fehlen, kann meines Erachtens am Beispiel der Cassia alata gut begründet werden. Vorausgehen muß die sicherlich nicht einfache Entscheidung zu einer Vorgehensweise, die anders ist als in den Ländern, die von der naturwissenschaftlich-technischen Medizin geprägt sind, denn dort liegt das Schwergewicht ja auf der Isolation und Prüfung von Einzelsubstanzen, die nach Möglichkeit später synthetisiert werden.

Einer der für mich stärksten Eindrücke von der Freiburger Tagung war die Einsicht, daß diese in den Industrienationen so hochentwickelte Technik möglicherweise gerade die Frage nach der Wirksamkeit von Buketten von Inhaltsstoffen nicht wird beantworten können, wie sie ja in den traditionellen medizinischen Systemen mit der Anwendung ganzer Pflanzen Tradition hat. Hier sehe ich eine Chance zu pharmakologisch-medizinischer Innovation, die an die Bedürfnisse der in Entwicklung begriffenen Länder angepaßt wäre und ihnen vielleicht eine besondere forschungspolitische Rolle zuweisen könnte. Es wird sich dann zeigen, ob das nur schwache Licht, das zur Zeit auf traditionelle Heilpflanzen wie die Cassia alata scheint, endgültige Abenddämmerung oder einen Morgen symbolisiert. Vielleicht ist es die rosenfingrige Eos, die den alten Phytotherapeutika eine neue Zukunft weist.

Gebrauch von Cassia alta als Antimykotikum, vorwiegend gegen Tinea imbricata (Trichophyton concentricum), in Melanesien (Ziffern wie in Tabelle 2)

Friedr. Vieweg & Sohn Verlag, Braunschweig/Wiesbaden

ANMERKUNGEN

(1) Mittel dafür erhielt ich dankenswerter Weise u.a. von der Studienstiftung des deutschen Volkes, der Deutschen Forschungsgemeinschaft und der Max-Planck-Gesellschaft. Für die Angaben aus Irian Jaya danke ich Arnold Ap, Uncen, Jayapura.

(2) H. SIWON (1980) wies mich auf die bereits 1906 von RIDLEY beschriebene Erfahrung hin, daß gegen die Tinea imbricata die Blätter der cassia alata wirksamer sind als reines Chrysarobin.

LITERATUR

BURKILL I.H. (1966): *A dictionary of the economic products of the Malay Peninsula* Vol.1. Ministry of Agriculture and Cooperatives. Kuala Lumpur.

CO L.C. (1977) (Ed): *A manual on some Philippine medicinal plants.* University of the Philippines. Botanical Society. Quezon City: Diliman.

GAJDUSEK C. (1976): pers. Mitteilung

Hagers Handbuch der pharmazeutischen Praxis (1972) LIST P.H., HÖRHAMMER L., ROTH H.J. SCHMID W. (Eds) 3 Bd. Berlin, Heidelberg, New York: Springer

HOPPE H.A. (1975): *Drogenkunde - Handbuch der pflanzlichen und tierischen Inhaltsstoffe.* 8. Aufl. Berlin: de Gruyter.

KIRTIKAR K.R., BASU B.D. (1935): *Indian medical plants.* Vol.II.L.M. Basu. Indien

KORTING G.W. (1980): *Dermatologie in Praxis und Klinik*, Bd.2. Stuttgart:Thieme.

MIHALIC F. (1971): *The Jacaranda dictionary and grammar of Melanesian Pidgin.* Milton/Queensland: Jacaranda Press.

NAUCK E.G. (1967): *Lehrbuch der Tropenheilkunde.* 3. Aufl. Stuttgart: Thieme.

POWELL J.M. (1976) Ethnobotany. In: PAIJMANS K. (Ed): *New Guinea Vegetation.* Amsterdam: Elsevier.

ROCERO M. (1982): *Ethnobotany of the Itawes of Cagayan.* Anthropological Papers N°14. Manila:National Museum.

SCHIEFENHÖVEL W. (1977): Jamu, traditionelle Medizin in Indonesien. *Mitteilungen der Arbeitsgemeinschaft Ethnomedizin* Nr. 9:5 u. 9.

SCHIEFENHÖVEL W. (1982): Results of ethnomedical fieldwork among the Eipo, Daerah Jayawijaya, Irian Jaya, with special reference to traditional birthgiving. *Medika* (Jakarta) 11(8):829-843.

SCHIEFENHÖVEL W. (1976-1983): Beobachtungen zum Gebrauch von Cassia alata als Antimykotikum im westlichen Pazifik.

SCHOFIELD F.D., PARKINSON A.D., JEFFREY D. (1963): Observations on the epidemiology, effects and treatment of Tinea imbricata. *Tans. Roy. Soc. Trop. Med. Hyg.*57:214-227.

SIWON H. (1980): briefl. Mitteilung vom 16.08.1980

STERLY J. (1970): *Heilpflanzen der Einwohner Melanesiens.* München, Hamburg. Renner.

VELIMIROVIC B. (1977): Contribution to the epidemiology of Trichophytoses in the tropics - with special reference to the pacific region. *Yonsei Reports on tropical medicin* 8(1):64-71.

WATT J.M., BREYER-BRANDWIJK M.G. (1962): *The medical and poisonous plants of southern and eastern Africa.* Edinburgh, London, Livingston Ltd.

WOLFF-EGGERT R. (1977): *Über Heilpflanzen von Papua Neuguinea.* Dissertation Universität Erlangen.

ZEPERNICK B. (1972): Heilpflanzen der Polynesier. *Baessler Archiv.* Beiheft 8. Berlin, D. Reimer

Die Halluzinogene Muscarin und Ibotensäure im mittleren Hindukusch. Ein Beitrag zur volksheilpraktischen Mykologie in Afghanistan

Said Gholam Mochtar / Hartmut Geerken

Muscarine and Iboten Acid, Hallucinogenics in the Middle Hindukush. A Contribution to a mycological folk healing practice in Afghanistan. - Muscarine et acide d'Ibotène comme hallucinogènes au Moyen Hindoukoushe. Une contribution à la thérapeutique populaire mycologique en Afghanistan.

Mehrere Beiträge im AFGHANISTAN JOURNAL (1) beschäftigten sich bereits mit der Mykologie Afghanistans. Diese Beiträge bewegen sich erst im Vorfeld eines weiten, noch kaum bekannten bzw. in Vergessenheit geratenen Betätigungsfeldes, das nicht nur für Mykologen, sondern vor allem auch für Mykomythologen von großem Aufschluß sein mag. Während Geerkens Beitrag eine erste Auflistung regional gebundener Pilze darstellt, ging es im zweiten Beitrag, der Auseinandersetzung zwischen Bleibinhaus und Geerken, bereits um detailspezifische Fragen. Diese Marginalien zu dem unüberschaubar weiten Feld der Mykologie ließen - trotz ihres Informationsgehalts - bislang den Aspekt der Bedeutung der volksheilpraktischen Halluzinogene in Afghanistan außer acht, von denen wir zufälligerweise vor einigen Jahren (1963) aus dem Schetultal Kenntnis bekamen. Während mehrtägiger Exkursionen (1963, 1964, 1965, 1969 und 1974) ins Schetultal konnten mehrere ältere männliche Bewohner dieses abgelegenen Gebirgstales, wo am Oberlauf des Schetulli noch als lingua franca lebt, zum Komplex halluzinogener Pilze eingehend befragt werden.

Die *amanita muscaria* spielt im Schetultal in der volksheilpraktischen Therapie eine geradezu kultische Rolle. Nach Vorkommen und Verwendung befragt, haben wir die übereinstimmende Auskunft erhalten, daß das sogenannte "Rabenbrot"(2), d.i. *amanita muscaria*, im fortgeschrittenen Frühjahr niederschlagsreicher Jahre aus feuchten flugverlösten Felsspalten gesammelt und in praller Sonne einer Spontantrocknung unterzogen wird. Der Pilz wird auf diese Weise nahezu unbegrenzt haltbar, vorausgesetzt, die strikte Trockenhaltung des hygroskopischen Materials ist annähernd gewährleistet. In granulierte Form gebracht (man erzählte uns von Pilzgranuliermühlen, die früher verwendet wurden) dient die *amanita muscaria* den Bewohnern des Schetultals als Stimulans. Sie verkochen das Amanitagranulat mit frischem gemeinem Bergspringkraut *impatiens noli tangere mont.* und übersäuerter Ziegenkäselake und gewinnen so den einschlägig bekannten Schetulsud *bokār*. Durch das Versetzen mit anderen Stoffen erhält man so mit der Hälfte der Pilzmasse das Doppelte an Saft. In dem Weiler Qaf-e-Changar am Oberlauf des Schetul werden diesem Schetulsud noch die Spitzen der samentragenden Blütenkelche des tückischen Bilsenkrauts *hyoscyamus niger* beigegeben, so daß dieses Mittel, zu physiotherapeutischen Massagezwecken verwendet, transcutan stimulierend zur Wirkung kommt.

Nachdruck mit freundlicher Genehmigung aus *Afghanistan Journal* 6(1979): 63-65

Über die Zusammensetzung der *amanita muscaria* ist erst in den letzten Jahren Näheres bekannt geworden. Früher nahm man an, das Alkaloid Muscarin sei der Hauptwirkstoff dieses Pilzes und gab ihm einen entsprechenden Namen. Doch enthält er nur ca. 0,0002% Muscarin, und erst 0,2 Gramm davon können bei einem gesunden Erwachsenen tödlich wirken. Mit anderen Worten: mehr als 110 000 kg frischer *amanita muscaria* wären für den Menschen gefährlich! Also muß es sich um andere Giftstoffe handeln. Erst 1964/65 gelang es, Muscimol, Muscazon, Muscasophin sowie die Ibotensäure chemisch zu analysieren(3). Es stellte sich dabei heraus, daß bei der *amanita muscaria* hauptsächlich die Ibotensäure den Rausch bewirkt. Muscimol, das aus Ibotensäure durch Abspaltung von Wasser und Kohlendioxid entsteht, wäre zwar psychisch wirksamer, ist jedoch in der Frischsubstanz weder des Hut- noch des Ständerfleisches anzutreffen. Ob das Muscazon, das in jugendlichen Hüten meist völlig negligeabel ist, sich ebenfalls aus Ibotensäure bildet, ist noch nicht sicher nachgewiesen(4). Noch weniger gilt dies für den bisher nahezu unbekannten Wirkstoff Muscasophin. Muscarin und Ibotensäure konzentrieren sich hauptsächlich in den auf dem Oberhaupt verbliebenen weißlichen Hüllenresten. Die Wirkung dieser Stoffe war schon den norwegischen Berserkern bekannt, die dadurch ihren geradezu sprichwörtlichen Aktivitätsdrang entfalteten. Da Ibotensäure und Muscarin nahezu unverändert mit dem Urin ausgeschieden werden, wurde in alter Zeit der Urin Berauschter wiederverwendet. Im Schetultal ist die Aufbereitung und die Verwendung der *amanita muscaria* nur mehr rudimentär vorhanden und entzieht sich zusehends der exakten wissenschaftlichen Beobachtung. Von sieben Bewohnern des Tales konnten während der genannten Exkursionen Erfahrungsberichte auf Tonband festgehalten werden. Nachfolgend einige kurze Auszüge:

Farid Ahmad (um 60): "[Etwa 15 Minuten] nach dem Trinken spüre ich Mattigkeit und ein Schlafbedürfnis überkommt mich. Ich höre Stimmen, obwohl ich allein im Zimmer bin. [...] Ich lache über die Stimmen und über mich..." Mustafa (um 60): "Zuerst bin ich sehr müde, dann geht es mir gut. Ich vergesse die Sätze. [...] Einmal dachte ich, ich sei ein Baum..." Ahmad Kargar (etwa 65): "Ich habe jahrelang getrunken, doch einmal hatte ich eine sehr schlechte Zeit. Ich hatte Angst und Furcht. Ich lief in den Bergen umher und wußte nicht, wo ich war und wer ich bin. Die Leute sagten nachher, ich hätte laut gerufen und geschrien. Davon weiß ich aber nichts ..." Malang Aziz (zwischen 60 und 70): "Wir haben nicht viel, aber wir haben Rabenbrot [s.o.]. Wir machen graues Mehl daraus und eine Mischung. [...] Im Winter, wenn wir das Haus nicht verlassen können, trinken wir davon."

Mehrere Schetulli versichern glaubhaft, das Amanitaextrakt werde als Medizin bei psychotischen Zuständen oral verabreicht, ebenfalls, äußerlich, zur Therapie von lokalen Kälteschäden. Gegen welche psychotischen Fälle das Extrakt gereicht wird, war nicht zu erfahren, doch ist anzunehmen, daß aufgrund der psycho-aktivierenden Eigenschaften der Ibotensäure Depressionen und ähnliche Apatheosen damit behandelt werden können. Leider konnte kein Fall im ibotenten Erregungszustand beobachtet werden. Die Beschreibung der Rauschsymptome durch die Amanitaesser des Schetultals stimmt mit Berichten aus Mexiko, Sibirien, Griechenland und mit mehreren bekannt gewordenen Selbstversuchen überein(5). Vor allem wird immer wieder der nicht zu unterbindende Aktivitätsdrang hervorgehoben, verbunden mit Schwindelgefühlen, Seh- und Sprechstörungen, Wahnvorstellungen, rauschhaften Tobsuchtsanfällen, prophetischer Sicht, sexueller Energie(6) und bemerkenswerter Muskelstärke. Die Pupillen des Berauschten sind sehr stark erweitert, was dem Giftstoff zunächst die Bezeichnung 'Pilzatropin' eingebracht hat. Die starke Pupillenerweiterung schlug sich in einer der vielen lokalen Bezeichnungen für die *amanita muscaria* nieder: *tschaschm bāskon*, d.h. wörtlich 'Augenöffner', was natürlich auch im übertragenen Sinn der übernatürlichen Schau gemeint sein kann. In den Volksbräuchen des Schetultals nahm der Pilz eine wichtige Stellung ein. Beim Sammeln wurden (werden?) die ersten drei Exemplare rückwärts über den Kopf oder über die Schulter geworfen, damit

man danach recht viele finde. Ein seltsamer Brauch, den auch der antike Zauber kennt. In Unterfranken gibt es heute einen ähnlichen Beerenzauber. Man legt die zuerst gefundenen Beeren auf einen hohlen Baumstamm oder einen Baumstumpf. Der dazugehörende Beerenreim lautet: "Hab Beerle g'sammelt,/Hab de erschte hinter mi g'worfa,/Hab em demmer Wald gebammelt[Angst gehabt],/Hab dann große[Beeren] aufgefunda." *amanita muscaria* ist nicht der einzige im Schetultal auftretende Pilz, aber es dürfte der einzige halluzinogene sein. Es ließen sich folgende Species nachweisen: *pleurotus ostreatus, pleurotus ostreatus erengyii, ungulina fomentaria*(7), *coprinus comatus, choiromyces venosus, morchella crassipes*(8) und eine große Varietät von *fungi imperfecti*.

NACHBEMERKUNG: Nach G. BRESADOLA (1932) wird die *amanita muscaria* in Rußland gehackt und in Salzwasser und Essig gegessen, um sich durch seinen Genuß in eine Art Rauschzustand zu versetzen(9); in Sibirien, wo sie ziemlich selten vorkommt, wird sie dieser Wirkung wegen zu hohen Preisen gehandelt(10). Das Verbot der russischen Regierung mit *amanita muscaria* zu handeln, richtete sich vor allem gegen diese Gewohnheit der Sibiriaken, die seit Inkrafttreten dieses Gesetzes mehr dem Wodka zusprechen(11). R. GORDON WASSON, der amerikanische Entdecker vieler alter Pilzmythen, ist der Auffassung, daß die deutsche Bezeichnung der *amanita muscaria*, Fliegenpilz, daher kommt, daß es nach dem Genuß "im Kopfe summt wie von Fliegen", daß sich der Name also auf die Benommenheit des Berauschten bezieht. WASSON führt auch die europäische Vorstellung von Himmel und Hölle auf ähnliche Mykomythologien zurück, worin ihm RANKE-GRAVES "aus ganzem Herzen zustimmt"(12). RANKE-GRAVES wiederum führt alle überirdischen Kräfte und Begebenheiten der antiken Mythologie Griechenlands auf den Genuß von *amanita muscaria* und *panaeolus papilionaceus* zurück (Ambrosia, die'Götterspeise' Nektar usw.). Inwieweit hier zentral-europäische Phänomene berührt werden, muß weiterführender wissenschaftlicher Forschung vorbehalten bleiben. Dieser Beitrag kann nicht mehr sein, als ein Hinweis. Die Querverweise in andere Kulturkreise sollen ein übergreifendes Phänomen herausstellen. Für die Mykologie dürfte es von Interesse sein, daß sich in einem abgelegenen Gebirgstal des Hindukusch (in wie vielen anderen noch?) Rudimente eines solchen Mykokultes bis in unsere Tage hinein erhalten haben.

ANMERKUNGEN

(1) AFJ Jg. 5. 1978, H.1, S.6-8; AFJ Jg.5. 1978, H.3, S.114f.

(2) nān-e-saghta; seltsamerweise ist die Bezeichnung für Pilz auf ägyptisch-arabisch ebenfalls 'Rabenbrot' ('eisch-al-ghorāb). Brot gilt ganz allgemein als stark zauberhältig. Sonderbar ist die Redensart vom nördlichen Hindukusch "Brot kochen und Tee backen", obwohl die Zubereitung beider nicht wesentlich von der anderswo üblichen abweicht. Ähnliche Redensarten kennen die Südslawen: "Kruh kuvaju a kafu peku" (Brot kocht man und Kaffe brät man).

(3) REETI Isac. 1967. Amanita Muscaria Analysed. *Mycoreview*, vol. XIII, p. 69-96.

(4) HOSP Franz. 1975. Die Rauschdroge des Nordens. *Kosmos* 12, S. 346-351.

(5) s. Anm. 4 und John Cage, Stories, Jerusalem (Omaha), 66-02-150 139. Die halluzinogenen Pilze von Mexiko gehören nicht der Amanita-Gruppe an, sondern dem Genus Psilocybe.

(6) "Denn die Liebe und ihre sinnlichen wie sozialen Gesten, Riten und Moralgesetze sind bei den Afghanen von einer ungeheuren Mannigfaltigkeit, und nur beschränkter Spießerverstand kann hier enggezogene Grenzen sehen, wo die Natur ihr feinstes Walten entfaltet." (Lubja T. DANICEC, Erotik u. Skatologie in der orientalischen Küche in: *Anthropophyteia*, Jb. f. ethnolog., folkloristische und kulturgeschichtliche Sexualforschungen, XXI (1924), S. 209).

(7) Aus ungulina fomentaria wurde Zunder hergestellt. Die von Rinden- und Sporenschicht befreite Innenmasse wird zwei Stunden und mehr in Aschenlauge gekocht. Dann läßt man sie im Schatten der Maulbeerbäume trocknen und klopft sie mit einem hölzernen Hammer mürbe zu dünnen Lappen. Man verwendet sie so noch heute als blutstillendes Mittel. Als Feuerschwamm wird er, wie früher in Europa ebenfalls noch verwendet. Man gibt ihn abends in die Glut; das Feuer läßt sich daran leicht wieder entfachen. Auch Zundermützen und -westen waren im nördlichen Schetultal bekannt.

(8) Wird gern gegessen, jedoch nicht von allen. In morchellareichen Jahren verkaufen die Schetulli die getrockneten Hüte und Füße nach Pakistan, von wo sie wahrscheinlich nach Europa exportiert werden.

(9) Die Versetzung mit Essig entspricht in etwa der übersäuerten Ziegenkäselake, in der das Amanitagranulat verkocht wird.

(10) VIOLA S. 1972. *Die Pilze*. München. T. 5.

(11) Nizhelsky V. von der russischen Botschaft in Kabul, auf diesen Tatbestand hin befragt, kann diese Angaben zwar nicht bestätigen, hält sie aber für nicht unmöglich.

(12) von RANKE-GRAVES Robert. 1955. *Griechische Mythologie. Quellen und Deutung*, Bd. 1. Reinbek bei Hamburg. S. 8

Das Foto der Fliegenpilze stammt von E. Schröder und wurde am 1.11.1982 (!) in den südwestlichen Ausläufern der Vogesen aufgenommen.

Zur Botanik der Coca-Pflanze

Egbert Potratz

ZUSAMMENFASSUNG In der folgenden Studie wird die Botanik der Coca-Pflanze umfassend dargestellt. Taxonomische Fragen und die Herkunft der Pflanze werden ebenso behandelt wie Probleme des Anbaus und der Verbreitung insbesondere im außerandinen Bereich. Als Quellen werden Forschungsergebnisse aus jüngster Zeit herangezogen, die in der deutschen wissenschaftlichen Literatur bisher nicht berücksichtigt wurden.

SUMMARY The following study describes the botany of the coca-plant. Taxonomic questions and the origin of the plant are discussed as well as problems of cultivation and distribution especially in extra-andine areas. The lastest results of scientific research are used as sources which have not jet been considered in German scientific literature.

RESUME L'ètude suivante prèsente la botanique de la Coca. Sont discutèes des questions taxonomiques et relatives à l'origine de la plante, ainsi qu'à sa culture et sa distribution dans les règions extra-andines. L'ètude se base sur des recherches très rècentes qui ne sont pas encore prises en compte dans la littèrature scientifique allemande. gm

Als COCA bezeichnet man Pflanzen, (bzw. deren getrocknete Blätter), der Gattung *Erythroxylum*, die gewisse Alkaloide, insbesondere das KOKAIN als einziger naturlichen Quelle enthalten. Als Stammpflanze der Droge gilt der Strauch *Erythroxylum coca* LAMARCK (1). Die Systematik und Taxonomie ihrer Familie erschien bisher wenig geklärt, ebenso ihre Herkunft. Zu dieser Gattung werden 200-250 Arten gerechnet; die meisten davon sind im tropischen Mittel- und Südamerika heimisch, einige in Afrika, Asien und Australien. Der weitaus größte Teil der Pflanzen wird zu Nutzholz verarbeitet, einige haben in der Volksmedizin einen festen Platz. Die Morphologie von *Erythroxylum* erschwert gleichwohl die Taxonomie: alle Arten bilden Büsche oder kleine Bäume aus, und besitzen Schuppenblätter an der Basis junger Zweige. In deren Achseln stehen kleine, weisslich-gelbliche unscheinbare Blüten. Ihre oberständigen Fruchtknoten bilden einsamige, rote längliche Steinfrüchte aus. Die Studien früherer Forscher gaben Anlass zu unklaren Vermutungen und begründeten die jahrzehntelange Verwirrung botanisch-taxonomischer Einstufung. Einerseits wurden die kultivierten Coca-Sorten untersucht, andererseits die Existenz wilder Coca-Varietäten behauptet (2). Als Gründe für die Verwirrung nennt RURY (3) drei Faktoren: 1) ungenügende botanische Kenntnisse der Autoren, 2) der wahllose Gebrauch von einheimischen und Handelsnamen mit keinem oder wenig Bezug zu wissenschaftlichen Bezeichnungen und 3) die Veröffentlichung von Beschreibungen ohne Referenzen zu registrierten Mustern aus Herbarien. Sicher ist jedenfalls, dass die Bestimmung von *Erythroxylum coca* LAMARCK an Exemplaren der kultivierten Pflanzen erfolgte.

Der französische Botaniker Joseph de JUSSIEU (1704-17779) sandte im Jahre 175o solche Pflanzenmuster aus den Plantagen von Coroico (Nord-Yungas, Bolivien) nach Paris. Sein Bruder Antoine de JUSSIEU beschrieb die Pflanze und ordnete sie in die Familie der *Malpighiaceae* vom genus *Sethia* ein. Antonio Josè de CAVANILLES (1745-1804) folgte offenbar

Friedr. Vieweg & Sohn Verlag, Braunschweig/Wiesbaden

dieser Klassifizierung. Patrick BROWNE (1756), ein englischer Naturforscher, ordnet die Coca in seiner 'Natural History of Jamaica' in die Familie der *Erytrhoxylaceae* unter den genus *Erythroxylum* ein, ebenso wie LINNAEUS (1759). Bernard de JUSSIEU (1699-1776), ein Bruder von Joseph und Antoine wurde Leiter des Gartens von Trianon (1758), den er nach einer natürlichen Anordnung der Pflanzen einrichtete. Ihr Neffe Antoine Laurent de JUSSIEU (1748-1836) entwickelte daraus ein natürliches Pflanzensystem; er folgte der Klassifizierung von LINNAEUS wegen bestimmter Merkmale der Blüte. Jean-Baptiste LAMARCK (1744-1829) schloss sich dieser Meinung an, und die Pflanze trägt seit dieser Zeit seinen Namen: Erythroxylum coca Lamarck (4).

Der Coca-Strauch wurde schon lange von den Indianern in den südamerikanischen Cordilleren und ihren Tälern angebaut, als die Spanier mit der Pflanze und ihrer Anwendung in der Gegend des heutigen Venezuela, Kolumbien, Ecuador, Peru und Bolivien in Berührung kamen. Wie bei anderen Kulturpflanzen bildeten sich eine Reihe von an die örtlichen Verhältnisse angepassten Cultivare. Es ist der Verdienst von PLOWMAN (1979) (5), der in jüngster Zeit durch morphologische und taxonomische Arbeiten eine Abgrenzung und Bestimmung der einzelnen Cultivare ermöglichte. In erster Linie sind es vier Varietäten, die z.T. auch als Handelsware in Frage kommen:

a) *Erythroxylum coca* LAMARCK var. coca (*E.bolivianum* BURCK) liefert die sog. Huanuco-Coca oder das Bolivia-Blatt und kommt vor in Peru, Bolivien, Brasilien, Venezuela sowie in Indien (6). Diese Sorte zeigt sich als kleine Sträucher (ca. 1-2 m hoch), die in Berglagen (7oo-15oo m) heimisch sind. Die Blätter sind sehr lederig und das stupfgerundete Blattende läuft in eine kurze Stachelspitze aus, die bei der Handelsdroge aber meist abgebrochen ist. Die Huanuco-Coca besitzt einen hohen Alkaloidgehalt (o,5-1,5%) mit einem Cocainanteil von 70-80% (7).

b) *Erythroxylum coca* Lam. var. *spruceanum* BURCK) (*E. coca* var. *truxillense* RUSBY). PLOWMAN bezeichnet diese Varietät als *E. novogranatense* var. *truxillense* (RUSBY) Plowman (8).
Die kräftigeren und weiter verzweigten Sträucher besitzen weniger lederige, leichter brechende Blätter und gedeihen ausser im Bergland auch im tropischen Flachland. Sie liefern die sog. *Trujillo -Coca* (9). Ausserdem ist dies die Stammpflanze der *Java-Coca*, die dort in Höhenlagen um 4oo-6oo m gepflanzt wird. Diese, und eine *Peru-Coca* genannte Sorte, war einst während der Inka-Zeit entlang des gesamten Küstenstreifens und in den östlichen Tälern Perus weit verbreitet. Heute kommt sie nur noch in der Umgebung von Trujillo und im Einzugsgebiet des oberen Maranon vor. Der Alkaloidgehalt der Trujillo-Coca beträgt oft 1-2%, davon meist mehr Cinnamylcocain als Cocain, besonders bei der Java-Ware. Dies ist jedoch auf die Erntemethoden zurückzuführen, weil in Java die jüngsten alkaloidreichsten Blätter geerntet werden, die verhältnismässig viel mehr Cinnamylococain enthalten als alte Blätter (1o). In Südamerika werden dagegen nur die älteren Blätter gesammelt, und somit enthält die echte Trujillo-Ware einen höheren Cocain-Anteil im Alkaloidgemisch als die Java-Ware (11).

c) *Erythroxylum novogranatense* (MORRIS) HIERONYMUS. Diese Sorte liefert das Columbia-Blatt und wurde in präkolumbianischen Zeiten im Bergland des heutigen Kolumbien und Venezuelas angebaut. Sie wächst auch in tieferen Lagen und heisseren, trockeneren Klimazonen und ist toleranter gegenüber Witterungs- und Bodenbedingungen. Heutzutage wird E. novogranatense nur noch in abgelegenen Gebirgsregionen, bes. im Cauca-Gebiet und in der Sierra Nevada de Santa Marta, in kleinem Umfange von einigen Indianergruppen kultiviert. Eben diese Spezies wurde in die tropischen Gebiete der Alten Welt eingeführt und vornehmlich in den britischen Kolonien als Ornamental-Pflanze und in kleinen Plantagen angebaut. Die Blätter von E. novogranatense sind im allgemeinen kleiner und dünner als von E. coca und ihre Farbe tendiert zu kräftigeren und gelblicheren Schattierungen. Die Sträucher können

SPECIMEN OF COCA SENT BY JUSSIEU. [*After Gosse.*]
Herbarium, Museum of Natural History; Paris.

Aus *Golden Mortimer*, W. 1974. History of Coca. San Francisco: Fritz Hugh Ludlow Mem. Lib. Ed.

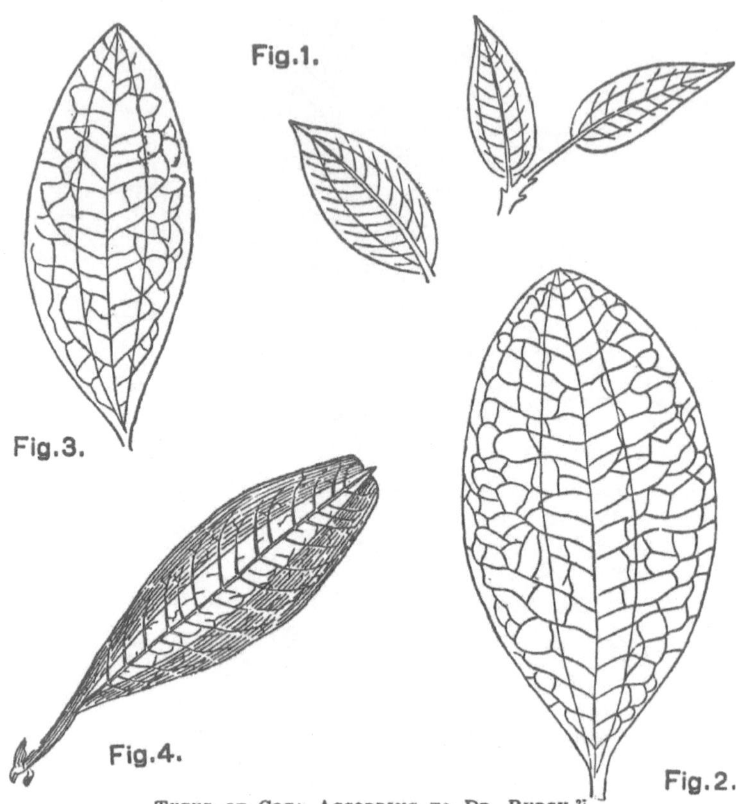

TYPES OF COCA ACCORDING TO DR. BURCK.[27]

Fig. 1. E. Coca, Lamarck. Fig. 2. E. Coca, Lam., var. *Bolivianum*, Burck. Fig. 3. E. Coca, Lam., var. *Spruceanum*, Burck. Fig. 4. E. Coca, Lam., var. *Novo-Granatense*, Morris.

1-3 m hoch werden. Der Cocain-Gehalt der Columbia-Blätter ist manchmal geringer als bei E coca. Andererseits sind sie begehrt, ebenso wie die Blätter von E. novogranatense var. truxillense wegen ihres aromatischen Geschmacks und ihrer 'Süsse'. Die Indios kauen lieber 'süsse' Blätter als die mehr bitteren (mit höherem Cocain-Anteil). Diese 'Süsse' erklärt sich durch den hohen Gehalt an Methylsalicylat (Wintergrünöl; es findet bes. in den USA in antirheumatischen Cremes und Mundpflegemitteln Verwendung).

d) *Erythroxylum coca* var. *ipadú*. Diese Sorte wurde erstmals von PLOWMAN (1979 b, 1981) taxonomisch differenziert und in ihrer Eigenständigkeit festgestellt.Es handelt sich hierbei um die sog. Amazonas-Coca, die im östlichen Amazonas-Gebiet weniger, im westlichen Amazona-Becken, mit Teilen Perus, Ecuadors, Kolumbien und Brasiliens offenbar häufig angebaut wird. Praktisch alle Indianergruppen dieses Tieflandgebietes benutzen die Amazonas-Coca (Ipadú) als Stimulans, jedoch in pulverisierter Zubereitung. Da diese Sorte nur ca. o,1-o,4% Cocain enthält, wird die Droge offenbar pulverisiert um eine bessere Alkaloidausbeute zu ermöglichen. (HOLMSTEDT 1977, PLOWMAN 1981). Als Handelsware scheint E. coca var. ipadú keine Rolle zu spielen.

Ursprung der Coca-Pflanze

Der botanische Ursprung der Coca ist nicht bekannt. Gesicherte Berichte gibt es erst seit der spanischen Eroberung Lateinamerikas. Aber selbst während der Jahrhunderte dauernden Kolonisation entstanden und verlöschten Coca-Anbaugebiete, so auch Berichte darüber. Frühe Forschungsreisende, ungefähr ab der Mitte des 18. Jahrhunderts haben dies auch immer wieder betont, und diese haben schon Spekulationen darüber angestellt, wo die Coca herkommen könne und vereinzelt auch über 'wilde' Pflanzen berichtet (WALGER 1917 ausführliche Übersicht).

Gesichert scheint jedoch, daß sich die weit verbreitete Verwendung und ihr intensiver Anbau erst nach der Eroberung Perus durch die Spanier eingebürgert hat. Dazu hatten die Inkas bis kurz vor ihrem Untergang allerdings wesentlich beigetragen. Diese hatten ein strenges Reglement entwickelt, das den Gebrauch der Coca für die Ausführung bestimmter Arbeiten und für religiöse Riten vorsah und allgemein der Oberschicht zuordnete. Durch Ausdehnung ihres Imperiums haben sie gleichzeitig für eine organisierte Verbreitung der Coca wie ihres Kontrollsystems gesorgt. Auf ihren Kriegszügen eroberten sie andererseits Gegenden, deren Bewohner bereits Coca anbauten und z.T. religiös verehrten.

Die Schöpfungsmythen der Inka, in denen Coca eine besondere Rolle zu spielen scheint, lassen vermuten, dass sie die Coca selbständig für sich entdeckt haben. Die Existenz der Coca bei von den Inkas unterworfenen Stämmen und archäologische Funde aus sehr viel früheren Zeiten weisen jedoch darauf hin, dass weniger der Ursprung der Coca als ihre Verbreitung mit den Inka im Zusammenhang gebracht werden kann. Jedenfalls war gegen Ende der Inka-Herrschaft der Coca-Gebrauch und z.T. der Anbau zwischen Süd-Kolumbien, Chile und Nord-Argentinien verbreitet. Darüberhinaus existieren ausgedehnte Gebiete im nördlichen Kolumbien bes. im Tal des Magdalena und in der Sierra Nevada de Santa Marta, in denen Coca angebaut und verwendet wurde, die nicht unter der Herrschaft der Inka gestanden hatten. Hinzu kommen Teile des Amazonasbeckens, in denen Coca offenbar auch schon verwendet wurde.

Hier stellt sich die Frage, ob E. coca und E. novogranatense eigenständigen Ursprungs sind oder ob sie von einer Sorte abstammen und nur durch Verpflanzung und Kultur sich zu unterschiedlichen Varietäten entwickeln konnten.

Wie bereits erwähnt, kann das 'wilde' Vorkommen der Coca nicht mit Sicherheit nachgewiesen werden (12). Jedenfalls ist nach WALGER (1917) die Coca schon früher in Brasilien, wenn auch vereinzelt, bekannt gewesen. SCHULZ (1907) meint dagegen die Urform von E. novogranatense mit Sicherheit nachgewiesen zu haben und zwar in Form der Varietät E. tobagense, die im Urwald des Berges Morne d' Or, 450 m ü.d.M. auf der Karibikinsel Tobago wild und auch kultiviert (!) zu finden sei (13).

Es gibt noch andere Möglichkeiten, den Ursprung der Coca näher zu bestimmen. Einmal können wir die Methoden des Gebrauchs der Coca ethnographisch vergleichen, dann können wir Namen und Bezeichnungen der Coca in den einzelnen Gebieten Südamerikas linguistisch vergleichen und schliesslich müssen wir archäologische Funde heranziehen. Für die Bestimmung des Ursprungs der Coca läßt sich offenbar bis heute aber nichts Eindeutiges aus diesen Theorien ableiten. Jedenfalls ist es sicher, daß das Verbreitungsgebiet einer bestimmten Anwendungsform entspricht. Archäologische Funde von der peruanischen Pazifikküste, aus Süd- und Nord-Kolumbien sowie von der Landenge von Panama lassen sich nur schwer im Zusammenhang bringen.

Läßt sich zwar der botanische Ursprung der Coca-Pflanze bisher nicht bestimmen, so scheint die Theorie BÜHLERs (1944) am wahrscheinlichsten, ethnologisch-archäologisch das Ursprungsgebiet des Cocagebrauches zu erschließen. Dies ist die Gegend von Nord-Kolumbien, die Gegend der E. novogranatense, wo die alten Chibcha-Völker und davor andere Aruak-Stämme lebten, die sehr wahrscheinlich auch einige Karibikinseln (möglicherweise auch Tobago) bevölkerten, mit Sicherheit auch in der Gegend des heutigen Guayana lebten. Es deutet einiges darauf hin, daß die Aruakos den Gebrauch der Coca populär machten und sogar mit Coca Handel trieben. Man darf annehmen, daß einige Aruako-Stämme die Coca bis in die Andenregionen gebracht haben. Der älteste dort nachweisbare Volksstamm, die Uru, sprechen eine dem Aruakischen verwandte Sprache (14). Damit erscheint es als wahrscheinlich, daß die Aimará und die Quetschua, die die eigentlichen Inka später bildeten, die Coca ursprünglich nicht kannten, sondern ihren Gebrauch und die Kultur von altansässigen Stämmen übernahmen. Daß sie für die Verbreitung sorgten, ist nachhaltig von BÜHLER belegt.

Verbreitung der Coca-Pflanze

Von entscheidendem Einfluss auf die Verbreitung der Coca ist das Klima, und hier besonders die Temperatur. Der Anbau ist weitgehend auf die Andenregionen beschränkt, im Süden bis etwa zum Wendekreis. Die große Empfindlichkeit gegenüber tiefen Temperaturen beschränkt das Verbreitungsgebiet. Weder kommt sie in den mittleren Kordilleren noch im wüstenhaften Küstenland vor. Die eigentliche Wachstumszone für E. coca ist die Urwaldregion, die die Osthänge der Anden bis zu 3ooo m hinauf bedecken, die sog. Montana. Innerhalb der Montana gedeiht die Coca bis zu einer oberen Grenze, bis ca. 1900 m in Zentralperu und bis ca. 1800 m in Südperu. In Bolivien ist das Hauptverbreitungsgebiet wegen der höheren geographischen Breite etwas tiefer gelegen (15). Im allgemeinen sind die regenreichen tropischen Regionen für die Coca geeignet. Gegen Ende des letzten Jahrhunderts versuchte man, die Coca-Kultur in das tropische Afrika und Asien zu verpflanzen, was teilweise zu erfolgreichen Ergebnissen führte. Die Kulturen wurden jedoch nicht weiter entwickelt, bis heute lassen sich nur noch rudimentäre Pflanzungen, z.B. in Asien, nachweisen.

AMERIKA

In Nord-A r g e n t i n i e n wird von der indianischen Bevölkerung noch Coca gekaut, die hauptsächlich aus Bolivien importiert wird. In der Gegend von Salta sollen einige Cocapflanzungen bestanden haben (WALGER 1917, p. 21). Heutzutage sollen dort noch illegale Kulturen unterhalten werden. (CARROLL 1977, p. 36).

In B o l i v i e n gibt es entlang der Ostabhänge der Kordillere zwei Hauptanbaugebiete, eines im Department. La Paz und eines im Department Cochabamba. Im Department La Paz handelt es sich um das Einzugsgebiet des Rio Beni. Hier ist die Provinz Yungas des wichtigste Erzeugungsgebiet der Coca. Einmal Süd-Yungas mit den Zentren Chulumani und Irupana. Dann die Nord-Yungas mit den Zentren von Coroico und Coripata. Die gesamte Yungas-Region ist sehr fruchtbar. Hier gedeihen in Höhen zwischen 600 und 1600 m (vielfach bis 2000 m) Zitrusfrüchte Kaffee und Bananen. Der überwiegende ökonomische Faktor ist jedoch die Coca, das 'oro verde' (grüne Gold), deren Plantagen kilometerweit die Abhänge überziehen. Nach alten Schätzungen (sie gehen auf UNÂNUE 1794 und POEPPIG 1835 zurück (16)) produzieren die Yungas bis zu dreiviertel aller bolivianischen Cocablätter. Der restliche Teil kommt aus den an die Yungas anschliessenden Provinzen, südöstlich Inquisivi, nordwestlich Larecaja, Munecas und Caupolican sowie aus den Tälern östlich von Cochabamba, die sich bis nach Santa Cruz hinziehen. In der letztgenannten Gegend, den Yucarares, die allgemein etwas tiefer gelegen ist, als die Yungas, wächst Coca mit kleineren Blättern, besonders im Tal des Rio Espîritu Santo. Offenbar sind die Yucarares nicht so sehr kommerzialisiert wie die Yungas. Weiter exsitieren ausgedehnte Plantagen in den Tälern östlich von Cochabamba, in der Provinz Chaparé (CARROLL 1977, p. 37). Dieses Gebiet zieht sich entlang der Kordilleren bis in die Gegend von Santa Cruz. Es wird von WALGER als Yucarares und von CARROLL als Yepecani bezeichnet.

In Brasilien ist Coca unter dem Namen Ipadû bekannt. Eigentliche Plantagenkultur wird hier nicht betrieben, doch gebrauchten eine große Zahl von Indianderstämmen im Amazonasbecken Coca als Genußmittel. Bedeutende Regionen sind hier das westliche Einzugsgebiet des Rio Negro, mit den Flüssen Rio Vaupes und Rio Tiquê,das bis nach Kolumbien hineinreicht. Offenbar wird Coca aber entlang des ganzen Rio Negro bis in die Gegend um Manaus angetroffen. Weiter südlich gedeiht Ipadû zwischen dem Rio Yapura und dem Rio Yurará mit einem Zentrum um den Ort Tefê (früher Egá) nahe der Einmündung des Rio Yapura in den Amazonas (17). Weiter südlich soll Ipadû vorkommen am Oberlauf des Rio Madeira.

Unbestätigte Berichte einiger früherer Forscher lassen (nach WALGER 1917) vermuten, dass Coca in den Tälern der Gebirgszüge im östlichen Brasilien bis südlich in die Gegend von Rio de Janeiro gedieh. Berichte aus jüngster Zeit scheinen diese Vermutung zu bestätigen (18). Es darf angenommen werden, dass das Vorkommen von Coca im Amazonasbecken weitaus größer war zu der Zeit, als die ersten Besucher und Eroberer aus Europa das Gebiet bereisten. Das Vorkommen ist wesentlich häufiger im westlichen Amazonasgebiet als im östlichen Teil. Einige wenige Berichte (PLOWMAN 1981) liegen vom Rio Solimoes nahe Manaus, aus Santarêm und Belêm vor.

In Ecuador ist der Gebrauch und die Kultur von Coca heute nahezu erloschen. Reste finden sich in Rückzugsgebieten der indianischen Bevölkerung im Norden nahe der Grenze zu Kolumbien. Auch wird im ecuadorianischen Bereich des Amazonasbeckens, z.B. am Rio Napo, E. coca var. ipadû von den dort lebenden Indianern gebraucht (PLOWMAN 1979, p. 114). Es gibt jedoch eine Reihe von Beweisen, dass die Coca in Ecuador zumindest bis zur Eroberung durch die Inka und Spanier eine durchgängige Bedeutung besessen hat. Deutlich wird dies durch die Figurinen der Bahia-Phase (500 a.D.!) von der Manabi-Küste (19).

Auf einigen Inseln in der Karibik wurden Versuche unternommen, die Coca einzuführen (wenn sie vielleicht früher nicht schon dort bekannt war). So wird von Jamaika berichtet, dass dort ausführliche Versuche unternommen worden sind (20). Dort sind andere Erythroxylum Arten heimisch, z.B. E. areolatum, deren Holz als Baumaterial geschätzt wird. MORTIMER (1905) berichtet über die Vermutung von BROWNE (1756), wonach Coca auf Jamaika heimisch gewesen sein soll (21). Nach anfänglichen Kulturversuchen erlosch jedoch das Interesse an Coca auf Jamaika. WALGER (1917) erwähnt weiterhin die Inseln Santa Lucia, Guadeloupe, Martinique und Trinidad, auf denen um die Jahrhundertwende Anbauversuche stattgefunden haben sollen oder - wie auf Trinidad - 'wilde' Coca vorkommen soll (22).

Offenbar wurde auch versucht, den Cocastrauch in Kalifornien heimisch zu machen, den südamerikanische Minenarbeiter dorthin mitgebracht hatten, es gelang jedoch nicht (23).

Kolumbien hat als Coca-Lieferant nie eine größere Bedeutung erlangt. Der in vielen Teilen des Landes betriebene Anbau geschieht nicht systematisch und ist im Verhältnis zu Bolivien und Peru minimal. Die Ernte wird ausschliesslich von lokalen Indianergruppen konsumiert. Offenbar werden aber heutzutage in den Departamentos Meta und den Comisarias Vichada und Vaupes größere Coca-Pflanzungen für die illegale Cocainherstellung unterhalten (24).

Die traditionellen Coca-Anbaugebiete im Kolumbien teilen sich in einen südlichen, östlichen und nördlichen Bezirk. Der südliche Bezirk ist die Gegend um Popayan, wo die östlich davon in der Sierra lebenden Paez und Inza Indianer ihre traditionelle Coca-Kultur erhalten haben. CIEZA DE LEON (1554) berichtete aus dem 16. Jahrhundert von einem im Caucatal zwischen Cali und Popayan verbreitetem Coca-Gebrauch (25). Ein weiters Zentrum bestand offenbar um den etwas weiter östlich im

Department Huila gelegenen Ort La Plata (26). Weiter finden sich bei WALGER Berichte aus der zweiten Hälfte des 19. Jahrhunderts über Pflanzungen im Magdalenatal nahe den Orten Chaparral und Ibaguê im Deptartment Tolima. Hier handelt es sich sehr wahrscheinlich um das Siedlungsgebiet der restlichen Pijao-Indianer (USCATEGUI, 1967). Der östliche Bezirk Kolumbiens ist das Tiefland, das in das Amazonasbecken mündet. Im Gegensatz zu E. novogranatense, die im südlichen und nördlichen Bezirk angebaut wird, gedeiht im Amazonasbecken von Kolumbien E. coca var. ipadû, die Amazonascoca. Nahezu alle im östlichen Grenzgebiet lebenden Tieflandindianer benutzen Coca in pulverisierter Form. Hierzu gehören u.a. im süd-östlichen Grenzbereich die Gruppen der Tukano und Huitoto, der Makû, Yebamasá und der Tunebo (27). Der nördliche Bezirk ist konzentriert auf die Sierra Nevada de Santa Marta mit den Indianergruppen der Kogi, Ika und Sanka, sowie die östlich davon nach Venezuela sich hinziehende Sierra de Perijâ (oder Sierra de Motilones) mit der Gruppe der Motilon-Indianer. In früheren Zeiten war Coca auch noch auf der Halbinsel Guajira heimisch (28).

Kolumbien bietet große klimatische Bereiche, die für den Anbau von Coca geeignet wären. In präkolumbianischer Zeit ist auch eine grössere Verbreitung mit Sicherheit anzunehmen.

Aus M e x i k o berichtet WALGER (1917) über verschiedene Anbauversuche aus der zweiten Hälfte des 19. Jahrhunderts. Bedeutung haben diese jedoch nicht erlangt und die Versuche sind offenbar wieder eingestellt worden (29).

P e r u ist neben Bolivien der klassische Coca-Lieferant und Hauptproduzent. Nach Mitteilungen der peruanischen Regierung an den United Nations Fund for Drug Abuse Control im Dezember 1975 gibt es einen authorisierten Coca-Anbau in 12 der 24 peruanischen Departamentos, nämlich in Amazonas, La Libertad, Cajamarca, San Martin, Huánuco, Ancash, Junin, Cuzco, Puno, Ayacucho, Apurimac und Arequipa (3o). Die Produktionsgebiete lassen sich von Süd nach Nord in 5 Regionen einteilen. (1 Region des Rio Madre de Dios, 2)Region von Cuzco, 3)Region von Ayacucho, 4)Region von Huanuco, 5)Region von Trujillo und Cajamarca).

1) Die Region des Madre de Dios, gelegentlich auch nach dem Ort Paucartambo benannt, zieht sich von hier an den Abhängen südlich bis an die Grenze zu Bolivien. Wichtig sind die Täler um Paucartambo, die kurz nach der Conquista eine große Bedeutung hatten. Weitere größere Anbauflächen finden sich im Verlauf des Rio Inambari und seinen Seitentälern, besonders die Orte Marcapata, Phara und Sandia. Weiter unterhalb am Rio Sondia liegt der Ort Ypara, nachdem früher auch Handelsware bezeichnet wurde. Ein weiteres Coca-Zentrum besteht am Unterlauf des Rio Tambopata, nahe dem Ort Puerto Maldonado.

2) Die Region von Cuzco ist nach diesem Ort benannt, weil hier ein großer Markt für die Coca besteht, obwohl in der unmittelbaren Umgebung keine Coca gepflanzt wird. Überhaupt ist Cuzco der größte Coca-Markt Südperus. Die Coca wird hier hauptsächlich im von Cuzco aus leicht zugänglichen Tal des Rio Urubamba angebaut, und man sagt, daß heute in dem großen Valle de la Convención mit dem Ort Quillabamba nahezu die Hälfte aller Peruanischer Coca produziert wird (31). Weitere wichtige Orte sind Ocobamba und das Tal des Rio Yantili (auch Rio Lares) (32), das sich östlich parallel zum Rio Urubamba erstreckt.

3) Die Region von Ayacucho umfaßt die Montana-Region der Zuflüsse des Rio Apurimac mit den (höher gelegenen) Coca-Märkten von Ayacucho, Huanta und Huancayo.

4) Die Region von Huánuco teilt sich in zwei Gebiete. Einmal die Gegend um Huánuco selbst, eine der ältesten Städte Perus (gegründet 1539) und größter Coca-Markt von Nord-Peru. Das Hauptanbaugebiet liegt nord-östlich der Stadt um den Ort Tingo-Maria (33). Hier ist noch das Gebiet um den östlich von Huánuco gelegenen Ort Pozuzo zu nennen, wo deutsche Coca-Pflanzer gegen Ende des 19. Jahrhunderts große Plantagen unterhielten (34). Das zweite Gebiet der Region Juánuco sind die Täler der Zuflüsse des Rio Huallaga mit den Orten Tayabamba und dem tiefer gelegenen Juanjuy.

Als 5) Region haben wir dann die Gegend um Trujillo an der Küste und am Maranon. Hier ist es das Hinterland von Trujillo, bes. das obere Tal des Rio Moche bei Otuzco und Huamachuco sowie anschließende Teile des Dept. Cajamarca mit dem Ort Cascas. Am Maranon befinden sich die meisten Pflanzungen von Balsas flußaufwärts gelegen (35). Die Trujillo-Coca ist wegen ihres ausgeprägten aromatischen Geschmacks begehrt, und der allergrößte Teil der Produktion dieser Gegend wird in die USA exportiert für die Gewinnung eines aromatischen Extraktes, der für die Verwendung von Coca-Cola Verwendung findet.

In V e n e z u e l a spielt ähnlich wie in Ecuador der Anbau von Coca keine Rolle mehr. Zur Zeit der Eroberung durch die Spanier war jedoch der Gebrauch und der Anbau an der gesamten Karibikküste verbreitet (36). Heute wächst in Venezuela nur noch wenig Coca und zwar an der westlichen Grenze zu Kolumbien und sehr wahrscheinlich im Gebiet des oberen Orinoko an der Grenze zu Brasilien.

AFRIKA

Gegen Ende der zweiten Hälfte des 19. Jahrhunderts wuchs die Nachfrage nach Coca für die Cocain-Herstellung stark an. Einige Kolonialmächte versuchten daher,in ihren tropischen Besitzungen Coca zu kultivieren, um vom südamerikanischen Markt unabhängig zu werden. Ein großer Teil Afrikas wäre für den Anbau von Coca klimatisch geeignet. Es wurden verschiedene Pflanzungen angelegt, aber sie haben nirgendwo eine Bedeutung erlangt. Alle folgenden Informationen finden sich bei WALGER (1917).

In T a n s a n i a (ehem. Deutsch-Ostafrika) gedieh die Coca überall in gebirgigen Gegenden mit genügend Niederschlag bis zu einer Höhe von 1500 m. Die Pflanzungen wurden zugunsten anderer Tropenprodukte wieder aufgegeben.

In K a m e r u n wurden Versuchskulturen unterhalten, doch war offenbar die Alkaloidgehalt der Blätter nicht sehr hoch (37).

In T o g o gediehen alle Coca-Kulturen sehr gut und lieferten Blätter mit hohem Alkaloidgehalt. Sie wurden jedoch ebenfalls aufgegeben. Ferner wurden Anbauversuche unternommen in G h a n a (früher Goldküste) mit gutem Erfolg, in N i g e r i a, in Z a i r e (früher Kongo), auf S a o T h o m é und auf S a n s i b a r. Versuche auf den S e y c h e l l e n zeigten, dass das dortige Klima für E. novogranatense sehr gut geeignet ist.

ASIEN

In Asien existieren ebenfalls viele Gebiete mit einem Klima, das ein gutes Gedeihen von Coca-Kulturen erwarten lässt. Ähnlich wie in Afrika haben die Kolonialmächte, hier England und Holland, die Kulturen versucht. Holland wurde mit seiner Java-Coca für lange Zeit zu dem einzigen ernstzunehmenden Konkurrenten für die Südamerika-Coca auf dem Weltmarkt.

Wenig ist über den Coca-Anbau auf T a i w a n (Formosa) bekannt. Es müssen jedoch größere Kulturen bestanden haben, denn noch 1934 wurde Formosa in Zusammenstellungen des Völkerbundes als Coca-Produzent geführt (38).

In I n d i e n versuchten die Engländer die Coca an einigen Stellen in Cinchona- und Teeplantagen als Kulturpflanze einzuführen. Die Versuche in Sikkim misslangen wegen zu großer Kälte im Winter. Weitere Versuche wurden in Assam und Sylhet unternommen. Die dortigen Kulturen sind um 191o aufgelassen worden. Bis in die zwanziger Jahre dieses Jahrhunderts gab es größere Kulturen von einiger ökonomischer Bedeutung in der Gegend um Madras im Bezirk Wynaad, an den Abhängen der Nilgiris, der Shevaroy Hills und der Berge von Travancore am südlichen Ende der Malabarküste. Sehr wahrscheinlich wird hier heute noch in kleinerem Maßstab Coca angebaut.

Der Anbau auf Ceylon war einige Zeit lang sehr bedeutsam, besonders in den Distrikten Matale und Gampola. Oberhalb einer Höhe von 650 m wurde hier E. coca gepflanzt und unterhalb dieser Grenze E. novogranatense. Der kulturmässige Anbau wurde zu Anfang dieses Jahrhunderts eingestellt (38).

Frühzeitig, in den achtziger Jahren des 19. Jahrhunderts begannen die Holländer mit dem Anbau von Coca, E. novogranatense in großem Stile auf einigen ihrer Inseln in Indonesien, wo sie schon große Cinchona-Kulturen unterhielten. E. novogranatense verträgt das dortige heisse Klima besser als E. coca und hat sich, unterstützt durch den dort üblichen intensiven und sorgfältigen tropischen Landbau, schnell zu einer gewinnbringenden Plantagenkultur entwickelt. In diesem Klima hat sich auch die Alkaloidzusammensetzung verändert. Der Gesamt-Alkaloidgehalt ist höher als von E. coca, nur ist sehr viel weniger Cocain enthalten und dafür mehr Cinnamylcocain. WALGER (1917) vermutet, dass Java nicht seine ausserordentliche Bedeutung als Coca-Produzent gewonnen hätte, wenn man dort sofort mit der Kultur von Peru-Coca begonnen hätte (39). Neben Java gelangte auch Madura und Sumatra zu einer gewissen Bedeutung. Die Coca wird hier, ähnlich wie Tee, in geschlossenen Beständen unter Schattenbäumen (z.B.Gummi) gepflanzt. Neben eigentlichen Coca-Plantagen wird die Pflanze auch auf anderen Plantagen als Wegeinfassung oder in Hecken gezogen(4o). In Ost-Java, wo die größten Kulturen bestehen, gedeiht die Coca in einer Höhe von 400-450 m, in West- und Mittel-Java in ca. 600 m. Die besten Coca-Anlagen sollen bei Soembar Woeloe, am Südabhang des Vulkans Smeru im Osten von Java bestanden haben (41). Noch heute wird auf Java Coca angebaut, und neben der kommerziellen Auswertung der Blätter für die Cocain-Herstellung hat die Coca bei der Bevölkerung, die inzwischen zu Konsumenten geworden ist, einige lokale Bedeutung gewonnen (42).

Weiterhin wurden auf der Halbinsel von Malaysia (Malakka) Anbauversuche unternommen, die gute Ergebnisse zeigten. Noch heute werden Coca-Plantagen in den Tälern der Cameron Highlands und der Jenting Highlands unterhalten (42).

AUSTRALIEN

In Australien wurde Coca in Queensland angebaut, und obwohl sie dort gut gedeiht, hat der Anbau keine Verbreitung gefunden.

Coca-Anbau

Die Verbreitung der Coca-Pflanze wird in erster Linie durch ihren Anspruch auf einen eng begrenzten Temperaturbereich bestimmt. Der günstigste Bereich liegt in der gleichmässigen Wärme zwischen 15° 2o° C. Tiefere Temperaturen lassen die Pflanze verkümmern, die Blätter bleiben klein und reifen nicht aus. Fröste bringen die Pflanze zum Absterben. Temperaturen höher als 23° C über längere Perioden hinweg lässt die Blätter vertrocknen, die Pflanze verliert ihre Kraft, die ätherischen Öle und der Alkaloidgehalt gehen stark zurück.
Die günstigste Höhenlage ist zwischen 650 und 1700 m, in extremen Fällen kann Coca auch im Flachland oder bis in eine Höhe knapp über 2000 m angebaut werden. Natürlich wird Coca auch in Botanischen Gärten gezogen, die nur eine Klima- jedoch keine Höhensimulation bieten. Die Pflanze entwickelt sich am besten bei regelmässigen und reichlichen Niederschlägen; in sehr trockenen Landstrichen wie z.B. in der Gegend um Trujillo wird dies durch künstliche Bewässerung erreicht. Andererseits muß dafür gesorgt werden, daß die Erdfeuchtigkeit nicht zu stark ist. Am zuträglichsten ist ein während des ganzen Jahres gleichbleibendes Klima mit relativ hoher Luftfeuchtigkeit ohne zu starke Niederschläge.

Häufig pflanzt man Coca an z.T. steilen Hängen in kleinen Terrassen und Gräben, die bei hohen Niederschlagsmengen für eine ausreichende Drainage sorgen. Die Gräben haben einen Abstand von etwa 1 m voneinander. Darin werden immer zwei bis drei Setzlinge zusammen in Abständen von 20-30 cm gepflanzt (44). Manchmal werden schattenspendende andere Kulturpflanzen zwischen die Furchen gepflanzt wie Mais, Kaffee oder Maniok in Südamerika und Tee, Gummi oder Kapok in Asien. Der Alkaloidgehalt variiert wenig zwischen Pflanzen, die im Schatten wachsen und solchen, die der direkten Sonne ausgesetzt sind. In den tiefer gelegenen Gebieten, z.B. in Brasilien oder im östlichen Kolumbien wächst zudem die Coca *ipadú* in kleinen Lichtungen des Urwaldes im Halbschatten als größerer Busch. Coca ist offenbar in Bezug auf den Erdboden anspruchslos. In den Yungas wächst sie auf schwarzem, aus verwittertem Schiefer entstandenem Lehmboden. Zu hohe Luftfeuchtigkeit begünstigt die Ausbildung einer sehr buschigen Pflanze mit großen und grünen Blättern, deren Alkoloidgehalt jedoch gering ist. Kalkböden und selbst Kalk im weiteren Untergrund läßt die Pflanzen verkümmern. Ein Boden mit Humus, reich an mineralischen Stoffen und mit einem hohen Stickstoffanteil ist für die Alkoloidbildung am zuträglichsten (45). MORTIMER (1905) behauptet, die besten und gehaltvollsten Pflanzen gedeihen in der Gegend von Phara in Peru, wo der Boden Arsenopyrit enthält (46). ('arsenical Pyrites', wahrscheinlich Arsenkies FeAsS; vielleicht Löllingit-$FeAs_2$). Für die Gewächshauskultur empfiehlt MORTIMER aufgrund einer persönlichen Mitteilung von MARIANI als Boden eine Mischung aus Sand und kompostierten Blättern.

Ungeklärt ist auch der Faktor der Höhenlage für das Gedeihen der Coca. Nach landläufiger Meinung sind die aus höheren Lagen stammenden Blätter alkaloidreicher. Möglicherweise ist der Mineralstoffanteil in den höheren Lagen der Anden hierfür ausschlaggebend. Diese Bedingungen können jedoch leicht simuliert werden, und in der Tat hat MARIANI in seinen Gewächshauskulturen in der Nähe von Paris im letzten Quartal des 19. Jahrhunderts grosse Mengen hochwertiger Coca gezogen. Anekdotenhalber sei eine Theorie erwähnt, die GOTTLIEB (1976) präsentiert: 'Another explanation of the greater alkaloidal production at high altitudes is that the atmospheric electricity of these levels somewhat increases nitrogen fixation in the soil' (p. 111). Die Fortpflanzung der Coca geschieht durch Aussaat oder durch Stecklinge. Diese haben den Vorteil, dass sie ziemlich problemlos anwachsen und sich schneller zu einer grösseren Pflanze ausbilden. Die Vermehrung durch Samen ist dagegen erheblich komplizierter. GOTTLIEB (1976) schildert das Verfahren folgendermassen (47): Die reifen Samen werden während der März-Ernte (vermutlich Peru-Bolivien) gesammelt. Die Samen sollen gerade reif sein, mit rotem vollem Fruchtfleisch. Bräunliche oder schwarze Samen lässt man unbeachtet. Nun gibt man alle Samen in Wasser. Diejenigen, die an der Oberfläche schwimmen, sind von Insekten befallen und werden verworfen. Die heruntergesunkenen Samen werden wieder aus dem Wasser entfernt und sodann einige Tage an einem feuchten schattigen Ort an der Luft gelagert. Dadurch kann das Fruchtfleisch verrotten und daraufhin die Steinfrucht leicht herausgelöst werden. Diese Samen-Kerne werden sodann mit Wasser gewaschen und wenige Stunden lang in der Sonne getrocknet. Danach müssen sie umgehend ausgesät werden. Will man die Samen jedoch länger aufbewahren, sollen sie sofort nach dem Pflücken in der Sonne getrocknet werden. Nach einigen Tagen ist das Fruchtfleisch zu einem schützenden Überzug eingetrocknet. Derart getrocknete Samen behalten ihre Keimfähigkeit für ca. 2 Wochen.

Für die Aufzucht von Jungpflanzen gibt es mehrere Vorschriften. In den meisten Fällen läßt man die Samen zunächst keimen. GOTTLIEB (1976) beschreibt folgenden Vorgang: Die Samen werden zu 8-10 cm hohen Häufchen aufgeschüttet und mehrmals am Tage mit Wasser besprenkelt, bis sie nach 10-14 Tagen zu keimen beginnen. Die Guambianos (Süd-Kolumbien) empfehlen für die Keimung, die Samen in feuchter Asche in einem kleinen Plastikbeutel in die Erde zu setzen (Asche ist ein schlechter Nährboden für Schimmelpilze; darüber weiter unten) (48).

Ähnliches wurde mir persönlich in Chulumani-Südyungas (1975) von einheimischen Indios empfohlen. Für die Keimung lege man die Samen mit etwas loser feuchter Erde vermischt in eine weithalsige Flasche, mit etwas Watte verschlossen.

Zu Keimversuchen möchte ich hier kurz eigene Erfahrungen berichten: Aufgrund meiner Reiseumstände konnte ich 1975 die Keimung nicht weiter beobachten. Nach 8 Tagen habe ich das Gefäß mit den Samen verschraubt und mit nach Europa genommen. Ca. 6 Wochen später gleich nach meiner Ankunft unterzog ich den Flascheninhalt einer genauen Untersuchung und mußte feststellen, daß etwa ein Drittel der Samen (35) Keime entwickelt hatten, sie waren alle ca. 1 mm gewachsen. Dem Flascheninhalt entströmte ein organisch-aromatischer Geruch. Schimmelbildung war nicht zu erkennen. Sofortige Umsetzung in eine Jiffy-Keimbox lieferte keine Fortschritte. Alle Samen hatten offenbar ihre Keim- und Entwicklungsfähigkeit eingebüßt. Getrocknete, offenbar sorgfältig behandelte Steinfrüchte aus dem Gebiet der Sierra Nevada des Sanata Marta erhielt ich 1981 10 Tage nach ihrer Ernte. 8 dieser Samen wurden sofort für einen Keimversuch in eine Jiffy-Box eingesetzt. Nach 8 Tagen zeigte sich eine weiße Schimmelpilzbildung auf den Torfquelltöpfen, die in den darauffolgenden Tagen zunahm. Alleine bei drei Oberflächen war dieses Phänomen weniger, bei einer kaum sichtbar ausgebildet. Nach 14 Tagen zeigten sich keinerlei Keimanzeichen an der Oberfläche. Die Samen waren etwa 1 mm bedeckt. Aufgrund der ausgedehnten Schimmelpilzbildung wurde entschieden, die Samen einer Inspektion zu unterziehen. Es stellte sich heraus, daß ein einziger Same einen Keimling entwickelt hatt (ca. 2 mm), aber eingegangen war. Er wies die geringste Schimmelbildung auf. Zwei Samen, ebenfalls weniger mit Schimmel befallen, ließen eine kleine weiße Made zum Vorschein kommen, die sich offenbar in den Samen entwickelt hatte. Ich gehe davon aus, daß die Maden ein Zwischenstadium eines Insekts darstellen, das seine Eier in oder an den Samen abgelegt hat. Jedenfalls entwickelte keiner dieser Samen einen überlebensfähigen Keimling.

In den klassischen Anbaugebieten (Peru, Bolivien) werden die Keimlinge während 2-8 Monaten in einem Aufzuchtbeet zu grösseren Pflanzen herangezogen, um dann in die eigentliche Pflanzung umgesetzt zu werden. Das Aufzuchtbeet soll mindestens 1 Fuss (ca. 30 cm) Erdreich unter dem Keimling zur Verfügung haben und niemals tiefer als 1 - 2 m austrocknen. Außerdem müssen die kleinen Pflanzen sehr langsam an direkte Sonnenbestrahlung gewöhnt werden. Später werden die jungen Pflanzen mit einem grossen Ballen herausgenommen und in Abständen zwischen 60 und 90 cm in die Furchen der meist terrassenartig angelegten Felder umgesetzt.

Insektenbefall und Krankheiten der Coca-Pflanze

In den ersten 6 Monaten ist die junge Coca-Pflanze ebenso wie der Same und der Keim sehr empfänglich für Fäulnis, Schimmel und Insektenbefall. Die befallenen Pflanzenteile sollen möglichst entfernt u.U. regelmässig mit einem Insektizid bestäubt werden. Coca wird von vielen Insekten bevorzugt angegriffen. Hierzu gehört der 'Ulu'-Käfer, dessen Raupen ein ganzes Feld in wenigen Tagen vernichten können (siehe weiter unten) (49). PLOWMAN u. WEIL (1979) haben den Befall von Coca mit Insekten genauer untersucht und die wenigen bis heute vorliegenden Ergebnisse anderer Forscher zusammengefaßt. Gleichzeitig wurden von diesen beiden Wissenschaftlern Analysen von Pflanzenmaterial aus Peru durchgeführt, um den Gehalt von lokal gebrauchsüblichen Insektiziden zu bestimmen und herauszufinden, ob für den Coca-Kauer daraus eine Gefährdung entsteht (49).

Der weitaus gefährlichste und verbreiteste Schädling der Coca ist die Larve von *Eloria noyesi* SCHAUS, die sich innerhalb eines Monats zu einem kleinen weißlichen Schmetterling entwickelt, der wieder seine Eier auf der Coca-Pflanze ablegt. Während dieses Monats verzehrt die Larve bis zum 50 Blätter, daneben auch Sprossen. Ist eine Pflanzung befallen, können bis zu 80 % der Pflanzen zerstört werden. Das Verbreitungsgebiet von Eloria fällt mit dem Verbreitungsgebiet von Coca zusammen. Es wird vermutet, dass sich Eloria hauptsächlich von Coca ernährt, andererseits scheint nur die Spezies E. Coca befallen zu werden. Die lokalen Bezeichnungen für Elorida sind in Peru *malunya*, *malungui*, *la mariposa*, *gusanera*, *gusano de tela*, *la tela*, *sullopuncho*, in Bolivien *ulo*, *ulu*. Versuche, den Befall mit Eloria zu kontrollieren wurden unternommen mit einer Reihe von lokalen pflanzlichen Mitteln und Arsensalzen, dann DDT und neuerdings mit modernen Insektiziden wie Carbaryl und Dieldrin.

Blattschneiderameisen (*Acomyrmex* spp.; Atta spp.) sind eine weitere große Gefahr für die Coca, insbes. für junge Sprossen und Setzlinge. Sie werden kontrolliert, indem man ihre Nester ausräuchert oder unter Wasser setzt oder neuerdings mit Insektiziden wie Lindan, Chordan oder Mirex behandelt. Die Ameisen heißen in Peru *coqui*, *cuqui*, *utaca*.

Ein Schädling, der bisher ausschließlich aus der Trujillo-Gegend bekannt wurde, ist *Eucleodora cocae* BURCK, lokal als gusano de tela bekannt. Ähnlich wie Eloria entwickelt sich aus einer gefrässigen Larve ein kleiner weißlicher Schmetterling. In den schlimmsten Monaten April bis August können Eucleodora-Larven bis zu 90 % der Ernte vernichten. Wurde früher DDT und Parathion benutzt, verwendet man seit 1976 Lindan als zuverlässiges und radikales Insektizid.

Ein weiteres Insekt, das die Coca befällt, scheint ebenfalls nur in der Trujillo-Gegend vorzukommen. Der Käfer *Aegoifus pacificus* Tippmann, örtlich als *la groma* bekannt, legt seine Eier unter die Rinde der Coca-Pflanze ab. Die sich daraus entwickelnden Larven fressen sich durch die Stämme und Zweige und bohren lange Kanäle. Hierin siedeln sich Pilze an, die die Pflanze schließlich zum Absterben bringen. Lindan kommt hier ebenfalls zur Anwendung, um la groma zu kontrollieren. Neben diesen Hauptschädlingen gibt es eine Vielzahl weiterer, häufig nur lokal bedeutsamer Insekten, die neben Coca auch noch andere Pflanzen befallen. Hierher gehören Heuschrecken und eine Reihe von Käfern. Es wird vermutet, daß Spinnen-Milben, in Trujillo unter der Lokalbezeichnung *arenilla* bekannt, in gewissen Jahren eine ernste Gefahr bedeuten. Eine weitere ernsthafte Beeinträchtigung für das Gedeihen der Coca-Pflanze bilden eine Reihe von Pilzkrankheiten und Flechtenbefall. Das Abfaulen ist ein alltägliches Problem besonders bei der Keimung der Samen und der Aufzucht junger Pflanzen. Auch ältere Pflanzen können faulen, wenn die Feuchtigkeit anhaltend und zu hoch ist. Einer dieser die Fäulnis auslösenden Mikroorganismen, *Mycena citricolor* (Berk. und Curt.) Sacc. (=Stilbum flavidum Cooke), verursacht das Abfallen der Blätter in Trujillo und Cuzco. Dort ist die Krankheit als '*ojo de gallo*' bekannt. Ein Rostpilz, *Bubakia erythroxylonis* Cumm. (=*Uredo erythroxyli* Graz), verursacht das Gelbwerden der Blätter und lässt sie abfallen. Diese Krankheit wird aus den Gebieten von Junin und Cuzco beschrieben. Weitverbreitet ist auch eine Krankheit, die 'witch's broom' genannt wird und deren Ursache noch unbekannt ist (PLOWMAN, WEIL 1979). Die Erscheinungsform von 'witch's broom' wird für kultivierte Coca-Pflanzen und ebenso für eine Reihe nicht-kultivierter Erythroxylum-spezies beschrieben. Die Bekämpfung von Pilz und Fäulnisbefall wird mit der 'Bordeaux-Mischung' behandelt (50). 'Witch's broom' kennzeichnet ein allgemeines Erscheinungsbild, das wahrscheinlich mehrere Ursachen haben kann und jene Abnormität der kleinen Zweige bezeichnet, die dann aussehen wie ein kleiner Besen. Gewöhnlich werden die befallenen Zweige entfernt, einzelte Pflanzen über den Erdboden abgeschnitten oder, wenn ganze Felder befallen sind, diese insgesamt zerstört, meist verbrannt, PLOWMAN und WEIL (1979) fanden weiter bei ihren sehr genauen Untersuchungen an Pflanzenmustern auf Rückstände von Insektiziden nur Spuren oder solch geringe Mengen, die weit unterhalb der von der US-FDA und EPA (Food and Drug - und Environmental Protection Agency) als schädlich festgelegten Normen lagen (51). Darüberhinaus konnten die beiden Untersucher feststellen, daß die eher teuren synthetischen Insektizide nur auf größeren Plantagen eingesetzt wurden, da sich die Besitzer kleiner Cocapflanzungen diese nicht leisten können.

ANMERKUNGEN

(1) Die bekannteste und verbreitetste Schreibweise ist *Erythroxylon coca*. Nach den 'Internationl Rules of Botanical Nomenclature' soll hier jedoch der Terminus *Erythroxylum* verwendet werden, soweit nicht historische Gründe die ältere Bezeichnung erfordern. Siehe auch unter PLOWMAN (1967) //. (2) Z.B. bei BÜHLER (1944: 3331), wilde Coca-Pflanzen sollen im Gebiet des Rio Negro und im Urwald von Tobago festgestellt worden sein. Nach anderen Quellen ist anzunehmen, dass 'wilde' Coca-Pflanzen als Ableger von Pflanzungen anzusehen sind, sich durch Sprossung in der Nähe aufgelassener Pflanzungen entwickelt haben oder der Samen durch Vögel verschleppt worden ist. In jedem Falle scheinen 'wilde' Coca-Pflanzen nicht vorzukommen, es handelt sich dabei um verwilderte. Eine Basisuntersuchung stellt die Monographie von SCHULZ (1907) dar, deren Einteilung sich jedoch nicht alle Botaniker angeschlossen haben. PLOWMAN (1979a und 1981) und HEGNAUER et al. (1960) würdigen die verschiedenen taxonomischen Bemühungen. // (3) RURY (1981) p. 230. // (4) BÜHLER (1944). // (5) PLOWMAN (1979a und 1979b); vergl. MORTIMER (1905); HENMAN (1981 :319) // (6) HAGERs Handbuch der pharmazeut. Praxis 1973, Bd. IV, p. 822. // (7) AYNILIAN et al. (1974) // (8) RURY (1981) p. 230 // (9) BÜHLER (1944) p. 3331 // (10) DE JONG (1906) // (11) Genauere Untersuchungen über den Alkaloidgehalt und die Alkaloidzusammensetzung wurden von HEGNAUER et al. (1960), AYNILIAN et al. (1974), HOLMSTEDT et al. (1977), YOUSSEFI et al. (1979), TURNER et al. (1981), COOKS et al. (1981) und RIVIER (1981) durchgeführt. // (12) Vergl. PLOWMAN (1981). Ausführliche Hinweise sind bei WALGER (1917) zu finden, jedoch ist sich dieser auch nicht sicher. Er empfiehlt, die früheren Berichte 'cum grano salis' zu beurteilen. // (13) WALGER (1917) p. 16. Er zitiert SCHULZ aufgrund einer persönlichen Mitteilung; auch SCHULZ (1905:87) // (14) BÜHLER (1944) p. 3346 diskutiert die Theorie ausführlich. // (15) WALGER (1917) p. 12. Hier wird gesagt, daß die beste Anbauhöhe zwischen 500 und 1700 gelegen sei. // (16) WALGER (1917) p. 24 // (17) Vergl. auch PLOWMAN (1981) pp. 199-200. // (18) Highwitness News, High Times 28, 45 (1977), HEGNAUER et al. (1960) p. 47, zitiert SCHULZ (1907), wonach im südöstlichen Brasilien E. novogranatense Morris, Hiero var. macrophyllum gedeiht. // (19) Nach HENMAN (1981) p. 66 und CARROLL (1977:36). // (20) WALGER (1917:61) zitiert MORRIS: Coca, Kew Bull. 1889 p. 1. // (21) MORTIMER (1974) 230) zitiert BROWNE (1756): Natural History of Jamaica, p. 278. // (22) WALGER (1917) p. 61, zitiert SCHULZ (1907:68) // (23) WALGER (1917:61) // JOHNSTON (1977) High Times 19, p. 99 berichtet über Anbauversuche aus neuester Zeit an den Ausläufern der Sierra Nevada an der Grenze zu Nevada. // (24) Persönl. Mitteilung von E.G.R., 1979, Bogota; ausserdem Bericht über die Entdeckung einer Plantage nahe Caruru, Depto. Vaupés, in: El Bogotano Nr. 397, 15.2.1974 (ähnliche Berichte erscheinen ein- zweimal im Jahr in kolumbianischen Tageszeitungen). HENMAN (1981) p. 164 berichtet folgendes: Im Kommissariat von San Josėde Guaviare (Vaupés) und in dem kleinen Ort Miraflores (Vaupés), in dessen Nähe nach Schätzungen zwischen 3000 und 10000 Hektar mit Coca bepflanzt sein sollen, wurden diese Orte am 22.1.1980 von kolumbianischen Polizei- und Militärbehörden besetzt, und angeblich wurden die illegalen Pflanzungen zerstört. HENMAN zitiert die Tageszeitungen El Expectador, Bogotá,vom 24.1.1980 und El Tiempo, Bogotá, vom 26.1.1980. // (25) CIEZA DE LEON (1554) p. 171, nach WALGER (1917) p. 54. // (26) WALGER (1917), p. 54. // (27) USCÁTEGUI (1967) p. 220. // (28) WALGER (1917) p. 56. // (29) WALGER (1917) p. 61. Man darf annehmen, dass in Mexiko heutzutage immer noch einzelne Coca-Pflanzen in Privatgärten angetroffen

werden können. An der heißen Karibikküste Honduras gedeiht Coca gut. So wurden kleine Sträucher noch bis vor wenigen Jahren in großer Zahl im botanischen Garten Lancetilla in Tela als Wegeinfassung verwendet. Heute wachsen dort nur noch einige bis zu zwei Meter hohe Büsche (pers. Mitteilung von. J.S.,Telam 1984). In HAGERs Handbuch Erg. Bd. (1908) p.215 wird berichtet, daß mexikanische Blätter auf dem Hamburger Drogenmarkt angeboten wurden. // (30) CARROLL (1977) p. 36. // (31) WEIL (1976) p. 77. // (32) WEIL (1976) p. 78f; WALGER (1917) p. 39. // (33) WEIL (1976) p. 76f // (34) WALGER (1917) p. 40. // (35) WALGER (1917) p. 53; WEIL (1976) p. 81, 88. // (36) MORTIMER (1974) p. 163 berichtet von dem spanischen Pater Thomas Ortiz, der 1499 während einer Expedition den Coca-Gebrauch beobachtet hat. // (37) HAGER's Handbuch (1973) Bd. IV, p. 822, daß in Kamerun noch heutzutage E. Coca Lam. kultiviert wird. Ebenfalls bei HEGNAUER et al. (1960) p. 47 der SCHULZ (1931) zitiert. // (38) WALGER (1917) p. 76; WASICKY (1930) p. 155 in: GRAFE (1930) a.a.O. Notiz über Produktionsmengen findet sich bei BÜHLER (1944) p. 3369. // (39) WALGER (1917) p. 65: Nach wie vor ist es botanisch nicht genau geklärt, auf welche Stammpflanze die Java-Coca taxonomisch zurückzuführen ist, auf E. novogranatense Morris (Hier.) oder auf E. coca Lam. var. truxillense Rusby (E. spruceanum Burck). Es erscheint sinnvoll, sich der modernen Einteilung von Plowman anzuschliessen: E. novogranatense var. truxillense (RUSBY) Plowman. Über die historische Diskussion und Einteilung siehe HEGNAUER et al. (1960) p. 47-49. // (40) ULLMANN's Encyclopädie der tech. Chemie, 3. Bd. p. 451 (1929). // (41) WINKLER (1909) in WALGER (1917) p. 65. // (42) Persönliche Mitteilung von R.B., Hamburg 1981. // (43) BÜHLER (1944) p. 3333. // (44) BÜHLER (1944) p. 3334; eigene Beobachtungen des Autors in den Yungas. // (45) GOTTLIEB (1976) p. 112 BÜHLER (1944) p. 3332. // (46) MORTIMER (1974) p. 237. // (47) GOTTLIEB (1976) p. 113-114. // (48) GOTTLIEB (1976) p. 114; für die Guambianos: Persönliche Mitteilung von T.M., Popayan-Mainz 1981. // (49) PLOWMAN, WEIL (1979) pp.263-278; alle hier wiedergegebenen Informationen sind dieser ausgezeichneten Übersichtsarbeit entnommen. Andere Autoren bzw. frühere Arbeiten sind dort ausführlich gewürdigt und werden vom Autor nur genannt, wenn außergewöhnliche Informationen geboten werden. Siehe auch COPETAS (1977) High Times 28 p. 74. // (50) Bordeaux-Mischung ist ein Pflanzenschutzmittel, das aus Kupfersulfat $CuSO_4$ und Kalziumhydroxid $Ca(OH)_2$ bereitet wird, wobei tribasisches Kupfersulfat $Cu_4H_6O_{10}S$ entsteht. // (51) PLOWMAN, WEIL (1979) p. 273-276; als Insektizide wurden angewendet: BHC-Derivate, besser bekannt als HCH (Hexachlorcyclohexan), besonders das Produkt Lindan. Weiter Cyclodiene wie Endrin, Aldrin und Dieldrin; dann DDT; Parathion, ein Phenyl-Organophosphat Insektizid; Carbaryl, ein Carbamat Insektizid, bekannt unter dem Handelsnamen Sevin. Schliesslich Insektizide auf der Basis von Arsensalzen.

LITERATUR

AYNILIAN, G.H., DUKE, I.A., GENTNER, W.A., FARNSWORTH, N.R. 1974. Cocaine content of Erythroxylum Species. *J. Pharm. Sci.* 63:1938-1939.

BÜHLER, A., BUESS, H., SCHLITTLER, E. 1944. Koka. *Ciba Zeitschrift* 94 (8):3330-3369.

CARROLL, E. 1977. Coca: The Plant and its Use. NIDA Res. Monogr. 13:35-36.

COOKS, R.G., KONDRAT, R.W., YOUSSEFI, M. 1981. Mass-analysed ion kinetic energy (MIKE) spectrometry and the direct analysis of Coca. *J. of Ethnopharmacol.* 3:299-312.

COPETAS, C. 1977. Coca fields of Bolivia. *High Times* 28:73 pp.

DE JONG, A.W.K. 1906. The extraction of Coca leaves. *Recl. Trav. Chim. Pays-Bas.* 25:233.

GOTTLIEB, A. 1976. *The pleasures of Cocaine.*

HAGER's Handbuch der pharmazeutischen Praxis. 1973. Erg. B. 1908 und Berlin-Heidelberg-New York.

HEGNAUER, R.,FIKENSCHER, L.H. 1969. Untersuchungen mit Erytroxylum coca Lam. *Pharm. Acta Helv.* 35:43-64.

HENMAN, A. 1981. *Mama Koka.* Bremen.

HIGH TIMES ISSN 0362-630X, New York.

HOLMSTEDT, B., JAATMAA, E., LEANDER, K., PLOWMAN, T. 1977. Determination of Cocaine in some South-American Species of Erythroxylum using Mass Fragmentography. *Phytochem.* 16 (11): 1753-1755.

JOHNTON, R. 1977. California'Caine. *High Times.* 19:99.

CIEZA DE LEON, P. 1554. *La Chrônica del Perú, nuevamente escrita.* Antwerpen.

MORTIMER, W.G. 1974. *History of Coca.* Reprint: San Francisco.

PLOWMAN, T. 1967. Orthography of Erythroxylum (Erythroxylaceae). *Taxon.* 25 (1): 141-144.

PLOWMAN, T. 1979a. Botanical Perspectives on Coca. *J. of Psychedelic Drugs.* 11:103-117.

PLOWMAN, T. 1979b. The identity of Amazonian and Trujillo Coca. *Bot. Mus. Leaflets, Harvard Univ.* 27:45-51.

PLOWMAN, T., WEIL, A. 1979c. Coca Pests and Pesticides. *J. of Ethnopharmacol.* 1:263-278.

PLOWMAN, T. 1981. Amazonian Coca. *J. of Ethnopharmacol.* 3:195-225.

RIVIER, L. 1981. Analysis of Alkaloids in Leaves of cultived Erythroxylum and Characterization of alkaline substances during Coca chewing. *J. of Ethnopharmacol.* 3:313-335.

RURY, P.M. 1981. Systematic anatomy of Erythroxylum P. Browne: Practical and evolutionary implications for the cultived Coca. *J. of Ethnopharmacol.* 3:229-263.

SCHULZ, O.E. Erythroxylaceae. ENGLER, A. 1907. *Das Pflanzenreich,* 29. Heft, s.1-176. Leipzig.

SCHULZ, O.E. Erythroxylaceae. ENGLER-PRANTEL. 1931. *Natürl. Pfl. fam.* 2. Aufl. Bd19a s. 130-144.

TURNER, C.E., MA, C.Y., ELSOHLY, M.A. 1981. Constituents of Erythroxylon Coca II: Gas-chromatic analysis of Cocaine and other Alkaloids in Coca Leaves. *J. of Ethnopharmacol.* 3:293-298.

ULLMANN, F. 1929. *Enzyklopädie der Technischen Chemie.* Berlin.

USCATEGUI, N. 1967. Distribucion actual de las Plantas Narcoticas y Estimulantes. Usadas por las Tribus Indigenas de Colombia. *Rev. Acd. Col. Cienc.* 11 (43):215-228.

WALGER, T. 1917. Die Coca. Ihre Geschichte, geographische Verbreitung und wirtschaftliche Bedeutung. *Beihefte zum Tropenpflanzer* 17 (1):1-76. Berlin.

WASICKY, R. 1930. Koka. GRAFE, V. Hrsg. *Grafes Handbuch der organischen Warenkunde,* Bd. 1 s.152-162. Stuttgart.

WEIL, A. 1976. A Gourmet Coca Taster's Tour of Peru. *High Times* 9-44.

WINKLER, H. 1906. Über die Kultur des Kokastrauches besonders in Java. *Tropenpflanzer.* s.69.

YOUSSEFI, M., COOKS, R.G., MCLAUGHLIN, J.L. 1979. Mapping of Cocaine and Cinnamoylcocaine in whole Coca plant tissues by MIKE. *J. of Am. Chem. Soc.* 101:3400-3402.

IV.
Ethnologie und Botanik. Fallstudien
Ethnology and Botany. Case Studies

Don Emilio braut den Ayahuasca-Trank
(Foto: Luna, 1981, S. 178 ff.)

Friedr. Vieweg & Sohn, Braunschweig /Wiesbaden

Das Konzept der „Pflanzen als Lehrer“ bei vier Mestizo Schamanen in Iquitos, Nordost-Peru*

Luis Eduardo Luna

ZUSAMMENFASSUNG In Iquitos und Umgebung gibt es noch heute reiche Traditionen volksmedizinischer Praktiken. Die Heiler, von denen manche als Schamanen anzusehen sind, spielen in diesem Gebiet eine wichtige Rolle bei psychosomatischen Leiden der Bevölkerung. Unter ihnen gibt es die sogenannten *vegetalistas* oder "Pflanzenheiler", welche zahlreiche Pflanzen verwenden, die *doctores* oder "Pflanzenlehrer" genannt werden. Sie glauben, daß diese Pflanzen Sie "lehren" wie man Krankheiten diagnostiziert und kuriert, wie andere schamanistische Aufgaben zu lösen sind - meist mit Hilfe von magischen Melodien oder *icaros* -, und welche Heilpflanzen verwendet werden können. Vier Schamanen wurden über die Art und Identität dieser magischen Pflanzen befragt, auch welche Speisevorschriften einzuhalten sind, wie schamanistische Kräfte übertragen werden, welche Art von Hilfsgeistern auftreten und welche Funktionen die magischen Melodien oder *icaros* haben, die ihnen von den "Pflanzenlehrern" gegeben wurden.

SUMMARY In the city of Iquitos and its civinity there is even today a rich tradition of folk medicine. Practitioners, some of which qualify as shamans, make an important contribution to the psychosomatic health of the inhabitants of this area. Among them there are those who are called *vegetalistas* or plant specialists and who use a series of plants they call *doctores* or plant teachers. It is their belief that if they fulfill certain conditions of isolation and follow a prescribed diet, these plants are able to "teach" them how to diagnose and cure illnesses, how to perform other shamanic tasks, usually through magic melodies or *icaros*, and how to use medicinal plants. Four shamans were questioned about the nature and identity of these magic plants, what are the dietary prescriptions to be followed, how the transmission of shamanic power takes place, the nature of their helping spirits, and the function of the magic melodies or *icaros* given to them by the plant teachers.

RÉSUMÉ Dans la ville d'Iquitos et ses environs, il existe aujourd'hui encore une riche tradition de médecine populaire. Les guérisseurs, dont certains sont qualifiés de chamans, jouent un grand rôle dans les maladies psychosomatiques des populations de cette région. Parmi eux il y a ceux qui sont appelés *vegetalistas* ou "guérisseurs par les plantes", qui utilisent des plantes qu'ils appellent *doctores*. Selon leurs croyances, ces plantes sont capables de leur apprendre à diagnostiquer et à guérir les maladies, comment accomplir certains actes chamaniques à l'aide de mélodies magiques ou *icaros*, et quelles plantes médicinales utiliser, à conditions d'observer certaines règles d'isolement et de suivre un régime approprié. Quatre chamans ont été interrogés sur la nature et l'identité de ces plantes magiques, sur les prescriptions alimentaires à suivre, sur la manière dont les pouvoirs chamaniques sont transmis, sur la nature des esprits qui les aident, et sur la fonction des incantations magiques ou *icaros* que leur enseignent les plantes *doctores*.
gm

---

* Übersetzung aus dem Englischen durch Prof. Dr. phil. Angelina Pollak-Eltz, Caracas. Die Arbeit wurde ursprünglich als Vortrag auf dem XI. Anthropologen-Welt-Kongreß in Vancouver gehalten (20.-23.8.83) und in der Urfassung im *J. of Ethnopharmacology* veröffentlicht: The Concept of Plants as Teachers among Four Mestizo Shamans of Iquitos, Northeastern Peru. 11 (1984): 135-156, mit einem musikethnologischen Anhang.

Friedr. Vieweg & Sohn Verlag, Braunschweig/Wiesbaden

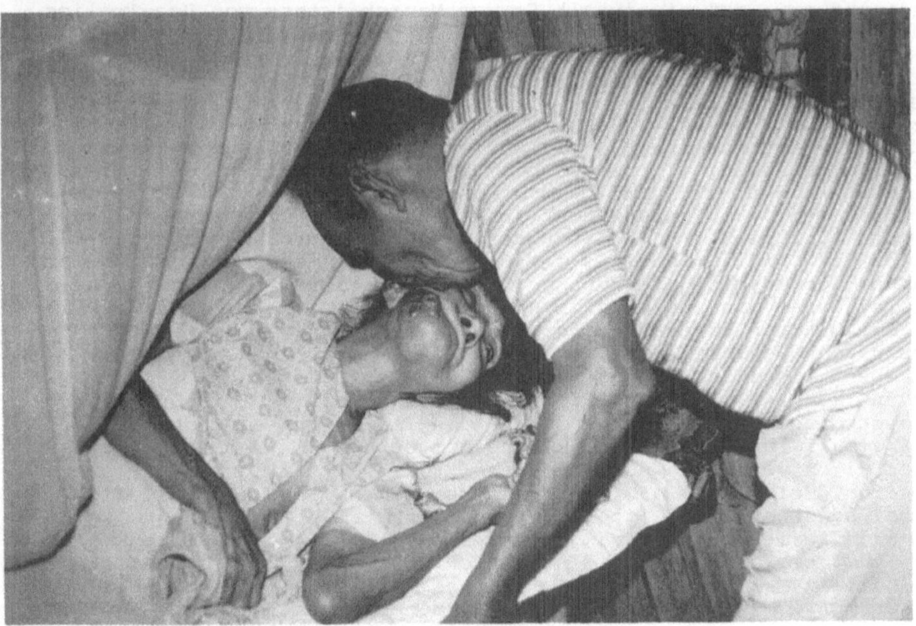

Oben: Don Celso Rojas (August 1983)

Unten: Don Emilio untersucht einen Patienten der von einem virote befallen ist (Juli 1982). Fotos vom Autor

EINLEITUNG: Iquitos, am linken Ufer des Amazonasstromes, spielt eine wichtige Rolle als administratives, wirtschaftliches und kulturelles Zentrum von Nordostperu. Eine Serie von Booms - als Folge der Ausbeutung von Gummi, Balata und Erdöl und bis zu einem gewissen Grad der illegale Handel mit Kokain - brachte der Stadt im Wechsel Reichtum und Armut. In den letzten 50 Jahren ist sie stark gewachsen und zählt heute 300.000 Einwohner, meist Zuwanderer aus Urwalddörfern. Mit ihnen kamen auch traditionelle Vorstellungen und Praktiken, und daher ist diese Stadt und ihre Umgebung ein reiches Feld zum Sammeln ethnografischer und folkloristischer Informationen. Heilpraktiker, die als Schamanen anzusehen sind, helfen den Einwohnern, ihre psychosomatischen Leiden zu kurieren. Sie sind wichtige Agenten, welche den verschiedenen Vorstellungen Koherenz und Bedeutung geben, die in den indianischen Kosmologien begründet, aber schon weitgehend verschwunden sind oder durch die westliche Zivilisation korrumpiert wurden.

Diese Arbeit basiert auf Informationen, die ich während dreier Arbeitsperioden in Iquitos im Juli und August 1981, im August 1982 und im Juni und Juli 1983 erhalten konnte. Während der ersten beiden Feldforschungsperioden konzentrierte ich meine Aufmerksamkeit auf *Don Emilio Andrade Gomez*, ein Schamane, der 12 km außerhalb der Stadt lebt(1). Mein Film "Don Emilio und seine kleinen Doctores"(2) wurde damals gedreht. In der letzten Forschungsperiode erhielt ich Informationen von drei weiteren Schamanen *Don Alejandro Vazquez Zarate*, *Don Celso Roja* und *Don José Coral More*. Die beiden ersten leben in Iquitos. Don José Coral, ein hochgeschätzter Freund von Don Emilio, lebt auf einer kleinen Pflanzung 18 km außerhalb der Stadt und etwa auf eineinhalb Studen Marschdistanz von Don Emilios Haus.

DIE INFORMANTEN: Alle vier Informanten benützen entweder zeitweilig oder immer ein halluziogenes Getränk, das unter dem Quechua-Namen *ayahuasca* bekannt ist. Dieses Getränk wird eingenommen, um Krankheiten zu diagnostizieren oder zu kurieren und andere schamanistische Aufgaben zu lösen, wie die Verbindung mit den Geistern der Pflanzen, Tiere und Menschen - Tote oder Lebendige herzustellen - oder Reisen in weit entfernte Gegenden zu unternehmen, oder auch zur Divination und Prophetie etc. Dieses Getränk, das unter verschiedenen Namen in vielen Teilen der Urwälder entlang des Orinocos und Amazonas von Eingeborenen und der Mestizobevölkerung (3-26) verwendet wird, wird hergestellt, indem man die Urwaldliane *Banisteriopsis caapi* und die Blätter des kleinen Baumes *Psychotria viridis* RUIZ & PAVON verkocht. Verschiedene andere Ingredienzien, die wir später beschreiben, können ebenfalls dazugemischt werden. Die vier Informanten sind Mestizen und könnten als *vegetalistas* bezeichnet werden. Dieser Ausdruck wird in diesem Gebiet verwendet um die Heiler von sogenannten *oracionistas* zu unterscheiden, welche nur Gebete im Rahmen schamanistischer Riten verwenden sowie von *espiritistas*, die nur mit Geistern arbeiten. Bei den *vegetalistas* unterscheiden wir *purgueros*, die *ayahuasca* benutzen (dies ist als *purga* - Abführmittel - bekannt), *tabaqueros*, die meist nur Tabak benützen, *camalongueros*, welche die Samen von *camalonga* (eine nicht identifizierte Pflanze) gebrauchen, *tragueros*, die *cañaza* verwenden (ein starkes destilliertes Getränk aus Zuckerrohr), *perfumeros*, die sich Blumenessenzen bedienen etc. Die meisten *vegetalistas* aber, wie im Falle meiner Informanten, benützen nur verschiedene Arten von Pflanzen.

Friedr. Vieweg & Sohn Verlag, Braunschweig/Wiesbaden

Don Emilio Andrade Gomez

Don Emilio wurde 1918 in Iquitos geboren. Als er 16 Jahre alt war und am Amazonasfluß in der Nähe des Napoflusses arbeitete, nahm er zum ersten Mal *ayahuasca* zu sich . Er tat dies um sich zu *curar* - ein Wort welches die Reinigung und Stärkung des Körpers bedeutet. Als er zum fünften Mal *ayahuasca* zu sich nahm und dabei die von seinem Lehrer vorgeschriebenen Diätregeln beachtete, erschien ihm in einer Vision ein alter Mann mit einer Flöte und einer Trommel und lehrte ihm die *icaros*, die magischen Melodien. Er beachtete die Diätvorschriften während dreier Jahre und konnte dadurch seine schamanistischen Kräfte entwickeln. Er lebt nahe von Quistococha, 12 km von Iquitos entfernt, wo er hauptsächlich mit der Heilung seiner Patienten beschäftigt ist und ihnen auch Bäder für Glück bei Arbeit und Liebesabenteuern verschreibt.

Don José Coral More

Don José wurde in Yurimaguas am linken Ufer des Huallagaflusses im Jahre 1909 geboren. Als er 17 Jahre alt war, nahm er zum ersten Mal *ayahuasca* zu sich, denn er hatte damals starke Magenschmerzen. Als er zum 20. Mal dieses Getränk zu sich nahm, erschienen ihm in einer Vision Geister, die er *murrayas* nennt. Sie erzählten ihm, daß sie dort, "wo die Welt endet", lebten und nur Tabakblüten zu sich nähmen. Sie zogen aus seinem Magen einen magischen Pfeil heraus. Er beachtete die Diätvorschriften während 2 Jahre. Nachdem er als Sammler verschiedener Urwaldprodukte wie *lechecapsi* (=Couma Macrocarpa Barb. Rodr.), Gummi, Zierfische etc. einige Jahre verbracht hatte, zog er sich auf eine *chacra* (kleine Pflanzung) nahe von Peña Negra, 18 km außerhalb von Iquitos, zurück. Zweimal war er verheiratet. Beide Frauen und seine 5 Kinder starben nach Don Josés Meinung durch die Einwirkung eines bösen Zauberers. Heute lebt er zusammen mit Dolores Vasquez Balbaran, die 52 Jahre alt ist und keine Kinder hat. Mit seinen 74 Jahren ist er ein sehr kräftiger Mann, der hauptsächlich von seiner Arbeit auf der Pflanzung lebt. Manchmal werden Kranke zu ihm gebracht. Seine Patienten dürfen in seinem Haus mehrere Monate wohnen, bis sie gänzlich genesen sind.

Don Celso Rojas

Don Celso wurde in einem kleinen Dorf am oberen Tapichefluß im Jahre 1905 geboren. Als er 30 Jahre alt war, verletzte er sein linkes Bein. Ein eitriger Abszeß entwickelte sich, den niemand behandeln konnte. Nach drei Jahren Leiden mußte er doch nach Iquitos gehen, um einen Arzt aufzusuchen. Nachdem er 4 Monate im Spital verbracht hatte, erklärten die Ärzte, man müsse sein Bein amputieren. Er erlaubte es ihnen aber nicht und kehrte nach Hause zurück. Dort begann er *ayahuasca* zu trinken. Während der folgenden drei Jahre aß er kein Salz, Zucker oder Schweinefleisch und enthielt sich der Frauen. Nachdem er während 6 Monate einmal wöchentlich *ayahuasca* zu sich genommen hatte, erschien ihm in seinen Visionen ein kleiner Vogel. Dieser trug die Maden, die sich in seinem Bein gebildet hatten weg und aß sie auf. Danach verschwand er im *ayahuasca* Topf. Während dieser Zeit starb seine Frau. 1941 begann er mit Heilungen. Er lebt heute mit seiner 2. Frau in Iquitos. Jeden Dienstag und Freitag nimmt er *ayahuasca* zu sich und heilt Kranke. Mit diesen Praktiken verdient er seinen Lebensunterhalt. Mit 78 Jahren ist er noch kräftig und gesund.

Con Alejandro Vasquez Zarate

Don Alejandro wurde 1920 in der Nähe von Santa Clotide am Yavarifluß, einem Nebenfluß des Amazonas, geboren. Als er 10 Jahre alt war, zog seine Familie nach Puca Barranca am Napofluß, wo er durch einen Indio *ayahuasca* kennenlernte. Er war damals 17 Jahre alt. Er beachtete die Diät während zweier Jahre und lernte medizinische Praktiken durch die Geister der Pflanzen. Nachdem er jahrelang als Sammler von Urwaldprodukten gelebt hatte, zog er 1973 nach Iquitos, weil er seinen Kindern eine bessere Ausbildung geben wollte. Heute trinkt er *ayahuasca* nur von Zeit zu Zeit, wenn Kranke zu ihm gebracht werden. Er arbeitet in einem Laden und lebte nie von Einkünften aus seinen Heilpraktiken, obwohl er sich für einen guten Doktor hält.

Mythologie

Alle Informanten haben die gleiche Kosmosvision, die in diesem Gebiet vorherrschend ist; sie glauben an zwei parallel bestehende Welten, die Welt der Erde und die Welt des Wassers. Sie wissen von einer anderen Welt in höheren Sphären, aber diese hat wenig Bedeutung in ihren Legenden. Ich beobachtete allgemein ein geringes Interesse am Himmel. Ihre astronomischen Kenntnisse scheinen sich nur auf die Beobachtung von Sonne und Mond zu beschränken, welche das Wachstum der Pflanzen beherrschen.

Die Welt des Wassers scheint von besonderer Bedeutung zu sein. Dies ist die Heimat der *yacuruna* und der "Sirenas" (Wasserjungfern), die manchmal menschliche Formen annehmen und aus dem Wasser kommen, häufig um sich mit menschlichen Wesen zu verbinden oder einen Partner zu sich in das Reich unter Wasser zu entführen. Die *yacuruna* werden oft mit den *bufeos* (Süßwasserdelfine, die als böse gelten) verbunden oder identifiziert. Die Wasserjungfern werden für *anacondas* gehalten. Alle vier Informanten kennen zahlreiche Geschichten, die erzählen wie eine Frau oder ein Mann gestohlen wurden und im Wasser verschwanden oder wie Frauen während der Nacht sich in Wasserschlangen verwandelten und dadurch ihre wahre Identität offenbarten.

Drei der vier Informanten glauben an die Möglichkeit, Kräfte zu erlangen, wenn sie die Welt unterm Wasser besuchen . Don Emilio erzählte mir, daß, wenn man den Saft von Pflanzenteilen der *rayabalsa* (=Montrichardia arborecens Schott, det. T. Plowman, 1982) trinkt und sechs Monate eine bestimmte Diät zu sich nimmt, in der Lage wäre, unter Wasser zu reisen. Don José erzählte mir das gleiche, doch er meinte, man müsse dafür *renaco* (=Ficus sp.) zu sich nehmen. Er behauptet, daß einige seiner Hilfsgeister oder *murrayas*, die ihm bei den schamanistischen Praktiken zur Seite stehen, als sie noch am Leben waren, das Produkt einer Verbindung zwischen menschlichen Vätern und Wasserjungfern gewesen wären. Don Celso erzählte mir, wie er die Möglichkeit vergab, ein *sume*, ein Schamane zu werden, der unter Wasser reisen kann, weil er während der Diät und unter Einwirkung von *ayahuasca* die Vision hatte, von einer riesigen Schlange verschlungen zu werden. Im letzten Moment allerdings wollte er nicht in ihrem Maul verschwinden. Wäre dies geschehen, hätte ihn die Schlange in die unterirdische Wasserwelt ausgespien. Don Alejandro, allerdings glaubt nicht an die Möglichkeit, körperlich in der Tiefe des Wassers zu reisen.

Ein anderes sehr wichtiges mythologisches Wesen, das im Glauben der Leute im tiefen Urwald lebt, ist der *Chullachaqui*, auch unter den Namen *Sacharuna*, *Shapshico*, *Yashingo* oder einfach *Supay* bekannt. Letzteres Wort ist ein Name in Quechua, der in diesem Gebiet Synonym für den Teufel ist. Der *Chullachaqui* sieht wie ein menschliches Wesen aus, doch hat er einen Fuß, der einem Ziegenfuß oder dem Fuß eines Rehes oder Hundes oder eines anderen Tieres ähnlich ist. Er ist der Herr der Tiere und "König des Urwaldes". Bisweilen kann man sich seine Freundschaft erringen, und dann gibt er seinem Freund die Möglichkeit, mit großem Erfolg zu jagen. Aber häufiger wird der

Mensch, der ihm begegnet, krank oder verrückt. Alle meine Informanten behaupten, ihn entweder in Wirklichkeit oder in ihren Träumen gesehen zu haben. Nach ihren Erzählungen hat er seine *chacra* (=kleine Pflanzung) und lebt häufig in der Nähe eines Baumes, der *Chullachaqui caspi* (= Tovomita sp.) genannt wird. Diese Verbindung ergibt sich aus der Tatsache, daß die Wurzeln dieses Baumes eine Art Fuß, der aus dem Boden wächst, bilden. Dieser Baum ist ebenfalls einer der Pflanzenlehrer.

Don Emilio erzählte mir, daß unter der Erde Wesen leben, die *Mana Ocoteico*, was "ohne Anus" bedeutet, heißen. Sie spielen im Schamanismus der Yagua eine Rolle (vgl. 27 und 28, CHAUMEIL). Doch sie haben wenig Bedeutung in der Kosmosvision der Mestizen-Schamanen, die ich kennenlernte. Jedoch ist der Glaube an begrabene Städte, in welchen die Geister der Inkas leben, häufig und kommt sicherlich aus den Anden.

Von Wichtigkeit in den schamanistischen Praktiken ist der Glaube, daß viele, wenn nicht sogar alle Pflanzen, ihre "Mutter" oder ihren Geist besitzen. Mit Hilfe der Geister einiger dieser Pflanzen, die ich *Pflanzenlehrer* genannt habe, erhält der Schamane seine Kräfte.

Die Pflanzenlehrer

Als ich die vier Informanten über die Herkunft ihrer Kenntnisse befragte, antworteten sie alle: "La purga misma te enseña" (=das Abführmittel selbst lehrt). Dabei beziehen sie sich auf das *ayahuasca*-Getränk. Andere Pflanzen, einige davon werden mit *ayahuasca* vermischt, wurden ebenfalls aufgezählt. Da ich annahm, daß wenigstens einige von ihnen psychoaktive Substanzen enthielten, begann ich eine Liste von ihnen zu machen und, soweit es möglich war, alle Pflanzen, die "Medizin lehren" zu sammeln. Ich kam dabei zur Erkenntnis, daß alle Pflanzen, die *doctores* oder *vegetales que enseñan* (=Pflanzen die lehren) genannt werden, entweder 1) Halluzinationen hervorrufen, wenn sie unvermischt genommen werden, 2) in irgendeiner Weise die Wirkung des *ayahuasca*-Getränkes beeinflussen, 3) Schwindel hervorrufen, 4) starke emetische und/oder kathartische Eigenschaften aufweisen oder 5) sehr lebhafte Träume hervorrufen. Oft hat eine Pflanze alle diese Charakteristika oder zumindest einige davon.

Ich hatte einige Schwierigkeiten, die richtige Art und Weise zu finden, meine Informanten über die Pflanzenlehrer auszufragen. Wenn ich zum Beispiel das spanische Wort *marear* (= schwindlich machen) verwende, zum Beispiel: "Don Celso¿ marea esta planta" (= Don Celso, wenn Sie die Pflanze zu sich nehmen, werden Sie schwindlig?) wäre die Antwort: "Ja, das ist eine gute Medizin", oder "Ja, in Deinen Träumen wird Dir der Geist der Pflanzen erscheinen" oder "Ja, sie werden sich erbrechen", oder "Ja, die Pflanze lehrt Dir etwas", oder "Ja, sie werden schöne Dinge sehen", oder "Ja, wenn Sie die Pflanze mit *ayahuasca* zu sich nehmen". Ähnliche Antworten wurden mir gegeben, wenn ich versuchte, die Fragestellung zu verändern, wie "Don Emilio, ¿es esta planta doctor?" (= ist dies ein Pflanzenlehrer), oder "Don Alejandro ¿tiene madre esta planta?" (= hat diese Pflanze eine "Mutter"?). Diese Gedankenverbindungen sind interessant. Die Verbindung zwischen psychoaktiven Pflanzendrogen und Emetika und wurmvertreibenden Mitteln wurde schon von RODRIGUEZ und CAVIN (29) beobachtet. Die Verbindung zwischen Träumen und Halluzinationen ist ein beliebtes Thema in der schamanistischen Literatur. So weit ich erfahren konnte, werden alle psychoaktiven Pflanzen für mögliche Pflanzenlehrer gehalten. Ich fragte einmal Don Emilio, ob er jemals den Pilz *Psilocybe cubensis*, der häufig in diesem Gebiet auf Kuhdünger wächst, eingenommen hätte. Er sagte: "Bonito se ve. Dietándole debe enseñar medicina" (Sie sehen schöne Dinge. Wenn man die

Diät einhält, könnte er medizinische Kenntnisse vermitteln).

Die vier Informanten, mit denen ich arbeitete, stimmen nicht darüber überein, ob alle Pflanzenlehrer auch Visionen hervorrufen können. Nach Don Alejandro machen alle Pflanzen, die "Mütter" haben, *marean* (= machen schwindelig). Das bedeutet, daß es Pflanzen gibt, die keine "Mütter" haben. Don Celso und Don Emilio sind anderer Meinung. Don Celso sagt: "Die Mutter der Pflanze ist ihre Existenz, ihr Leben." Er ist davon überzeugt, daß alle Pflanzen, auch die kleinsten, ihre "Mutter" besitzen. Einige *Pflanzenlehrer* erzeugen Visionen nur, wenn sie mit *ayahuasca* eingeommen werden. Einige bringen nur "una mareación ciega" (= ein blindes Schwindelgefühl) hervor, wobei man nichts mehr sieht. Einige Pflanzen lehren nur in Träumen.

Die folgenden Pflanzen "lehren Medizin", wenn man die richtige Diät einhält, und man kann sie dem *ayahuasca*-Getränk (*Banisteriopsis caapi* + *Psychotria viridis*) beimischen: *Tabak* (eine Art, die in diesem Gebiet *mapacho* genannt wird), *toé* (*Brugmansia suaveolens*), *uchu-sanango* (=*Tabernaemontana* sp. det. T. Plowman, 1982), *ayahuma* (=*Couroupita guianensis* Aubl., det. T. Plowman, 1983), *caupuri* (*Virola surinamensis* (Rol) Warb, det. W.A. Rodrîguez, 1982), *tangarana* (*Triplaris surinamensis* Chamisso, det. T. Plowman, 1983), *chuchuhuasi* (*Maytenus ebenifolia* Reiss, det. T. Plowman, 1983), *hiporuru* (*Alchornea castaneifolia* (Willd.) Juss, det. T. Plowman, 1983), *mucura* (*Petiveria alliacea* L., det. T. Plowman, 1982), *lupuna* (*Ceiba pentandra*) (30), *clavohuasca* (*Tynanthas panurensis*) (31), *bellaco caspi* (*Himantanthus sucuuba* (Spruce) Woods) (32), *huairacaspi* (*Cedrelinea catanaeformis* Ducke) (33), *huacapú* (*Vouacapoua americana* Aubl.) (34), *chullachaqui caspi* (*Tovomita* sp.,det. T. Plowman, 1983), *cumala* (*Virola* sp.), *catahua* (*Hura crepitans*, L., det. T. Plowman, 1982), *abuta* (*Abuta grandifolia*), *amasisa* (*Erythrina glauca*) (35), *ñuc-ñuc pichana* (*Scoparia dulcis* L., det. T. Plowman, 1982), *bobinsana* (*Calliandra angustifolia*) (36) *chiric sanango* (*Brunfelsia grandiflora* D. Don ssp. *schultesii* Plowman, det. T. Plowman, 1983), *remo-caspi* (*Pithecolobium laetum* Benth.) (37), *renaco* (*Ficus* sp.), *tahuarî* (*Tabebuia* sp.) (38), *capirona negra* (*Capirona decorticans* Spruce) (39), and *cumaseba negra*, *tamshi*, *puca lupuna*, *garabato*, *millo renaquilla*, *mururé*, *palisangre*. Von den letztgenannten Pflanzen sind mir nur die hier gebräuchlichen Namen bekannt geworden. Manche dieser Pflanzen (*Tabak*, *toé*, *catahua*, *mucura*, *chiric sanango* etc.) können auch alleine eingenommen werden, wie auch *suelda con suelda* (*Phtirusa pyrifolia* HBK Eichler, det. T. Plowman, 1982), *raya balsa* (*Montrichardia arborecens* Schott, det. T. Plowman, 1982), *ajo sacha* (*Mansoa alliacea* (Lam) A. Gentry, det. T. Plowman, 1983) und *oje* (*Ficus insipida*) (40).

Don Emilio meint, daß eine bestimmte Reihe in der Diät der Pflanzenlehrer eingehalten werden muß. Die folgende Reihung ist für ihn die empfehlenswerteste: *Ayahuasca*, *Tabak*, *renaco*, *chullachaqui*, *caspi*, *tahuarî*, *huairacaspi*, *caupuri*, *palisangre*, *perfume*, *camalonga*, *agua florida*, *pedernal*, *creolina*, *alcanfor*, *tambor huasca*, *chuchuhuasi*, *lupuna*. In dieser Liste finden sich fünf Substanzen, die keine Pflanzen sind: *perfume*, *agua florida* und *alcanfor* (Kampfer), welche aus Pflanzenessenzen hergestellt werden, *perdernal* (Flintstein) und *creolina* (= ein starkes, kommerziell hergestelltes Desinfektionsmittel). Die Liste der Beimischungen ist offen, und ich hörte häufig von neuen Additiven.

In manchen Fällen ist es klar, daß der Schamane versucht, die Kräfte der Pflanzen in sich aufzunehmen, wenn er Getränke zu sich nimmt und die Diät einhält. Viele *Pflanzenlehrer* sind sehr hohe Bäume, die starke Regengüsse, Stürme und Überschwemmungen überstehen. Der Schamane wird durch sie in die Lage versetzt, den Elementen in gleicher Weise zu trotzen.

Die *Geister* können in verschiedensten Formen erscheinen. Sie nehmen menschliche oder tierische Gestalten an. Die Informanten stimmten nur darüber überein, daß der Geist der *ayahuma* ein Mann ohne

Kopf ist. Oft erscheinen die Geister als kleine Menschen von schönem und kräftigem Körperbau. Die "Mutter" der *tangarana* soll eine Ameise sein, die in Symbiose mit dem Baum lebt. Don Alejandro erzählte mir, daß er die Setzlinge dieser Pflanze statt *chacruna (Psychotria viridis*) als Beimischung zu *ayahuasca* verwendet und positive Ergebnisse damit erzielt hätte.

Dies scheint tatsächlich sehr interessant zu sein. Nach dem Mechanismus, der der oralen Aktivität von *ayahuasca* zugrunde liegen soll und der von Dennis J. McKENNA und G.H.N. TOWERS (41) nachgewiesen wurde, sind die ß-Carboline aus der *Banisteriopsis caapi* höchst reversible Monoaminooxydasehemmer (MAOTT), die das N,N-Dimethyltryptamin (DMT) aus der *Psychotria viridis*, wie auch aus der *Diplopterys cabrerana* vor der Deaminierung schützen. Wenn die Wirkung des *ayahuasca* in erster Linie auf die DMT zurückzuführen ist, dann enthalten vermutlich die Schößlinge der *tangarana* einen ähnlichen Bestandteil.

Alle vier Informanten sind davon überzeugt, daß die Geister der Pflanzen ihnen lehrten, was sie wissen. Don Celso hatte niemals einen Schamanen als Lehrer. Einmal sagte er etwas sehr Bedeutungsvolles: "Darum glauben manche Doktoren, daß der *vegetalismo*, die Wissenschaft von den Pflanzen, wichtiger als *medicina de estudio*, die westliche Medizin, ist. Sie lernen, indem sie Bücher lesen. Wir aber trinken dieses Getränk *ayahuasca*, halten die Diät ein, und so lernen wir." Don Alejandro sagte mir, daß er bald viel mehr wußte als sein Lehrer, ein Indianer, der von den *caucheros*, den Gummisammlern, gefangengenommen wurde, weil die Pflanzengeister ihm so viel mehr beigebracht hätten. Don José ist überzeugt, daß seine *murrayas* ihm so viel gelehrt hätten. Wie ich schon früher sagte, identifiziert er diese mit den Geistern toter Schamanen. In seinen ekstatischen Trancezuständen treten sie in seinen Körper ein und sprechen zu ihm in Cocama, einer Eingeborenensprache. Don José ist der einzige der vier Informanten, der von Geistern besessen wird. Manchmal redet er in langen Dialogen mit den Geistern, die laut durch seinen Mund sprechen.

Die Geister, die manchmal auch *doctorcitos*, (kleine Doktoren), oder *abuelos*, (Großväter), genannt werden, manifestieren sich in Visionen und Träumen. Sie zeigen, wie die Krankheit diagnostiziert werden soll, welche Pflanzen zu verwenden sind, wie Tabakrauch wirkt, wie Krankheiten aus dem Körper ausgesogen werden können, oder wie die Seele wieder in den Patienten zurückgebracht werden kann, wie die Schamanen sich verteidigen, was man essen soll etc. Am wichtigsten allerdings ist die Tatsache, daß sie ihnen *icaros*, das sind magische Gesänge und schamanistische Melodien, beibringen, die als bedeutendstes Werkzeug der schamanistischen Praktiken gelten.

Arkana, die Schutzmittel

Die medizinische Praxis und andere schamanistische Aktivitäten bringen große Gefahren für die Person des Schamanen mit sich. Ein häufiges Konversationsthema unter ihnen sind Erzählungen von Kämpfen, welche sie gezwungenermaßen mit rivalisierenden Schamanen auszufechten hatten. Diese waren wegen ihrer Kräfte eifersüchtig oder versuchten, die Heilung einer Person zu verhindern, der sie Schaden zugefügt hatten. Der Schamane muß sich schützen, wenn er die Medikamente bereitet, denn sogar die Pflanzen selbst können ihm Schaden zufügen. Darum ist die Suche nach Schutz gegen diese Gefahren ein wichtiger Teil der schamanistischen Ausbildung. Der Schamane muß eine starke Persönlichkeit haben, sowohl körperlich als auch geistig. Alle vier Informanten von mir glauben, daß sie zahllose Kämpfe mit schwarzen Schamanen oder mit bösen Geistern überlebt hätten! Diese Kämpfe fänden häufig im Schlaf statt. Der Schamane träumt, daß er angegriffen wird. Wenn er den Kampf verliert, ist es möglich, daß er niemals mehr aufwacht oder er wird schwer angeschlagen. Ein Grund für die Diät ist die Stärkung der Person. Auch der dauernde Genuß von Tabak hat eine ähnliche Funktion, der Rauch ist ein Schutz gegen böse Leute, *yacuruna*, *Chullachaqui* und böse Geister.

Arkana in Quechua bedeutet Schutz, Verteidigung (42). Ich fragte meine Informanten über ihr *Arkana* aus. Don José berichtete mir von vieren: *huairamanda arkana*, *yaktamanda arkana*, *yakumanda arkana*, und *meolinamanda arkana*. *Huairamanda arkana* ist ein starker Wind, der seine Feinde vertreiben soll. Die anderen drei sind ein Schutz gegen die Feinde, die aus der Erde, dem Wasser und der Luft kommen. Sie sind als Pfeilchen zu erkennen, welche ihm seine *murraya* oder Schutzgeister gaben. Diese Geister hüten auch den Platz, wo er *ayahuasca* einzunehmen pflegt.

Don Celso umgibt sich mit allen Arten von Schutzmitteln, vor allem, wenn er schwere Fälle von Zauberei kuriert. Dies sind Tiere, welche Luft, Wasser und Erde repräsentieren; der *condorpishcu*, ein kleiner weißer Vogel mit einem roten Hals, fliegt um seinen Kopf herum. Ein Löwe sitzt auf seiner rechten Schulter, auf seiner linken Schulter befindet sich ein schwarzer Panther, vor ihm ein Elefant. Um sich gegen Feinde aus dem Wasser zu schützen, ist er von einer Nixe, einer *naca-naca* (*Micruus* sp., eine Giftschlange), einem weißen Aal und einer *lobo marino* oder Nutria (Biberrattenfell) umgeben. Eine *shushupi*, eine andere sehr giftige Schlange, liegt um seinen Hals, mit ihrem Kopf neben seinem Mund. Sein letzter Schutz wenn er in ganz großer Gefahr ist, bildet eine Gruppe von Piranhas, welche seine Feinde fressen.

Don Emilio stellt vier Engel mit Schwertern in den vier Ecken seines Hauses auf. Sein persönlicher Verteidiger ist ein kleiner Vogel, der ihn benachrichtigt, wenn sich eine Hexe nähert. Ein schwarzer Bulle und ein riesiger schwarzer Brasilianer mit je einem Schwert in der Hand und am Gürtel sollen den bösen Geistern folgen und sie in dunklen Tunnels in den Anden einsperren.

Don Alejandro hat ebenfalls vier Schutzgeister um sich aufgestellt. Diese sind die "Mütter" von vier Bäumen. Sie sind mit Gewehren bewaffnet. Bei ganz großer Gefahr hat er eine andere Waffe, die niemand besiegen kann: ein Militärflugzeug, das seine Feinde mit Bomben zerstören wird. Als ich ihn fragte, wie er zu dieser Waffe mit Hilfe der Geister gekommen sei, sagte er, daß er diese Frage nicht beantworten könnte. Es sei ein "professionelles Geheimnis".

Es gibt noch weitere Schutzmöglichkeiten. Don Emilio stellt getrocknete Kröten her, die mit einer Mischung aus Tabak und *patiquina* (*Diffenbachia alba*) gefüllt werden. Man glaubt, daß sie magische Pfeile auffangen könnten, die gegen den Besitzer des Hauses geschossen werden. Eine ähnliche Rolle spielt das Horn eines schwarzen Schafes. Man muß sich erinnern, daß es auch viele *icaros* gibt, welche den Schamanen schützen sollen. Die Kenntnis von starken *icaros* ist ein sine qua non für das Überleben eines Medizinmannes. Ich sollte noch hinzufügen, daß sowohl Don Emilio als auch Don José mir immer wieder versicherten, daß der höchste und stärkste Schutz unser Herr Jesus Christus sei, der von ihnen um Hilfe angerufen wird.

Kräfteübertragung

Im Verlauf der Initiation übertragen entweder die Geister der Pflanzen oder der Lehrer oder beide auf den Initianten eine Substanz, die *yachay*, *yausa*, *mariri* oder einfach "Medizin" genannt wird, und mit deren Hilfe man die Krankheit aus den Körper des Patienten aussaugen kann. Don José erzählte mir, wie seine *murrayas* in den *ayahuasca*-Topf mehrere Schlangen ausspien, die er dann zu sich nahm.

Dies waren eine *naca-naca*, eine Klapperschlange, eine *provinciana*, eine *shushupi* und ein Aal (Aale werden von Einheimischen für Schlangen gehalten). Einige Tage nach der Initiation lehrten ihm die *murrayas*, diese Substanz wieder zu erbrechen und mit Hilfe von Tabakrauch sein *mariri*, das ihm ermöglicht, die Krankheit auszusaugen, in den Mund zu bekommen. Ohne das *mariri* würde die Krankheit in seinen Körper eindringen und ihn töten. Don Alejandro erzählte mir, wie sein indianischer Lehrer ihm sagte, nachdem er bei ihm drei Monate lange Unterricht genommen hatte, er würde ihm ein *yachay* einpflanzen. Mit Hilfe des Schnabels eines Tukans (*pinshe*) blies er ihm Tabakrauch und Tabaksaft in seine Nasenlöcher. Sodann spie er eine Substanz in eine kleine Schale, die der Initiant zusammen mit Tabaksaft trinken mußte. Don Alejandro erklärte, dieser Teil der Initiation sei der schwierigste gewesen.

Don Celso erklärte mir, daß die *yausa* oder *yachay* immer in Paaren "weiblich" und "männlich" auftreten und zwölf bzw. acht cm lang sind. Mit ihrer Hilfe kann er Krankheiten aussaugen. Wenn die Substanz in seinem Mund ist, separiert er die *yachay* von der Krankheit und spuckt diese letztere aus. Dann schluckt er wieder die Substanz. Er erzählt mir, daß die Geister ihm sein *yachay* gegeben hätten. Diese Substanz hatte vier verschiedene Farben: weiß, gelb, blau und grün. Er hätte auch eine rote Substanz haben können sowie auch Knochen, Dornen und eine Rasierklinge, doch er nahm diese Gegenstände nicht an. Man verwendet diese, um anderen Leuten Schaden zuzufügen. Don Emilio beschreibt sein *yachay* als eine Art von Magnet, welcher die Krankheit herauszieht, wenn er dort, wo diese im Körper des Patienten lokalisiert ist, saugt. Das *yachay* kann von einem Zauberer gestohlen werden, wenn man nicht vorsichtig ist. Wenn ein Schamane seine Kräfte verliert, so wird er früher oder später sterben, weil er seinen Feinden ausgeliefert ist. Don José erzählt, daß man das *mariri* von seinem Lehrer erhält. Wenn man die vorgeschriebene Diät nicht einhält, kehrt das *mariri* zu diesem zurück, um ihm Böses zuzufügen oder ihn sogar zu töten.

Wie ich schon vorher sagte, gibt es zwei Hauptursachen für magische Krankheiten: der Verlust der Seele (sie kann von einem Zauberer gestohlen und von ihm dann in den Himmel geworfen werden, oder er versteckt sie in einem Tunnel unter der Erde, wo sie aber von einem Schamanen wieder hervorgeholt werden kann) oder das Eindringen eines "magischen Pfeils" oder eines *virote* in den Körper. Die Beschreibung eines *virote* , die mir gegeben wurde , erinnert an ein *yachay*. Es gibt Substanzen, welche in den Körper des Opfers eindringen können. Unter den magischen Krankheiten, die durch derartige Substanzen hervorgerufen werden, gibt es eine, die ziemlich häufig auftritt. Sie heißt *cungatuya* und kann das Opfer innerhalb von wenigen Wochen umbringen.

Sowohl Don Celso als auch Don José erzählten mir, daß bei der Entfernung derartiger *virotes* aus dem Körper der Patienten manchmal auch "gute" finden, welche sie dann in ihr eigenes *mariri* inkorporieren. Mit anderen Worten, obwohl sie zwischen *virote* und *yachay* oder *mariri* unterscheiden, scheint es sich um die gleiche Substanz zu handeln, die aber verschiedene Funktionen erfüllt: einerseits kann sie heilen und schützen, andererseits Böses bringen. Die Parallelen mit der Beschreibung des *tsentsak* der Jivaroindianer von HARNER (43) und der *flechettes* bei den Yagua von CHAUMEIL (44) sind deutlich zu sehen. Wenn einmal das *mariri* in den Körper des Initianten "eingepflanzt" ist, kann es wie eine Pflanze wachsen. Seine Entwicklung ist von der Länge der Diät abhängig.

Die Diät

Alle vier Informanten stimmen darüber überein, daß die Einhaltung einer strikten Diät und die totale sexuelle Enthaltung während der Lehrzeit von ganz besonderer Bedeutung sind. Durch die Diät offenbaren sich dem Initianten die Pflanzen entweder in Visionen oder Träumen. Seine Kenntnisse und seine Kräfte hängen von der Länge der Diät ab. In manchen Fällen erscheinen die Geister selbst, um die Länge und Art der Diät vorzuschreiben. Auch nachdem der Schamane aus der Isolation, die während der Lehrzeit einzuhalten ist, in die Welt zurückkehrt und seine schamanistischen Praktiken beginnt, ist es von Vorteil, zeitweilig Diätperioden einzuschalten, besonders wenn er schwierige Fälle behandelt und/oder wenn bestimmte Medikamente hergestellt werden. Häufig hält man die Diät einen oder einige Tage nach Einnahme von *ayahuasca* oder einem anderen Pflanzenlehrer ein, auch wenn dies nur für Heilungen geschieht. Wenn man aber gerade von den Pflanzen lernt, dauert die Diätperiode oft mehrere Monate oder Jahre.

Die "ideale" Diät besteht aus gekochten Kochbananen, geräuchertem Fisch und manchmal *carne de monte*, das Fleisch wilder Tiere. Manche *ayahuasqueros* essen ebenfalls Reis und Maniok. Man darf jedoch kein Salz, keinen Zucker oder irgendwelche Gewürze, Fett, Alkohol, Schweinefleisch, Hühner, Obst, Gemüse oder kalte Getränke zu sich nehmen. Die Speisen müssen entweder vom Schamanen selbst oder von einem Mädchen, das noch keine Regeln hat oder von einer Frau nach den Wechseljahren bereitet werden. Sonst darf man sich keiner Frau nähern. Ich konnte mir den Zweck des Verbots des Genusses von bestimmten Tieren nicht erklären. Wahrscheinlich haben diese Verbote ihren Ursprung in einheimischen Speisetabus, deren Bedeutung aber heute nicht mehr bekannt ist. Meine Informanten sagen, daß die folgenden FISCHE gegessen werden dürfen: *Sabalo (Brycon melanoptherum B. erythopetrum), boquichico (Prochilodus nigricans), bujurqui (Cichlaurus festicum C. severum), añashua (Crenicichla johanna), tucunaré (Cichla ocellaris), sardina (Triportheus angulatus T. elongatus), paco (Colossoma bidens), gamitana (Colossoma macropomum), corvina (Plagioscion autatus, P. squamosissimum), paiche (Arapaima gigas), palometa (Mylossoma duriventris M. aureum), carahuasú (Astronotus ocellatus)* und *fasaco (Hoplias malabaricus)*. Folgende VÖGEL können gegessen werden: *Panguana (Crypturellus untulatus), pungacunga (Penelope jacquacu), perdiz* und *pava*, ebenso wie einige REPTILIEN wie *Largato blanco (Caiman sclerops)* und verschiedene Spezies der Boas (*Boidae* Fam.). Folgende TIERE dürfen während der Diät nicht gegessen werden: Säugetiere, wie *Sajino (Tayassu tajacu), huangana (Tayassu pecari), sachavaca (Tapirus terrestris), motelo (Testudo tabulata), huapo negro (Pintheca monachus), huapo colorado (Cacajao calvus rubicundus), coto (Alouata seniculus) choco (Lagothrix lagothrichia), maquisapa (Ateles paniscus chameck, Ateles paniscus belezebuth), mono negro* und *mono blanco*; bestimmte Vogelarten wie *guacamayo rojo (Ara macao), paujil (Mitu mitu)* und *trompetero (Psophia leucoptera)*, bestimmte Reptilien wie *shushupi (Crotoladae* Fam.) und *jergón (Bothrops atrox)*, sowie verschiedene Arten von Fischen, wie *paña (Serrasalmus spilopleura S. nattereri, S. rhombeus)* und *zúngaro (Trichomycterus Gen.)*.

Um eine komplette Liste aufzustellen, wäre es notwendig, die Fauna der Region genau zu kennen. Dies ist bei mir leider nicht der Fall. Ich glaube, daß die dauernde Aufrechterhaltung eines veränderten Bewußtseinszustandes ein wichtiger Bestandteil des Lehrprozesses ist. Daher wäre das genaue Studium des Diätregimes und ihrer physiologischen und psychischen Wirkung auf den Organismus von Bedeutung.

Die *Icaros* oder magischen Melodien

Ich habe schon vorher erwähnt, daß die Pflanzengeister dem Initianten gewisse magische Gesänge oder Melodien lehren, welche *icaros* genannt werden. Sie spielen eine sehr wichtige Wolle, und das

Oben: Don José Coral singt ein *icaro* , eine magische Melodie, auf ein paar *mapacho*-Zigaretten (*Nicotina rustica*) (Aug.83).

Unten: Don José Coral und Patient. Fotos vom Autor.

geht so weit, daß die Anzahl und Qualität der *icaros* des Schamanen der beste Ausdruck seines Könnens und seiner Kräfte ist. Tatsächlich muß der Initiant zuerst diese *icaros* lernen, die sehr individualisiert sind und als besonderes Geschenk der Geister betrachtet werden. Allerdings muß man dazu sagen, daß manchmal auch ein Lehrer seinem Schüler ein bestimmtes *icaro* weitergibt.

Die *icaros* haben verschiedenartige Funktionen. Es gibt solche, die die Intensität, den Anstieg und Abfall der Halluzinationen verstärken oder verringern. Andere dienen, um *arkanas* oder Beschützer herbeizurufen, andere zur Heilung bestimmter Krankheiten, manche sollen die Wirkung bestimmter medizinischer Pflanzen verstärken, andere wieder sollen die Liebe einer Frau entzünden (*huarmi icaro*). Weiters gibt es *icaros*, um die Geister toter Schamanen herbeizurufen, Regen, Wind oder Donner zu erzeugen, Menschen zu verzaubern, um bestimmte Tiere zu jagen oder zu fischen, um Schlangenbisse zu heilen, sich beim Geschlechtsverkehr zu schützen etc. Don Emilio kennt etwa 60 - 70 *icaros*, von denen ich die meisten aufnehmen konnte. Don José, Don Alejandro und Don Celso behaupten, mehr als 100 zu kennen. Der chilenische Ethnomusikologe Alfonso PADILLA von der Universität in Helsinki erhielt das Material, welches ich während der ersten Periode meiner Feldforschungsarbeit sammeln konnten

Schlußbemerkungen

Spezialisten auf dem Gebiet des amazonischen Schamanismus werden viele Parallelen zwischen dem, was ich hier beschrieben habe und ihren eigenen Ergebnissen bei verschiedenen indianischen Gruppen finden. Sicherlich haben die Glaubenssysteme ihre ursprüngliche Koherenz eingebüßt, nur einige Fragmente kann man hier und dort erkennen. Jedoch ist der Schamanismus als solcher weiter lebendig geblieben und die Veränderung einiger seiner Elemente, wie wir am Beispiel der Inkorporation moderner Waffen in die *arkanas* gesehen haben, bezeugt seine Vitalität. Jedoch besteht die Gefahr, daß der Druck des Stadtlebens langsam, aber sicher die reichen Traditionen zerstören wird. Keiner meiner vier Informanten hat einen Nachfolger. Sie beklagen sich, daß die jungen Leute nicht mehr interessiert sind oder nicht fähig sind, die Diätvorschriften und Abstinenz einzuhalten, um von den Pflanzen zu lernen. Ihre Rollen werden von Scharlatanen weitergetragen, die aber nicht einmal einen kleinen Teil ihrer Kenntnisse über Mythen, Legenden, Flora und Fauna der Region besitzen. Das Verschwinden der schamanistischen Traditionen wäre für alle ein großer Verlust.

Danksagung

Diese Arbeit wurde teilweise von der *Norges almenvitenskapelige forskningsrad (NAVF)*, in Oslo, Norwegen, und vom *Donnerska Institutet för Religionshistorisk och Kulturhistorisk forskning*, in Turku, Finnland, unterstützt. Ich möchte auch Dr. Timothy Plowman und seinen Kollegen (*Field Museum of Natural History*, Chicago) für die Identifikation des Pflanzenmaterials, Dr. Ilkka Kukkonen (*Botanical Museum of Helsinki University*) für die Hilfe beim Transport und der Erhaltung der Specimen und Prof. Åke Hultkrantz (*Institute of Comparative Religion*, Stockholm) für seine Hilfe und Anregung danken. In Peru bin ich Dr. Alejandro Camino (*Centro Amazonico de Aplicación Práctica, CAAP*, Lima) Dr. Fernando Cabieses (*Museo Peruano de Ciencias de la Salud*, Lima) und Dr. Pedro Felipe Ayala (*Centro Amazónico de Medicina Tradicional y Farmacologia, CAMTEF*, Iquitos) zu Dank verpflichtet.

ANMERKUNGEN

(1) LUNA L.E. The Healing Practices of a Peruvian Shaman. *Journal of Ethnopharmacology.*

(2) LUNA L.E. 1982. *Don Emilio y sus Doctorcitos* (Don Emilio und seine kleinen Doktoren). Ethnologischer Film, 16 mm, 30 min. Farbe. // BRISTOL M.L. 1966. The Psychotropic Banisteriopsis among the Sibundoy of Colombia. *Botanical Museum Leaflets.* Harvard University, Vol. 21, 5:113-140. // DELTGEN F. 1978/79. Culture, Drug and Personality - a Preliminary Report about the Results of a Field Research among the Yebasama Indians of Rio Piraparaná in the Colombian Comisaría del Vaupés. *Ethnomedicine* V, 1/2:57-81. Hamburg.

(3) DEULOFEU V. 1979. Chemical Compounds Isolated from Banisteriopsis and related Species, in *Ethnopharmacologic Search for Psychoactive Drugs.* Hrsg. EFRON D.H., HOLMSTEDT B. and KLINE N.S. New York: Raven Press.

(4) DOBKIN de RÍOS M. 1970. Banisteriopsis use in Witchcraft and Healing Activities in Iquitos, Peru. *Economic Botany* 24:35:296-300.

(5) DOBKIN de RÍOS M. 1972. *Visionary Vine. Psychedelic Healing in the Peruvian Amazon.* San Francisco: Chandler Publishing Company.

(6) DOBKIN de RÍOS M. 1972. Curing with ayahuasca in a Peruvian Slum, in *Hallucinogens and Shamanism.* Hrsg. HARNER M. New York: Oxford University Press, S. 81-96.

(7) FISCHER CÁRDENAS G. 1923. *Estudio sobre el Principio Activo del Yagê.* Ph.D. Dissertation, Universidad Nacional, Bogotá.

(8) FRIEDBERG C. 1965. Des Banisteriopsis utilisés comme drogue en Amérique du Sud. *Journal d'Agriculture Tropicale et de Botanique Appliquée* 12:1-132.

(9) HARNER M. 1972. *The Jivaro: People of the Sacred Waterfalls.* New York: Doubleday/Natural History Press.

(10) HARNER M. (Hg.) 1972. *Hallucinogens and Shamanism.* New York: Oxford University Press.

(11) HASHIMOTO Y & KAWANISHI K. 1976. New Alkaloids from *Banisteriopsis caapi. Phytochemistry* 15:1559-1560. Pergamon Press.

(12) HOLMSTEDT B., LINDGREN J-E., RIVIER L. 1979. Ayahuasca, caapi ou yagê - bebida alucinogênica dos indios da bacia amazônica. *Ciência e Cultura* 31, 10.

(13) KARSTEN R. 1935. *The Head-Hunters of Western Amazonas.* Societas Scientiarum Fennica. Commentationes Humanarum Litterarum. VII. 1. Helsingfors.

(14) LAMB B. 1971/1974. *Wizard of the Upper Amazon. The Story of Manuel Córdoba Ríos.* Boston: Houghton Mifflin Company.

(15) LANGDON J. 1979.Yagê among the Siona: Cultural Patterns in Visions, in *Spirits, Shamans, and Stars.* Hrsg. BROWMAN D.L. and R. SCHWARTZ. The Hague: Mouton.

(16) MAXWELL M.M. 1937. Caapi, its Sources, Use and Possibilities. Unpublished manuscript.

(17) NARANJO C. 1979. Psychotropic Properties of the Harmala Alkaloids, in *Ethnopharmacologic Search for Psychoactive Drugs.* Hrg. EFRON D. New York: Raven.

(18) NARANJO P. 1979. Hallucinogenic Plant Use and Related Indigenous Belief Systems in the Ecuadorian Amazon. *J. of Ethnopharmacology* 1:121-145. // -- 1983. *Ayahuasca; Etnomedicina y Mitología.* Quito/Ecuador: Ediciones Libri Mundi.

(19) PINKLEY H.V. 1969. Plant Admixtures to *ayahuasca*, the South American Hallucinogenic Drink.*Lloydia* 32, 3:305-314.

(20) REICHEL-DOLMATOFF G. 1971. *Amazonian Cosmoc: The Sexual and Religious Symbolism of the Tukano Indians.* Chicago: University of Chicago Press.

(21) REICHEL-DOLMATOFF G. 1972. The Cultural Context of an Aboriginal Hallucinogen: Banisteriopsis caapi, in *The Flesh of the Gods*. Hrg. FURST. New York: Praeger Publishers.

(22) REICHEL-DOLMATOFF G. 1975. *The Shaman and the Jaguar: A Study of Narcotic Drugs among the Indians of Colombia*. Philadelphia: Temple University Press.

(23) SCHULTES R.E. 1972. De Plantis Toxicariis E Mundo Novo. Tropicales Commentationes XI. The Ethnotoxicological Significance to Additives to New World Hallucinogens. *Plant Science Bulletin*. Dec. // -- 1982. The beta-Carboline Hallucinogens of South America. *Journal of Psychoactive Drugs* 14, 3.

(24) SCHULTES R.E. & HOFMANN A. 1980. *The Botany and Chemistry of Hallucinogens*. Springfield- Illinois: Charles C. Thomas.

(25) SPRUCE R. 1908. *Notes of a Botanist on the Amazon and the Andes*. Vol. 2 London: McMillan.

(26) TESSMAN G. 1930. *Die Indianer Nordost-Perus. Grundlegende Forschungen für eine systematische Kulturkunde*. Hamburg: Friederichsen, De Gruyter & CombH.

(27) CHAUMEIL J.P. 1979. Chamanismo Yagua. *Amazonia Peruana* 2, 4:35-69. Lima: Centro Amazônico de Antropologîa y Aplicación Prâctica.

(28) CHAUMEIL J.P. 1982. Representation du Monde d'un Chaman Yagua. *L'Ethnografie*. Tome LXXXVIII, No 87-88,(2-3):49-84.

(29) RODRÎGUEZ E. & CAVIN J.C. 1982. The Possible Role of Amazonian Psychoactive Plants in the Chemotherapy of Parasitic Worms - A Hypothesis. *Journal of Ethnopharmacology* 6:303-309.

(30) + (31) Personal communication by botanists at the Herbarium Amazonense, Iquitos, without the presentation of voucher specîmens.

(32) SOUKUP J. 1970. *Vocabulario de los Nombres Vulgares de la Flora Peruana*. Lima: Colegio Salesiano, p. 153. (33) Idem, p. 74. (34) Idem p. 368.

(35) Mentioned by CHAUMEIL J.P. 1979. Reprêsentation du Monde d'un Chamane Yagua. *L'Ethnographie*, Tome LXXXVIII, No. 87-88, (2-3):74. Also VILLAREJO A. 1979. *Asî es la selva*. Publicaciones CETA, p. 118. Iquitos/Peru.

(36) SOUKUP J. 1970. *Vocabulario de los Nombres Vulgares de la Flora Peruana*. Colegio Salesiano, p. 56.

(37) WILLIAMS L. 1936. *Woods of Northeastern Peru*. Field Museum of Natural History. Vol. XV, Publication 377. Chicago. (38) Idem. (39) Idem.

(40) ENCARNACIÓN F. 1983. *Nomenclatura de las Especies Forestales Comunes en el Peru*. Proyecto PNUD/FAO/PER/81/002. Documento de Trabajo No 7. p. 59. Lima.

(41) McKENNA D.J. & TOWERS G.H.N. Monoamine Oxidase Inhibitors in South American Hallucinogenic Plants: Tryptamine and ß-Carboline Constituens of *Ayahuasca*. Submitted for publication.

(42) SZEMIÑSKI J. Personal communication.

(43) HARNER M.J. 1973. The Sound of Rushing Water, in *Hallucinogens and Shamanism*. Hrg. HARNER M.J. New York: Oxford University Press.

(44) CHAUMEIL J.P. 1982. Reprêsentation du Monde d'un Chaman Yagua. *L'Ethnographie*. Tome LXXXVIII, No. 87-88, (2-3).

(45) MASON J.A. 1950. The Languages of South American Indians, in *Handbook of South American Indians*. Hrg. STEWARD J.H. Vol. VI. Washington: United States Government Printing Office.

Ethnologische Betrachtungen über die Cocapflanze und das Kokain*

Fernando Cabieses

ZUSAMMENFASSUNG In einer ethnosoziologischen Stellungsnahme zum Problem des Zusammenhanges zwischen dem Cocakauer im Hochland Perus und den Drogenabhängigen bei uns, der Kokain und deren Basismasse *pasta* benutzt, versucht der Autor, entsprechend des heutigen Kenntnisstandes, eine Synopse der Sitte des Cocakauens im kulturellen Kontextes der Indiokultur und ihren sozialen Funktionen zu geben sowie deren magische und medizinische Bedeutung zu verstehen. Repressive Gesetze, mit denen die Abschaffung der Cocakultur erreicht werden soll, werden diskutiert. Dabei wird betont, daß dafür die wissenschaftliche Untermauerung fehlt und dies daher nicht befürwortet werden kann. Mögliche schädliche Auswirkungen der Coca wurden bisher nie exakt bewiesen; sie ist aber mehr nur als ein einfaches Stimulans. Coca bildet ein unersetzliches Element der sozialen Integration in der Welt der Hochlandindios. Der Autor hebt hervor, daß die Faktoren, die seit über 400 Jahren zur Verdammung der Coca führen, niemals in der andinen Kultur selbst gelegen haben. Die in ihren eigenen Konflikten befangene westliche Gesellschaft hatte ein Interesse daran, es so darzustellen.

SUMMARY The author gives a synopsis of the Indian coca chewing customs in its cultural context and social functions and interprets its magical and medical meaning. He puts the facts into relation with the drug addicts in our countries, who are using cocaine and its basic mass *pasta*. Repressive legal acts to abolish the culture of coca are discussed. He points out, that there is no scientific basis for such proceedings. No real proofs of the damaging effects of coca has been done till now, it is no more than a mere stimulans. In the world of the central andean indians it is an irreplacable element of the social integration. The author points out that the factors to condemn the coca never were to be found in the andean culture itself. Western society,knotted in its own conflicts, was interested to put it down in this way.

RESUME Dans une prise de position ethno-sociologique concernant le grave problème de la relation entre le Péruvien des Hauts Plateaux qui mastique la coca et le drogué chez nous, qui utilise la cocaîne et sa "pasta", l'auteur tente, sur la base des connaissances actuelles, de donner un synopsis de la coutume de mastiquer la coca dans le contexte de la culture indienne et de ses fonctions sociales, et de comprendre la signification magique et médicale de ces dernières. Les lois répressives au moyen desquelles on veut arriver à faire disparaître la coca sont discutées. En même temps, l'accent est mis sur le fait qu'on manque de bases scientifiques solides pour cela. On n'a jamais pu démontrer nettement la possibilité d'effets nuisibles de la coca. Mais elle est plus qu'un stimulant. La coca constitue un élément irremplaçable de l'intégration sociale dans le monde de l'Indien des Hauts Plateaux. L'auteur remarque que les facteurs, qui depuis plus de 400 ans mènent à la condamnation de la coca, ne proviennent pas de la culture andine elle-même. La société occidentale, prise dans ses propres conflits, trouvait son intérêt en le présentant ainsi. gm

---

* Vortrag *Aspectos etnológicos de la coca y de la cocaína* auf dem "1st World Congress of Folk Medicine" in Lima/Iquitos/Cusco vom 26. Okt. bis 2. Nov.1979 übersetzt von Dr. med. Sabine Schiefenhövel, Frankfurt/M.

Friedr. Vieweg & Sohn Verlag, Braunschweig/Wiesbaden

Selling Coca at Azangaro; Peru (from a Photograph)
Mortimer W.G. History of Coca. San Francisco 1974 p. 301

In allen Kulturen sucht und findet der Mensch verschiedene Möglichkeiten, sich zu stimulieren, sei es mit Hilfe verschiedener Drogen, z.B. Kaffee, Tee, Betelnuß, Alkohol, Tabak, Coca-Cola etc., sei es mit Hilfe anderer Methoden, z.B. Tanz, Musik, Fernsehen, Kino, Geschwindigkeit etc., ohne dabei an eine mögliche Schädigung zu denken. Im folgenden wollen wir uns mit der *Coca* befassen, die in den Anden vom soziologischen Gesichtspunkt her in letzter Zeit schwerwiegendste Probleme geschaffen hat.

Sobald die Cocapflanze in der Kolonialzeit von der herrschenden spanischen Schicht als ein essentieller Faktor in den magischen und religiösen Riten der andinen Kultur identifiziert wurde, verfolgte man sie als *hierba diabólica* - Pflanze des Teufels, die es zu vernichten gelte, um die Rettung der indianischen Seelen zu sichern. Als die Wissenschaft die Theologie ersetzte, strebte man fortan nicht mehr nach geistiger Erlösung, sondern nach körperlicher Gesundheit. Der theologische Kampfplatz verwandelte sich in einen medizinischen.

Die ersten Feinde der Coca betrieben ihre Elimination, weil die rituelle und religiöse Anwendung der Cocapflanze die Konvertierung der Indios zum Christentum erschwerte. Jahrhunderte später war die Zielsetzung eine andere, nämlich, weil die Cocapflanze zur Kriminalisierung und zur rassischen Degeneration der Indios beitrage. Jetzt sagt man, sie schädige den Bauern des Hochlandes, den "campesino". Seit 4000 Jahren existiert die Coca in den Anden, und trotz aller Verfolgungen stellt sie noch heute einen wesentlichen Bestandteil der authochtonen Kultur dar.

Aus Gründen der Religion, der Magie, der Hygiene, der Medizin und der Anthropologie wurde die Coca verfolgt und verteidigt. Sowohl Befürworter wie auch Gegner der Coca haben ein utopischens Bild von sich selbst, wie MAYER (1) richtig sagt; infolgedessen fühlen sie sich als "Verteidiger" der Indios gegenüber der Aggression, der Ausbeutung und der Unterdrückung durch die Zivilisation westlicher Prägung.

Die Gegner fühlen sich als Retter der andinen Bewohner, weil sie vorgeben, sie von den Fesseln ihrer eigenen Kultur befreien zu wollen. Natürlich heißt befreien in diesem Falle, sie zu Weißen zu machen, *blanquear los* , sie weniger indianisch, weniger authochton zu machen. Man sieht sie als Kinder an, die Schutz vor sich selbst benötigen und mißt sie an fremden, d.h. ungeeigneten Kriterien. Man möchte sie als Individuen in die peruanische Nation integrieren, aber nicht als Mitglieder einer eigenständigen Kultur. Für bestimmte Kreise kann dies durchaus vernünftig, wünschenswert, plausibel und logisch sein. Berücksichtigt man jedoch die Menschenrechte und den Grundsatz des freien Bestimmungsrechtes der Völker und Kulturen, so erscheint die oben beschriebene Haltung nicht gerechtfertigt. Auf der anderen Seite haben diejenigen, die das Recht des andinen Menschen verteidigen,Coca weiterhin anzubauen und zu gebrauchen, eine vielleicht utopische und zu idealistische Sicht; denn eine Existenz der andinen Kultur in einer interkulturellen Pluralität ist noch lange nicht in Sicht. Die Position der Toleranz gegenüber anderen Idealen, Tendenzen, ästhetischen Konzepten moralischer und sozialer Art beinhaltet das Risiko, daß denjenigen Vorschub geleistet wird, die die Indios mit Hilfe der Coca ausbeuten, die die Anwendung der Coca außerhalb der traditionellen, sozialen und kulturellen Kontrollmechanismen befürworten,und die damit die soziale Desintegration der Kulturen betreiben. Dieses ist das schwerwiegende, sozialpolitische Dilemma.

Immer wenn im Kampf der verschiedenen Kulturen gegeneinander die Cocapflanze als Mittel der Machtausübung benutzt werden konnte, entstanden Mißbräuche. Viele Jahrhunderte lang wurde Coca gebraucht, um die Arbeiter unterwürfig und demütig zu halten ; mehrere hundert Jahre lang wurde Coca anstelle von Lohnauszahlungen benutzt, um Abhängigkeiten zu schaffen, um das Volk zu unterdrücken. Die Coca wurde zum Werkzeug des grausamen Gegensatzpaares Unterdrücker-Unterdrückte, welches unsere Gesellschaft charakterisiert. Das wurde möglich durch den kulturellen Stellenwert, den die Coca für ihre Benutzer hat ; so konnte sie zum Mittel der Ausbeutung werden. Es ist klar, daß der Gebrauch der Coca und ihrer Derivate losgelöst aus dem kulturellen Kontext und getrennt von den Moralvorstellungen, die 4000 Jahre lang als Kontrollinstanz galten, zu einer ernsthaften Bedrohung anderer Kulturen führt.

Gegen Ende des letzten Jahrhunderts brachte die Firma Parke-Davis in den USA verschiedene Produkte auf der Basis des Cocains auf den Markt: Zigaretten, Inhaliersubstanzen, Injektionslösungen, Tonika und Herzmittel. Durch die ausgezeichneten Marketing-Methoden und durch die prestigeträchtige Unterschützung der nordamerikanischen Ärzte gelang die Verbreitung des Kokains massiv und schnell.

Aber der erste Enthusiasmus war schnell verflogen. Sobald dann die ersten grausamen Fälle der Drogenabhängigkeit und des Drogenmißbrauch bekannt wurden, wurde das Kokain als eine Geißel der Menschheit bezeichnet. Die Firma Coca-Cola wurde nun verpflichtet, das Kokain (welches bis dahin noch in der Coca-Cola-Flüssigkeit enthalten war) aus ihrem Rezept für das Getränk zu streichen ; die Akte Harrison über Narkotika verbot im Jahre 1914 das Kokain. Vom soziologischen Standpunkt aus betrachtet ist es aber noch interessanter, daß auch die Coca verboten wurde. In diesem Zusammenhang ist zu bemerken, daß im "Trockengesetz" der Prohibition, das später die Fabrikation und den Gebrauch von Alkohol in den Vereinigten Staaten verbot, nicht einmal daran gedacht wurde, die der Coca analogen Grundstoffe Zucker, Zuckerrohr und Mais zu verbieten.

Einige Jahre später war ich, der ich heute diese Zeile schreibe, Medizinstudent und protestierte gegen den ungerechtfertigten Feldzug gegen die Coca.(2) Daraufhin "zerlegte" der Direktor der Pharmakologie unserer berühmtesten Universität meine Thesen, indem er sagte :"In allen zivilisierten Ländern ist die Coca strengstens verboten. Sie wird als toxische und gefährliche Droge angesehen. Diese schreckliche, in den USA verbotene Droge soll laut CABIESES und MONGE angenehm und förderlich für den peruanischen Indios sein".(3)

In Paris ist es zwar den Damen verboten, mit unbedecktem Oberkörper auf den Straßen zu spazieren, aber auf Bali z.B. würde niemand auf die Idee kommen, eine Kampagne zu starten, damit die jungen Mädchen züchtig ihre Brüste bedecken. In London wäre es gegen die guten Sitten, bei Tische aufzustoßen, aber in einem asiatischen Land würde das gleiche Verhalten als bester Beweis der Wertschätzung dem Gastgeber gegenüber gelten. Schließlich würde es in den USA niemandem einfallen, eine Kampagne zur Verbesserung der sexuellen Moral zu starten, bloß weil die nordamerikanische Lebensweise einen schlechten Einfluß auf unsere "guten Sitten" hat.

In Wirklichkeit war der Artikel von GUTIÉRREZ-NORIEGA ein wissenschaftlich verbrämter Beweis für das Vorhandensein des Gegensatzpaares Unterdrücker-Unterdrückte, das noch immer einen starken Einfluß auf die peruanische Gesellschaft hat. Dieses unterschiedliche Denken ist nur beim Hochlandindio, aber nicht in der herrschenden Klasse zu finden; ein Analphabet kann kein verantwortliches, politisches Denken zeigen; der Indio ist faul und asozial; deswegen trägt er die alleinige Verantwortung für seine Misere. Dieses ist auch die soziologische Grundlage, die die Machtverhältnisse festlegt, auf der einen Seite Privilegien, auf der anderen Abhängigkeiten. Die Überheblichkeit der Mächtigen erlaubt es, die Drogenabhängigkeit der andinen Bevölkerung mit einem Glas Whisky in der einen und einer Zigarette in der anderen Hand zu verdammen.

Dieses alles dachte sich damals als Medizinstudent jedoch nur. Das Einzige, was ich zu dem Thema sagte, ohne zu ahnen, welch strengen Verweis ich dafür bekommen sollte, war : "Solange wir keine definitiven Beweise haben, daß der Gebrauch der Coca durch die andinen Indios schädlich ist, solange ist es wissenschaftlich unrichtig, von Laster, Degeneration und nötigen Kontrollen zu reden ..". "Solange wir uns nicht die Mühe machen, stichhaltige, wissenschaftliche Argumente für die Schädlichkeit der Coca zu finden, ist es leicht, die Schuld am verwahrlosten Zustand unserer andinen Rasse auf die Coca und auf die Indios als deren Benutzer zu schieben. Diese Reaktion ist nichts anderes als der Wunsch, unseren eigenen Irrtümern zu entfliehen".

Wie man sieht, bin ich kein Neuling in Bezug auf diese Problematik, sondern ich schreibe schon darüber, seit ich Medizinstudent bin.

Ich muß das, was ich 1945 sagte, noch einmal wiederholen. Wir wissen nicht viel über die Coca. Wir wissen so gut wie gar nichts! Und alle diejenigen, die sagen, sie wüßten viel darüber, wissen nicht, daß sie nichts wissen, und sind nicht bescheiden genug, um zuzugeben, daß sie nichts wissen. Vielleicht gab es früher Leute, die über die Coca Bescheid wußten, aber jetzt gibt es sie nicht mehr.

Vor dreißig Jahren führten peruanische Pharmakologen unter Leitung von Carlos GUTIERREZ-NORIEGA (5) (6) (7) eine Untersuchungsserie durch und zogen mit ihren Äußerungen die Aufmerksamkeit der gesamten wissenschaftlichen Welt auf sich. Aber die damals von diesen Wissenschaftlern angewandten Methoden wurden in der Zwischenzeit durch modernere ersetzt ; in einem großen Teil der damaligen Arbeit wurden Behauptungen aufgestellt, die auf Techniken beruhten, die man heute nicht mehr als gültig oder zuverlässig ansehen kann. Ich will nicht die Gelehrtheit des Wissenschaftlers von damals in Frage stellen. Was ich allerdings in Frage stelle, ist die kontinuierliche Gültigkeit der damaligen Aussagen im Lichte einer Wissenschaft, die nun dreißig Jahre weiter ist. Denn diese Aussagen werden bei uns weiterhin anerkannt, obwohl sie obsolet sind. Die Fortschritte in den Wissenschaften der Sozialanthropologie, Psychologie, Technik, Physiologie, Biochemie und Pharmakologie machen die Schlußfolgerungen in Bezug auf die Coca völlig wertlos. Obwohl ich den historischen Rang etwa eines GUTIERREZ-NORIEGA respektiere, kann ich seinen Einschätzungen unter den heutigen Gegebenheiten nicht mehr folgen ; auch verstehe ich diejenigen nicht, die seine Aussagen als unverrückbare Dogmen ansehen. Als der große Wissenschaftler starb, unter Umständen, die hier nicht angeführt werden sollen, erlosch das Interesse für die Coca in unseren Laboratorien. Zapata ORTIZ (7), ASTE (8) und MONTESINOS (9), (10) sowie meine Wenigkeit (in Philadelphia) arbeiteten alle unabhängig voneinander, ohne daß wir jedoch zu den zusammenhängenden Ergebnissen gekommen wären, die eine Doktrin ausmachen.

Die Erfolge jedes Einzelnen von uns vieren auf anderen Gebieten sprachen uns von der Verantwortung frei, das Thema ruhen gelassen zu haben ; diese Erfolge erlaubten es uns auch, das Wort zu ergreifen, vor allem, um zu sagen, daß wir nun weniger wußten als vorher, und daß wir nicht in der Lage waren, Schlußfolgerungen, geschweige denn Regeln darüber aufzustellen, nach welchen Kriterien der Coca-Konsum in bestimmten Sektoren unserer Gesellschaft abläuft. Wir wissen aus vielerlei Quellen, daß die Coca gut tut. Wir können jedoch nicht mit letzter Sicherheit sagen, ob die Coca in der Form, wie sie von der serranen Bevölkerung seit 4000 Jahren gebraucht wird, schädlich ist.

*

Der Genuß von Cocablättern stellt einen äußerst wichtigen Faktor der einheimischen Kultur dar. Coca gilt nicht nur als das bevorzugte Stimulans (wie etwa Tee, Kaffee, Tabak oder Alkohol bei uns), sondern als Säule, als zentrales Element in der authochtonen andinen Kultur in Bezug auf Wirtschaft, Medizin, Magie und interpersonelle Beziehungen. Vom soziologischen Standpunkt aus betrachtet ist die Coca für den Andenbewohner um ein Vielfaches wichtiger als Tabak, Alkohol, etc. für den "Limeno", den Einwohner der Großstadt Lima. Wir sollten die "schwarze Legende" über die Coca wirklich vergessen, die nur von ihren schlimmen Wirkungen spricht. Eine ausgeglichene Gesellschaft, die alle Bereiche respektieren will, die in ihr integriert sind, kann nicht mit gutem Gewissen dabei zusehen, wie man den Cocakauer als Kriminellen oder degenerierten Menschen bezeichnet.

Ich habe meine eigene Unwissenheit zum Thema akzeptiert ; ich habe betont, daß die gegenwärtigen Erkenntnisse ungenügend sind ; ich habe gezeigt, daß derjenige, der glaubt zu wissen, bloß nicht weiß, daß er nichts weiß. Aufgrund dessen habe ich in den letzten Jahren die Position bezogen, Interesse an diesem Thema zu provozieren, damit das Thema "Coca" sowohl im Labor als auch mittels Feldstudien wieder genauer untersucht wird.

Mein Aufruf geht an Anthropologen, Soziologen, Psychologen, Pharmakologen, Biochemiker und an alle Wissenschaftler überhaupt. Viele Leute sollten sich zusammensetzen, die Karten offen auf den Tisch legen und nachher die Aufgabe untereinander aufteilen, eine solide Wissensgrundlage zu erarbeiten. Mit deren Hilfe könnte man eine objektive, und nicht eine brüchige, unpassende Wertschätzung der Realität erreichen. Nun möchte ich nicht noch mehr insistieren, daß es nötig ist, alle Arbeiten der pharmakologischen peruanischen Schule der vierziger Jahre über die Coca mit kritischen und neugierigen Augen zu überprüfen. Die bitteren, aber gut begründeten Argumente von Baldomoro CACERES (11), (12) befreien mich von der unangenehmen Pflicht, den großen Meister GUTIERREZ-NORIEGA noch einmal öffentlich rügen zu müssen.

Ob mit oder ohne Grund, in der Genfer Konvention von 1962 verpflichtete sich Peru, den Cocaanbau in den nächsten 25 Jahren zu verbieten und auszulöschen. Vom Zeitpunkt der Genfer Konvention bis heute wurde unseren Erkenntnissen nichts hinzugefügt, womit wir definitiv behaupten könnten, die Coca sei in der Form, wie sie von den Andenbewohnern gebraucht wird, gesundheitsschädlich. Es gibt nichts, was solch eine radikale und repressive Maßnahme rechtfertigen könnte, die solch schwerwiegende, vorhersehbare Konsequenzen hat wie dieses infamste, trockene Gesetz der Vereinigten Staaten. Die Arbeiten von MURPHY und NEGRETE (13) mögen zwar suggestiv sein, müssen aber überprüft werden. Aber auch wenn das geschehen wäre, würden sie nicht weitergehen, als die Coca mit dem Alkohol und dem Tabak gleichzustellen.

Die einfache Feststellung, daß in Peru zwei soziale und kulturelle Realitäten existieren, nämlich die westliche und die andine Kultur, ist unzureichend. Von unserem extrem spitzfindigen, wissenschaftlichen Standpunkt aus können wir doch die tiefliegenden, kulturellen Wurzeln von Millionen von Menschen, die in den Anden ihre soziologische Eigenständigkeit beibehalten, nicht begreifen. Es existieren zwei Realitäten : eine beherrschende, zu der wir Peruaner gehören , und eine beherrschte, die so weit von uns entfernt ist, daß noch viele Jahre vergehen müssen, bis Angehörige der letzteren an wissenschaftlichen Versammlungen teilnehmen können. Während der gesamten Kolonialzeit blieben die beiden Kulturen Perus sozial, wirtschaftlich und politisch voneinander getrennt. Auch auf kulturellem Gebiet behielt man eine augenscheinliche Zweigleisigkeit bei, die in ihrer ungerechten und brutalen Asymmetrie die beherrschte Gruppe dazu zwang, zu ihren ganz tiefen und instinktiven Wurzeln Zuflucht zu nehmen.

Ohne Zweifel hat unsere, die herrschende Kultur, in den letzten hundert Jahren permanente, unterschiedlich starke und ernst gemeinte Anstrengungen gemacht, die beiden Realitäten zu einer nationalen Resultanten zu "verschmelzen". Aber mehr noch als die Integration hat die Ungleichheit an Boden gewonnen, und die Verschmelzung geht nur auf Kosten der progredienten Zerstörung der authochtonen Kultur vor sich. Ob gut, schlecht oder indifferent, dies ist die augenblickliche Lage. Die einheitliche peruanische Nation entsteht auf Kosten der Auslöschung der beherrschten Kultur, die wir unter der Fahne des Fortschrittes und der Zivilisation zerstören. Genau wie vor vierhundert Jahren, als unter dem Zeichen des Kreuzes grundlegende kulturelle Werte zerstört wurden, die von den Auffassungen der Eroberer abwichen, wird nun im Schutze des Fortschrittes unterschiedslos in einer der schlimmsten kulturellen Aggressionen der Geschichte das Gute und das Schlechte der indianischen Kultur zerstört. Die Aggression ist deswegen als so verwerflich zu betrachten, weil sie wissentlich geschieht; sie kann sich nicht mehr mit der Unwissenheit schamhaft bedecken, mit der wir heute die Ungerechtigkeiten von ehedem bekleiden.

*

Das Wenige, was wir von den andinen Menschen wissen, haben wir Anstrengungen einer Hand voll Soziologen zu verdanken. Aber noch nichts davon ist in die Entscheidungsebnen eingedrungen, dorthin, wo die Gesetze diktiert werden, die die Politik mit dem Namen "nationale Integration" etablieren. Alles wird gesagt, um diese Situation zu rechtfertigen. Eines der meist gebrauchten, der Verteidigung dienenden Argumente, um den Indio zu beherrschen und ihm zu sagen, was er zu tun hat, ist, daß man ihn für intellektuell minderwertig hält. In der Folge des interkulturellen Kontaktes kann die Einschätzung der individuellen Intelligenz leicht die schwerwiegendsten Verdrehungen erfahren. Wenn wir unter Intelligenz die Fähigkeit verstehen, sich im Rahmen einer sozialen Gruppe angemessen zu verhalten, so wollte ich um keinen Preis von einer Gruppe beobachtet werden, die aus Campesinos besteht, etwa dabei, wie ich alleine und isoliert versuche, in einer Campesino-Gesellschaft zu überleben. Denn eigentlich bin ich völlig unfähig, mich in ihre Denkweise einzufühlen und kenne viele kulturelle Elemente nicht, die das individuelle Leben auf diesem Niveau erleichtern.

Aus diesem Grunde sind wir erst gerade in letzter Zeit und bestimmt nicht schon seit den vierziger Jahren dabei, die intellektuellen Fähigkeiten in der unterdrückten Kultur angemessener zu beurteilen. Die andine Kultur lebt weiter durch den intensiven Wunsch der in ihr Exponierten, sie weiterhin gültig aufrecht zu erhalten. Ohnen eine interne Solidarität wäre dies nicht möglich gewesen, wie wir noch sehen werden. Dieses tiefliegende Gruppengefühl wird betont und verstärkt durch die Coca. Die andine Wirtschaft basiert auf einem solch großartigen und komplexen System reziproker Beziehungen zwischen Einzelpersonen, Familien und Gemeinden, daß es für einen westlichen Menschen kaum möglich ist, dieses System in überschaubarer Form zu beschreiben. Im Zentrum dieses Systems steht ein landwirtschaftlicher Produktionsmechanismus, der außerhalb des Geldmarktes und parallel zu ihm abläuft; er basiert auf gegenseitigem Austausch. Dabei spielt die Coca die Rolle des zentralen Gliedes in dieser Kette.

Es ist inzwischen erwiesen, vor allem durch Enrique MAYER und andere (1) (14) (15) (18), daß die Coca nicht ein Gut des täglichen Bedarf, sondern ein Luxusgut ist. Deswegen kann die Coca niemals die Nahrung ersetzen. Sie wird deswegen auch nicht als Ersatz für Speise angesehen oder mit dieser verwechselt, weil es sich um zwei grundverschieden Dinge handelt. Die Behauptung, daß der andine Mensch die Coca dem Essen vorziehe, oder daß die "coqueros" - die Cocakauer nicht ausreichend essen würden, weil die Coca den Hunger mindert, wird von der Realität nicht gestützt. Als Luxusgut hat die Coca eine fundamentale Wichtigkeit im andinen Handel. Die Coca besitzt einen ihr zugehörige ausgesprochen stabilen Tauschwert, der von allen Teilen der andinen Welt akzeptiert wird. Sie funktioniert als Geldäquivalent. Sie ersetzt das Geld als Tauschmittel, als Mittel, um verschiedene Zahlungen zu leisten, wie auch, um Reichtümer anzuhäufen. In der Wirtschaft der Campesinos ist sie ausgesprochen wichtig, weil sie als wirtschaftliches Bindeglied zwischen verschiedenen Zonen fungiert, die verschiedene, lokale Produkte anbieten. Durch den Gebrauch der Coca wird der auswärtige Vermittler überflüssig und der campesino favorisiert. Die Coca spielt eine wichtige Rolle in der Organisation der Arbeit.

Sorgfältige, anthropologische Studien, die alle Vorsichtsmaßnahmen getroffen haben, um falsche oder westlich inspirierte Interpretationen zu vermeiden, haben ergeben, daß der wichtigste Grund für die Aufnahme der Sitte des regelmäßigen Cocagenusses die Übernahme von sozialer Verantwortung ist, und zwar Verantwortung, die mit den sozialen Pflichten und mit dem Sektor Arbeit verknüpft ist. Es ist klar, daß im andinen Bereich niemand die Arbeit ohne die Coca begreift. Die regelmäßige Verteilung der Coca schafft eine solidarische Arbeitsgruppe, die mit Hilfe des zeremoniellen Austausches von Coca integriert ist.

In den Anden gebraucht man die Coca im Kollektiv und nicht für sich allein. Man gebraucht sie bei sozialen Zeremonien, bei kollektiven Riten entsprechend den Regeln, die dem sozialen Verhaltenskodex und der Moral entsprechen. Eingebettet in Etikette, Formalitäten und gemeinschaftlich ausgeübte Kontrolle wird die Coca selten zum Gegenstand des Mißbrauches, durch den die Gesundheit des Einzelnen offensichtlichen Schaden nehmen könnte. Ähnlich verfährt eine sozial ausgeglichene Gruppe in unserer Kultur mit dem Alkohol.

Die gegenseitigen Dienstleistungen in den Anden werden in Form von sozialen Kontrakten zwischen Einzelpersonen und Gruppen verwirklicht. Diese Kontrakte werden durch den Austausch einer angemessenen Zahl von Cocablättern und durch den gleichzeitigen Genuß des Tauschmittels besiegelt. Die vielfältigen wechselseitigen Beziehungen im andinen Leben werden in optimaler Weise verstärkt durch das Vergnügen, das Gefühl der Brüderlichkeit, der Großzügigkeit und der Solidarität, die den Austausch und den Genuß der Coca bei allen sozialen Gelegenheiten begleiten. In Bezug auf die sozialen Beziehungen ist die Coca ein Geschenk, das Freundschaft und Großzügigkeit signalisiert. Die Verteilung der Cocablätter und das gemeinsame Kauen– *chaccar* - ist ein wichtiger Akt, der die brüderlichen Beziehungen besiegelt und Vertrauen unter den Teilnehmern an der Zeremonie schafft. Niemals kaut man für sich allein, es sei denn als einsamer Viehhirte auf der Weide.

Die normale, häufigste sozial akzeptierte Anwendungsweise ist der erwünschte Cocagenuß in der Gruppe. Hier herrschen Höflichkeit, Etikette, gutes Betragen und soziale Regeln, die, wie der westliche Mensch eigentlich wissen müßte, einen Ritus schaffen, der den Genuß der Coca in gemäßigtem Rahmen hält. Im Rahmen dieses sozialen, andinen Ritus stimuliert die Coca die Sinne, erlaubt die Meditation, fördert die geistige Konzentration ; und wenn sie in dem sozial abgesegneten Maße genossen wird, führt sie zu dem inneren Frieden, der unabdingbar ist für geistige, positive Arbeit. Dagegen führt der Alkohol in der indianischen Kultur zu ausschweifenden Trinkgelagen und zu Konflikten. Im Kontext der andinen Kultur zeugt es von gutem Benehmen, Coca zu kauen. Es ist Teil dessen, was man als andine "Etikette" bezeichnen könnte, in dem Sinne, daß auch das Weglassen des Genußmittels zu einem bestimmten Zeitpunkt als eine asoziale Verhaltensweise bewertet wird. In diesem Sinne bildet die Coca ein äußerst wichtiges Symbol der sozialen Identität, ein Mittel zur Integration, eine Flagge der andinen Kultur, die mit aller Klarheit deutlich macht, wer dazu gehört und wer nicht.

In der traditionellen Medizin gibt es kaum ein Medikament, das eine so weite Verbreitung hat wie die Coca, und dessen Wirksamkeit so oft bestätigt wurde (16) (17). In den Anden setzt man die Coca sowohl zu diagnostischen als auch zu prognostischen Zwecken ein : "Lectura de las Hojas" - das Lesen der Blätter, die Blätterschau. Natürlich hängt diese zweite Funktion stark von der Aufrichtigkeit und vom gegenseitigen Verstehen ab und von der Zugehörigkeit zur Gruppe. Man gebraucht die Coca mit Erfolg bei Zahnschmerzen, bei Magen- und Rheumaschmerzen, bei Erkältungen, als Wundpflaster,bei Durchfall, etc. Auch im Falle von magischen Krankheiten soll sie sehr wirksam sein (dazu gehören *puquio* - eine Wasserquelle ist verärgert und sendet Schlaf- und Appetitlosigkeit ; *huari* - in archäologischen Ruinen wohnende Geister, die sich mit Alpträumen und Hauterscheinungen melden ; *japipo* -Seelenraub, *tincu* - Begegnung mit einem Geist, wodurch eine Krise und Krämpfe ausgelöst werden ; sowie "susto", womit eine starke Schrecksituation gekennzeichnet ist). In dieser Hinsicht ist die Coca eine der prinzipiellen Komponenten in der indianischen traditionellen Psychotherapie und infolgedessen ein unersetzliches Element des Schutzes für die emotionelle Sicherheit der Andenbewohner.

In religiöser und magischer Hinsicht wird die Coca dazu verwendet, um Gruppenzusammengehörigkeitsgefühl, Freundschaft, Herzlichkeit, Weisheit, Wertschätzung der und Harmonie mit der übernatürlichen Welt zu schaffen. *hallpay* ,wie die Zeremonie des gemeinsamen Cocakauens genannt wird, wird in unterschiedlicher Häufigkeit ausgeführt. Man könnte es als eine Form der Kommunion bezeichnen, weil es die gegenseitigen Beziehungen in der Gegenwart der Götter als fundamentalen Teil der kosmischen Ordnung weihevoll verstärkt. Die *k'intus* sind speziell vor der Kauzeremonie ausgewählte Blätter, über die man in dem Moment bläst, in dem man sich etwas wünscht. Das Anhauchen der *k'intus* ist Teil der "Etikette", Teil der guten Sitten ; der geäußerte Wunsch ist ein unersetzbares Element, das dem Akt des *hallpay* die mythische Bedeutung verleiht. Die Organisation des Lebensraumes, die Gesellschaft und die Religion sind in einem einzigen Konzept integriert, das sich in der Seele des Indios während der Zeremonie des *hallpay* realisiert.

In der andinen Kultur versteht man unter bestimmten Stellen und Plätzen nicht einfach geographische Zufälligkeiten. Jeder physische Ort hat seinen Geist. An jeder Stelle lebt ein heiliges Wesen, und die Beziehungen zwischen dem Menschen und der ihn umgebenden Natur besteht in einer dauernden Interaktion zwischen ihm und den verschiedensten Geistern. Die Coca ist es, die ein starkes Band zwischen dem Natürlichen und dem Übernatürlichen schmiedet. Das macht sie zu einem essentiellen Element der Kultur und verleiht ihr eine symbolische Bedeutung.

Man kann sagen, die Einbettung der Coca in das religiöse Leben ist so stark,daß es kaum eine Anwendungsgelegenheit der Coca gibt, die nicht von Mythos und Tradition bestimmt wird. Die Coca verwandelt alles Gegenwärtige in sakrale Dinge oder Situationen , denn sie imprägniert und verschmilzt es mit der mythischen Vergangenheit. Die Coca schlägt Brücken zwischen Vergangenem, Gegenwärtigem und Zukünftigem, zwischen dem Hier und dem Jenseits, zwischen dem Natürlichen und Übernatürlichen sowie zwischen den Menschen und ihren Göttern. Im Denken des andinen Menschen nimmt die weltliche Gerichtsbarkeit nur einen niedrigen Rang ein ; die Coca und die durch sie bewirkte heilige Sanktion kompensieren den Mangel an physischer oder legaler Sanktion. Derjenige Spezialist in einer Gemeinde, der sich mit magischen Dingen beschäftigt, verhängt entsprechend einem komplizierten Gerechtigkeitssystem als sozialer Kontrollmechanismus mythische Strafen über denjenigen, der die kollektiven Normen verletzt. Die Coca schafft eine geheiligte, rituelle Atmosphäre, die die Gruppe einigt und zusammenschweißt. Sie ist das Element, das die Zusammenarbeit der Menschen mit ihren Gottheiten besiegelt, sie repräsentiert den Kern der andinen Weltanschauung. Darüber hinaus hat die Coca biologische, psychologische, soziale, wirtschaftliche und magische Eigenschaften, die sie zum idealen Kommunikationsmittel des Einzelnen mit allem, was ihn umgibt, machen : mit Familie, Gesellschaft, Geographie, mit der Zeit und der übernatürlichen Umwelt.

Es wäre nicht verwunderlich, wenn der Mensch, der in der Einsamkeit der Landschaft isoliert ist, der in der grausamen Tiefe der Minen oder auf einer Plantage in abgelegener Gegend arbeitet, die Coca mißbrauchen würde. Jede Entwurzelung, jede Loslösung von seiner Gemeinde und seiner Kultur führt in bestimmten Momenten zu verzweifelten Verhaltensweisen. Wir alle kennen den heimatlosen, entwurzelten, einsamen westlichen Menschen, der dem Alkohol verfällt...

Vor dem eigentlichen Kauen der Cocablätter spricht man Fürbitten und Gebete in dem Moment, in dem man über die zu kauenden Blätter bläst ; dies nennt man *pukuy* . Im *pukuy* wendet man sich an die Mutter Erde allgemein und dann an bestimmte, beseelte Stellen der näheren Umgebung. Die im *pukuy* geäußerten Fürbitten drücken die engen Beziehungen aus, die den Menschen der Anden mit der belebten Natur, in der jedes Ding eine Seele hat, verbinden.

Bis etwa vor vierzig Jahren, als die Ankunft eines Andenbewohners in der Küstenzone ein seltenes Ereignis war, das den Campesino einsam und entwurzelt in den Schoß unserer westlichen Zivilisation trieb, bis etwa vor vierzig Jahren also blieb die Coca meist in den Anden zurück. Von da ab nahm die Überschwemmung der großen Küstenstädte mit "Sierra"-Bewohnern massivere Formen an, und die immigrierenden Gruppen und Familien brachten die Coca mit. Laut Juan OSSIO (18) hört man in den "Pueblos Jovenes" (jungen Dörfern), die als Slums die Hauptstadt Lima umgeben und sich kilometerlang an den Hängen der Küstenwüste erstrecken, daß die Hügel belebt seien, daß man ihnen regelmäßige Opfergaben zukommen lassen müßte. Täte man es nicht, so würde sich der Berg rächen und die Gräben zerstören, aus denen man Baumaterial gewinnt. Mit der massiven Invasion der Andenbewohner in unsere Küstenstädte kamen auch Heilpraktiker, Wahrsageriten, andere Elemente des sozialen Lebens, die Gegenseitigkeit der Arbeitsbeziehungen und schließlich der gesamte die Coca umgebende kulturelle Komplex, der alle Bestandteile vereint. Und da geht man einfach her, ohne dieses Phänomen zu studieren, ohne die Zusammenhänge des sozialen Lebens im geringsten zu kennen, und verbietet durch ein einfaches Dekret den Handel mit der Coca unterhalb einer Höhe von 1500 m, als wenn man so einfach eine geographische Grenze ziehen könnte, als wenn diese Maßnahme wirklich ein Hindernis wäre für die Beibehaltung dieser uralten Sitte, die schon hundert viel schlimmeren Attacken ausgesetzt war als dieser.

Die Auslöschung der Zeremonie des Cocakauens würde die andine Kultur in ihrem Kern treffen, würde die Struktur dieser Unterdrückten zerstören, gleichsam als würde man mit einer Lanze ins kulturelle Herz der Anden stechen. Das würde der Anfang des Endes sein, der Beginn der Apokalypse, die die Abkömmlinge der tausendjährigen peruanischen Kultur zum Verschwinden verurteilen würde, die in diskriminierende Verwestlichung würde ausufern.

Andererseite protestieren wir, die wir wissen, daß man eine Kultur weder in Peru noch an einem anderen Ort der Welt durch ein Gesetz verändern kann, deswegen auch nicht. Wir glauben nicht, daß mit der Veröffentlichung und dem Inkrafttreten des repressiven Gesetzes die Coca in der andinen Region verschwinden könnte. Wir fürchten vielmehr, daß genau das eintritt, was es schon einmal in den Vereinigten Staaten gab und auch heute noch gibt, als man mit einem Paukenschlag den Alkohol verbieten wollte. Der schwarze Markt wird wuchern, die Preise für die Coca werden sich vervielfachen, es wird ein illegales Verkehrsnetz aufgebaut werden ; im Namen der "Zivilisation" wird man damit die Schlucht verbreitern, die die beiden Kulturen schon jetzt voneinander trennt.

Das totale Verbot der Coca würde für einige Millionen Menschen das Signal für das nahende Ende ihrer rituellen und religiösen Welt sein. Mit gutem Grund nannte man diese Vision auch *pachatikray* - eine andine Apokalypse. Mit impertinenter "väterlicher" Haltung nimmt die westliche Welt an, daß der Indio ein kindlich gebliebener Erwachsener sei, den man wegen seiner Unreife vor sich selber schützen müsse, und der unfähig sei, eigene Entscheidungen zu treffen. Die Bestrebungen der Coca-Legalisation haben auch negative Auswirkungen, weil sie zu der Assoziation führen, daß Cocagenuß vorher illegal gewesen sei. Diese Bemühungen können also als weiterer Anschlag auf die kulturellen Werte der andinen Kultur gesehen werden. Wenn man schon eine passende Entscheidung über das Verbot des Cocabaues treffen muß, dann ist das Mindeste, was wir tun können, die möglichen Konsequenzen zu evaluieren und zu diskutieren, die die Maßnahme für das soziale Leben der Campesinos haben könnte. Wir sind verpflichtet, mit einem Mindestmaß an Aufrichtigkeit die Meinung der Betroffenen selbst anzuhören, in deren tiefstes, soziales Empfinden da interveniert werden soll. Wenn wir meinen, die Coca abschaffen zu müssen, wenn wir meinen, diese in der Kultur verwurzelte Sitte unterdrücken zu müssen, dann sollten wir uns zumindest fragen, wie die Betroffenen die entstehende Leere wohl ausfüllen werden. Angenommen, die diktierten Maßnahmen könnten den als utopisch anzunehmenden Erfolg haben, den sich die Planer des Gesetzes in Lima wohl vorstellen, dann bleibt uns nur noch, darüber zu spekulieren, welche soziale und kulturelle Effekte es dies außer Zwang haben könnte. Auf jeden Fall muß nach der Abschaffung eines so zentralen kulturellen Elementes, wie es die Coca ist, Ersatz geschaffen werden.

Die beste Darstellung dieser Problematik findet sich bei Enrique MAYER (1), der die verschiedenen Rollen der Coca in der eigenständigen Kultur untersucht. Er kommt zu dem Schluß, daß es für die Coca als Luxusgut in unserer Gesellschaft nur einen Ersatz gibt, den Alkohol. Die ersatzlose Streichung der Coca ist natürlich Utopie. In Wahrheit wäre das einzige, das die Lücke füllen könnte, der Alkohol. Wollen wir das ?

In Bezug auf den zweiten Aspekt der Coca, ihre wirtschaftliche Funktion als Tauschmittel, ist es sehr wahrscheinlich, daß die Ersatzmöglichkeit die nationale Währung sein würde. MAYER gibt hierzu einige Anregungen, die nachdenklich stimmen: seiner Meinung nach würde dadurch die regionale Wirtschaft in eine schlimme strukturelle Krise gestürzt werden, von der sie sich erst nach Jahren ganz langsam erholen würde. "Das System der Vorschußzahlungen, die Manipulation in Hinsicht auf die Preisfluktuation, die systematischen Betrügereien, die Probleme bei der Normierung der Gewichte, die überhohen Steuern und Wucherzinsen sind schon zu bekannt, um hier noch einmal wiederholt zu werden" (1).

Im Bereich der sozialen Funktion, so sie zur Integration in die Gruppe und zur Ausbildung der Solidarität beiträgt, ist die Coca völlig unersetzlich. Die tiefgreifende mystische, religiöse, mythologische Bedeutung der Coca und ihre Verwurzelung im gesellschaftlichen Leben kann durch nichts ersetzt werden. Mit der Abschaffung der Coca würde ein ausgesprochen nützliches Werkzeug zur kulturellen Integration einfach verschwinden, ein Erkennungsmerkmal, ob jemand der andinen Gesellschaft angehört oder nicht, ein soziologisches Element mit einem tiefen, tausendjährigen Ursprung, in Jahrhunderten filtriert und veredelt. Die Abschaffung der Coca würde letztlich eine grausame Form des Völkermords bedeuten, die Campesino-Kultur wäre todgeweiht; das würde einer schwerwiegenden Verletzung der Menschenrechte gleichkommen. Mit unserer schamhaft verdeckten wissenschaftlichen Hartnäckigkeit, mit unserem superben Rationalismus, der uns glauben macht, wir seien die einzigen Erwachsenen in diesem Histörchen, mit unseren zahllosen Versuchen, absurde Wege zu beschreiten und vereinfachende Lösungen zu suchen, laufen wir große Gefahr, den Schaden bei weitem zu unterschätzen, der an einer Kultur angerichtet werden könnte, die verzweifelt versucht zu überleben.

Es ist nötig, daß wir uns ernsthaft fragen, ob es gerechtfertigt ist, eine gesellschaftliche Aggression gegen ein unterdrücktes Volk zu starten, damit möglicherweise (der Erfolg ist ja keinesfalls gewiß) die Drogenabhängigkeit in den Vereinigten Staaten erfolgreich bekämpft werden kann. Es ist nötig, daß wir uns fragen, ob die Abschaffung der Coca in irgendeiner Form dazu beitragen kann, daß wir das Problem der Drogenabhängigkeit in unserer eigenen, westlichen Kultur lösen können. Viel wahrscheinlicher ist, daß die international organisierten Drogenschieber, *narcotraficantes* , nachdem sie die Opfer der andinen Katastrophe achtlos zurückgelassen haben, leicht andere Substanzen finden, denen sie sich zuwenden, um den Hedonismus und die Fluchtwünsche unserer städtischen Jugend zu befriedigen.

Der Mensch, der innerhalb seiner eigenen Gesellschaft Coca kaut, ist keineswegs anormal oder gar pathologisch. Er braucht die Coca nicht als Auslaßventil oder als Aussteigemöglichkeit. Das Cocakauen ist nicht nur eine rituelle, sondern auch eine ausgesprochen soziale, kollektive und mystische Handlung. Die indianischen Bauern anzugreifen ist natürlich leichter, weniger kostspielig und "vorsichtiger" als den illegalen Drogenhandel anzugreifen, oder den Drogenhändler oder den städtischen dealer, die alle der eigenen westlichen Kultur angehören. Dem Indio die Schuld in die Schuhe zu schieben, er sei die Wurzel allen Übels, ist natürlich praktischer und annehmbarer als in unserer eigenen Kultur nach schwerwiegenden Fehlern und Irrtümern zu suchen, die den hohen Grad der Drogenabhängigkeit bei uns erst möglich machten. Die Auswirkungen der Gewohnheit, Cocablätter zu kauen, auf die Gesundheit des Einzelnen müssen noch weiter untersucht werden. Aber wie auch immer das Ergebnis ausfallen mag, es darf nur als ein Mosaiksteinchen neben den sozialen, gesellschaftlichen, wirtschaftlichen, magischen und religiösen Faktoren gelten, die die Bedeutung der Coca im andinen Kontext ausmachen. Wie auch immer die Entscheidung aussehen wird, die man in Bezug auf diese tausendjährige Sitte trifft, sie muß ihren Ursprung im Schoß der andinen Kultur haben, genauso wie jegliche Entscheidung in Bezug auf die Drogen Tabak und Alkohol (Stimulantien, die unbestritten als gesundheitsschädlich gelten) ihren Ursprung im Schoße unserer eigenen, westlichen Kultur haben muß.

Deswegen sagen wir mit den Worten des Poeten ORTIZ : "Sie bauten ihre Kanäle und Gehwege mit der Coca in den Schubkarren. Sie sangen glückliche Hymnen voll Liebe zu den Menschen und zu den Göttern. Sie rangen der rebellischen Erde tausende von Früchten ab. Wenn nun ein mieses Papier sie verbieten wollte (die Coca), würde dieses Volk mit den ihm eigenen subtilen Methoden antworten...". Die Tatsache, daß ich gegen die Politik der Ausrottung der Coca bin, darf nicht so interpretiert werden, als sei ich in Bezug auf die vielfältigen, schwerwiegenden Probleme der Drogenabhängigkeit in unserer eigenen

Kultur indifferent, oder als würde ich diese gar begrüßen. Mir liegt nur daran, klar darauf hinzuweisen, daß die bestimmenden Faktoren, die zu dem jetzigen Angriff auf die Coca führten, nicht in der andinen Welt liegen und auch gar nicht liegen können. Es fällt mir schwer, die jetzige kulturelle Aggression zuzulassen, ihre Ausweitung schweigend zu verfolgen, ohne eine Stimme des Protestes zu erheben - und sei sie auch unhörbar in dem chaotischen Wirbel der wissenschaftlichen Meinungen.

Aber wie mit allen Problemen Perus ist es auch mit dieser Fragestellung nicht ganz so einfach. Die Fortschritte, die die Chemie im vergangenen Jahrhundert machte, erlaubten es, das Kokain aus der Coca zu extrahieren. Das damit beginnende Roulett endete damit, daß aus Peru das Zentrum der illegalen Produktion eines Derivates der Cocablätter wurde ; denn das Kokain ist im Gegensatz zur Coca gesundheitsschädlich. Es ist eine zerstörerische Droge, die den Menschen versklavt ; sie demoralisiert und degeneriert, sie führt zu Perversion und Prostitution. Seit dem Beginn dieses Jahrhunders wurde das Kokain zur unheilsverkündenden Prinzessin unter den Drogen, nicht nur, weil sie der dünkelhaften Einbildung der Aristokraten und Intellektuellen entgegenkam, sondern auch, weil sie durch die hohen Produktions- und Verbreitungskosten zur bevorzugten Droge der Reichen wurde. Deswegen stellte sich auch schon bald nach Einführung der Droge in die Gesellschaft eine Art Gleichgewicht ein. Durch den hohen Preis konnten sich nur wirtschaftlich besser gestellte Personen Cocain leisten. Meistens handelte es sich um reife Persönlichkeiten, die wenig anfällig waren, der Droge vollständig zu verfallen, oder aber es waren junge Burschen, Muttersöhnchen, deren Verlust in der Gesellschaft kaum eine Spur hinterließ.

Erst in den letzten Jahren sind das Cocain und die Abhängigkeit von dieser Droge zu einer enormen Bedrohung der Gesundheit geworden, die vor allem die Jugendlichen in unseren Großstädten betrifft. Die Weiterentwicklung der Technologie machte die Entdeckung der sogenannten *pasta* möglich. Dieses illegale Coca-Derivat kann jeder Nachbarsjunge selber herstellen. Das Einzige, was man dazu braucht, ist ein Minimum an Schulbildung und eine gewisse Unmoral, sicher nicht gerade selten anzutreffende Eigenschaften. Diese *pasta* ist ein relativ billiges Produkt, das für jeden Jungen oder jedes Mädchen erreichbar ist, wenn es nur soviel Geld hat wie man braucht, um ins Kino zu gehen. Wir wissen, daß die *pasta* ungeheuer gesundheitsschädlich ist. Zum einen wegen des darin enthaltenen verunreinigten Kokains, zum anderen, weil man die *pasta* als Zigarette zu sich nimmt, und die Schadstoffe der Verbrennung sich wie bei jeder anderen Zigarette schädlich auf das Lungengewebe und auf den gesamten Organismus auswirken. Zum Beispiel ist Kerosen darin enthalten und einige andere Stoffe, die durch den Fäulnisprozeß des Cocablattes entstehen. Man muß nur mal einen Feldstecher nehmen und die jungen Burschen in der hintersten Ecke irgend eines Parkes beobachten, wie sie den Rauch ihrer selbstgedrehten Zigaretten, der *quetes* ,inhalieren ; die roh gedrehten Joints kann man für 10 Libras an jeder Ecke kaufen. Wenn man sieht, wie sie von Hustenanfällen geschüttelt werden, welch starkes Erbrechen und welcher Speichelfluß der Euphorie vorangehen, dann kann man sich leicht ausmalen, welchen irreparablen Schaden die Lungen und die Gehirne unserer zukünftigen Staatsbürger daran nehmen.

Ich will das Wort gar nicht gegen die Regierung (gobierno) erheben, ich wettere nur gegen die Mißwirtschaft (desgobierno). Wir alle, vom König bis zum Pagen, von der Familie des kleinsten Hausangestellten bis hin zum Gesundheitsminister selbst sind wir schuld an dem, was mit dem jungen Cocainraucher geschieht. Noch schlimmer ist es eigentlich, wenn es sich dabei um Mädchen handelt, aber das ist den meisten Leuten offensichtlich egal. Ich glaube, wir müssen endlich anfangen, ernsthaft über dieses Problem nachzudenken. Durch den engen Zusammenhang zwischen der Coca, dem Kokain und der *pasta* läuft man leicht Gefahr, falsche Schlüsse zu ziehen. Wir haben es nicht erst jetzt gelernt, anderen die Schuld für unsere eigenen Fehler in die Schuhe zu schieben. Das ist quasi eine alte peruanische Tradition. Für uns ist es leicht, den Indio für die Tragödie des Jungen im Park verantwortlich zu machen. Genauso leicht ist es, den Nordamerikanern die Schuld dafür zu geben, daß hier in Peru jetzt der Anbau der Coca verboten werden soll. Es nützt gar nichts, wenn wir sagen, wir wollen die Coca abschaffen, um dem "campesino" Gutes zu tun, wenn wir genau wissen, daß sich unter den Bedingungen der enormen Mißwirtschaft in den letzten Jahren der illegale Cocaanbau verdreifacht hat.

*

Wir sollten nur nicht meinen, daß unsere kranke Gesellschaft, wenn die Coca erst abgeschafft und das Recht der Indios mit Füßen getreten worden ist, nicht ganz schnell neue Mittel und Wege findet, um die illegale Kokainproduktion fortzusetzen. Der Handel mit Rauschdrogen läuft in Form einer natürlichen Progression ab, die man, soziologisch gesehen, in drei Etappen gliedern kann. In der ersten Etappe hat eine Gesellschaft zum ersten Mal Kontakt mit einer neuen Droge, die langsam aber sicher in die Kultur eindringt. Weil aber diese Durchdringung langsam vonstatten geht und den normalen Wegen folgt, die jedes in einer Kultur neue Element zu beschreiten hat, entwickelt die neue Gewohnheit schnell einen bestimmten Kundenkreis und auch Mechanismen der sozialen Kontrolle. Bald ist ein neues Gleichgewicht erreicht. Manche bewerten die neue Droge als positiv, für andere wird sie zum magischen Tabu. Sobald sie von der Gesellschaft akzeptiert wird, wird ihr Genuß legalisiert, und es kann sich eine Etikette darum herum entwickeln. Sanktionen entstehen, die vor Mißbrauch schützen. In dieser ersten Etappe, die eine lange Zeit dauern kann, befinden sich wohl die meisten Drogen, die wir in unserer westlichen Zivilisation kennen. In Bezug auf Tabak und Alkohol, beide schädlich, ist dieses Gleichgewicht bei uns schon seit längerem erreicht. Dem Alkoholmißbrauch stehen wir sehr ablehnend gegenüber, obwohl es in jedermanns freier Entscheidung steht, die gesellschaftlich normierten Grenzen des Alkoholismus zu überschreiten. Kinder trinken nur unter ganz außergewöhnlichen Umständen, und es gibt passende wie auch völlig unpassende Gelegenheiten für den Alkoholkonsum. Der Alkoholgenuß gehört zu den sozialen Riten, in symbolischer und gemäßigter Form auch zum religiösen Ritus. Auch der Gebrauch von Tabak wird durch Regeln limitiert. Niemand kaut mehr Tabak. Niemand kann es sich leisten, in einer Küche oder in einem Aufzug zu rauchen, ohne Protest hervorzurufen. Kinder rauchen nicht, auch das ist eine Auswirkung der gesellschaftlichen Norm. Viele Jahrhunderte lang befand sich die Coca in der Kultur der Hochlandindios genau in dieser Etappe des Gleichgewichts.

Die zweite Phase möchte ich als Übergangssituation bezeichnen. Eine akzeptierte und tolerierte Droge verläßt die eingefahrenen Gleise und greift auf eine andere Gesellschaft über. In der Akkulturationsphase trifft die Droge auf eine unvorbereitete Empfängerkultur, die nicht mit den speziell dieser Droge innewohnenden Gefahren vertraut ist. Im allgemeinen resultiert ein starkes Ungleichgewicht. Das passierte zum Beispiel, als die ersten nordamerikanischen Indianerstämme den konzentrierten, destillierten Alkohol kennenlernten. Die Europäer, die den Alkohol mitbrachten, waren an ihn gewöhnt, aber für die Indianer war es einer der Faktoren, die am meisten zur Zerstörung überkommener Werte beitrugen, sowohl bei den Rothautindianern als auch bei den Eskimos. Sie kannten keine inneren Kontrollmechanismen, um mit der neuen Droge fertig zu werden.

In anderer Richtung überschwemmen seit einiger Zeit die den autochtonen Kulturen bestens bekannten psychotropen Drogen wie Coca, Peyote und San Pedro unsere westliche Gesellschaft. Insofern befinden wir uns momentan in der Übergangsphase, in der es nur selten zur Ausbildung eines stabilen Gleichgewichtes kommen kann. Die betroffene Gruppe wird in eine tiefe Krise gestürzt und sucht Auswege aus den Problemen im künstlichen, da von der Droge geschaffenen Vergnügen oder in der durch sie erzeugten inneren Ruhe. Sie entflieht den sozialen Kontrollmechanismen und überschreitet die Normen entweder heimlich oder ganz offensichtlich rebellisch. Die Rebellion richtet sich oft zugleich gegen bestimmte Elemente des traditionellen Lebens; deswegen ist sie nur selten in den höheren gesellschaftlichen Schichten anzutreffen, wo man zur konservativen, bewahrenden Haltung neigt. Genausowenig findet man sie bei Kindern, da diese noch der strengen Kontrolle durch die verschiedenen Sozialisationsinstanzen unterliegen. Die Opfer dieser Akkulturationsphase sind die eben der Schule entwachsenden Jugendlichen.Eine Droge kann sich nur ausbreiten, wenn ein illegales Handels- und Verteilungssystems besteht. Zu Beginn ist die Struktur des Drogenhandels einfach. Die geheim agierenden internationalen Drogenhändler rekrutieren aus der Gruppe der Drogenabhängigen die lokalen Unterhändler. Die etablierte Gesellschaft befindet sich in Konfusion. Die Familienväter wollen die sich anbahnende Tragödie oft nicht wahrhaben ; sie werden in zweifacher Hinsicht Opfer : der Drogenabhängigkeit ihrer Kinder und ihrer eigenen Schuldgefühle. Das bringt sie dazu, das Drama zu verschweigen ; dadurch werden sie zu Komplizen. Die öffentlichen Autoritäten handeln aus einem mißverstandenen väterlichen Gefühl heraus ähnlich.

Meistens findet die Gesellschaft nach einiger Zeit ihr Gleichgewicht wieder. Gemeinsam getroffene Maßnahmen versuchen die Umstände zu korrigieren, die zur "Rebellion" geführt haben, meistens sind es repressive Maßnahmen. Außerdem tragen die Aussagen von Betroffenen dazu bei, das Gleichgewicht zu konsolidieren, wenn sie von den Effekten der Droge auf Körper und Seele berichten, die Befriedigung der krankhaften Neugier schildern. Nicht zuletzt tragen auch die zunehmende Reife der Jugendlichen und die entwickelten Erziehungsprogramme dazu bei. Manchmal aber gelingt das nicht,und die mit der Existenz einer Rauschdroge geschlagene Gesellschaft geht in die dritte, unheilverkündende Phase über, die die schlimmste von allen ist.

Hier spielen die aufsässige Jugend und ihre Beweggründe schon gar keine Rolle mehr. Fälschlicherweise meint man, die Zahl der jugendlichen Drogenabhängigen gehe zurück, die Familien beginnen von neuem, die Zukunft hoffnungsvoll zu sehen und bauen darauf, daß ihre Kinder den richtigen, moralischen Weg durchs Leben finden werden. In Wahrheit ist das zugrundeliegende Problem größer geworden, viel größer. Der Apparat des illegalen Drogenhandels, die verborgene Subkultur, die die Produktion, den Transport und die Vermarktung riesiger Mengen von Drogen bis in andere Länder hinein organisiert und kontrolliert, ist ins Riesenhafte gewachsen. Das alles ging unter der Alarm- und Angstschwelle der Gemeinschaft vor sich ; dadurch verringerte sich die Alarmbereitschaft. Da erst wurde man sich mit schmerzhafter Klarheit bewußt, daß man Gefangener einer teuflischen Organisation war, die alle Schlüsselpunkte besetzt hielt, die man für soziale Repressalien ausnutzen konnte. Deswegen ist die dritte Phase die Phase der totalen Korruption der öffentlichen Ämter und Autoritäten, des gesamten Verwaltungsapparates. Die geheime, kriminelle Organisation der Drogenszene überwindet alle sich ihr in den Weg stellenden Hindernisse und schafft mit allen erdenkbaren Waffen und Mitteln einen neuen Staat im Staat. In ihm herrschen Gewalt, Verrat, organisierter Terrorismus, mit einem Wort, das soziale Chaos. Ich will damit nicht auf bestimmte Länder hinweisen, noch beschreibe ich spezielle Situationen in Bezug auf Raum und Zeit. Aber ich spreche auch nicht von utopischen Phantastereien, sondern von ganz konkreten Dingen. Die schreckliche Situation der oben beschriebenen dritten Phase lugt sozusagen schon um die Ecke, vielleicht aber ist sie schon da, wer weiß, vielleicht ist sie schon vorbei, oder sind wir immer noch mittendrin, ohne es zu wissen...

BIBLIOGRAPHIE

(1) MAYER Enrique. 1978. El uso social de la coca en el mundo andino: contribución a un debato y toma de posición. *América Indígena.* Vol. 38 (4):849-865.

(2) CABIESES Fernando. 1946. La acción antifatigante de la cocaína y el hábito de la coca en el Perú. *Anales de la Facultad de Medicina.* 29 (4):316-360. Lima.

(3) GUTIERREZ-NORIEGA Carlos. 1949. Errores sobre la interpretación del cocaismo en las grandes alturas. *Revista Farmacología y Medicina Experimental.* 1:100-123. Lima.

(4) GUTIERREZ-NORIEGA Carlos. 1946. El problema de la coca en el Perú. *Anales de la Facultad de Medicina.* 29 (4):311-315. Lima.

(5) GUTIERREZ-NORIEGA Carlos. 1949. El hábito de la coca en el Perú. *América Indígena.* 9 (2):143-182.

(6) GUTIERREZ-NORIEGA Carlos. 1952. El hábito de la coca en Sud América. *América Indígena.* 12 (2):111-120.

(7) ZAPATA ORTIZ Vincente. 1952. The problem of the chewing of the coca leaf en Perú. *Bulletin on Narcotics.* 4:27-36.

(8) ASTE H. Persönliche Mitteilung

(9) MONTESINOS Fernando. 1956. Metabolismo de la cocaína. *Farm. Bioquím.* 3:42-51 Lima.

(10) MONTESINOS Fernando. 1965. Metabolism of cocaine. *Bulletin of Narcotics.* 17 (2):11-19.

(11) CACERES Baldomero. 1978. La coca en el mundo andino. *América Indígena.* 38 (4):769-785.

(12) CACERES Baldomero. 1979. La coca, el mundo andino y los extirpadores de idolatrías del siglo XX. En "El Problema actual de la Coca en la Sociedad Peruana" *Taller de Coyuntura Agraria* (Universidad Nacional Agraria). páginas.19-35.

(13) NEGRETE J.C. u. MURPHY H.B.M. 1967. Psychological deficit in chewers of coca leaf. *Bulletin on Narcotics.* 19 (4):11-17

(14) CARTER W.E. u. MAMANI M. 1978. Patrones del uso de la coca en Bolivia. *América Indígena.* 38 (4):905-937.

(15) WAGNER C.A. 1978. Coca y estructura cultural en los Andes Peruanos. *América Indígena.* 38 (4):877-902.

(16) GAGLIARO J.A. 1978. La medicina popular y la coca en el Perú: un análisis histórico de actitudes. *América Indígena.* 38 (4):789-805.

(17) HULSHOF José. 1978. La coca en la medicina tradicional andina. *América Indígena.* 38 (4):837-846.

(18) OSSIO Juan. 1979. La sociedad nacional, los indígenas del area andina y la coca. En "El problema actual de la coca en la sociedad peruana". *Taller de Coyuntura Agraria.* (Universidad Nacional Agraria). páginas 35-40.

An Ethnomedical Study of soroche (i.e. altitude sickness) in the Andean Plateaus of Peru

Antonio Scarpa / Antonio Aimi

SUMMARY The results of field work (SCARPA 1975, AIMI 1979) in the Central Sierra and in the Cuzco Department show a differ greatly from each other in regard to the Indian conceptions concerning etiology, prophylaxis and therapy of *soroche*. In the Cuzco Department *soroche* is considered a supernatural disease caused by the power of mountain spirits or by the minerals of the Cordillera. In Indian medicine therapy and prophylaxis are part of magic-religious rituals in which Coca (*Erytroxylon coca*) is the most widely used drug. However, in the area of Central Sierra, *soroche* is considered a natural disease and is treated with herb potions, massages with alcohol with herbs steeped in it, cataplasms with animal, vegetable and mineral substances. It is very important to note that the plants most frequently mentioned by informers appear to have the same elective action as drugs used for altitude sickness by Western medicine. On the whole the informers have pointed out 58 plants, of which 46 have been identified botanically, various organic and anorganic substances, and about 50 different therapeutic procedures.

ZUSAMMENFASSUNG Resultate unserer Feldforschung (SCARPA 1975, AIMI 1979) in der Sierra Central und im Department Cuzco zeigen große Unterschiede bezüglich der indianischen Konzeption der Ätiologie, Prophylaxe und Therapie des *soroche*, der Höhenkrankheit. Im Department Cuzco wird *soroche* als eine übernatürliche Krankheit verstanden, die durch die Macht von Berggeistern oder durch Mineralien der Kordillere verursacht wird. In der indianischen Medizin sind Therapie und Schutz Teile magisch-religiöser Rituale, bei denen Coca (*Erythroxylon coca* L.) die am weitesten verbreitete Droge darstellt. In der Sierra Central dagegen wird *soroche* als natürliche Krankheit begriffen und durch Kräuteraufgüsse, Massagen mit Kräuteralkoholen, Umschlägen mit Substanzen aus dem animalischen, vegetabilischen und mineralischen Bereich behandelt. Interessanterweise haben die von den Informanten am häufigsten erwähnten Pflanzen die gleichen Wirkungsspektren wie Drogen gegen die Höhenkrankheit bei der westlichen Medizin. Insgesamt haben die Informanten 58 Pflanzen zusammengetragen, von denen 46 botanisch identifiziert werden konnten, darüberhinaus zahlreiche organische und anorganische Stoffe sowie über 50 verschiedene therapeutische Vorgehensweisen.

RÉSUMÉ Les résultats des recherches effectuées sur le terrain (SCARPA 1975, AIMI 1979) dans la Sierra Centrale et dans le département de Cuzco laissent apparaître dans ces deux aires géographiques, une grande différence dans les conceptions indiennes sur l'étiologie, la prophylaxie et la thérapie du *Soroche*. Dans le département de Cuzco le *Soroche* est considéré comme une maladie surnaturelle due au pouvoir des Esprits de la montagne ou des minéraux de la Cordillère. Dans la prophylaxie et dans la thérapie, les rites magico-religieux ont une grande importance. Dans ces rites la Coca (*Erythroxylon coca*) est une drogue largement diffusée. Alors que dans la Sierra Centrale le *Soroche* est considéré comme maladie naturelle qui est traitée avec des potions d'herbes, des massages à base d'alcool où ont macéré des herbes, des cataplasmes de substances animales, végétales et minérales. Il est très important de noter que les plantes les plus fréquentes indiquées par les 'informateurs' ont, semble-t'il, les mêmes actions sélectives que les médicaments employés dans la médecine occidentale pour les troubles de la haute montagne. Au total les 'informateurs' ont indiqué 58 plantes, dont 46 ont été identifiées botaniquement, certaines substances organiques et inorganiques et environ 50 procédés thérapeutiques.

Friedr. Vieweg & Sohn Verlag, Braunschweig/Wiesbaden

1. Historical outline

High altitude sickness and the various effects of altitude have been studied by many physicians, biologists, anthropologists, psychistrists, etc.; RYN(1) thinks that more than 22.000 works have been published about these subjects. However the studies on the first cases of acute altitude sickness and the process of adaptation to life in the high plateaus of the Spaniards in XVI century Peru are not many: MONGE(2)(3), LASTRES(4), PATRON(5). Moreover ethnological and ethnomedical works about altitude sickness are nearly non-existent, though some reference can be found in books on the Andean world. The first records of the altitude sickness are not of ACOSTA(6), as generally believed, but of FERNANDES(7), LOPEZ(8), CIEZA(9), ZARATE (10). All these chroniclers refer to the clash of Haitara (1537), when altitude sickness broke out epidemically among Pizarro's soldiers who had climbed the Haitara pass to take over the position of Almagro's army at 4.500 m/asl.

Indeed we may find some other descriptions of the troubles of men and horses in the first expeditions up to the Sierra which could refer to the symptoms of *soroche*, but there is no evidence to identify this sickness from cold and exhaustion stress. The well known pages of ACOSTA(6) about the malaise suffered crossing the Sierra of Pariacaca in 1573 are the first attempt to give a 'scientific' explanation of altitude sickness. The Jesuit father realized intuitively that the sickness was in relation to the great height of the mountains crossed and to the nature of the air breathed there. In the transcription of ACOSTA's passages, HAGEN(11) quotes the word *soroche* with the meaning of *altitude sickness*. This quotation is not justified because in these passages *soroche* does not appear, and because *soroche* is used, by the Jesuit too, to mean galena(12),(13),(6). In the chroniclers of XVI and CVII century the word *soroche* did not have the meaning of altitude sickness but of galena: a lead mineral used to melt silver. It was only from the beginning of the XIX century that it started to have this meaning.

We attributed(14) this semantic shift to a) the existence among the Indians working in the mines of endemic diseases whose symptoms were like those of altitude sickness but could not be ascribed to *qhayqa*,* an Indian supernatural disease, supposed to correspond, in one of its manifestations, to altitude sickness; b) Indian conceptions in which high altitude disease is due to the presence of minerals in the high peaks of the Cordillera.

2. *Soroche* from the medical point of view

The sickness is due to a shortage of oxygen (hypoxia) caused by reduced air pressure. Red corpuscles would be increased, but concentrated so that symptomatology should disappear injecting liquids with the right dilution (Zink R.). There are, then, environmental factors such as: cold, reduced air density, strong ultra-violet radiations. In people living in the high plateaus it is necessary to consider as well morphological, physiological and biochemical characteristics which determine a particular adaptation in a reduced pressure environment. Symptomatology consists of sharp pain, hiccoughs, nausea, vomiting, headache, irritability, dyspnea, insomnia, epistaxis, retinal hemorrhages, and pulmonary and cerebral edema as serious outcomes. In severe cases there is a prevalent symptomatology of the Central Nervous System.

---

*Our orthography of Quechua names and expressions follows the most common spelling, however, as the part on Central Sierra is concerned, we left that one used by the translator.

3. Methodology

The field work was done in 1975 and 1979 in the areas of lake Titicaca and of Cuzco and in that part of Sierra included between Cerro de Pasco and Huancayo in Central Peru. The remarkable differences between these two areas in conceptions, prophylaxis and therapies of altitude sickness suggest a separate treatment. During the field work we used a questionnaire formulated for this research. We had to interview many *Serranos*, most of them Quechua Indians (in the Cuzco area), among them: an *altomesayoc dos*, *curanderos*, midwives, dealers of herbs and drugs of all kinds in the markets of Puno, Cuzco, Huancayo and of small villages. We think it is useful to note that the medicinemen-priests of the Andean Church are organized in three ranks: the lower one is formed of *pampamesayocs*, who heal with land products, they, too, are divided into three ranks: *pampamesayoc uno*, *pampamesayoc dos*, *pampamesayoc tres;* the intermediate rank is formed of *altomesayocs*, who can communicate with spirits, they, too, are divided into three ranks; the higher one is formed of *kampahuaque*(15).

4. *Soroche* in the area of Cuzco

4.1. Terms used meaning altitude sickness: In the Cuzco area for altitude sickness the following terms are used: in Spanish: *soroche*, in Quechua: *suruchi*, *soroqchi*(16) and *qhayqa*(17). In Quechua we found the use, too, of: *soroche*, *surutchi* and *chayqasqa*, that is 'stuck by *qhayqa*'. The use of a term of one series or the other seems to be apart from the different etymology and history of *soroche* and *qhayqa* (14). In the same person, indeed, we noticed the use of *suruchi* and *qhayqasqa*.

4.2. Etiology: In the area of Cuzco *soroche* is always attributed to the power of the *Apus*, the spirits of the mountains, or to some other element of high altitude environment. The most widely diffused etiological conception refers to the *Apus*. We can therefore say that here *soroche* is considered a supernatural disease. In the Quechua language *Apu* means chief, leader; but in contemporary Quechua it means the spirit of the mountain as well. It is not clear if this belief is prehispanic or later(18).

An *altomesayoc dos* of Cuzco says: "La causa del soroche es la fuerza espritual que tiene el cerro ... y tambien ... que ese cerro tiene minerales de toda clase ... l'Apu es un espiritu fuerte." The Qero Indians express this conception saying that the person struk by *soroche* is *orqoq qhawasqan*, that is 'the mountain looked at (him)'(19).

There is, moreover, a relationship between the height and greatness of a mountain and the possibility of being struck by *soroche*, increasing in this case the power of its *Apu*. According to another conception, which is shown also by the referred words of the *altomesayoc dos*, altitude sickness is due to the presence of minerals in the Cordillera. Though it is less widespread than the former, it is referred to by the medicinemen-priests of the Andean Church. Melchor Desa, another *altomesayoc*, thought that the altitude sickness, which had struck a young disciple during a ritual excursion on the Ausangate, was due to the presence of 'Iron' in a lake called: "Yanacocha", i.e. black lake. The 'iron' of the lake affected the weak power of the disciple(20). Besides minerals, also high mountain environment, or rather one of its components: the snow, can cause altitude sickness. An informer of Paucatambo said: "Surutchi es el deslumbre de la nieve. No se vee por la nieve ... Pejorando, los ojos se vuelven rojos ... Luego hay dolor de cabeza y fievre, luego mareo y vomito."

4.3. Prophylaxis and therapy: The *Pago* is the main kind of prophylaxis and therapy for altitude sickness. People resort to this custom for *soroche* and other diseases (*susto, perdita de animu,* etc.) since it is the expression of behavioural rules for man-environment, man-gods relationships. According to the former *altomesayoc dos* of Cuzco the *pago* for *soroche* needs: coca, spirits, wood and a *despacho:* a small packet filled up with offerings for the *Apu.* If it is not possible or it is not the case for doing a *pago*, "tomar licor y fumar un cigarro" is believed to be a good precausionary measure.

Another precautionary measure can be considered the well known custom of taking a stone before starting to climb up a mountain and putting it down on the pass, tearing some hairs from the eyebrows and blowing them toward the sky. This usage, untill now, considered only from the religious point of view, caused the heaps of stones on the passes of the mountains called *apachitas*.

As a precautionary measure, another form of offering, which seemed to us more widespread than the preceeding, is *soplar coca*, that is blowing some coca leaves towards a mountain before beginning to chew them. In addition, we can point out an act of particular consideration towards the *Apu*: placing a *qinto*, that is a little branch of chosen coca leaves (that should be five in number) at the foot of the mountain or half-way up. If the person struck by altitude sickness is from outside the community, the Qeros believe that he must be presented to the *Apus*. In order to do this, it is necessary to "armar" or "estender un pago", that is prepare an offering for the spirits of the mountain, take it before the mountain and burn it; then they say that "los *Apus* comen el *pago*", that is "the *Apus* are eating the offering" (20).

For the Qeros, the *pago* must be made up from items from the three classical ecological ranks of the Andes: *mullu*, a sea-shell (*Pecten tigris*); star-fish (*Asteria glacialis*); coca; rice; beans (*Phaseolus lunatus*); chick-peas (*Cicer arietinum*); *untu*, lama sebum; sullu, lama or alpaca fetus; *kuchisuyo*, pig fetus; *miskipiñi*, little sweets. Some Qero Indians seeing one of us struck by a slight attack of *soroche* on the pass of Willkayunka (5,250 m/asl), advised eating otherwise "the va agarrar el cerro", i.e. "the mountain is going to seize you".

If a person dies during an ascent in the mountains, then the Qeros say that the mountain has eaten his heart. *Picchar* or *chachar coca*, i.e. chewing coca, is often indicated by informers both as prophylaxis and as therapy of altitude sickness. Others advise an infusion of coca leaves, quite a popular remedy which is even offered in the best hotels of Cuzco to tourists who have just arrived from the Coast. When the altitude sickness is due to the "power" of minerals, rock-salt can bi given to suck. This substance is also used in other rituals.

For those who maintain that *soroche* is caused by the reflection of the snow, it is necessary as a precautionary measure to paint the eyes with *ollin*, i.e. burnt wood, or encircle them with threads of black wool. Should *soroche* occur, it is necessary to resort to "cold" remedies, according to a local (Paucartambo) conception based on "hot"-"cold" medicine: infusions of: *escorzonera, berro, verruga*. (In this paper we use the botanical names of plants only if they are exactly identified, otherwise the common names are reported). Otherwise it is possible to place on the forehead and temples slices of different cacti which grow in the *Puna*, such as *higanton* and *huarajo*. According to this conception the use of coca would be harmful because it is "hot". In this area herbs potions are also used and massages on the forehead with alcohol in which *Ruta chalepensis* has been left to steep.

Soroche in the Central Sierra

5.1. Terms used meaning altitude sickness. In the area between Cerro de Pasco and Huancayo the use, in Spanish, of the term *soroche* to mean altitude sickness seems to be limited to more acculturated people or to residents of the biggest towns. To many people even though Spanish speakers, this word is unknown. Above all in the area of Cerro de Pasco people resort to the expression *mal de altura*. In Huancayo, however, a supernatural disease of popular medicine is called *mal de altura*. In Quechua of Ancash-Huaylas, spoken in the North of Cerro, the term *beeta* is used(21), in that of Junin-Huanca, spoken in the considered area, *biita* is used(22). Both these terms come from the Spanish *veta*, i.e."vein, seam, mine". The use of the word *veta* to mean altitude sickness has been quoted also by VALDIZAN & MALDONADO (23) and by TSCHUDI(24). Therefore we can say that for this term, too, there was a semantic shift like the one of the term *soroche*(14). In Quechua speakers we found the use of *sorochi* and *sorochihuan*, too.

5.2. Etiology. In this area *soroche* clearly has a relationship with height. The low-high relation (understood in the concrete sense and without ethnohistoric reference) is very clear in popular medicine. Cerro de Pasco, Ticlio are high; Lima, Huanuco and the Selva are low; while La Oroya and Huancayo are in a medium-high position. From Lima you "go up" to Cerro, from Cerro you "go down" to the Selva and so on. Altitude sickness appears when you "go up", or when the "boundary" between high and low is crossed.

However, height is rarely indicated as the sole cause. Often the informers speak of the traveller not being used to the journeys, of *bilis sucia*, i.e. dirty bile, or *exceso de bilis o de dulce*, i.e. excess of bile or of sweets, referring to excessive eating habits or to excessive consumption of sweet things in the period immediately preceding the journey. Other informers attribute altitude sickness to *miedo, caracter nervioso*, i.e. fear, nervous character, but also to *presion alta*, i.e.high pressure, and *falta de oxigen*, i.e. oxigen shortage, concepts which clearly reveal the level of acculturation reached and the syncretism of popular medicine in this area.

Here, too the belief of attributing *soroche* to the presence of minerals in the Cordillera is rather diffuse. On the whole we can say that here *soroche* is considered a natural disease or a "non-disease", using the words of one informer.

5.3. Prophylaxis. Various expedients are used to avoid altitude sickness: not eating, (especially, too many sweet things), laxatives, drinking very strong coffee, sucking a lemon, sniffing and massaging the forehead and temples with *alcohol canforado*, i.e. camphorated alcohol, or with *timolina*. Many lorry-drivers who periodically go up to the Sierra from the Coast highly recommend smoking some cigarettes and a moderate consumption of alcoholic drinks. It should be emphasized that in this area none of the informers stated that coca had anything to do with the prevention of *soroche* or specifically related *coqueo* to the movements from the Coast and from the Selva towards the Sierra.

5.4. Therapy. Generally the therapies are those of a natural disease or a "non-disease". They can be divided in: potions per os, substances to be inhaled or to be used for massages, poultices. Vegetable substances are mainly used but there are also other substances such as urine, human milk, *sihuario*, a powder made up of twelve natural colours (rice starch, etc.), *limaduras de piedra iman*, probably iron oxide found clinging to a natural magnet. Animals struck by altitude sickness induce bleeding by making an incision behind the ears.

6. Chronic *soroche* or Monge's disease in the Cental Sierra

6.1. Introduction. The clinical description characterized by a marked accentuation of the degree of *hipoxia* and polycythaemia is known as chronic *soroche* or *Monge's disease*. Here, with the expression *chronic soroche* we are referring to both the *Monge's disease* and serious cases of polycythaemia since popular medicine does not make any distinction between these two illnesses. As is known, all those who suffer from *Monge's disease* are afflicted by polycythaemia, whilst the reverse is not true. All the data here produced refer to Cerro de Pasco.

6.2. Terms used meaning chronic *soroche*. In Spanish it is said that a person with the troubles of chronic *soroche* suffers from *mal de presion* or from *presion alta*, with clear references to ailments of the cardiovascular system. In Quechua these references are even more explicit. Indeed, the expression *yahuar umaman yergasha*, i.e. the blood rose to the head, is used, whereas to mean bleeding, a general remedy for this disease, they say *yahuar yargaicamun*, i.e. blood is coming out. There is also the expression *presionhuan caican*, i.e. obnubilation caused by *mal de presion*.

6.3. Symptomatology. The disturbances provoked by the loss of the ability to adapt to high altitude are well known at Cerro de Pasco. People afflicted by this disease are characterized, according to popular medicine, by a dark red-purple colouring of their faces and hands, by continuous drowsiness and strong headaches. Some informers add that these people *se agitan*, i.e. get exited, *se cansan*, i.e. get tired, *tienen mal al corazon*, i.e. have heart pains, *no pueden subir las escaleras*, i.e. they cannot go upstairs.

6.4. Etiology, prophylaxis and therapy. According to the informers this disease is due to the fact of having *mucho sangre*, i.e. a lot of blood, or to advanced age, or to long stays in high altitude. Various popular sayings affirm that fat and relatively old people are not fit to live at Cerro de Pasco. Here the most effective and widespread remedy for chronic altitude sickness is bleeding.

Many miners go spontaneously to the hospital asking for some of their blood to be removed, complaining of headaches and of generally not feeling well. It happens usually with haemoglobin(g%) ranging from 20 to 25 or greater. With a 500 cc. blood abstraction polycythemic people can live their ordinary lives even for one year(25). Also some of our informers recommend bleeding for *mal de presion* and one of them maintained that the bleeding should be carried out by making an incision between the eyebrows, as was the custom before the Conquest. Above all there were ritual bleedings, but there are also authors who refer to their therapeutic value for headaches(26). Along with bleeding, popular medicine includes other therapies based on potions with herbs, massages and poultices. In some cases people resort to a complicated ritual we are not going to consider in this paper.

7. Discussion and conclusions

7.1. In the considered areas altitude sickness is mainly attributed to the power of the *Apus* or to presence of minerals in the Cordillera. Some other authors report the former belief, some others the latter (24),(27),(28). We considered in another work(14) the relationship between these conceptions and the hypothesis that the former is older.

The importance of the role of minerals in some diseases has been advanced at scientific level with regard to the syndrome of Tanarive,an illness which can strike anyone who recently comes into town, above all women, with crying fits and the desire "to flee this city". This disease has been related to the great abundance of ixode in the soil of Tanarive(29).

7.2. *Soroche*, as many other diseases, is treated by popular and indian medicine with magic-religious means and with vegetable, animal and mineral drugs; the first prevail if the disease is of supernatural origin, the second if the causes are natural. The great difference shown between the area of Cuzco, where Quechua magic-religious practices prevail and that of Central Sierra, where real medical therapies are mainly used, is probably due to different levels of acculturation. In this paper we shall consider real medical therapies of both areas.

On the whole the informers have pointed out about 50 different therapeutic procedures where various organic and inorganic substances and 60 plants are used; 47 plants have been identified botanically. The plants and the substances used are reported in the tables 1, 2, 3 on pp. 218-223.

It is not surprising that coca (*Erythroxylon coca* L.), the universal panacea in indigenous medicine, is frequently found. In the Cuzco area the leaves are chewed and kept in the mouth with generally alkaline substances in the well known custom, or used in infusion. In the area of Cerro de Pasco the coca infusion is helpful against colds, meteorism and digestive troubles brought on by altitude. Here these therapies are not used specifically against *soroche*, but to help acclimatization. In the Andes the infusion and the chewing of coca leaves against *soroche* has been reported by many authors. Recently they have been recommended as a modern medical therapy for this malaise(30),(31).

However infusions and chewing should not be considered as equivalent since infusions seems to be less effective(30). To our knowledge, scientific works on the effectiveness of these two remedies in altitude sickness or in hypoxic stress do not exist. Investigations of the effects of coca chewing on exercise presented conflicting results and some tests refer to quite a different condition to that one of a person struck by *soroche*(32),(33). Other researches detected cocaine in the blood of human subjects both after oral administration and chewing in the same way as Andean Indians(34),(35), and showed the minor importance of alkali in the hydrolysis of cocaine(36). These findings, however, are not useful in understanding the effects of coca on altitude sickness since the therapeutic action of all substances of a plant cannot be considered just the same as its main alkaloid; moreover the results of the administration of cocaine in hypoxic stress are not known. We can, nevertheless, mention that the hypothesis of a cocaine benefit at high altitudes has been put forward since 1946(37). For as use of coca in Cerro de Pasco area shows an action as a stomachic, and in cold stress seems to be, now, quite clear(38),(39); therefore this practice could be of some utility in altitude(40).

Considering the therapies in which vegetable substances are used, we based our attention on the action quoted by Peruvian popular medicine(41),(42),(43),(44),(45),(23),(4), and by Western researchers (38),(46),(47),(48),(56). A very short summary of the referred properties is given in table 1.

In the Cuzco area the herbs more often used in potions are *escorzonera berro, verruga, cola de caballo, Chenopodium kanagua, Melissa officinalis, Smilax sarsaparilla*. In the Central Sierra the more often used are *boldu, pimpinela, Borago officinalis, Matricaria chamomilla, Melissa officinalis, Rosmarinus officinalis*. Infusions rather than decoctions are used to make potions *per os*. Of all the plants, nearly half have diuretic and/or diaphoretic action. This seems to us particularly interesting, for diuretics are, with oxygen, the main therapy of pulmonary oedema.

Some plants are noted for antispasmodic, analgesic or generally calming properties, some for eupeptic ones. The former could help in preventing the impairing effects of distress at the first strokes of *soroche* in a merely symptomatic action. The latter could be useful in the long and difficult digestion brought on by altitude. The presence of herbs with hemostatic properties is to be placed in relation to the episodes of epistaxis in altitude sickness; some of them, i.e. *Urtica* spp. and *Ruta chalepensis* are mainly utilized for external use.

We find interesting some plants which are noted for their use in the cure of cardiac diseases, such as *Pimpinela* and the associated use of *Melissa officinalis* and *Cedron*. An informer also recommended the joint use of these two plants. The *Tessaria integrifolia*, as well, seems to us worthy of interest, due to its action in respiratory diseases, above all, asthma.

The known action on ventilation of *Peumus boldus* and *Coffea arabica* could be really useful in altitude sickness, and this could explain the popularity of the latter in the Coast and in the Central Sierra, however the other properties of these plants must be considered, as well, and the entire effect of these in the therapy of *soroche* is not known.

Other plants, whose action is generally defined "stimulant", cannot be placed in relation to altitude sickness. Finally, we can report the presence of plants with antipyretic properties and others which are toxic immediately after picking, or toxic for fish, but whose action is not known in the condition in which they are used by the natives. Other therapies consist in massages of temples, forehead and parts of the body with herbs or water or alcohol in which these herbs have been left to infuse. Such remedies recall the fairly popular habit on the Lima - La Oroya train of smelling *timolina*, an alcoholic liquid probably containing essence of thyme, and rubbing it on the hands, forehead and temples. As the alcohol evaporates, an immediate sensation of coolness is felt and the slightly pungent smell of this liquid releases the nostrils, giving the impression of taking deep breaths.

The most frequently used plants in these practices are: *Poligala paniculata, Ruta chalepensis, Urtica* spp. Each of these is nearly always used alone. Here we can indicate the respiratory tonifying action of *species* of the genus *Poligala*, the antispasmodic and hemostatic of *Ruta chalepensis* and the diuretic and hemostatic action of *Urtica* spp. These two herbs are used in the popular therapy of *so-*

roche, the former is put into the nostrils in cases of epistaxis, the latter is rubbed on all the body(41). The use of similar remedies of altitude sickness has been quoted by TSCHUDI and Fiz FERNANDEZ. They note that *muña* is "breathed"(49) and garlic is rubbed on the nostrils(24) or introduced into them(49).

Considering other therapies, the presence of *limaduras de piedra iman* seems to us quite interesting for the increased iron adsorption due to increased erythropoiesis on arriving at high altitudes has been observed(40),(50). The bleeding, we found made in animals, has been reported in Bolivia also in humans(51). This remedy should be useful in pulmonary edema and could have some symptomatic action in altitude sicknees. We could get no information on the use of vicuña blood (42),(49) and the first therapy of *soroche*: wrapping the mouth and the nostrils with clothes. It was referred to by ACOSTA who considered it: *"remedio ... muy grande"* and was reported again by TSCHUDI in the XIX century(6),(24). The effectiveness of this practice consists in retaining some carbon dioxide around the mouth and nose, in such a way hypocapnia is probably reduced. Moreover this can help the work of an impaired surfactant apparatus and above all in travels on foot during the dry season, by motes in the inspired air (52), (40).

7.3. Considering the therapies based on herbs infusions and decoctions used for chronic *soroche*, we shall restrict ourselves to noting that amongst them, some have a calming and sedative action, and would therefore be helpful for headaches. Of the remainder, the majority have anti-inflammatory, diuretic, diaphoretic, depurative and anti-rheumatic properties, whilst the remaining herbs appear to have an elective action on the gastroenteric system and the respiratory organs. The most frequently used herbs are *congona*, *siempreviva*, *Plantago maior*. Finally, it is to be noted that as a coadjuvant to bleeding, there is the recourse to infusions with weight losing properties.

Considering the hypothesis that coca chewing may depress erythropoiesis in polycythemic stress(53), we must say that, at an ethnomedical level, there is no evidence at all, in Cerro de Pasco area, of such a use of coca.

As for the practice of bleeding to cure headaches caused by chronic *soroche*, we feel it is important to mention that the point at which the incision is made, on the internal extremities of the eyebrows, coincides with the "2 V" point in Chinese acupuncture where a needle is inserted for relief from headaches(54).

Concluding these brief notes, we feel able to say that overall the remedies of popular medicine are based on potions made up of more than one herb, an adaptation which is thus complex, polyvalent and synergised, although there is no shortage of potions based on a single drug. Awaiting the moment when other studies can examine more closely the effectiveness of these therapies which we have mentioned, we can say that, regarding their conceptual premises and for the ends they have in view, there is nothing to be sent from scientific medicine except oxygen.

N.B.

Our orthography of Quechua names and expressions follows the most common spelling, concerning the part of Central Sierra, we followed to the use of the interpreter.

Tab. 1: Plants used in the therapy of altitude sickness and Monge's disease

MD = used for Monge's disease AS = used for altitude sickness

Botanic Family Scientific Name	Common Name	Use in Popular Medicine	Pharmacological and therapeutic actions
Equisetaceae			
Equisetum bogotense *Equisetum giganteum* *Equisetum xylochaetum*	Cola de caballo	Vulnerary, diuretic, against renal lithiasis and pyorrhoea AS	Diuretic, hemostatic
Urticaceae			
Urtica spp.	Ortiga	Use by rubbing the body against *ayahuaira* and *soroche*; diuretic, depurative, against enteritis and urinary diseases AS	Astringent, hemostatic, diuretic, hematopoietic, cardiotonic, hypertensive
Piperaceae			
Peperomia spp.	Congona	Sedative, carminative, digestive, antispasmodic MD	
Polygonaceae			
Triplaris pavonii	Palo santo	AS MD	
Chenopodiaceae			
Chenopodium kañahua	kañahua	Cholagogic, diaphoretic, stimulant, digestive, analgesic AS	
Amaranthaceae			
Gomphrena globosa *Gomphrena meyaniana*	Siempreviva Pimpinela	Astringent, against heart diseases AS MD AS	
Euphorbiaceae			
Jatropha ciliata *Jatropha macrantha* *Kirganelia salviaefolia*	Barbasco	Aphrodisiac AS	Purgative, it causes sterility in rats females,
Phillanthus niruri *Phillanthus salviaefolius*	Chancapiedra	Against renal lithiasis AS MD	Fish poison, hypoglycemic action
Hamamelidaceae			
Liquidambar orientalis	Estoraque	AS MD	
Myristicaceae			
Myristica fragans	Nuez moscada	AS	
Monimiaceae			
Peumus boldus	Boldu	Antipyretic, antirheumatic, astringent, tonic, digestive, against headache AS	Bilesecretion, digestive, hypertensive makes ventilation less frequent and deeper

Lauraceae			
Cinnamomum zeylanicum	Canela	Tonic,digestive, carminative,against headache quartan fever, scurvy AS	Digestive, antiseptic,carminative,helminthicide
Menispermaceae			
Cisampelos Pareira	Bola	Vulnerary,diuretic, tonic,expectorant antipyretic,against urinary and venereal diseases AS	Curare like action
Ranunculaceae			
Ranunculus spp.	Bola	Against sphincter prolapsus, revulsive AS	Revulsive
Crucifereae			
Cardamine bonariensis		Antispasmodic,depurative	
Nasturtium spp.	Berro	Depurative,against hepatic diseases	
Rorippa nasturtium aquaticum		Depurative,against hepatic and skin diseases and enteritis AS MD	
Guttifereae			
Clusia sp.	Incienso	MD	
Laxifragaceae			
Laxifraga magellanica	Siempreviva	AS MD	
Rosaceae			
Fragaria vesca *Fragaria chilensis*	Fresa	AS	Diuretic, astringent
Pirus malus	Manzano	Against hemorrhoids and alcoholism AS	Children diarrhoea, antipyretic,bacteriostatic,it rises urine,hemostatic, astringent
Poterium sanguisorba *Sanguisorba minor* *Sanguisorba officinalis*	Siempreviva	Astringent, against hemorrhages and heart diseases AS	Astringent, hemostatic
Mimosaceae			
Desmanthus virgatus	Barbasco	Tonic, used as poison for fish AS	
Papilionaceae			
Cassia hirsuta *Tephrosia cinerea*	Barbasco	Used as poison for fish AS	
Tephrosia toxicaria		Narcotic,used as poison for fish	
Hymenaea courbaril	Copal	Used against cought and tuberculosis AS	
Medicago sativa	Alfarfa	Diuretic,depurative,against hemorrhages and skin diseases MD	against scurvy and rickets

Botanic Family Scientific Name	Common Name	Use in popular Medicine	Pharmacological and therapeutic actions
Mirospermum balsamiferum *Myroxylon balsamum* *Myroxylon peruiferum*	Estoraque	Vulnerary, antipyretic, panacea AS MD	Vulnerary, antiseptic
Lonchocarpus glabrescens	Barbasco	Used as poison for fish AS	Insecticide
Malvaceae			
Malachra alceifolia *Malachra capitata* *Malva* spp. *Malvastrum capitatum* *Malvastrum peruvianum*	Malva	Emollient Gentle laxative Emollient MD	Laxative, emollient
Sterculiaceae			
Ruizia fragrans	Boldu	Digestive, against cephalgy AS	
Erythroxylaceae			
Erythroxylon coca	Coca	Panacea, used against cold, enteritis, fatigue, vulnerary, digestive, carminative, analgesic AS	Nervine tonic, local anaesthetic, stimulant, stomachic
Zygophylaceae			
Guajacum officinalis *Porliera hygrometra*	Palo santo	Diaphoretic, antirheumatic, stimulant, against syphilis AS MD	Diaphoretic, diuretic, revulsive
Rutaceae			
Citrus limonum	Limon	Panacea, used against nausea of *soroche* and rheumatism AS	Against scurvy, antiseptic, hypoglycemic action
Ruta chadepensis	Ruda	Antispasmodic, abortifacient, against hysteria and epistaxis of *soroche* AS MD	Antispasmodic, abortifacient, hemostatic, bacteriostatic
Burseraceae			
Bursera graveolens	Palo santo	Sedative, diaphoretic, against headache and rheumatism AS MS	Balsamic
Dacyrodes kukachkana	Copal	AS	
Polygalaceae			
Polygala paniculata	Mentolatum	AS	Expectorant, diaphoretic, salivatory
Anacardiaceae			
Haplorus peruviana	Abarate	AS	
Umbellifereae			
Eryngium weberbaueri	Escorzonera	AS	
Petroselinum sativum	Perejil	Abortifacient, stimuland, against blood pressure changes, epistaxis and malaria AS MD	Diuretic, emmenagoge

Boraginaceae			
Borago officinalis	Borraja	Diaphoretic,against smallpox and measles AS	Diuretic,diaphoretic,emollient
Solanaceae			
Solanum tuberosum	Papa	Vulnerary,hemostatic, against infections and rheumatism AS	In external use: lenitive on burns
Scrophulariaceae			
Mimulus glabratus	Berro	Against hepatic diseases MD	
Bignoniaceae			
Tecoma grandiceps	Palo santo	Diaphoretic,antirheumatic,stimulant, against syphilis AS MS	Antidiabetic
Verbenaceae			
Aloysia triphylla *Lippia* spp.	Cedron	Tonic,carminative, stimulant,used with Melissa officinalis against heart diseases AS	Stomachic, helminthicide
Labiatae			
Bystropogon andinus *Minthostachys* spp. *Satureja* spp.	Muna	Carminative,antipyretic, antirheumatic against infections AS Carminative	
Lavandula spica *Lavandula officinalis*	Alucema	Against *aire*, *sopladuras*, tonsillitis and colds AS	Antispasmodic, diuretic, antirheumatic,choleretic
Melissa officinalis	Torongil	Digestive,sedative, antispasmodic with *Lippia triphylla* against heart diseases AS	Antispasmodic, stomachic, carninative
Rosmarinus officinalis	Romero	Vulnerary,stimulant, antispasmodic,carminative,diuretic,against syphillis,pneumonia and heart diseases AS MD	Choleretic,antiseptic,diuretic, vulnerary,bradycardiac action
Plantaginaceae			
Plantago maior	Llanten	Panacea,vulnerary,antiphlogistic,analgesic hemostatic MD	Diuretic,vulnerary, hemostatic, astringent
Rubiaceae			
Cinchona spp. *Pogonopus tubulosus*	Quina	Diaphoretic,stimulant, carminative,digestive AS	Tonic,euphetic, antipaludism,antipyretic,antifibrillatin
Coffea arabica	Café	AS	Cardiokinetic, it makes ventilation less frequent and deeper
Valerianaceae			
Valeriana spp.	Valeriana	Antispasmodic,antirheumatic,against *susto* AS MD	Sedative,spasmolithic,hypotensive bacteriostatic

Botanic Family Scientific Name	Common Name	Used in popular Medicine	Pharmacological and therapeutic actions
Compositae			
Cereopsis fasciculata	Pucarina	AS	
Clibadium remotiflorum *Clibadium strigillosum*	Barbasco	Used as poison for fish AS	
Eupatorium bullatum	Incienso	MD	
Hypochoeris sessiflora *Hypochoeris sonchoides* *Hypochoeris stenocephala*	Chicoria	Antibilious,against malaria AS	
Homoianthus multiflorus *Perezia multiflora*	Escorzonera	Diuretic,diaphoretic, antipyretic,depurative and laxative AS	
Matricaria chamomilla	Manzanilla	Digestive,carminative, tonic and diaphoretic, against enteritis AS	Sedative,antispasmodic,antiphlogistic
Perezia cerullescens	Valeriana	Diuretic and diaphoretic AS MD	
Senecio rhizomatosus	Lancahuasha	Vulnerary,against pneumonia and acne AS	Digitalis like action,pulmonary hypertensive,emmenagoge
Tessaria integrifolia	Pajaro bobo	Used against asthma AS	
Triptilion spinosum	Siempreviva	Diuretic,sedative AS MD	
Liliaceae			
Smilax febrifuga	Palo santo	Antiphlogistic,antirheumatic,diaphoretic, depurative,against syphilis and oppilation	Diuretic,diaphoretic,depurative, salivatory
Smilax sarsaparrilla	Zarzaparrilla	Depurative,diaphoretic, against the *mal de bubas* AS MD	
Bromeliaeceae			
Tillandsia usneoides	Barbasco	Against hemorrhoids and heart,hepatic and pulmonary diseases AS	
Graminaceae			
Hordeum vulgare	Cebada	Emollient,diuretic, against smallpox and measles AS	Emollient,against diarrhoea
Trichachne insularis	Alfarfa	MD	
Zea mays	Barba de choclo	Diuretic,diaphoretic, digestive,against real lithiasis AS MD	Diuretic, hypotensive

Table 2: Unidentified plants used in the therapy of altitude sickness and chronic *soroche* or Monge's disease

Altitude sickness	Monge's disease
Agracijo	Chancadito
Charero	Charero
Higanton	Hualla blanca
Huarajo	Mirra
Llampu blanco	Rosa verde
Ketu ketu	Té amargo
Mulliaca	
Verruga	

Table 3: Various substances used in the therapy of altitude sickness and chronic *soroche* or Monge's disease

Agua florida	Liquid with unknown characteristics
Aguardiente	Alcoholic drink
Alcanforada	Camphorated substance
Alcohol	Alcoholic drink
Aniz en grano	Aniseed grains
Cerebro de chancho	Pig's brain
Coñac	Alcoholic drink
Leche de mujer	Human milk
Limaduras de Piedra Iman	Iron oxide(?) found clinging to a natural magnet
Mejoral	Pharmaceutical product
Mentolcin	Pharmaceutical product
Mentolina	Aromatic liquid (containing alcohol and essence of mint?)
Miel	Honey
Orina de niño	Child's urine
Pisco	Alcoholic drink
Ranas secas	Dried frogs
Sal	Salt
Sihuario	Powder of 12 natural colours
Stabilen	Pharmaceutical product
Timolina	Alcoholic liquid (containing essence of thyme?)

N.B.

1) The identification and the use in popular medicine of plants quoted is based on the following works: VALDIZAN and MALDONADO 1922 (23), LASTERS 1951 (4), CHAVEZ 1977 (42), SOUKUP 1970 (41), FRISANCHO 1978 (44). Dr. Ramon Ferreyra of the J. Prado Museum helped us to identify some species.

2) Sometimes it is not possible to identify exactly the species to which the common name is referred because the authors use different criteria and because the same name refers to different species in different localities. We report all the species referred to the common name. This is the reason why some common names are repeated.

3) We put the species classified as *Leguminosae* by Peruvian authors into the corresponding families according to European authors (14). Since it is not possible for the species: *Desmanthus virgatus* and *Lonchocarpus glabrescens*, we report them as *Leguminosae*.

ACKNOWLEDGEMENTS Many people helped us with suggestions and observations, others, the so-called informants of anthropological literature, gave us the essential information answering our annoying questions; it is not possible to mention them one by one, however, we take the opportunity to thank all of them. In particular special thanks is due to Dr. Fernando Cabieses - Museo de la Salud, Lima; Professors Oscar and Juan Nuñez Del Prado - University of Cuzco; the mining company Centromin - Peru; Instituto de Altura - Cayetano Heredia University, Lima.

REFERENCES

(1) RYN Zdzislaw 1979. "Nervous System and Altitude - Syndrome of High Altitude Asthenia". *Acta medica polonica* 20 (3):155.

(2) MONGE M. Carlos 1945. "Aclimatacion en los Andes - Confirmaciones historicas sobre la 'agresion climatica' en el desenvolvimiento de las sociedades de America. *Anales de la Facultad de Medicina* 28:307-328.

(3) MONGE M. Carlos 1948. *Acclimatization in the Andes. - Historical confirmations of 'climatic aggression' in the development of Andean man.* Baltimore: The Johns Hopkins Press.

(4) LASTRES Juan B. 1951. *Historia de la Medicina Peruana*, Vol. II:77-78. Lima: Imprenta Santa Maria.

(5) PATRON Pablo 1885. El *soroche*". *Gaceta Cientifica*.

(6) ACOSTA José de 1954. *Historia natural y moral de las Indias*, 65-66, 100. Madrid: Atlas, BAE 73.

(7) FERNANDES DE OVIEDO Y VALDES Gonzalo 1959. *Historia natural y general de las Indias*, Vol. V:190. Madrid: Atlas, BAE 117-21.

(8) LOPEZ DE GOMARA Francisco 1946. *Hispania victrix - Primera y segunda parte de la Historia general de las Indias*, p. 241. Madrid: Atlas, BAE 22.

(9) CIEZA DE LEON Pedro de 1880. *Guerras Civiles del Peru. I. Guerra de las Salinas*, p. 290-291. Madrid.

(10) ZARATE Agustin de 1947. *Historia del Peru*, p. 490-491. Madrid: Atlas, BAE 26.

(11) HAGEN Victor von 1975. *La grande strada del sole*, p. 42. Torino: Einaudi.

(12) ACOSTA Joseph de 1591. *Historia natural y moral de las Indias*. 92r, 142v (due to a printing-error it is printed 88 instead of 92). Barcelona: Jaime Cendrat.

(13) ACOSTA Gioseffo di 1596. *Historia naturale, e morale delle Indie*. 43r, 68v. Venetia: Barnardo Basa.

(14) SCARPA Antonio & Antonio AIMI 1980. Notizie riguardanti l'etimologia e la semantica del termine soroche. *Quaderni di Scienze Antropologiche* 5:252-271.

(15) NUÑEZ DEL PRADO Juan 1979. Analisis socio-historico del proceso de evolucion de la Iglesia Andina. *II Encuentro anual de estudios andinos* (Tupay anual).

(16) COVARRUBIAS Jesus 1976. *Quechua medico*, p. 30. Lima: Ministerio de la Salud.

(17) CUSIHUAMAN Antonio. *Diccionario Quechua-Castellano y Castellano-Quechua - Cuzco-Collao*. Lima.

(18) ROWE John H. 1946. *Inca Culture at the Time of the Spanish Conquest*. Handbook of South American Indians 2, p. 296. Washington: US Government Printing Office.

(19) NUÑEZ DEL PRADO Oscar. Personal communication.

(20) NUÑEZ DEL PRADO Juna. Personal communication.

(21) PARKER Gary & Amancio CHAVEZ. *Diccionario Quechua-Castellano y Castellano-Quechua - Ancasch-Huailas*. Lima.

(22) CERRON PALOMINO Rodolfo. *Diccionario Quechua-Castellano y Castellano-Quechua - Junin-Huanca*. Lima.

(23) VALDIZAN Hermilio & Angel MALDONADO 1922. *La Medicina Popular Peruana*, Vol. I:33. Lima: Torres Aguirre.

(24) TSCHUDI Johann Jakob 1971. *Reisen durch Süd-Amerika*, Band 5:60, 200, 188, 341. Stuttgart: Brockhaus.

(25) Seminario, - (Director "La Esperanza Hospital" Cerro de Pasco) - Personal communication.

(26) GARCILASO DE LA VEGA 1977. *Commentari reali degli Incas*, p. 45. Milano: Rusconi.

(27) BAZZOCCHI Guiseppe 1933. *Vecchio Perù*, p. 149-150. Bologna: Cappelli.

(28) SQUIER George 1877. *Peru - Incidents of travel and exploration in the Land of the Incas*, p. 244. London: MacMillan.

(29) SCARPA Antonio 1963. Al Madagascar in missione etnoiatrica. *Minerva Medica* 54:16.

(30) WEIL Andrew 1981. The therapeutic value of coca in contemporary medicine. *Journal of Ethnopharmacology* 3:367-376.

(31) PENSO Giuseppe 1980. Piante medicinali nella terapia medica, p. 228. *Organiz. Edit. Medico-Farmaceutica.* Milano.

(32) HANNA Joel 1970. The effects of coca chewing on exercise in the Quechua of Peru. *Human Biology* 42:1-11.

(33) HANNA Joel 1974. Coca Leaf use in Southern Peru: Some Biosocial Aspects. *American Anthropologist* 76:281-296.

(34) VAN DYKE C. & P. JATLOW, J. UNGERER, P.G. BARASH, R. BYCK 1978. Oral Cocaine: Plasma Concentration and Central Effects. *Science* 200:211-213.

(35) HOLMSTEDT Bo & Jan-Erik LINDGREN, Laurent RIVIER, Timothy PLOWMAN 1979. Cocaine in blood of coca chewers. *Journal of Ethnopharmacology* 1:69-78.

(36) RIVIER Laurent 1981. Analysis of alkaloids in leaves of cultivated Erythroxylum and characterization of alkaline substances used during coca chewing. *Journal of Ethnopharmacology* 3:313-335.

(37) CABIESES Fernando 1946. La accion antifatigante de la cocaina y la habituacion a la coca en el Peru. *Anales de la Facultad de Medicina* 29:316-367.

(38) BENIGNI R. & C. CAPRA, P.E. CATTORINI 1962. *Piante Medicinali - Chimica - Farmacologia - Terapia.* Milano: Inverni della Beffa.

(39) LITTLE Michael & Joel HANNA 1978. *The responses of high-altitude populations to cold and other stresses. The Biology of high-altitude peoples*, p. 251-298. Cambridge: Cambridge University Press.

(40) WARD Michael 1975. *Mountain Medicine.* London: Crosby Lockwood Staples.

(41) SOUKUP Jaroslav 1970. *Vocabulario de los nombres vulgares de la Flora Peruana.* Lima: Colegio Salesiano.

(42) CHAVEZ VELASQUEZ Nancy 1977. *La Materia Medica en el Incanato.* Lima: Editorial Mejia Baca.

(43) OTERO Gustavo A. 1951. *La Piedra Magica.* Mexico, D.F.: Instituto Indigenista Interamericano.

(44) FRISANCHO PINEDA David 1978. *Medicina Indigena y Popular.* Lima: Editorial Mejia Baca.

(45) *Plantas medicinales. Coleccion de Medicina Popular.* Editorial Mercurio.

(46) GARNIER Gabriel & Lucienne BÈZANGER-BEAUQUESNE, Germaine DEBRAUX 1961. *Ressources Médicinales de la Flore Française.* Paris: Vigot Frères.

(47) PARIS R. & H. MOYSE 1971. *Précis de Matière Médicale.* Paris: Masson.

(48) NEGRI Giovanni 1979. *Erbario Figurato - Descrizione e proprietà delle piante medicinali e velenose della Flora Italiana.* Milano: Ulrico Hoepli.

(49) FIZ FERNANDEZ Antonio 1977. *Antropologia, Cultura y Medicina Indigena en America*, p. 296-310. Buenos Aires: Conijunta.

(50) QUILICI J. & H. VERGNES 1978. The haematological characteristics of high-altitude populations. *The Biology of high-altitude peoples*, p. 198-218. Cambridge: Cambridge University Press.

(51) NORDENSKIÖLD Erland 1907. Recettes Magiques et Médicinales du Pérou et de la Bolivie. *Journal de la Société des Américanistes de Paris* 4, 2:153-174.

(52) BARABINO Bruno, Carlo BOATI, Maria Antonietta SIRONI 1977. Note metereologiche, naturalistiche e medico-ecologiche in margine ad una spedizione alle Ande Peruviane. *Natura* 68 (3-4):197-217.

(53) FUCHS Andrew 1978. Coca chewing and high-altitude stess: possible effects of coca alkaloids on erythropoiesis. *Current Anthropology* 19:277-291.

(54) SCARPA Antonio & A. GUERCI 1980. Equivalenti dell'agopuntura cinese nella medicina storica e popolare europea. *Quaderni di agopuntura tradizionale* 2,1.

(55) TONZIG Sergio 1968. *Elementi di Botanica.* Milano: Casa Editrice Ambrosiana.

Questions of Methodologie in Research into Use of Medicinal Plants in Belém Folk-Medicine (Brazil)

Napoleão Figueiredo

reprint curare, vol. 3 (1980), 165-172.

ZUSAMMENFASSUNG In einem Bezirk der Stadt Belém/Brasilien, in dem eine Fischergruppe lebt, werden Krankheitsklassifikationen wie z.B. 'Körperkrankheit', 'Geisteskrankheit', 'weltliche Krankheit' (bei Geschlechtskrankheiten) etc. und deren Ursachenzuerkennung untersucht. Ebenso wird eine kulturspezifische Einteilung der Pflanzen nach Nutzung (Schmuck, Heilung etc.) erhoben. In diesem 'Volksheilsystem' arbeiten traditionelle Heiler entsprechend einer vorgegebenen Arbeitsteilung. Krankheitsursache und -therapie sind deutlich entlang der Dichotomie Kultur-Natur strukturiert.

SUMMARY Classification of disease as 'disease of the body', 'disease of the world' (veneral disease), 'evil', and others are described and their etiological model is studied (provoked and non-provoked disease) in one quarter of Belém/Brazil. Plants are grouped in their specific cultural context ans plants for usage, for curing, for decorative ends, to be eaten... In this folk healing-system traditional healers are working as well defined specialists. The cause of a disease and its therapy are structured by the dichotomy of culture/nature.

RESUME Dans un quartier de Belém/Brésil, où vit un groupe de pêcheurs, a été entreprise une étude des classifications des maladies en "maladies du corps", "maladie de l'esprit", etc., et des conceptions étiologiques. Les plantes y sont classées d'après leurs usages, thérapeutiques, décoratifs, alimentaires... Dans ce système de santé populaire, les guérisseurs traditionnels ont des spécialités bien définies. L'étiologie et la thérapeutique dépendent de la dichotomie culture/nature.
gm

Map 1

Belém is the capital of the State of Pará (Brazil) and a municipal seat. The city was founded 374 years ago and has a population of over one million inhabitants, distributed over 21 suburbs, while 40% of its area is made of lowlying land which is permanently flooded. (Map 1 - apud Vergolino e Silva,1976). Considering the ample size of this universe of research, our classification does not obey the rigorous treatment of ethnoscience, such as that of BERLIN et alii (1973), in which the inclusive category of an ethnobiological taxonomy is the "unique beginner" which corresponds to level 0; the form of life, to level 1; the kind, to level 2; the species, to level 3; and the variety to level 4. The classification we adopt is an adaptation of the ethnological classification of this author.

Original in Portuguese.
English version by Neal Henry

Friedr. Vieweg & Sohn Verlag, Braunschweig/Wiesbaden

Recent field research into folk-medicine in Belêm (FIGUEIREDO, 1979) indicates the impossibility, in theoretical terms, of a simultaneous analysis of the utilization of the flora, fauna, and minerals in popular medicine. This last we define as a body of magical, ceremonial, and persuasive practices based on symbolic thought, which are used by people all over the world for the prevention, classification, diagnostics, and treatment of infirmities. At the same time, this research shows that it is impossible to dissociate the problem of medical plants from the diverse types of diseases which occur in the city, and which may be grouped in categories and clearly differentiated. The same research shows thatthe taxonomy used by segments of the Belêm population, in regard to plants, animals, and minerals, is very different from "systematic science", and these categories - plants, animal, minerals - are interlinked with the most varied religious practices, whether mediumic and non-mediumic, which occur in the city.

The inhabitants of the city who use the plants as medicine, and those who prescribe such plants, share a single idea: that the feeling linked to suffering is part of the inclusive category "to suffer", and beginning with this category the various modalities of suffering form other categories which are distinct from each other, and divide into further differentiated levels, which in their turn, form subdivisions (Diagramme I). Thus, level 1 indicates the ways in which this suffering presents itself: the "social", which involves suffering caused by poverty (misery, hunger, etc.), by unemployment, by social injustice (level 2); the "natural" which involves suffering caused by slight illness, by discomfort, physical pain, and disease (level 2), and finally the "emotional", which groups together suffering caused by pain (physical fear of death, of absence, etc.) and by maladjustment (lack of adaptation to the familial and social ambient, to the community, to the ruling political and economic order) (level 2). The diseases (level 2) group together in two subdivisions: the natural and the non-natural (level 3).

Though expressions such as "diseases of the body", "diseases of the mind", "diseases of the world" (venereal diseases), "doençaria" (when a person is assailed by several unspecified complaints), "rotten disease" ("doença ruim"), the "evil" or the "harm", "enfermidade" and "flechado" (when a person is said to be sick from a arrow released by a spirit); though such expressions are frequently used by this segment of Belêm society, we have adopted the nomenclature employed by MAUES (1977) of "natural" and "non-natural" disease. In our classification of natural diseases those which are caused by elements in the natural or normal order are grouped together. Thus in this category are included traumatic diseases, diseases caused by cold or heat, those produced by chemical agents, toxic diseases (produced by poisons), parasitic diseases (caused by bacteria, viruses, etc.), dyscratic diseases (stemming from alteration in the metabolism), hereditary diseases (transmitted genetically), degenerative diseases and functional diseases (stemming from activities exercised by the individual). Among the second (the non-natural) category of diseases, those provoked by supernatural agencies are grouped together.

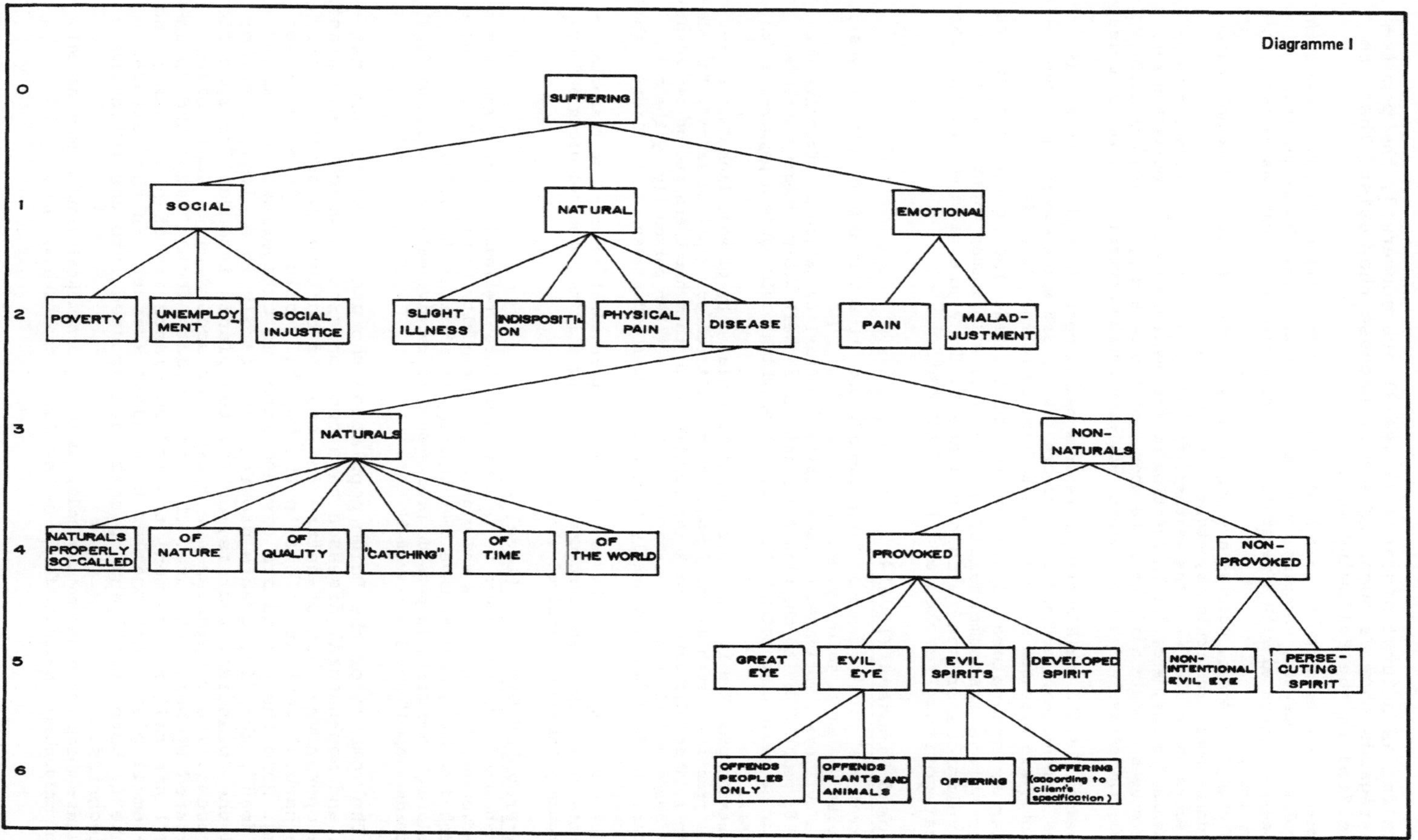
Diagramme I
0
1
2
3
4
5
6
SUFFERING
SOCIAL
NATURAL
EMOTIONAL
POVERTY
UNEMPLOY MENT
SOCIAL INJUSTICE
SLIGHT ILLNESS
INDISPOSITI ON
PHYSICAL PAIN
DISEASE
PAIN
MALAD-JUSTMENT
NATURALS
NON-NATURALS
NATURALS PROPERLY SO-CALLED
OF NATURE
OF QUALITY
"CATCHING"
OF TIME
OF THE WORLD
PROVOKED
NON-PROVOKED
GREAT EYE
EVIL EYE
EVIL SPIRITS
DEVELOPED SPIRIT
NON-INTENTIONAL EVIL EYE
PERSE-CUTING SPIRIT
OFFENDS PEOPLES ONLY
OFFENDS PLANTS AND ANIMALS
OFFERING
OFFERING (according to client's specification)

As far as natural diseases (level 3) are concerned, the population regards them as occuring simply because they exist. They are classified in the following way:

- natural diseases properly so-called, contracted by everyone at some time, such as influenza, measles, whooping cough, mumps. chicken pox, headache, etc.;
- diseases associated with a person's inherent disposition, such as madness, epilepsy, etc.;
- "catching" diseases, such as are acquired by direct contact, for example viruses, dermatoses, tuberculosis, etc.;
- diseases associated with the weather, following climatic alterations, such as influenza, coughs, etc., or in function of the heavenly bodies such as the sun, which causes chronic headaches; the moon, which provokes gynaecological disturbances; the stars, which when pointed at, provoke the appearance of warts, moles, etc.;
- diseases "of the world", which arise from sexual contact, such as veneral diseases (gonorrhoea, hard and soft chancre, etc.), and which according to the informants, are diseases which you don't "find on posts" (Level 4).

As far as non-natural diseases are concerned, incidence is found to occur by the instrumentality of human or nun-human agencies and in the religious or non-religious context. They are grouped in two large categories: Provoked and Non-Provoked.

Provoked Diseases (level4):

- "great eye" (in Portuguese, "olho gordo", i.e. literally pop or bulging eyes), motivated by envy, jealousy, etc.;
- "the evil eye", motivated by rage, spite, contrariety, which is offensive not only to people, but to the plants and animals as well (this category includes "olhar de secar pimenteira", that is, a look which would cause a pepper-tree to wither);
- diseases provoked by evil spirits and manipulated by persons linked to religious practices, such as spirit-possession cult leaders ("pai-de-santo", "mãe-de-santo"). These diseases attack individuals to do them harm, and are of two kinds: the "despacho" (literally "dispatch"), when undertaken personally by the cult leader; and "serviço" (literally "service"), when undertaken to the client's specifications;
- diseases brought on by the "encantados" (supernatural agents: the "caboclos" - spirits of indians - and caruanas - persecuting spirits) when religious and/or alimentary taboos are ignored (level 5).

Non-Provoked Diseases (level 4):

- "quebranto", the name given to illness in children believed to have been affected adversely by the remarks and glances of some adult, thought in fact the adult intended no harm, and may have been praising or admiring the child;
- "calundu", occurring in persons predisposed to receive malefic influences from "underdeveloped" spirits (level 5).

The members of the Belêm population who use plants to cure natural and non-natural diseases have two contexts in which these plants are operative: that of nature and that of culture (Diagramme II). The natural context refers to the vegetal world in its natural setting. Here the plants are divided into two categories: the "mato" or "pau", that is, plants growing haphazardly in ecological space; and the "plantas", that is, cultivated plants intended for specific purposes. The categories are classified according to their size, measured by human stature. The large plants (both "mato" and "plantas") are taller than men; the medium plants are of human size; and the small plants are smaller than human stature. In the cultural context, both "mato" and "plants" are grouped into the following categories:

- plants which serve decorative ends, including ornamental plants, such as caladium, maidenhair, begonia, ferns (polypodies), rose bushes, etc.;

- plants which serve alimentary ends, that is, edible plants such as fruits, tubers, vegetables, spices, etc.;
-plants for "usage", i.e., those which are used for building houses ("acapu", "maçaranduba", "jatobã", etc.); for making canoes (laurel, ceder, etc.), and for making objects such as furniture, doors, frames, oars, pestles, baskets, mats etc. (ceder, "marupã", laurel, mulberry, aririte, "timbui", etc.);
- plants for curing purposes, divided into two groups: the inoffensives, which may be used in any dosage or quantity and do not do any harm, such as diuretic teas from euphorbia or "capim navalha", etc.; and the potentially offensives, grouped under: plants which properly used cure diseases, and those which, improperly used, may cause every kind of disturbance, including death.

Many of these plants may be included simultaneously in several of these categories, as for example the crab-tree ("andiroba"), which is large "mato" and plant for "usage" and which also serves curing purposes; "jatobã", which is large "mato", a plant for "usage", and serves curing purposes; or rue, a small plant which serves decorative and curing purposes.

In both contexts, natural and cultural, the used parts of the plants are denominated: root, bark, pulp, leaf, fruit, milk, oil, resin, flower, and liana. The systems which involve the problems of prevention, classification, diagnostic, and treatment of diseases also involve structures of religious and non-religious practices. It is fitting to emphasize here that the universe of research was too large to be treated under a conventional research methodology. Thus we adopted random selection, and using observation, interviews, and life-stories, we may affirm that:

-Prevention involves procedures of both religious and non-religious experience. In the case of food taboos, prevention does not call for religious procedures. One case in point is that of the foods known as "reimoso", which are believed to prejudice the state of the organism under given circumstances, as for example, women in pregnancy or menstruation. That is not the case, however, with non-natural diseases,where the search for prevention is always preceded by religious practices;
- the classification indicating whether a disease is natural involves religious procedures. This appears to us to be the most complex part of the research data.

MAUES (1977) used the card-index technique suggested by Berlin et alii (1968: 292-293) and by Werner & Fenton (197o:572) in the research he carried out in a fishing community, and concluded from the tabulation of the cards that the diseases in the community were divisible into two large categories: the natural and the non-natural, those which are treated by doctors and those which are treated by shamans)"pajés"). The universe of research in Itapuã, the name of the fishing community located in the municipality of Vigia in the interior of Pará, was limited, while that of Belém is macro-regional in scale, so that it appeared to us impracticable to apply the same methodology to the case of Belém. We adopted the nomenclature suggested by Maués, however, in view of the material we had collected with the research instruments previously mentioned. Thus those who manipulate these religious procedures are those who classify the diseases, in order to determine whether they are natural or non-natural diseases, that is, whether they should be treated by doctors or by shamans;
- the diagnostics is made according to the disease (whether classified as natural or non-natural) which is revealed or confirmed by doctors, curers (called variously "puçangueiros", "rezadores", "curadores"), or cult-leaders ("pajés", "pais e mães-de-santo");
- The treatment involves "puçangas" (healing herbs) which are prescribed according to the diagnostic given.

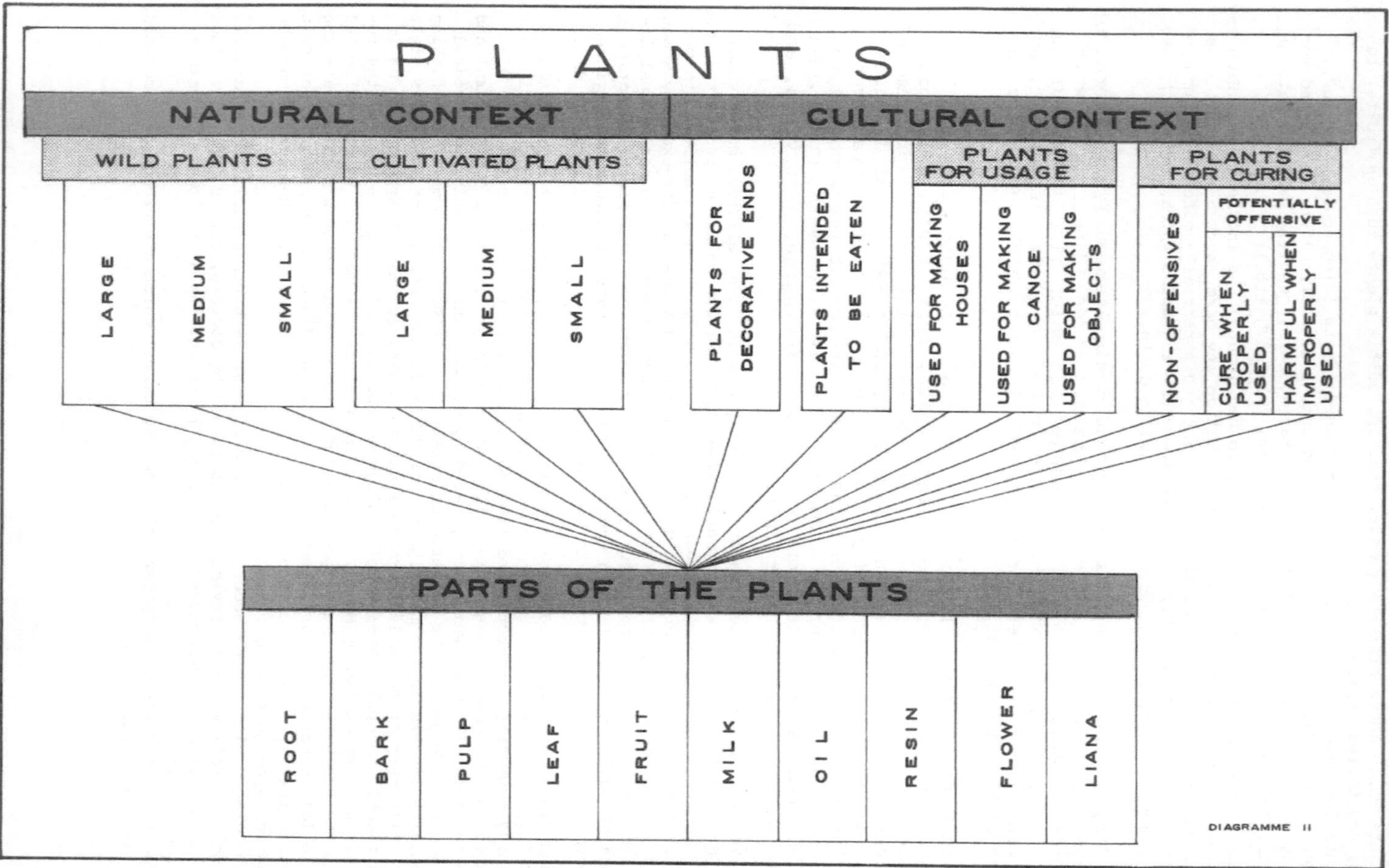
PLANTS
NATURAL CONTEXT
CULTURAL CONTEXT
WILD PLANTS
LARGE
MEDIUM
SMALL
CULTIVATED PLANTS
LARGE
MEDIUM
SMALL
PLANTS FOR DECORATIVE ENDS
PLANTS INTENDED TO BE EATEN
PLANTS FOR USAGE
USED FOR MAKING HOUSES
USED FOR MAKING CANOE
USED FOR MAKING OBJECTS
PLANTS FOR CURING
NON-OFFENSIVES
POTENTIALLY OFFENSIVE
CURE WHEN PROPERLY USED
HARMFUL WHEN IMPROPERLY USED
PARTS OF THE PLANTS
ROOT
BARK
PULP
LEAF
FRUIT
MILK
OIL
RESIN
FLOWER
LIANA
DIAGRAMME II

Thus there are in this segment of society the following "specialists" or "cognoscenti" who prescrible products of vegetable origin which may cure or do harm, who may be grouped in the following large categories:

1 - those who do not use supernatural entities as intermediares to prescribe plants as a remedy to produce a cure or cause harm:
- the doctors who prescribe laboratory medicines, among whom are some who prescribe plants to effect a cure;
- the "puçangueiros", curers who use plants as pharmacopoeia out of knowledge acquired from oral tradition;
- the "rezadores", curers who use plants as an external element to complement their prayers ("rezas") of Catholic origin and work with knowledge acquired from oral tradition. A typical example is the "benzição", a blessing against "quebranto" with branches of rue to accompany the prayers;
- the curers who are familiar with the prayers, the ritual, and the therapy to be applied with the plants which cure, as well as knowledge transmitted orally.

2 - those who do use supernatural entities as intermediaries to prescribe plants as remedies to effect cures or cause harm:
- the shamans ("pajés") who receive the advanced spirits ("encantados"), who in turn prescribe the method for obtaining a cure or doing harm, as well as the plants needed in each case. These entities live in regions above the clowds and beneath the sky called "encantarias", and belong to a group of spirits called the Line of Curing, or the Feather and Maracā (Indian Rattle).
- the male and female cult leaders ("pais e mães-de-santo") who "receive" supernatural entities from distinct categories (Vergolino e Silva, 1976), who prescribe the method of producing cures and diseases. These entities are active in two spheres: the near (spirits of the earth, of men, evil, immorality, underdeveloped spirits); and the distant (spirits of the sky, the saints, beneficent spirits, Oxalā, that is, the afro-Brazilian deity syncretized with Jesus Christ).

We have adopted the expression "encantados" as it was used by Galvão (1953) and by Figueiredo & Vergolino e Silva (1972). Receiving limited or inadequate assistance from Catholic priests and evangelical missionaries, the individual and the community at large fall back on other beliefs and practices which, added to their Catholic beliefs, constitute their religion.

Catholicism is a life philosophy superimposed on local ideas, which are of diverse origin, but which are largely influenced by amerindian beliefs long absorbed into the contemporary culture of the Amazonian "caboclo" (man on the interior, usually of mixed indian descent). In this spiritual universe "santos" are supernatural protecting entities who guard not only men but the community in which they live, and when properly reverenced garantee prosperity, health and happiness. Their efficacy is not absolute, however, since there are situations in which their influence is limited or nul. These situations, which are found in nature itself as well as the supernatural world, are the result of the action of other entities who dwell in the forest or on the beds of rivers.

This mythological world has its roots in indigenous beliefs (and the designation of these entities is given in a vocabulary also of indian origin), which do not conserve their primitive model and function, since these have been reformulated under Catholic influence and that of afro-Brazilian and other cults, the result of contact between the population of the interior and the national pioneering fronts. Vergolino e Silva (1976) defines the "encantados" as spirits beings of the Batuque (generic name in Belém for the spirit possession cults), and synonyms of "guia" (guide), "santo" (protecting spirits), and "invisivel".

The positive entities (+) use the plants for curing; the negative positive entities (±) for curing and doing harm; and the negative entities (-) solely to do harm;- spirits of the shadows ("trevosos"), backward and under-developed spirits ("atrazados"), or "earth to earth" ("terra a terra") (-);- the spirits of indians ("caboclos") and the baptized devils ("Exus") (±);- the "curing masters" ("mestres") (+); - the "old blacks" ("pretos velhos") (+); - the spirits of children ("ẽres") (permanent state) (+); - the most highly developed spirits ("doutrinadores") (+); - the young spirits ("voduņços") (+); - the masters spirits ("senhores") (+); - those in permanent state of "Mana Zacal", who live close to the light and are almost saints (+). The male and female cult leaders participate in the religious practice known as the Batuque, which is a synthesis of Nagõ, Umbanda, Jurema, and Bantu-Amerindio.

The people who prescribe medicinal plants in the curing of natural and non-natural diseases are well-read in the literature of their profession: alongside the books and popular pamphlets on the subject which are sold at the entrance to the fairs and markets and in the shops selling Umbanda articles, it is common to find on the bookshelves of the herbalists the publications of Brazilian and foreign social-scientists and even botanists who have written about the subject. This literature is interpreted by such people in the light of their own ideological universe, and is reformulated in such a way that, with the exception of the prescriptions which are memorized, its contents are not preserved in their original sense when exteriorized. Previous essays by students of religion in Brazil, such as CAMARGO (1973), tried to construct models based on consideration of theoretical-methodological aspects, the content, and the functions of religious life. Such essays are unanimous in agreeing that such models can only be used in relation to particular areas of the country, and therefore do not include Amazonian shamanism ("pajelança") in their models.

The dichotomy established between the world of nature and that of culture is, however, a constant in religious experience, since if two systems of classification result from it, and both are distinct from systematic botanical and medical thought, these systems interact with othersystems of belief (some mediunic and some not) to eliminate "pain" in all its forms, especially those caused by "natural" and "non-natural" diseases.

We may schematize the resultant oppositions in diagramme form (Diagramme III), with the following conclusions: section I is characterized by a discontinuity between man and the vegetable world, each inhabiting a sphere wich excludes the other. But in order to cure suffering it is necessary for man to move in the direction of nature, and to this end conditions are created of limited transit between culture/nature. The element which is basic to this connection is the "specialist" or "man-in-the-know" with his professional instruments: the "puçangas" ord healing herbs. Thus in section II we may see how man deters or cures suffering with his "puçangas", brought close to nature with the plants which cure. Finally, in section III man and the "puçangas" return to the universe of culture, since he recovers health in proportion as he consumes the plants. Thus there is a moment in which man and the vegetable are totally separated; another moment, occasioned by the use of the "puçangas", in which man is united with the vegetable world; and a third moment when man separates himself definitively from the vegetabel world, when plants fulfill their destiny by being consumed and disappearing in the human ambient.

MATA (1973:63-92), in re-examining the "panema" in Amazonia, comes to similar conclusions when he analizes the relation man/animal/instrument, and affirms: "the Amazonian community is cut by two axes: one horizontal and one vertical. The horizontal axis represents the relation between the community and nature; the vertical axis translates the relation of power and prestige which are organized into a particular system, which influence the relation between the community and the natural world".

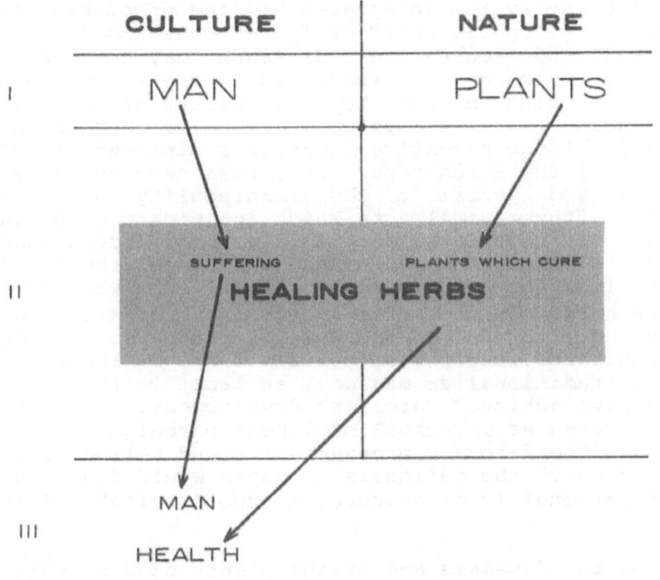

Diagramme III

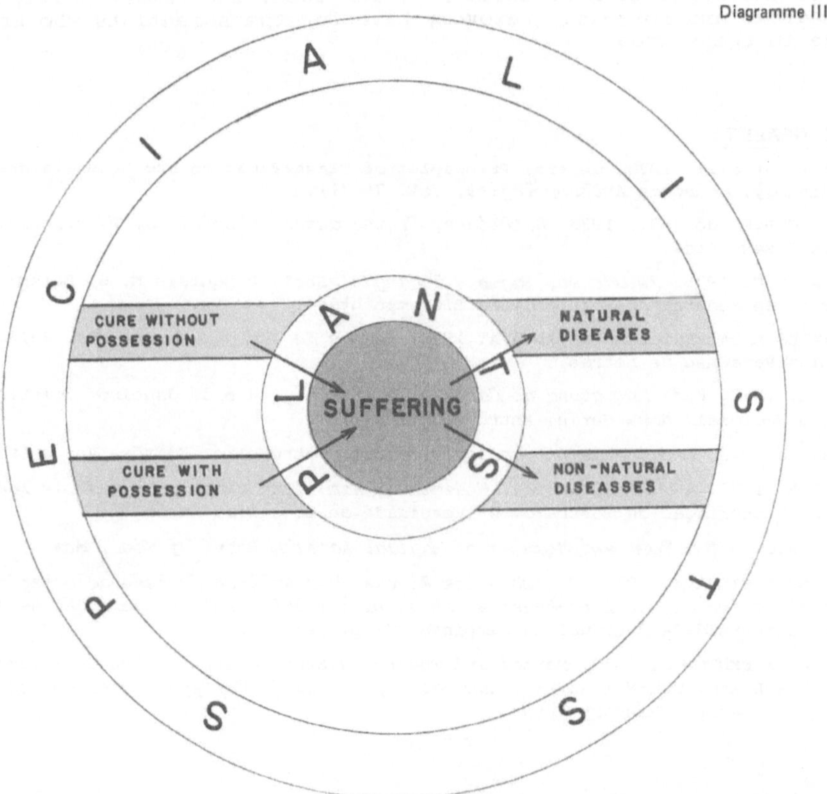

Diagramme IV

The way in which the system integrates healing processes with or without possession, by "specialists" or "men-in-the-know", with plants which cure "natural" and "non-natural" diseases, may be clearly observed in Diagramme IV, where the "specialists" are active in a structure which cures suffering through the intermediary of the vegetable world. Thus we conclude that the system of symbolic representations around which revolve those normative structures employed in folk medicine by segments of the Belém population, possesses characteristics and ritual peculiar and specific to the urbanlocality, since, as Tambiah (S/D) affirms: "the magical acts which anticipate a persuasive end are not in any way restricted to primitive man; modern industrial society also has its rites and ceremonies, which seek their objectives through normative thought. However, science, even when rigorously defined, is perhaps only the achievement of civilizations which are more complex and literate. In the West, science probably originated in and differentiated itself from certain forms of thought and activity which were traditional an magical, at least in those aspects of science which have achieved greatest development. This should not automatically serve as universal or linear paradigm, nor, equally, should it lend itself to a retroaggressive and retrospective appeal, according to which the rationale of magic would find itself contested by the rationality of science, to the inevitable detriment of the former."

The taxonomy of the diseases and of the plants used by this segment of the population of Belém has, for them, the same validity as the medical and botanical taxonomy have for the scientists who are active in these areas.

BIBLIOGRAPHY

BERLIN B. et alii. 1973. General Principles of Classification and Nomenclature in Folk Biology. *American Anthropologist*, vol. 75 (1).

CAMARGO C.P.F. de (ed.) 1973. *Católicos, Protestantes e Espíritas*. Petropolis: Editōra Vozes, Ltda.

FIGUEIREDO N. 1979. *Rezadores, Pajés & Puçangas*. Série Pesquisas N. 8. Belém: Universidade Federal do Pará/Editora Biotempo Ltda.

FIGUEIREDO N. & VERGOLINO E SILVA A. 1973. *Festas de Santo e Encantados*. Belém: Academica Paraense de Letras.

GALVÃO E. 1953. *Vida Religiosa do Caboclo da Amazōnia*. Rio de Janeiro: Boletim do Museu Nacional. Nova Série. Antropologia N. 15.

MATA R. da 1973. *Ensaios de Antropologia Social*. Petropolis: Editōra Vozes Ltda.

MAUÉS R.H. 1977. *A Ilha Encantada: Medicina e Xamanismo numa Comunidade de Pescadores*. Dissertação de Mestrado. Universidade de Brasilia. Xerox.

TAMBIAH S.J. *S/D - Form and Meaning of Magical Acts: A Point of View*. Mna.

VERGOLINO E SILVA A. 1976. *O Tambor das Flores: Uma Análise da Federação Espírita Umbandista e dos Cultos Afro-Brasileiros do Pará (1965-1975)*. Dissertação de Mestrado. Universidade Estadual de Campinas. Campinas: Xerox.

WERNER O. & FENTON J. 1970. Method and Theory in Ethnoscience or Ethnoepistemology, in R. NARROL & R. COHEN (eds.): *A Handbook of Method in Cultural Anthropology*. Washington: Natural History Press.

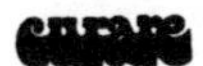 Ethnobotanik Sonderband 3/85, 237–240

A Personal Account of Ethnobotanical Research in Amazonia

Maria Elisabeth van den Berg

SUMMARY In this article the author presents commentaries on observations made during her research in Ethnobotany in the Amazon, with emphasis on the methodology for obtaining trustworthy data. It is to be principally noted that there is ongoing loss, though gradual, of knowledge concerning the use of medicinal plants, which information and still existing species should be rescued as soon as possible.

ZUSAMMENFASSUNG In der vorliegenden Arbeit stellt die Autorin ihre Beobachtungen bei der Entwicklung ihrer Untersuchungen zur Ethnobotanik in Amazonien dar und legt besonderen Nachdruck auf die Methodologie, um vertrauenswürdige Daten zu gewinnen. Hauptsächlich registrierte sie einen allmählichen Verlust an Kenntnissen über den Gebrauch von Heilpflanzen. Die noch vorhandenen Informationen und Arten müssen so schnell wie möglich aufgenommen werden.

RESUME Dans cet article, l'auteur présente ce qu'elle a observé au cours de ses recherches ethnobotaniques en Amazonie, en insistant sur la méthodologie pour obtenir des renseignements dignes de foi. Elle a principalement noté le déclin des connaissances relatives à l'usage des plantes médicinales. Il devient urgent de sauvegarder les informations sur les espèces encore utilisées.

gm

Interest in useful plants of Brazil dates from the colonial period, including the extensive works of Gabriel Soares de SOUZA (1587) and Piso (1658). In subsequent centuries numerous scientists and explorers dealt with the subject, especially MARTIUS (1843) and HOEHNE (1939). Amazonia has inspired special interest, principally among foreign researchers, some of which established their domiciles in the region. Although the literature on Amazonian ethnobotany is extensive, much of it is non systematic. This is especially true of the older works, in whom various disciplines such as anthropology, agronomy, mineralogy etc., are freely mixed. Botanical identifications in these works are generally outdated and often eroneous due to the lack of specialists, as well as reduced access to herbaria and literature. Despite such limitations, there is urgent need to review and systematize the information already published on economic plants in Amazonia.

In recent years excellent publications on ethnobotany in Amazonia have appeared. Indigenous uses of plants - and particularly uses of hallucinagenic snuffs - have been described by SCHULTES (1969, 1980) and PRANCE (1970, 1972). The classical studies of FIGUEIREDO (1979, 1983) contain invaluable information on Afro-Brazilian cults, including the names of numerous secret plants whose uses and properties were previously unknown to science. Only in recent years have funds been allocated for ethnobotanic studies by Brazilian researchers in Amazonia, in the past, such studies were financed under taxonomic programs or in collaboration with anthropological research, and realization of ethnobotanical studies was primarily due to the persistence of individual researchers. In the past five years, however, financial entities in Brazil have begun to recognize the im-

Friedr. Vieweg & Sohn Verlag, Braunschweig/Wiesbaden

portance of ethnobotanical research. As a result, we have been able to develop a solid research program focused on medicinal plants.

Material and methods

The author's ethnobotanical research is organized into two stages: field work and lab work.

FIELD WORK This basically consists of the collection of information concerning the common name of useful plants, the part used, method of preparation, dosage and any additional information. Whenever possible or necessary a voucher specimen and sample of the useful preparation or plant part are also taken. Voucher are essential because a single common name often is applied to various species or several common names may all refer to a single species. Proper identification of the plant species is extremely important for a survey of this type. Collection of information and voucher can not follow a rigid methodology since much depend on the receptivity of the informant. Further subjectivity is introduced by the random nature of indentifying and locating informants.

General informants are found in bazars, municipal markets, shops dealing in religious or magical potions, etc. Many useful contacts are also made through chance encounters with people who know root collectors, woodsmen, medicinemen, midwives or even rural teachers highly regarded for their knowledge of plants. These people will usually lead to others, providing a virtual data network.

An interview at an informant can never follow a rigid sequence. The researcher must use the common sense and sensivity to put the informant at case allowing a natural flow of information and making only brief interruptions and questions to complete the data on each species. Questionnaires may inhibit the informant and come to speak in a careful measured manner, often leading to forgetfulness, anxiety and introversion. An atmosphere of trust and spontaneity is quarantee of a free flow of reably information. In case of a very well know species the voucher collection is dispensable. The repetition of data about the same species never must be considered excessive but just an aid to consolidate anterior informations collected in the same or in remote places.

LAB WORK Voucher collections are deposited in the herbarium of the *Museu Paraense Emilio Goeldi* (PA). The species not identified at the field were then studied by myself or recognized specialists. I consult current taxonomic literature and used specimens reliably identified, by specialists for comparison and avoided the consultation of general dictionaries and checklists. Specimen of dubious identity were sent to specialists. At least local floras are produced and presented for publication in attention to increase activity in Brazilian and foreign universities related to traditional products especially local medicines.

Results

Up to the present moment we have achieved a general panorama, in the form of a card file and a very extensive collection of samples on Brazilian Ethnobotany, particularly graphic of the Legal Amazon and a good part of the Central-West Region, encompassing the States of Pará (Guajarina, Bragantina and the Salgado Zones), Amazonas (Manaus, Itacoatiara, Manacapuru, Iranduba and the Manaus-Caracaraí Highway) Rondônia (Porto Velho, the Karitiana Reserve, the Porto Velho-Guajará-Mirim Highway), Mato Grosso (Cuiabá, Chapada dos Guimarães, Poconé, Guia, the Transpantaneira Highway, Sta. Rosa), Southern Mato Grosso (Campo Grande, Aquidauana, Miranda, Corumbá and the Mato Grosso Lawlands), and the Federal Territories of Amapá (Macapá, Curiaú, the Matapi River, the Macapá-Oiapoque Highway), Roraima (Boa Vista, Aldeia Macuxi and the Boa Vista-Sta. Elena-Venezuela Highway). Samples and information were also obtained in the States of Maranhão, Piauí, Ceará and Alagoas.

These collections bring the total of samples to one millenary, information to two millenaries, taking in approximately a thousand species. The outcome of this research made it possible to obtain a great amount of information that had been in danger of being irremediably lost for the following reasons:

1) Disappearance of rare species, little known or not even having been described because of climatic factores (drought, excessive rains, temperature, etc.), or the availability of very new species.

2) Death or loses of memory of old people who possess this knowledge but do not leave "heirs".

3) Lack of interest, truncation or impoverishment of data on the part of the young generation, because of the massification imposed on them by the communication media, opening of new roads, internal migrations, rural exodus, in which there is the loss of cultural identity and even the knowledge concerning the use of products of their natural element that furnishes adequate economic material goods within the reach of the people in terms of nutrition, therapeutics, habitation, domestic and artesian utilities.

Conclusions and Commentaries

Based on all that we have collected and observed, we have arrived at the following conclusions:

1) The ethnobotany research in the Amazon and Central-West, as well as the Northeast, should and can be initiated in regular and open-air markets of the metropolis and regional centers because in these places there is a perfect convergence and synthesis of useful natural products.

2) Proceeding from these Central places, where indications are generally obtained about "herbalists" or "folk-healer" and about vegetable species (principally medicinal) that are not present at these centers but recommendation are known or recommended by informants, we arrive at a detailing more and more minuscule, by penetrating inland in the form of a fan.

3) A very important detail in our research was the verification of the existence of certain municipalities or villages settlements in which, independent of their geographical, populational, political or economical importance, there was a concentration of "specialists" in determinate natural products, whether medicinal plants (e.g. *Parintins* and *Itacoatiara* in the State Amazonas, *Bragança* in Pará, *Aquidauana* and *Corumbá* in Mato Grosso of the South), or artesian products (e.g. Santarém and Alter do Chão in Pará).

4) In the field of Ethnobotany, which is generally cogitated in terms of medicinal and nutritional plants, it is astonishing, nevertheless, the true communion of the inland man, and even of the metropolitan Amazonian and Northeasterner, with Nature, in which the application of a thousand utilities of regional vegetable origin passes unnoticed for being so deep-rooted in the day-to-day habits, so that there is no reflection of the necessity of studying or cataloging these useful species in order that might be a renewal of supply fonts and of preventive means that might avoid its diminution or disappearance.

LITERATURE

FIGUEIREDO A.N. 1979. *Rezadores, pajés & puçangas*. Belém, UFPA Boitempo. 96 p.il.

-- 1983. *Banhos de cheiro, ariachês e amacis*. Rio de Janeiro. FUNARTE. Cad. de Folclore 33. 48 p.

HOEHNE F.C. 1939. *Plantas e substâncias vegetais tóxicas e medicinais*. São Paulo-Rio, Graphicars. 355 p. il.

PRANCE G.T. 1970. Notes on the use of plant hallucinogens in Amazonian Brazil. *Econ. Bot.* 24:62-68.

-- 1972. An ethnobotanical comparison of four tribes of Amazonian Indians. *Acta Amazonica* 2(2):7.27.

PISO W. 1658. *Indicae utriusque re naturali et medica libri quatuordecim*. Amstelaedami, Apud Ludovicum et Danielem, XXIV, 327 p. il.

SCHULTES R.E. 1969. Virola as an orally administered hallucinogen. *Bot. Mus.Leafl.* 22:229-240.

-- 1980. The Amazonia as a source of New Economic Plants. *Econ. Bot.* 33(3):259-266.

SOUZA G.S. de 1971. *Tratado descritivo do Brasil em 1587*. São Paulo, Companhia Editora Nacional & Ed. da USP. 389 p. (Brasiliana, v. 117).

Sonderband 3/85, 241–246

Die Pflanzen der Casa das Minas

Hubert Fichte*

Die Casa das Minas in São Luiz de Maranhão ist einer der traditionsreichsten Tempel der afrobrasilianischen Religionen. Er wurde bisher noch nicht umfassend dargestellt. Das Haus soll zu Beginn des 19. Jahrhunderts von Afrikanerinnen gegründet worden sein - auf dem Briefbogen der Casa das Minas steht das Datum 1. Mai 1847. Die Sprache der Kultgesänge ist nach wie vor, auch für Experten wie Rouget vom Musée de l'Homme, ein Rätsel. Möglicherweise wurde der Tempel von Agotime gegründet, einer Königin aus Dahomey, die der eigene Sohn, König Adanzan, in die Sklaverei nach Brasilien verkaufte. Agotime stammte aus den Mahi-Bergen. Die Hüterinnen des Tempels bezeichnen sich selbst als Gege - Ewe.

Ich war von Mai 1981 bis Mai 1982 in Brasilien, vor allem am Amazonas um den Austausch von Pflanzenrezepten zwischen Indianern und Afrikanern, nach einem ersten Studienaufenthalt 1972, zu verifizieren.
Der Austausch von Pflanzen reichte von São Luiz bis nach Afrika, bis nach Manaus, Porto Velho, Rio Branco und bis in den Süden nach Bahia, Rio de Janeiro und São Paulo. Am Amazonas haben sich in den letzten 50 Jahren afroamerikanische Ayahuasca-Kulte herausgebildet und auch in der Casa das Minas wuchs eine Ayahuasca-Ranke (Caabi, Caapi Miriri = *Banisteria caapi* Spruce).

Die folgenden Materialien wurden von August 1981 bis März 1982 zusammen mit Sergio Ferretti gesammelt. Wir trafen uns zwei Mal die Woche zu drei-, bis vierstündigen Gesprächen bei Maria Celeste Santos und Deni Prata Jardim.
Ich unterrichtete außerdem Dona Deni, da sie beabsichtigt, Dahomey und Togo zu bereisen, einmal in der Woche im Französischen; an diesen Unterricht schloß sich ein weiteres Gespräch über die Casa das Minas an.

Die Anmerkungen über die Pflanzen der Casa das Minas sind Teil einer Monographie, die in Kürze erscheinen wird.

Das Grundstück der Casa das Minas macht schätzungsweise 1000 m^2 aus. Der Garten ist hufeisenförmig von den Gebäuden umschlossen. Die vierte Seite wird von hohen Bäumen, Mangas, Goiabeira etc. begrenzt. Kräuter, Blumen, Sträucher, ein Autowrack, ein Holzverschlag, Badewannen, Autoreifen, Eisenteile.
Hier befinden sich die Heiligen Bäume auf geweihtem, besonders vorbereitetem Boden: Ehemals die heute vertrocknete Gameleira, die dem Herrn des Hauses, Zomadonu, geweiht war - heute durch einen Cajabaum der Göttin Naê ersetzt, der Pinhão Branco des Gottes Akossi Zapata, die drei Jinjeirabäume, die noch aus Afrika stammen sollen und zwei Goiabeiras.

Früher wurde ein großer Teil der im Kult und zur Heilung benötigten Pflanzen aus dem Garten geholt, heute sind viele der wichtigen Kräuter eingegangen und müssen vom Markt in São Luiz oder aus dem Innern des Landes, in einigen Fällen aus Belem besorgt werden.

* zusammen mit Sergio Ferretti

Friedr. Vieweg & Sohn Verlag, Braunschweig/Wiesbaden

ROXINHA: Heute fehlen viele Pflanzen. Der Kontakt zu Afrika ist abgerissen. (28.7.81)

CELESTE: Wenn früher morgens die Blätter gepflückt wurden, gingen die Vodunci mit einer Kalebasse voller Wasser und begossen die Pflanze. (19.8.81)

DENI: Die Blätter der Cajazeira werden mit einem Stock abgeschlagen. Man bittet den Baum um Erlaubnis. Die Cajazeira heißt: Munguengue Tapereba. (27.10.81)

Amassi

DENI: Der Amassi wird im Allerheiligsten zubereitet. Wer ins Allerheiligste will, muß sich mit Amassi reinigen. In den Amassi kommen außer den Kräutern: Cachassa, Parfum, grobes Salz, Rosenblätter. Die Verrückten wurden mit Amassi gebadet, damit man sah, was mit ihnen los war. (7.8.81)

CELESTE: Die gemeinsamen Bäder in Amassi finden hinten im Garten statt. Da steht eine Holzbadewanne und früher gab es da ein großes Faß voller Amassi. Jeder der kam, konnte schnell ein Bad nehmen. Heute sind die Kräuter auf dem Markt so teuer, daß der Amassi nur noch in kleinen Fläschchen weggegeben wird. (14.8.81)

DENI: Bevor ich zu einem Fest in die Casa das Minas gehe, bade ich. Bei einem dreitagelangen Fest wird nach dem zweiten Tag wieder ein Bad mit Amassi genommen. Nach dem Fest wird für das Jono noch einmal ein Reinigungsbad bereitet. Am Tag darauf, beim Nadope werden die Reste des Bades verteilt. Die Freunde des Hauses nehmen den Amassi in kleinen Flaschen mit nach Hause. (10.12.81)

CELESTE: Der Amassi wird am Tag vor dem Fest zubereitet. Abends wird das erste Mal gebadet. Kräuter, roh und Wasser - das ist der Amassi. (16.12.81)

Bäder

Amassi an jedem Fest. - Kräuterbad für den Alltag. - Amassi für Naé zu Weihnachten. - Amassi für Nanã Ostersonnabend. - Amassi, um den Cajabaum zu gießen, auch Remedio genannt. - Amassi, um die Trommeln nach den Totenzeremonien zu reinigen. - Amassi für die Glasperlen. - Amassi für Rosenkranz und Ketten. - Bad um Legba zu vertreiben. - Bad, um sich nach dem Besuch in einem Totenhaus zu reinigen. - Totenbad. - Bad nach dem ersten Tanzen. - Bad für das Einweihungsschiff. - Bad aus der Flasche. - Sieben-Kräuter-Bad. - Bad nach der Übertretung eines Tabus. - Bad mit Bordão de Velho nach Übertretung eines Tabus. - Bad mit Jipio gegen Ausschlag. - Bad der Irren. - Beruhigungsbäder. - Bad Akossis bei Epidemien. - Bad der Opfertieren.

Mittel Remedios Medikamente

Medikament nach dem ersten Tanzen, roher Pflanzensaft: Sumî. - Medikament des Kopfes. - Der Toten. - Akossis. - Purgante Cheiroso - duftendes Abführmittel, nach Übertretung eines Tabus. - Flüssigkeit der Totenzeremonien. - Salben. - Sesamöl gegen Hauterkrankungen: Leite de Gergelim.

Abbildung auf S. 243: Die heiligen Pflanzen der Casa das Minas von Sao Luiz de Maranhão (Foto: Leonore Mau)

Behandelt werden:

Böser Blick *Mau Olhado* bei Kindern und Erwachsenen. - *Ventre virado* Durchfall bei Kindern. - Besessenheit von Dämonen. - Irrsinn. - Raserei. - Nervosität. - Mofina (?). - Allergien. - Wundbrand. - Amöben. - Nierenbeschwerden. - Herzleiden. - Kreislaufbeschwerden. - Grippe. - Schlaganfälle. - Hautausschläge. - Tuberkulose. - Blutungen.

- In der Casa das Minas wurden von den Vodunci Abortiva auf eigene Verantwortung benützt.

Die Behandlung eines Schlaganfalls

In der Casa das Minas: DENI: Man trinkt Aguardente Alemã - einen Extrakt aus Jalapa - und macht Friktionen damit. Auch mit Papo de Peru. (8.9.81)

In der Casa Nago: DUDU: Aguardente Alemã mit Jalapa als Abführmittel trinken. Rum und Pulver aus Jalapawurzel auf den Kopf. Friktionen mit Rhizinusöl und Jalapapulver am ganzen Körper. (13.10.81)

Psychiatrie

DENI: Die Verrückten wurden zu Odãn ins Haus gebracht. Man badete sie mit Amassi, um zu sehen, was los war. Gelegentlich ließ man sie laufen und bereitete ein Essen. Sie kommen dann von selbst zurück. (7.8.81).

Wenn die Leute ein ständiges Kino im Kopf haben, weil sie zuviele Beruhigungstabletten bekommen haben, kommen sie in die Casa das Minas, um davon befreit zu werden. (27.8.81)

Man zündet ein Licht im Allerheiligsten an und schreibt den Namen des Geisteskranken auf ein Stück Papier und legt es daneben. Dann erfährt man, was gemacht werden soll. (1.10.81)

Mã Andreza verspottete mich: - Du hast einen Geist, der dich beunruhigt, nimm ein Bad gegen diese Beunruhigung. Die Alten rührten ein Bad aus frischen Kuhfladen an und ließen es auf der Haut des Irren trocknen.* Man zerstieß die Wurzel der Jalapa (*Convolvulus operculatus L. vel Ipomoea jalapa Pursh. vel Convolvulus jalapa L.*) und strich den Brei auf den glattrasierten Kopf einer Tobsüchtigen. Ein Kopftuch wurde fest darumgebunden (5.11.81)

Ich endete nicht in der Irrenanstalt, weil meine Mãe Andreza eine gute Mutter gewesen war. Sie hatte mir alles vermacht, was ich tun sollte, wenn ich etwas spürte, jenseits des Normalen. (26.1.82)

Rezepte

Banho de Limpeza - die Blätter werden in einer Plastikhülle bereitgehalten:

ROXINHA: Alecrim Verde, Estoraqui, Japana Branca, Japana Roxa, Cipo Bucá, Cana de India, Alfavaca, Mangericão, Sangre de Cristo, Pau de Angola, Trevo, Abranda. (28.7.81)

Remedio de Cabeça, Banho de Garafa:

CELESTE: Jardineira - Vindecaa, Rosa Verde, Rosa Todo o Ano, Pau d'Arco, Patichouli do Para, Baunilha, Junco - zerriebene Wurzel. (19.8.81)

* Eine ähnliche Behandlung konnte beim N'Doep der Serer in Senegal beobachtet werden. Der N'Doepkat Dauda schnürte eine Geisteskranke mit frischen Rinderdärmen ein und ließ die Därme einige Stunden auf dem Körper trocknen.

Banho Cozido - 7 Matos:

CELESTE: Casca Sagrada, Pau de Rosa, Alecrim, Patichouli, Cravo da India, Pau de Angola, Pataqueira. (19.8.81)

Flüssigkeit in der Kalebasso beim Zelin:

CELESTE: Cachaça, Vinho, Moeda, Areia. (19.8.81)

Abführmittel bei Übertretung von Tabus, Purgante Cheiroso:

DENI: Arruda, Pluma, Vega Morta, Alfavaca und andere Duftpflanzen, Rhizinusöl. (17.11.81)

Amassi für Naê im Dezember:

CELESTE: Estoraqui, Manjerona, Mangericão Flor de Jardineira, Pataqueira. (26.2.82)

Amassi an den anderen Festen:

CELESTE: Estoraqui, Manjerona, Mangericão, Folha de Jardineira, Pataqueira, Oriza, Alecrim. (26.2.82)

Amassi, um die Opfertiere zu waschen:

CELESTE: Caja, Catinga de Mulate, Oriza. (26.2.82)

Amassi am Ostersonnabend:

CELESTE: Soviel Blätter wie nur irgendmöglich. Dafür auch Caabi - Banisteria caapi Spruce. (26.2.82)

Remedio de Akossi:

CELESTE: Salsa - cozido como chá, exprimido para fricção. (26.2.82)

Sumi, bei der ersten Einweihung nach dem Tanzen:
Salsa da Praia, Oriza, Mangericão.

Die Pflanzen der Casa das Minas

Pflanzen und Namen wurden von Frau Professor Teresinha de Jesús Almeida Silva Rêgo vom Pharmakologischen Institut der Universität São Luiz geprüft und mit den lateinischen Bezeichnungen versehen. Ich habe diese Bestimmung ergänzt und anhand der folgenden Veröffentlichungen verifiziert:

CORREA M. Pio (1931 ff): *Diccionario das Plantas uteis do Brasil.* Rio de Janeiro.

BRAGA Renato (196o): *Plantas do Nordeste.* Fortaleza.

Gray Herbarium Index Harvard University. 1968 ff. Boston.

Abranda -
Alecrim - Alecrim Verde - RÊGO: *Rosmarinus officinalis* L.
Alfavaca - Alfavaca das Minas - RÊGO: Ocimum *gratissimum* L.
Alfavaca de Galinha - Alfavaca de Mulher - RÊGO: *Ocimum incanescens* M.
Amandacarû - RÊGO: *Achetaria ocymodes* O. Ktz.
Aninga - RÊGO: *Arum liniferum* A.
Aroeira - RÊGO: *Schinus aroeira* Velozo.
Arruda - RÊGO: *Ruta graveolens* L.
Arruda Sabina -
Baunilha - RÊGO: *Vanilla aromatica* Swartz.
Benjoeiro - RÊGO: *Styrax aurea* Martius.
Boa Noite - RÊGO: *Convolvulus duartinus* // CORREA: *Ipomoea bona-nox* L.
Bordã de Velho - RÊGO: *Ranunculus apiifolius* St. Hilaire.
Caabi, Caapi, Miririr - FICHTE: *Banisteria caapi* Spruce.
Cajazeira - RÊGO: *Spondias lutea* L.
Cana de India - RÊGO: *Canna indica.*
Canela - FICHTE: *Cinnamodendron axillare* Endl.

Capim Limão - RÊGO: *Andropogon nardus* L.
Carambola - RGO: *Averrhoa carambola* L.
Casca Sagrada - RÊGO: *Rhamnus purshiana* D.C.
Catinga de Mulata - RÊGO: *Tanacetum balsamita L.* // N. FIGUEREIDO: *Leucas martinicensis* R. Br.
Caupuri -
Chama - RÊGO: *Tropaeolum majus* L.
Chacrona, Rainha -
Cipo Buca - RÊGO: *Bauhinia langsdorffiana* Benth.
Coco Brabo - Cocos sp. // Coco de Praia - Cocos sp. // Coco Mansu - Cocos sp.
Coquinho - CORREA: *Butia leiospatha Benth., Cocos leiospatha* Barb. Rodr.
Coronha, Esponha - BRAGA: *Acacia Fernesiana* Willd.
Cravo da India - RÊGO: *Myrtus caryophyllus* Spreng.
Cravo do Difunto - RÊGO: *Tagetes patula* L.
Cuia Mansa - RÊGO: *Crescentia cuyete* L.
Dendê - RÊGO: *Elaeis guinensis* L.
Dormideira, Jurema Branca -FICHTE: *Mimosa pudica* L.
Erva Cidreira - RÊGO: *Lantana canescens HBK.*
Erva de São Benedito - RÊGO: *Heimia salicifolia* Link & Otto.
Estoraqui - RÊGO: *Balsamum styrax.*
Folha de Areia - RÊGO: *Bryophyllum calcycinum* Salisb.
Gameleira - RÊGO: *Urostigma doliarium* Miq.// CORREA: *Ficus doliara* Martius; *Ficus gameleira* Hort.
Gergelim - RÊGO: *Sesamum indicum D.C.*// CORREA: *Sesamum brasiliense* Vell.
Goiabeira - RÊGO: *Psidium vulgare* // CORREA: *Psidium guajava* L.
Guinê - RÊGO: *Mapa graveolens* Vell.
Hortelão, Hortelão Pimenta - RÊGO: *Mentha piperata* L.
Inbaratai - RÊGO: *Cecropia hololeuca* Miq.
Jacama - RÊGO: *Anona muricata* L.
Jalapa - RÊGO: *Convulvulus operculatus* L. // CORREA: *Ipomoea jalapa* Pursh.; *Convulvulus jalapa* L.
Japana Branca - RÊGO: *Rinorea guianensis*
Japana Roxa - RÊGO: *Rinorea pedicellatum*
Jardineira - RÊGO: *Phytelephas macrocarpa*
Jinjeira -
Jipio - RÊGO: *Curataris estrellenis*
Juncó - RÊGO: *Cyperus gracilesceus*
Mangericão - RÊGO: *Ocimum basilicum* L. // CORREA: *Ocimum micranthum* Willd.
Manjerona - RÊGO: *Origanum majorana* L.
Oriza - RÊGO: *Oriza subulata*
Orobozinho - RÊGO: *Tragia spp.*
Paneiro -
Papo de Peru - RÊGO: *Aristolochia brasiliensis*
Pataqueira - RÊGO: *Copobea scoparioides*
Patichouli - RÊGO: *Pogosttemon patchouli* Peletier.
Pau d'Angola, Ipê - RÊGO: *Hematoxylon campechianum* // CORREA: *Piper pothifolium* Kunth.
Pau d'Arco - RÊGO: *Recoma ipê*
Pau de Rosa - RÊGO: *Aniba rosaeodora*
Pega Pinto - RÊGO: *Trixis devoricata*
Pimenta Longa - RÊGO: *Piper officinarum* // CORREA: *Piper tuberculatum* Jacq.
Pinhão Branco - RÊGO: *Curcas purgans* // CORREA: *Jatropha curcas* L.
Pinhão Roxa - RÊGO: *Curcas purgans* // CORREA: *Jatropha gossypiifolia* L.
Pitangueira - RÊGO: *Plintha rubra* Vell.
Rosa Cada Ano - RÊGO: *Rubus rosaefolius*
Rosa Verde - FICHTE: *Rosa sp.*
Salsa (da Praia) - FICHTE: *Ipomoea Pes-Caprae* Sweet.
Sangue do Cristo - RÊGO: *Fumaria vaillantii*
Tẽtẽ - RÊGO: *Thes sinensis*
Tipi - RÊGO: *Typha dominguensis* // BRAGA: *Petiveria alliacea* L.
Trevo - RÊGO: *Menyanthes trifoliata* // CORREA: *Trifolium arvense* L.
Trevo de São Benedito - RÊGO: *Ptelea trifoliata*
Tucunacaa -
Vega Morta, Chama - RÊGO: *Verbena erinoides*
Vindecaa - RÊGO: *Veronica peregrina* L.

Psycholeptica der „Obrigaçâo da Consciencia"

Hubert Fichte

ZUSAMMENFASSUNG* Über die Rauschmittel der afroamerikanischen Religionen gibt es kaum Veröffentlichungen. Es ist weitgehend unbekannt, daß im Candomblê der sogenannten "Nationen" Ketu, Angola, Gege, Nago eine Art Brainwashing durchgeführt wird, wenn das konventionelle Einweihungsgetränk Abô** nicht ausreicht, um das Bewußtsein der Novizen so zu dämpfen, daß die Konditionierung der anfangs wild auftretenden Trance vorgenommen werden kann. Will der Orisa, der Gott nicht kommen, weil der Novize bewußt die Rituale verfolgt, verabreicht man ihm ein Getränk, kaltes Wasser, in welches einige, wenige Blätter eingeweicht worden sind. Augenblicklich und ohne Ausnahme, so wird bezeugt, fällt der Novize in einen tiefen Stupor, der Gott ergreift ihn in der Trance, die Einweihung kann vollzogen werden.
Der Priester hat das Bewußtsein des Novizen "zerbrochen" - "quebrar a consciencia".

RESUME Il y a peu de publications sur les drogues dans les religions afro-américaines. On ignore complètement que dans le Candomblê des "nations" Ketu, Angola, Gégé, Nago, on procède à une sorte de lavage de cerveau lorsque la boisson initiatique conventionnelle "Abo"** ne suffit pas pour diminuer la conscience des novices, et pour que le conditionnement de la transe, au début incohérent, puisse être entrepris. Si Orisa, le dieu, ne veut pas venir parce que le novice suit les rites de façon consciente, on lui fait boire de l'eau froide dans laquelle ont été mises quelques feuilles. Le novice tombe instantanément, assure-t-on, dans un état de stupeur profond. Le dieu le saisit dans la transe et l'initiation peut être accomplie. Le prêtre a brisé la conscience du novice. C'est ce qu'on appelle "quebrar a consciencia". gm

SUMMARY There are only few publications on ritual drugs of the afro-american religions. It is merely unknow that there is existing a kind of brainwashing in the "candomblê" of the so-called nations of Ketu, Angola, Gege and Nago, if the conventional initiation beverage "Abo"** is not sufficient to tranquilize the novice's consciousness in the way that a conditioning of the initial wild trance can be done. If Orissa, the god will not come, because the novice is persecuting the ritual by his consciousness they give him a drink, cold water with some leaves having been put in. Instantly and without exception, as people confirm, the novice falls into a deep stuporous state, the god can take part of him in the state of trance and the initiation can be done. The priest has "broken" the consciousness of the novice "quebrar a consciencia". es

* Aus "Kleine Einführung in die afroamerikanischen Religionen", das demnächst erscheint.

** Siehe "Abô..." in: Hubert Fichte "Xango die afroamerikanischen Religionen II". S. Fischer Verlag, Frankfurt am Main 1976, S. 323 ff.

Friedr. Vieweg & Sohn Verlag, Braunschweig/Wiesbaden

Die Pflanzen der "Obrigação da Conciencia" in Brasilien

Terreiro de Nação Ketu, Rio de Janeiro:

Salsa das Praia = FICHTE: *Ipomoea Pes-Caprae* Sweet.
Dormideira, Jurema Branca = FICHTE: *Mimosa pudica* L. vel *acerba* Bth.
Alumá = PLANT. MED. BAHIA: *Vernonia bahiensis* Tol.

Terreiro Fanti-Ashanti, São Luiz de Maranhão:

Salsa = FICHTE: *Ipomoea Pes-Caprae* Sweet.
Papola = FICHTE: *Hibiscus sp.*, Braga: *Hibiscus rosa-sinensis* L.
Dormideira, Jurema = FICHTE: *Mimosa pudica* L.

Casa das Minas, Gege, São Luiz de Maranhão:

Salsa da Praia = FICHTE: *Ipomoea Pes-Caprae* Sweet.
Oriza = RÊGO: *Oriza subulata*.
(Hortelão = CORREA: *Mentha sativa* L.)
Mangericão = RÊGO: *Ocimum basilicum* L. // CORREA: *Ocumum micranthum* Willd.

Terreiro de Nação Nago, descendente de Pai Adão, Recife:

Jitirana - Salsa = FICHTE: *Ipomoea Pes-Caprae* Sweet.
Tẽtẽ = REGO: *Thes sinenesis*.
Corana
Xibatá - Folha de Agua = G. BINON-COSSARD: Baroneza
Lacre - N. FIGUEREIDO: *Vismia guinensis* Pers. // CORREA: *Vismia cayennensis* Pers.
Oriosanye
Iroko = RÊGO: *Urostigma doliarium* Miq.

Terreiro de Nação Angola, Bahia de Todos os Santos:

Jambô = CORREA: *Eugenia sp.* // PLANT. MED. BAHIA: *Eugenia jambosa* L.

Die Bestimmung der Pflanzen erfolgte in freundlicher Zusammenarbeit mit Frau Gisèle Binon-Cossard, Paris und Frau Professor Dr. Teresinha Rêgo von der Universität in São Luiz de Maranhão

Die Pflanzenheilkunde der Azande heute im Vergleich zu den Ergebnissen De Graers aus dem Jahre 1929

Armin Prinz

ZUSAMMENFASSUNG Die umfassende Arbeit des Dominikanermissionars DE GRAER über die Heilkunde der Azande Zentralafrikas ("L'art de guérir chez les Azande"; Congo, 10, I,2+3; Brüssel 1929) ermöglicht es uns wohl in einmaliger Weise, die Anwendung von Heilmittel in einer afrikanischen Volksmedizin längere Zeit zurückzuverfolgen. Die unterschiedliche Feldmethodik - DE GRAER stützt sich praktisch nur auf Informantenaussagen, wir erhoben unsere Befunde durch teilnehmende Beobachtung im Gehöft eines Heilbehandlers - macht es nun schwer, divergierende Ergebnisse dem zeitlichen Wandel oder der anderen Methodik zuzuordnen. Während bei den Krankheitsnamen wenige Veränderungen festzustellen sind, variieren die Krankheitsverlaufsbeschreibungen bereits beträchtlich. Die größten Unterschiede sind bei den Namen der Remedia festzustellen. (DE GRAER hat leider keine botanischen Bestimmungen vornehmen lassen). Im Gegensatz dazu sind die "galenischen" Aufbereitungen der Drogen sowie die Applikationsart bei den verschiedenen Krankheiten von erstaunlicher Ähnlichkeit. Es gelingt daher einen 1974 gedrehten Film über die traditionelle Behandlung einer akuten Urethritis mit der Beschreibung, die DE GRAER über dieses Therapieverfahren gegeben, hat erschöpfend zu kommentieren.

SUMMARY The comprising paper of the Dominican missionary DE GRAER on the healing practices of the Azande in Central Africa ("L'art de guêrir chez les Azande"; Congo, 10, I, 2+3; Brussels 1929) permits us in an indeed singular manner to follow over a longer period back the application of remedies in an African traditional medical system. The different methods of research - DE GRAER practically relies only on reports of informants, we have compiled our reports by observations at the farmstead of a traditional healer - now render it difficult to ascribe divergent results to modal changes or to the other method applied. Whereas regarding to names of the sicknesses only few changes can be noticed, the descriptions of the course of the sicknesses vary already considerably. The greatest divergencies are to be found in the names of the remedies (Regrettably, DE GRAER has not had botanical determinations made.) Contrary thereto, the "galenic" processing of the drugs, as well as the manner of application in the case of the various sicknesses, are of striking similarity. It is therefore possible to comment exhaustible on a film produced in 1974 on the traditional treatment of an acute urethritis by using the description which DE GRAER has given on this therapeutical procedure.

RESUME L'oeuvre comprenant du missionaire dominicain DE GRAER sur l'art de guérir chez les Azande de l'Afrique Centrale (Congo, 10, I, 2+3; Bruxelles 1929) nous permet d'une manière bien singulière de retracer pour une période prolongée l'application de remèdes dans une médecine traditionelle africaine. Les différentes méthodes de recherche -DE GRAER en effet ne s'appuie que sur des témoignages d'informateurs, nous avons établi nos rapports par observations dans la ferme d'un guérisseur-, le rendent maintenant difficile d'attribuer des résultats divergents soit aux changements survenus au cours du temps, soit au fait d'une autre méthode appliquée. Pendant qu'à l'égard des noms de maladies seulement peu de modifications peuvent être constatées, les descriptions du cours de la maladie varient déjà considérablement. Les divergences les plus grandes peuvent être trouvées dans les noms des remèdes. (regrettablement, DE GRAER n'a pas fait faire de déterminations botaniques). Bien au contraire de celà, les procédés "galeniques" des drogues ainsi que la manière d'application en cas de diverses maladies sont d'une frappante similarité. Il est donc possible de donner un commentaire épuisant sur un film réalisé en 1974 sur le traitement traditionel d'une urethritis acute en utilisant la description que DE GRAER avait donnée de cette procédure thérapeutique.

Friedr. Vieweg & Sohn Verlag, Braunschweig/Wiesbaden

Einleitung

Der Versuch, ethnomedizinische Daten früherer Ethnographen mit den jetzigen Gegebenheiten zu vergleichen, um Entwicklungen und Trends innerhalb der entsprechenden Volksmedizin herauszuarbeiten, ist zwar reizvoll, jedoch auch äußerst problematisch. Weit stärker als in den meisten anderen ethnographischen Teilbereichen färbt in der Ethnomedizin die Subjektivität des Forschers die Ergebnisse. Neben diesem hermeneutischen Filtersystem der Forscherpersönlichkeit ist vor allem noch die unterschiedliche Feldmethodik der einzelnen Berichterstatter ein zusätzlicher Unsicherheitsfaktor komparativer Arbeit. Trotzdem möchte ich hier das Wagnis eingehen, Vergleiche in historischer Tiefe anzustellen, da wir gerade von den Azande mit der Arbeit DE GRAERs ein einmaliges Dokument über die Anwendung von Heilmitteln in einer afrikanischen Volksmedizin schon aus den Zwanzigerjahren unseres Jahrhunderts besitzen.

Die Azande bewohnen die Nil-Kongo Wasserscheide im Bereich der Dreiländerecke Sudan-Zaire-Zentralafrikanische Republik. Die Europäische Kolonisation dieses Gebietes setzte erst am Beginn dieses Jahrhunderts voll ein. Gerade unter diesem Aspekt erscheint die Arbeit DE GRAERs besonders wertvoll, da sie ja schon bald danach durchgeführt wurde. Pater DE GRAER leitete in den Zwanzigerjahren vier Jahre lang die Dispensaire der Missionsstation Doruma an der sudanesischen Grenze des damaligen Belgisch-Kongo. Durch Befragungen seiner infirmières, Katechisten und einheimischen Missionsangehörigen, jedoch kaum von professionellen Heilbehandlern, mit denen er zugab wenig Kontakt zu haben, sammelte er das Material für seine Arbeit "L'Art de guérir chez les Azande" (1). Im selben Raum führten auch wir unsere Feldarbeit in den Jahren 1974-75 durch.

Materialvergleich

Der grundlegende Unterschied im Material liegt in der divergierenden Aufnahmetechnik. Während DE GRAER nur durch Befragungen zu seinen Ergebnissen gelangte, haben wir nur tatsächlich, direkt in den Gehöften professioneller Heilbehandler miterlebte Krankenbehandlungen dokumentiert. In all diesen Fällen haben wir versucht, Krankengeschichten und therapeutisches Vorgehen möglichst vollständig aufzunehmen. Soweit durchführbar, wurde zur späteren Bestimmung ein Exemplar jeder verwendeten Heilpflanze für unser Herbar präpariert. Zusätzlich haben wir 6 Heilbehandlungen mitgefilmt und als wissenschaftliche Filme veröffentlicht (2-7).

Von DE GRAER wurden etwa 100 traditionelle Krankeitsbilder mit dazugehöriger Therapie überliefert. Verglichen mit den 32 von uns beobachteten Krankheiten, konnten wir in 14 Fällen eine Übereinstimmung und in 6 Fällen Ähnlichkeiten feststellen (zusammen etwa 65 %). Nur in einem Fall waren unsere Ergebnisse vollkommen divergierend (KAZA ULU = Krankheit der Sonne; nach DE GRAER ein Name für Lepra, da die Azande annehmen, daß die ersten erythematösen Plaques nur tagsüber auftreten, nach unseren Aufzeichnungen jedoch Krankheitserscheinungen durch zu starke Sonnenbestrahlung mit Verwirrung und Somnolenz). Bei 11 Krankheiten (etwa 33 %) konnten wir bei DE GRAER kein Äquivalent finden. Hier kann natürlich nicht festgestellt werden, ob es sich um "neue" Krankheiten oder nur um DE GRAER nicht mitgeteilte handelt (Abb.1).

Bei den Heilpflanzen, von denen DE GRAER etwa 400 wiedergibt, stimmen von unseren 41 gesammelten nur 3 in Indikations und Applikationsart überein, 3 werden gegen ähnliche Krankheitsbilder und eine mit gleicher Applikationsart bei einer anderen Krankheit verwendet (insgesamt nur etwa 20 % Übereinstimmung). 7 Pflanzen werden gegen andere Krankheiten und in einer anderen Applikationsweise ge-

Vergleich: Heilpflanzen

Insgesamt:	DE GRAER etwa	400
	PRINZ	41
Indikation und Applikation gleich:	3	20%
nur Indikation gleich:	3	
nur Applikation gleich:	1	
Indikation und Applikation nicht gleich:	7	20%
keine Erwähnung bei DE GRAER:	27	60%

„Pratiquer des lavements urétraux d'une infusion dans un peu d'eau tiède d'écorces de la racine du Wira, ou du . . ; Ces lavements sont effectués au moyen d'un petit chalumeau délicatement introduit dans le canal urétral. Ce chalumeau est surmonté d'un cornét fait en feuilles, qui contient l'infusion."
DE GRAER, P.A.M.: Congo, 10, I, 2, p 234

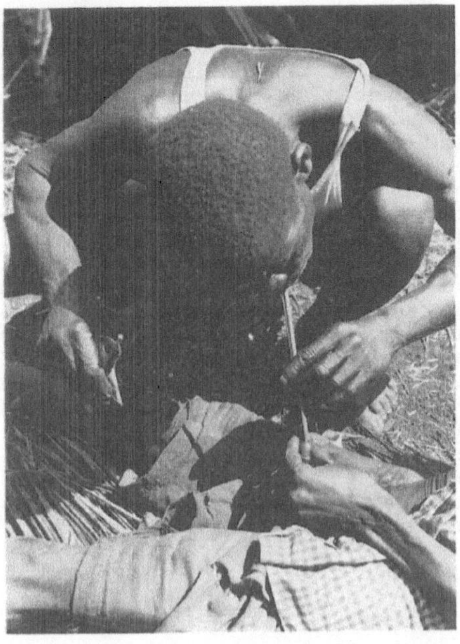

Vergleich: Krankheitsbilder

Insgesamt:	DE GRAER etwa	100
	PRINZ	32
Übereinstimmungen:	14	65%
Ähnlichkeiten:	6	
keine Übereinstimmung:	1	3%
keine Erwähnung bei DE GRAER:	11	32%

braucht (wiederum etwa 20 %). Die restlichen 27 Pflanzen (rund 60%) kommen bei DE GRAER nicht vor. Von den von uns mitgebrachten Heilpflanzen konnten 12 botanisch bestimmt werden (Abb.2).

Diese großen Unterschiede bei den Heilpflanzen dürften auf mehrere Faktoren zurückgeführt werden können. Erstens sind die Pflanzennamen im Gegensatz zu den Krankeitsnamen weit größeren individuellen Veränderungen ausgesetzt. So konnten wir für ein und die selbe Pflanze oft drei bis vier Namen in Erfahrung bringen. Zweitens sind sie oft Einzelwissen von bestimmten Heilbehandlern. Kraß ausgedrückt besitzt jeder seine private Pharmakopöe. Drittens gehören ganz allgemein bei den Azande Heilpflanzen in den großen Bereich der Magie und haben somit oft eine enorme Anwendungsvielfalt, die eine genaue Zuordnung zu einem bestimmten Krankheitsbild unmöglich machen. Das Heilmittel wird ja nicht, oder nicht nur, gegen die Symptomatik der Krankheit eingesetzt, sondern vor allem gegen die übernatürlichen Krankheitsursachen Hexerei und Magie. Es ist daher nicht verwunderlich, daß bei uns viele Pflanzen mit anderer Indikation aufscheinen. Die übernatürlichen Ursachen, gegen die sie ja tatsächlich gerichtet sind (die Bekämpfung der Symptomatik ist ja nur ein willkommenes Nebenprodukt), sind ja gleich geblieben. Nicht zuletzt dürften auch Hör- und Transkriptionsfehler von uns und DE GRAER eine nicht zu unterschätzende Fehlerquelle darstellen.

Die Techniken der "galenischen" Aufbereitung der Drogen sowie deren Applikationsmöglichkeiten weisen praktisch keine Veränderungen auf. Nur quantitativ erscheinen manche Formen heute häufiger (Ölextraktion aus Erdnußbutter mit beigemengten Heilpflanzen) und andere im Zurückgehen zu sein (Einnahme von Heilpflanzen zusammen mit traditionellem Bier). In diesen Bereichen hat ein so geringer Wandel stattgefunden, daß mit der Beschreibung DE GRAERs von der Behandlung einer akuten Urethritis einer unserer 1974 gedrehten Filme "Traditionelle Behandlung eines Patienten mit akuter Urethritis"(2) nahezu erschöpfend kommentiert ist (Abb.3).

Ausblick

In diesen 50 Jahren, die zwischen der Arbeit DE GRAERs und unserer liegen, ist kein Indiz für das Aussterben der traditionellen Medizin aufgetreten. Im Gegenteil, sie scheint wieder wichtiger zu werden. Wie nämlich DE GRAER schon richtig festgestellt hat, besteht für die westliche Medizin nur dann eine Chance therapeutisch einzugreifen, wenn schneller Erfolg gesichert ist. Nun wurde das Vertrauen in unsere Medizin, das sie mit dem Einsatz vor allem ihrer Antibiotika erworben hat, durch skrupelose Machenschaften zerstört. Gewissenlose Händler europäischer Abstammung nutzen das Verlangen der Bevölkerung nach diesen Medikamenten, indem sie aus Gewinnsucht unkontrolliert massenhaft Antibiotika in Umlauf brachten. In Unkenntnis von Indikation und Dosis begann eine Resistenzentwicklung von unglaublicher Hartnäckigkeit. Die dadurch bedingten verzögerten Heilungsmöglichkeiten ziehen natürlich zwangsläufig eine Renaissance der traditionellen Medizin nach sich. Weiters fördernd ist der immer stärker werdende Mangel der medizinischen Versorgungsstellen an westlichen Medikamenten, ausgelöst durch politische und wirtschaftliche Schwierigkeiten. Es ist daher ein Glück für die Azande, daß es nicht gelungen ist, die einheimische Medizin zu verdrängen -eine Intention, die zumindest eine Zeitlang die Kolonialpolitik geprägt hat- und die Menschen auch heute in ihrem festverankerten Heilsystem Hilfe finden.

ANMERKUNGEN

(1) DE GRAER P.A.M. 1929: *L'Art de guérir chez les Azande.* Congo 10,I,2+3. Brüssel.

(2) PRINZ A. 1978: Azande (Äquatorialafrika, Nordost-Zaire)- Traditionelle Behandlung eines Patienten mit akuter Urethritis. Film E2321 des IWF, Göttingen. Publikation von A. PRINZ, Publ. Wiss.Film., Sekt.Ethnol.,Ser.8, Nr. 12/E2321, 19S.

(3) PRINZ A. 1978: Azande (Äquatorialafrika, Nordost Zaire)- Traditionelle Behandlung eines Patienten mit Prostatitis. Film E2322 des IWF, Göttingen. Publikation von A. PRINZ, Publ. Wiss.Film., Sekt.Ethnol., Ser.8, Nr. 13/E2322, 20S.

(4) PRINZ A. 1978: Azande (Äquatorialafrika, Nordost Zaire)- Traditionelle Behandlung von Patienten mit rheumatischen Beschwerden. Film E2323 des IWF, Göttingen. Publikation von A. PRINZ, Publ. Wiss.Film., Sekt. Ethnol., Ser.8. Nr.14/E2323 19S.

(5) PRINZ A. 1978: Azande (Äquatorialafrika, Nordost Zaire)- Traditionelle Behandlung einer Patientin mit einer Thoraxerkrankung. Film E2324 des IWF, Göttingen. Publikation von A. PRINZ, Publ. Wiss.Film., Sekt.Ethnol.,Ser.8, Nr.15/E2324, 19S.

(6) PRINZ A. 1978: Azande (Äquatorialafrika, Nordost Zaire)- Traditionelle Behandlung eines Patienten mit Kropf. Film E2325 des IWF, Göttingen. Publikation von A. PRINZ, Publ. Wiss. Film, Sekt.Ethnol., Ser.8, Nr.16/E2325, 19S.

(7) PRINZ A. 1978: Azande (Äquatorialafrika, Nordost Zaire)- Traditionelle Behandlung eines Patienten mit Leistenbruch. Film E2326 des IWF, Göttingen. Publikation von A. PRINZ, Publ.Wiss.Film., Sekt.Ethnol., Ser.8, Nr.17/E2326 (1978).

Friedr. Vieweg & Sohn Verlag, Braunschweig/Wiesbaden

 Ethnobotanik Sonderband 3/85, 253–256

Kaffee, Heil- und Zeremonialtrank der Swahiliküste

Helmtraut Sheikh-Dilthey

ZUSAMMENFASSUNG Kaffee ist in das Kulturleben der islamisch geprägten Küstenstädte integriert: als Genußmittel (mit Gewürzen gemischt) in Geselligkeit und als Haustrank, zeremoniell und medizinisch als Stärkungs-, Schmerzlinderungs- und Reinigungsmittel. SUMMARY Coffee as integrated part of the costal towns cultural life is used at home, in contact, for ceremonies and with medical indication (roboration, purgative, and against pains). RESUME Cafê comme part culturelle des villes cotières se trouve à la maison et au publique, comme moyen cérémoniel ainsi que comme médecine roborative, purgative et contre les douleurs.

Daß der Kaffee zum wichtigsten Exportgut Kenyas würde und Kenyakaffee seiner Qualität wegen zu den besten Kaffeesorten überhaupt zählt, ahnte vor rund 100 Jahren noch niemand : weder die Karawanenhändler, die im letzten Jahrhundert zu Mittlern des städtischen Orient an der Swahili-Küste und dem ländlichen Innern Ostafrikas wurden, noch Missionare und Forscher, die die Epoche der europäischen Kolonialisierung einleiteten. Kaffee wurde aber schon lange vor dem systematischen Kaffeeanbau im Hochland getrunken -allerdings nur in den Küstenstädten die sich seit Jahrhunderten zu den Stadtkulturen der islamischen Welt zählten und eine wichtige Rolle im Handelsnetz des Indischen Ozean spielten. Hier hatte sich eine afrikanische Mischkultur entwickelt - vom arabischen Islam geprägt - in der Sitte und Brauchtum, Diät und medizinisches Wissen in vielem Parallelen zur arabischen Halbinsel und zum indischen Subkontinent aufzeigen.

Ähnlich wie in Europa muß der Kaffee etwa im 16./17. Jahrhundert an der Swahili-Küste bekannt geworden sein, wo ihn Araber des südlichen Arabien einführten. Aus den Schiffsladungen des 18./19. Jahrhunderts geht hervor, daß grüner Kaffee aus dem Jemen importiert wurde. Er war teuer und daher vor allem ein Getränk, das der oberen Gesellschaftsschicht vorbehalten war, zu der sowohl führende Swahili-Klane als auch Omani- und Hadhrami-Klane (rein arabischer Herkunft) und Familien der Baluchi und Bohragruppen (indischen Ursprungs) zählten. Als Geselligkeitstrank -gewürzt mit Kardamom oder einer Gewürzmischung : dawa ya chai = wörtlich "Teemedizin" (weil man sie auch dem Tee beimischt) - wird der Kaffee in Kaffeehäusern, auf Straßen und Märkten der Küstenstädte feilgeboten und erfreut sich besonderer Beliebtheit bei der Bewirtung von Gästen und beim Abschluß von Geschäften. Sein Genuss bietet stets eine willkommene Unterbrechung des Tagesablaufes und wird in diesem Zusammenhang auch gern nach gemeinsamem Gebet im Haus (bei Frauen) oder um und in der Moschee (bei Männern) getrunken. Zum eigentlichen Haustrank wurde der Kaffee jedoch nie ; diese Rolle blieb dem Tee überlassen, dem man nicht so viele gefährliche Eigenschaften zuschreibt wie dem Kaffee (in Swahili kahawa nach dem arabischen qahwa genannt - ein Wort, das ursprünglich soviel wie "Wein" bedeutete). Früher (vor dem allgemeinen Verkauf von geröstetem Kaffee) röstete man die Kaffeebohnen vor jedem Gebrauch frisch und zerrieb sie entweder in einem Holzmörser, den man mit einem Holzdeckel verschliessen konnte, oder die Bohnen wurden zwischen zwei steinernen Mahlsteinen feingemahlen.

Die Rolle des Kaffees in der traditionellen Medizin

In der traditionellen Medizin hat der Kaffee zunächst die Aufgabe, Geist und Körper zu stärken. In Verbindung mit verschiedenen Gewürzmischungen gilt er überdies als schmerzlinderndes Mittel und als Purgativum. Bei Kopfweh, allgemeiner Schwäche oder Malaria-ähnlichen Zuständen mit Gliederschmerzen am ganzen Körper wird zunächst das Kauen von gerösteten Kaffeebohnen empfohlen :

Bei Kopfweh und Malaria-ähnl. Zuständen :	für Erwachsene :	12-14 geröstete Bohnen
	für Kinder :	2 geröstete Bohnen
Bei allgemeiner Schwäche :	für Erwachsene :	7 geröstete Bohnen
	für Kinder	1- 2 geröstete Bohnen

Erst wenn das Kaffeebohnenkauen nichts hilft geht man über zu Kaffeeaufgüssen mit verschiedenen Gewürzzutaten.

Von größter Bedeutung für den Gebrauch von Kaffee ist dabei folgendes : daß man den fein gemahlenen (oder zerstoßenen) Kaffee entweder zu einem "heißen" oder "kühlen" Getränk zubereiten kann - im Sinne der auch in Arabien und Indien noch lebendigen Lehre wärmender und kühlender Eigenschaften von Substanzen. Möchte man das Gleichgewicht der Kräfte erhalten oder wiederherstellen, durch das sich Wohlbefinden äußert, so muss man dieser Lehre und den sich daraus ergebenden Regeln folgen. Kaffee ist dann "kühl", wenn man ihn in warmer und gesüßter Milch kurz aufwallen läßt und dann vom Feuer nimmt. (seine ""heißen"=erregenden Eigenschaften, die vor allem im Coffein stecken und über das Herz direkt auf den Kreislauf wirken,den Puls erhöhen und Gefäße erweitern, werden nicht ganz frei). Dieses Getränk -kahawa ya maziwa ="Milchkaffee"- kann jeder jederzeit trinken, und es wird im Bereich der traditionellen Medizin vor allem zur Zerstreuung von Traurigkeit und Lustlosigkeit empfohlen.

Der schwarze Kaffee der Kaffeehäuser und Zeremonien ist hingegen "heiß" und sollte allgemein nur getrunken werden, wenn Witterung und Atmosphäre kühl sind (z.B. am Abend oder nach dem Gebet). Er wird in sprudelnd heißem Wasser aufgekocht, weshalb er "kahawa ya maji"= "Wasserkaffee" genannt wird. In dieser Zubereitungszeit werden jene wärmenden oder erhitzenden Eigenschaften frei, die für Kinder nicht zuträglich sind. Auch Frauen,vor allem aber Schwangere, sollten diesen Kaffee meiden (bez. in Maßen genießen), da sich die Periode verlängern kann, und das Gleichgewicht des Wohlbefindens gestört würde. Während der Gesunde den "heißen" Kaffee zur Hebung seines Wohlbefindens trinkt, bedeutet er für den Kranken, der in seinen Lebensfunktionen eingeschränkt ist, Arznei. Ähnlich wie in Europa wurde in Arabien und an der Swahili-Küste die belebende Wirkung des "Wasserkaffee" bei großer Müdigkeit und Erschöpfungszuständen erkannt und in folgender Dosis verabreicht :

für eine Tasse Medizintrank : Dosis für Erwachsene: auf zwei Tassen kochendes Wasser : 10-12 geröstete gemahlene Kaffeebohnen
für eine halbe Tasse Medizintrank:Dosis für Kinder:auf eine Tasse kochendes Wasser: 2-4 geröstete, gemahlene Kaffeebohnen (1 Tasse = 1 chinesisches Kaffeeschälchen).

Eine Prise getrockneten , gemahlenen Ingwers ist zusätzlich beliebt, wegen seiner heißen Eigenschaften aber nicht jedem zuträglich.

Gegen Bauchschmerzen, die vom Magen/Darmtrakt herrühren, wird dem "Wasserkaffee" eine Gewürzmischung aus Rapssamen, (rai), Dillsamen und Kardamom zugesetzt, die die darmanregende und treibende Wirkung des Kaffees unterstützen.

Dosis für Erwachsene : auf zwei Tassen kochendes Wasser 10-12 geröstete, gemahlene Kaffeebohnen und je einen halben Teelöffel von jedem Gewürz. Dosis für Kinder : auf eine Tasse kochendes Wasser 2-4 geröstete, gemahlene Kaffeebohnen und je einen Viertelteelöffel von jedem Gewürz.

Bei Erkältungskrankheiten und Schüttelfrost wird ein warmer Gewürztrank aus Nelken, Kardamom, Zimt, Ingwer und Molasse oder Zucker zusammen mit Kaffee verabreicht.
Dosis für Erwachsene : auf 2 Tassen kochendes Wasser 2 Nelken, 2 Kardamom, 2 Stück Stangenzimt und eine Prise Ingwer. (Zusätzlich ein Kaffee aus etwa 10 gerösteten, gemahlenen Kaffeebohnen).

Bitterer Kaffee galt früher nicht nur als schmerzlinderndes Mittel bei Periode und Geburt, sondern spielte als Wehenbeschleuniger während des Geburtsvorgangs und als Reinigungsmittel für Uterus und Magen/Darmtrakt unmittelbar nach der Geburt eine große Rolle. Auch das Neugeborene bekam von dem schwarzen Sud ein wenig eingeflößt,, um den Darm vom schwarzen Stuhl zu reinigen.
Dosis als Wehenbeschleuniger und Schmerzmittel : starker Kaffee (auf eine Tasse etwa 20-25 Kaffeebohnen) aufbereitet mit Ajwan (Carum copticum-eine kleinkörnige Kümmelart), Dillsamen (Anethum graveolans), Bockshornklee (Foenum graecum), Zimt, Nelken, Kardamom, frische Betelblätter und getrockneter Molasse.
Dosis als Purgativum am ersten Tag nach der Entbindung : für zwei kleine Kaffeetässchen abgeseiter Flüssigkeit - benötigt man 5 Tassen kochenden Wassers mit sehr viel zerstampften Kaffeebohnen, zwei Betelblättern, 1 Löffel getrockneten Dill (Anethum graveolans), 1 Teelöffel Ajwan (kleinkörnige Kümmelart=Carum copticum), zwei Stangen Zimt, 5 ganze Kardamom, 5 Nelken und zwei Teelöffel Molasse, die langsam miteinander aufgekocht werden.

Die Rolle des Kaffee im Zeremonialbereich

In der traditionellen Medizin sowie im Zeremonialbereich nahm und nimmt der Kaffee neben der Kokosnuß den zweitwichtigsten Platz ein. Vor allem als Aufguß spielt er eine große Rolle - der Kaffeesatz wird jedoch immer weggeschüttet. Da der Geist aus ihm gewichen ist, besitzt er keine Kraft mehr und kann weder zu medizinischen noch zeremoniellen Zwecken gebraucht werden. Als aufgebrühter schwarzer Kaffee -gewürzt mit Kardamom, Ingwer und Zimt- hat das "heiße" Getränk des "Wasserkaffee" Eingang in die Moschee gefunden, wo es bei abendlichen und nächtlichen Gottesdiensten und Koranlesungen zu besonderen Festen oder Anlässen gereicht wird. Der Kaffee spielt ferner eine große Rolle im Ablauf der Hochzeitszeremonien, beim Besuch von Heiligengräbern (ziara) oder bei den maulidi-Feierlichkeiten zum Geburtstag des Propheten sowie während Ramadhan (Fastenmonat) und Idd ul Fitr, dem Fest, das den Fastenmonat beschließt . In diesem Zusammenhang gilt der Kaffee als Geist und Körper stärkendes Getränk, das entweder als Bekräftigung der voraufgegangenen Riten verstanden wird oder den Bittsteller im Umgang mit der außerirdischen Welt stärken soll.

Das größte der islamischen Feste an der Swahili-Küste ist Maulidi al Nabi, das Geburtstagsfest des Propheten. Es hat einen eigenen Charakter, da Musik, Gesang und Tanz mit zu den Feierlichkeiten gehören (die der Hadhrami, Al Habib Saleh, Mitte des letzten Jahrhunderts in den islamischen Kultus einbezog). Hierzu sammeln sich in den größeren Städten Menschen aller ethnischen Gruppierungen und nehmen an den Prozessionen durch die Stadt teil, die von Musikantengruppen angeführt werden und religiöse Lieder zum Preise Muhammeds singen. Wenn es dunkelt, treffen die Festzüge auf einem großen Platz vor einer Moschee zusammen. Im Schein von Fackeln oder Glühbirnen, in den Duft von Ubani (Weihrauch) gehüllt, werden nun alle den Vorbetern bis tief in die Nacht lauschen, die die Lebensgeschichte Muhammeds in Prosa oder Dichtung rezitieren. Hierbei wird Gewürzkaffee ausgeschenkt und von allen Anwesenden getrunken.

Tänze und Gesänge finden auch beim Besuch und den Prozessionen zu den Gräbern verehrter Persönlichkeiten statt, die vor allem von Swahili, Badhala und Hadhrami (welche letztere vielfach die Initiatoren von derlei Bräuchen waren) zur Erinnerung eines Heiligen oder Ahnherrn begangen werden.-Omani, Baluchi und Bohra distanzieren sich strikt davon und qualifizieren diese Prozessionen als heidnisch durchsetzte Bräuche ab, weil sie oft alte Bantuelemente wie Geisterkult oder das Bluttrinken eines am Grabe geopferten Tieres miteinschliessen. Bevorzugt finden solche Riten des Nachts statt, weshalb tönerne Öllämpchen am Kultort aufgestellt werden. Wohlriechende Baumharze werden in vielen kleinen Tonschalen abgebrannt, Fähnchen zur Besänftigung der Geister aufgehängt (die sich gern an Gräbern aufhalten), und es findet ein rituelles Mahl statt, zu dem oft Schnecken und Hühner verwendet werden. Koranrezitationen folgen mit schwarzem Gewürzkaffee und beschließen das Erinnerungsfest (Khitma) auf ganz islamische Weise.

Von den Festen, die die einzelnen Stationen des Lebenszyklus begleiten, ist vor allem das Hochzeitsfest für den einzelnen wie für die Gemeinschaft von größter Bedeutung. Die Festlichkeiten, deren Organisation und Durchführung in Händen der verheirateten Frauen liegt, dauern mehrere Tage an und sind wichtigster Gesprächsstoff im Stadtviertel. Zelte werden auf der Straße aufgeschlagen oder ganze Gassen mit Planen abgesperrt und zum Festraum umgestaltet. Während die Braut im Kreise weiblicher Verwandten verschleiert auf den Bräutigam wartet, wird der Hochzeitsvertrag in der Moschee vom Brautvater und Bräutigam in Anwesenheit der nächsten männlichen Angehörigen und Freunde vor dem Kadhi festgelegt. Er findet nach dem Abend- oder Nachtgebet statt und wird mit Koranrezitationen, gewürztem Kaffee und Halwa (einer zähflüssig klebrigen Süßigkeit aus Kassawa) beschlossen. Desgleichen werden mit Halwa und Gewürzkaffee einige Tage vor dem Hochzeitsvertrag die verheirateten Frauen der Bräutigamsseite im Hause der Braut empfangen, wenn sie die Hochzeitstruhe- angefüllt mit Stoffen, Parfüm und anderen Geschenken für die Braut im Festzug zum Brauthaus gebracht haben. Verallgemeinernd kann gesagt werden, daß der "heiße" Wasserkaffee im Zeremonialbereich der Swahili-Kultur all jene Bräuche begleitet, die vom Islam geprägt sind. Auffällig häufig wird er im Zusammenhang mit Koranlesungen und Riten benützt, die abends oder nachts stattfinden, wenn es "kühl" ist. Bei den Erinnerungsfesten an den Gräbern toter Persönlichkeiten dient er im wesentlichen dazu - wie die Koranrezitationen auch- überlieferte Bantu-Bräuche, die vom Islam als heidnisch abgetan werden, in den Rahmen der wahren Religion zu rücken oder sich dadurch von ihnen wieder zu reinigen.

Schluß

Ähnlich wie in Europa begann der Kaffee an der Swahili-Küste seine Laufbahn als Arznei und Geselligkeitstrank der Reichen, zu denen nicht nur die herrschenden Araber, sondern auch einflußreiche Swahili und Inder gehörten. Er ist auch heute noch ein relativ teures Getränk und konnte sich als Haustrank nicht durchsetzen. In der oberen Gesellschaftsschicht spielt der Kaffee nach wie vor eine große Rolle, der - unter Zusatz von verschiedenen Gewürzen - entweder als Stimulans oder aber als Heilmittel in Gebrauch steht. Im Zeremonialbereich hingegen wurde der schwarze Gewürzkaffee zu einem festen Bestandteil des islamischen Kultus, den Arm und Reich im Sinne der allumfassenden islamischen Gemeinde ohne Unterschied verwenden. Als kostspieliger und kraftspendender Zeremonialtrank hat er seinen Eingang auch in die ärmsten Schichten der Swahili-Gesellschaft gefunden.

 Ethnobotanik Sonderband 3/85, 257–275

Les hommes et les plantes. L'usage des plantes chez les Wéménou du Sud-Bénin

Roger-Bernard Brand

ZUSAMMENFASSUNG Die enge Verbindung von Menschen und Pflanzen in der Kultur der Wéménou in Südbenin am Ouemefluß wird im Rahmen einer ethnologischen Analyse an Hand folgender vier Pflanzenkategorien aufgezeigt:
1) Nahrungspflanzen 2) Arzneipflanzen 3) Kultische Pflanzen 4) Zauberpflanzen
Die Erhebungsmethode wird diskutiert. es

SUMMARY The tight connection of men and plants in the culture and cosmology of the Wéménou in Southern Benin on the Oueme-river is demonstrated by an ethnological approach. Four categories of plants are elaborated:
1) plants for food 2) medical plants 3) ritual plants 4) magical plants.
Methodological problems are discussed. es

RESUME Une étude sur l'usage des plantes chez les Wéménou du Sud-Dahomey nous est apparue nécessaire à la suite d'une constatation faite lors de nos diverses enquêtes. Cette constatation repose sur la grande importance des plantes dans la vie de tous les jours de chaque individu, homme ou femme. Ce grand usage des plantes prend différents aspects.
Comment avons-nous abordé le problème de cette connaissance? Toute étude demande une méthode d'approche sans quoi il a un risque de perte de temps et de manque de rigueur. Notre méthode n'est pas basée, en premier lieu, sur une approche scientifique du type botanique mais sur une analyse ethnologique de la société Wéménou. Celle-ci est une importante société paysanne sans classe, installée au Sud-est du Dahomey.
L'étude des plantes n'est qu'un aspect du vécu de cette société africaine en évolution. Ce vécu particulier plonge ses racines dans d'autres domaines non analysés ici. Les utilisations des plantes, dont nous fûmes témoin presque journellement sont les suivantes:
- l'alimentation repose fondamentalement sur l'emploi de plantes comme légumes, condiments dans des plats cuisinés;
- les pratiques médicales sont fondées sur l'usage de plantes médicinales sous forme de poudres, de tisanes ou de sirops;
- les rituels de Cultes Vodoun nécessitent l'emploi de plantes liturgiques particulières à chaque dieu;
- les pratiques magiques de défense et d'attaque demandent l'usage de certaines plantes.
Une seconde constatation dépendante de la première nous amène à formuler cette idée: à savoir que connaître les plantes, c'est avoir accès à la compréhension de beaucoup de mécanismes qui règlent la vie des hommes et l'organisation des cultes Vodoun. Toute personne connaît quelques plantes dont elle se sert pour sa nourriture et pour ses soins. Mais la vraie connaissance appartient à quelques personnes et à ceux qui vivent de cultes Vodoun. Nous pouvons affirmer que même l'usage des plantes dans la nourriture journalière suit certaines lois de fonctionnement dans les différents cultes. Aussi est-il impensable d'envisager une étude sérieuse des plantes sans aborder d'une façon ou d'une autre la réalité des cultes Vodoun. Rentrer dans une subtile analyse des lois rituelles n'est pas possible dans ce présent exposé mais nous tenons à rappeler leurs existances; ainsi les avoir en tête dans notre démarche nous évitera d'extrapoler ou d'inventer.

Nous développerons les quatre catégories de plantes suivantes:

I Les plantes alimentaire — II Les plantes médicinales
III Les plantes liturgiques — VI Les plantes magiques

Friedr. Vieweg & Sohn Verlag, Braunschweig/Wiesbaden

I. Les Plantes alimentaires

Aux plantes alimentaires nous ajouterons quelques plantes utilisées régulièrement comme colorant. Les produits alimentaires de base reposent sur plusieurs types de plantes ou arbres:

1) LES LEGUMES ANNUELS SE REPARTISSENT AINSI:

Les légumes-feuilles: Il y a diverses variétés d'amarantes, *TETE*, *Amaranthus hybridus*, *Amaranthaceae; OMAN TETE DJÔWAME*, *Amaranthus viridis*, *Amaranthaceae; OMAN TETE YOVO TÔ*, *Amaranthus caudatus*, *Amaranthaceae*.// Le célosie, *AVOUNVÔ*, *Celosia argentea*, *Amaranthaceae*, ressemble à une variété d'amarante et pousse même pendant la saison sèche.// Les solanum, *GBOMAN*, *Solanum aethiopicum*, *Solanaceae; OKA HUNAN*, *Solanum anomalum*, *Solanaceae* ont une croissance lente mais continue et donnent en plus des feuilles de gros fruits comestibles - aubergines.// Le talinum, *GLASO MAN*, *Talinum triangulare*, *Portulaceae*, est un légume de cueillette protégé autour des cases et dans les champs.// Le vernonia, *ALOMAGBO*, *Vernonia amygdalina*, *Compositae*, est une plante vivace.// Les légumes-feuilles ont une teneur en sels minéraux et en vitamines très élevée au détriment de la quantité de protéines. Les légumes-feuilles jouent un rôle très important dans la préparation des repas.

Les légumes à grains secs: Il y a diverses variétés de phaseolus, *AKPLA*, *Phaseolus lunatus*, *Papilionaceae*. Cette variété rouge est très résistante à la sécheresse et très riche en matières nutritives*: elle est appelée aussi "haricot du Kissi". On trouve aussi le *SOGAN*, haricot rouge à gros grains, le *DOIWE*, haricot blanc dont les graines viennent en terre comme l'arachide, le *DOIWI*, haricot noir servant dans la confection des plats rituels.// Associés à la famille des haricots, on trouve les *NIÉBÉS*, surtout *AÏKOUN* ou *AÏVI*, *Vigna unguiculata*, *Papilionaceae*.// L'arachide, *AZIN*, *arachis hypogea*, *papilionaceae* pousse très bien et fournit en calories une bonne partie des repas.// Les graines de plusieurs espèces de plantes de la famille des *cucurbitacées* sont appelées *GOUSSI*. Le *GOUSSI* est souvent du sésame, *Citrullus* sp et *vulgaris*, *Cucurbitaceae*. La valeur nutritive* des *GOUSSI* est très bonne car très riche en protéines en qualité et quantité.

Les légumes à fruits charnus: Les plus courants sont les suivants: Les piments, *TAKIN*, *Capsicum annum*, *Solanaceae*, à petits fruits allongés, transformés en piment sec, et *GBATAKIN*, *Capsicum frutescens*, *Solanaceae*, à gros fruits que l'on consomme frais, sont des produits de base de la nourriture des Wéménou.// Le gombo, *FEVI*, *Hibiscus esculentus*, *malvaceae*, est très apprécié dans les sauces.// La tomate, *TIMATI*, *Solanum lycopersicum*, *Solanaceae* sert dans les sauces et remplace pour certains le piment.// L'oignon, *ALUBASSA*, *Allium cepa*, *Amaryllidaceae*, est très apprécié dans les repas.// Le telfairia, *LOKPO*, *Telfairia occidentalis*, *Cucurbitaceae* est apprécié aussi pour ses feuilles comestibles.

2) LES PLANTES A EPICES:

Le poivrier, *Piper nigrum*, *Piperaceae; LENKOU*, le *NÊNOU*, *Corchorus clitovius*, *Tilliaceae*, et *KNEJERETIN*, *Eugenia Caryaphyllata*, *Myrtaceae*, servent comme épices en dehors des piments et de la tomate.

3) LES PLANTES VIVACES ET LES PLANTES DONNANT DES FRUITS:

Elles sont nombreuses. Nous donnerons les suivantes:
Le papayer, *JIKPOTIN*, *Carica papaya*, *Caricaceae*,
Le bananier, *KEKOUETIN*, *Musa sapientum*, *Musaceae*,
Le gingembre, *DOTÊ*, *Zingiber officinale*, *Zingiberaceae*,
Le goyavier, *KENTUTIN*, *Psidium guajava*, *Myrtaceae*,
Le sapotillier, *AZONGÔGWE*, *Manilkara obovata*, *Sapotaceae*,
L'avocatier, *AVOKAN*, *Persea americana*, *Lauraceae*,

Le cocotier, *AGÔKÊ*, *Cocos nucefera*, *palmae*,
L'ananas, *AGÔDÉ*, *Ananas comosus*, *Promeliaceae*,
L'orange douce, *YOVOZETIN*, *Citrus Aurantium*, *Aurantiaceae*,
L'orange amère, *AZÔGBO*, *Citrus vulgaris*, *Aurantiaceae*.

4) LES PLANTES A TUBERCULES:

Ces plantes à tubercules fournissent une grande variété de plats cuisinés.// Le manioc, *FEGNEN* ou *AJANGOUN*, *Manihot esculenta*, *Euphorbiaceae*.// L'igname, *TEVI*, *Dioscurea bulbifera*, *Dioscoreaceae*.// La patate douce, *DOKOUI* ou *WELI*, *Ipomea batatas*, *Convolvulaceae*.// Le taro *Colocasia antiquorum*, *Cricifereae*.// Ces plantes à tubercules ont une grande valeur nutritive*.

5) LES PLANTES A CEREALES:

Elles sont peu nombreuses dans le sud-Dahomey; toutefois, on trouve le maïs, *GBADE*, zea maïys, *Gramineae*, le riz, *MOLIKOUN*, *Oryea sativa*, *Gramineae*.

6) LES PLANTES OLEAGINEUSES:

Le fruit du palmier à huile, *Elaeis guineense*, *Palmae*, *DETIN* est très apprécié et employé dans la cuisine. Il y a plusieurs sortes de palmier dans le sud-Dahomey mais seul l'*Elaeis guineense* sert à faire de l'huile de couleur rouge pour l'usage culinaire.

7) LES PLANTES TINCTORIALES:

Nous ajoutons aux plantes alimentaires les plantes tinctoriales parce qu'elles sont très employées pour teindre les tissus et objets en terre. On trouve: l'indigo, *AHO*, *Indigofera argentea*, *Papilionaceaa*; la teinture rouge, *ABÔ*, *Sorghum vulgare*, *Gramineae*; la teinture rouge, *SOKPÊTIN*, *Pterocarpus santalinoides*, *Papillionaceae*; la teinture brune, *DOUDOUIN*, *Dioscorea cirrhosa*, *Dioscoreaceae*.

Comportement de l'homme vis-à-vis des plantes alimentaires

Le Wêménou s'est adapté à sa nouvelle condition de réfugié dans la vallée de l'Ouémé. Il a accepté les inconvénients et les avantages que peut lui procurer l'eau. Sa nourriture journalière s'en est ressentie: il mange du poisson et a découvert des légumes propres aux régions inondées temporairement. Mais il n'envisage pas les plantes ou toute autre nourriture comme "objet mangeable", il appréhendera les plantes comme nourriture mais aussi comme signe d'autre chose qui le dépasse. Plusieurs attitudes particulières vis-à-vis des plantes alimentaires apparaissent:

1) LA PREMIERE ATTITUDE CONSISTE DANS L'INTERDICTION DE CONSOMMER TELLE OU TELLE PLANTE.

Cette interdiction touche soit un groupement familial entier soit un seul individu. Cet interdit ou tabou, *NUVÊMÊ* ou *SU*, peut aussi comprendre la chair d'un animal ou d'un poisson.

Pour comprendre cette réalité, il nous faut aborder sa signification générale. La constitution de la population Wêménou est due aux groupements multifamiliaux venus se réfugier dans la vallée de l'Ouémé. Chaque groupe a un ancêtre fondateur qui est vénéré et respecté. Mais cet ancêtre n'a pas forcément l'apparence humaine; il se présente parfois sous la forme d'un phénomène naturel, d'un animal, d'une plante.

* Mes informations reposent sur des notes techniques que j'ai recueillies dans un centre de formation horticole et nutritionnel tenu par des hollandais au sud Bênin. "Comment cultiver les légumes" - "mieux nourrir les petits enfants avec les aliments locaux". Notes techniques du Centre Horticole et Nutritionnel de Ouando B.P. 13. Porto Novo, Bênin.

Sous son aspect animal ou végétal, cet ancêtre appelé *TOXIO*, est devenu *NUVEME*, chose interdite à quelqu'un, c'est à dire totem. Le totem est d'une façon générale un animal, une force naturelle ou une plante qui se trouve dans un rapport particulier avec l'ensemble d'un groupe. Le *NUVÊMÊ* est, en premier lieu, l'ancêtre du groupe, en second lieu, son esprit protecteur et bienfaisant qui envoie ses désirs par *AFA* et, alors même qu'il est dangeureux pour d'autres, connaît et épargne ses enfants. Ceux qui ont le même *NUVÊMÊ* sont donc soumis à une obligation sacrée, dont la violation entraîne un châtiment, de ne pas tuer ou détruire ou désorganiser leur interdit. Ainsi, le caractère totémique est inhérent, non à tel animal particulier ou à telle plante ou à telle force, mais à tous les individus appartenant à l'espèce du *NUVÊMÊ*.

Chez les Wéménou, seul le *NUVÊMÊ* du père se transmet aux garçons comme aux filles; celui de la mère ne se transmet pas aux enfants. Cet interdit familial a pour but de mettre en communication les membres d'un même groupe familial, appelé *HENOU* quelque soit leurs lieux d'habitations. Ainsi, chaque enfant, dès sa naissance, de par cet interdit demeure un élément essentiel de la vie à travers un groupe multifamilial.

La plante, *ALOMAGBO*, *Vernonia amygdalina*, *Compositae*, est le *NUVÊMÊ* d'un groupe familial de la vallée. Il est connu par la société Wéménou grâce aux devises, dans lesquelles rentrent le nom du *TOXIO*, et les règles qui font allusion à la formation du groupe familial.

L'existence d'interdit touche aussi chaque individu. C'est ainsi que tout enfant, dès sa naissance, est informé de son *NUVÊMÊ* personnel qu'il devra suivre pendant toute sa vie. Le caractère ou le choix de ce *NUVEME*, chose interdite à quelqu'un, suit les conditions de la naissance de l'enfant d'une part, et les dires d'*AFA* d'autre part.

Pour les jumeaux, par exemple, ce sont les singes, *ZINWO*, cercopithèques de couleur gris-fer qui sont leur *NUVÊMÊ*. Les jumeaux n'ont le droit ni de tuer ni de manger ce singe. On dit que lorsqu'ils dorment les jumeaux vont dans les bois et dans les champs pour rejoindre leurs frères singes.

En plus de cet interdit annoncé et imposé par les conditions de naissance, l'individu peut accepter d'autres interdits liés à des événements particuliers ou à des besoins précis. Souvent, le *NUVÊMÊ* personnel a trait à un produit alimentaire. Chaque enfant Wéménou reçoit un interdit personnel; celui-ci varie beaucoup. Cela peut être l'interdiction de manger tel animal, telle partie d'un animal, tel poisson ou telle plante. Souvent le *NUVÊMÊ* personnel porte sur la non-consommation d'un légume comme une espèce d'amarante, *FOTETE*, *Alternanthera maritima*, *amaranthaceae* ou bien d'arachide, *AZIN*, *Arachis hypogea*, *Papilionaceae*, de fruits comme l'orange, *YOVOZIN*, *Chrysophyllum perculchrum*, *Sapotaceae*.**

** Les plantes *Alternanthera maritima* et *Arachis hypogea* et *Chrysophyllum perculchrum* n'ont pas été décrites dans le paragraphe I comme plantes alimentaires pour les raisons suivantes: - je ne voulais pas alourdir trop le paragraphe de plantes alimentaires car il y a trop de plantes et mon propos dans cet exposé est de présenter la dynamique des plantes dans les structures alimentaires, sociales, religieuses et même du pouvoir chez les Wéménou; - je veux simplement me servir de ces trois plantes pour expliquer l'existence d'interdits alimentaires individuels que les Européens Nutritionistes refusent d'admettre lorsqu'ils prétendent aider les populations dans les projets de développement d'hygiène alimentaire. (au sujet des interdits alimentaires individuels et collectifs, je pense qu'il est indispensables de les connaître car ils sont une des composantes des structures vitales non seulement de la société mais aussi de l'individu). - Ces trois plantes alimentaires me servent ici comme "moyen d'information ethnographique et ethnologique".

Cet interdit ou tabou personnel est si important que sa transgression amène la mort de son dépositaire. Il n'est connu que par l'intéressé et par ceux qui lui ont imposé. En dehors de ces interdits, l'individu peut avoir d'autres interdits: religieux s'il est initié à un culte Vodoun, accidentel ou occasionnel dans le cas où, pour acquérir la prospérité ou la santé, il accepte de suivre un interdit révélé après consultation chez un *BOKONON*; ce dernier interdit est souvent limité dans le temps.

On constate que l'individu Wéménou est réglé par beaucoup de contraintes alimentaires. Serait-ce pour protéger la nature contre l'homme ou protéger l'homme contre la nature? ces deux aspects s'enchevêtrant, car, si on fait une étude sérieuse de ces multiples interdits, on s'aperçoit qu'ils ont presque toujours un aspect de préservation, d'une part,de la nature en interdisant de manger des alevins ou de pêcher dans telle portion du fleuve, et d'autre part, de l'homme en lui interdisant de manger des arachides fraîches.

Le Wéménou, homme ou femme, accepte son interdit personnel et le vit car il lui apparaît comme un facteur de réussite dans la vie. Ce *NUVÊMÊ* personnel est un élément indispensable de la personnalité de l'individu. Lui seul et ses proches le connaissent. Révéler cet interdit personnel, c'est en quelque sorte révéler sa personnalité, le moyen par lequel autrui peut le surprendre, le faire mourir ou acquérir sa puissance, sa réussite. Cette soumission à cet interdit personnel met l'individu dans une position de réserve vis-à-vis de la société qui veut régler sa vie au niveau de toutes ses activités. En fait, par cet interdit personnel imposé, la société Wéménou reconnaît une individualité à chaque enfant naissant. A lui de le suivre afin qu'il lui soit profitable et bénéfique sans quoi, il sera détruit par les autres hommes.

En définitive, l'interdit collectif et l'interdit personnel, dans leur intention profonde, visent à protéger l'homme des dérèglements auxquels il s'abandonnerait s'il vivait sans règles, et lui donnent la puissance de réussir sa vie.

2) LA SECONDE ATTITUDE CONSISTE DANS UNE SYMBOLIQUE SEXUELLE

Certaines plantes et particulièrement des fruits vont permettre à la société Wéménou d'exprimer le comportement sexuel de ses membres et d'être un moyen adéquat pour informer de cette réalité les jeunes filles et les jeunes garçons. Cette information sexuelle est donnée par des symboles qui sont des signes de substitution et qui ont pour fonction essentielle de remplacer quelque chose. Le symbole est caractérisé par sa représentation qui est un objet matériel qui est la représentation de notions abstraites. Il les rend plus proches des hommes et permet la transmission de certaines idées, de certains contenus difficiles à comprendre. Des plantes, des fruits vont donc devenir des symboles sexuels.

a) Les symboles sexuels féminins:

Nous trouvons les symboles sexuels féminins suivants:

La calebasse, *KA*, *Lagenaria vulgaris*, *Cucurbitaceae*, est le premier symbole sexuel féminin. On la retrouve partout et elle sert continuellement dans la vie. Elle est l'élément le plus féminin de la nature; elle apparaît comme signe de vie. La calebasse est associée à la femme et à la fécondité sur plusieurs aspects:

- le premier aspect est cosmique: les Vodoun ou dieux sont nés souvent à l'intérieur d'une calebasse ou se sont faits connaître aux hommes en s'installant dans une calebasse. Dans la cosmogonie Wéménou et des populations du sud Dahomey, on trouve l'association de deux divinités créatrices des autres dieux et des hommes résidant dans une calebasse. La calebasse prend alors la valeur de matrice de la vie pour les dieux,

les Vodoun. De plus, toute installation d'un Vodoun nécessite l'emploi d'une calebasse.
- le second aspect est anthropologique; la calebasse sert dans la cuisine comme instrument, et elle est élément d'échange entre l'homme et la femme. La calebasse apparaît comme symbole de la femme. Et elle joue le rôle d'intermédiaire pour les messages amoureux entre le garçon et la fille. Ce message amoureux est gravé sur la calebasse et elle est envoyée alors à la femme aimée. Un exemple de langage amoureux gravé sur une calebasse nous aidera à comprendre son rôle: Message allégorique d'un jeune homme à sa fiancée:

figures	: un coeur, un rein, deux yeux
énoncé du proverbe	: que ton coeur soit calme, que tes reins restent tranquilles, et mes deux yeux seront à toi
sens	: ne te trouble point, mais obéis à mes volontés et tu trouveras en moi une protection et un dévouement absolu dans la vie.

- le troisième aspect est esthétique: la forme de la calebasse dite *KANON* caractérise une forme de seins qui appartiennent à la catégorie des seins naissants appelés *ANONKOUIN*, signifiant "graine de sein". Les jeunes filles n'aiment pas rester à ce stade car les hommes se moquent d'elles et spécialement de celles qui restent longtemps à ce stade de développement. Cette forme de seins correspond à l'état de la jeune fille à ses premières règles. La calebasse, symbole féminin par sa forme et son emploi est relayée aussi par la poterie. La calebasse représente l'élément femelle.

Le citron, *KLÊ*, *Citrum limonum*, *Rutaceae*, sert aussi à évoquer les formes sexuelles extérieures de la femme. En effet, on voit très souvent les fillettes se servir de petits citrons pour imiter les seins des jeunes filles; elles les attachent à la heuteur de leurs seins, ainsi elles imitent les jeunes filles aux seins naissants.

L'orange amère, ici appelée *DANXOMÊGBO*, *Citrus vulgaris*, *Aurantiaceae*, est un symbole féminin important. En effet, ce fruit sert à lubrifier les doigts de la main gauche et les petites lèvres ainsi que le clitoris lorsque les jeunes filles pubères et les jeunes femmes mariées pratiquent les massages appelés *YODINDON****. Seules les jeunes femmes peuvent cueillir ce fruit qui appartient à l'arbre de la femme. Il arrive que l'homme s'en serve dans un but magique; il fabrique alors des charmes, *BO* ou *GLO*, en vue de capter l'amour d'une femme ou pour en rendre stérile une autre.

Si on fait l'analyse des différents symboles sexuels féminins, on constate qu'ils ont tous trait à la forme ronde et pleine de la calebasse. Que ce soit le citron, l'orange, la poterie, l'oeuf, la calebasse, on a affaire à la notion de matrice de la femme, au ventre de la femme qui donne la vie. La forme ronde appartient au monde féminin.

b) Les symboles sexuels masculins:

Les symboles sexuels masculins sont nombreux mais deus seulement apparaissent liés au monde végétal. Le premier est le bananier, *JIKPOTIN* ou *KEKOUETIN*. Le bananier est considéré comme la plante mâle par

*** Cette pratique est un élément important de l'éducation sexuelle des jeunes filles *FON* et *WEMENOU*. Cette éducation sexuelle consiste dans l'étirement mécanique des petites lèvres et du clitoris. Cet étirement, appelé *YODINDON* est pratiqué par les jeunes filles de douze à vingt-trois ans avant le mariage afin d'avoir un clitoris appelé *ANAGANTA*, c'est-à-dire développé. Pendant cette pratique et pendant les séances collectives, les plus âgées des jeunes filles racontent des contes ayant trait aux effects de cet étirement.

excellence. Il appartient toujours aux hommes. Les femmes ne récoltent pas les régimes de bananes, ce sont toujours les hommes qui le font. Les femmes doivent demander l'autorisation à l'homme pour pouvoir se servir des feuilles des bananiers comme moyen de préservation de la nourriture vendue au marché ou à domicile. Les femmes achètent les feuilles de bananiers aux hommes. La feuille sert aussi à la naissance de l'enfant lorsque la mère enfante dans la concession ou dans la brousse.

Pour cela, la mère est assise sur un coussinet, *SUNOUHLÊ*, et l'enfant est mis au monde sur des feuilles de bananier préalablement passées dans le feu. Ces feuilles représentent le père recevant son enfant et le protégeant contre la nature; la mère donne la vie à l'enfant et c'est le père qui le recueille et le protège dans ce monde. Le bananier est le symbole du pénis circoncis; au niveau de la nature, des plantes, plus que tout autre arbre ou plante, il symbolise la virilité, la puissance fécondante de l'homme ainsi que sa puissance physique. Il plie, paraît faible mais donne beaucoup de fruits. Il est signe social du chef et représente l'élément mâle qui gouverne la société, le lignage. Son symbolisme masculin va très loin puisqu'on s'en sert pour la destitution d'un chef qui ne plaît plus à la société. Pour cela, on déracine un bananier et on le promène dans le village puis on l'enterre symboliquement dans une fosse pleine d'eau. Le bananier signifie le chef qu'on veut écarter du pouvoir; l'enfouissement marque la mort sociale du chef en question. L'homme visé doit quitter son poste et même doit se donner la mort afin de n'être pas méprisé et être l'objet de sarcasmes et de moqueries.

Le second symbole végétal masculin est la graine, *AJIKOUIN*, *Caesalpinia cristata*, *Caesalpiniaceae*. Cette graine représente les testicules de l'homme. Elle est l'élément mâle employé lors des consultations auprès d'*AFA*: en effet, elle est placée au coin gauche du *FATÊ* par le *BOKONON*. Cette graine est en opposition avec le cauris, *AKUE*, élément femel dans toutes les consultations divinatoires.

Les symboles sexuels masculins sont toujours présents sous des formes ityphalliques sauf pour la graine *AJIKOUIN*, qui représente davantage le sperme, *VI SIN*, que l'homme dépose dans le vagin de la femme.

Nous pouvons tirer cette conclusion: les Wêménou se servent de plantes, de fruits pour exprimer leur hétéro-sexualité.

II. Les plantes médicinales

L'usage des plantes médicinales est courant et quotidien. Chaque individu, homme ou femme connaît une ou plusieurs de ces plantes qu'il emploie pour lui ou pour ses proches. Il la cueille lui-même s'il vit dans un village ou bien il l'achète chez un pharmacien, *AMANON*, herbaliste ou bien chez une vendeuse de plantes du marché, *AMASINON*. Puis il composera son médicament selon sa connaissance de son emploi.

1) La récolte des plantes médicinales: De ces plantes médicinales, que récolte-t-on? On récolte plusieurs parties d'une plante; cela dépend des espèces. Les organes récoltés sont variables. Les plantes entières ne sont utilisées que pour des espèces de petite taille; généralement, on les prive de leurs racines. Pour d'autres espèces, on recueille les organes souterrains: racines, tubercules. Pour certaines espèces, on récolte les écorces de tronc et de branche. Parfois, pour des cas particuliers, on récolte le bois qui est alors débité en bûchettes ou râpé en copeaux. Le suc et la sève sont recueillis pour en faire des boissons. Mais ce qui est plus important pour les Wêménou, ce sont les récoltes des feuilles, des tiges herbacées, des graines et parfois des fleurs.

Comment traite-t-on les parties recueillies? Le traitement des parties recueillies varie d'une espèce à une autre. Les feuilles sont très souvent incinérées dans une poterie; parfois, elles sont réduites en poussière par écrasement après un séchage au soleil. Pour ce qui est des autres parties, il y a surtout l'écrasement et la réduction en fine poussière, et aussi leur mise dans un liquide spécialement dans l'alcool de vin de palme, appelé *SODABI*. Certains aspects de la récolte et du traitement seront de nouveau analysés lorsque nous étudierons le comportement de l'homme en face des plantes médicinales.

2) Aperçu de quellques plantes médicinales: Nous donnerons un certain nombre de plantes médicinales: chaque plante comprendra son appellation en *LANGUE WEMENOU*, son *identification botanique*, ses propriétés chimiques et ses propriétés médicinales reconnues par les gens de la vallée de l'Ouémé. Le nombre de plantes est volontairement limité pour ne pas exagérer l'importance de cette partie de cet article.

Contre la fièvre, la toux, les angines:

ADANGIAN= Plumbago zeylanica, Plumbaginaceae/racines, feuilles/quinone/fébrifuge et rhumatisme****

ALA MAN= Lactuca taraxifolia, Lettuce/racines, feuilles/fébrifuge

GBAGBALA KOU= Entada gigas, Mimosaceae/racines, graines, feuilles/ tanin (feuilles), alcaloïde (graines), saponin (racine)/dysenteries (feuilles), abortif (feuilles, graines), fébrifuge (racines)

AHOWE= Garcinia gnetoïdes, Guttiferae/fruits/résine/inflammation des voies respiratoires

AJURU DIDO= Dichapetalum guineense, Caesalpiniaceae/écorces/alcaloïdes/toux

SOKPÊ TIN GBETON= Napoleona imperialis, Lecythidaceae/racines, graines, feuilles/ saponosides/poison violent, toux et angine

Contre les parasites:

TÔYA MAN= Crinum lily, Amaryllidaceae/racines, fruits/alcaloïde/vermifuge

SAYUWE MAN= Hyptis suaveolens, Labiatae/feuilles/essence/vermifuge

OMAM DOUDOU= Celosia trygna, Amaranthaceae/feuilles/kosotoxine/vermifuge, contre taenia

GBODUDOGO= Lonchocarpus cyanescens, Papilionaceae/écorce, feuilles/ lonchocarpine/contre la gale

Voies urinaires et gynécologie:

AMINON= Harungana madagascariensis, Hypericaceae/racines/résine, gomme/voies urinaires

ABOKOUN= Ficus capensis, Moraceae/jeunes pousses/tanin/gonorrhée

HENTIN= Fagara macrophylla, Rutaceae/écorces/3 alcaloïdes/antiseptique urinaire, maladies vénériennes

ODÊ DÔ= Grewia mollis, Tiliaceae/écorces, feuilles/tanin/décontractant facilite les femmes en travail

DJISOU VÊ MAN= Enantia polycarpa, Annonaceae/écorces/alcaloïde, berberine A/facilite les contractions de l'utérus

**** Dans tous les cas de plantes médicinales ici prsentées, je me suis contenté d'exposer l'usage médical local: c'est une information d'ordre ethnographique d'un vécu médical local traditionnel. (L'aspect médical du type occidental n'a pas été traité dans cet exposé).

AVÔ KIJA= Omphalocarpum procerum, Asclepiadaceae/écorces, racines, feuilles, latex/glycosides (feuilles, racines)/abortif.

Contre la dysenterie:

AYANKPO= Kigelia africana, Bignoniaceae/racines, écorces/tanin/dysenterie

ODÊ HIHÔ= Mitragyna ciliata, Rubiaceae/écorces/alcaloïde/dysenterie

Plantes laxatives:

KPEDJILE= Xylopia aethiopica, Annonaceae/fruits/huile, résine/purgatif

LENDJA GAN= Cassia sieberinana, Caesalpiniaceae/fruits/glycosides/purgatif

GBAGIDIPOTIN= Jatropha curcas, Euphorbiaceae/racines, graines, feuilles/ résines, huile (graines, racines), latex (feuilles)/purge (graines, racines)

Plantes diurétiques:

KASON AYI GBAGBADA= Boearhavia diffusa, Nyctaginaceae/toute la plante/alcaloïdes/diurétique

KOKLO DEN ou *AKOUÊTA MAN= Heliotropium indicum, Boraginaceae*/toute la plante/alcaloïde/diurétique

EWIMPA= Terminalis superba, Combretaceae/écorces, feuilles/résine (écorce), tanin (écorce)/hémorroïdes (écorces), diurétique (feuilles)

Plantes aphrodisiaques:

OYEN ZEATIN= Pseudocedrela kotschyi, Meliacea/racines, écorces/tanin, saponin/aphrodisiaque

GOUNSOE= Vernonia conforta, Compositae/feuilles/aprhodisiaque

Plantes servant dans les maladies psycho-somatiques:

PAKLEWESE= Erythrina senegalensis, Papilionaceae/graines, écorces/alcaloïde/narcotique

OLE MAN TABI= Rauwolfia vomitoria, Apocynaceae/écorces, racines, feuilles/alcaloïdes/tranquilisant en neuro-psychiatrie

AVI JOAVI= Cola acuminata, Sterculiaceae/fruits/alcaloïde/stimulant

ATÔGO= Chasmanthera dependens, Menispermaceae/feuilles, fruits/tonique

DESELE= Newbouldia laevis, Bignoniceae/écorce/tanin/convulsion

ASE MAN= Bryophyllum pinnatum, Crassulaceae/feuilles/acides/épilepsie

Plantes servant contre les maladies tropicales:

OJE SUSU= Commelina nudiflora, Commelinaceae/feuilles/tanin/fièvre jaune

SAMANDIDE= Momordica balsamica, Cucurbitaceae/feuilles et fruits/résine, alcaloïde/jaunisse

ASISOÊ= Alstonia congensis, Apocynaceae/écorces/alcaloïde/malaria

AFA MAN= Kalanchoe crenata, Crassulaceae/feuilles/variole

OGO MAN= Ximenia americana, Olacaceae/racines, graines, écorces, feuilles/glycosides (feuilles, racines),cyanure (feuilles, racines), tanin (écorce), huile (graines)/dents (feuilles, racines), fièvre (feuilles racines), jaunisse (feuilles, racines), bilharzioze (écorce)

Comportement de l'homme vis-à-vis des plantes médicinales

L'existence de plantes médicinales ne définit pas le comportement de l'homme vis-à-vis d'elles. Une chose est la réalité de ces plantes, une autre est l'usage et la façon que l'on en a. Plusieurs manières d'utilisation apparaissent dans la vie des Wéménou.

1- L'utilisation limitée des plantes:

L'usage courant est limité à des maladies dues à des causes physiques: blessures en travaillant, mal de ventre bénin, mal de tête après une trop grosse absorption de boissons alcoolisées. Dans de tels cas, chaque individu connaît telles ou telles plantes susceptibles de le soulager; aussi l'emploiera-t-il rapidement et sans autres démarches. A ce niveau d'emploi, la plante joue son rôle médicinal naturellement.

2- L'utilisation normale des plantes:

Mais dans l'ensemble des cas, l'usage normal des plantes médicinales a un caractère sacré. Pour le Wéménou, la maladie n'est pas naturelle, elle a un caractère extra-naturel. La maladie est toujours causée par quelque chose ou quelqu'un d'extérieur. En un mot, la maladie relève du sacré. D'où la nécessité de consulter un homme spécialisé d'une part dans la divination et d'autre part dans le maniement des plantes médicinales. Cet homme appelé *BOKONON* est le prêtre-devin d'*AFA*, divinité de la divination. *AFA* dira à travers les techniques divinatoires quelle est la cause de la maladie et donnera aussi les moyens d'y remédier. Dans ces moyens susceptibles de guérir, il y aura plusieurs aspects -le premier sera avant tout religieux: le malade devra se mettre en contact avec la divinité qui règle cette maladie par l'offrande de sacrifices et de louanges -le second moyen sera l'emploi d'un médicament, *AMASIN* que le *BOKONON* aura prescrit après avoir déterminé les causes de la maladie.

Il n'est pas nécessaire ici de développer l'aspect sacrificiel à un dieu ou Vodoun. Toutefois, la guérison sera déterminée par son actualisation soit par l'intéressé lui-même soit par un membre de sa famille ou le *BOKONON*. Par ce sacrifice, le malade reconnaît sa dépendance à une force mystérieuse, à un dieu qui est à la fois à l'origine de son mal et à la fois le guérisseur.

Le médicament, *AMASIN* ou *ATINKON* prescrit sera lui aussi en relation avec la divinité selon des particularités propres à la maladie et au malade. Dans ce médicament, on trouvera des plantes mais aussi d'autres ingrédients comme le coeur d'une panthère, la tête d'un cynocéphale, les intestins d'un oiseau, la poudre d'une pierre ou d'une perle rare. Certes, beaucoup de médicaments ne comportent que des plantes médicinales.

Donnons quelques exemples de médicaments:

- Contre la diarrhée: le médicament sera à base de feuilles de goyavier, *Psidium guajava*, *Myrtaceae*, *KENKUTIN* et de jus de la plante, *HAYOHAYOÉ*, *Aspilia latifolia*, *Compositae*.

- Contre la dysenterie: le médicament sera à base de feuille de *DESELE*, *Newbouldia laevis*, *Rignoniceae*, et de poudre de kaolin délayée dans de l'eau.

- Contre une grosse fièvre persistante: le médicament sera plus complexe que les deux premiers cités: on trouvera des feuilles d'*AÏRHAMAN*, *Sabicea calycina*, *Rubiaceae*, des têtes de lézard mâle et femelle, *ALOTO*, un crâne humain, *KANLINDOUJE TA*, d'une chaîne, *GEDE*, le sang d'un coq, *KOKLO ASOU*, répandu dessus. Le tout devra être broyé en poudre noire. Puis on fera 9 incisions à la nuque et 9 au front et on y introduira la poudre noire. Si la maladie est grave, il faudra faire *VEVE*, une farine de maïs mélangée à l'huile de palme, et tracer un cercle, ajouter 9 feuilles de *DESELE*, *Newbouldia laevis*, *Bignoniceae*, et déposer une natte, *KPLAKPLA*, dessus et faire dormir le malade dessus.

Voilà trois types de médicaments prescrits après consultation auprès d'un *BOKONON*: tous trois ont des plantes médicinales, deux ont des ingrédients matériels, et un a un environnement particulier. Ces trois types de médicaments vont suivre les mêmes environnements socio-religieux.

Le premier environnement concerne le rôle du fabricant. En général, ce sont des prêtres-devins, *BOKONON*, spécialisés dans la pharmacopée qui les composeront ou bien quelques herbalistes, *IWOSAN*, et des chefs de cultes Vodoun, *VODOUNON* ou *HOUNON*, et aussi de vieilles femmes, *YAGBA*. Le fabricant joue un rôle important car non seulement il connaît les propriétés des plantes médicinales mais aussi les liens qui les lient aux divinités. Il connaît la puissance, *ACÊ* du *VODOUN AZIZA* ou *OSANYIN* qui est la divinité spécifique des plantes médicinales et liturgiques. Il connaît aussi le *VODOUN AGÊ*, divinité secondaire qui règle la forêt, la brousse et les animaux. Il connaît aussi les liens existants entre telle plante et tel Vodoun particulier. Ces diverses connaissances sont indispensables pour que la plante recueillie garde ses vertus bénéfiques et médicinales.

Pour que le médicament puisse être efficace, il faut que les plantes médicinales aient été recueillies par une personne en état de pureté rituelle; cette dernière comprend l'abstinence de relations sexuelles avant, pendant et après la préparation du médicament.

De plus, il faut que la personne recueillant la plante connaisse des paroles à prononcer lors de la cueillette: ces paroles doivent être dites en se tournant dans la direction des quatre points cardinaux selon les prescriptions d'*AFA* et de celles du *VODOUN AZIZA* et du Vodoun particulier qui prend sa force dans cette plante. Par exemple, la plante *SAMANDIDE*, *Momordica balsamica*, *Cucurbitaceae*, appartient au *VODOUN SAPATA* et soigne la jaunisse. Pour la cueillir, il faut que la personne soit dans un état de pureté rituelle et connaisse les paroles qui correspondent à la puissance du Vodoun *SAPATA*.

Prononcer ces paroles, c'est en quelque sorte amorcer une communication avec la plante et le Vodoun dont elle est le support matériel. Les paroles, en effet, retracent la vie et le pouvoir du dieu ainsi que celui de la plante. Il y a une relation profonde entre le nom et l'être intime de l'individu ou de l'objet qui le porte. Ainsi, le connaître, le prononcer, c'est s'assurer la puissance bénéfique ou maléfique de l'être qui le porte. En parlant, le Wéménou agit. La parole devient créatrice de vie, de puissance. Le nom prononcé n'est pas seulement un message intelligible adressé au Vodoun, à la plante; il devient une réalité dynamique, une puissance qui opère les effets escomptés. Par le fait d'être nommé, la plante, le Vodoun deviennent serviteurs de l'homme. Proférer le nom de la plante, du Vodoun, c'est avoir un titre à être entendu, comme frapper chez quelqu'un en présentant une invitation signée par lui. La parole rend efficace la plante.

Le second environnement concerne le rôle des ingrédients dans les médicaments. La présence des ingrédients matériels n'est pas fortuite. Elle relève de leur rôle dans la vie des cultes Vodoun. L'emploi des plantes médicinales n'est pas suffisant pour que la divinité puisse agir; celle-ci a besoin aussi des ingrédients qui manifestent sa présence et sa puissance parmi les hommes. Le rôle des ingrédients matériels tels que morceaux de pierre, de terre, d'os, de fer, de parties d'un animal, de tissus, servent de catalyseurs des forces qu'ils représentent ou signifient. Le médicament suit le schéma d'installation des dieux ou Vodoun parmi les hommes d'où la nécessité d'ingrédients dans la pharmacopée. Ils portent une charge de puissance du dieu et placent l'homme en face d'une réalité extra-naturelle.

Les Wéménou, tout en connaissant l'efficacité de telle plante en elle-même, n'attribuent sa réelle valeur qu'à la conjonction des vertus effectives de la plante avec les paroles prononcées, avec l'état de pureté rituelle de celui qui l'a récoltée et fait le médicament ainsi qu'avec la présence des ingrédients matériels s'ils sont nécessaires. L'absence de l'un ou l'autre de ces environnements auprès des plantes médicinales rend inefficace le médicament. Mais la non-réussite d'un médicament repose davantage sur le receveur. Ce dernier doit prendre son médicament dans un état de soumission complète en face de la divinité: il doit être dans un état d'attente et suivre à la lettre les prescriptions du *BOKONON*.

III. Les plantes liturgiques

Les plantes liturgiques ont un rôle important dans la vie rituelle des Wéménou initiés à un culte Vodoun. Il semblera que nous nous répétions dans cette troisième partie. En effet, beaucoup d'aspects ayant trait aux plantes médicinales relèvent de l'existence des plantes liturgiques. Pour comprendre ce qu'elles sont, il nous faudra d'abord parler des dieux.

1) Les divinités des Wéménou:

Pourquoi existent-ils des plantes liturgiques? Cette existence repose sur la vie des divinités appelées *VODOUN*. Nous disons que le Vodoun est une divinité fondée sur une force adoptée par un lignage entier, en reconnaissance de l'aide apportée par un être humain, ou en échange de la passivité d'un être humain rencontré, d'une bête dangereuse ou d'une plante ou d'une force puissante et destructrice. L'existence même de tout vodoun repose sur une intervention directe soit d'un homme, soit d'un animal, soit d'une plante soit d'une force naturelle proposant son aide à l'homme ou s'abstenant de lui nuire. Cette aide apportée, acceptée et prise par l'homme amène des obligations de consommation ou de non-consommation de chair ou de substances en référence à l'identité de celui qui a le pouvoir d'aider.

De là sont nés les rites, les permis et les interdits. Toutes ces puissances sont personnalisées ou mieux personnifiées, et nous pouvons découvrir qu'elles sont connues sous différents noms qui signifient très souvent un mode d'appropriation géographique et économique. Tout est orienté vers l'homme, les dieux ou vodoun les aident, les protègent, mais aussi les châtient impitoyablement, si bien qu'à leur égard dans le coeur des humains se mêlent l'amour et la crainte. Cet amour et cette crainte sont ritualisés dans des cérémonies d'offrandes et de revitalisation d'une grande beauté et d'une intensité religieuse remarquable. Le rituel vodoun est fondé sur l'expérience et sur les données des sens. Le monde imaginaire qui dirige les cultes Vodoun est le seul à pouvoir donner une signification à la vie quotidienne immédiate. Ce rituel est capable aussi de trouver des solutions positives à un grand nombre de problèmes importants, solutions qui n'ont pas besoin d'être vérifiées. Toute solution proposée par le rituel est efficace en elle-même tant au niveau de l'individu qu'au niveau du collectif. Certes, telle solution peut être préférée à une autre par l'individu ou le groupe qui doit le vivre et l'intégrer à sa vie, mais, en aucun cas, cette solution n'est mise en doute et testée auparavant. La solution proposée réclame une adhésion totale et définitive sans quoi son efficacité n'est pas possible.

Connaître les Vodoun, c'est connaître les plantes et leur usage. En effet, elles sont présentes dans tout culte. Chaque installation demande l'emploi de feuilles liturgiques sans quoi l'existence du dieu est compromis et même, nous pouvons affirmer, impossible. Connaître les plantes, c'est connaître aussi le fonctionnement des cultes et la puissance de tel dieu. Chaque divinité a sa ou ses plantes liturgiques.

2) Les plantes liturgiques:

Elles sont aussi nombreuses que les plantes médicinales mais toutes n'ont pas les mêmes prérogatives liturgiques; certaines ne jouent qu'un rôle secondaire et ne sont en rapport avec la divinité que par le fait de soigner telle sorte de maladie. Par contre, d'autres sont nécessaires dans tout rituel vodoun sans quoi la divinité ne peut pas exercer sa puissance ou sa présence parmi les hommes. Nous donnons onze plantes liturgiques qui peuvent servir dans tous les cultes:

AFAMAN= Kalanchoe crenata, Crassulaceae; AGNAMAN= Draecona terminalis, Combretaceae; AHOUANGLOMAN= Acanthospermum hispidum, compositae; AMASOU= Cassia podocarpa, Caesalpinaceae; AVI GBANJAN= Cola nitida, Sterculiaceae; DESELE= Newbouldia laevis, Bignoniaceae; GBAGIDIPOTIN= Jatropha curcas, Euphorciaceae; HOUNSIKONOU= Cassia occidentalis, Leguminasae; JOGBEMAN= Trichilia heudlotii, Meliaceae; KPAÏ DANIDO NAMI= Triplociton scleroxylon, Sterculiaceae; KPATIN= Ceiba pentadra, Bombaceae.

Ces onze plantes servent dans tous les cultes Vodoun, mais chacune d'elles appartient aussi à un Vodoun déterminé, et parfois elles entrent en composition avec d'autres non citées pour empêcher un Vodoun d'agir ou d'être présent dans un objet ou dans un lieu.

La plante *DESELE*, *Newbouldia laevis*, *Bignoniaceae*, est présente dans tous les rituels, et elle s'associe avec la plante qui caractérise l'identité d'un dieu. Ainsi, pour rendre présent le Vodoun *SAPATA*, divinité liée à la terre et à la fécondité, on emploie les feuilles de *DESELE* ainsi que les feuilles de la plante *SAMANDIDE*, *Momordica balsamica*, *Cucurbitaceae*, qui représente le vodoun *SAPATA*.

Donc chaque dieu ou Vodoun a sa ou ses plantes liturgiques qui serviront pour l'usage rituel lors des cérémonies: installation du dieu, réactualisation de son *ACÊ*, du dieu, c'est-à-dire sa présence et sa puissance, purification des objets et des initiés, mise en état d'hébétude. Ces plantes liturgiques donnant la force aux dieux ne sont pas uniquement des objets symboliques, elles ont souvent une valeur curative et sont employées en pharmacopée. Ainsi, chaque Vodoun a ses médicaments, *AMASIN*, basés sur les plantes qu'il emploie pour son installation. La plante *SAMANDIDE*, avons-nous dit, qui était utilisée par le Vodoun *SAPATA*, entre dans des médicaments. Connaître cette plante, c'est savoir ses propriétés donc de soigner ou rendre malade. Cette plante a pour propriétés chimiques de donner des résines et un alcaloïde; elle a pour propriétés médicinales reconnues par les Wéménou d'être un violent vermifuge et de soigner la jaunisse. L'usage qu'on fait de cette plante peut devenir bénéfique dans le cas d'une jaunisse ou d'un laxatif bénin, par contre, il peut être dangereux dans le cas où le laxatif entraîne une hémorragie ou le déclanchement d'une dysenterie. On voit l'ambiguïté des plantes liturgiques au niveau du domaine médical.

Le fonctionnement de ces plantes liturgiques est très complexe car elles lient à la fois le rituel et le médical. On peut se poser plusieurs questions: à savoir, qui a l'usage de celles-ci et comment peuvent-elles fonctionner? L'usage rituel et la pratique médicale appartiennent en général aux chefs religieux, aux chefs de lignages et aux individus initiés à un culte. Les grands *BOKONON*, prêtres-devins d'*AFA* sont souvent les plus qualifiés. En effet, ils ont du apprendre les plantes lorsqu'ils ont été initiés à leur charge; ils ont appris beaucoup de plantes liturgiques, médicinales, à quoi elles correspondent auprès des dieux. A chaque signe d'*AFA*, appelé *DOU*, sont attachés non seulement des dieux mais aussi des plantes liturgiques et médicinales.

Ainsi le signe *DOU WELÊ-MÊJI* donne les plantes suivantes: *ASEMAN*, *Bryophillum pinnatum*, *Crassulaceae* est liée au Vodoun *XÊBIOSO*, divinité liée à la force naturelle qu'est le tonnerre; cette plante donne un acide et a pour usage médical local le mal de dent / Le fruit de *LOKO*, *Chlorophora excelsa*, *Moraceae*, représente un dieu agraire, *LOKO*. En décoction, *LOKO* sert comme antiseptique / Les feuilles de *WOMAN*, *Morinda lucida*, *Rubiaceae* servent à combattre la fièvre chez les enfants.

Le signe *DOU LETE-MÊJI* donne les plantes suivantes: *AFAMAN*, *Kalanchoe crenata*, *Crassulaceae* représente le Vodoun *XÊBIOSO* et soigne les ophtalmies / *ASOGBA MAN*, *Periploca nigriscens*, *Asclepiadaceae* sert dans les maladies du coeur.

Ces deux exemples de signes *DOU* nous donnent l'importance du monde sacré et nous font entrevoir les rapports étroits qui existent entre les dieux, les plantes et les maladies.

Les cultes Vodoun sont tellement liés au monde végétal qu'ils enseignent à tous leurs initiés la valeur des plantes. Et en dehors de l'usage médical des plantes, les cultes Vodoun utilisent deux catégories de plantes liturgiques et médicinales pour un usage particulier à leur rituel, à savoir l'éducation à la transe de possession.

3) Les plantes liturgiques et la transe de possession:

Cette éducation à la transe de possession se fait à l'aide de plantes à effets stimulants et à effets tranquilisants. Les novices des cultes expérimentent ces deux catégories de plantes.

Les responsables font boire un breuvage, *AMASIN*, d'une plante à effet tranquillisant; on trouve plusieurs plantes employées séparément: *OLE MAN*, *Rauwolfia vomitoria*, *Apocynaceae*, *AÏRHMAN*, *Sabicea calycina*, *Rubiaceae*, *PAKELEYE*, *Erythrina senegalensis*, *Papilionaceae*, et *OKE MAN*, *Datura stramonium*, *Solanaceae*.

Ces plantes ont pour effet d'être des tranquillisants. Sous cet effet les novices font l'expérience de l'état d'hébétude et reçoivent en même temps des enseignements concernant la vie de leur dieu et apprennent à enregistrer la valeur symbolique des sons musicaux des tambours. A la suite de ces expériences, les novices doivent dire aux responsables des enclos d'initiation ce qu'ils ont ressenti et vécu. Ce temps d'expérience d'hébétude est limité dans le temps. Ensuite, les novices expérimentent des plantes à effets stimulants: décoction de *LINDJA*, *Tetrapleura tetraptera*, *Mimosaceae*; infusion de feuilles de *HOUNDI-HOUNDI GOTE*, *Sesbania aculeata*, *Papilionaceae*; gousses de noix de cola, *AVI GBANJAN*, *Cola nitida*, *Sterculiaceae* et *AVI JOAVI*, *Cola acuminata*, *Sterculiaceae*; *AHOWE*, *Garcinia gnetoïdes*, *Guttiferae*. Les novices feront aussi l'expérience des effets stimulants et devront contrôler leur comportement lors de danses rituelles, provoquer la transe de possession à la suite de sons musicaux des tambours, à la vue d'un objet Vodoun. Mais par la suite, seul l'emploi des noix de cola restera possible dans toutes les cérémonies rituelles et pendant la transe de possession.

Dans la vie des cultes Vodoun, l'emploi des plantes à effets tranquillisants et à effets stimulants a une valeur cognitive et moins thérapeutique. En effet, le patient ou l'initié se rend compte de ce qui se passe en lui pendant les temps d'emploi de ces plantes et il apprend à s'en servir. La possession ou la transe de possession est un élément essentiel du culte des Vodoun. Elle est le signe de la présence effective du dieu dans la personne qui est prise; et cette possession est en quelque sorte socialisée car l'assemblée reconnaît en elle la présence vivante de la divinité dans l'individu. Des convulsions sauvages, l'individu possédé aboutit à une tranquille assurance de l'inconscient. Au niveau individuel comme au niveau du groupe, les conflits les plus cachés sont vécus et d'une certaine façon guéris.

L'aspect thérapeutique est certain; la possession permet de résoudre les conflits conscients et inconscients de l'individu et du groupe; elle est un élément constitutif de l'équilibre humain de ceux qui la pratiquent. Le possédé en transe, répète dans les gestes de sa crise les mythes d'origine de sa société, de son dieu et les histoires plaisantes qui font la vie de toute société. La pratique de la transe a une fonction sociale et cosmique. Elle permet le dialogue direct entre le croyant et la divinité qui possède l'initié et parle par sa bouche. La transe permet la solidarité entre l'homme, la nature et les divinités.

L'aspect expérimental des plantes à effets tranquillisants et à effets stimulants réside dans le fait que les initiés apprennent à se servir pour eux-mêmes de cette technique de communication avec la divinité et à contrôler le temps de cette prise de possession. A ce niveau, le possédé subit une transformation personnelle: d'homme profane, il acquiert la personnalité d'homme sacré. Et cette transformation touche le domaine social, il est devenu messager de la divinité qui l'a pris.

Les plantes liturgiques nous apparaissent donc comme des éléments essentiels à la vie rituelle des cultes Vodoun et nous font découvrir la signification de la maladie.

IV. Les plantes magiques

Les plantes magiques prennent leur valeur tantôt parmi les plantes médicinales tantôt parmi les plantes liturgiques ou bien chez les deux. Nous avons dit plus haut que l'emploi des feuilles médicinales ou des feuilles liturgiques n'était pas suffisant pour qu'un remède ou qu'un Vodoun puisse être efficace: ceux-ci ont besoin d'ingrédients divers et de paroles prononcées. La réalité des ingrédients et l'efficacité de la parole connue et dite sont du domaine de la magie: c'est-à-dire d'une puissance qu'on peut commander lorsqu'on en connaît la réalité. Ces deux aspects, ingrédients et parole, nous ouvrent à la connaissance sur ce que les Wémênou nomment *AZÉ*. Cette nouvelle notion est indispensable pour que le Vodoun puisse exister et surtout fonctionner.

1) La puissance spirituelle de l'homme:

Qu'est-ce cet *AZÉ*? La notion de puissance spirituelle domine la vie quotidienne des Wémênou. La sorcellerie est une préoccupation constante, et on l'invoque pour expliquer des maladies, des morts, la puissance de tel homme, de tel dieu. Cette puissance est appelée *AZÉ*. Cette notion recouvre toutes les notions particulières que peut recouvrir le terme de sorcellerie, sortilèges, maléfices, magie.

Tout individu est censé posséder un minimum de puissance spirituelle. Cette puissance n'est pas forcément maléfique, elle le devient seulement au moment où un homme choisit d'un abuser à des fins maléfiques. Cette puissance est bénéfique dans la mesure où elle assure la vie. C'est à ce niveau d'explication que repose la réalité de l'homme et l'*ACÔE* ou force vitale de tout homme et de tout Vodoun.

Cette puissance qui fait vivre et prospérer inspire inévitablement de la jalousie qui fait attribuer à telle personne ou à tel Vodoun des méfaits comme celui de se changer en hibou, de troubler le double d'un autre homme, de boire le sang de l'homme et de le transformer en animal et de le manger, de donner des maladies. Un homme est dit sorcier lorsqu'il est reconnu comme tel à la suite des méfaits que la communauté lui attribue. L'opinion publique cherche à se représenter non seulement la puissance relative d'un homme, mais aussi la façon dont il est probable qu'il l'utilisera, et non ce qu'il pourrait faire, mais ce qu'il voudrait faire.

Cette puissance a besoin d'une expression visible et elle doit s'actualiser dans la matière. D'où l'emploi d'objets les plus divers auxquels chaque individu attribue un pouvoir sur la destiné de l'homme.

2) Les plantes et leur puissance:

Cette puissance, *AZÉ*, est reconnue aux plantes. Pour elles, il en est de même; l'opinion publique se représente non seulement la puissance relative d'une plante mais aussi la façon dont il est possible de s'en servir. Ainsi, le poivre de Guinée, *Anonum meleguetta*, *Piperaceae*, porte le nom de *LENLENKOUN*, employé comme condiment, et se nomme *ATAKOUN* lorsqu'il est employé dans certaines cérémonies rituelles Vodoun ou lorsqu'il entre en composition dans des médicaments ou des charmes. De plus, on ne doit jamais le nommer la nuit. Il en est de même pour le piment, *TAKIN*, *Capsicum annum*, *Solanaceae*: la nuit, les Wéménou n'osent pas appeler le piment par son vrai nom mais disent: *NU VIVÊ*, "la chose âcre".

Comme pour les médicaments, les plantes magiques entrent souvent en composition avec des ingrédients divers: certes, certaines sont employées seules. Il y a de multiples orientations des plantes magiques mais nous pouvons les grouper en trois catégories:

- la première catégorie de plantes magiques dites de défense sert à immuniser l'individu contre les maléfices. La plante ainsi employée joue le rôle d'amulette de défense, *GLO*. Ainsi, le fruit de *ALOUN MAN*, *Chasmanthera dependans*, *Menispermaceae* joue le rôle de protecteur. Il est très employé. A cette catégorie, il faut ajouter les contrepoisons ou anti-dote. On trouve alors les feuilles de *ODÊ DÔ*, *Grewia mollis*, *Tiliaceae*, le latex de *ADITOGBA MAN*, *Euphorbia lateriflora*, *Euphorbiaceae*, l'écorce de *ASISOÊ*, *Alstonia congensis*, *Apocynaceae*, les graines de *KPATA-KPATA*, *Securidaca longipedunculata*, *Polygaceae*.

- la seconde catégorie de plantes magiques dites d'attaque sert à opérer des maléfices. La plantes ainsi employée joue le rôle d'amulette d'attaque, *BO*. Les graines d'*AGOUNKE*, *Cocos nucifera*, *palmae*, jouent ce rôle d'attaquant. A cette catégorie, il faut ajouter les poisons. On trouve alors la plante *AJAKA YÔ*, *Spondianthus preussi*, *Euphorbiaceae*, l'écorce de *DADA MAN*, *Erythrophleum guineense*, *Caesalpinaceae*, les feuilles et les graines de *SOKPÊ TIN GBETON*, *Napoleon imperialis*, *Lecythidaceae*, les graines de *YÊBIRIPEN*, *Adenopus breviflori*s, *Cucurbitaceae*, les feuilles de *AVÔ KIJA*, *Omphalocarpus procerum*, *Asclepiadaceae* et celles de *GBAGBALA KOU*, *Entada gigas*, *Mimosaceae*, servent à faire avorter les femmes.

- la troisième catégorie de plantes magiques dites de réussite sert à aider l'individu dans ses entreprises morales, physiques et matérielles. La plante ainsi employée joue le rôle d'amulette à la fois de défense et d'attaque, *BO-GLO*. Ainsi, pour conquérir l'amour d'une femme, un homme emploiera les feuilles d'*AJIKOUN*, *Heloptelea grandis*, *Ulmaceae*, ou les graines de *PAHÔLOHÔLO MAN*, *Mucuna pruniens*, *Papilionaceae*. Pour avoir de l'argent, les plantes *OMAN TETE YOVO TON*, *Amaranthus caudatus*, *Amaranthaceae*, *OKÊ AGBE*, *Echinops longifolius*, *Compositae*, serviront à composer une amulette. Pour attacher les sorcières, la plante *JERERE MAN*, *Croton amabilis*, *Euphorbiaceae*, est utilisée. Ces différents exemples ne nous disent pas comment elles sont utilisées.

3) L'utilisation des plantes magiques:

Comment sont utilisées ces plantes magiques? Les trois catégories suivent dans l'ensemble les mêmes procédés ou techniques sauf pour la première qui emploie davantage la plante seule, réduite en poudre et introduite dans des incisions faites sur le corps de l'individu au niveau des épaules, des omoplates et des seins. Les autres procédés sont les suivants: la statuette en bois ou en terre ayant été baignée dans un bain de feuilles et sur laquelle des paroles efficaces ont été prononcées; des médicaments ayant des plantes magiques ainsi que d'autres ingrédients et sur lesquels des paroles efficaces doivent être dites. Ces médicaments prennent diverses formes: infusions, poudres, sirops.

Qui fait ces médicaments ou ces statuettes ou ces incisions? Là aussi, nous retrouvons les responsables des cultes Vodoun et particulièrement les *BOKONON*, prêtres-devins d'*AFA*. Ce prêtre-devin après consultation indique au patient la manière la plus efficace pour lui, et même lui prépara les médicaments. Généralement, le *BOKONON* vise le bien-être des individus et leur fournit les moyens de se préserver contre toute attaque de l'extérieur, et les moyens d'acquérir ce que l'individu veut pour son bien: femme, argent, pouvoir. Par contre, l'*AZÊTO* cherche toujours à faire le mal; c'est donc à lui qu'on fait appel pour la confection d'un *BO* ou amulette d'attaque.

Les plantes magiques sont très nombreuses et sont souvent les mêmes que celles employées dans le rituel Vodoun ou dans la pharmacopée. Ce sera l'environnement mystérieux qui déterminera son efficacité.

Conclusion

La complexité des emplois divers des plantes demande que nous soyons prudents dans leur description et dans leur application. Ce qui rend difficile la connaissance de telle plante, c'est l'environnement mystérieux qui l'entoure. Nous avons vu que les Wêménou appréhendaient les plantes sous quatre angles: les plantes alimentaires, médicinales, liturgiques et magiques. Ces quatre catégories suivent les lois de fonctionnement des cultes Vodoun et apparaissent comme des constituants nécessaires à la vie de la société Wéménou et de chaque individu. Nous savons que la plante en elle-même possède des propriétés chimiques qui donnent tels résultats précis; pour le Wêménou, ces propriétés chimiques sont reconnues mais ne peuvent agir efficacement qu'avec la conjonction de paroles connues et dites et parfois avec la présence d'ingrédients matériels divers. Reconnaître ces interactions c'est reconnaître la réalité de l'imaginaire et du vécu des habitants de la vallée de l'Ouémé. Toute critique sérieuse devra admettre non seulement la spécificité des plantes mais aussi le vécu des Wéménou.

BIBLIOGRAPHIE

ABRAHAM R.C. 1958. *Dictionary of Modern Yoruba*. Londres.

AUBREVILLE A. 1950. *La flore forestière soudano-guinéene*. Paris.

BRAND R. 1972. *Plantes médicinales en usage chez les Gun*. Cotonou.

DALZIEL. *The useful Plants of West tropical Africa*.

KEAY, ONOCHIS, STANFIELD. 1964. *Nigerian trees*. 2 T. Ibadan.

Friedr. Vieweg & Sohn Verlag, Braunschweig/Wiesbaden

Index des termes de la langue Wêmênou

Transcription dans le texte	Transcription phonétique	Classification botanique
abô	abɔ̃	Sorghum vulgare, Graminae
abokoum	abokṹ	Ficus capensis, Moraceae
adanglan	adã́glã́	Plumbago zeylanica, Plumbaginaceae
aditogba man	aditogba mã́	Euphorbia lateriflora, Euphorbiaceae
afa man	afa mã́	Kalanchoe crenata, Crassulaceae
agna man	aña mã́	Draecona terminalis, Combretaceae
agôde	agɔde	Ananas comosus, Bromeliaceae
agounke	agṹke	Cocos nucifera, Palmae
aho	aho	Indigofera argentea, Papilionaceae
ahowe	ahowe	Garcinia gnetoides, Guttiferae
ahouangbo man	ahuã́gbo mã́	Acanthospermum hispidum, Compositae
aikoun	aijṹ	Vigna unguiculata, Papilionaceae
airhman	aih mã́	Sabicea calycina, Rubiaceae
ajaka yô	ajaka yɔ	Spondianthus preussi, Euphorbiaceae
ajikouin	ajikṹĩ́	Caesalpinia cristata, Caesalpiniaceae
ajikoun	ajikṹ	Helepotelea grandis, Ulmaceae
akpla	akpla	Phaseolus lunatus, Papilionaceae
ala man	ala mã́	Lactuca taraxifolia, Lettuceae
alomagbo	alomagbo	Vernonia amygdalina, Compositae
aloun man	alṹ mã́	Chamansthera dependans, Meminspermaceae
alubassa	alubassa	Allium cepa, Amaryllidaceae
amasou	amasu	Cassia podocarpa, Caesalpinaceae
aminon	aminɔ̃	Harunguna madagascariensis, Hypericaceae
ase man	ase mã́	Bryophillum pinnatum, Crassulaceae
asisoê	asisoɛ	Alstonia congensis, Apocynaceae
asogbo man	asogbo mã́	Periploca nigriscens, Asclepiadaceae
atakoun	atakṹ	Amomum meleguetta, Piperaceae
atogo	atogo	Chasmanthera dependens, Menispermaceae
avi gbanjan	avi gbã́jã́	Cola nitida, Sterculiaceae
avi joavi	avi joavi	Cola acuminata, Sterculiaceae
avokan	avokã́	Persea americana, Lauraceae
avô kija	avɔ kija	Omphalocarpus procerum, Asclepiadaceae
avounvô	avṹvɔ	Celosia argentea, Amaranthaceae
ayankpo	ayã́kpo	Kigelia africana, Bignoniaceae
azin	azĩ́	Arachis hypogea, Papilionaceae
azôgbo	azɔgbo	Citrus vulgaris, Aurantiaceae
azongogwe	azɔ̃gogwe	Manilkara abovata, Sapotaceae
dada man	dada mã́	Erythrophleum guineense, Caesalpinaceae
danxomêgbo	dã́xomɛgbo	Citrus vulgaris, Aurantiaceae
desele man	desele mã́	Newbouldia laevis, Bignoniaceae
detin	detĩ́	Elaeis guineense, Palmae
doudouin	duduĩ́	Dioscorea cirrhosa, Dioscoreaceae
dotê	dotɛ	Zingiber officinale, Zingiberaceae
djiran vê man	jirã́ vɛ mã́n	Enantia polycarpa, Annonaceae
ewimpa	ewĩ́pa	Terminalis superba, Combretaceae
fegnen	feñɛ̃	Manihot esculenta, Euphorbiaceae
fevi	fevi	Hibiscus esculentus, Malvaceae
fotete	fotete	Alternanthera maritima, Amaranthaceae
glaso man	glaso mã́	Talinum triangulare, Portulaceae
gounsoe	gũsoe	Vernonia conforta, Compositae
goussi	gussi	Citrullus sp. et vulgaris, Cucurbitaceae
gbade	gbade	Zea maiys, Graminae
gbagbala kou	gbagbala ku	Entada gigas, Mimosaceae
gbagidipotin	gbagidipotĩ	Jatropha curcas, Euphorbiaceae
gbatakin	gbatakĩ	Capsicum frutescens, Solanaceae
gbodudogo	gbodudogo	Lonchocarpus cynanescens, Papilionaceae
gboman	gbomã́	Solanum aethiopicum, Solanaceae

Friedr. Vieweg & Sohn Verlag, Braunschweig/Wiesbaden

Transcription dans le texte	Transcription phonétique	Classification botanique
hayohayoê	hayohayoe	Aspilia latifolia, Compositae
hentin	hɛ̃tĩ	Fagara macrophylla, Rutaceae
houdihoundi gote	hũdihũdi gote	Sesbania aculeata, Papilionaceae
hounsikonou	hũsikonu	Cassia occidentalis, Leguminaceae
jerere man	jerere mã	Croton amabilis, Euphorbiaceae
jikpotin	jikpotĩ	Carica papaya, Caricaceae
jogbe man	jogbe mã	Trichilia heudlotii, Meliaceae
ka	ka	Lagereria vulgaris, Cucurbitaceae
kasonayi gbagbada	kasonayi gbagbada	Boearhavia diffusa, Nyctaginaceae
kekouetin	kekouetĩ	Musa sapientum, Musaceae
klê	klɛ	Citrum limonum, Rutaceae
kenkutin	kɛ̃kutĩ	Psidium guayava, Myrtaceae
koklo den	koklo dɛ̃	Heliotropium indicum, Boaginaceae
kpata kpata	kpata kpata	Securiduca longipedunculata, Polygaceae
kpai danido nami	kpa ɖanido nami	Triplociton scleroxylon, Sterculiaceae
kpatin	kpatĩ	Ceiba pentadra, Bombaceae
kpedjile	kpejile	Xylopia aethiopica, Annonaceae
kpejeretin	kpejeretĩ	Eugenia caryaphyllata, Myrtaceae
lendja gan	lɛ̃ja gã	Cassia sieberiuana, Caesalpinaceae
lenkan	lɛ̃kã	Piper nigrum, Piperaceae
lindja	lija	Tetrapleura tetraptera, Mimosaceae
loko	loko	Chlorophora excelsa, Moraceae
lokpo	lokpo	Telfairia occidentalis, Cucurbitaceae
molikoun	molikũ	Oryea sativa, Graminae
nenou	nenu	Corchorus clitovius, Tilliaceae
odê dô	odɛ dɔ	Grewia mollis, Tilliaceae
odê hihô	odɛ hihɔ	Mitragyna ciliata, Rubiaceae
ogo man	ogo mã	Ximenia americana, Olacaceae
oje susu	oje susu	Commelina nudiflora, Commelinaceae
okê man	okɛ mã	Datura stramonium, Solanaceae
okê agbo	okɛ agbo	Echinops lo, Gifolius, Compositae
ole man tabi	ole mã tabi	Rauwolfia vomitoria, Apocynaceae
oman dandan	omã dãdã	Celosia trygna, Amaranthaceae
oman tete djowame	omã tete jowame	Amaranthus viridis, Amaranthaceae
oman tete yovo ton	omã tete yovo tɔ̃	Amaranthus caudatus, Amaranthaceae
oyen zeatin	oyɛ̃ zeatĩ	Pseudocechela kotschyi, Meliaceae
pahôlohôlo man	pahɔlohɔlo mã	Mucuna pruniens, Papilionaceae
pakeleye ou	pakeleye	Erythrina senegalensis, Papilionaceae
paklewese	paklɛwese	Erythrina senegalensis, Papilionaceae
samandide	samãɖiɖe	Momordica balsamica, Cucurbitaceae
sayuwe man	sayuwe mã	Hyptis suaveolens, Labiatae
se tevi	se tevi	Colocasia antiquorum, Crucifereae
sokpêtin	sokpɛtĩ	Pterocarpus santalinades, Papilionaceae
sokpêtin gbeton	sokpɛtĩ gbetɔ̃	Napoleona imperialis, Lecythidaceae
takin	takĩ	Capsicum annum, solanaceae
tevi	tevi	Dioscurea bulbifera, Dioscurreaceae
tete	tete	Amaranthus hybridus, Amaranthaceae
timati	timati	Solanum lycopersicum, Solanaceae
tôya man	tɔya mã	Crinum lily, Amaryllidaceae
weli	weli	Ipomoea batatas, Convolvulaceae
wôman	wɔ mã	Morinda lucida, Rubiaceae
yêbiripen	yɛbiripɛ̃	Adenopus brevifloris, Cucurbitaceae
Yovozetin	yovozetĩ	Citrus aurantium, Aurantiaceae
yovozin	yovozĩ	Chrysophyllum percilchrum, Saptoceae

Die Pflanzen in der Medizin der Abelam (Papua Neu-Guinea) Versuch einer Gliederung

Werner H. Stöcklin

ZUSAMMENFASSUNG siehe S. 282

SUMMARY A short description of Abelam medicine (Papua New Guinea) with special reference to the plants used by the various traditional experts. From the ethnocentric point of view these "medical plants" can be grouped in the following manner: 1) Plants used as instruments (as rope, needle etc.), 2) Plants with primary, inborn healing power, 3) Plants used as transmittors of secundary, human healing power, 4) Plants attracting spirits and particles of human souls (as used for gikus sorcery), 5) Plants used to keep dangerous spirits at distance and to neutralize gikus sorcery.

RESUME Une description brève de la médecine des Abelam en Nouvelle-Guinée-Papoue est donnée. L'auteur se réfère spécialement aux plantes en usage par les différents types d'experts traditionnels. Du point de vue ethnocentrique, ces "plantes médicinales" peuvent être classées dans les groupes suivants: 1) plantes en tant qu'instruments (aiguilles, fil, etc.), 2) plantes aux pouvoirs curatifs, 3) plantes transmettant secondairement le pouvoir de soigner les humains, 4) plantes qui attirent les esprits ou des particules de l'âme humaine (comme dans la sorcellerie dite Gikus), 5) plantes qui gardent les esprits dangereux à distance et qui neutralisent la sorcellerie gikus.

Der Versuch, die in der "primitiven" Pharmakopoe enthaltenen Pflanzen nach Kriterien ihrer Wirkungsweise und Wirksamkeit zu ordnen, stößt auf erhebliche Probleme. Unsere Gliederungsprinzipien sind durch westliche, naturwissenschaftliche Erwägungen geprägt. Die Objektivierbarkeit der Heileffekte steht für uns im Vordergrund, wobei nicht zuletzt die Frage nach einer möglichen Integration in unsere eigene Pharmakopoe für die Beurteilung maßgebend ist. An Hand dieser westlichen Betrachtungsweise lassen sich nach einem Gruppierungsversuch von E. Drobec (1954, S. 56) im primitiven Heilmittelschatz folgende Kategorien von Pflanzen auseinanderhalten :

1. Pflanzen, die gegen bestimmte Erkrankungen tatsächlich spezifisch sind.
2. Solche, die wohl wirken, aber nach unseren Begriffen als obsolet gelten.
3. Solche mit zweifelhafter Wirkung.
4. Solche, die nach unserer Erfahrung keine Wirkung zeigen, aber irgendwie durch Geruch, Geschmack, Farbe oder absonderliche Form hervorstechen.
5. Manche Gifte und Geheimmittel, die unserer Beobachtung und Auswertung unzugänglich bleiben.

Wie schwierig es ist, die "spezifische Nützlichkeit" eines pflanzlichen Heilmittels nachzuweisen, ergibt sich deutlich genug aus der Geschichte der abendländischen Pharmakopoe. Während im Corpus Hippocraticum (jenem vielbändigen Werk, das auf den Stammvater unserer westlichen Medizin zurückgeführt wird) lediglich 60 wirksame Pflanzen Erwähnung finden, werden vom Römer Plinius vier Jahrhunderte später bereits 1000 solcher Gewächse aufgezählt. Und in der Pharmacopoea medicochymica von 1641 werden insgesamt 6000 vegetabile Heilmittel besprochen. Bis zur Mitte des 19. Jahrhunderts waren sogar

15000 Arznei- und Nutzpflanzen entdeckt worden, und die Kenntnis dieses überwältigenden Angebotes galt im Rahmen unserer Medizin als eine Scientia Regia.-Inzwischen sind nun aber die Kriterien der Drogenkunde immer anspruchsvoller geworden. In den medizinischen Kräuterbüchern des letzten Jahrhunderts hat der Rotstift gewütet. Das 5. schweizerische Arzneibuch gibt nur noch 178 pflanzlichen Drogen die Ehre, und im 6. Arzneibuch wurde ihre Zahl sogar auf 101 reduziert. Bald werden wir wohl wieder bei den 60 Pflanzen des Hippokrates angelangt sein. Selbst mit den heutigen Forschungsmethoden ist es außerordentlich aufwendig, die Wirksamkeit eines "Heilkrautes" zu objektivieren oder gar eine Wirkstoffgruppe darzustellen. Bei dem seit Urzeiten als Beruhigungsmittel verwendeten Baldrian konnten trotz vorangegangener intensiver Forschung erst 1966 die Valepotriate isoliert werden. Und beim Wermut, dessen Heilkraft nie angezweifelt wurde, ist es erst jetzt durch pharmakologische Experimente gelungen, die Effizienz als "Leber-Galle-Mittel" zu messen (Lehner, 1979).

Diese wenigen Angaben mögen genügen, um hinter das eingangs erwähnte Gliederungsprinzip von Drobec ein Fragezeichen zu setzen. Für die Einteilung eines primitiven Arzneimittelschatzes im Rahmen einer etnomedizinischen Darstellung sollte offensichtlich weniger eine naturwissenschaftliche Wertung als eine ethnozentrische Deutung maßgebend sein. Oder -um mit Sterly's Formulierung nachzudoppeln (1970, S.70): "Die Macht der Heilpflanzen ist nicht gleichzusetzen mit der objektiv nachweisbaren Wirksamkeit, die zu ermitteln nicht Aufgabe des Ethnobotanikers sein kann". Drobec's Klassifizierung der medizinisch verwendeten Pflanzen der "Naturvölker" mag als Richtlinie für die sammlerische Erweiterung unseres eigenen Arzneimittelschatzes sicher nützlich sein. Aber dem Stellenwert der beurteilten Pflanzen in der betreffenden Kultur wird sie kaum gerecht werden können.

Im Folgenden möchte ich versuchen, die Pharmakopoe der Abelam auf Neuguinea möglichst ohne abendländische Kriterien zu skizzieren. Meine Ausführungen resultieren aus drei Aufenthalten im Maprikgebiet (East Sepik Province) in den Jahren 1963, 1969/1970 und 1979. Die Abelam, eine der ndu-Familie zugehörige Sprachgruppe von etwa 30.000 Menschen, bewohnen eine Hügelzone zwischen dem Mittleren Sepik und der Nordküste Neuguineas. Ihre Wirtschaft basiert auf Brandrodungs-Feldbau, der durch Schweinezucht und Jagd ergänzt wird. Die traditionelle Religion ist geprägt durch den Kult mit der Yamspflanze (vgl. Koch, 1968).Trotz langjährigem Zivilisationskontakt (Gründung einer Regierungsstation 1937) sind die Abelam der Lebensweise, dem Kult und der künstlerischen Ausdrucksform ihrer Vorfahren erstaunlich treu geblieben. Auch die medizinischen Anschauungen sind hier großenteils noch in ihrer Urform zu finden, obwohl durch das Public Health Department ein relativ feinmaschiges Netz von gesundheitsdienstlichen Institutionen (Aid Posts und Spitäler) angeboten wird. Unfälle und Krankheiten (mit Ausnahme der "sik nating", der banalen Gebresten) werden meist als Sühne für Gebotübertretungen (im traditionellen Sinn) oder als Ergebnis von Racheakten betrachtet. Als Urheber der Gesundheitsstörungen kommen einerseits Menschen (Zauberer, Hexen oder Giftmischer), anderseits geistige Wesen (Kwalwale, Komunyan und verschiedene Busch- und Yamsgeister) in Frage.

Für die medizinische Betreuung im urtümlichen dörflichen Rahmen sind je nach Schweregrad und Verlauf einer Krankheit verschiedene Persönlichkeiten zuständig : Nach bewährten Hausrezepten wird zunächst von den Verwandten des Patienten die "marasin bilong lain", die Familienmedizin, zubereitet. Die nächst höhere Instanz ist ein Nimandu, ein " großer Mann", der sich auch als Herbalist auskennt.

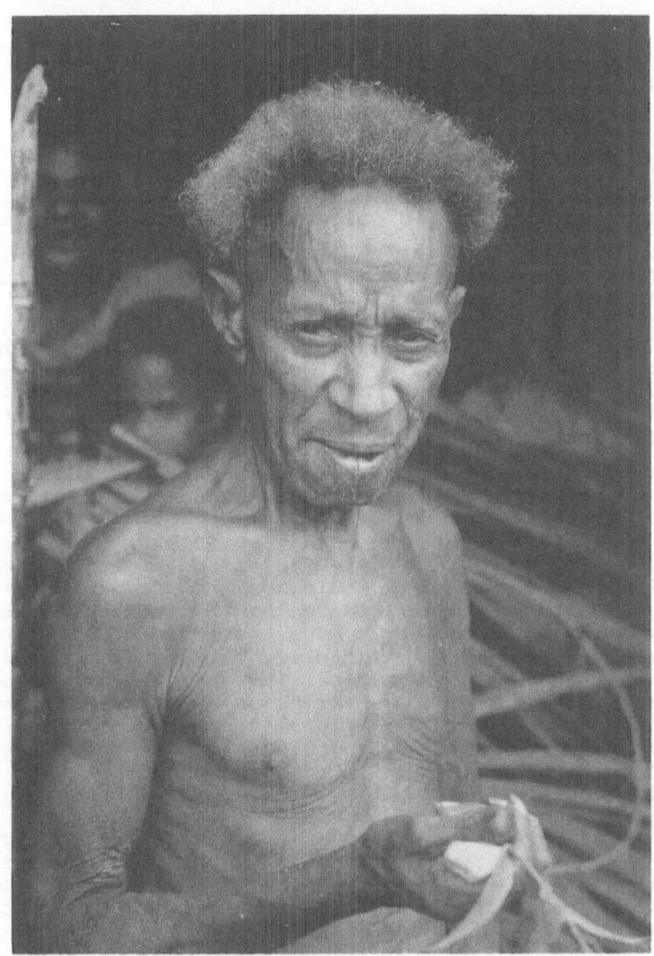

Ngwani von Bobmagum, ein "Steindoktor" der Abelam mit seinen Utensilien (Foto: Stöcklin 1979)

Als dritte Stufe der diagnostisch-therapeutischen Eskalation wird sodann der Kumbundu, der Blasdoktor, beigezogen. Wenn seine Hilfe nichts nützt, tritt der Njugrandu, der Steindoktor (welcher den imaginären Fremdkörper entfernen kann) in Aktion. Die Betreuerreihe kann fortgesetzt werden durch den Babmondu, den Dampfdoktor (wörtlich Mondmann) und schließlich durch den Yukundu, den "guten Mann", welcher sich vor allem mit der Aufdeckung von Zaubereien befaßt. Als letzte therapeutische Möglichkeit steht der "Hauch" aller großen Männer des Klanes (als "win bilong ples" in Wasser oder Pflanzenteilen aufgefangen) zur Verfügung. Nicht nur die Familienmitglieder und der Herbalist greifen bei ihren Behandlungsversuchen auf pflanzliche Hilfsmittel zurück. Jeder einzelne der potentiellen Heiler ist auf die Verwendung von Pflanzen angewiesen. Und es wird behauptet, dass der Zauberer, der Kusndu, welcher durch seine Manipulationen eine Krankheit verursachen kann, ebenfalls mit Vegetabilien herumlaboriert. Aus der Vielfalt der Einsatzmöglichkeiten von Pflanzen in der Abelam-Medizin ergibt sich eine Gruppierung, die nicht nach einem abendländischen Muster erfolgen wird, sondern Rubriken berücksichtigen muß, die auch von den Abelam selber verstanden und akzeptiert werden können :

1. Pflanzen als instrumentelle Hilfsmittel
2. Pflanzen als Träger primärer, endogener Heilkraft
3. Pflanzen als Vektoren sekundärer, exogener Heilkraft
4. Pflanzen mit Geister und Seelen anlockender Kraft
5. Pflanzen mit Geister und Seelen abstoßender Kraft

Diese Einteilung (welche durchaus keinen Anspruch auf Vollständigkeit erhebt) soll im Folgenden etwas näher erläutert werden.

1. Pflanzen als instrumentelle Hilfsmittel : Hierher gehören vorallem Pflanzen und Pflanzenteile, die zum Stechen, Ritzen, Umschnüren, Schienen und Einwickeln geeignet sind. Besonders beliebt ist das Ankratzen der Haut über traumatischen Schwellungen, das Umschnüren bei Kopf- und Bauchbeschwerden oder das Umwickeln schmerzender Gelenke mit einem Streifen bastartiger Nyangele-Rinde. Weniger alltäglich dürfte die Verwendung einer zugespitzen Palmblattrippe zum Perforieren einer einfachen Analatresie beim Neugeborenen sein (eigene Beobachtung 1969).

2. Pflanzen als Träger primärer, endogener Heilkraft : Dieser Rubrik ist zweifellos der größte Teil der medizinisch eingesetzten Pflanzen der Abelam zuzuordnen, wobei die Frage nach der Wirksamkeit im westlichen Sinne bis dahin nur in seltenen Fällen beantwortet werden kann. Auf diese Schwierigkeit weisen auch Schofield und Parkinson hin (1963, S. 6): "Herbal Medicines are used in the treatment of illness, but we have no good evidence on their therapeutic efficency. Many are used in such a way that active principle might contain could not reach the site of the disease. They are essentially magical rather than pharmacological. However nettles or other irritants may be employed and leaves may be used for dressing sores".- Bei einer Zusammenstellung nach symptomatischen Gesichtspunkten fällt auf, daß für Bauchschmerzen und Hautulcera ein besonders reichhaltiges Angebot an Heilmitteln besteht. Doch es finden sich auch angebliche Spezifica für Schnupfen, Ohrschmerzen, Hautpilze, Abszesse, Arthropodengifte und anderes mehr. Die Anwendung von Cassia alata gegen Tinea rubra und die recht komplizierte Behandlung von Tropengeschwüren mit Hilfe von Blättern (Kwabinga und Gelabagwi) und gedämpften Pilzen (Tebmakwanya, Naankwanya) dürfen hier insofern hervorgehoben werden, als die pharmakologische Wirksamkeit beider Maßnahmen schwerlich anzuzweifeln ist.

3. Pflanzen als Träger sekundärer, exogener Heilkraft : In diese Kategorie lassen sich all jene Pflanzen einfügen, die vom Blasdoktor, vom Steindoktor und vom Dampfdoktor verwendet werden : Der Kumbundu, der Blasdoktor, wird zwar in einzelnen Fällen die schmerzende Stelle direkt beblasen. Meist aber benötigt er als Vehikel für seine Heilkraft die schwammartigen Fasern eines faulenden Bananenstrunkes oder bestimmte Blätter, mit denen der Patient bestrichen wird. Der Njugrandu, der Steindoktor, der sich darauf spezialisiert hat, imaginäre Steine (oder andere Fremdkörper) aus der Haut des Kranken zu entfernen, benützt ebenfalls Blätter bei seinen Manipulationen. Diese Utensilien dienen ihm nicht nur als Tarn- und Ablenkungsmittel ; sie vermögen vielmehr -nach vorbereitender magischer Aufladung- den Heileffekt der "Steinextraktion" ganz wesentlich zu verbessern. Besonders deutlich wird die Überträgerfunktion für exogene, vom Doktor gelieferte Heilkraft bei der Bogjobehandlung durch den Babmondu. Bei diesem Prozedere imprägniert der Babmondu (Mondmann, Dampfdoktor) die für seine Therapie notwendigen Kandablätter mit seiner eigenen "Kraft", die nachher mit Hilfe von etwas Wasser und erhitzten Steinen als Dampf freigesetzt und vom Patienten inhaliert werden kann. Eine große Bedeutung wird den Pflanzen zugeschrieben, die allein oder

unter Mitbenützung von magischer Farbe eine anziehende oder abstoßende Wirkung auf Seelen und Geistwesen ausüben sollen. Über diesen faszinierenden Sektor der Abelam-Medizin wurde an anderer Stelle ausführlich berichtet (Stöcklin 1973, 1977). In der vorliegenden kurzen Aufzählung sollen daher weder technische Einzelheiten noch soziokultutelle Zusammenhänge zur Sprache kommen.

4. Pflanzen mit Geister und Seelen anlockender Kraft : Die meisten schweren Krankheiten der Abelam werden auf Zauberei zurückgeführt. Am gefährlichsten ist angeblich die Zauberei mit dem Gikus-Bündel, in welchem ein Teil der Seele des Patienten festgehalten und stellvertretend für die ganze Seele maltraitiert werden kann. Auf diese Weise werden letztenendes auch die körperlichen Leiden ausgelöst. -Um die "Bündelseele" von einem Menschen abzuzapfen, benützt der Zauberer (Kusndu, Farbenmann) nebst einer magischen roten Farbe einige zitronenähnlich riechende Blätter, denen eine seelenanlockende Kraft zugeschrieben wird. - Seelenanlockende Blätter finden auch Verwendung (und zwar diesmal ohne Zuhilfenahme von magischer Farbe) wenn es darum geht, die Seele eines kürzlich verstorbenen Menschen nach dem Urheber seines Todes zu befragen. Die Blätter werden in den dicksten Abschnitt eines mehrere Meter langen Bambusrohres hineingestopft und in die unmittelbare Nähe des Verstorbenen oder seines Grabes gebracht. Man fordert seine Seele auf, in diesem Bambusrohr Platz zu nehmen. Dank der Wirkung der wohlriechenden Blätter wird sie der Aufforderung nicht widerstehen können. Die befragte Seele antwortet nun, indem sie die Bambusstange (die von einigen Gehilfen gestützt wird) in rasanter Fahrt mit sich fortreißt und im Dorf oder gar im Hüttendach des Übeltäters landen läßt.

5. Pflanzen mit Geister und Seelen abstoßender Kraft : Pflanzen mit "negativ spiritotroper" Kraft, die also den letztgenannten entgegen wirken können, besitzen einen ausgesprochen üblen Geruch, der an Schwefel oder Knoblauch erinnert. Aus dieser Gruppe sind die bekanntesten die Kaamenblätter (Enodia spec.). -Eine direkte medizinische Verwendung von Kaamenblättern finden wir z.B. bei der Behandlung von an Pneumonie erkrankten Kleinkindern. Als Urheber ihres Leidens kommt in erster Linie Kwalwale, der Wassergeist, in Frage. Er wird nach hinreichender Schwächung des Kindes zurückkommen, um sich die Seele abzuholen. Um den Wassergeist an der Rückkehr zu hindern, wird das Patientlein auf Kaamenblätter gebettet und der üble, geisterverscheuchende Geruch noch durch Umhängen einer aus dem gleichen Material gefertigten Halskette verstärkt. -Kaamenblätter finden auch Verwendung um ein vom Zauberer zurückerstattetes Gikus-Bündel zu entkräften (d.h. um die darin festgehaltene Bündelseele zu befreien) oder gar, um das ganze Archiv eines Zaubermannes unbrauchbar zu machen. Unter der Einwirkung des Kaamen-Geruchs kehren die abgezapften Bündelseelen zu ihren Hauptseelen zurück. -Bei der Bekämpfung von Hexen wird auch den sogenannten Tanget-Blättern (Croton) ein seelenverscheuchender Effekt zugeschrieben : Analog zu vielen andern Völkern pflegen die Hexen der Abelam friedlich in ihrer Hütte zu schlafen, während ihre Seele mit Hilfe eines Vektors (etwa eines Wildschweines, eines fliegenden Hundes, einer Giftschlange oder eines Centiped) Unheil anrichtet. Normalerweise kehrt die Seele der Hexe bei Tagesanbruch wieder in ihre ursprüngliche Hülle zurück. Wenn ihr aber Tanget-Blätter über den Weg gelegt werden, bleibt ihr der Zugang zu ihrem Körper versperrt. Die Hexe erwacht nicht mehr aus ihrem Scheinschlaf und stirbt innert Stunden.

Friedr. Vieweg & Sohn Verlag, Braunschweig/Wiesbaden

Zusammenfassung

Nach einem Gruppierungsschema von Drobec (1954) sind im Arzneimittelschatz der sog. Naturvölker folgende Kategorien von Pflanzen auseinanderzuhalten : 1) Solche, die gegen bestimmte Erkrankungen tatsächlich spezifisch sind 2) Solche, die wohl wirken, aber nach unseren Begriffen als obsolet gelten 3) Solche mit zweifelhafter Wirkung 4) Solche, die nach unserer Erfahrung keine Wirkung zeigen, aber irgendwie durch Geruch, Geschmack, Farbe oder absonderliche Form hervorstechen 5) Manche Gifte und Geheimmittel, die unserer Beobachtung und Auswertung unzugänglich bleiben. Ein Blick in die Geschichte unserer eigenen Pharmakopoe zeigt, wie häufig selbst eine seriöse Beurteilung von pflanzlichen Heilmitteln zu Fehlschlüssen führt. Es ergibt sich die Forderung, daß für die Einteilung eines primitiven Arzneischatzes im Rahmen einer ethnomedizinischen Darstellung weniger unsere naturwissenschaftliche Wertung (im Sinne Drobecs) als eine ethnozentrische Deutung maßgebend sein sollte.

Eine kurze Erläuterung der in der Medizin der Abelam verwendeten Pflanzen (eigene Feldstudien) dient hier als Beispiel einer solchen Gliederung, die nicht nach pharmakologischen Wirkungen fragt, sondern Gesichtspunkte berücksichtigt, die den eingebornen Informanten verständlicher und lebensnaher erscheinen : 1) Pflanzen als instrumentelle Hilfsmittel 2) Pflanzen als Träger primärer, endogener Heilkraft 3) Pflanzen als Träger sekundärer, exogener Heilfraft 4) Pflanzen mit Geister und Seelen anlockender Kraft 5) Pflanzen mit Geister und Seelen abweisender Kraft. Es ist offensichtlich, daß eine Gruppierung nach solchen "primitiven" Kriterien nur innerhalb des gesamten kulturellen Bezugssystems sinnvoll oder gar "richtig" sein kann. Doch ist ja gerade die umfassende Betrachtungsweise ein wesentliches Ziel ethnomedizinischer Tätigkeit.

LITERATUR

DROBEC E. 1954: Zur Pflanzenmedizin der Naturvölker. *Paideuma* VI. Wiesbaden.

KOCH G. 1968: *Kultur der Abelam. Die Berliner "Maprik"-Sammlung.* Berlin.

LEHNER F. 1979: Die Bedeutung der Heilpflanzen in der heutigen Therapie. *Mitt. Biostrath.* Zürich.

SCHOFIELD F.D. & PARKINSON A.D. 1963: Social Medicine in New Guinea. Beliefs and Practices affecting Health among the Abelam and Wam Peoples of the Sepik District. *Med. J. Austr.* I, p.1-8 u. 29-33.

STERLY J. 1970: Heilpflanzen der Einwohner Melanesiens. *Hamburger Reihe zur Kultur- und Sprachwissenschaft* VI. Hamburg.

STÖCKLIN W.H. 1973: Fruchtbarkeitsriten und Todeszauber bei den Abelam in Neuguinea. Neue Aspekte der Farbenmagie. In. *Ref. d. 1. Fachkonf. Ethnomedizin.* s. 41-54. München.

STÖCKLIN W.H. 1977: Die Farbenmagie der Abelam in ethnomedizinischer Sicht. In Rudnitzki G, Schiefenhövel W., Schröder E. *Ethnomedizin. Beiträge zu einem Dialog zwischen Heilkunst und Völkerkunde.* Ethnolog. Abh. 1, s. 23-35. Barmstedt.

Die Pflanzenwelt aus der Sicht der Eipo (West-Neuguinea)

Paul Hiepko / Wulf Schiefenhövel

ZUSAMMENFASSUNG Ethnobotanische Erhebungen wurden sowohl im Verlauf der ethnomedizinischen und humanethologischen Untersuchungen als auch während der botanischen Feldarbeit im Eipomek Tal im Bergland von Neuguinea durchgeführt. Die taxonomische Einteilung der Pflanzenwelt, die zwar als Ganzheit begriffen nicht aber mit einem eigenen Terminus belegt wird, folgt recht genau den von BERLIN et al. (1976) anhand reichen ethnobotanischen Materials aus Südamerika vorgeschlagenen Einteilungsprinzipien, die sich zu einem 5-stufigen hierarchischen Modell zusammenstellen lassen: 1) Pflanzenreich (unbenannt), 2) Lebensform (4 Taxa: Bäume, Lianen, Gräser, Moose),3) Intermediärstufe (Verwandtschaften zwischen Pflanzen werden gesehen und ausgedrückt), 4) Gattungsstufe (enthält weitaus die meisten Gruppen, von denen ca. 90% monotypisch sind; die Pflanzennamen sind mono- oder binomial), 5) Artstufe (enthält polytypische Vertreter, die Namen sind zumeist binomial).

Im allgemeinen ist die Eipo-Klassifikation mit der in der Wissenschaft üblichen gut vergleichbar. In einigen Fällen erwiesen sich die Eipo als die besseren Botaniker: sie waren in der Lage, auch sehr unterschiedlich aussehende Pflanzen als zu einer Gattung gehörig zu erkennen. Interessant ist, daß dabei v.a. visuell wahrnehmbare Merkmale, insbesondere der Blätter und Früchte, die entscheidenden Kriterien abgaben. Kinder erkennen die meisten Pflanzen sehr sicher und sind auch in der Lage, weitere biologisch-ökologische Zusammenhänge anzugeben. Die enge Verbindung der Menschen zu den Pflanzen, insbesondere den Bäumen, zeigt sich u.a. in der Rolle bestimmter Bäume in Mythologie und Religion.

SUMMARY (The Eipo's view of the plant world (Highlands of West New Guinea).
A short introduction to the situation of the Eipo and the significance of plants for their culture is given. Our data on Eipo folk botany fit well in the general principles of folk taxonomy proposed by BERLIN et al. (1973-1976) and indicate the existence of universals in folk classification systems. Eipo plant taxa are of several distinguishable types, the so-called ethnobiological ranks. We are able to distinguish 5 ranks (in the terminology of BERLIN et al.): Level 0: Plant kingdom (or unique beginner); unnamed but obviously distinguished by the Eipo, similar to most other folk plant classification. - Level 1: Life-form rank; there are only 4 taxa in this rank (usually 5-10), i.e. yo (trees and shrubs), tape (lianas and herbaceous climbers), maning (grasses), and nutuma (mosses and moss-like plants). - Level 2: Intermediate rank; named or unnamed groups of plants (covert taxa) between level 1 and 3. The Eipo obviously see relationships between different plants and use metaphors to describe this, e.g. "a is the uncle (or brother) of b". - Level 3: Generic rank. The folk generics form the core of the Eipo plant taxonomy, a fact typical for all folk taxonomies. The Eipo use monomial or binomial expressions in naming the generics. There are many synonyms mostly due to an extensive name taboo system. Most generic taxa are monotypic (c. 90%). Only 22 generics are polytypic and c. 65% of these are sets of more than two members (all plants of major cultural importance, e.g. staple crops, vegetables, fruits etc.). - Level 4: Specific rank: Here we have members of the above mentioned polytypic generics mostly with binomial nomenclature.
In some cases the Eipo were the better botanists: they were able to correctly group phaenotypically very different plants into one genus. Visual characteristics, especially of flower and fruit, are their most important taxonomic clues. Already children are skilled in identifying plants, also those of no apparent value; they furthermore know about ecological interrelationships. The significance plants, especially trees, have is expressed in religion and mythology.

Friedr. Vieweg & Sohn Verlag, Braunschweig/Wiesbaden

RESUME (Le monde des plantes d'après les Eipo de l'ouest de la Nouvelle Guinée). Nos renseignements concernant la botanique populaire chez les Eipo concordent bien avec les principes généraux de taxonomie populaire proposés par BERLIN et al. (1973-1976) et montrent l'existence de conceptions universelles dans les systèmes de classification populaires. Ces systèmes de classification offrent un modèle à cinq degrés: 1) le règne végétal (non nommé), 2) les formes vivantes (taxons; arbres, lianes, herbes), 3) l'échelon intermédiaire (on observe des formes apparentées de plantes), 4) l'échelon du genre, qui contient de loin le plus grand nombre de groupes, etc. D'une façon générale, il est facile de comparer la classification Eipo avec celle des scientifiques. Dans certains cas, les Eipo se révèlent de meilleurs botanistes. Ils sont en mesure de reconnaitre des plantes d'aspect très différent comme appartenant à une même famille. Il est intéressant de constater que ce sont surtout les feuilles et les fruits qui sont les principaux critères d'identification. Les enfants sont déjà en mesure de reconnaître la plupart des plantes. Le rapport étroit entre l'homme et les plantes, spécialement les arbres, apparaît, entre autres, dans le rôle que jouent certains arbres dans la mythologie et la religion. gm

Einleitung

yo-arye ninye are deiamsuk
Der Baum war es, der den Menschen gebar

Dieser Satz aus einer der Schöpfungsmythen der Eipo zeigt die enge Beziehung, die in der Kultur der Eipo zwischen Pflanzen, insbesondere Bäumen, und Menschen besteht. Das menschliche Leben ist, in wörtlichem Sinne, eingebettet in die Pflanzenwelt: wenn ein Kind geboren wird, gleitet es in Blätter eines Baumfarnes *Cyathea pilulifera, balting*, wenn ein Mensch stirbt, wird sein Leichnam in der Krone eines Baumes, etwa einer Kasuarine, *Casuarina oligodon kebyal* eingebunden und mit Gras, Blättern und Rinde umhüllt.

Für die Eipo wie für andere "Naturvölker" ist der unmittelbare Kontakt mit der vom Menschen nur wenig veränderten Natur kennzeichnend, er prägt ihren Alltag, ihre Feste, ihre Mythologie. Welche Bedeutung die Pflanzen für die Eipo haben, wie sie von ihnen klassifiziert werden und welche Vorstellungen und Konzepte ihres Wesens bestehen, soll in diesem Beitrag, der gebotenen Kürze wegen in geraffter Form, behandelt werden. Die Eipo leben am Nordabhang des mächtigen Zentralgebirges in der westlichen Hälfte der Insel Neuguinea, der indonesischen Provinz Irian Jaya.*

Bis zum Beginn der Forschungsarbeiten im Juli 1974 hatten die Eipo nur sehr wenig Kontakt mit der Außenwelt. Sie lebten als Grabstockpflanzer von den Erträgen ihrer Gärten *wa*, in denen vorwiegend die Süßkartoffel *Ipomoea batatas, kwaning*, aber auch Taro *Colocasia esculenta, am* und verschiedene Gemüsearten angebaut wurden. Sie hatten nur wenige Stein-, Knochen- und Holzgeräte, waren aber an die harten Lebensbedingungen gut angepaßt. Die Dörfer der Eipo liegen zwischen 1600 und 2300 m, pro Jahr fällt knapp 6000 mm Niederschlag, die Temperaturen reichen von 11° - ca. 25° C (nach G. HOFFMANN).

* Unsere Forschungsarbeiten wurden im Rahmen des Schwerpunktprogrammes der Deutschen Forschungsgemeinschaft "Mensch, Kultur und Umwelt im zentralen Bergland von West-Neuguinea" durchgeführt, dessen Initiatoren G. Koch und K. Helfrich vom Museum für Völkerkunde in Berlin waren. Weiteren Dank schulden wir LIPL, dem Ministerium P & K, der Universitas Cenderawasih, den Missionen GKI und UFM und der MAF, vor allem aber den Eipo selbst für ihr Verständnis und ihre Freundschaft.

Rassisch, sprachlich und kulturell sind die kleingewachsenen Eipo typische Inland-Papua (durchschnittliche Körperlänge der Männer zwischen 146 und 147 cm nach Messungen von E. BÜCHI und H. JÜPTNER). Ihre Dörfer, die aus Rundhütten der drei Typen Familien-, Männer- und Frauenhäusern bestehen, haben zwischen ca. 30 und 250 Einwohner. Sie liegen in einer Zone anthropogenen (sekundären) Graslandes, das nach einer Brache von 15-20 Jahren wieder zur Anlage von Gärten verwendet wird. In der weiteren Umgebung der Dörfer erstreckt sich der Bergwald bis in eine Höhe von ca. 3500 m. Er wird gelegentlich zur Anlage neuer Gärten gerodet, sonst als Lieferant von Bauholz und zum Sammeln und Jagen genutzt. Die Sozialstruktur der Eipo ist gekennzeichnet durch patrilineare exogame Klane *yala*, Männerhaus- und Dorfgemeinschaften sowie politische Einheiten, die aus mehreren Dörfern bestehen. Bewaffnete Streitigkeiten und längerdauernde Kriege waren häufig und kosteten das Leben etwa jeden vierten Bewohners; im Krieg Getötete wurden gelegentlich verzehrt. In den Liedern, Mythen und sakralen Formeln mit ihrer kraftvollen, metapher-reichen Sprache kommt die hohe Geistigkeit dieser mündlich überlieferten Literatur zum Ausdruck.

Methoden

Die ethnobotanischen Daten wurden einerseits im Verlauf der 22-monatigen ethnomedizinischen und humanethologischen Feldarbeit eines Autors aufgenommen (W.S., zwischen 1974 und 1976). Teilnehmende Beobachtung, gezieltes Fragen, unstrukturierte Interviews und eigenes Pflanzensammeln waren dabei die hauptsächlichen Forschungsmethoden. Es wurde, anders als etwa von BERLIN et al. (1974), keine systematische taxonomische Befragung durchgeführt; die wiedergegebenen Vorstellungen der Eipo basieren auf spontanen, d.h. nicht elizitierten Äusserungen, denen man eine hohe Validität zumessen darf. Weitere Schlüsse, insbesondere auf die Zuordnung und Klassifikation von Pflanzen, wurden aufgrund linguistischer Gesetzmäßigkeiten (HEESCHEN & SCHIEFENHÖVEL 1983) und aus der Etymologie der Eipo-Sprache gezogen. Ergänzende ethnobotanische Daten wurden Anfang 1976 während der sechswöchigen Feldarbeit im Rahmen eines botanischen Forschungsprojektes im gleichen Gebiet ermittelt (HIEPKO - W.SCHULTZE-MOTEL, vgl. HIEPKO & SCHULTZE-MOTEL 1981). In dieser Zeit sammelten wir über 500 Herbarbelege von Samenpflanzen und Farnen sowie etwa die gleiche Zahl an Moosproben. Beim Sammeln der Pflanzen wurden gleichzeitig von den stets anwesenden jugendlichen Informanten die Eipo-Namen der Pflanzen erfragt. Von den fast 400 so ermittelten Namen konnten viele, auf häufigere Arten bezogene, mehrfach in ihrer Anwendung überprüft werden.

Während der wissenschaftlichen Bearbeitung des Pflanzenmaterials ergaben sich zahlreiche interessante Erkenntnisse im Zusammenhang mit der Benennung und Klassifikation der Pflanzen durch die Eipo. Diese Erkenntnisse regten uns dazu an, unsere umfangreichen ethnobotanischen Daten zusammenzustellen und mit den erst in jüngster Zeit von BERLIN in Zusammenarbeit mit bekannten amerikanischen Pflanzen-Taxonomen (1973-1976) herausgearbeiteten allgemeinen Grundsätze der Volkssystematik und -nomenklatur zu vergleichen; diese ethnobiologischen Prinzipien wurden besonders auf der Grundlage eingehender ethnobotanischer Untersuchungen in Mittel- und Südamerika entwickelt.

Die Volkssystematik der Eipo

Unsere ethnobotanischen Daten lassen sich, von einigen nur quantitativen Differenzen abgesehen, in das von BERLIN und Mitarbeitern ausgearbeitete universelle Grundmuster aller volksbotanischen Klassifikationen einpassen. Einen ersten Vergleich von ethnobotanischen Daten aus dem östlichen Neuguinea mit den Theorien von BERLIN et al. führte HAYS (1979) mit einem ähnlichen Ergebnis durch. In der folgenden Darstellung der Pflanzensystematik der Eipo verwenden wir die Terminologie von BERLIN et al.

Wie auch in jeder anderen Kultur kennen die Eipo verschiedene Möglichkeiten zur Einteilung der Pflanzenwelt, die jeweils auf unterschiedlichen Kriterien beruht. Sie unterscheiden beispielsweise zwischen Kulturpflanzen *koineneng* und Wildpflanzen *faneneng*. Andere praktische Gesichtspunkte der verschiedenen Nutzungsmöglichkeiten führen zu einer differenzierteren Einteilung, auf die wir hier aber nicht näher eingehen können. Wir wollen uns dafür eingehender mit der eigentlichen Volkssystematik beschäftigen, bei der die Unterscheidung von Pflanzengruppen offensichtlich weitestgehend aufgrund morphologischer Kriterien getroffen wird. Es handelt sich in Übereinstimmung mit den Feststellungen anderer Ethnobotaniker um sichtbare Merkmale wie Wuchsform, Blattform und -größe, Fruchtbau u.a. Geruch oder Geschmack spielen keine oder höchstens vereinzelt eine untergeordnete Rolle beim Erkennen von Pflanzen.

Wenn wir die Gesamtheit der Eipo-Pflanzennamen betrachten, so fällt auf, daß die meisten Taxa mit einfachen Namen (primären Lexemen) bezeichnet werden (mit dem allgemeinen Terminus Taxon bzw. Taxa im Plural werden wir im folgenden Text alle unterschiedenen Pflanzengruppen benennen). Bei den Eipo ergibt sich eine gewisse nomenklatorische Komplikation dadurch, daß, bedingt durch ein vielfältiges Namenstabu, die Taxa häufig mindestens zwei Namen tragen. Die meist einfachen, d.h. aus primären Lexemen bestehenden *dibe si*, die eigentlichen Namen sind oft nicht analysierbar. Die zweite Klasse von Namen, die *furume si*, können wir hier nicht näher betrachten. Es sei nur erwähnt, daß sie im typischen Fall umschreibenden oder vergleichenden Inhalt haben und daß hier deshalb analysierbare sekundäre Lexeme nicht selten sind.

Wie BERLIN sind wir auch der Auffassung, daß die Nomenklatur den wichtigsten Schlüssel zum Eingang in ein volksbotanisches System darstellt. Die weitaus größte Zahl der einfachen Pflanzennamen der Eipo bezeichnet offenbar gleichwertige Taxa, die wir (mit BERLIN) in die Rangstufe der V o l k s g a t t u n g (generic level) einordnen. Diese Rangstufe bildet der Anzahl der Taxa nach den Schwerpunkt jeder Volkssystematik. Auch in der europäischen Volksbotanik sind die meisten Pflanzennamen hier einzuordnen, wie z.B. die deutschen Namen einiger Bäume zeigen: Buche, Eiche, Birke, Linde, Ulme usw. Oberhalb dieser Gattungsstufe gibt es in jeder Volkssystematik zusammenfassende, d.h. hierarchisch übergeordnete Taxa, die auch mit primären Lexemen, also monomial benannt werden. Diese Taxa werden in die Rangstufe der L e b e n s f o r m e n gestellt. Im Gegensatz zu der sonst üblichen Zahl von 5-10 Taxa in dieser Stufe, konnten wir bei den Eipo jedoch nur 4 benannte Gruppen feststellen:

1) *yo* - Bäume und Sträucher
2) *tape* - Lianen und krautige Kletterpflanzen
3) *maning* - Gräser
4) *nutuma* - Moose und moosähnliche Pflanzen.

Zwischen der Gruppe der Lebensformen und der dieser untergeordneten Gattungsstufe, liegt eine "intermediäre Rangstufe" in die mehrere von den Eipo benannte oder umschriebene Zwischentaxa einzuordnen sind. Zwei Beispiele mögen illustrieren, was unter diesen Taxa zu verstehen ist: *fotong yo* heißt wörtlich "Haar-Baum" und entspricht weitgehend unserem Begriff "Nadelbaum". In anderen Fällen wird die vermutete Zusammengehörigkeit von Volksgattungen umschrieben und zwar etwa so: "Das Gras B ist der Onkel von dem Gras A". Man kann diese Ausdrucksweise auch durchaus als Anzeichen für das Erkennen von Verwandtschaften zwischen unterscheidbaren Pflanzen bzw. Pflanzengruppen werten.

Wenn wir uns jetzt wieder den Volksgattungen zuwenden, so müssen wir feststellen, daß der größte Teil dieser Taxa monotypisch ist und zwar liegt der Anteil der monotypischen Gattungen bei ca. 90%. Die restlichen rund 10% werden untergliedert, was man an ihrer binären Nomenklatur leicht erkennen kann. Von diesen wiederum sind gut ein Drittel bitypisch, während zwei Drittel in mehr als zwei Taxa unterteilt werden. Diese unterhalb der Gattung liegende Rangstufe wird als A r t s t u f e bezeichnet (specific level). Bei den bitypischen Volksgattungen wird von den Eipo die häufigere Form immer mit dem einfachen Gattungsnamen benannt und die seltenere abweichende Form erhält einen zusätzlichen Zweitnamen. So wird beispielsweise eine sehr häufig anzutreffende Impatiens-Art als *ku* bezeichnet, während eine seltenere, durch schmalere, rötliche Blätter ausgezeichnete Variante dieser Art *kurun ku* heißt. Um auf ein vorhin gegebenes Vergleichsbeispiel aus der deutschen Volksbotanik zurückzukommen, könnte man hier die Rot- und Weiß-Buche nennen, wobei noch zu bemerken ist, daß die häufigere Rot-Buche meist einfach Buche genannt wird. Bei den polytypischen Gattungen der Eipo mit mehr als zwei "Arten" handelt es sich charakteristischerweise fast ausschließlich um Kulturpflanzen wie Süßkartoffel, Taro, Zuckerrohr, Banane u.a. Die größte Zahl von Namen, und zwar zwischen 40 und 50, fanden wir bei den Hauptnahrungspflanzen, der Süßkartoffel *Ipomoea batatas* und dem Taro *Colocasia esculenta*.

Eine weitere Unterteilung der Volksarten ist in der Ethnosystematik nur sehr selten zu beobachten. Es handelt sich bei dieser untersten Rangstufe um die der "Varietät". Bei den Eipo gibt es eine Gruppe von Kulturgräsern *Setaria palmifolia, teyang*, denen man diese Rangstufe zusprechen könnte, doch sind in diesem Fall noch Nachuntersuchungen notwendig. Nach BERLIN gibt es auch an der Spitze des hierarchisch gegliederten Systems eine fast immer unbenannte Kategorie, die in unserem Sinne als Pflanzenreich zu bezeichnen wäre. Daß die Eipo zumindest alle grünen Pflanzen als eine, wenn auch unbenannte Einheit betrachten, geht schon allein aus der Tatsache hervor, daß sie sofort begriffen hatten, daß wir uns für Pflanzen interessierten und deshalb laufend Pflanzen und nur Pflanzen zu uns brachten.

Damit haben wir das mindestens fünf verschiedene Rangstufen umfassende Pflanzensystem der Eipo vorgestellt, das in seinen Grundzügen mit allen anderen bekannten ethnobotanischen Systemen sehr gut übereinstimmt. Es handelt sich um die folgenden Rangstufen:

1. Pflanzenreich (unbenannt)
2. Rangstufe der Lebensformen (vier benannte Taxa)
3. Intermediäre Rangstufe (benannte oder umschriebene Sammelgruppen)
4. Gattungsstufe (Hauptmenge der Namen hier einzuordnen)
5. Artstufe (besonders bei Kulturpflanzen)

(6.) Varietätsstufe (unsicher)

Die Frage der Übereinstimmungen zwischen der Eipo-Taxonomie und der wissenschaftlichen Phytotaxonomie soll noch kurz erörtert werden. Dazu muß zunächst betont werden, daß die *Volksgattungen* in den meisten Fällen der Rangstufe der *Art* (Species) in der wissenschaftlichen Botanik zuzuordnen sind, während die bei den Kulturpflanzen von den Eipo unterschiedenen *Volksarten* meist der in der Kulturpflanzensystematik verwendeten Rangstufe der *Sorte* (Cultivar) entsprechen. Im letzteren Fall liegt also eine Überdifferenzierung vor. Auf der Ebene der Volksgattungen sind auch die anderen beiden denkbaren Möglichkeiten von Entsprechungen zu beobachten. In vielen Fällen liegt die Übereinstimmung einer Volksgattung mit einer Art des wissenschaftlichen Systems vor (BERLIN: one-to-one-correspondence). Häufig findet mant jedoch auch eine Unterdifferenzierung, d.h. die Eipo bezeichnen verschiedene Arten einer Gattung mit demselben Namen. In mehreren Fällen wird dabei eine verblüffend scharfe Beobachtungsgabe und Abstraktionsfähigkeit der Eipo offenbar.

Die Pflanzen in der Mythologie der Eipo

Die große Bedeutung, die Pflanzen, insbesondere Bäume für die Eipo haben, wurde in dem eingangs zitierten Passus aus einer der Schöpfungsmythen exemplarisch dargestellt. Der Stammvater eines seit Menschengedenken im Eipomek-Tal ansässigen Klans war zunächst ein Wesen, das eine Haut wie die borkige Rinde des *mek*-Baumes *Papuacedrus torricellensis* besaß, das mehr Pflanze als Mensch war. Erst dadurch, daß eine der mythischen Schöpfergestalten mit der Hand glättend über die grobe Rinde strich, wurde aus dem Baum ein Mensch.

In der Überlieferung der Eipo spielt ein weiterer Baum eine wichtige Rolle, der *bon, Homalanthus nervosus*. Er trägt mit seiner Krone den Himmel. Hier drängt sich der Vergleich mit Yggdrasil geradezu auf, der Weltesche, die nach nordischer Sage das Universum trug und mit ihren drei Wurzeln in die Unterwelt, das Land der Riesen und das Reich der Götter reichte. In beiden so unvorstellbar weit von einander entfernten Kulturen, der im Norden Europas und der des Inlands von Neuguinea, bildet ein Baum den Stützpfeiler der Welt. Darin offenbart sich einerseits eine Art archetypisches Universale der Rolle und Bedeutung des Baumes, andererseits die enge Beziehung zwischen Mensch und Pflanze, die für Kulturen der vorindustriellen Phase geringer Naturbeherrschung kennzeichnend ist.

ZITIERTE LITERATUR

BERLIN B. 1973. Folk systematics in relation to biological classification and nomenclature. *Annual Review of Ecology and Systematics* 4:259-271.

-- 1976. The concept of rank in ethnobiological classification: some evidence from Aguaruna folk botany. *American Ethnologist* 3:381-399.

BERLIN B., BREEDLOVE D. & RAVEN P. 1973. General principles of classification and nomenclature in folk biology. *American Anthropologist* 75:214-242.

-- 1974. *Principles of Tzeltal plant classification: an introduction to the botanical ethnography of a Mayan-speaking people of highland Chiapas*. New York.

HAYS T.E. 1979: Plant classification and nomenclature in Ndumba, Papua New Guinea Highlands. *Ethnology* 18:253-270.

HIEPKO P. & SCHULTZE-MOTEL W. 1981. *Floristische und ethnobotanische Untersuchungen im Eipomek-Tal, Irian Jaya (West-Neuguinea) Indonesien.* Mensch, Kultur und Umwelt im zentralen Bergland von West-Neuguinea 7:1-75. Berlin:Reimer.

HEESCHEN V. & SCHIEFENHÖVEL W. 1983. *Wörterbuch der Eipo-Sprache. Eipo-Deutsch-Englisch.* Berlin:Reimer.

Sonderband 3/85, 289–304

Ethnobotanische Beobachtungen bei den Sakai auf Sumatra

Hans Kalipke

Folge der Reisweisheit,	desto tiefer (demütiger)
je voller der Kopf,	senkt er sich.

(Sakaiweisheit)

ZUSAMMENFASSUNG Eine Darstellung der rein botanischen Kenntnisse der Sakai ähnelt, wenn sie nicht wenigstens in eine angedeutete Gesamtsicht ihrer Vorstellungen eingebettet ist, nur einem Zerrbild ihrer Betrachtungsweise pflanzlichen Lebens. Deshalb möchte ich zunächst in Umrissen die Anlage eines Brandrodungsfeldes im Urwald und die anschließende Feldarbeit darstellen, um auf diese Weise einen ersten Einblick in die Glaubensvorstellungen der Sakai in Bezug auf pflanzliche Wesen zu geben. Anschließend wird dies ausführlich exemplarisch in Bemerkungen über eine bestimmte Baumart (kayu bosi) vertieft. Sodann werden botanische Detailkenntnisse einschließlich ihrer Nutzbarmachung durch den Menschen dargestellt und durch geeignete Sprichwörter und Redensarten und Vorstellungen über die Entstehung verschiedener Gewächse ergänzt. Sodann wird das "botanische System" der Sakai dargestellt und schließlich die Hypothese eines universalen Denkansatzes postuliert.

SUMMARY A representation of the pure botanical knowledge of the Sakai is, unless it is embedded in an at least implied overall view of their imagination, only like a distorted picture of their approach to plant life. Therefore, for the present I would like to represent the laying-out of a fire-clearing-field in the jungle and the following field work to give by this means a first glimps of the belief of the Sakai referring to plant nature. Subsequently to that, this will be deepened by detailed examples of remarks about botanical detail-knowledge of a certain type of tree. After that, botanical detail-knowledge including its utilization by man will be represented and completed by appropriate sayings and idioms and imagination of the origin of different plants. Then the "botanical system" of the Sakai will be represented and finally a hypothesis of an universal way of thinking will be postulated.

RESUME Une présentation des connaissances purement botaniques des Sakai serait une caricature de leur approche de la vie végétale si elle ne tenait pas compte du contexte de leurs conceptions. C'est pourquoi je voudrais d'abord parler rapidement de l'aménagement d'un champ défriché en forêt vierge et présenter les travaux qui suivent. De cette façon, je donne un premier aperçu des croyances des Sakai relatives aux êtres végétaux. Ensuite sont donnés des exemples précis et détaillés sur une certaine variété d'arbre. Puis sont détaillées les connaissances botaniques et l'usage qu'en font les hommes. Elles sont complétées par des proverbes, des expressions relatives à la naissance des plantes. Enfin, on présente le système botanique des Sakai et l'hypothèse d'une façon universelle de penser. gm

Die rund 5500 *Sakai* leben halbnomadisch in Indonesien im sumatranischen Urwald in der Riauprovinz in einem zum Teil hügeligen Gelände, das sich insgesamt nur wenig über den Meeresspiegel erhebt. Ihr Gebiet ist rund 100 km lang und 25 km breit, entspricht aber nicht auch nur annähernd einem Rechteck, sondern hat eher Schlangenform. Eine Gruppe lebt etwa 40 km von den anderen Gruppen entfernt und zwischen anderen Gruppen hat sich eine Art Kreisstadt entwickelt. Im Umgang mit der Außenwelt bedienen sich die Sakai eines eigentümlichen Sprachgemisches, welches überwiegend aus der indonesischen Nationalsprache, malaiisch und minang besteht, das heißt Sprachen, die in benachbarten Kreisstädten gesprochen werden.

In den letzten Jahren hat sich die Situation der Sakai dramatisch verändert. Ein großer Teil von ihnen ist in von der Regierung errichteten Projekten eingezogen. Alle anderen leben nun allenfalls wenige Hundert Meter von einem befahrenen Weg entfernt. 1978 waren der Gruppe, mit der ich lebte, Tonbandgeräte unbekannt; heute besitzt fast jede zweite Familie einen kombinierten Radiokassettenrecorder, außerdem gibt es bereits drei akkumulatorbetriebene Fernsehgeräte. Damals gab es ein kaputtes Fahrrad, heute gibt es neben zahlreichen neuen Fahrrädern bereits drei Motorräder.

Anlegen und Pflegen eines Reisfeldes

Ein Reisfeld im Wald anzulegen bedarf umfangreicher und langfristiger Vorbereitungen; und dies alle Jahre wieder, denn auf einem Feld darf nur ein einziges Mal Reis ausgesät werden. Dieses von den Vorfahren erlassene strikte Gebot beruht -wird ein Europäer sagen- zweifellos darauf, daß die dünne fruchtbare Erdkrume nur einmal einen ausreichenden Ertrag garantiert. Für die Sakai stellt sich das Problem anders. Sollte auf demselben Feld noch einmal Reis gesät werden, so müßten die stehengebliebenen Reishalme abgebrannt werden. Ein so gekränkter Reis (Teile von ihm sind verbrannt worden - ein Umkehrung dessen, was Menschen sich wünschen können) würde kaum noch wachsen. Außerdem würde dies zu schweren Krankheiten führen: Die Zunge will stets nach hinten in den Rachen hinein oder die Füße wollen gen Himmel und der Kopf zur Erde.

Nachdem die Gesamtfläche aller anzulegenden Felder ermittelt ist, gehen die Männer gemeinsam in den Wald, um die Bodenqualität gründlich zu prüfen. Kurze Vorprüfungen sind schon vorher zur ungefähren Auswahl des Gebietes erfolgt. Schwarze Erde gilt als gut geeignet, gelber oder weißer Boden jedoch bringt nach Erfahrung der Sakai sehr schlechte Ernten, weil das Regenwasser schnell versickert und der Boden schnell heiß wird.

Beim Prüfen des Bodens an verschiedenen Stellen werden gleichzeitig alle vorhandenen Bäume und Gewächse registriert. Je mehr *tontag*-Bäume oder *gunggag*-Bäume (Zimmerholz; *Cratoxylon cuneatum* miq.) vorhanden sind, desto schlechter ist das Gebiet geeignet, weil viele dieser Bäume viele oberirdische Wurzeln besitzen.

Unzulässig ist die Anlage eines Feldes, wenn innerhalb der geplanten Grenzen ein *Kolubi*-Stamm (*Zalacca conferta*) wächst. Den Grund für dieses Verbot konnte mir keiner meiner Freunde nennen. Ihre sterotype Antwort auf meine diesbezügliche Frage lautete stets: "Das haben wir von den Alten gelernt; wenn wir es doch machen, wird der Feldgeist wütend!" Ich habe mir zwei Erklärungen überlegt, von denen ich der zweiten größeres Gewicht beimesse: Das Kolubi-Gewächs ist dem Menschen sehr nützlich; zum einen trägt es etwa pflaumengroße, leicht sauer schmeckende Früchte, und - wichtiger noch - sein weiches Holz wird, nachdem die Rinde entfernt ist, zum Bauen vieler, ja der meisten Opfergaben für die Geister benutzt. Die Geister könnten es als eine Mißachtung ihrer selbst betrachten, wenn aus dem gleichen Material, das verbrannt oder abgeholzt, also vernichtet wird, ziemlich wertlos ist, Geschenke für sie angefertigt werden.

Wird im vorgesehenen Gebiet oder in dessen unmittelbarer Nähe ein Bienenvolk entdeckt, so wird die weitere Prüfung des Gebietes eingestellt, denn es gilt das strenge, von den Alten überlieferte Gebot, keine Bienenvölker zu vertreiben. Der Bienenhonig gilt als große Delikatesse; hierauf komme ich noch an anderer Stelle zurück. Schließlich ist beim Abstecken des geplanten Gebietes zu beachten, daß die Grenzen nicht über einen kleinen Hügel verlaufen. An den Hängen größerer Hügel darf jedoch ohne weiteres ein Feld angelegt werden.

Als nächstes werden die größeren Bäume daraufhin geprüft, ob einer von ihnen als Behausung eines Waldgeistes dient - mit Ausnahme von *kiao*-Bäumen (verschiedene *Ficus*-Arten), die oft als Sitz von kiao-Geistern, die jedoch den Menschen nie schädigen, dienen. Die Prüfung ist einfach und kann von jederman vorgenommen werden: Mit einem Schlagmesser werden dem Baum drei kleine Wunden geschlagen. Wenn nach drei Tagen aus diesen Wunden "Blut", eine rötliche Flüssigkeit läuft, so ist dies ein sicheres Zeichen, daß der betreffene Baum von einem Waldgeist bewohnt wird. In diesem Fall muß, falls das Gebiet für geeignet befunden wird, ein *pawag* gerufen werden, der die Geister unter anderem durch Opfergaben zur Aufgabe ihres Wohnsitzes bewegt. Wie gefährlich es ist, unbefugt, ohne die nötigen Vorkehrungen getroffen zu haben, einen großen Baum zu fällen, davon zeugen viele schreckliche Unfälle, die aus der Fremde kommende Straßenbauer und besondere Holzarten schlagende Waldarbeiter erlitten haben.

Sind die bisherigen Prüfungen positiv ausgefallen, so wird in der Mitte des gesamten noch nicht in Parzellen aufgeteilten Gebietes ein eine Depa langer Zweig vom *antoi*-Baum gesteckt. Nach drei Tagen wird der Zweig aus der Erde gezogen und geprüft, wie lang er ist. Hat er seine Länge nicht verändert, darf hier ein Feld angelegt werden; ist er länger geworden, bedeutet dies hohe Ernteerträge; ist er jedoch kürzer als vorher, so ist dies ein Zeichen, daß der Geist, dem dieses Gebiet gehört, nicht will, daß hier ein Feld entsteht. Bis vor etwa zehn Jahren wurde vor Beginn des Rodens ein großes Fest gefeiert. Dieses diente nach den mir vorliegenden, allerdings leider unvollständigen Informationen zweifelsfrei als Fruchtbarkeitskult. Aber - dies kann ich allerdings nur vermuten - es könnte auch zum zusätzlichen Abbau von Ängsten gedient haben, zum Beispiel, indem Abbitte gegenüber dem Wald und seinen Geistern geleistet wurde, denn das Anlegen eines Feldes im Wald gilt als ein erheblicher Eingriff in die Natur.

Wenn beim Fällen eines Baumes ein anderer, schon morscher Stamm ebenfalls umstürzt und damit zur tödlichen Gefahr wird, so ist aus westlicher Sicht die Ursache für den Sturz des morschen Stammes eindeutig: er wurde mitgerissen. Für die Sakai jedoch ist dies nur eine mögliche Erklärung. Viel wahrscheinlicher könnte dieser "von selbst" umgestürzte Stamm ein Warnzeichen aus der Anderen Welt sein. Auf den Stumpf jedes großen gefällten Baumes wird ein kleiner, noch lebender Ast gesteckt, um den Verlust des Stammes gegenüber dem Baumstumpf auszugleichen; anderenfalls würde der *pedako*-Geist böse reagieren. Nachdem ein Feld gerodet ist, darf sein Besitzer bis zur Aussaat seine Haare nicht mehr schneiden lassen, denn wenn der Reis kurze Haare sieht, will er nicht mehr wachsen, bleibt er kurz. Am Morgen des Tages, an dem abgebrannt werden soll, gehen die Männer in den Wald, um einzelne absichtlich noch stehengelassene Bäume zu fällen. Nachdem das Geräusch der niederstürzenden Bäume verhallt ist, rufen sie mit lauter Stimme: "Heute wollen wir abbrennen! Ameisen, Termiten, Eidechsen lauft weg! Wenn ein Schaden entsteht, ist das nicht unser Fehler!". Mit dem Abbrennen wird, nachdem der Morgentau verdunstet ist, etwa um die Mittagszeit begonnen. An der Grenze angekommen, wird an vielen Stellen gleichzeitig Feuer gelegt und dann so schnell als möglich unter lautem Anrufen des Windes der Rückweg angetreten. Jedes Feld hat einen Feldgeist, der, wenn im nächsten Jahr ein neues Feld gerodet wird, mit zum neuen Feld zieht. Wenn der Feldgeist Unkorrektheiten bemerkt, wird er den Fehlerverursacher oder dessen Familie bestrafen, zum Beispiel durch Krankheit oder gar Tod. Hierauf gehe ich später ausführlich ein.

Die letzten drei Nächte, bevor die Aussaat beginnt, werden jeweils zwei Eisenteile (meistens Nägel) gegeneinandergeschlagen, damit die Seele des Reises widerstandsfähig wird. Auch wird nun der Reis windgesiebt, damit die leeren Hülsen später nicht aufs Feld gelangen; leere Hülsen wären ein böses Vorzeichen auf eine schlechte Ernte. In der Nacht, bevor gesät werden soll, schüttet der *dukout* vier *cukap* Saatreis so auf den Boden, daß diese einen Kegel bilden. Aus den vier *cukap* entnimmt der *dukout* eine Handvoll Reis mit der rechten Hand, bevor er das Gefäß ausschüttet und behält diesen Reis im folgenden stets in der Hand. Der *dukout* stellt eine Bienenwachskerze hinter dem Reis auf, setzt sich dann vor dem Reis auf den Boden und verbrennt etwas Weihrauch. Nun beginnt er den Reis zu kämmen, d.h. er streicht von allen Seiten mit einem Kamm von unten zur Spitze hin über den Reis hinweg. Falls bei dieser Zeremonie keine Reiskörner nach unten rollen, darf noch nicht gesät werden, d.h. darf der Reis noch nicht auf die Erde fallen. Im positiven Fall - nach meiner Kenntnis immer - murmelt der *dukout* die folgenden, eine reiche Ernte sichern sollenden Sprüche:

Vollkommen, Vollkommen gut.
Heile die Seele *sindang* von *sindang seri*
Reis und *padi* auf meinem Feld
Bewillige mir zu sprechen mein Gebet
für die Seele des Reises.

Ist schon geworden, sage ich
Ist schon geworden, sagt Mohammed
Ist schon geworden, sagt der Lehrer
Ist schon geworden, sind die Worte,
die ich sage.

Regen klimpert im Wald
Worte unter dem Baum.
Bleib hier, *padi*.
Später bringe ich dich zurück.
Zu Mutter und Vater.
Bewilligt durch meinen Lehrer.
Scharf gemacht durch mich.

Die Seele des Reises nimmt manchmal die Form einer kleinen weißen Schlange an. Wenn ein *dukout* sie sieht, zieht er rasch sein Hemd aus (sofern er eines trägt) und bettet die Schlange liebevoll auf dieses, trägt sie dann auf kürzestem Wege nach Hause und legt sie in eines der Reisgefäße. Hier bleibt sie nun ständig, aber sie kann ihren Körper wieder unsichtbar machen.

Der Reis wird als besonderes Zeichen der Zuneigung "gebadet", jedoch nicht mit gewöhnlichem Wasser; vielmehr wird zunächst dem *dukout* eine Kokosnußschale mit fein zerstoßenem Reis gereicht. Der *dukout* übergießt den Reis mit Wasser und verrührt anschließend Reis und Wasser mehrfach gründlich mit einem Bündel zusammengebundener Blätter (*tampak tawa*), die von verschiedenen Bäumen stammen. Sodann wird mit *tampak tawa* dreimal der Saatreis besprengt; es wird also nicht der gesamte auszusäende Reis gebadet, sondern nur symbolisch ein kleiner Teil. Diese Vorstellung, daß ein Teil das Ganze vertreten kann - die alten Römer sprachen von pars pro toto - ist (war) auch bei uns weit verbreitet. Falls der Reis später erkrankt, wird er ebenfalls nur auf einem kleinen Platz und nicht auf dem gesamten Feld mit Medizin behandelt. Übrigens werden von da an während des täglichen Badens "im Herzen" immer auch alle Gewächse des Feldes - nicht nur der Reis - mit gebadet.

Nachdem der Reis gebadet und gekämmt ist, wird er wieder in das Gefäß gefüllt, bis dieses (wie vorher) gestrichen voll ist. Es bleibt nun aber ein kleiner Überschuß, der nicht mehr in das Gefäß paßt (möglicherweise, weil der Reis angequollen ist). Dieser überschüssige Reis ist die Seele des Reises. Er wird am nächsten Tag als erstes im *penu-ut boneh* ausgesät. Am Tage vor der Aussaat wird eine besondere Zeremonie vollführt, damit der Reis gut wächst. Diese Zeremonie ist unerläßlich, weil anderenfalls der Feldgeist sehr ärgerlich werden würde. Schon am frühen Morgen wird je ein Zweig von sieben verschiedenen Bäumen beschafft: *kayu banik*, *kayu sapu*, *kayu antoi*,*(D.ramuliflorus* Maing*)*, *kayu ibu-ibu*, *kayu gau (Aquilaria malaccensis) kayu to-ok (Artocarpus elastica)* und *Kayu lawag (Cinnamomum)*. Die erste und die zweite Sorte tragen viele Blätter, die dritte Sorte hat viele Blumen, die vierte Sorte bringt große Früchte, aus der Rinde der fünften Sorte werden zwei Meter hohe Behälter zur Aufnahme des geernteten Reises hergestellt. Die sechste Sorte hat viel gummiartigen Saft. Sie soll die *sepulut*-Reisart lehren, viel Kleber zu bekommen. Blätter und Rinde der siebten Sorte riechen angenehm.

Nachdem die jeweils etwa fingerdicken und ein *sieto*, das heißt eine Elle, langen Zweige beschafft worden sind, bricht die gesamte Familie zum Feld auf. In der Mitte des Feldes, auf dem Streifen, auf dem später die Reissorte *induk padi* ausgesät werden soll, werden die sieben Zweige so in die Erde gestoßen, daß sie ein Rechteck mit einer ungefähren Kantenlänge von je einer Elle (*sieto*) bilden, das *penu-ut boneh*. Nachdem der *dukout* mit dem Pflanzstock, der mit einer Kreide-*sirih*-Zeichnung bemalt ist, sieben Löcher in den Boden gestoßen hat, stößt er diesen Pflanzstock in einen der angekohlten Baumstämme und flüstert: "Eins, zwei, drei, vier, fünf, sechs, sieben, so schwarz wie der Baumstumpf hier inmitten des Feldes, so schwarz wird mein Körper, wenn ich dich nach Hause bringe. Du mußt zurückkommen zu den großen Reisgefäßen". Der Spruch sagt u.a. aus, daß fleißig, ohne sich um die überall herumliegenden verkohlten Zweige und Stämme zu kümmern, gearbeitet werden soll.

Nunmehr wird das *takdeik tuo*, ein besonders schönes und sehr mühsam aus Ratan geflochtenes Reisgefäß, das ebenfalls mit einer Kreide-*sirih*-Mischung bemalt ist, in das *penu-ut boneh* gesetzt. Jetzt legt der *dukout* mit geschlossenen Augen, damit die Waldtiere und andere Feinde (Insekten) den Reis nicht sehen, nichts von ihm wissen, diesen in die sieben Saatlöcher. Sobald der *dukout* seine Augen wieder öffnet, fragt er seine Frau, die auf einem Baumstamm sitzt und den Kopf mit einem schwarzen Tuch bedeckt hat: "Was ist unser Kind?". Die Frau erwidert: "Ein Mädchen!". Dieses Fragen und Antworten wird noch zweimal wiederholt. Der Sinn dieser Zeremonie liegt darin, eine Geschlechtsumwandlung des Reises zu bewirken. Weiblicher Reis - das heißt die Seele des weiblichen Reises- läuft nicht weg; unglücklicherweise verfügen die Sakai jedoch nur, wie sie mir versicherten, über männlichen Reis.

Während der Aussaat ist es Frauen wie Männern verboten zu flöten, denn wer so vergnügt ist, daß er flötet, muß reich sein, und wer reich ist, sollte den guten Reis nicht essen, benötigt keine gute Ernte. Weiterhin ist Flöten verboten, weil Hitze heran geflötet werden könnte. Für die Sakai, die den größten Teil des Jahres im Wald leben, ist die Feldarbeit in der prallen Sonne extrem anstrengend und dementsprechend groß ihre Abneigung gegen Hitze. Der Pflanzstock darf nicht umgekehrt abgestellt werden, dies wäre unhöflich gegen den Reis. Um die offen zutage liegenden Reiskörner vor den *pipit*-Vögeln zu schützen, spricht der *batit* auf seinem und auf den Feldern der Nachbar eine *monto*: Überleg, überleg, Griff des *pinang*-Messers, // Flieg Vogel, werde durcheinander,// Ich vertreibe dich *hantu pipit*. Die ersten *pipit* -Vögel sind, wie jeder Sakai weiß, aus *pinang*-Früchten entstanden.

Der folgende magische Spruch soll bewirken, daß die Reiskörner und später die Reisblüten nicht das Feld verlassen:

Wie Ali klebt (hängt) an Fatimah,
Wie Sterne kleben (hängen) am Himmel,
Wie Sand klebt (hängt) am Strand,
Wie Steine kleben an der Insel,
so auch der Reis auf dem Feld.

Oder Magie in meiner Brust,
Geklebt durch Allah,
Geklebt durch Muhammed
Geklebt durch Bagindu Rasul Allah,
Zunächst Adam, danach Mohammed
Zunächst mein Lehrer, danach ich.

In der Nähe des Hauses wird Zuckerrohr gepflanzt. Die Stecklinge werden mittags gesetzt, weil es um die Mittagszeit sehr heiß ist. Wenn es zur Pflanzzeit sehr heiß ist, wird das im Laufe der Jahre heranwachsende Zuckerrohr einen "fast trockenen" Saft bekommen, also sehr süß werden. Kokosnüße werden kurz vor Sonnenuntergang gesetzt, damit der Baum schnell Früchte trägt. Die Zeit zum Sonnenuntergang ist nur noch sehr knapp, also wird der Baum sich beeilen, sehr schnell Früchte zu bilden. Kokosnüsse werden allerdings nicht auf der *ladang*, sondern nur im Dorf gepflanzt. Inmitten der *ladang* werden *abag-abag*-Blumen ausgesät. Diese hochwachsenden, rotblühenden Blumen sollen den Reis im Reisfeld erfreuen und ihn anspornen, ebenso groß und schön zu werden wie diese Blumen. Wenn ein Reisfeld von Raupen befallen wird, muß ein *dukout* oder *pawag* um Hilfe gebeten werden. Dieser begibt sich dann in die Mitte des Feldes, murmelt dort, unhörbar für den Feldbesitzer, eine *monto* und spuckt anschließend gut durchgekautes, mit Kreide vermischtes *sirih* aufs Feld. Eine solche *monto* lautet:

Mündung des *kasa*-Flusses, Mündung des *kisi*-Flusses,
Seele der Sonne, bitte töte meine Reisraupen,
Bitte, töte meine *nalo*-Raupen, bitte töte meine *nolang*-Raupen,
Bitte, töte meine *gageng*-Raupen, bitte, töte meine *bungo*-Raupen,
Ich kenne deinen Ursprung,
Du bist entstanden aus *bingal sikatimuno*,
Du darfst nicht kaputtmachen,
Du darfst nicht zerstören, die Seele von meinem guten Reis,
Von den Reispflanzen.
Wenn Du kaputtmachst die Seele von dem Reis meiner guten Reispflanzen,
Machst Du einen Fehler gegen Gott.

Eine weitere dieser geheimen *monto* lautet:

Schwarzes *keladi*-Gemüse, schwarzes Gewächs am Rand vom Sumpf,
Schweig, schwarzer Mensch,
Ich gebe Medizin gegen den Feldgeist,
Gelbe Erde nach unten, die Du besitzt,
Schwarze Erde nach oben, die ich besitze,
Mach nicht die Seele vom Reis meiner sehr guten Reispflanzen kaputt,
Ich kenne Deinen Ursprung, aus dem Du geworden bist,
Die Wimpernhaare von *sikatimuno* (Geist),
Das ist der Ursprung, aus dem Du geworden bist.

Wenn der Reis schlecht wächst, weil es zu heiß und zu trocken ist, geht der *dukout* an einem windstillem Spätnachmittag kurz vor Sonnenuntergang aus Feld und spricht in eine mit Wasser gefüllte Kalebasse drei Sprüche, die bemerkenswerterweise auch zur Behandlung von Fieberkranken dienen.

Zu Beginn der Reisernte werden sieben Ähren im *penu-ud-boneh* abgeschnitten. Sollten im penu-ud-boneh weniger als sieben Ähren gewachsen sein, so dürfen andere Halme, die sich in das penu-ud-boneh hineinbiegen, geschnitten werden. Die sieben Ähren werden in *teroneg asam*-Blätter gewickelt und dann in ein Kopftuch eingeschlagen, das die Frau des Feldbesitzers später auf dem Kopf nach Hause tragen wird. Nun werden sieben *gomal* (ein gomal ist ein Bündel, das gerade noch von Zeigefinger und Daumen umklammert werden kann) geschnitten und im *takideik tuo*, jenem schönen, aus Ratan geflochtenen Korb, aus dem der erste Reis ausgesät wurde, nach Hause gebracht; dieser Reis heißt *suloug taud* (erster im Jahr). Nach drei Tagen darf dieser Reis enthülst werden, er wird an (helfende) Nachbarn geschenkt. Die Reisernte darf während der ersten drei Tage nicht einen Tag unterbrochen werden; hingegen muß am vierten Tag eine Pause eingelegt werden (*muonti mato tuai* = ausruhen für das Reisschneidemesser).

Die Suche nach kayu-bosi vom *gau*-Baum

Große Faszination übt auf die Sakai der *gau*-Baum aus. Teile seines Holzes verfärben sich manchmal schwarz. Dieses Holz, genannt Eisenholz (*kayu-bosi*) ist in Indonesien sehr teuer. Einhundert Gramm kosten, je nach Qualität, dreitausend bis zehntausend Rupien. D.h., ein halbes Kilogramm Holz entspricht dem Monatsgehalt eines Lehrers. Der Hohe Preis beruht auf drei Ursachen: Erstens ist es von Seiten der Regierung verboten, *kayu-bosi* zu suchen, zweitens ist ein Erfolg beim Suchen völlig unsicher. Oft wird in einem zehn Meter langen Stamm gar nichts gefunden, manchmal jedoch auf einen Schlag zehn Kilogramm. Und drittens ist die Suche sehr gefährlich, wie wir gleich sehen werden. Hat sich eine Gruppe von Männern - meistens zwei bis fünf unter Einschluß eines *pawag* - entschlossen, *kayu-bosi* zu suchen, so stellen sie zunächst wechselseitig fest, ob auch jeder die Fülle der Gebote kennt, die zu beachten sind, wenn die Suche nach *kayu bosi* von Erfolg gekrönt sein soll. Keineswegs dürfen die Namen von Ziegen (*kambeig*) oder Wasserbüffeln (*kobau*) ausgesprochen werden, sonst "denkt" das *kayu bosi*: "Der Suchende ist schon reich, man braucht ihm also nichts zu geben!". Für Ziege wird deswegen *binatag mamebek* und für *kobau binatag manguek* gesagt. Für Herz (*jantoug*) wird Bananenblüte gesagt (eine Bananenblüte wird auch als Herz der Bananen oder *jantoug pisag* bezeichnet, gewöhnlich aber als *bobo*). Auch das Wort Leber darf nicht benutzt werden, es wird durch "Gefühl" ersetzt. Wenn eines der verbotenen Worte benutzt wird, kann *kayu bosi* seine Farbe wechseln und damit wertlos oder wertloser werden.

Der Name der Baumart, in der *kayu bosi* zu finden ist (*kayu gau*), darf nicht ausgesprochen werden, weil dies von geringem Respekt zeugen würde. Stattdessen wird das *kayu gau* als *kayu tuo* d.h. "alter Baum", bezeichnet; alt bedeutet Ansehen. (Es darf ein Jüngerer einen Älteren nicht mit seinem Namen anreden, sondern nur mit einer Umschreibung wie "ältere Schwester".). Schließlich darf das gebräuchliche Wort für Tod in keinem Zusammenhang verwendet werden, weil sich sonst das *kayu bosi* fürchtet zu sterben. Diese Namen werden nur verwendet, wenn *kayu bosi* gesucht wird und zweitens, wie wir später ausführlich sehen werden, bei der Jagd - in anderen Situationen nie. An diese Verbote sind ebenfalls alle anderen im Hause wohnenden, zum Beispiel Ehefrau, Geschwister, Eltern, Schwager gebunden, und zwar noch bis zwei Monate, nachdem kein *kayu bosi* mehr gesucht wird. Die Männer dürfen nicht prahlen: "ich werde viel finden". Auch Flöten ist strikt verboten, denn wer flötet, so haben wir schon im Zusammenhang mit der Reisaussaat gehört, dem geht es gut, dem braucht nicht mehr geholfen zu werden. In den gleichen Zusammenhang gehört auch das Verbot, Geld mit in den Wald zu nehmen oder überhaupt von ihm zu sprechen.

Es versteht sich, daß die meisten dieser Verbote gegenüber Nichtstammesmitgliedern sorgsam gehütete Geheimnisse sind, denn sie stellen ja einen wesentlichen Anteil ihrer von Staats wegen verbotenen Naturreligion dar und sind zugleich ein erster Schlüssel zum erfolgreichen Suchen von *kayu bosi*. Deshalb werden jüngere Knaben, die bei anderen Gelegenheiten ihre Väter oder Brüder in den Wald begleiten dürfen, nicht mitgenommen.

Der erste Weg der Gruppe führt zu einem heiligen Ort, einem *kuamat*. Meistens, auf Ausnahmen komme ich noch, ist das *kuamat* ein bestimmter Platz an einem Flußufer oder ein großer Baum oder eine Grabstelle. Am *kuamat* kniet der *pawag* nieder, legt ein vier Ellen langes weißes Tuch als Opfergabe vor sich auf den Boden und verneigt sich dreimal tief. Nun erbittet er von *datuk nenek*, auf deutsch Großvater, (so nennt er das *kuamat*) Hilfe. Er sagt zum Beispiel: "Oh datuk nenek, hilf! Teile mit Deinem Enkel. Ich bin ganz arm. Ich habe nichts mehr anzuziehen". Tatsächlich, so sagen die Sakai, besitzt nicht *datuk nenek* sondern ein Waldgeist das *kayu bosi*. Aber datuk nenek helfen, es zu finden. Nach dem Bittgebet wird ein Lager aufgeschlagen und der nächste Tag abgewartet. Der *pawag* hat entweder schon während des Betens erfahren, welche Opfer der Waldgeist erbittet oder er wird in der Nacht, in einem Traum einen Hinweis erhalten. Es erscheint ihm im Traum jedoch kein Geist, sondern ein ihm unbekannter Mensch, der die Opfergabe benennt. Meistens ist diese ein schwarzes Huhn, gelegentlich eine Ziege. Wenn ein schwarzes Huhn geopfert werden muß, verläßt die gesamte Gruppe den Wald um eines, eventuell in einem Nachbardorf, zu erbitten.

Hinweise aus der Anderen Welt erhält nicht nur der *pawag*, sondern jedes Mitglied der Gruppe kann im Traum Informationen bekommen. Wenn zum Beispiel einer der Männer von Kokosnüssen träumt, so ist viel *kayu bosi* zu erwarten, weil die Kokosnuß nicht leer ist, sondern einen Inhalt hat. Schließlich kann sogar von Außenstehenden der

Erfolg der Sammler maßgeblich beeinflußt werden. Trifft nämlich vor dem Aufbruch zum Sammeln oder im Wald die Nachricht ein, daß jemand gestorben ist, so bedeutet dies, daß viel *kayu bosi* gefunden wird. Denn ein Toter ist schwer. Auf meine Frage:"wiegt ein toter Mensch mehr als ein lebender?" erhielt ich die Antwort: "Sieh mal, wenn Du meinen Arm hochheben willst oder mein Bein, ist das ganz leicht. Auch wenn ich schlafe. Aber bei einem Toten geht das nicht! (Vergleiche bei hypnotischen Prozessen: "Dein Kopf wird immer schwerer, Deine Glieder werden immer schwerer". Oder auch: "Meine Glieder sind schwer").

Das Huhn wird, je nachdem, wie der Geist es bestimmt hat, entweder im Wald am *kuamat* freigelassen oder geschlachtet. Wenn ein freigelassenes Huhn zurück kommt, ist dies ein Zeichen, daß *datuk nenek* ein anderes Opfer will. Das Huhn wird dann wieder eingefangen. Oft sind die Männer nun so ängstlich, daß sie zum Dorf zurückgehen und ihr Vorhaben aufgeben, weil sie befürchten, daß an Stelle des Huhnes ein Menschenopfer erbeten wird. Falls ein Huhn geschlachtet werden muß, geschieht dies vor dem Platz, an dem *kemoyan* verbrannt worden ist. Der *pawag* spritzt etwas Hühnerblut in die Umgebung; anschließend wird das Fleisch des Huhnes von den Männern gegessen. Nach erfolgtem Opfer wird ein Gebiet, das der *pawag* bestimmt, aufgesucht. Hier entzündet der *pawag* gegen achtzehn Uhr erneut *kemoyan* (Weihrauch). In der Richtung, in die der Rauch zieht, ist *kayu bosi* zu finden. Steigt der Rauch senkrecht oder fast senkrecht nach oben, ist in diesem Gebiet kein *kayu bosi* zu finden. Es wird dann sofort ein anderes Gebiet aufgesucht. Stehen die Zeichen aber günstig, so murmelt der *pawag* den folgenden Spruch:

Öffne die Tür des Eisenschuppens
Ich erbitte, ich bitte
Eisen von Kayu gau, wenn es erlaubt ist
Laß mich nicht krank werden,
zerstöre mich nicht

Ich bin ein Mensch
Du bist wie mein Freund
Genehmigt durch den Lehrer
Scharfgemacht durch mich.

Nun kann sofort mit der Suche begonnen werden. Die Männer wählen zunächst einen großen, das heißt dicken Stamm, weil große Mengen *kayu bosi* nur in dicken Stämmen zu finden sind. Aber der *pawag* sagt: "dieser Stamm ist leer. Aber das ist nur meine Meinung, wenn ihr ihn fällen wollt, macht das nichts". Da der *pawag* kein Verbot ausspricht, fällen die Männer den Stamm und schlagen als erstes schnell die Baumkrone ab, damit *kayu bosi* nicht wegläuft. Zwischen Baumstumpf und Stamm wird ein quergestellter Ast als Zeichen, daß niemand zwischen Stumpf und Stamm hindurchgehen darf, angebracht. Strikt verboten ist von nun an auch, sich auf den Stamm zu setzen oder ihn zu überqueren. Beides wäre sehr respektlos. Nun schlagen die Männer den Stamm an verschiedenen Stellen auf. Vergebens. Darauf suchen sie einen zweiten, nicht minder starken Stamm aus. Wieder sagt der *pawag*: "Der Stamm ist leer. Aber das ist nur meine Meinung. Wenn ihr ihn fällen wollt, macht das nichts". Die Männer fällen auch diesen Stamm. Aber nachdem sich beim Aufspalten nicht schnell ein Erfolg einstellt, geben sie relativ rasch auf. Dafür nimmt aber das Vertrauen in die Fähigkeiten des *pawag* stark zu. Sie wählen nun einen verhältnismäßig dünnen Stamm aus. "Ja", sagt der pawag, "dieser Stamm hat etwas *kayu bosi*. Nicht viel, aber etwas ist da". Und tatsächlich, nach langem, gründlichen Zerspalten des Stammes werden sie fündig. Es ist nicht sehr viel, nur etwa hundert Gramm, aber die Stimmung ist gut, denn nun ist völlig zweifelsfrei, dieser *pawag* sagt wirklich wahr. Er ist ein großer pawag. Überlegungen von der Art, daß die beiden großen Stämme nicht annähernd gleich intensiv untersucht worden sind wie der kleine, kommen nicht auf. Abends werden von dem gesammelten *kayu bosi* die weißen Stellen mit dem *pa-ag* aus dem Holz entfernt und anschließend das zurückbleibende schwarze *kayu bosi*, mit Zitronenwasser gebadet, um es zu ehren. Nunmehr wird es in *kakatou*-Blätter eingewickelt, damit es diese essen kann; anderfalls könnte es zu gewöhnlichem Holz werden.

Fassen wir einmal kurz zusammen, welche Vorstellungen über nichtmenschliche Wesen bestehen: 1) *datuk nenek* kann, obwohl ihm das *kayu bosi* nicht gehört, bei der Suche helfen, zum Beispiel durch Hinweise im Traum oder durch Beeinflussen der Weihrauchfahne. 2) Der Waldgeist, dem das *kayu bosi* gehört, hilft nicht, kann jedoch, wenn er gereizt wird, dem Suchenden schweren Schaden, bis hin zum Tod, zufügen. 3) Das *kayu bosi* hört und versteht menschliche Worte, denkt ("Die sind reich"), fürchtet sich (vor dem Tod) und hat einen eigenen Willen, der es ihm ermöglicht, zu verhindern entdeckt zu werden. 4) Der Baum, der als Sitz von *kayu bosi* dient, erwartet ein respektvolles Reden und Verhalten ihm gegenüber.

Botanische Annährung

Nach diesen einleitenden Bemerkungen über die Glaubensvorstellungen der Sakai in Hinblick auf pflanzliches Leben möchte ich, bevor ich mich nun dem leichter zugänglichen, im näheren Sinne botanischen Bereich zuwende, eine Verbindung zu beiden Teilen herstellen.

1978 und 1983 habe ich je ein Forschungssemester bei den Sakai verbracht und 1979 - 1982 jeweils sämtliche Semesterferien, das heißt fünf Monate pro Jahr. In den ersten zwei Jahren habe ich fast vollständig auf systematisches Fragen verzichtet, stattdessen fast nur im Vollzug des täglichen Lebens beobachtet und situationsbezogen gefragt. Von Anfang an erschlossen sich mir mühelos die Namen von Pflanzen, Tieren, Gegenständen, aber auch lange Geschichten, Märchen, Fabeln und bestimmte kultische Gesänge, mit einem Wort, das, was die Sakai als die Außenhaut oder die Borke bezeichnen. Um den Kern, die eigentliche, streng geheime *olomu* zu erlangen, muß ein Sakai zunächst drei Jahre seinen künftigen Lehrer bei dessen täglicher Arbeit unterstützen. Erst dann darf er, unter Einhaltung fester Vorschriften, um *olomu* bitten. Ich bekam bereits am Ende des zweiten Jahres meines Aufenthaltes bei den Sakai aufgrund ungewöhnlich günstiger Umstände - ich wohnte von Anfang an im Pfahlbau eines Häuptlings, der zugleich ein bedeutender Medizinmann und Schamane ist - sechs jener magischen Sprüche, die ein zentraler Bestandteil der *olomu* sind. Im dritten Jahr erhielt ich rund 50 dieser magischen Sprüche und in jedem der folgenden Jahre etwa ebenso viele, jedoch solche mit zunehmendem Geheimhaltungsgrad. Es ist zum Beispiel viel leichter, magische Sprüche zu erhalten, die ein widerstrebendes Mädchen zur Heirat gefügig machen, als solche, die Reiskrankheiten fernhalten oder beseitigen; es ist leichter Tabuvorschriften, bezogen auf *kayu bosi* zu erhalten, als Formeln, mit denen vom *kuamat kayu bosi* zu erbitten ist.

In Bezug auf Pflanzennamen habe ich nie eine falsche Auskunft erhalten, wohl aber wurde mir, un zwar sowohl von Kindern wie von *Batiten* (Häuptlingen) gelegentlich eingestanden, daß ihnen ein Name nicht vertraut oder im Augenblick nicht gegenwärtig sei. Viele Sakai können pflanzliche Lebewesen selbst dann identifizieren, wenn nur ein Pflanzenteil, zum Beispiel ein Blatt oder ein Stück Baumrinde zur Verfügung steht. Selbst von einem Stück schon bearbeiteter Baumrinde, zum Beispiel einem Trageband, kann noch der zugehörige Baum bestimmt werden. Andererseits kennt aber nicht jeder Erwachsene jede Pflanze. Es besteht zwar ein gemeinsamer Fundus an Kenntnissen und Allgemeinbildung; da aber fast jeder Sakai sich auf einem besonderen Gebiet spezialisiert hat, werden die oben erwähnten Spitzenleistungen nicht von jedermann erreicht oder auch nur angestrebt. Neben diesen durch persönliche Neigungen und Anlagen bestimmten Interessen ist auch von einer unterschiedlichen geschlechtsspezifischen Mädchen- und Knabenbildung zu sprechen. Die Jungen, die ihre älteren Brüder oder ihren Vater zum Fällen in den Wald begleiten, erfahren aus eigenem Erleben mehr über die Härte und Elastizität der Bäume als die Mädchen. Die Mädchen andererseits, die von klein an ihrer Mutter oder ihren älteren Schwestern beim Brennholzsammeln helfen, wissen sehr viel genauer die Brenneigenschaften der einzelnen Hölzer zu beschreiben als die Jungen. (Starke Aschenbildung ist unerwünscht: lodernde Flammen gelten als optimal). Natürlich handelt es sich bei den unterschiedlichen Bildungsgängen nur um graduelle Unterschiede, die sich in Einzelfällen völlig verwischen. Viele Mädchen zum Beispiel erklettern mühelos hohe Bäume, hängen minutenlang mit freien Händen dort oben und bringen absichtlich durch ihre Körperbewegungen den erkletterten Baum zum Schwingen, d.h. sie erfahren am eigenen Leibe die spezifische Elastizität des Baumes. Jungen andererseits, die sich im Dorf nicht ums Feuermachen kümmern (Frauensache), sammeln im Wald durchaus ein wenig Erfahrung über die Brenneigenschaften von Hölzern, wenn sie ein Stück Wildbret grillen.

Es gibt für die Sakai, soweit ich erkenne, kein pflanzliches Lebewesen, das nicht wenigstens in einer Hinsicht dem Menschen nützlich ist; häufig werden aber sowohl Rinde wie auch Stamm, Blätter und Früchte genutzt. Die folgenden sechs Abbildungen mögen einen kleinen Eindruck vom botanischen Vokabular der Sakai geben. Es ist mir nicht gelungen, in der Bibliothek des Instituts für Angewandte Botanik der Universität Hamburg für alle Begriffe entsprechende deutsche Bezeichnungen zu finden. Deshalb habe ich es in allen Fällen bei den sakaiischen Bezeichnungen belassen. Die Zeichnungen stammen von meinem Freund M. AGAR, einem Sakai, der dank einer Hilfe der Deutschen Forschungsgemeinschat für zehn Monate bei mir in Hamburg wohnt. Herr Agar hat dank einer Hilfe des indonesischen Sozialministeriums eine sechsjährige Dorfschule besucht und durfte anschließend in der Stadt die Mittlere Reife und 1983 das Abitur machen. Seine Zeichnungen sind von anderen Sakai ohne weiteres identifizierbar, aber von diesen auch nicht im entferntesten erstellbar.

Erfahrungen werden im ursprünglichen Wortsinne gesammelt; begriffen wird weitgehend durch Begreifen mit Händen und Füßen, anders gesagt, erfaßt wird durch Anfassen; Kenntnisse und Erkenntnisse entstehen also durch persönliches Kennenlernen. So wird durch eigene Anschauung und Erfahrung das Fundament für eine Bildung gelegt, die organisch ergänzt wird durch das von den Alten in Form von Mythen, Märchen, Fabeln, Sagen, Gedichten und Redensarten tradierte Bildungsgut. Dieses wiederum wird mit zunehmender Reife durch systematisches Erlernen der geheimen *olomu* vervollständigt. So wird ausgehend von der prallen Fülle des Erlebens und Erfühlens der Welt, in der sie leben, Bildung im bestens Sinne des Wortes Ereignis. Leider kann in einem Aufsatz, dem als Thema nur ein Aspekt, hier der botanische, vorgegeben ist, nur vage angedeutet werden, daß das konkrete Denken der Sakai nicht zuläßt, ihre Lebenswelt in theoretisch konstruierte Teilwelten, wie zum Beispiel die pflanzliche, zu zerlegen. Schade!

Wie sehr das Denken der Sakai auf ihre pflanzliche Umgebung bezogen ist, offenbart sich u.a. auch in ihren Redensarten, Sprichworten, Gedichten, Erzählungen und Mythen, von denen die folgende kleine Auswahl Zeugnis ablegen möchte.

- Wo kein Wind ist, bewegen sich die Blätter des Waldes nicht (wenn ein Gerücht auftaucht, gibt es immer einen Anlaß).
- Die Adern der Wade sind wie die Wurzeln vom *Ara*baum (Redewendung in Geschichten bezogen auf einen kräftigen Mann).
- Wie ein Dorn im Fleisch (bezogen auf eine kränkende Bemerkung).
- Pflanzstock vom *Naoug*baum (Herausfordernde Bemerkung von Mädchen gegenüber einem jungen Mann mit der Bedeutung, du bist noch kein Mann; das Naougholz ist so weich, daß die scharfe, von der Oberhaut befreite Spitze schnell beim Pflanzen zerstört wird, sodaß das Ende des Pflanzstockes wieder von Haut bedeckt ist, wie das Glied eines unbeschnittenen Jungen).
- Es ist nicht wie beim Anschneiden eines Gummibaumes: während man schneidet, kommt das Latex schon heraus (Gut Ding will Weile haben).
- An einer toten Liane hängend (bezogen auf jemanden, der auf einen physisch, psychisch oder ökonomisch schwachen Menschen vertraut).
- Wenn kein Ratan vorhanden ist zum Binden, werden Lianen benutzt (Man muß Vorlieb nehmen mit dem, was man hat).
- Wie das Krachen einer herabstürzenden Liane (bezogen auf Geschwindigkeit und Gebrüll eines Tigers - eine Bezeichnung für Tiger soll vermieden werden).
- Es hört sich an, als ob *Kopau*blätter (fürs Dach) am Boden entlangeschleift werden (bezogen auf einen Tiger, der seine Beute wegschleppt).
- Es (er) schnellt dahin, wie die (wie ein Speer geworfene) Sproßspitze der Kopaustaude (bezogen auf einen Menschen oder ein Tier).
- Zerschneide die Bambusspitzen, solange sie jung sind (bezogen auf Kindererziehung).
- Wie *kunyit*, dem Kalk gegeben wird (bezogen auf einen Kranken, der sehr schnell wieder gesund wird - beim Vermischen von kunyit und Kalk tritt sofort eine Rot-

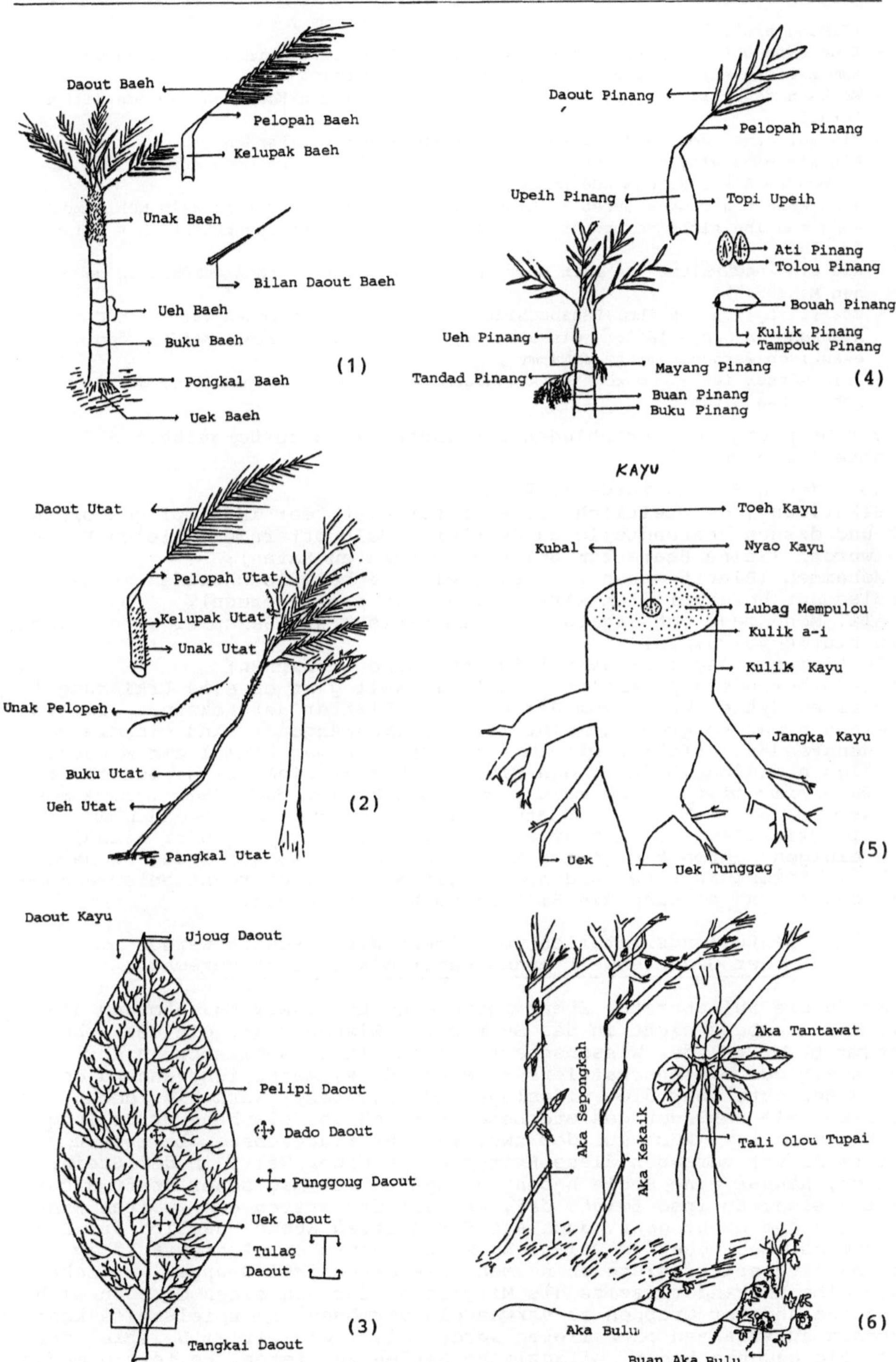
Daout Baeh
Pelopah Baeh
Kelupak Baeh
Unak Baeh
Bilan Daout Baeh
Ueh Baeh
Buku Baeh
Pongkal Baeh
Uek Baeh
(1)
Daout Pinang
Pelopah Pinang
Upeih Pinang
Topi Upeih
Ati Pinang
Tolou Pinang
Bouah Pinang
Kulik Pinang
Tampouk Pinang
Ueh Pinang
Mayang Pinang
Tandad Pinang
Buan Pinang
Buku Pinang
(4)
Daout Utat
Pelopah Utat
Kelupak Utat
Unak Utat
Unak Pelopeh
Buku Utat
Ueh Utat
Pangkal Utat
(2)
KAYU
Toeh Kayu
Kubal
Nyao Kayu
Lubag Mempulou
Kulik a-i
Kulik Kayu
Jangka Kayu
Uek
Uek Tunggag
(5)
Daout Kayu
Ujoug Daout
Pelipi Daout
Dado Daout
Punggoug Daout
Uek Daout
Tulag Daout
Tangkai Daout
(3)
Aka Sepongkah
Aka Kekaik
Aka Tantawat
Tali Olou Tupai
Aka Bulu
Buan Aka Bulu
(6)

färbung ein).
- Eine Bananenstaude trägt nicht zweimal Früchte (Eine Warnung an jemanden, der zum zweiten Mal etwas Unerlaubtes zu tun versucht).
- Es kann schon sitzen wie eine Gurke (bezogen auf ein Kind, das gerade sitzen lernt).
- Wie auf einer Kokosnuß stehen (bezogen auf einen Sterbenden).
- Alt wie eine alte Kokosnuß; je älter, desto mehr Öl (bezogen auf die mit zunehmendem Alter zunehmende Lebenserfahrung).
- Auch wenn ein großes Gefäß Weihrauch vorhanden ist, entsteht kein Wohlgeruch, wenn man ihn nicht verbrennt (Wer seine Wünsche nicht ausspricht, hat keinen Erfolg).
- Wie die *kundur*blume ist sein Haar (bezogen auf einen schon weißhaarig gewordenen Menschen).
- Es ist möglich (an ihm) Bananenblätter zu erwärmen (bezogen auf einen Fieberkranken - Bananenblätter, die als Verpackung dienen sollen, werden, damit sie elastisch werden, vorher erwärmt).
- Sein Körper ist wie gekochtes Keladigemüse (bezogen auf jemanden, der sich sehr schwach fühlt).

Der Ursprung der verschiedenen Pflanzen wird zurückgeführt auf bestimmte Teile von:

1) Gott (sein Sperma wurde zu Reis);
2) Sikatimuno, dem zeitlich ersten Naturgeist, der im Kampf gestorben ist und dessen Bestandteile zu Geistern, Halbgöttern und vielen Pflanzen wurden (Seine Haare zum Beispiel wurden zu Ratan);
3) Mohammed (Blutstropfen zum Beispiel, die beim Abschneiden seiner Nabelschnur herabgefallen waren, sind *kayu gau* geworden);
4) Ali, Mohammeds Schwiegersohn (Sein Fleisch zum Beispiel wurde *kopau*, sein Blut *kayu kompeh*);
5) Bestimmten besonders auffällig gewordenen Menschen;
Für jede besondere pflanzliche Auffälligkeit gibt es eine Erklärung in Form einer Mythe. Warum zum Beispiel die Blätter der Kokosnußpalme und Betelnuß nicht so groß (gemeint ist zusammenhängend) sind wie die der Bananenstauden, erfahren wir im folgenden: Es war einmal ein Mensch, der sich hinaufbegab "über den Wind". Bevor er hinaufflog, schwor er: "Ich komme nicht wieder zurück auf die Erde. Wenn ich aber doch wieder zurückkomme auf die Erde, werden die Kokosnußblätter und auch die Betelnußblätter sich aufspalten in viele kleine Blätter". Nachdem er dies gesagt hatte, flog er hinauf. Nach einigen Jahren kam dieser Mensch wieder hinab zur Erde. Da haben sich die Kokosnußblätter und die Betelnußblätter getrennt entsprechend dem Schwur. Und so sind die Blätter noch heute klein.

Einteilungskriterien westlicher Wissenschaft werden der Gedankenwelt eines Naturvolkes nicht gerecht

Schon die auf oberster Ebene notwendige Entscheidung, nämlich die Welt des Glaubens nicht in das System der Wissenschaft einzubeziehen - Gott hat in der Welt der Wissenschaft keinen Platz, wohl aber in der Lebenswelt des Wissenschaftlers - belegt dies, meine ich, anhand der obigen Berichte über die Feldanlage und *kayu bosi*; wird hier doch deutlich, wie sehr der gesamte Lebensbereich von Glaubensvorstellungen durchdrungen ist. Auch auf der zweiten Einteilungsebene (belebte/unbelebte Natur) versagen diese Kriterien in einer Welt, in der Steine wachsen, Häuser eine Seele haben und Speere mit magischer Kraft ausgestattet sind. Eo ipso folgt, daß, was auf der ersten und zweiten Einteilungsebene nicht geht, auch auf der dritten Ebene, nämlich der Einteilung der Lebewesen in Pflanzen, Tiere, Menschen nicht tragfähig ist, weil es einerseits -siehe oben- mehr als diese drei Gruppen von Lebewesen gibt und andererseits die Mitglieder der einzelnen Gruppen sich in solche anderer Gruppen zu verwandeln vermögen. Beispielsweise können Menschen zu Pflanzen oder Tieren werden oder, wie wir am Beispiel der Reisseele gesehen haben, pflanzliche Seelen zu Tieren. Weiterhin macht es, da eine in sich abgeschlossene Pflanzenwelt, wie sie als Konstrukt in den Hirnen von Wissenschaftlern entsteht, in der Wirklichkeit nicht vorhanden ist, für ein Naturvolk keinen Sinn, die Gesamtheit aller Pflanzen unter dem imaginären Oberbegriff Pflanzenwelt zusammenzufassen. Die in unserer Wissenschaftskultur, weil äußerst effizient, verwendete Methode, komplexe Untersuchungsgegenstände unter nur jeweils einem Aspekt zu betrachten, liegt quer zum ganzheitlichen Denken und Empfinden eines Naturvolkes; dies schließt nicht aus, wie weiter unten abgehandelt wird, daß ein konkreter, tatsächlich vorhandener nicht nur theoretisch konstruierter Untersuchungsgegenstand ebenfalls, und dann sogar unter noch wesentlich engerem Aspekt als gewöhnlich in der Wissenschaft, untersucht wird.

Auf den folgenden, anscheinend problemfrei vergleichbaren Einteilungsebenen der Lebensgemeinschaften und der Gattungen greift das System westlicher Wissenschaft nur bedingt, weil aus einem tabellenartig aufgelisteten Einteilungssystem nicht erkennbar ist, daß jede einzelne Pflanze als Individuum begriffen und Namen von Pflanzen nur als "konkretes Abstraktum" zu verstehen sind. Jede einzelne Pflanze (auch jeder Speer, jeder Reiskorb, jedes Haus) ist ein Individuum, dem der Mensch im Rahmen seiner Möglichkeiten unter sorgfältiger Güterabwägung Respekt bezeugt. Zwei Beispiele mögen dies belegen. Die Sakai verrichten ihre Notdurft sehr ungern unmittelbar auf dem Boden sitzend, weil sie der Gefahr entgehen möchten, ihre Füße mit Urin oder flüssigem Kot zu bespritzen. Dieses Problem könnte vermieden werden, wenn die Notdurft auf einem gefällten Baumstamm hockend verrichtet würde, aber zweifellos wäre eine solche Beschmutzung eines Baumstammes ein sehr unfreundliches Verhalten gegenüber diesem. Eine Mensch und Pflanze gerecht werdende Lösung lautet, ihn beschmutzen zu dürfen. Ein solcher Spruch lautet:

Ich ersuche, ich erbitte
Von *nabi* Lias diesen Baumstamm
Als Platz zum Niederhocken,
Um meinen Körper zu entleeren.

Entsprechend wird eine Pflückerlaubnis von jeder Pflanze, die für eine medizinische Behandlung benutzt werden soll, erbeten.

Das botanische Gesamtsystem der Sakai ist vermutlich noch im Werden. Ein Oberbegriff für die Gesamtheit aller Pflanzen besteht nicht. In diesem Punkt unterscheiden sich die Sakai offenbar nicht von anderen Naturvölkern, wie ich aus den Untersuchungen von HIEPKO und SCHIEFENHÖVEL und den dort nachgelesenen Ergebnissen von anderen Autoren entnehme (vgl. diesen Band, S.283-288). Ein -aus westlicher Sicht- Mangel an Oberbegriffen besteht ganz allgemein. Zum Beispiel gibt es nicht das Wort "Eigenschaft"; es läßt sich also nicht mit einem einzigen Wort nach allen Eigenschaften einer Pflanze fragen. Geeignete Fragen sind: Wie sieht sie aus?, wie schmeckt sie?, wie riecht sie? Auch kann mit einem bestimmten Wort erfragt werden, ob das Holz eines Baumstammes weich, hart oder elastisch ist. Im alltäglichen Leben besteht keine Situation, in der ein Bedürfnis besteht, gleichzeitig Antworten über Aussehen, Geruch, Geschmack, Härte usw. zu erhalten. Von daher besteht kein Bedarf nach einem entsprechenden Fragebegriff. Vielmehr würde ein solcher Oberbegriff tiefgreifende Veränderungen der Gesprächsstruktur und damit des Sozialverhaltens bewirken.

Die Namen bestimmter Pflanzen werden häufiger, man könnte sagen, in erster Bedeutung, für einen bestimmten, dem Menschen besonders wichtigen Pflanzenteil verwendet; dies gilt zum Beispiel für *pinang*, *nio* (Nüsse); *sirih* (Blätter); *antoi* (Rinde); *kayu* (Brennholz). An die (vermutlich) ursprüngliche Hauptbedeutung wird nur in besonderer Situation, die aber jeweils aus dem Kontext erkennbar ist, gedacht. Zum Beispiel: erklettere *pinang*, *nio*, *antoi*! oder pflanze *sirih*! Alle diese Beispiele belegen, wie sehr die Namensverwendung von der menschlichen Interessenslage her bestimmt wird.

Einige Pflanzen werden in männliche und weibliche unterteilt. Bestimmte Waldpflanzen mit großen Blättern sind weiblich (*sakek betino*), mit kleinen Blättern männlich (*sakek jantat*); Waldpflanzen, die keine oder relativ wenige Früchte im Vergleich zu anderen des selben Namens tragen, männlich. Kulturpflanzen, die keine (Kokosnüsse) oder nur relativ wenige (Durian, Rambutan) oder sehr kleine (Betelnüsse) Früchte tragen oder deren Früchte kleine Steine (Bananen) enthalten, sind männlich. Dieses Einteilungskriterium belegt deutlich, wie sehr die Gedanken der Sakai um ihr zentrales Interesse an den Kulturpflanzen, nämlich am Ertrag der Früchte, dem einzigen Grund, weshalb die Anpflanzungen vorgenommen worden sind, kreisen (vgl. auch den einleitenden Bericht über Reisanbau). Diejenigen *ubi*-Pflanzen, die nur wenige Blüten tragen, werden als männlich bezeichnet. Die Erklärung hierfür ist, daß Männer wie Hähne in der Minderheit sind.

Die Sakai teilen die Gesamtheit aller Pflanzen zunächst nach ihrem Standort ein in: Urwald, Brandrodungsfeld, Sekundärwald. Während die Aufgliederung der Waldpflanzen nach meinem Eindruck schon abgeschlossen ist, gilt dies vermutlich für die Kultur- und Sekundärwaldpflanzen untereinander und möglicherweise in Bezug auf die Waldpflanzen noch nicht.

Im Bildungsprozeß erschließt sich den Kindern und Jugendlichen nur schrittweise der Sinngehalt von Handlungen und Begriffen. Mit zunehmendem Lernfortschritt werden Begriffe weiter ausdifferenziert. Während zunächst nur Hauptgruppen (Bambus, Ratan) als solche erkannt und benannt werden, folgen im nächsten Schritt die exakten Benennungen von Arten, und erst dann werden die Unterarten oder Varietäten als solche erkannt (siehe Kulturpflanzen). Dies ist lediglich eine Grobbeschreibung. Tatsächlich werden von den dem Menschen besonders bemerkenswerten Pflanzen bereits die Varietäten erlernt, bevor von weniger wichtigen Pflanzen die Art erkannt und benannt wird.

Der weitaus größte Teil aller Namen nimmt Bezug auf die äußere Erscheinung, ein kleinerer Teil bezieht sich auf unsichtbare Eigenschaften, und selten nehmen Namen Bezug auf einen bestimmten Standort. Ich erläutere dies am Beispiel einiger Pilze: weißer Pilz, roter Pilz, Blumenpilz, Eipilz, Vater-Andeis-Eipilz (Andei ist ein aus Geschichten allgemein bekannter Trottel, der sich nicht schämt. Ei ist hier eine höfliche Umschreibung von Penis. Der Pilz hat eindeutig die Gestalt eines solchen), Reispilz (er ist weiß und weich wie gekochter Reis), Pelintaipilz (er wächst auf dem gestürzten Pelintaibaum).

Ich wende mich nun zunächst den Waldpflanzen zu; auch für diese gibt es keinen gemeinsamen Oberbegriff. Rund 90% aller Waldpflanzen sind in die folgenden Gruppen einteilbar:

kayu (Bäume mit aufrechtem Stamm)
utat (Ratanarten)
bulouh (Bambusarten)
aka (Rankgewächse)
lumik (Moose)
cendawat (Pilze)
pakih (Farne)
sakek (bestimmte Epiphyten)
umpik (bestimmte Gräser)

Neben diesen Gruppen existiert eine Reihe weiterer Gruppen, die aus nur jeweils sehr wenigen Mitgliedern bestehen. Bemerkenswert scheint mir, daß fast alle diese Gruppen außerhalb des zentralen Lebensbereiches liegen, nämlich entweder hoch oben auf den Bäumen oder im Wasser. Eine Ausnahme bilden bestimmte Gräser, die nicht in die Gruppe *umpik* gehören und auf den Feldern oder im jungen Sekundärwald, und das heißt als Folge von Kulturpflanzen wachsen. Mir ist noch unklar, ob die Schimmelpilzarten, die wohlbekannt sind, aus der Sicht der Sakai den pflanzlichen Lebewesen zuzuordnen sind. Ich habe bisher keine Frage gefunden, mit der dies auszuloten ist. Da die Begriffe Pflanze und Pflanzenwelt nicht bekannt sind, ist eine diesbezügliche Frage nicht möglich.

Die bei weitem am meisten Mitglieder umfassende Gruppe ist die Gruppe der Bäume *(kayu)*. Die Bäume werden unterteilt:

I. nach ihrem Lebensalter in 1) Bodenbäume 2) Kinderbäume 3) Mutterbäume
II. nach ihrer Holzbeschaffenheit in 1) hart 2) weich 3) elastisch
III. werden alle Bäume, die Latex enthalten, zusammengefaßt.
IV. in Gattungen
V. Ein Teil der Gattungen ist weiter unterteilt in Arten.

Bemerkenswert erscheint mir, daß die *Conocephalus amoenus* King (siehe Abb.6) der *Aka*-Gruppe zugerechnet wird, obgleich sie von den Sakai offenbar als eine Art Anomalie in dieser Gruppe begriffen wird, weil sie sich nicht, wie alle anderen *aka* von unten nach oben windet.

Aus dem Tatbestand, daß die Hauptgruppen (Ratan, Bambus usw.) aufgrund ihrer äußeren Erscheinung -grob gesagt ihres Stammes- unterschieden werden können, könnte abgeleitet werden, daß diese äußerlich erkennbaren Eigenschaften das alleinige Einteilungskriterium der Hauptgruppen ist. Ich bezweifle das und will versuchen, dies im folgenden deutlich zu machen. Damit wende ich mich zugleich der Gruppe der Kulturpflanzen zu.

Die Gesamtgruppe der Kulturpflanzen wird als *cenaman* bezeichnet. Solche Kulturpflanzen, die nach westlichem Verständnis zweifellos in die oben genannten Hauptgruppen gehören, wie zum Beispiel Durian und Rambutan in die Gruppe der Bäume *(kayu)*, werden nicht dort eingeordnet. Es ist nicht so, daß die für uns charakteristischen Merkmale der Waldbäume nicht auch an den Obstbäumen oder auch an Gummibäumen erkannt werden, sondern es fehlen den angepflanzten Bäumen entscheidende und uns nicht ohne weiteres erkennbare Merkmale gegenüber den Waldbäumen: sie werden weder gefällt noch verbrannt, aber im Gegensatz zu *kayu* gepflanzt. So wie die wilde Ziege vom europäischen Bergbauern nicht zum Vieh gerechnet wird, obgleich sie seiner Hausziege sehr ähnlich sieht, ist der Rambutanbaum für die Sakai kein *kayu*, obgleich er dem wildwachsenden Kedumpabaum recht ähnlich sieht und diese Ähnlichkeit auch selbstverständlich von den Sakai erkannt wird. Mir wurden zum Beispiel die Früchte des Kedumpabaumes mit den Worten angeboten: "Das sind unsere Rambutan". Der Begriff Rambutan wurde mir gegenüber lediglich einmal verwendet. Nachdem ich die wirkliche Bezeichnung gelernt hatte, habe ich nie wieder gehört, daß die Kedumpafrüchte als Rambutan bezeichnet wurden. " Man könnte", sagen die Sakai in Bezug auf Rambutan, "wenn man den Stamm betrachtet, sagen, es ist *kayu*, aber wir sagen es nicht". Dementsprechend wird auch keine andere Kulturpflanze in eine der Gruppen der Waldpflanzen eingeordnet, obgleich manche Äußerung dies anzudeuten scheint; wenn zum Beispiel über das Wachstum von rankenbesitzenden Kulturpflanzen wie Bohnen oder Gurken gesprochen wird, wird im Hinblick auf diese gesagt: "Die *aka* (Ranken) sind schon sehr lang". Es gilt auch hier, daß das gemeinsame von Wald- und Kulturpflanzen sehr wohl erkannt wird, die *aka* besitzenden Kulturpflanzen aber explizit, weil das Unterscheidende wesentlicher ist, nicht der Gruppe *aka* zugeordnet werden.

Auffallend an den Kulturpflanzen ist, daß sie einen weitaus höheren Differenzierungsgrad aufweisen als die Waldpflanzen. Dies trifft insbesondere zu für Reis, Zuckerrohr und Bananen. Aus der Sicht eines Wissenschaftlers mag hier mit Recht von Überdifferenzierung gesprochen werden. Aus der Sicht eines Naturvolkes ist eine solche Bewertung unangemessen und unverständlich. Das Maß an Differenzierung ist interessengeleitet, d.h. der Differenzierungsgrad läßt Rückschlüsse auf das Interesse zu. Da kann es nicht verwundern, daß Kulturpflanzen, denen so unendlich viel Mühe und Sorge gewidmet wird, ein besonders hohes Maß an Beachtung finden. Die strenge Trennung von Wald- und Kulturpflanzen löst sich auf, sobald diese oder Teile von ihnen als Nahrung zubereitet werden. Man sammelt wildwachsende Pilze, aber man ißt Pilzgemüse. Man pflückt im Garten Spinatblätter, aber man ißt Spinatgemüse. Gleiches gilt für "das Tierreich". Eiweißhaltige Nahrung wird ohne Beachtung der Herkunft (Haustiere, Wild, Fische, Vögel) zu einem Oberbegriff zusammengefaßt. Einem Volk, dem es gelingt, so unterschiedliche Lebewesen wie Fische, Hühner, Rehe, aber auch Eier unter einem Oberbegriff zusammenzufassen, ist wohl zuzutrauen, wenigstens einen Oberbegriff für die Mehrzahl aller Pflanzen, nämlich diejenigen, die Blätter tragen, bilden zu können. Wenn es dennoch keinen derartigen Oberbegriff gibt, scheint mir die Erklärung darin zu liegen, daß für einen solchen Begriff kein Bedarf besteht.

Die Untersuchungsergebnisse bei den Sakai in Vergleich gesetzt zu deutschen Untersuchungen über volkstümliches Denken erscheinen mir als ermutigende Belege für die These eines universalen Denksatzes.

NACHBEMERKUNGEN: Den Bericht über Brandrodung und Reisanbau habe ich einem längeren noch unveröffentlichen Aufsatz zum gleichen Thema entnommen, in dem unter anderem auch auf die Sozialstruktur der Sakai eingegangen wird. Die Schreibweise der Sakaiworte beruht auf Vorschlägen von M. AGAR, die unter Mithilfe von H. KÄHLER (gest.1983) und A. SCHÜTZ, Hawaii (zur Zeit Indonesisches Seminar der Universität Hamburg) aus Anlaß meiner Arbeit an einem Wörterbuch (Sakai-Indonesisch-Deutsch) modifiziert worden sind. M. HOBEL-MÄVERS danke ich für den Hinweis, den Begriff Lebensform nicht zu verwenden, da dieser in der gegenwärtigen ökologischen Diskussion inhaltlich anders besetzt ist als im üblichen Sprachgebrauch.

V.
Ethnobotanik und Phytotherapie in Afrika
Ethnobotany and Phytotherapy. The African Case

Friedr. Vieweg & Sohn Verlag, Braunschweig/Wiesbaden

The Healing Properties of Herbs

Chief F. O. Esho

Das Foto zeigt Chief Esho bei seinem Vortrag "The Role of Traditional Healers to the Dying Persons in a Community, particularly in Nigeria", gehalten auf der 7. Int. Fachkonferenz Ethnomedizin, 5. - 8. April 1984 in Heidelberg, hier im großen Saal des Völkerkundemuseums, Hauptstraße 235. (Foto: E. Schröder)

It has been shown through researches that a single leaf may contain more than one healing property in certain proportion, it has also been proved, that a single herb may also cure more than one or two diseases, and this is the result of various healing properties or substances available in the herb. In a medicinal plant, the root may be good for the treatment of one disease while the back will be used for another disease and even the leaves and the seed of the same plant may be used for other healing purpose etc. But in some cases the parts of a plant may contain certain uniform healing properties shown in taste, odour, and medicinal reactions.

As a result of modern scientific research and analysis, we can prove clinically the therapeutic uses of herbs, and it is unsurpassed in efficacy and in its complete safety in use as curative drugs, these herbs are very rich in mineral, vitamins and other micro-nutrients which enable the body to manufacture when required all the substances necessary to combat disease in all its forms and manifestations. These micro-nutrients which are found in herbs give the body the means to cure and also helps to maintain healthy cell structure and thus prevent diseases. All parts of herbs are used medicinally, e.g. the leaves, back, root, flowers, seeds, juice and even powdered dust from herbs are also used to form medicine, and these traditional medicine are made in form of decoction, infusion, lotion, ointment, soap, powder, and some are made in soup form, it is according to circumstances and needs.

It has been shown that more than a third of all remedies used in the Soviet Union,China,and Egypt to treat or to prevent diseases are of plants origin, the number of remedies obtained from plants is daily increasing, this follows the result of researches, which show that many powerful active agents are found in plants, though some of these agents are poisonous, yet they can be used as remedies when properly diluted or neutralised by other agents of a milder nature. All these show the importance of the knowledge of the real healing properties of herbs, if we study herbs, flowers, roots, backs,leaves and seeds one will see the wonderful medicinal healing properties they contain. The first thing to understand about herbs is that they contain all the elements which are found in man, but in different forms.

Friedr. Vieweg & Sohn Verlag, Braunschweig/Wiesbaden

For instance *IRON:* a very good element, because it removes waste products from the blood stream and it is richly found in onion, *ITOGBIN* root, *EWEDU*, back of mahagony *Khaya Grandifoliola*, and some other herbs, it is a very good medicine for aneamia .Any one doing a lot of physical work needs plenty of iron, calcium and silicium.

MANGANESE: This is an effective neutrilizer of body acids. It is available in some herbs like *RINRIN Peperomia pellucida, ODUNDUN Kolanchoe crenata, WORO-ODO, IGBA-WOPOLO* etc.

POTASSIUM: Is needed for proper circulation of blood and to eliminate constipation, it has being proved that most of water herbs like *GBURE water leave, AYE*-back, *TEYO*-root, *tomatoes, green-mustered seed* contain potassium.

SODIUM: Is good for rheumatism, kidney stone, gall stone and if one is perspiring too much, this element can be found in root, and fruits, like *OKRO, IPETA* root *Securidaca Long, AWUN* back, *EGELE*-leaves *Euphorbia Hirta*, etc.

CHLORINE: This is good for kidney diseases and for cleansing the intestines, it can be found in herbs like *ASUNRUN*-leaves *Caciapodo Carpa, EFINRIN Ocimum viride*, etc.

We must know the fact that our body needs different kinds of herbs if we want to be healthy; this has made it possible for the traditional healers to prepare the combination of herbs to produce a suitable compound, each herb does different kinds of work in our body according to their healing properties. Therefore, some herbs are stimulating, while others are eliminating and sedative in effect, active substances for various diseases are readily available in plants and their potency is superb. I will now deal with some herbs and state their healing properties, that is I will only state their action in the body.

OGANWO (MAHOGANY) Khaya grandifoliola. This is a big tree, it is the back of this tree that the Traditional Healers used for herbal remedies: it is very good for anaemia, amenorhea, and other blood diseases; it is an excellent tonic; the infusion from these herbs looks much like wine when *KANHUN* is added; it makes the free flow of menstrual period; if mixed with other ingredients it cures stroke or paralysis and it is even used for hypertension or nervousness.

EGBO IFON Traculia africana. This herb is very remarkable for its aromatic odour of both the root and its leaves: it is very good especially for the treatment of convulsion, vertigo, giddiness, shaking of the arms and legs and sometimes the head; it cures epilepsy when mixed with other materia medica; and also for Arteriitis; the leave is an excellent remedy for reducing body temperature and is also good in the treatment of delirium state of infections.

ORUWO Morinda Lucinda. The root and the leaves of this medicinal plant are very bitter and both are mostly in use; the infusion taste as wine and it is used in curing malaria fever, headache, cold, rise in body temperature, lasitude or other inflamatery diseases. When this herb is mixed with other medicinal properties it is used for goutrheumatism and joint pains of the body; the root is very popular among the africans with different names.

EGBO-INABIRI Phembago zeylanica L.: This herb is depurative and discutient, that is it purified the blood, it also dissolves and removes tumors.

AJEOBALE Croton amabilis: This is astringent and pectoral, that is, it causes contraction and arrests discharges, it also relieves chest affections.

ISU GBEGBE Talinum iriangulare: This is astringent and anodyne, that is, it causes contraction in the body and arrests discharges, it also relieves pain.

BAKA Gladiolus Sep.: This is laxative and diuretic, in effect, it promotes bowel action and increases secretion and flow of urine.

OGEDE AGBAGBA/plantain *Musaceaesa-Pientum-paradisiaca:* This is aphrodisiac and tonic. It is rejuvenating, invigorating and strengthening, it specifically acts on the male genital organ.

ORONBO WEWE Citrus aurantifolia: This is diaphoretic/aperient and anti-pyretic, that is it produces perspiration in the body and is gently laxative.

EGBO AGBOSA Clausena anisata: This is Anti-rheumatic pains, and also act as stimulant, it also stop or soothing inflammation.

EFINRIN Ocimum viride: This is carminative, aromatic, it is a very good medicinal plant for dysentry, it also purges in a gentle way, it has soothing effect on the body and relieves inflammation.

ESU-PUPA Pennisetum purpurea: This is astringent and also good for inpure blood and Luechorea.

EWURO Vernonia amygdalina lime: This is depurative, tonic and it is used for asthmatic cough, cholerrhea and measles.

TETEREGUN Gostus afar: This is Expectorant it is good for common cough, and when mixed up with other herb it is used for treatment of asthmatic cough.

OSUNSUN Drypetes chevalieri: This is anodyne, depurative and tonic, it relieves pains, purifies the blood and strengthening the nerves, it also has effect on the male organ.

ASUNWON IBILE Caciapodo carpa: This is anti-syphilitic and laxative, that is, it has effect on the stomach and also cures venereal diseases.

OBI EDUN (EPO, back*) Cola caricifolia*: This is demulcent and nervine that is, it has soothing effect on the nerves, it relieves inflammation, it also acts specifically on the nervous system, allaying nervous excitment.

AIDAN Tetrapleura tetrapera: This is allerative and emetic, that is, it produces healthful change in the body without perceptible evacuation, it also induces vomiting.

ESO IYEYE Piper guineense: This is antiseptic and tonic, that is, it prevents formation of pus in the body and also strengthens the nerves, it also help in treating the diseases of mind.

In conclusion, I think that it will be very good to have the full understanding of the Healing Properties of Herbs in order to know how to effectively make use of the medicinal herbs for healing purpose.

Sonderband 3/85, 309–310

Pourquoi je me suis appliqué aux études des plantes médicinales?

Abbé Fataki Nzenze

Abbé Fataki NZENZE (li) hört den Ausführungen des Beniner traditionellen Heilers Landry TOHOUENOU (re) aufmerksam zu. Exkursion nach Grand-Popo anläßlich der PHARCO-IV, Cotonou 17. - 28.8.82 (siehe S. 305, 311f; Foto: E. Schröder).

Pourquoi je me suis appliqué aux études des plantes médicinales ?

J'ai toujours eu une grande propension pour les études médicales en général et des études des plantes médicinales en particulier. Allant plus profondément dans ce problème, je trouve que ce sont les raisons suivantes qui ont fixé définitivement mon attention sur les plantes.

1. Seules les plantes ont sauvé ma vie en danger: Mon père Nzenze Augustin, pendant soixante cinq ans catéchiste en chef et sacristain à la mission d'Umangi, m'apprenait que quand j'étais encore bébé, je tombais gravement malade. Le dispensaire d'alors se déclara impuissant. En dépit de cause, papa se mit à parcourir les rues, me portant dans ses bras, et cherchant un guérisseur capable et bénévole. Qui me sauvera cet enfant ? qui me sauvera cet enfant ? Il s'en trouva heureusement un, originaire de la mission de Bosu Manzi, venu à Umangi pour faire ses six mois préparatifs au baptême. Celui-ci avec son compagnon me traitèrent avec les plantes et me guérirent sans beaucoup de difficulté.

Ayant pris connaissance de cela par la suite, ainsi que je l'ai dit plus haut, j'ai eu la conviction que dans la médecine traditionnelle, il y a quand même une médication efficace, et des éléments salutaires à rechercher, quoiqu'on dise. J'en arrivai à la conclusion qu'une étude approfondie de toutes les médications végétales employées contre les maladies, mériterait d'être tentée. Devenu prêtre plus tard, je fus envoyé à la mission où se trouvait le même médecin traditionnel, qui m'avait guéri. Ayant entendu mon nom, il me reconnut et me dit, que c'était lui, il y a x années, qui m'avait guéri d'une maladie grave. Allons dans la forêt dit-il, je vais vous montrer les plantes que j'avais employées pour vous soigner... Je lui ai montré toute ma gratitude.

A ce témoignage me concernant, j'ajouterai celui de mon frère cadet, Nzenze Denis, qui à l'âge de huit mois, notre mère venant de mourir, fut allaité par notre grand-mère, déjà vieille. La macération de certaines plantes a remis ses seins en état de produire du lait...

2. Etat de santé excellent des ancêtres: Durant des millénaires, nos ancêtres se sont soignés eux-mêmes sans aucun emprunt si bien qu'à l'arrivée des européens, ils leur ont montré qu'ils étaient une race non en voie de dépérissement, exténuée, mais vigoureuse, livrant bataille durant des mois contre ceux qui possédaient des engins beaucoup plus meurtriers.

On se demandait d'où leur venait cette vitalité? Comment faisaient-ils en cas de maladie? N'était-ce pas les plantes leur unique moyen de se soigner? De là, on peut tirer facilement la conclusion, que nos plantes zaïroises,ou même que les plantes ont de l'efficacité, capable de maintenir, à leur façon, la vie humaine dans un état de satisfaction indéfini, de génération en génération.

3. Mon expérience propre confirma ces conclusions: Nier les choses a priori, n'est pas faire montre d'esprit philosophique, dont le but est l'étude approfondie de toutes choses. Immédiatement après mon ordination sacerdotale, qui a eu lieu le 12 février 1938, je me suis jeté avec fougue dans les études des plantes médicinales. J'avais constaté en effet que ce que l'on considérait comme de la zizanie, avait une richesse inépuisable et pouvait donner solution aux problèmes sanitaires les plus divers et les plus extraordinaires. Ces études devenaient chaque jour plus intéressantes et plus captivantes.

L'étude des plantes c'est toute une théologie. Plus que partout ailleurs, on y voit que la providence a tout préparé. C'est plus qu'un cathéchisme. Aussi un simple médecin traditionnel s'écriait: "Incroyable, Monsieur l'Abbé, ce que Dieu a mis dans les plantes". A Cotonou (Bénin), le médecin traditionnel, Monsieur Landry, osait me flanquer en plein visage cette phrase: "Vous autres prêtres, vous croyez connaître Dieu. Mais non! Dieu est trop grand" continuait-il.

Bien sûr, parmi les plantes que l'on nous enseignait, beaucoup étaient inopérantes, mais cela ne peut en rien infirmer l'estime qu'on leur doit. Les merveilles des plantes sont tellement nombreuses et disparates, que l'on ne peut enlever la joie de s'y adonner. Ne fermons pas les yeux à l'évidence. Kinshasa, le 7/4/1983

Traitement de la Rougeole (Behandlung der Masern) par COSTUS LUCANUSIANUS.

I. Noms vernaculaires zairois: - Ngakulu, en Lingala; - Kaku-kaku,en Kikingo.
II. Soins. Enlever les écorces, piler, pressurer pour en extraire le jus. Costus donne beaucoup de liquide, qui est gardé dans de bouteilles. Badigeonner, le corps ou les parties atteintes, en passant dessus avec d l'ouate mouillé de ce jus. Donner une petite cuillère ou deux, matin, midi, soir, selon l'âge. Parfois la bouche présente des plaies, on les lave avec de l'ouate mouillé également du même jus. Le même liquide est employé pour le lavement, que l'on fait une fois par jour. Dans des cas graves, on fait deux fois, matin et soir. Badigeonnage du corps se fait aussi trois fois par jour. Parfois dès le lendemain, tout est sec, et l'on continue jusqu'à complète guérison.

Traitement de Psoriasis (Behandlung der Schuppenflechte) PENTADIPLANDRA BRAZZEANA.

I. Noms zaïrois: - Lisoka, en Lingala; - Bosimi; en Limongo; - Kenge Kiasa, en Kikongo.
II. Soins. Ecraser ou piler les rapures de la racine tubéreuse, fraîche. Pressurer pour en faire sortir le jus. Etendre ce suc les parties atteintes, en frottant bien fort, après avoir préalablement écrasé les têtes des papules, s'il y en avait et bien lavé. Etendre ensuite le déchets des rapures melangées avec de l'huile.
Nota. Une parcelle de la racine de PENTADIPLANDRA, appliquée sur le corps pour chauffer, produit à petit á petit une chaleur intense, et pourra même produire des brûlures. C'est pourquoi on fait une deuxième application melangée avec de l'huile. Ce traitement est aussi très efficace.

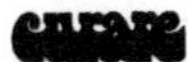 Sonderband 3/85, 311–312

Anmerkungen zur Ethnobotanik in Afrika

Ekkehard Schröder

Beschreibungen und Hinweise zu Pflanzendrogen aus Afrika gibt es, seit zu diesem Kontinent Beziehungen bestehen. Avicenna nennt unter seinen 760 pflanzlichen Drogen bereits zahlreiche aus dem nordafrikanischen und sudanischen Raum (vgl. 5, S.12). Im Zuge der Kolonialmedizin dieser ersten Jahrhunderthälfte sind afrikanische Arzneipflanzen aus dem Blickpunkt gerückt, haben aber nicht minder das tägliche Leben der meisten Afrikaner wesentlich mitbestimmt. Es ist der Initiative einiger afrikanischer Humanisten u. Pharmakologen wie J. Kerharo (Sénégal) und R. Ratsimamanga (Madagaskar) mit ihren ersten nationalen Pharmakopöen zu verdanken, daß ein "botanischer Gedanke" öffentlich bewußt wurde. Heute können sich botanische u. phytotherapeutische Untersuchungen zum Teil neben Universitätsinstituten oder nationalen Laboratorien auch zunehmend wieder auf die alten botanischen Gärten stützen, die mitunter noch im letzten Jahrhundert angelegt wurden. Entsprechende Empfehlungen sind 1976 von der WHO (1) angesprochen worden. 1978 zählte die ENDA über 40 Institutionen und Aktivitäten (2), die im Rahmen der Neubewertung der traditionellen Medizinen vor allem den Heilpflanzensektor erforschten. Die Hoffnungen für ein großangelegtes zügiges Vorwärtskommen sollten allerdings nicht zu groß geschrieben werden, dieses in Anbetracht der tatsächlichen finanziellen Resourcen. Auch ist der Aspekt der Verwertbarkeit und der möglicherweise billigeren Versorgung mit Medikamenten nur ein möglicher in der Ethnobotanik. BIBEAU (3) weist völlig zu Recht darauf hin, daß die bisherigen Studien sich sehr einseitig auf den möglichen chemischen Wirkstoff der Pflanze in der Hand des Medizinmannes konzentrieren.

Der Umgang mit Pflanzen hat natürlich viel mehr Bedeutung für das tägliche Leben, ganz abgesehen von den Nutz- u. Nahrungspflanzen. In diesem Reader finden sich wenigstens im Überblick von R. BRAND (S. 257-275) zur Bedeutung der Pflanzen im Leben der Wémênou/Bénin einige den sozio-kulturellen Kontext einbeziehende Dimensionen. Die in diesem Abschnitt versammelten Beiträge allerdings spiegeln zwei Aspekte wieder: Zum einen die Betonung der Forschung auf dem Heilpflanzensektor - so auch hier verfahren -, zum anderen der unterschiedliche professionelle Hintergrund derer, die ethnobotanisch im weitesten Sinne arbeiten. Auch heute noch sind sammelnde Liebhaberarbeiten wie die von dem Missionar CORBEIL (S.313-324) eine wesentliche Quelle, erheben Kurzsurveys wie der von N. u. M. KRÜGER (S.325-336) wichtige Daten. Traditionelle Heiler wie Chief F.O. ESHO (S.306-308) und Abbé NZENZE (S. 309-310), die ich auf einer der afrikanischen Konferenzen kennenlernen konnte (4), sind häufig einem kulturellen Transfer gegenüber viel aufgeschlossener, da sie, hautnah an der Klientel, für deren optimale Versorgung mehr Sachverstand mitbringen. Unter den nicht so zahlreichen Büchern zu Afrika soll das von SENGBUSCH u. DIPPOLT genannt werden, in dem allein für Kamerun 622 Heilpflanzenspezies aufgeführt werden (5). Das steigende Interesse an der Materie zeigt auch die Wiederauflage von TRAORÉ (6), ein "dokumentarischer Heilschatz für alle Lebenslagen". Er kommt damit einem "ethno-botanischen Horizont" schon näher. Das mir derzeit neueste bedeutsame Buch ist das von A. SOFOWORA (7), in dem sich bereits viel von der Politik der Neubewertung der traditionellen Medizinen wiederspiegelt. Der Autor (Univ. of Ife, Ile-Ife, Nigeria) gibt auch den "Newsletter. Research into African Medicinal Plants" heraus. Wie die hier abgedruckten Arbeiten von N.J. MUGO (S.345-350), A. TELLA (S.351-354) und S. JAHN (S.355-368) über Butyrospermum parkii, Erlangia cordifolia und pflanzliche Teere zeigen, darf mit noch vielen Entdekkungen gerechnet werden.

Friedr. Vieweg & Sohn Verlag, Braunschweig/Wiesbaden

(1) *African Traditional Medicine*.1976. Brazzaville: WHO, Reg. off. for Africa, AFRO Technical Report Series Nr.1.

(2) Aus *Environnement africain*, supplément Nº 20, Oct.1978. Langley Ph., Fayemi J.M., Robineau L.: Promotion de la Phytopharmacopée et la Médecine Traditionnelle. ENDA, Dakar (B.P. 3370 Dakar/Sénégal)

(3) BIBEAU G. 1979. The WHO in Encounter with Africal Traditional Medicine: Theoretical Conceptions and Practical Strategies. In ADEMUWAGUN Z.A. et al. (eds). *African Therapeutical Systems*. Waltham, Massachusetts: Cross Roads Pr.182-186.

(4) SCHRÖDER E. 1983. Beobachtungen und Gedanken zum Dialog mit den Vertretern der Traditionellen Heilkunde. Ein Bericht. *curare* 6: 3-8.

(5) SENGBUSCH V.v., DIPPOLD M.F. 1980. Das Entwicklungspotential afrikanischer Heilpflanzen - Kamerun, Tschad, Gabun. Möckmühl: IFB (Gesell. f. interdisz. Forschung und Beratung).

(6) TRAORÉ Dominique. 1983. *Médecine et magie africaines, ou comment le Noir se soigne-t-il?* Paris/Dakar: Présence africaine, 25 bis, rue des Ecoles, 75005 Paris; 64, rue Carnot, Dakar. Überarbeitete Neuauflage. Erstausg. 1965, damals Titel und Untertitel vertauscht.

(7) SOFOWORA Abayomi. 1982. *Medicinal Plants and Traditional Medicine in Africa*. Chichester, NY, Brisbane, Toronto, Singapore: John Wiley and Sons ltd..

Ein erschöpfender Überblick zu allen politischen Initiativen im Bereiche der traditionellen Medizin läßt sich wegen der Verstreutheit der Informationen kaum geben. Folgende Liste soll daher einen Einblick gewähren. Materialien finden sich unter anderem auch in der Bibliothek der WHO in Genf.

ATISSO M.: Rapport Général et Analyse des Travaux du 1er symp. interafricain sur les pharmacopées traditionnelles et les plantes médicinales africaines. Dakar, 25-29 mars 1968, 97 S.

CAMES (=Conseil Africain et Malgache pour L'Enseignement Supérieur)
Premier colloque du CAMES, November 1974, Lomé.
Deuxième colloque du CAMES sur la médecine traditionnelle et pharmacopée africaines, Niamey, 7-10 juin 1976, Actes Ouagadougou, 251 S.

Proceedings of the International Symp. on "Traditional Medical Therapy - a Critical Appraisal", 10 - 16 dec., 1973, Univ. of Lagos, Akoka,Yaba; rapp. by A. Adegoke, O. Somorin, O. Sonola, 1974, 144 S.
2nd OAU/STRL Inter-african Symposium on traditional pharmacopoeia and African medical plants (Cairo-Egypt, 7 - 12 july, 1975). Lagos 1979, 355 S.

PHARCO: Internationale Seminare zur "Pharmacopée africaine et Médecine traditionnelle" in Cotonou/Bénin, durchgeführt von Infosec (Inst.de formation sociale,économique et civique R.P.B.)
1) 4 - 9 sept. 1978: Pharmacopée afr. et med.trad. au service de masses populaires. Cahiers, études, documents Nr. 1 des Infosec in Cotonou
2) 16 - 28 avril 1979: La pharmacopée afr. et la méd. traditionnelle.
3) 3 - 8 nov. 1980: Pharmacopée africaine et méd. tradtionnelle, avec une discussion des travaux de reflexion de Pharco 2.
4) 17 - 27 aout 1982: Les Modalités Pratiques d'Integration Officielle de la Médecine Traditionnelle et de la Pharmacopée dans les Soins de Santé. Dok. des Infosec, Cotonou.
Zur Arbeit des Infosec, das auch von der deutschen Friedrich-Naumann-Stiftung gefördert wird, gehören u.a. seither regelmäßige Seminare zum Thema "Traditionelle Medizin" auf nationaler Ebene. Auf dieser Ebene gibt es in vielen Staaten Seminare.

Neben den entsprechenden wissenschaftlichen Einrichtungen der Universitäten in Afrika sind für den Bereich Ethnobotanik u.a. zwei weitere Institutionen zu nennen:
1) Enda/Dakar, Sénégal, siehe S. 337/8
2) I.N.A.D.E.S., B.P. 9, Abidjan 08, Elfenbeinküste.

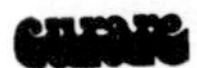
Ethnobotanik
Sonderband 3/85, 313–324

Cibemba Bush Medicines, Zambia

Father Jean Jacques Corbeil

Vater J.J. Corbeil hat in den letzten 30 Jahren weit über 10 000 Exponate im Moto-Moto-Museum zusammengetragen, darunter auch zahlreiche ethnomedizinische Dokumente. Er wird 'Butala bwa Maka' genannt, 'Mr. Energy'. Das Foto zeigt ihn im Spätjahr 1982, noch vital und unternehmungslustig; seinen Erkenntnisdrang bezeichnet er als "poor self made". Der Kontakt wurde erstmals 1978 über die Kübelstipendanten E.L. Iskenius und Ursula Froster geknüpft. Das hier gedruckte Dokument wird hiermit erstmals in dieser Form vorgestellt.

First — you find the name of the sickness in English and in Cibemba with some different expressions in vernacular.
Follows — the medicine, named in Cibemba with its number named in Latin also with the number.
Finally — the preparation and the use a. - in Cibemba, b. - in English

At the end, you will find a list of vegetable poisons... "Sumu" and also a list of fish poisons... "Buba". Later on, I hope to be able to give more details and precisions about these poisons.

HEADACHE = MUTWE ... mutwe wa lubola, mutwe wa mililo
CIBANGALUME (16) = *Dialiopsis africana* (20) - roots
a: Kushina imishila ibishi: wa kulembela // b: They reduce in powder some fresh roots, they push this powder in the incisions made with a razor on the temple-bones. They also use the dry roots. (You still see the use of a pre-european razor for making the incisions).

MULAMA (5) = *Microphyllum molle* (16) - roots
a: Kushina imishila: wa kulembela nao // b: The same preparation and use as for Cibangalume.

Friedr. Vieweg & Sohn Verlag, Braunschweig/Wiesbaden

<u>EYES</u> = MENSO... Lukanu, Cibubi, Kasokopyo, Kafifi, Mushongo, Kasenga, Cibyobyo, ya mbwa, ya mbushi, ya nsao etc.
MUNSOKANSOKA (8) = *Cassia abreviata* (12) - roots
a: Kwabikila imishila nangu ifipande: wa kusamba ku menso // b: They soak some roots or pieces of the tree and wash the eyes.

MUFUNGO (1) = *Anisophyllea boehmii or pomifera* (6) - roots or pieces of the tree
a: Bakusa pe bwe icifufya ne mishila (nangu fipande), babika po tumenshi: wa kutonesha mu menso na kalisako ka nkoko // b: They obtain powder by rubbing on a stone copper-ore and roots or pieces of Mufungo tree, they add a little bit of water... for dropping in the eyes with a little hen feather. This remedy is specially for Lukanu, blepharitis.

MUSAFA (40) = *Syzygium guin. ssp. macrocapum* (53) - leaves
a: Kusheta mabula no kulunda po tumenshi: wa kutonya mumenso // b: They chew some leaves and add a little bit of water; they drop the remedy in the eyes.

MUPUTU (47) = *Brachystegia spiciformis* (10) - bark
a: Kusheta ifipapa no kulunda po tumenshi: wa kutonya mu menso // b: They chew bark and add a little bit of water; they drop it in the eyes.

KANSALUNSALU (23) = *Clerodendrum uncinatum* (15) - roots
a: Kwabikila imishila: kukowesha mo amenso libili libili // b: They soak roots and then wash the eyes often with it. (N.B.: Specially in "Kafifi" case (dimness of sight), caused ba a lack of vitamines.

<u>EARS</u> = MATWI... Mulemba (otitis), Mfuku (Purulent otitis), Mboboyo (Otalgia), Yalelila ngwema or yalewala (the ears make a whizzing noise) etc.
MUKOLOLO (32) = *Gardenia jovis tonantis* (28) - fruits
a: Kufukula mpupu (fitwala), kubika mo amenshi; nga nayandukila, kutonya mu matwi// b: They empty the fruits and put in water; when the water is mixed with the inside of the fruit, they pour it into the ears.

<u>HEAD COLD</u> = CIFINE
AKAPIMFYA BALENGE (46) = *Grewia* (28)... *one of the 15 diff kinds?* - flowers
a: Kufikina maluba: wa kunusha
b: They crush in hands some flowers and sniff them.

NJINU (52) = *Clematopsis scabiosifolia* (3) - flowers
a: Kufikina maluba, e pa kuyanunsha mu myona // b: They crush in hands some flowers and sniff them.

<u>CHEST COLD</u> = CIFUBA... Nkola (kulolesha), Mpembe mwesela (kulolesha sa sa), Makoesha, Cifuba ca mililo or Ntanda bwanga (Consumption, Phthisis).. etc.
AKAPEMBE WANSHYA (15) = *Ectadiopsis blongifolia-producta* - roots
a: kwabikila no kunwa // b: They soak small roots and drink the water.

CANGWE (26) = *Xylopya odoratissima* (60) - roots
a: Kwabikila imishila no kunwa // b: They soak roots and drink the water.

<u>HEART DISEASES</u> = MUTIMA... Ibele, Musampu, Shimankabe, Mutunta, Lukubula, umutima ulebauka
KAIMBI (13) = *Erythrophloeum africanum* (25) - bark
a: Kwabikila ifipapa: wa kusamba no kunwesha umulwele // b: They soak bark and then wash the patient with the water, it is also for drinking.

<u>EPILEPSY</u> = MWELA... Mutima
As Mutima means both epilepsy and heart disease, they have the same remedy.

CONSTIPATION = MUBINDI
ULUPWESHA (18) = *Dalbergiella nyassae* (20) - bark
a: Kwabikila ifipapa, elyo kukumbilo musunga no kunwesha // b: They scrape some pieces of bark; they soak them and make a light porridge with this water ... for drinking.

NDALE (45) = *Schwartzia madagacariensis* - bark
a: Kwabikila ifipapa no kunwa // b: They soak bark and drink the water... also used as emetic.

MONO (54) *(Castor bean)* - beans
a: Kutwa, kwipika no kunwa tumafuta tunono fye // b: They pound beans and cook them; the oil obtained is for drinking in small quantities.

KASALASHA (14) = *Rhoicissus erythrodes* (48) - bark
a: Kwabikila no kunwa nangu kukumbila umusunga // b: They soak it and drink the water of make with it a light porridge.

STOMACHACHE = PA MUTIMA... Nungulila, Kameme, Nkombe, Muselu, Kafulifuli etc. Specially for bowels troubles: Lushina (Colic), Nsoka nda, etc.
KAPANGA (42) = *Amblygonocarpus obtusangulus* - leaves
a: Kutwa, kwabikila no kunwa libili libili // b: They pound leaves, soak them and drink the water in small quantities often.

AS VOMITIF = WA KULUKA... Ndusha (Bile) Katumbisha, Fisanda fya ndusha etc.
KAFULAMUME (38) = *Maprounea africana* (37) - roots
a: Kutwa imishila no kususa ne ntete; kukumbilo musunga // b: They pound roots and they filter them with a basket and prepare a light porridge.

SMALL POX = KAMPASA; CHICKEN POX = KABOKOSHI; MEASLES = KASAKALA... Kampasa is also called: Nkanga, Ndubi, Mwalo, Mutumba. For Kasakala they also say: Fundwe fundwe, e mucila wa Mwalo
MUKONDE (43) = *Sesamum angolense* (51) - roots and leaves
a: Kwabikila: wa kutonesha mu menso, kabili wa kusambile filonda // b: They soak roots and leaves together; it is for washing the eyes and the wounds.

MUMPO (44) = *Salacia rhodesiaca* (49) - roots
a: Kwabikila: wa kusamba-samba // b: They soak roots and wash frequently the wounds with them.

PNEUMONIA = KABALI; PLEURISY = BAMBE... Kabali is also called: Icintu pa lubafu, Cilecema pa lubafu, Cilaso, Chinsoma. For Bambe, they also say: Icifuba ca mulu ulu Cicintila
MUTOBO (22) = *Berlinia craibiana* (9) - leaves
a: Kukanga amabula: wa kukakila pa lubafu // b: They dry over the fire some leaves and tie them on the chest pain.

KALANANGWA (31) = *Ziziphus abyssinica* - roots
a: Kwabikila imishila no kunwa // b: They soak some roots and drink the water.

NGOMBE SHA LESA = *Lytta vesicatòria* - fly
a: Kushina, kulunda po amafuta: wa kukakila pa cilaso // b: They dry these flies in the sun, they reduce them in powder which is mixed after with oil, (personally, I use old motor oil). This mixture is put on a piece of cloth and applied on the chest pain. In less than 2 hours the pain is away. Remained often a wound which is treated as burn; the following day, the patient is spitting mucus. It is a real vesicatory as good as "vantouses". - These cantharides contain $C_{10}H_{12}O_4$

LUMBAGO = MUSANA... Maminya, which means also pain in the joints
NAKANCETE (6) = *Bersama abyssinica* (9)

RHEUMATISM = KAPOPO ... Mucece, Kamucaca, Fikalipa mu molu na mu makofi
MUPAPA (36) = *Afzelia quanzensis* (4) - roots
a: Kupela imishila: wa kucinina // b: They grind some roots and they massage the patient with the powder.

DIARRHOEA = SHIKI; DYSENTERY = CELE... Shiki... kupolomya. Shiki comes from the English word "sick"; cele... Kapakati, also called Mungoloma (mal de ventre)
MUBWILILI = *Hirtella bangwelolensis* (31) - bark
a: Kutwa ifipapa kwa bikila no kususa; wa kunwa atemwa kukumbila umusunga // b: They pound the bark and soak it finally they filter the liquid. It is for drinking or for making a light porridge.

FOR THE BREAST = WE BELE
BUBELE = *pennisetum typhoides* (1a) - roots
a: Kutwa imishila: wa kusuba // b: They grind some roots and rub the breast, specially when they have a child.

WOUNDS = FILONDA
MUFUNGO (1) = *Anisophyllea boehmii or pomifera(?)* (6) - roots
a: Kutwa ifipapa, kwipika no kulunda po icifufya: wa kusambila // b: They pound the bark and cook it, they add some copper ore and wash the wounds.

WOUNDS IN THE MOUTH = FILONDA FYA MU KANWA
MUTUNTULA (29) = *Solanum inconum ... or .. Withania somnifera (?)* (51) - roots
a: Kwabikila no kusamba kanwa ku munwe // b: They soak some roots and wash the mouth (usually of young babies) with one finger.

WOUNDS IN THE THROAT = FILONDA FYA KU MUKOSHI
MUKOLOBONDO = *Canthium crassum* (12) - leaves
a: Kwabikila ne bungano: wa kusukusa // b: They soak some leaves of mukolobondo and bungano trees; then they gargle.

ABCESS ON A FINGER = KATUNGWE
MUPULUMPUMPI (28) = *Rothmannia englerana* (49) - leaves
a: Kukanga amabula: wa kusuba // b: They dry over the fire some leaves and rub the finger with them.

BOIL = MUMENA... Cipute
KAMPANDE (24) = *Schrebera alata " " trichocloda* (?) (50) - leaves and roots
a: Kutwa no kwabikila: wa kusamba // b: They pound leaves and roots together and soak the whole, for washing the boil.

TUMOUR = CULU (?)
MUBANGA (2) = *Afrormosia angolensis* (3) - roots
a: Kutwa imishila or kushina: wa kulembela // b: They pound some roots ... they rub the tumour with the powder or make incisions in which they push in the medicines. A Culu is still a puzzle for us, Europeans, as it can be so many things.

BURN = MULIRO
LITEMBUSHA (27) = *Aloe* (3a) - leaves
a: Kukontola ilibula no kwitila amafuta pa cilonda // b: They break a leave and pour the inside oil on the burn.

SWELLING = KUFIMBA
MUPANGWA (12) = *Uapaca benguelensis* (57) - roots
a: Kwabikila imishila; wa kusamba // b: They soak some roots and wash the part swollen with the water.

<u>SNAKE BITE</u> = KUSMWA KU NSOKA
MUFUMBE (34) = *Piliostigam thonningii* (44) - roots
a: Kupala imishila: wa kulembela // b: They peel some roots, they make cuts and push in the pounded roots.

<u>LEPROSY</u> = FIBASHI
MUSANGATI (49) = *Pseudolachnostylis maprouneifolia* (46) - roots
a: Kupala imishila, kusakana na tufuta: wa kusuba // b: They peel some roots and mix them with oil... for oiling the wounds.

<u>SYPHILLIS</u> = TUSWENDE
KAFULAMUNE (38) = *Maprounea africana* (37) - roots
a: Kwabikila imishila: wa kunwa no kusamba ifilonda // b: They soak some roots... it is for drinking and for washing the wounds.

POISON-SUMU

MALE ROOTS	*Eleusine coracana* (1a)
MUTOBO ROOTS	*Berlinia craibiana* (9)
MUKOLE ROOTS	*Azanza garckeana* (8)
MWAFI BARK	*Erythrophloeum guineense* (25)
BULEMBE	*Ancylobothrys amoena* (5)
CIBONI MUSUBA	?

NUNDULA, e ndusha ya ngwena (Crocodile bile) also called Mpasha

PLANTS FROM WHICH FISH-POISON IS MADE (BUBA)

AKASHIYA	*FITWALO*	*MISESWA YA MUFINSA*	*FIPAPA*
MUNENGENE	*FITWALO*	*CABTULA*	*FITWALO*
CIBOMBOLWA	*FYA PANSHI*	*NTUMBA*	*FITWALO*
KANSAKATA	*FYA PANSHI*	*KANCENSE*	*FYA PANSHI*
CITUPI	*MABULA*	*TUPA*	*FYA PANSHI*
		KOBA MUSHI	*MABULA*

Superstitious Medicines and Talismans (Mikano)

The superstitious medicines and the talismans are based on a certain principle of similitude: "Similia similibus curentur, medicantur". In another way, the manner of an object must engender a like manner in the human body if one gives occasion to communication...by contact as one might say, in electricity. Here are two examples: *Citontolo* (MM-B-1)... the narrow end of a gourd (Takombo) has no natural openings. It is naturally sealed. Therefore the state of being sealed can be communicated to the child, who has diarrhoea with a *Citontolo* which will seal the child and heal him. *Mpapa ya mbushi* (MM-C-11)... a goat has a very strong neck. A piece of goatskin will, by contact, fortify the painful neck of anybody. Since communicability exists, it must be applied to the use of names. And that is why we find that the names of the trees correspond to the properties required for them. For an example see: *Ulusombo* (MM-A-19). It can be the same for anything; *bushipa bwa Nkonshi* is a superstitious medicine for neckpain: *bushipa* means tendons or nerves, it means also strength, energy, courage. Consequently an immediate contact of a *bushipa* to the neck will help the sick fellow to get through his neck pain. These superstitious medicines and most of talismans are often taken by us as amulets; but in fact, an amulet is quite different and the morality too.

I Superstitious Medicines

For heart troubles, the most common ones are: *Ndilishi, Ntuta, Ulupolo, Ulusombo* and *Uluseke lwa mungu*.

MM-A-7: *NDILISHI*

For weaving a *Ndilishi*, they use: old cloth, bark cloth, cotton thread or a piece of gazelle (*Katili*) skin. As medicine they put in: roots of the *Mucilikwa Ndibu* tree. They add too (not always) lice found in their own clothes. The *Ndilishi* is either worn around the neck or slung over the shoulder that the medicine has a certain contact with the heart.

MM-A-9: *NTUTA*

The *Ntuta* is plaited (*nga Pio*) with cloth, cotton thread or bark cloth of the *Muombo* or *Mupapi* tree. They interpolate too some wax which gives more resistance to the *Ntuta*. The medicine is leaves of one of these three trees: a. - *Mupula mpako* (*ashrub* growing in the cavity of trees), usually of a *Musoko* tree; b. - *Mukunyu* tree (a wild fig tree); c. - *Mulama* tree. The charm added is *mucele wa cilombela* i.e. salt which you ask for, from some one else though you may have some yourself. The *Ntuta* is tied around the neck and long enough that the child or adult can suck it.

MM-A-14: *ULUPOLO*

They take the *bulbous* root of the grass called *Ulupolo*. They pass a string through the root. The babies have it at the waist, usually after the mother put it in a light porridge.

MM-A-19: *ULUSOMBO*

The fruit of the *Ulusombo* tree is called *Ulusombo* and has quite the size of an egg. Only a piece of the fruit is necessary. The medicine which is put in and fixed with wax is black soil called *umutima wa mushili* i.e. a hard lump nest of soil found in the ground, probably made by ants. As it is slung over the shoulder, previously the pass a string through the *lusombo*.-According to the expression *Ku kukoshi, nakufita* (I am suffering from heart burns) they are looking for black soil (*icafita*). *Similia similibus curantur* is again applied: *Nakufita icafita*.

As babies and children get often bowelstroubles, you find quite a few medicines for that: *Citontolo, Matete, Cimamba, Ntanda, Kalalila* ... etc.

MM-B-1: *CITONTOLO*

A *Citontolo* is the narrow end of a gourd called *lukombo*. It is filled up with a mixture of the excrement of the child and *Ndale* or *Mwenge* leaves. They chew the leaves before making the mixture.-Some prefere *Mucilika ndibu* roots or *Cipongolwa* thorns. These roots or thorns are roasted and ground before mixed with the excrement of the baby.-To one of these two medicines other add light porridge (*musunga*) or red powder (*nkula*) from the *Mukula* tree. The *Citontola* is finally covered with wax. You can find beads in the wax as good omen.-A *Citontola* is for a child having *ipima* i.e. constipation or abnormal weight or bad excrements... a dark green colour. The mother will quickly notice, as the fontanel does not pulsate properly, that her baby got or is getting *ipima*. - N.B.: The fontanel is called *Lumbushimbushi*.

MM-B-5: *MATETE* or *TUMATETE*

The *Matete* is a medicine against *Cumba* i.e. a skin disease with white powdery-like blotches and the excrements of the child are practically black. - For preparing that medicine, the parents of the sick child climb a Ndale tree. There, on a branch, they pull a few hair from the lower part of their abdomen. They chew them with *Ndale* or *Mwenge* leaves. - They push in small reeds (*tumatete*) hairs and leaves chewed and close their extremities with wax...sometimes adding beads.

MM-B-20: *CIMAMBA*

A very simple medicine which consists, in a woven bark rope, of *Cifutba Ngulube* plant. It is worn around the waist as the *Citontolo* and the *Matete*.

Lushishi, Bushipa bwa nkonshi, Mpapaya mbushi and *Nsako* are for neck pain.

MM-C-16: *LUSHISHI*

For neck pain and *torticollis*...*umukoshi naupoka*. They strip bark rope of the *Mufumbe, Mukole* or *Kapembe wansha* tree. They tie knots here and there. They wear it around the neck.

MM-C-26: *BUSHIPA BWA NKONSHI*

Bushipa bwa nkonshi literally means string or tendons or nerves of hartebeest, a kind of antilope. - An immediate contact of a *bushipa* to the neck will help the sick fellow to get through his neck pain as *bushipa* means also strength, energy, courage.

MM-C-11: *MPAPA YA MBUSHI*

As goats have very strong necks, a piece of a goat skin (*mpapa ya mbushi*) cut in a ring shape and tied at the leg, by contact, will fortify the painful neck.

MM-C-6: *NSAKO* or *NGULILA*

Against goitre (*cibukulo*). *Nungulila* is a kind of vine fruit which has a thorny rind. They pass a string through and wear it around the neck. - They believe that the thorns will push back the goitre and by that, get it smaller and smaller.

As the following medicines have a very different purpose, it will be indicated with its explanation:

MM-D-8: *TUSANGA*

Wa mensoi.e. for eyes and especially for a film over the eyeball. *Tusanga* are small rings made out of *Kapembe wansha* roots; sometimes with a few beads between or a small piece of charcoal (*mufito*). The film over the eyeball, in contact with a piece of charcoal is expected to be burnt like firewood. They wear *Tusanga* on the forehead.

MM-D-17: *MWIKALA MPUNGU*

It is for headache, and for preventing the swelling of the limbs. This medicine is prepared with roots of the *Mwikala mpungu*, a parasite-plant; also prepared with roots of the *Munansha* tree.

MM-D-12: *CITAPATAPA* or *CIKOLOLO*

For wounds, specially on the legs. They chew some leaves and spit them onto the wounds. If it is for preventing the swelling of the legs, they tie some roots to the leg. As *Citapatapa* is a plant from which salt is extracted, its root is chewed to cure chest troubles.

II Talismans

MM-E-21:

It is a little bag called *mukano* or *mukana* and it is to bring luck or to prevent bad luck. The owner alone knows it. They braid a small straw cloth bag around an amulet or a superstitious medicine.

MM-E-22:

This old one-cent coin of East Africa is worn on the neck, very probably to bring luck, later on, in business.

MM-E-23:

Libatani (cotton) is worn to bring to the child more facilities to get european things, specially clothes.

MM-E-24:

Citima is the name of this *mukano*; it is to prevent bad luck, specially *bushilu*, madness. It is just teeth of a duiker (*ameno ya mpombo*).

MM-E-25:

A molar tooth (*naboya*) of a duiker which is considered as a good luck amulet for hunting.

III Charms (*FISHIMBA*)

I repeat here what I wrote in the beginning. A *Cishimba* is a charm or 'medicine', which, according to native belief, guarantees the efficacy of remedies, sucess in cultivation, luck in hunt etc. V.C. they powder for headache *Cibangalume* roots (the remedy) and a piece of green mamba head (the charm). They use this powder in a scarification way. - They use *Fishimba* too for throwing spells, for bewitching somebody; also for removing a spell or for neutralizing the effect of it. The charm b32, b33, b34 etc. are for killing beasts and people. The witchdoctors have different ways; for killing people they do it: a. - mostly by autosuggestion, psychology, exorcism, psychiatry. b. - sometimes by a medium or by a poison (*bwanga bwa kukolo*). c. - rarely, but it seems so...at distance, surely by devil power. - The expressions: *bwanga bwa lupembe, bwa lupekeso, bwa kusukusa*... witchcraft believed to be thrown from a far and to fall like a meteor on a person.

Different Kinds of Charms

A. Charms for Food: *FYA MALYO*

a.-1- *Nduba: ca malyo*

Nduba is a bird with crimson and blue feathers, generally found near rivers. This bird is believed to bring good omen or good feed.

a.-2- *Linso lya cibuli:*

Ca kulembela ubuci atemwa ca kubikila mu nsupa ya bwalwa pa kuti tabukapwe bwalu. The eye of a badgar: Charm for being first to discover honey, also charm to be put in the beer pot that the beer will not be finished too quick.

a.-3- *Mpuli ya cibuli:*

Ca filyo pa kuti tafyakapwe bwangu.
The forehead of the badgar: by putting this charm in the bin, a woman can take millet daily from it but the millet will not be finished soon.

B. Charms for Killing: *FYA KUPALLA*

b.-32- *Ngufwilila*, a king of poisonous snake:

These snakes seem very rare. One is believed living near Mubanga village, on a small hill called Nampungu, on the other side of Katonga river. Practically only witchdoctors have these charms which are considered the strongest ones be the natives.

b.-33- *Itiya*, a kind of snake:

Rare too like *ngufwilila* and as charm, considered one of the strongest. I have a collection of more than 50 snakes, but not a single specimen of these two kinds.

b.-34- *Mutwe wa ngoshe:*

The head of a green mamba, more exactly, of a boomslang (*Dispholidus typus*) a back-fanged snake.

b.-35- *Lifupa lya ngoshe:*

A bone of a boomslang.

b.-36- *Mutete wa ngewena...mpapa ya pe fumo:*

The layer of flesh of the abdomen of a crocodile. This charm is *ca kutalalika abantu*, for getting people quiet by death.

b.-37- *Mutima wa nengo:*

The heart of an ant-bear or a part of it. *Umoloshi apanda mo ubwanga ku kulowa abantu*... means the witchdoctor prepares witchcraft medicine or charm with it for bewitching people.

b.-38- *Mpula mulilo:*

Human bones which, when burnt, snapped and were projected out of the fire. Usually, they are of *Fiwa*, dead people considered as bad spirits, or of sorcerers. The witchdoctors use *Mpula mulilo:* 1. for killing; 2. as medicine for curing madness; 3. For chasing away the evil spirits i.e. souls of dead people if somebody is always sick.
Umuntu nga alalwalilila fye pe, bafwaya mpula mulilo, e pa ku talusha ififbanda, mitima ya bantu.

b.-4- *Nundula atemwa Mpasha, e ndusha ya ngwena:*

Crocodile bile; all who know *Nundula* (and they are very many) say that it is a very strong poison. I tried, in the past, personally, a lot of bushmedicines, but not yet *Nundula*. I ignore presently its preparation.

Charms for Curing People: *FYA KUPOSHA*

b.-39- *Musulusel u..mafi ya lusato:*
Excreta of python.
1. *Ca nsoka nda:* against intestinal worms and tape worms.
2. For thinness attributed to a spell.

b.-41- *Mulya nsefu:*
Wa ba cimpu...this kind of tree is used for children of evil omen, born before its mothers first menstruations were ascertained or declared.

b.-42- *Nsomo ya nsofu:*
Ca kukulila umushi...pa kuti abantu bese bwangu, kabili bafule.
The core of elephants tusks is a charm for building a village. This charm will bring to the headman people, a lot and quickly.

b.-43- *Ntitimushi...Cipululu:*
Ce fibanda: nga yalila, abantu baletina ukuti umuntu alefwa abati...tuletulo mupamba. An owl which is for evil spirits: If the owl sings, the people get afraid that somebody will die, saying we will pick up an evil omen. *Kwati ntitimushi ilepashanya umuntu ukulila:* the owl ba singing imitates a man crying.

b.-44- *Mufuba...Ntimpa...Citimpa:*
Charm or "medicine" supposed to have a purifying virtue, widely used in pagan ceremonies as in purification after burial, for a person who found a dead lion or a leopard etc. As a *Mufuba* is the most patent of the purifying remedies and is the exclusive property of the *shinganga*, the diviner, the evocator of spirits, let us give an explanation word about it:
Who makes it? The *shinganga*, at the time of the purification of the village that follow funderals. - What is the composition of the remedy? Here a recipe I got: *Ngombe wanina* roots, *Mukusao ukalamba* roots, *Mupasa* roots, *Mwangwe* flour and a snake bone; the whole is reduced in powder. With the remainder of the ritual purification (*kanweno*) the *shinganga* will make the *Mufuba*, mixing the powder with the potion and pressing the whole into a cake. - Who prepares it when needed? *Umulumendo mukabe* i.e. a young man having relations with his wife and using the *kapalwilo* pot. *Umulumendo mubishi* i.e. *ashilepanga imilimo ya cupo...* a young man who has no relations with his wife cannot prepare the *Mufuba*.- N.B. The *kapalwilo* is the small pot used for ritual ablutions, removing all taboos after conjugal relations.

b.-45- *Ulushinga lwa katili:*
Ulushinga: a bow-string made of rawhide; Katili: a small gazelle. *Ca kuleko kupolamya:* Charm against diarrhoes and dysentry.

b.-46- *Mulombe wa nsofu:*
Elephant's trunk. *Ca musana:* against lumbago. Also *ca maminya*.

b.-47- *Iteka ya mfungo:*
Iteka: hair from the anus; *Mfungo* a civet cat. *Ca culu:* for large tumour, swelling, etc.

b.-48- *Nasununda:*
A queen drove (kind of big bees); *ca kukulila umushi:* for building a village.

C. Charms for Games: *FYE NAMA*

c.-19- *Kampandwe: kanama*...a small animal, a kind of skunk.
As this small animal stinks, a piece of it, they believe, get the duikers running to the hunting nets.

c.-20- *Bwato:* a boat
Pa kuti inama shilungame ku masumbu, ngo bwato:
As the boat is directed straight to the other side of the river, this charm, a piece of a boat, will get the duikers running straight to the hunting nets.

c.-21- *Ibele lya nsefu:* the udder of an eland.
Ibele means also fecundity...charm for having a lucky hunt...many beasta in the net.

c.-22- *Nsomo ya nsofu:* the core of elephant's tusks
Cakukulila umushi of b42, also *ca mpombo:* for getting duikers in the nets...*pa kuti shiise bwangu*...in order to get them quickly. - This core is used as a good luck amulet or charm. They put it in a small horn which is attached to the net.

c.-24- *Luposo lwa ngwena:* the excrements of a crocodile
Ce sabi...charm for getting fish. From the similarity in these two words: *Ukuposa* (to throw) and *uluposo*.

c.-25- *Lwala lwa nkaka:* a claw of a scaly ant-eater
For striking wild animals with fear. The connection comes from the similarity of *nkaka* and *-kakamana*, to shake with fear.

c.-26- *Nkaka:* scaly ant-eater...the same as c.-25.

c.-27- *Nsomo ya munjili:* the core of a warthog
Ca mpombo...cf. c.-22 also a charm for protecting hunting dogs, *ca mbwa*.

c.-28- *Kalingongo:* large scorpion
Nine *kalingongo, mulala kwacenama; teti cintu cise cingile kuti na cikanda*... I am the kalingongo who can sleep with opened doors; if any beast comes in, I could do away with it.*Ca fiswango*...charm against wild beasts, specially lions and leopards.

c.-29- *Nsonto:* kind of a mouse
Ca mpombo...it is supposed to make duikers jumping into the net. Again similarity of *Nsonto* and *sontauka*.

D. Charms for Procreation: *FYA BUFYASHI*

d.-11- *Ngombe yapasa:* mother who gives birth to twins
Mapasa: swelling of the whole body. The *mapasa* swelling is supposed to be caused by the omission of a usual purification of the mother after the birth of twins. The members of the twins' family may also be affected by such a swelling; they have too to be purified. The charm got its origin from the tree words: *kupasa, mapasa* and *mupasa*. *Kupasa:* to give birth to twins; *mapasa:* the swelling of the whole body; *mupasa:* a kind of a tree. - By getting twins, the mother can get the *mapasa* but the *mupasa* tree will regulate the situation. - *Itembusha* (aloe) is also medicine for avoiding the *mapasa*-swelling.

d.-12- *Mulombwa*...a tree: *Petrocarpus angolensis*
The pitch of this tree is sometimes used in making the *nkula* powder, a red dye. *Nkula* powder is red...like blood, so the *mulombwa* is used to avoid haemorrhage in pregnancy cases.

d.-13- *Bwato ubwalepuka:* Piece of a split boat
This charm is for pregnant women, very for splitting enough when it will be time to give birth.

d.-14- *Imangu:* a kind of a drum
For pregnant women too. The *mangu* drum is used for giving alarm for calling people. A piece of its skin will call the people in time if ever a woman is getting trouble by giving birth.

E. Charms for Work by Europeans: *FYA NCITO*

e.-15- *Nasununda:* a queen drove, kind of big bees
A charm to have, it seems the courage to work hard with europeans as these bees do. See also b.-48.

e.-16- *Bulumbwalumbwa:* a kind of a bird
As the *Bulumbwalumbwa* birds flock together, the African will manage well with the the Europeans, his employer.

e.-17- *Nsoni* or *kansoni:* a kind of small reptile

This reptile stops whenever one approaches it. The charm will cause the Europeans to stop shouting to the Africans, even to stop beating them. *Mishishi ya masungu,* hair of Europeans, well also have the same effect.

F. Love Charms: *MITI YA CISENSE, YA MWABI*...specially for Women

f.-5- *Mwita* or *Mobole:* a tree

The efficiency of this charm derives from the similarity in these two words: *Mwita,* a tree and *Mwita,* he who calls. The first wife uses it for another that the husband will chase away his second wife, but at the same time, the second wife uses also a love charm in the hope that the first wife will not have any more relations with the man.

f.-6- *Lukoma:* the toucan or horn-bill

The toucan (a bird) who walls up his mate on his nest in a hollow tree during the incubation time. This will be a good charm to keep her husband away from other women.

f.-7- *Litumba yalepuka pa cisungu:* a piece of a litumba drum split at menstruations ceremonies

It is, they believe, a very strong charm as at that ceremony the atmosphere is full love. This charm will keep the man to his wife for ever.

f.-8- *Mukotami: Mpanga*...a sheep

It is supposed to render the husband as tractable and mild as a sheep. *Umulume teti asalapuke,* they say, the husband will not run away because with this charm, he will kept by his wife and he will not find another wife.

f.-9- *Masmbwe:*

A large kind of praying mantis, also called *Kakonkote*. Used as a charm to render the people, specially husbands, docile and tractable. As a *Masombwe* always trembles, thus will the people (husbands) tremble when ordered about. It personifies also goodness and mercy.

f.-10- *Ubwamba bwa mbushi:* Sexual parts of a male goat

Charm used only by men for attracting women and girls.

IV. Amulets - *MPIMPI*

A:DEFINITION: Small pieces of wood from either a root or a stump, tied or strung to a bark or a skin string which are worn around the neck, the waist, the arm, the leg or even slung over the shouldeer and used for curing, preventing disease or bad luck or finally for bewitching.

B:DIVISION: 1.- According to its fabrication (it is practically the only way to classify them)

a. Tied with or without beads

- a single amulet M-A-a-
- by pairs (often tied with a little copper wire) M-A-b-
- many tied separately and of the same kind M-A-c-
- many tied separately and of diff. kinds. M-A-d-

b. Strung (also with or without beads)

- a single amulet M-B-a-
- by pairs (often tied together with a wire) M-B-b-
- many strung separately of the same or of diff. kinds M-B-c-
- many strung together of the same or of diff. kinds M-B-d-

c. Mortar-shape amulet M-C-

2.- According to its purpose

a. for curing any disease
b. for bringing good luck
c. for getting away disease, bad luck
d. for killing big and small game with guns, nets, traps, etc.
e. for harming people, casting a spell, bewitching.

N.B. A lot of amulets are known by *Bakalamba*, the Eldest. It is those practically on a, b, c, d.
Others are known and prepared only by witchdoctors, witchfinders, evocators of spirits, diviners and medicine-men. those on e.

Moto Moto Museum, Mbala, Zambia

A museum for the culture and history of northern Zambia

The extensive and new buildings of the Moto Moto Museum are situated at St. Paul's, 4 km from Mbala township in a park overlooking Lucheche River and the neighbouring village. The museum is mainly ethnographical and has got vast collections of the material culture of the peoples of Northern Province.

In the Main Hall is a traditional girl's initiation hut and an unique collection of *mbusa*-figurines used in the initiation rites of the Bemba. Here are stone implements from the Kalambo Falls site to the north of Mbala, one of the most important archaeological sites in Africa, where the earliest evidence of fire in sub-Saharan Africa was found.

On display is an original iron-smelting furnace and bellows, stone-hammers and other tools of the traditional blacksmiths, who hardly will be found in Central Africa in a few years from now. A turner's workshop is seen next to a demonstration of the production of salt, which was made from grass or soil. All around is a myriad of items from all aspects of life in "traditional" times, soon to be forgotten, but for what is kept here: household, agriculture, hunting, fishing, warfare, medicines, chiefs' regalia etc.

In one of the new extensions is the exhibit of musical instruments, one of the biggest of its kind in Africa. Next to it is a grand collection of masks and statuettes from Zambia and from Zaire, whose southern grasslands - in local tradition known as *Kola*- once were the homelands of migrant peoples of the Luba and Lunda states. They settled here and became the ancestors of most Zambians of the Northern, Luapula and Northwestern provinces.

The history of the Moto Moto Museum

The opening took place in 1974, when Moto Moto Museum was made one of the "National Museums of Zambia". As a collection, however, its history goes back to the 1940's, when the Catholic priest Rev. Father Jean-Jaques Corbeil came from Montreal in Canada to do missionary work as a "White Father". Over the years Fr. Corbeil collected cultural artefacts from the Lala, Bisa, Bemba and other tribes in order to help preserve the culture of the past. The growing collections were stored in Mulilansolo Mission up to 1964, then at Serenje to 1970 and from then at Isoka until 1972, when the Diocese of Mbala donated a plot of land and a former trade school at St. Paul's, Mbala to serve as a museum. Since then extensions were build, so that the museum staff of about 15 now has got working facilities to preserve and to present the collections to the Zambian population as well as to international visitors - and to carry out research into the culture and history of northern Zambia. The name MOTO MOTO means "fire-fire" and honours bishop Joseph Dupont, who established the missionary work of the White Fathers in this part of Zambia, and who for a short period in 1897/8 acted as a chief upon the death of chief Mwamba. His great vitality earned him the name Moto Moto.

Beobachtungen zur traditionellen Medizin der Mende in Sierra Leone

Norbert und Marianne Krüger

Der Aufsatz ist Professor Dr. Werner Mohr, Hamburg, zum 75. Geburtstag gewidmet

ZUSAMMENFASSUNG Ziel dieser Arbeit ist eine Zusammenstellung von beobachteten bzw. berichteten Tatsachen und Phänomenen der traditionellen Medizin in Ost-Sierra Leone. Während einer 2-jährigen Tätigkeit an der Eastern Clinic in Mobai bestand vielfach Gelegenheit, bei der täglichen Arbeit eingies über die traditionelle Medizin zu erfahren.

SUMMARY This is a report on observations of traditional medicine among the Mende of Sierra Leone. It seems probable that the recognition and description of common diseases by the traditional healer is not essentially influenced by western medicine. The vernacular names of the native medicines and the mode of application for many defined diseases are listed. The study was done during clinical work of 2 years at the Eastern Clinic, Mobai, Sierra Leone

RÉSUMÉ Sont ici rapportées des observations sur la médecine traditionnelle des Mende de Sierra Leone. Il semble que la description et la reconnaissance des maladies fréquentes par les guérisseurs ne soient guère influencées par la médecine européenne. Les auteurs rapportent les noms vernaculaires des herbes médicinales et les modes de préparation. Cette étude a été faite au cours de travaux cliniques de deux ans à l'Eastern Clinique, Mobai. gm

ALLGEMEINE BEOBACHTUNGEN: Die Eastern Clinic ist eine von Dr. Kobba, der aus Mobai stammt, 1966 gegründete Klinik mit 40 Betten. Täglich kommen zwischen 30 und 80 Patienten zur ambulanten Behandlung. (1977 ca. 10 000 ambulante Patienten, davon 50% Kinder, 1000 stationäre Patienten, davon 40% Kinder). Wir schätzen, daß etwa 90% der Patienten vorher mindestens einmal eine Methode der traditionellen Medizin versucht hatten. Bedingt durch die Sozialstruktur der Familie kamen die älteren und einflußreichen Familienmitglieder relativ früh zur Behandlung in die Eastern Clinic, während Frauen nach einer längeren Zeit und Kinder noch später, häufig zu spät, nach erfolgloser traditioneller Medizin zu uns kamen.

SPEZIELLE ANGABEN: Die folgenden Tabellen wurden größtenteils durch Information von 20 afrikanischen Krankenpflegern und -schwestern ermöglicht. Durch häufige Gespräche, Diskussionen und einen selbstentworfenen Fragebogen erhielten wir die folgenden Angaben zwar in Englisch, die traditionelle Bezeichnung war jedoch in der Stammessprache Mende. Die nachfolgenden Tabellen sind nach Diagnosen eingeteilt. Ob die Terminologie der westlichen Medizin in allen Bereichen auf das traditionelle System übertragbar ist, und ob die traditionellen Heiler eine ähnliche Einteilung kennen, kann nicht sicher beantwortet werden. Die Diagnose Hypertonie z.B. wird ohne weiteres aufgrund geröteter Conjunctiven vermutet. Auffallend ist, daß für die meisten Diagnosen ein Äquivalent in der Stammessprache existiert, das vielfach laut KOBBA (1) schon vor der Ankunft der Europäer in Sierra Leone bestanden haben muß. Die botanischen Namen konnten mit Hilfe 3er Lexika (2, 3, 4) gefunden werden.

Friedr. Vieweg & Sohn Verlag, Braunschweig/Wiesbaden

ANHANG: What Do you know about native medicine?

1. What kind of native medicine for prevention do you know?

   for example: against infection diseases like tetanus, measles, hepatitis, malaria, schistosomias,other worm infections, against hypertension, constipation, against witchcraft.

2. Which different kinds of native medicine do you know?

   a) use of leaves and plants: which leaves or plants are used, how are these used (preparation), what is their action, for what are they given, in which dosage are they given (how often per day?)?

   b) treatment of psychological disturbances?

3. Advantages and disadvantages of native medicine?

4. Please write any aspect of native medicine down which you know in addition

   to 1, 2 and 3 (above), for example which kind of native-doctors do you know, are there more female or male or are they more in the cities or in small villages or who is responsible for the training of those native doctors?

LITERATUR

1) KOBBA B.M. 1976, persönliche Mitteilung.

2) DEIGHTON F.C. 1957. *Vernacular botanical vocabulary*. The Crown Agents for Oversea Government and Administration. London.

3) GITHENS T.S. 1949. *Drug Plants of Africa*. University of Pennsylvania Press.

4) INNES G. 1969. *A Mende - English Dictionary*. Cambridge University Press.

5) KRÜGER N. 1976. *Die Patienten der Eastern Clinic in Mobai von 1966-1976*. 1-15, Clinic-Press Mobai.

6) KOBBA B.M. 1975. The roles of western and native medicines in the rural community. *MOYO* (Blantyre, Malawi) VII, 3:1-4.

7) KOBBA B.M. 1976. Problems of medical care - the contrasts between rural and urban areas. Protokoll AGEH-Seminar Ibadan 61-65, Köln: AGEH Druck.

8) LITTLE K.L. 1967. *The Mende of Sierra Leone*, London: Routledge and Kegan Paul, 227-228.

9) KRÜGER N., M. KRÜGER 1980. Tetanus neonatorum in Sierra Leone.*Therapie der Gegenwart* 119:454-465.

10) KRÜGER N., M. KRÜGER 1983. Pädiatrie in Mobai - Sierra Leone. *Sozialpädiatrie* 9:398-405.

Die Eastern Clinic Mobai ist noch weiterhin auf private Spenden angewiesen: Steuerabzugsfähige Spenden können bei der Stadtsparkasse Marburg, Kto. Nr. 10 Stichwort 'Mobai' eingezahlt werden.

Native medicine ggf. *botanische Namen*	Anwendungsart

MASERN

Kinder mit Masern wurden häufig in einer kleinen Hütte sich selber überlassen und den ohnehin schon durch chronische Unterernährung und Parasiten (Malaria, Würmer) geschwächten Patienten wurde ein Laxativum gegeben, um den "bösen Geist" auszutreiben; die bestehende Diarrhoe wurde noch verstärkt. Einige wenige Kinder wurden dann noch im letzten Moment in die Klinik gebracht, und wir waren immerhin in der erfreulichen Lage, einen Teil dieser schwerstkranken Kinder am Leben zu erhalten. Die Mortalität sämtlicher Kinder mit Masern lag in den Jahren 1975 - 1977 bei 20% (5).

Blätter der Kongobohne *Cajanus cajan*	a) Die Blätter werden kleingerieben und auf die Haut des Erkrankten appliziert, nach 2 oder mehr Tagen verschwindet das Exanthem. b) Die Blätter werden 10 min gekocht, das grünliche Wasser wird getrunken, das Durchfall verursacht.
Honig	Wird auf die Haut des Kranken geschmiert, wird getrunken bis der Patient gesund wird.
Sesamum indicum	Wird zerkleinert und auf die Haut gerieben.
Cagrah-Blätter	Die Applikation wird als weißer Lehm auf den ganzen Körper gerieben, das Kind wird dann 1-2 Wochen nicht gewaschen.

WÜRMER

Kumuii *Ocimum viride*	Die Blätter werden gekocht und das Wasser davon getrunken.
gBahei *Piper guineese*	
Kalo-Wuli *Alstonia boonei*	Die Blätter werden gekocht und das Wasser getrunken.
Tonyei *Aspilia latifolia* und *Melanthera brownei*	Die Blätter werden mit Wasser zerrieben und dann nach gutem Mischen getrunken.
Gba-gba = gbangbei *Cassia sieberiana*	Die Wurzel wird in kleine Stücke geschnitten und über Nacht in einem Behälter belassen, früh am Morgen trinkt der Patient soviel davon, bis er Übelkeit oder Erbrechen bekommt.
Ngombei-Wuli *Trema guineensis*	Gekocht, gesalzen und dem Patienten für etwa 2 Tage zu trinken gegeben.

SCABIES

Hua-Hua oder nyenyei *Solanum nodiflorum?* mit bitteren Früchten	Die Blätter werden mit weißem Ton gekocht, die Masse wird auf den Körper gerieben bis eine Besserung eintritt.

HAUTVERLETZUNGEN

Tonyei *Aspilia latifolia* und *Melanthera brownei*	Die Blätter werden ausgequetscht, schwarzes Wasser tritt hervor, als dicke Masse, wird es auf die Wunde gegeben, was sehr schmerzhaft ist, eine Blutung jedoch sofort zum Stillstand bringt.
Towei *Curcubita pepo*	Die Blätter werden erhitzt und ausgequetscht, der Saft wird auf die Wunde geträufelt.

BEGINNENDER ABSZESS

Kibongi (Tomate) *Lycopersicum esculentum*	Die Blätter werden auf einem Stein zerrieben und mit einem weißen Ton gemischt. Die Masse wird wiederholt auf den Abszeß geschmiert, bis er sich von selber öffnet.

VERBRENNUNGEN

Towei *Curcurbita pepo*	Die Blätter werden zerrieben und sofort auf die verbrannte Haut gegeben.
Kordoryoboi(?) das Fell eines kleinen Tieres	Die Haut wird gewaschen und das Fell daraufgelegt.

HEPATITIS

Sheku Toure *Cassia siamea (?)*	Die Blätter werden gekocht bis das Wasser sich gelb verfärbt. Dies wird mehrmals getrunken oder auch zum Waschen verwendet oder als heiße Kompressen appliziert.
Sheku Toure mit Sawa-Zitrone *geophila uniflora* *cassia siamea (?)*	a) Die Wurzeln werden gekocht und Zitrone hinzugegeben. Die Lösung wird zum Trinken und Waschen benutzt. b) Andererseits können die Wurzeln in kleine Stücke geschnitten werden und zum Fermentieren einige Tage liegengelassen werden. Dann wird Wasser hinzugefügt und die Lösung getrunken.
gbelowii (= gbeloi?) *Polyalthia olivera* und *Isolona campanulata*	Die Blätter oder Wurzeln werden gekocht und getrunken.
gbangbei *cassia sieberiana*	
Yende (?) mit Zitrone	Die Pflanzenhaut wird mit Zitrone gekocht und die Flüssigkeit getrunken.
fakalii *carica papaya*	Die Blätter werden gestampft und mit Dovuloi(?) gemischt und dann getrunken. Der Patient bekommt eine Pollakisurie (um die Blase zu reinigen) und Diarrhoe (um den Magen zu leeren).
Yoko *Justicia insularis*	
Tomate mit Ginger *Lycopersicum esculentum*	Beides wird auf einem Stein zerrieben, dann auf den angeblich geschwollenen Teil des Abdomens gerieben, bis die Schwellung verschwindet.
Kponei (?) *Ficus mucoso*	Die Wurzel wird gekocht und das verfärbte Wasser für 2 Tage getrunken.
pongo-hinei *Anthocleista nobilis* und *Anthocleista vogelii*	Die Wurzel wird mit Zitrone gekocht und dann für 4 Tage getrunken.

MALARIA

gbangbei *cassia sieberiana*	a) Die Blätter werden gekocht, das abgekühlte Wasser wird getrunken und man wäscht sich auch damit. b) Die Wurzeln werden kleingeschnitten, fermentiert und bei Zugabe von Wasser getrunken.

Sheku Toure *Cassia siamea (?)*	Entweder Zubereitung der Blätter, Kochen bis zum Gelbwerden, dann Trinken oder die Wurzeln werden geschnitten, fermentiert, gekocht und dann getrunken oder der Patient wäscht sich mit der Flüssigkeit zugleich mit schwarzer Seife (hergestellt aus Holz oder einer Palme).
Ananas und nyelei *Craterispermum laurinum*	Die Blätter werden in einem Loch geschlagen und dann gewaschen und Zitrone hinzugefügt. Alles wird in die Sonne gestellt, bis ein saurer Geschmack entsteht, die Flüssigkeit wird getrunken, bis der Patient gesund wird.
donii (domii?) *Usteria guineensis*	Zerreiben auf Stirn, Gelenke und auf den Hals, der Patient muß dabei am Feuer liegen.
Mango-Schale *Mangifera Indica*	Die Haut der Frucht wird für einige Zeit gekocht, dann wird der Kranken damit gewaschen und trinkt es für sein Blut.
Yumbuyamba *Nauclea latifolia*	Wird gewaschen, in Stücke geschnitten und in einem Gefäß eingeweicht, meistens wird es morgens getrunken.
njasui *Merinda geminata*	
Guava-Blätter *Psidium guajava*	Die Guava wird gekocht und getrunken.
Lemon grass *Cymbopogon citratus*	Die Blätter werden gekocht und der Dampf wird inhaliert. Der Patient wäscht sich mit der Flüssigkeit.

D I A R R H O E

Hua-hua *Solanum nodiflorum?*	Die Blätter werden gekocht oder gebrannt. Für Scabies werden sie auf die Haut gerieben, bei Durchfall getrunken.
Helui *Sidu stipulata* und *Sidu corymbosa*	Wird in derselben Art zubereitet wie Hua-hua.
Katata *Tetracera potaoria* und *Tetra alnifolia*	Die Blätter werden ausgequetscht, bis das Wasser grün und schlüpfrig wird. Mehrere Handvoll werden davon getrunken.
Demoi (ndimoi?) *Selaginella spp.*	Die jungen Blätter werden gepflückt und Reismehl wird zugefügt. Dann wird beides zusammen gemahlen, daraus wird ein Ball geformt und es wird zum Trocknen im Sonnenlicht gelassen. Nach dem Trocknen wird der Ball gegessen.
Dile-wie (?)	Die Blätter werden gepflückt und die Hände gewaschen. Die Blätter und das Wasser stoppen den Durchfall.
Fe-neku *Albizia zygia*	Die Blätter werden zerrieben und mit Wasser versetzt zum Trinken.
Toongege = tokenge? *Alchornea hirtella?*	Die Blätter werden gekaut und der Saft geschluckt.
Goyava-Blätter *Psidium guajava*	Die Blätter werden gekocht und das Wasser dem Patienten zu trinken gegeben.
Kokosnuß *Cocos nucifera*	Die Kokosnuß wird aufgeschlagen, die Milch mit etwas Salz vermischt und dann getrunken.

gbohun = gbogu? *Triumfetta cordifolia*	Beide Blätter werden vermischt mit Grangleyblättern zerrieben und bei Kleinkinder auf die eingesunkene Fontanella anterior gelegt.

KONSTIPATION

gbangba *Cassia sieberiana*	Die Wurzel wird in Stücke geschnitte, für mehrere Tage fermentiert, dann getrunken. Der Geschmack ist dann bitter. Resultat: Durchfall.
Kumui-Blätter *Ocimumviride*	Die Wurzel wird zerschnitten, in Wasser gekocht und dann getrunken. Manche bekommen Durchfall.
Konoi *Parkia bicolor*	Beim Kochen wird der Dampf inhaliert.
ngua ngua-Blätter *Solanum nodiflorum*	Kochen der Blätter bis zur Dickflüssigkeit, dann Trinken.
Yumbuyamba *Nauclea latifolia*	Die Wurzeln werden zerschnitten, in einem Behälter mit etwas Wasser aufbewahrt bis zur starken Konzentration. Dies wird in unbegrenzter Menge getrunken.
Nyelei *Craterispermum laurinum*	Besonders bei Kindern verwandt.
kojologbui *Morinda morindoides?*	Die Blätter der blühenden Pflanze werden gekocht, dann wird die Masse gefiltert und das abgekühlte Wasser in großer Menge getrunken.
Solei (?) *Pentadesma butyracea*	Wird gekocht, Palmöl hinzugefügt, dann getrunken.

SCHISTOSOMIASIS

nyelei *Craterispermum lauricum*	Die Rinde des Baumes wird entfernt und zerrieben, dann in einem Behälter zusammen mit einer größeren Menge Wasser gebracht und gefiltert, dazu 3-4 Zitronen hinzufügen. Der Patient muß alles auf einmal trinken und zwar mehrmals innerhalb von 2 Tagen. Nach etwa 3 Monaten wird alles wiederholt.
Horwei (hovei?) *Costus afer*	Wird gemahlen, gekocht und getrunken.
Pfeffer-Blätter *Capsicum frutescens* und *Capsicum anuum*	Die Blätter werden in Wasser gemahlen, bis es grün ist, dann 3 Tage lang trinken.
Danginey-fuei *Peperomia pellucida*	Wird zur Vorbeugung und Therapie verwendet. Nur während der Regenzeit, die Blätter werden erhitzt und ausgequetscht. Die Flüssigkeit wird dann zwischen die Zehen geschmiert, mehrmals am Tag.

Gonorrhoe und Schistosomiasis werden oft gleichbedeutend gebraucht, daher mag die Behandlung in beiden Fällen übereinstimmen.

GONORRHOE

nyelei *Craterispermum lauricum*	Die Wurzel wird zerschnitten mit Zitroen gemischt und lange gekocht. Das Wasser wird getrunken. Andererseits wird die Rinde vom Baum entfernt und mit einem Messer gesäubert. Dann wird sie in Wasser gelegt, aus der Rinde tritt Flüssigkeit in das Wasser über, dies wird dann getrunken.
hovei *Costus afer*	Die Wurzel wird roh gegessen (mehrere Male).

gbangbei *cassia sieberiana*	In Guinea: Die Wurzel wird lange gekocht. Während dieser Zeit darf der native-Doktor von 7-12 Uhr mit niemandem reden. Nach dem Kochen wird die Flüssigkeit 1 Stunde unter dem Bett aufbewahrt. Ist es abgekühlt, wird ein Teil in einen Behälter geschüttet, damit muß der Betreffende seine Geschlechtsteile waschen oder Frauen müssen ein Sitzbad für etwa 1 Stunde nehmen. Weiterhin muß der Kranke noch von der Flüssigkeit trinken. Nach 1 Woche tritt Heilung ein. Oder die geschnittene Wurzel wird über Nacht in Wasser aufbewahrt und dann getrunken.
jekoi (?) (njeko) *Alchornea cordifolia*	Die zerschnittene Wurzel wird mit Zitrone gekocht und getrunken.
gbongbotoi *Citrus aurantium*	
gBagbenyemoi *Premna hispida*	

HYPERKINETISCHES HERZSYNDROM

Cassava-Blätter *Manihot esculenta*	Die Blätter werden gewaschen und aus ihnen eine Flüssigkeit mit Wasser hergestellt, dies wird getrunken und auch auf das Gesicht appliziert.
honey	
kola-nut *Cola nitida*	erstaunlich, denn Kolanüsse verursachen Herzklopfen.
poma-magbe *Newbouldia laevis*	Die Wurzelrinde wird roh verzehrt oder die Blätter werden auf dem Friedhof verwandt. Sie werden in kleine Stückchen gedroschen. Es wird geglaubt, daß kleine Würmer im Herzen sind. Wenn sie das Blut saugen, schlägt das Herz schneller und schwerer. Der Geruch der Blätter ist sehr machtvoll und tötet die "Würmer" sofort.

HYPERTONIE

Ngijaa (?)	Wird in kleinen Rollen hergestellt und aufgehoben sobald jemand eine Herzattacke hat.
nyelei *Craterispermum laurinum* niekkê *Alchornia cordifolia?* Pfeffer	Die Baumrinde wird zerstampft und mit den niekkê-Blättern gemischt, dann werden 6-10 Pfefferschoten hinzugefügt, daraus werden Stangen gemacht, die in der Sonne trocknen müssen. Die Rollen werden aufbewahrt, z.B. in der Kleidertasche, wenn eine hyptertensive Krise auftritt wird eine gegessen und die Blutdruckkrise stoppt sofort.
bonde von *Nicotiama tabacum*	Die Haut der Frucht wird verwendet.
key-ponie (?) = kigponei	a) Die jungen Blätter werden zu einer Sauce gekocht: Salz, Palmöl und Fisch werden hinzugefügt, dann mit Reis gegessen bis sich der Zustand gebessert hat (für Erwachsene). b) Für Kinder: Die jungen Blätter werden gekocht und das erkrankte Kind muß das Wasser trinken.

HERZFEHLER MIT ÖDEMEN, HYPERTONIE, NIERENINSUFFIZIENZ MIT ÖDEMEN, NEPHROTISCHES SYNDROM

Gimbui-yufi *Celosi laxans, Mikania scandens, Microglossa afzelii*	Die Zweige des Baumes werden gekocht und der Patient inhaliert den Dampf mit einem Tuch über dem Kopf.

TETANUS

Kumui *Ocimum viride*	a) Die Blätter werden zermahlen und auf den ganzen Körper bzw. in den Anus gerieben. (Prävention von Krämpfen). b) Die Blätter von Kumui werden ausgequetscht und der Saft ins Auge geträufelt. c) Zu den zermahlenen Kumui-Blättern wird etwas Salz gegeben und dann oral appliziert.
Die Haut von Mango-Früchten *Mangifera indica*	
Hua-Wuyei (?) *Capsicum annum* = Süßer Pfeffer	Prävention von Spasmen.
Tondoba-Blätter *Aframomum sp.*	(Bei Krämpfen allgemein) Die Blätter werden ausgequetscht und in die Augen geträufelt, zur Prävention wird ein Band aus der Pflanze gemacht und umgebunden. Jeden Monat wird etwas von den Blättern in die Augen geträufelt.
Towei *Curcurbita pepo*	(Auch allgemeine Krämpfe) Die Wurzel wird zermahlen und zu einem kleinen Ball geformt, äußere Applikation.
ndavei (?) bedeutet: Schnur, die besten sollen sein: *Neuropeltis sp.* und *Platysepalum hirsutum*	Prävention: das schwarze Garn und das Haar von einem Erdhörnchen werden zusammengedreht und um die Hüfte einer schwangeren Frau gebunden.
dadei (?) mit poma-magbe *Newbouldia laevis* mit hojii (?)	Alle drei Komponenten werden zusammengestampft, anschließend über den ganzen Körper gerieben, mehrmals am Tag.
sawa *geophila uniflora*	Die Blätter werden gekocht, das Kind wird in dem Wasser gebadet.

KEUCHHUSTEN

ndovo-bei (=frog)	Von einem Frosch wird die Haut abgezogen, das Fleisch getrocknet und davon eine Suppe zubereitet. Die Suppe (nicht das Fleisch - hier jedoch unterschiedliche Angaben) wird mehrmals getrunken.

ASTHMA (BRONCHIALE)

Okra-Blätter *Hibiscus esculentus*	Die Blätter werden in Wasser gelegt, einige werden herausgenommen und auf jede Körperseite als kalte Kompressen gelegt, einige Tropfen werden oral appliziert.
ndondokei *Ipomoea involucrata*	(Auch bei Hernien) Ein Band wird beim Asthmakranken um den Hals gelegt, beim Hernienpatienten um die Hüfte. Es wirkt auch präventiv gegen einen aufgeblähten Leib.
bondor laa (?) = bondei? var. of *Nicotiana tabacum*	Die Blätter werden zerrieben oder ausgequetscht und Wasser hinzugefügt, orale Applikation.
toolaa (?)	Wird zerrieben, in Wasser gegeben und getrunken.
kolo wui kleine Eidechse	Der Kopf einer Agama-Eidechse wird in Asche gebrannt, Öl wird hinzgefügt, anschließend wird es gegessen.

HUSTEN

Ananas *Ananas comosus*	Die junge Ananas wird in Stücke geschnitten, gekocht und das Wasser davon getrunken (mehr für Kinder als für Erwachsene geeignet).
gbanda (?)	Die Blätter werden gekaut (sehr bitter) für etwa 1 Tag.
gumatete *Amarelia sherbourniae* und *Amarelia heinsiodes*	Die Frucht wird roh gegessen.

ERKÄLTUNG

komi *Allophylus africanus*	An den Blättern wird nur gerochen oder die Blätter werden ausgequetscht und inhaliert (Niesen und Schmerzen).
cassava leaves *Manihot esculanta*	Die Blätter werden gemahlen, mit Alkohol und etwas Wasser gemischt, meist lokale Applikation

KOPFSCHMERZEN

gbewei (?) hewei *Klaindoxa gabonensis*	Wird zusammen mit kinjei zerrieben und in ein Stück Tuch gewickelt und dann auf den Kopf gebunden und 1 Tag getragen.

TUBERKULOSE

Bunei? *Cola lateritia*	Wird in der Sonne ausgetrocknet und dann in der Pfeife geraucht.
Njewoi *Scleria barteri*	

BRONCHITIS

kata-bei (?) = katatei *Tetracera potatoria*	Das Wasser wird getrunken.

ANÄMIE

pilaa (?) peila *Solanum macrocarpon*, Cassava-Blätter *Manihot esculanta*,	

Kartoffelblätter, Palmöl, Hundi-Honie (?), *Amaranthus hybridus* var. *curentus*	Wird zusammen als Sauce gekocht und gegessen.

O R C H I T I S

Pfeffer, *Capsicum frutescens* und *Capsicum anuum*	Der Patient kriecht 3 x über eine bestimmte Wurzel, die die Straße überquert oder der Patient sucht eine die Straße kreuzende Wurzel, zieht sich daran aus und setzt sich 4 x auf die Wurzel für 4 Tage. Oder Pfeffer wird in der Kopfbedeckung getragen und auf dem Scrotum für etwa 3 Tage.

M A G E N B E S C H W E R D E N, A P P E T I T L O S I G K E I T

Nüsse vom Palmölbaum	Die Nüsse werden gegessen.

E R B R E C H E N

sawawa *Gouania logipetala*

C A T A R A C T

Pfeffer *Capsicum protescens*, *Capsicum anuum*	Der Saft wird in das Auge geträufelt, in schlimmen Fällen wird der Pfeffer angeblich nicht gespürt. Bei Bemerken von Brennen: Zeichen von Besserung.

AUGEN-INFEKTION, ZAHNSCHMERZEN, MUNDSCHLEIMHAUTENTZÜNDUNGEN

nJekoei *Alchornia cordifolia*	Der Saft wird ins Auge bzw. in den Mund geträufelt.

A U G E N - I N F E K T I O N

Howai (?) = hovei *Costus after*	Wird in 2 Hälften geschnitten und das abfließende Wasser in das Auge geträufelt.
Gimbui-yufi *Celosia laxans, Mikonia scandens, Microglossa afzelii*	Das abtropfende Wasser wird ins Auge geträufelt.
Blätter von Orangen *Citrus sinensis*	Die Blätter werden gekocht und abgekühlt, danach wird die Flüssigkeit auf das erkrankte Auge gepreßt.
Hona-Wuli? *Caladium bicolor*	Die Blätter oder Früchte werden geschnitten und die Flüssigkeit aufs Auge gebracht.
katatei *Tetracera potatoria*	(Eine Art Liane). Sie wird aufgeschnitten und die Flüssigkeit ins Auge geträufelt.
Zitronen-Baum *Citrus aurantifolia*	Die Blätter werden gekocht und als warme Kompressen auf das Auge gebracht.

Z A H N S C H M E R Z E N

Tabak	Der Tabak wird gekocht, in Wasser gebracht und dann in den Mund für mehrere Minuten gelegt.
gbojée-Blätter *Brachystegia leonensis* oder gboye *Pycanthus angolensis*	Die Blätter werden gekocht und das Wasser an die infizierte Stelle gebracht (mehrere Male).
Aluminium?	Dies wird vom Goldschmied verwendet. Es wird im Mund direkt über der infizierten Stelle plaziert, nachdem warme Kompressen vorausgegangen sind.
Tomaten-Blätter *Lycopersicum*	Werden gemahlen und auf den Kieferknochen wo die Schmerzen sind, gelegt.

In einem benachbarten Dorf (Baiima) ist ein Spezialist, der die angeblichen "Maden" aus dem Zahn entfernt. Er gibt eine Lösung, die aus uns unbekannten grünen Blättern hergestellt ist, um den Mund zu spülen. Nach der Spülung kann man die "Maden" in der ausgespuckten Lösung sehen.

F R E M D K Ö R P E R

komba
Trema guinensis

Die Blätter werden ausgequetscht, über den Bezirk geschmiert, der Fremdkörper stößt sich von selber ab.

Z A H N S C H M E R Z E N, S T O M A T I T I S

njkoei
Alchornea cordifolia

Die Blätter werden gekaut und die Flüssigkeit im Mund behalten.

S T O M A T I T I S

sawa
Geophilia uniflora

Die Schwiegermutter muß eine Lösung aus den Blättern herstellen, ein Löffel wird am Dach des Hauses angebracht und die Schwiegermutter muß die Lösung über den Löffel werfen. Dann wird etwas vom Löffel getrunken.

F U N G U S

ngege tubei = ngenge tombei
Combretum spp.

Wird auf die Haut gebracht, nachdem diese sehr gut getrocknet worden ist.

S C H L A N G E N B I S S (P R Ä V E N T I O N)

ndandei
Dichrostachys glomerata

Wird als ein Band gefertigt, welches für den ganzen Tag um die Knöchel gebunden wird, wenn man durch den Busch geht.

A K U T E B A U C H S C H M E R Z E N

Kumu-Blätter
Ocimum viride

Werden gekocht und Zitronensaft hinzugefügt. Das Wasser wird getrunken. Außerdem soll bei akuten Bauchschmerzen eine heiße Salzlösung getrunken werden.

B A U C H S C H M E R Z E N

njasu, *Merinda geminata*

S E I T E N S C H M E R Z E N

tondogba
Aframomum sp.

Die Flüssigkeit wird mehrmals auf die Körperseiten geriegen.

M E N I N G I T I S

Sawa-Blätter
Geophila uniflora

Die Blätter werden gekocht und die Lösung anschliessend tropfenweise eingenommen.

F R A K T U R E N

Bestimmte Blätter werden von Spezialisten gerieben und auf die Frakturstelle gelegt, wobei das frakturierte Glied ruhen muß. Insbesondere werden Hurweh(?)-Blätter in Kombination mit anderen gekocht und als Kompressen aufgelegt. Ruhe ist in jedem Fall angeraten.

SCHWANGERSCHAFT

Sawa-Blätter *Geophila uniflora*	Im 1. Trimenon werden die Blätter in Wasser ausgequetscht und dann gefiltert. Es soll helfen, einen Abort vorzubeugen und außerdem soll es beim Foetuswachstum helfen.
	Während der Schwangerschaft sind keine Eier erlaubt, da die Henne nach der Geburt das Kind zurücknehmen wird!
Yumbuyamba *Nauclea latifolia*	2. Trimenon: Blätter werden getrunken, um das Kind zu stärken.
Yumbuyamba-Wurzeln	3. Trimenon: Die Wurzeln werden genommen, um das Gewicht des Kindes, der Placenta und die Fruchtwassermenge zu reduzieren. (Angst vor Geburtskomplikationen).

Sonderband 3/85, 337–338

L'action santé, élément essentiel du développement environmental

Enda-T. M.*

- Réflexion sur les objectifs prioritaires à partir de laquelle est effectué un choix des domaines d'intervention correspondant aux ressources de l'organisme et aux capacités de l'équipe..
- Planification, organisation, rélisation de la formation de formateurs d'animateurs santé.
- Appui aux sessions de formation d'animateurs santé de base.
- Appui à l'action des populations pour la santé de base et l'hygiène du milieu.
- Choix de matériel pédagogique adapté au contexte et au niveau des animateurs pour faciliter la compréhension et l'acquisition des connaissances indispensables au maintien d'un bon état de santé; plus particulièrement dans le monde rural.
- Recherche appliquée sur la cartographie de l'environnement médico-sanitaire en pays tropical.
- Recherche et début d'application pratique des énergies renouvelables (en particulier solaire) pour la satisfaction des besoins énergétiques des dispensaires ruraux du Tiers Monde.
- Recherche en vue de l'intégration de certains aspects de la médecine traditionnelle aux soins de Santé Primaire; en particulier élaboration de fiches pratiques de plantes médicinales intertropicales pouvant permettre de répondre, à moindre frais et à partir des ressources locales, à certains problèmes de santé de base; également organisation de rencontres-ateliers entre guérisseurs traditionnels et médecins modernes.
- Publications (liste jointe) de travaux originaux ayant trait à "Environnement et Santé", et traduction et adaptation pour l'Afrique francophone de documents déjà existants. Diffusion.
- Tenue de fichiers pour mise en contacts et diffusion d'informations aux personnes et institution travaillant pour le Tiers Monde dans les domaines suivants: Education pour la santé; Ethnomédecine; Pharmacopée.
- Gestion de documentation à la disposition des chercheurs locaux sur les thèmes santé.
- Diffusion des résultats de nos recherches à travers les mass-media: journaux et radio locaux.
- Liaison avec les autorités médicales locales, régionales, nationales et internationales pour une bonne intégration et acceptation de l'action santé de l'organisme.

En Projet:
- Sensibilisation, formation, recyclage des membres du corps médical et paramédical exerçant dans la zone d'activité de l'organisme et qui le désirent, aux techniques d'animation et d'éducation pour la santé.

Dr. Lionel ROBINEAU (1980)

* ENDA (=environnement et développement du Tiers Monde) ist eine freie internationale Organisation mit Hauptsitz in Dakar, die vor allem Hilfe zur Selbsthilfe und zur eigenen Entwicklung basisnaher Strukturen fördert (Weiterbildung, Publikationen, Seminare, Erforschungen und Austausch). Folgende Publikationsreihen: 1) "Environnement Africain", periodisch, mit Supplementreihen "ét & rech","technologie", numéros hors série sowie "spécial reports". 2) "Environnement caraibes", 3) "ENDA-DOCUMENTS TIERS MONDE, 4) ENDA/KHARTALA: Coll. AMENAGEMENT & ENVIRONNEMENT. - Umseitige Faltblatt ist als Lehrmaterial für Afrika gedacht (engl. und französische Version). Ein großer Teil der Aktivität der ENDA gilt der Dokumentation von Arzneipflanzen. ENDA, b.p. 3370, Dakar, Senégal.

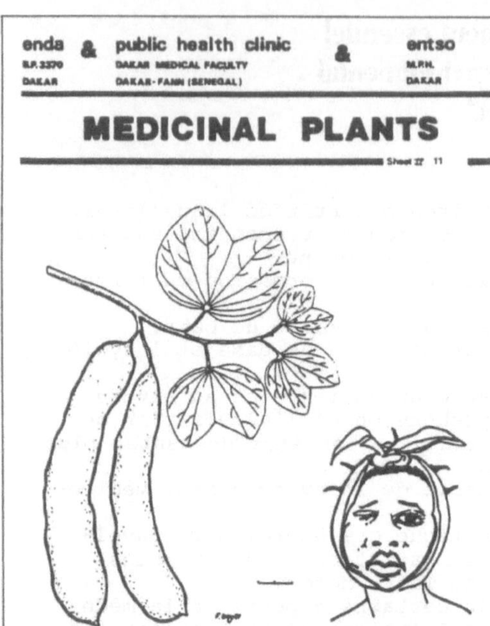

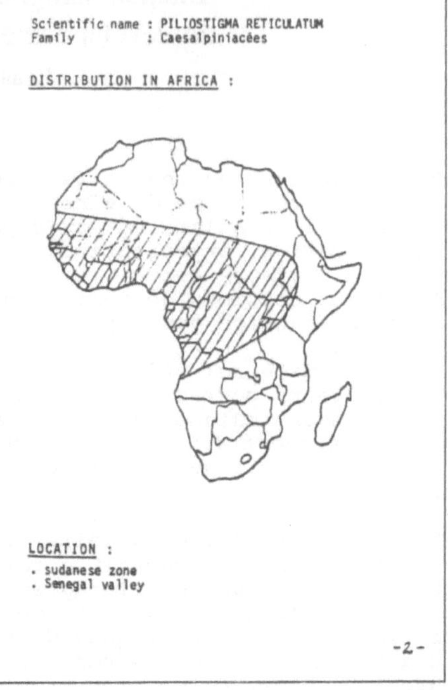

SYMPTOMS :

Tooth-ache, inflammation - haemorrhage in the cellulites ("borom bop" in Wolof, term encompassing mumps, severe headaches and especially swollen glands caused by tooth-ache).

DIRECTIONS FOR USE :

A - Leaves (used most often with roots of Ximenia Americana)

. boil a "measured" bundle (green leaves : 230 gr. ; dry leaves : 74 gr.) in an oral vaporizer C.T.T., 3/4 full of water ;

. close vaporizer while boiling ;

. after water has boiled for 20 min., inhale.

(refer to Oral C.T.T. pamphlet no. 1, Appropriate technology, ENDA/ENTSO)

. make a mouthwash of the water in which the leaves were boiled.

B - Stalks (use as chew stick)

DOSAGE :

A) 3 inhalations for one minute at a time. Repeat 3 times a day for 2 days.

3 mouthwashes a day for 2 days.

B) (see how to use chew stick, pamphlet no. 3, ENDA/ENTSO)

WARNING :

This treatment only soothes the pain, but does not cure the toothache : MEDICAL CARE STRONGLY ADVISED.

-3-

BRIEF DESCRIPTION :

Small tree reaching a height of 10 meters, often with a twisted bole, frequently a bush of 1 to 3 meters.

CHEMISTRY :

each 100 gr. of leaves contains :

. water	78,3 gr.	. calcium
. proteins	4,8 gr.	. phosphorus
. lipids	0,1 gr.	. vitamin
. glucids	14,4 gr.	. tartaric acid
. celulose	6,8 gr.	. tarrin

BIBLIOGRAPHY :

RABATE J. - Analyse des fruits et des feuilles de Bauhinia Reticulata. Rev. Bot. Appl. Agric. Trop. 1938, 18, pp. 604-612.

TOURY J. - Aliments de l'Ouest Africain. Tables de composition. Ann. Nut. Aliment. 1967, 9, n° 2, pp. 73-127.

NDIAYE M. - Contribution à l'étude de la pharmacopée traditionnelle au Sénégal Oriental. Thèse méd. Dakar 1977, n° 41, pp. 35-36.

A.C.C.T. - Médecine traditionnelle et pharmacopée au Mali 1979, 291 p.

KERHARO J. et ADAM G. - Pharmacopée sénégalaise traditionnelle, Paris, Vigot Frères, 1972.

DI PASQUALE C. et THIAM C. - Workshop sur la santé buccodentaire dans les soins de santé primaires, Dakar, 6-17 août 1979.

Recherche expérimental dirigée par le chef d'équipe du projet SEN-PTR 001 (OMS).

Evaluation de la formation des agents de santé communautaires odontologistes (ASCO) après 8 mois de travail sur le terrain. Sénégal, février 1979.

79 clinical observations.

C.T. THIAM and Ndioro NDIAYE, August 1980

-4-

Expérience Malienne en Matière de Médecine Traditionnelle

Arouna Keita

ZUSAMMENFASSUNG Aufgaben, Arbeit und Struktur des 'malinesischen Instituts für traditionelle Medizin und Pharmakopoe' werden dargestellt. Dieses Institut hat unter anderem die Aufgabe, eine einheimische traditionelle Pharmakopöe zu erstellen und bemüht sich, einheimische Kräuter und Heilmittel zu erfassen, botanisch und chemisch zu analysieren und sowohl im Tierexperiment als auch am Menschen Wirkungen und Nebenwirkungen der traditionellen Heilmittel zu systematisieren. Das Institut besteht aus fünf Abteilungen: eine für Botanik, für Chemie und chemische Analyse, für Galenik, für klinische Biologie und Pharmakodynamik und eine Abteilung für Parapsychologie und Metaphysik.

SUMMARY In this article, the goals, the working field and the structure of the 'malinese institute for traditional medicine and pharmaceutics' are discribed.One of the main aims of this institute is to gather all necessary data needed for a malinese pharmacopeia. This is achieved by collecting all traditional herbs and healing methods, making them undergo botanical and chemical analysis and recording effects and side effects of these drugs in animal as well as in human experiments.

RESUME Dans cet article sont décrits le champ d'activité et la structure de l'Institut malien de médecine et de pharmacie traditionnelles. L'un des principaux objectifs de cet Institut est de collecter tous les renseignements nécessaires pour les besoins de la pharmacopée malienne, en recueillant les plantes et les remèdes traditionnels, qui sont étudiés du point de vue botanique et chimique, de leur action et de leurs effects secondaires au cours de l'expérimentation animale puis chez l'homme. L'Institut comprend cinq départements: un département de botanique, un département de chimie et d'analyse chimique, un de pharmacie galénique, un de biologie clinique et de pharmacodynamie, et un département de parapsychologie et métaphysique. gm

L'étude et l'exploitation des ressources pharmaceutiques et des pratiques médicales traditionnelles incombent pour une large part à l'Institut National de Recherches sur la Pharmacopée et la Médecine Traditionnelles (I.N.R.P.M.T.). Notre Institut, créé par l'Ordonnance N° 43/CMLN du 14 août 1973, a pour objectifs :(a) mettre à la portée des populations maliennes des soins de santé appropriés non dévalorisés dans le cadre d'une extension de la couverture des services de santé des zones rurales par :-le perfectionnement des pratiques des thérapeutes traditionnels et leur intégration progressive dans le réseau sanitaire du pays comme membres à part entière de l'équipe de santé ;-la formation de praticiens de médecine traditionnelle (stages pour élèves, étudiants, etc...) ;(b) réaliser par étapes une industrie pharmaceutique en utilisant les remèdes traditionnels améliorés et les matières premières locales. (c) élaborer des ouvrages :-formulaires de thérapeutiques traditionnelles à l'usage des familles ;-précis de matières médicales pour étudiants en pharmacie ;- pharmacopée malienne.

Friedr. Vieweg & Sohn Verlag, Braunschweig/Wiesbaden

Ces objectifs font ressortir le souci de couverture sanitaire (politique de médicament qui conditionne la politique nationale de santé), l'intégration des thérapeutes dans le réseau sanitaire, la formation, la réalisation de l'Industrie pharmaceutique et l'élaboration de la pharmacopée malienne. Pour atteindre ces objectifs, il est indispensable que l'on procède à une approche globale, donc multidisciplinaire. Le préalable aux analyses chimiques, aux études cliniques et à l'étude des propriétés pharmacodynamiques que nous menons à L'Institut est une étape d'inventaires ethnobotaniques indispensables. En effet, nous ne partons pas du néant et ce ne sont pas de nouvelles molécules que nous recherchons dans ces premiers volets de notre programmation. Il en a été tenu compte dans notre méthode d'approche et plusieurs protocoles ont été essayés, concernant le recueil des informations.

Si un tradipraticien nous présente par exemple un médicament traditionnel efficace, il y a deux possibilités à considérer :(a) nous possédons déjà la recette : ce sera alors pour nous une confirmation supplémentaire; (b) le remède est inconnu de nous : dans ce cas la démarche suivie est la suivante : nous lui demandons s'il est :
-thérapeute traditionnel; -malade ayant bénéficié du traitement;
- parent ou connaissance d'un malade ayant bénéficié du traitement.
Dans les derniers cas, nous essayons de remonter jusqu'au thérapeute traditionnel. Dans le premier cas, nous retenons deux des possibilités qui s'offrent à nous :

b1)- le thérapeute traditionnel accepte de nous donner la formule et une quantité suffisante de sa propre préparation pour des essais (essais chimiques, essais cliniques avec quantité suffisante pour le traitement de cinq à six malades). S'il dispose de son temps et qu'il n'a pas de problèmes d'hébergement par ses propres moyens, il effectue lui-même les essais cliniques en collaboration étroite avec nous, dans le cadre de nos activités.

Voici les renseignements qu'il doit fournir:
-Composition: Végétaux ? Animaux ? Minéraux ? ou Combinaisons des trois ou de deux ?
-Noms vernaculaires des éléments constitutifs.
-Parties de plantes ou d'animaux utilisés: Plantes: Feuilles ? Fleurs ? Fruits ? Ecorce du tronc ? Racine ? Ecorce de racines ? Sève ? Latex ? Animaux: Organes ? Peaux ? Excrément ? Oeufs ? ou Animal entier ?
-Période de récolte : Le jour ? La nuit ? Le moment de la journée ? L'état de la vie végétative ou animale ?
-Technique de récolte ou de prélèvement des produits animaux : (les incantations,qu'on recopie et qu'on fait joindre au questionnaire)
-Technique de préparation : Proportion des différents éléments ; Forme pharmaceutique : poudre, décoction, macération, fumigation, carbonisation
-Posologie et mode d'emploi selon l'âge et le sexe : -quantité par prise, -nombre de prises journalières, -période des prises dans la journée.
-Durée du traitement
-Contre-indications
-Réactions secondaires et conduites à tenir devant celles-ci
-Signes cliniques et diagnostic de la maladie traitée

b2)- Il ne veut pas livrer sa recette mais accepte de donner le remède pour des essais.

Cette méthode d'approche constitue, avec nos objectifs, ambitieux certes, l'originalité de la politique malienne en matière de Médecine traditionnelle. Nous avons choisi de ne pas limiter nos efforts à la seule recherche de nouveaux médicaments comme c'est le cas le plus souvent dans de telles institutions. Nous refusons également de limiter la médecine traditionnelle à une simple phytothérapie (traitement par les plantes). L'utilisation immédiate des préparations empiriques améliorées à partir de celles proposées par des thérapeutes traditionnels choisis sur la base des résultats de leurs pratiques permet d'instaurer une atmosphère de collaboration ainsi qu'une investigation globale de notre pratique médicale traditionnelle en faisant porter la recherche aussi bien sur les médicaments que l'anatomie, le diagnostic, les techniques thérapeutiques, les terminologies et les conceptions qu'ont les thérapeutes traditionnels sur l'étiologie des maladies mais aussi de favoriser dans l'immédiat des stages d'initiation pour nos étudiants en médecine en attendant de pouvoir en codifier l'enseignement. C'est pourquoi nous avons décidé que si les recherches expérimentales botaniques, zoologiques, chimiques, pharmacodynamiques et biologiques peuvent être effectuées simultanément, elles ne seront en aucun cas un préalable obligatoire au début du traitement ; car les phénomènes paranormaux constituent une particularité non négligeable. Autrement dit, nous essayons de concilier une étude systématique de laboratoire avec une rapide utilisation thérapeutique qui, pour nous, est prioritaire ; car c'est la finalité des efforts entrepris.

Compte tenu du manque de personnel qualifié et du coût de la recherche pharmaceutique classique, l'usage des préparations empiriques améliorées nous paraît être une mésure sage. Il y a un risque certes; mais un risque calculé comme en comporte toute thérapeutique. Ne pas se soucier des limites de sécurité d'un médicament est lourd de conséquence, nous le savons ; mais il est aussi malheureux qu'à cause d'une sévérité excessive on prive certains malades des vertus de certains remèdes traditionnels. Nous pensons qu'on peut effectuer sur l'animal un test de tolérance d'orientation en 24 heures ; car il n'est pas question de chercher délibérément chez un volontaire la dose toxique. Nous ajouterons cependant, que l'essai thérapeutique des expertises pour le visa de mise sur le marché, quoiqu'on en dise et malgré les progrès réalisés, reste toujours dans un domaine plus ou moins empirique. Nous devons donc dans ce cas classique, comme dans le cas particulier qui nous intéresse, aborder les essais thérapeutiques comme on l'a dit, avec un certain état d'esprit à la fois créateur dans l'espoir généreux d'innover au profit des malades et critique avec la détermination de tout faire pour atténuer et si possible supprimer les risques. En effet, le but recherché est beaucoup moins, à notre avis, de fixer une DL50 ou de trouver un mécanisme d'action que de vérifier l'inocuité et l'activité prêtées à la préparation galénique préconisée par le praticien traditionnel.

Dans le cadre des recherches chimiques, il y a là encore un choix à faire : 1) se limiter à une chimie extractive avec des caractérisations sommaires des groupes chimiques ; 2) effectuer une étude chimique approfondie avec identification structurale des constituants.

Si les moyens des différents pays africains sont un facteur déterminant du choix, comme nous l'avons dit en d'autres occasions, nous pensons néanmoins que l'analyse structurale est actuellement un luxe inutile compte tenu de l'utilisation possible des extraits totaux ou fractions d'extraits. Le but recherché étant beaucoup moins de trouver une molécule nouvelle que de mettre au point une préparation pharmaceutique pour subvenir au manque de médicament ; l'analyse chimique doit porter en tout premier lieu sur les préparations empiriques utilisées par les thérapeutes traditionnels. L'étude systématique dichotomique ne devrait être abordée que dans une seconde phase pendant laquelle d'ailleurs elle serait simultanée avec les essais pharmacodynamiques. Les raisons de notre préférence pour la première solution sont qu'elle correspond aux réalités de notre pays et que chacun sait aujourd'hui que certaines substances pures isolées des plantes ne remplacent pas les préparations galéniques obtenues à partir des mêmes matières premières végétales. C'est ainsi que les teintures de digitale et de belladonne sont encore parfois préférées à la digitaline cristallisée et à l'atropine.

A partir de ce que nous venons de dire, on comprend donc aisément que nous nous soyons limités, pour commencer, à l'amélioration de la mise en forme des préparations empiriques préconisées par les thérapeutes traditionnels. Notre seul souci est d'obtenir des préparations stables et normalisées dont la posologie a été quantifiée pondéralement ou volumétriquement à partir de la prise proposée par le praticien traditionnel. Ainsi, nous avons choisi de n'utiliser que des formes simples : des prépations destinées à la voie orale et à la voie cutanée et ayant fait leur preuve d'efficacité et d'inocuité par un usage multiséculaire. Pour terminer, force nous est de reconnaître la nécessité d'une confrontation des pratiques médicales traditionnelles avec la "rigueur scientifique" ; cependant, nous rejettons l'idée selon laquelle l'expérimentation des médicaments traditionnels sur l'animal serait une étape indispensable avant son utilisation chez l'homme. En effet, pour respecter la rigueur scientifique et l'éthique médicale, l'idéal serait de faire des essais sur des espèces animales qui absorbent et métabolisent la substance de la façon la plus proche de celle de l'homme ; là, apparaît le paradoxe ; car, comment le saurait-on sans essais préalables chez l'homme. Nous rejettons également l'idée préconisant la nécessité des recherches chimiques sophistiquées. Les pays en développement n'y ont rien à gagner. Sans rejeter la coopération internationale, ni nous opposer à l'enrichissement de l'arsénal thérapeutique moderne, nous croyons qu'il est plus sage de garder en tête l'objectif visé. Aussi, nous pensons qu'avec une amélioration des médicaments empiriques selon des techniques reproductibles au niveau des villages, adaptées à nos réalités africaines, et distinctes de la méthodologie à l'occidentale, nous pouvons atteindre notre but sans que cela puisse nuire à la rigueur scientifique ni à l'éthique médicale.

STRUCTURES ET DISPOSITIONS PRATIQUES PROVISOIRES DE L'I.N.R.P.M.T.

1) DIRECTION NATIONALE: En aménageant un magasin de la Pharmacie d'Approvisionnement d'une superficie d'environ 240 m^2, nous y avons installé la Direction nationale. Elle comprend : -une division de Service central s'occupant de documentation, du secrétariat, de la gestion, de l'entretien et du personnel ; -une division des Matières premières (botanique, zoologie, minéralogie) disposant d'un jardin botanique expérimental ; -une division de Chimie ; -une division de Technologie pharmaceutique chargée de la mise au point des préparations galéniques ; -une division de Pharmacodynamie pour les essais sur les animaux ; -une division de Clinique et Biologie pour les diagnostics, traitements et analyses biomédicales ; -une division de Parapsychologie et de Métaphysique chargée de l'étude des phénomènes paranormaux, des pratiques divinatoires, etc...

2) L'A.M.R.M.T.: La création d'une association non gouvernementale dénomée "Association Malienne pour la Réhabilitation de la Médecine Traditionnelle (L'A.M.R.M.T. a été reconnue comme association d'utilité publique le 5 février 1977) Du chef-lieu de région au village, cette association sera représentée à tous les niveaux. Il nous semble important de signaler que contrairement aux associations analogues, l'A.M.R.M.T. n'est pas réservée exclusivement aux praticiens traditionnels. Elle regroupe déjà en son sein tous ceux qui désirent une meilleure compréhension et une réelle promotion de la médecine traditionnelle. Ce n'est donc point un regroupement syndical ; toutes les couches sociales et toutes les organisations populaires y sont représentées. Une telle formule, à notre avis, a l'avantage de

faciliter les échanges multidisciplinaires, de limiter les abus et d'améliorer les pratiques. C'est ainsi que les bénévoles (thérapeutes traditionnels, forestiers, enseignants, médecins retraités, missionnaires blancs, etc...) aidés par les responsables sanitaires et administratifs locaux assurent pour le moment une certaine relation avec la Direction nationale.

3) PERSONNEL : Le personnel de l'Institut est réparti ainsi qu'il suit : - 4 cadres supérieurs, - 14 cadres moyens d'exécution, - 5 auxiliaires. Périodiquement, des thérapeutes se joignent à l'équipe de la Direction nationale pour des essais dans la limite de leur compétence. Il en est de même pour certaines formations sanitaires. Des cartes professionnelles sont délivrées à la suite d'une collaboration jugée fructueuse. Dans le cadre de l'assistance bilatérale avec la République Fédérale d'Allemagne, nous avons bénéficié au moment de la mise en place de notre équipement en 1972, de l'aide d'un technicien d'atelier et d'un pharmacologue. Nous avons également obtenu une bourse de formation en Allemagne Fédérale pour un de nos techniciens de laboratoire. D'une manière générale, la formation du personnel a été assurée jusqu'à ce jour sur place. Malheureusement, le temps de séjour des techniciens allemands n'a pas permis la formation complète d'homologues maliens.

4) CENTRES D'ESSAIS : Des essais thérapeutiques sont effectués dans certains services hospitaliers par des médecins ou des "Volontaires du Progrès" en collaboration avec l'Institut. Quelques centres servant de modèle, malgré les difficultés que nous rencontrons, ont pu voir le jour et fonctionner effectivement ; tout le problème réside dans leur continuité et leur coordination avec d'autres actions de santé rurale.

C'est le lieu également de signaler :-la création d'une section de médecine traditionnelle au niveau des services de santé de l'Armée à l'infirmerie de la Garnison de Kati sous la responsabilité du médecin-chef des Armées. Cette expérience pourrait être suivie dans d'autres garnisons telle que celle de Ségou où des dispositions sont prises.-L'exigence des villages-centres de soins traditionnels dont le contrôle échappaient à toute autorité sanitaire du pays ; nous en ignorons encore le nombre exact.

R E A L I S A T I O N S

1) SECTION BOTANIQUE : Dans le cadre de la coopération avec les tradipraticiens, nous avons pu, à la date du 30 juin 1979 : -constituer un herbier de 595 espèces appartenant à 355 genres qui représentent 102 familles ; -constituer un droguier de 243 échantillons servant à l'enseignement des étudiants en médecine et pharmacie ; -établir les fiches des noms vernaculaires et scientifiques de toutes nos plantes médicinales récoltées ; -effectuer des essais de cultures (certains encore en cours) d'une vingtaine de plantes utilisées soit comme principe actif soit comme aromatisant ou colorant de nos préparations. Quant au recensement des thérapeutes traditionnels et au recueil des informations, bien que nous ayons pris des contacts dans les sept régions qui constituent le Mali, nos efforts se sont surtout portés jusqu'à présent sur la seconde région, celle de Koulikoro. Nous avons retenu les constatations suivantes : Il existe un thérapeute traditionnel pour 2.000 habitants. Dans certains Cercles, il y a un thérapeute pour 500 habitants. En tenant compte des résultats partiels des autres régions, nous retiendrons provisoirement ce dernier chiffre comme valable pour l'ensemble du pays.

2) DIVISION DE CHIMIE : Les études sommaires de caractérisation effectuées, l'ont été principalement sur quinze plantes dans le cadre des thèses et mémoires. Seuls les extraits de Securidaca Longipedunculata (Dioro en babara) ont été préparés en vue de la mise au point d'un remède.

3) DIVISION DE PHARMACIE GALENIQUE : Notre seul souci dans le cadre de l'étude galénique, est d'obtenir à chaque fois des préparations stables et identiques dont la posologie est contrôlable. Après avoir déterminé la condition d'utili-

sation du beurre de karité, nous l'avons employé comme excipient de pommade que nous avons mis au point pour certaines dermatoses allergiques, prurigineuses et suintantes ou non. Malgré nos difficultés, nous avons pu élaborer 19 préparations.*

Les dénominations actuelles pourraient changer afin qu'elles soient plus accessibles à la population.

4) DIVISION DE PHARMACODYNAMIE ET DE BIOLOGIE-CLINIQUE : Nos consultations, bihebdomadaires depuis 1975 (lundi matin et jeudi matin), s'adressaient au départ à une vingtaine de pathologies. Actuellement, nous avons limité nos activités à quelques affections dont principalement celles du foie. Avec quinze à vingt consultations par jour de consultation et dont 77 % sont irréguliers, on voit bien combien une évaluation juste de l'expérience est très difficile à faire en traitements ambulatoires. N'ayant pas de lit d'hospitalisation, certains malades étaient suivis à domicile.

5) DIVISION DE PARAPSYCHOLOGIE ET DE METAPHYSIQUE : Les enquêtes sur la perception extra-sensorielle et les techniques traditionnelles de diagnostic sont les seules activités menées jusqu'à ce jour.

Voilà, brièvement résumée, l'expérience malienne en matière de Médecine traditionnelle. Je vous remercie.

* Liste des préparation

1) Sumufari (3 formes) (gingivo-stomatites, caries dentaires): flacon de 15 ml et 250 ml
2) Tisane laxa-cassia (4 formules) (laxatif) : sachet unidose
3) Gastrosedal (7 formules) (insuffisances digestives, gastrites, colites): sachet multidose ou unid.
4) Dysentéral (4 formules) (antidysentérique, antidiarrhéique): sachet unidose ou multidose
5) Taenifuge N° 1 (vermufuge) : sachet unidose
6) Tisane serekala (ictère, hépatites) : sachet multidose
7) Hépatisane (3 formules) (insuffisance hépatique, constipation): sachet multidose
8) Hépagardenia (ictère hépatique) : sachet unidose, comprimés ou flacon de 125 ml
9) Hépaswartzia (ictère hépatique) : sachet unidose, flacon de 125 ml
10) Diurotisane (diurétique azotturique, édème, H.T.A.) : sachet multidose
11) Diabétisane (2 formules) (diabête) : sachet multidose
12) Poudre et Comprimés F a (dysménorrhées, stérilité feminine): sachet unidose
13) Poudre T (antitussif) : sachet unidose
14) Poudre A (4 formules) (antiasthmatique) : sachet unidose
15) Asthmagardenia (antiasthmatique) : sachet unidose
16) Malarial (4 formules) (antipaludique) : sachet multidose
17) Pommade Dermobuldo (3 fomules) (dermatoses bulbeuses prurigineuses ou non): : tube de 30 gr
18 Pommade Hemocacia (antihémorroidaire) : tube de 30 gr
19) Pommade L 1 (douleurs lombaires) : tube de 30 gr

 Ethnobotanik Sonderband 3/85, 345–350

Some Drugs Used in African Traditional Obstetric Practice: Need for Modern Training on their Use

N. J. Mugo

SUMMARY A lot of studies have shown that traditional medical practice will be with us in Africa for a long time. And in a continent where the majority of births are still supervised by the traditional birth attendants, it is obvious that traditional obstetric practice will be with us for as long, if not longer. Most of the traditional birth attendants are accomplished herbalists and they administer three types of medications to their patients during parturition. These are the herbal pain killers and herbal drugs meant for increasing myometrial contractions. Although obstetric complications can lead to increased pain during parturition and as such pain killer medication should not be the only medication when some of these complications are present, it is perhaps safe to say that the medication for pain and tranquillisation during parturition does not lead to many dangers. The same cannot be said in connection with drugs meant for increasing myometrial contractions. If there are complications such as malpresentations, disproportion or complete placenta praevia, the administration of these powerful drugs that are meant for increasing myometrial contractions could not only lead to the rupture of the uterus, it can also lead to the death in utero of the foetus.

The herbal medicines most commonly used for the purpose of increasing myometrial contractions include decoctions of the leaves of *Celosia hastata*, the leaves of *Erlangia cordifolia* S.Moore , the leaves of *Cassia floribunda* Cav., the leaves of *Embelia Schimperi*, flowers of *Crepis carbonaria* and the roots of *Cassia obtusifolia*. From information obtained by interviewing traditional birth attendants on the effects of these drugs and from my own work on the effects of the decoction from the leaves of *Erlangia cordifolia* S.Moore , it is obvious that these drugs are very potent. This is why it is important that traditional birth attendants should be taught elementary physiology and the anatomy of the female body relevant to obstetrics, the process of normal child-birth including the recognition of abnormalities and possible complications so that they would be able to recognise physical obstetric problems of medical nature. If this is done, the traditional birth attendant would cease to recognise magic, witchcraft, the breaking of tribal taboos and customs and the anger of the departed souls or spirits as the sole causes of the tradtionally untreatable obstetric problems. The training, in addition, would have taught them the types of patients in whom drugs for increasing myometrial contractions should be avoided. This way we will have minimized perinatal infact and maternal mortality considerably.

ZUSAMMENFASSUNG In der traditionellen Geburtshilfe Kenias werden Kräuter vorwiegend in drei Fällen eingesetzt: Zur Geburtsbeschleunigung mittels das Myometrium kontrahierender Pflanzen, zur Schmerzlinderung mit analgetisch wirkenden Kräuter und zur Beruhigung. Auf die Bedeutung und auf den Stellenwert der Kräutermedizin in der Geburtshilfe wird eingegangen ebenso wie auf einige der meistverwendeten Pflanzen und deren Anwendung. Insbesondere wird die das Myometrium kontrahierende *Erlangia cordifolia* S.Moore beschrieben und deren Pharmakologie und Pharmakokinetik kurz abgehandelt. Hervorgehoben wird, daß zum Zwecke einer Reduzierung der Kindersterblichkeit in vielen Ländern Afrikas wissenschaftlich fundierte Untersuchungen der traditionellen Kräutermedizin benötigt werden, um Mißbrauch und Fehleinsetzen bei der Kräutertherapie zu begegnen.

RESUME Dans l'obstêtrique traditionnelle du Kenya on utilise des herbes surtout dans trois cas: pour hâter la naissance au moyen de plantes contractant l'utêrus, pour attênuer les douleurs avec des plantes analgêsiques et enfin pour calmer.

L'article aborde la signification et la place de la phytothérapie dans l'obstétrique ainsi que quelques unes des plantes les plus souvent utilisées et leur indications, en particulier *Erlangia cordifolia* qui provoque les contractions de l'utérus et dont on traite de la pharmacologie et de la pharmacokinésie. Afin de réduire la mortalité infantile dans beaucoup de pays d'Afrique, il est utile d'entreprendre des recherches scientifiques sur la phytothérapie traditionnelle pour en éviter l'abus ou les mauvais usages. gm

Introduction

In most parts of Kenya, causation of illness is regarded as being as a result of one or more of the following:
a) Epidemic infections. b) Endemic infections. c) Natural causes. d) Anger of departed spirits. e) Witchcraft. f) The breaking of taboos.

The treatment of a disease has to take into account the power or powers that play part in the causation of that illness. The diseases which are taken to be caused by a supernatural, non-human agency, as is the case with the epidemic infections have to be treated accordingly. For example, smallpox is one such disease that was believed to be caused by a nonhuman agency and the people felt that the evil spirit responsible for the causation of the disease had to be ceremoniously driven out of the land. The ceremony was actually a prayer to God asking that he removes the scourge. But besides appealing for supernatural intervention, the people, believing that the illness was infectious, at the same time isolated the patients from the rest of the community. For the diseases that could be classified as non-epidemic, and therefore endemic, isolation of patients has been the rule; but at the same time herbal medicines are administered. To most Africans in Kenya, the general conception is that if a disease or ailment other than those that are epidemic or endemic responds to the use of the recognized therapies, then its origin is natural. If it fails to respond, then it is taken that in all probability the ailment has been inflicted by an angry ancestral spirit or is due to witchcraft employed by a living enemy or is the result of breaking some tribal law or custom. In these cases, a seer or diviner has to be found so that he can discover the cause of the illness so that the illness can be removed by sacrifice, purification or by some other magical or ceremonial means. Most of the recognized therapies for the natural diseases are of herbal origin.

The problems that can occur during the delivery of a baby are initially considered to be of natural causes if they can be removed by the available herbal therapies. If these herbal therapies fail, then the causation of the problems is regarded as being inflicted as a punishment from an angry ancestral spirit or is believed to be due to witchcraft employed by a living enemy. If neither of these two possibilities apply then the causation is regarded as being related to the breaking of some tribal law or custom. Much time is wasted looking for seers or diviners and even more time when the divination process itself is being carried out. In most of these cases, cosmopolitan medicine is only resorted to as the last hope. By the time the patient is taken to a modern hospital, the case is already of a serious emergency nature and full of obstetric complications. And in a country where over 70% of all the deliveries are believed to be carried out with the assistance of the traditional birth attendants, perinatal deaths are therefore very common. This paper examines the dangers of the ill-understood obstetric herbal therapies administered for ill-understood pathologies that can occur in obstetrics.

Herbs used in traditional obstetrics

In traditional African obstetrics, herbal medicines are used for three purposes. They are either used for speeding up a difficult labour or for reducing pains of parturition. Herbal medicines are also used for tranquillization to remove anxiety states during the process of parturition. Whereas reduction of pain is one means of calming down the patient, the herbs used for reduction of pain are not really meant for tranquillization as such and neither are the traditional tranquillization drugs meant for the reduction of pain at all. There are six plants which are very commonly used for increasing myometrial contractions during labour. These are *Cassia obtusifolia*, *Celosia hastata*, *Crepis carbonaria*, *Cassia floribunda* cav., *Embelia schimperi* and *Erlangia cordifolia* S.Moore . It is the roots of *Cassia obtusifolia* which are used to quicken the birth process. A decoction of the leaves of *Celosia hastata* is given to pregnant women to assist parturition when the baby is deemed overdue. A similar concoction of *Erlangia cordifolia* S. Moore is administered to a woman when the termination of the second stage of labour is judged to be long overdue for the type of patient. Similarly, a decoction of the flowers of *Crepis carbonaria* or a decoction from the leaves of *Embelia schimperi* is given to women for the purpose of increasing myometrial contractions.

When the expulsion of the placenta is judged to have taken longer than it ought to, the leaves of *Cassia floribunda cav.* are crushed, mixed with water, shaken, and the mother drinks the extract and this leads to a speed-up expulsion of the placenta. It is of interest that the fruit and the roots of the same plant are pounded, soaked in water, and the infusion drunk as a purgative. The plants used for their tranquillization effects include *Allophylus rubifolius* and *Asparagus africanus*. A water decoction from the roots of *Asparagus africanus* is used for the same purpose. It is interesting that the leaves and roots of *Asparagus africanus* are soaked in water and the infusion so obtained drunk two to three times a day for the treatment of mental disturbances suggesting, therefore, that the chemical compounds extracted from the roots of the plant by water have tranquillizing effects. Pain of parturition can be alleviated traditionally using herbal medicines which include extracts from *Cylinomorpha parviflora*, *Cyphostemma adenocaule* (A. Rich) Wild & Drum and *Dracaena fragrans*. The water extract from the bark of *Cylinomorpha par viflora* is drunk to cure abdominal pains and this explains why the same infusion is used for obstetric purposes. The crushed tubers of *Cyphostemma adenocaule* are boiled in water and the infusion drunk, while still warm, to relieve pain during pregnancy and also during parturition. In the case of *Dracaena fragans*, it is the raw root which is chewed to alleviate pains during child-birth.

Effects of the Herbal Therapy

By virtue of lack of training in the basic medical sciences, especially anatomy, physiology and pathology, the traditional birth attendants in particular, and other traditional healers in general, will fail not only to predict the type of problems to be expected during parturition but also they cannot diagnose most of the perinatal obstetric emergencies. A patient with hypertension and therefore increasing headaches as the pregnancy progresses, will only be given pain killers for her problems and be asked to take a bed rest. The presence of twins cannot be diagnosed and neither can placenta praevia and the malpresentations. Included in these emergencies at the time of parturition - and which will cause a slow, if not impossible delivery - is the problem of disproportion. For a slow delivery caused by any of the above problems, the patient is given a tranquillizer and a pain killer or a combination of a tranquillizer and a compound that will lead to increased myometrial contractions. Increasing myometrial contractions in a patient who will not be able to deliver because of placenta praevia or disproportion or malpresentation will only lead to greater complications and possible death of both the mother and child. It is with this concern that I decided to investigate the biological basis of the activity of one of these drugs that are administered to speed-up the process of parturition.

Studies on *Erlangia cordifolia* S. Moore

The leaves of *Erlangia cordifolia* S. Moore are boiled in water and the extract so obtained given to a patient whose second stage of labour is deemed to have been over-prolonged (1). My studies with these leaves have shown that the leaves contain a gamma-cranoline macrolide with an α-methylene-γ- lactone which I have named *cordifene* and which has a marked effect on the actomyosin molecules of the muscle cells. Cordifene causes marked conformational changes in the actomyosin molecule such that the end result is that the protein molecule becomes shortened (2). This shortening could lead to contraction of the muscle cell if most of the myosin molecules in it became so shortened.

It is therefore important to know the cause of the prolonging of the second stage of labour before administering the decoction from the leaves of *Erlangia cordifolia* S. Moore because if the prolonging is due to a blockage as is in the case of complete placenta praevia or is due to a malpresentation, the increased rate of retraction of the uterus could either lead to a rupture of the uterus or to death in utero due either to squeezing of the baby into a small space or the occlusion of the placental vessels. This therefore means that administration of herbal medicines meant for increasing myometrial contractions should only be so administered after establishing the cause of the slowing down of labour. Due to lack of training in the modern basic medical sciences, the traditional healers including the traditional birth attendants cannot be expected to arrive at the correct diagnosis for most obstetric problems. This therefore means that in the case of the traditional midwives, they should be discouraged from administering these drugs that cause myometrial contractions. They should only administer traditional pain killers and the traditional tranquillizers and seek help from better trained health personnel whenever and as soon as any obstetric problem is detected.

Discussion

Many infant deaths in utero and perinatal maternal deaths continue to flood the obstetric statistics of our hospitals in Kenya. In many of these cases, interviews with honest relatives reveal that traditional herbal therapies had been resorted to during parturition and before the patient was rushed to hospital as an emergency case. The real concern then is how to reduce these perinatal deaths of both babies and mothers. Should it be done by legal prohibition of the work of the traditional birth attendants or should science lend a hand? In a study of the utilization of a mission hospital in Zambia, in 1976, ODEBIYI (3) noted that the population that was within the hospital catchment area utilized both African traditional health services as well as the services of a modern hospital. She also noted that the population, she studied, expressed their concern over the attitude of hospital doctors especially their inability or failure to recognize African traditional medicine. ODEBIYI also noted the effects of distance from the hospital in the utilization of health care services. Increased distance marked decreased use of the hospital. This means that unless almost all the financial resources of a country are to be diverted to primary health care delivery systems - and for the forseeable future in most of the developing world, there is no way by which the law can intervene for purposes of reducing the perinatal mortality. The practical answer is to accept traditional medical systems and to try to improve them up to the point where integration with cosmopolitan health care delivery systems starts to become a possibility or even a reality.

SCHULPEN (4), in 1975 while working in Tanzania, also noted the co-existence and a concurrent utilization of available and accessible health services. This fact has also been noted in Kenya and in Uganda; that is, that cultural beliefs and response to disease by the community may dictate the type of medical care the patient will seek (5, 6). This therefore means that where both modern and traditional health care systems are readily available, the course of action to be taken for the treatment of an illness will depend on the patient's (and his community's) conceptualization of how the conceptualized state of health can best be restored following what he and they consider to be his illness. A Regional Committee of W.H.O. in Africa (7) has divided the African patients into three major groupings. These are: the traditionalist patients, the transcultured group and the accultured group. The traditionalist group are those patients who will seek for medical care from the resources of traditional medical system which are available. The transcultured group are those patients who will seek medical care from both the traditional healers and the cosmopolitan healers and lastly the accultured patients are those who will seek health care from the cosmopolitan healers only. This means that the provision of modern health care facilities all over Kenya will not necessarily lead to neglect the traditional system of health delivery. On the contrary, a number of studies have noted the high rates of under-utilization of available modern health care facilities and have shown that African traditional medicine remains a popularly utilized force in spite of the increasing promotion of scientific medicine (3, 7, 8, 9. 10).

Among the three kingdoms of matter, that is, the animal, the vegetable and the mineral, the second is by far the most important in traditional medicine. The explanation for this would appear to be found in the ease of access, the exuberance, abundance and variety of the vegetation of the African continent (7). This means - as the Regional Committee of W.H.O. for Africa recommended - that the establishment of national herbaria, ethnopharmacognostic research, the growing of the most useful medicinal plants on an industrial scale and all other appropriate measures should henceforth form part of a national program for the development of traditional medical practice in Kenya. There is an added reason for setting up this program and that is what this paper seeks to show, mainly; and is something that had been noted before in Nigeria by ADEMUWAGUN (11); and, that is, that traditional medical practitioners can do or undo much to positively and adversely affect modern health care.

Training of traditional midwives to know simple modern obstetric procedures and conditions, for example, the perineal examination for a prolapsed cord, vaginal examination for serious placenta praevia, simple methods for "listening" on the abdomen for possible twins and the abdominal examination for possible malpresentations: this type of training would help them a lot in judging whether to try a traditional herbal therapy or not before taking the patient to hospital. More work should be done for the purposes of understanding the pharmacology of these traditional drugs. All the three types of drugs, that is, the pain killers, the tranquillizers and the drugs that increase myometrial contractions, are not only very useful in cosmopolitan obstetric practice: but since, from both the cultural and the economic points of view, traditional obstetric practice will be with use for a long time to come, it is important to understand what the pharmacodynamics of these drugs are. As it is at the moment, this work is only just starting in Kenya.

Conclusion

From the survey of drugs used in Kenyan obstetric practice, that is, the pain killers, the tranquillizers and the drugs meant for increasing myometrial contractions, it can be concluded that the use of the herbal pain killers and the herbal tranquillizers is probably far less dangerous than the use of herbal decoctions meant for increasing myometrial contractions during parturition. It should therefore be recommended that the traditional midwives should be taught elementary anatomy and physiology and simple ways of diagnosis for the more serious obstetric complications so that if they must give these drugs for increasing myometrial contractions, they would know the type of patients in whom these drugs should not be administered.

REFERENCES

(1) MUGO N.J. (1976): Ph. D. Thesis: at the University of St. Andrews. St. Andrews, Scotland, pp. 41-64.

(2) MUGO N.J. (1977): Biological Activity of Cordifene on Myosin: A Model for Conjugated α-Methylene Ketone Group's Cardiac Toxicity. *Agressologie* 18: 143-148.

(3) ADEOKU L.A. (July-Aug. 1977): Physical Planning and Cultural Factors.//ODEBIYI O.O. Deterring Optimum Utilization of Modern Health Facilities in Nigeria. *Jr. of Med. & Pharm. Marketing,* vol. 5, No. 5. *

(4) SCHULPEN T. (1975): Integration of Church and Government Medical Services in Tanzania: Effects at District Level. *A.M.R.F.*

(5) ORLEY J. (1970): *Culture and Mental Illness: A Study from Uganda.* E.A. Publishing House. **

(6) LUNG'AHO B.M. (1978): Medical Students Participation (4th Yr. M.B., Ch.B.) in the National Pilot Project on Community - based Health Care in Kenya: Focussing on the Traditional Midwife.

(7) W.H.O. (1976): African Traditional Medicine: (Afro-Technical Report Series No. 1), Brazaville.

(8) LEESON J. (Oct. 1970): Traditional Medicine. Still Plenty to Offer (Zambia). *Africa Report* 15.

(9) MACLEAN V. (1971): *Magical Medicine: A Nigerian Case-study.* Baltimore: Penguine Books.

(10) IMPERATO P.J. (Oct. 1970): Traditional Medical Practitioners Among the Bambara of Mali and Their Role in 'Modern Health Care Delivery Systems'. *Rural Africana* 15.

(11) ADEMUWAGUN Z. (1969): The Relevance of Yoruba Medicinemen in Public Health Practices in Nigeria. *Public Health Reports* (USA), 84, 12.

* Die Reverenz konnte nicht gesichert werden. Der Autor sprach im Text von O'KEEFFE, in der Quelle wird die Autorin ODEBIYI O.O. genannt, entsprechend wurde der Text geändert.** Die Quelle konnte nicht aufgefunden werden.

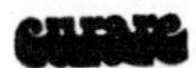

Sonderband 3/85, 351–354

Untersuchungen zur abschwellenden Wirkung der Samen des Sheabutter-Baumes (Butyrospermum Parkii) auf die Nasenschleimhaut

Ayodele Tella*

SUMMARY *Butyrospermum parkii* produces the seed from which shea butter is extracted. Shea butter is claimed by local traditional healers to be efficacious in nasal stuffiness. Since there is no absolutely satisfactory nasal decongestant in clinical use at present, it was considered desirable to study the ability (if any) of shea butter to produce decongestion in nasal stuffiness (TELLA 1979). The shea butter was prepared in the laboratory and the subject were human beings suffering from seasonal allergic rhinitis with moderate to severe congestion. They were divided into three treatment groups randomly: one received shea butter, the second xylometazoline and the third, white pretroleum jelly, B.P. The substances were applied to the interior of their nostrils. The results indicated that congestion was more satisfactorily relieved in the shea butter group.

ZUSAMMENFASSUNG Die aus den Samen von *Butyrospermum parkii* hergestellte But- 'Butter' wird von traditionellen Heilkundigen in Nigeria als eine wirksame Droge gegen Nasenverstopfung angesehen. Da bis heute keine befriedigend abschwellenden Mittel in die Klinik eingeführt werden konnten, wurde eine Untersuchung über die Wirkungen der 'Sheabutter' bei Schnupfen durchgeführt. Die S. wurde im Labor hergestellt und bei Menschen angewandt, die an saisonalen allergischen Rhinitiden mit mäßiger bis schwerer Verstopfung der Nase litten. Die Probanden wurden in 3 Gruppen eingeteilt: Eine erhielt S., die zweite Xylometazolin und die dritte weißen 'Petroleum jelly B.P.'. Die Substanzen wurden in die Nasenlöcher eingeführt. Die abschwellende Wirkung der S. war dabei günstiger in der entsprechenden Gruppe.

RESUME Les semences de *Butyrospermum parkii* sont à la base de shea-butter. Les médecins traditionnels disent, que shea-butter possède un effect sur l'obstruction nasale. Jusqu'a aujord'hui la médecine hospitalière ne connait pas de rémèdes assez efficaces contre cette obstruction des voies rhinologiques, pour cela l'auteur fait une étude sur cette action affirmée de la shea-butter. On la prépare en laboratoire et on demande des sujets expérimentaux, qui souffrent d'une rhinite allergique d'été avec une tendance à l'obstruction grave: on les partage en trois groupes: le premier reçoit du shea-butter, le deuxième de la xylometazoline, et le troisième du 'petroleum jelly B.P. blanc'. Les substances étaient appliquées à l'intérieur du nez. Les résultats montrent que l'obstruction diminuait plus sensiblement dans le groupe de shea-butter. es

* Übersetzt von Ekkehard Schröder. Preliminary Studies on Nasal Decongestant Activity from the Seed of the Shea Butter Tree, Butyrospermum parkii, in Brit.J.Clin.Pharmac. (1979),7, 495-497.

Friedr. Vieweg & Sohn Verlag, Braunschweig/Wiesbaden

Einführung

Butyrospermum parkii gehört zu der Familie der *Sapotaceen* in der Ordnung der *Ebenalen* und wächst als 10 - 14 m hoher Baum, der im Bau an einen ausgewachsenen Mangobaum erinnert. Die Frucht besteht aus einem eßbaren fleischigen Außenteil, der einen ovalen Stein umschließt. Der Samen besteht aus zwei prallen ölhaltigen Hälften, die von einer weichen inneren Hülle und einer äußeren, dicken und festen Scheide umgeben sind. Die Sheabutter selbst wird aus den Samenkernen gewonnen.

In der modernen "orthodoxen" Medizin (d.h. was wir Schulmedizin nennen, der Übersetzer) wird die Sheabutter als Salbengrundlage verwendet (OLIVER 1960). In der traditionellen nigerianischen Medizin wird sie als aufweichendes Mittel benutzt und vor allem auf die Haut aufgetragen, um Schleimmembranen bei Skabies, Geschwüren, verstopfter Nase und anderem zu entfernen.

Die meisten klinisch angewandten Abschwellmittel der Nasenschleimhäute, die als Tropfen in Form von Xylometazolin und Naphozolin (SCHOLZ 1945) angewandt werden, haben einen nicht befriedigenden Effekt (FRIEDLÄNDER & FRIEDLÄNDER 1945, GOODMAN & GILMAN 1975), weil die Schleimhäute häufig als Reboundphänomen stärker anschwellen oder häufig die Schleimhaut selbst geschädigt wird. Daher wurde der Entschluß gefaßt, die Wirkung der Sheabutter auf die entzündeten Schleimhäute der Nase zu untersuchen und mit den Wirkungen konventioneller Nasentropfen (Xylometazolin) zu vergleichen.

Methoden

Die Zubereitung der Sheabutter: Die Samen wurden in Kaduan, Oyo und Zaria gesammelt, gewaschen, in destillierten Wasser über eine Stunde gekocht und anschließend zum Trocknen in der Sonne täglich 5 1/2 Stunden (10^{oo} bis 15^{3o}) ausgebreitet während einer Dauer von vier Wochen. Nach dieser Trocknung wurde jede Frucht geknackt, um die Hülle zu entfernen und ausgekernt. Die Samen wogen bei der Ernte durchschnittlich 15,5 - 17 g und nach der Trocknung 11 - 14,5 g, ein durchschnittlicher Kern wog 8 - 10,5 g. Die Kerne wurden erneut mit destillierten Wasser gewaschen, abgetrocknet und schließlich fein ausgemahlen.

Das so gewonnene Material wurde daraufhin wieder langsam mit destilliertem Wasser gemischt, bis sich ein dicker zäher Brei bildete. Dieser Brei wurde mit 20 Teilen destilliertem Wasser verdünnt, 30 Minuten kräftig durchgerührt und dann bei Zimmertemperatur 24 - 48 Stunden stehen gelassen. Während dieser Zeit sonderten sich Körnchen von einer fettigen weichen wächsernen Konsistenz ab, die auf der Oberfläche der Lösung gewonnen werden konnten. Dieses Produkt wurde abgetragen und gekocht, um weitere Feuchtigkeit zu entfernen und bildete nach der Abkühlung dann im erstarrten Zustand die Sheabutter. Aus einem Kerngewicht von 1105 g konnten so 198 g Sheabutter erhalten werden. Das beschriebene Verfahren der Sheabuttergewinnung ähnelt der traditionellen Gewinnung der lokalen Produzenten in Nigeria.

Menschliche Versuchspersonen:
33 Nigerianer, 18 Männer und 15 Frauen wurden genommen. Sie gehörten zum Angestelltenstab des College of Medicine der University of Lagos, zu deren Familien oder Freunden. Ihr Alter betrug zwischen 12 und 50 Jahre. Alle litten sie an verstopften Nasen, die zumeist eine Begleitrhinitis von einem allergischen saisonbedingten Typ zeigten. Jeder Fall, der auf symptomatische Behandlungen innerhalb von 6 Stunden keine Wirkung zeigte oder der in den letzten drei Wochen zuvor Antibiotikagaben erhalten hatte, wurde ausgeschlossen. Auf diese Weise wurden Sinusitiden z.B. von der Untersuchung ausgeschlos-

sen, um eine angemessene Behandlung nicht zu verzögern. Die Studie wurde so streng auf symptomatische Verbesserung der Nasenschleimhautschwellung begrenzt. Alle Teilnehmer hatten mehr oder weniger schwere oder völlige Blockierungen der nasalen Luftwege. Leichtere Fälle, die keine Mundatmung nötig hatten, wurden ebenfalls ausgeschlossen. Einige von diesen entwickelten später mäßige bis schwere Verläufe und wurden dann zum Experiment hinzugezogen. Die 33 Teilnehmer wurden in 3 Behandlungsgruppen randomisiert, d.h. eine Testgruppe, die mit Sheabutter behandelt wurde, eine Kontrollguppe mit Xylometaxolin in 0,1%er Lösung und eine Plazebogruppe, die white petroleum jelly B.P. (=Vaseline) erhielt. Die Testgruppe bestand aus 21 Leuten, 12 Männern und 9 Frauen. In der Kontrollgruppe waren 7, 3 Männer und 4 Frauen. 5 waren in der Plazebogruppe, 3 Männer und 2 Frauen.

Sobald sich eine mäßige bis schwere Nasenverstopung einstellte, wurden 2 - 4 g Sheabutter oder Vaseline schnell in die Nasenlöcher eingebracht, und zwar durch den eigenen rechten Zeigefinger, nachdem der Nagel kurz geschnitten wurde. Die Außenteile der Nase wurden von Sheabutter oder Petroleumresten mit Papierservietten gesäubert. Die Prozedur wurde wiederholt, sobald erneut eine Verstopfung einsetzte. In der Kontrollgruppe wurden den Probanden mit zurückgestreckten Kopf 2 - 3 Tropfen Xylometazolin in jedes Nasenloch geträufelt. Die Stellung wurde beibehalten, bis der Geschmack der Tropfen im Mund gespürt werden konnte. Sobald eine Schwellung wiedereinsetzte, wurde das gleiche Verfahren erneut angewendet.

Die Häufigkeit der Anwendung der drei Substanzen hing also davon ab, wie rasch diese Verstopfung wieder während der Testperiode einsetzte. Weder die Sheabutter noch die Vaseline wurden mit Kraft in die Nase hochgezogen. So wurden irgendwelche Risiken bis hin zu einer Lungenentzündung ausgeschlossen. Außer bei der Plazebogruppe wurde das Experiment bei jeden Proband über 96 Stunden durchgeführt.

Ergebnisse

Bei allen Testpersonen in der Sheabuttergruppe kam es zu einer deutlichen Ventilierungsbesserung nach einer halben bis eineinhalben Minute. Die Atmung normalisierte sich und blieb dies für 5 bis 8 1/2 Stunden. Die Verstopfung kehrte nach frühestens 12 bis 24 Stunden nicht mehr wieder nach zwei bis vier Anwendungen. In der Kontrollgruppe mit Xylometazolin als Nasentropfen wurden die Luftwege schnell, d.h. nach 0,3 bis einer Minute frei und blieben dies 2 bis 4,5 Stunden. In 48 - 72 Stunden nach 10 - 15 Anwendungen kam es zu keiner Verstopfung mehr. Während dieser Zeit kam es aber zu Reizungen, Rötung

Table 1 Effects of shea butter, xylometazoline and petroleum jelly B.P. in nasal congestion

	Shea butter	*Xylometazoline (0.1% solution)*	*Petroleum jelly*
Number of subjects	21	7	9
Dose	2.0–4.0 g	2–3 drops (a)	2.0–4.0 g
Onset of action (min)	0.5–1.5	0.3–1.0	(b)
Duration of action (h)	5.0–8.5	2–4.5	(b)
Period from first dose till congestion ceased to recur (h)	12–24	48–72	(b)
Number of doses during this period	2–4	10–15	(b)
Side effects	none	nasal irritation	(b)

(a) 0.05 ml per drop
(b) See text. Cogestion not relieved; test abandoned 3 h after application

und Schmerzen in den Nasenlöchern. In der Kontrollgruppe mit Vaseline kam es zu keiner Entschwellung bei den fünf Probanden, einer bemerkte eine sehr leichte Entschwellung, die drei Minuten nach der Einbringung begann, eineinhalb Minuten andauerte und von einer stärkeren Verstopfung gefolgt wurde. Die unbequemen inspiratorischen und expiratorischen Mitbewegungen dauerten voll an. Da bei der Einatmung auch eine Lipoidpneumonie und ein akuter Sauerstoffmangel eintreten können, wurde nach drei Stunden bei allen Probanden dieser Gruppe die Vaselineanwendung abgebrochen.

Diskussion

Bei der Nasenverstopfung kommt es zu einem entzündlichen Ödem der Schleimhaut der Nase und des Rachens, das eine Verlegung der Atemwege bewirkt. In der Regel werden hiergegen gefäßverengende Drogen z.B. in Form von Naphazolintropfen (Privin) und Xylometazolin (Otriven) angewandt. Diese Mittel schaffen Erleichterung, sind aber nicht ohne unerwünschte Nebenwirkungen. Sie reizen die Nasenlöcher und verursachen eine Ischämie der nasalen Schleimhäute, was später zu einer Hyperämie und weiteren Entzündungen und Ödemen führt, also eine reaktive oder Rebound-Verstopfung. Dadurch entsteht eine Neigung, diese Mittel unter Schädigung der Schleimhäute fortwährend einzusetzen. Die Xylometazolinergebnisse scheinen diese Gesichtspunkte zu bestätigen. Zwar setzt die Wirkung rasch ein, hält jedoch nicht lange an. Während des Zeitraumes der Xylometazolinanwendung kam es zu zusätzlichen Schleimhautschäden. Sheabutter wurde dagegen weniger häufig und ohne Folgenwirkungen angewandt. Die Vaseline wurde deswegen in der Kontrollgruppe angewendet, weil sie wie Sheabutter als Salbengrundlage für oberflächliche Wirkungen verwendet wird. Dann gab es bislang noch keine Berichte über entsprechende Anwendungsmöglichkeiten. Hier konnte eindeutig das Fehlen jeglicher Aktivitäten an den Nasenschleimhäuten belegt werden.

So ist offenkundig, daß Sheabutter als Nasenschleimhautabschweller an Wirkung und Dauer klar den konventionellen Nasentropfen vom Typ Xylometazolin überlegen ist. Die Wirkung scheint nicht nur eine reine Aktivität auf der Oberfläche des Erfolgsorgans zu sein im Vergleich zu Vaseline. Arbeiten zur Isolierung und Identifizierung der wirksamen Bestandteile würden sehr nützlich und wünschenswert sein. Ein weiterer Vorteil der Sheabutter ist das Fehlen von Nebenwirkungen wie bei den anderen konventionellen Tropfen, die Wirkung setzt rasch und andauernd ein und kann wiederholt werden. Es kommt zu keinen Reizungen und reaktiven Anschwellungen. Die ölige fettige Konsistenz ist nicht unangenehm. So sind Voraussetzungen für eine verbreitete Anwendung zur Abschwellung der Schleimhäute gegeben.

Dank an Prof. E.W. Horton, Pharmakologie/Edinburgh, für hilfreiche Vorschläge, ebenso an die Herrn P.O. Isaku, Pharmakologie/ Ahmadu Bello Univ./ Zaria und Alhaja Isatu M. Bybayero, traditioneller Heiler, für die Beschaffung der Sheabutter-Samen und die Diskussion zur lokalen Herstellungsweise der Sheabutter. Für technische- und Schreibhilfe Dank an die Herren S.K. Adeseun und M.O. Aisa.

LITERATUR

FEINBERG S.M. & FRIEDLÄNDER S. (1945): Nasal congestion from frequent use of privine hydrochloride. J. *Am. med. Ass.* 128, 1095-1096.

GOODMAN L.S. & GILMAN A. (1975): *The Pharmacological Basis of Therapeutics*, p.506. Macmillan: New York.

OLIVER B. (1960): *Medicinal Plants in Nigeria*, p.18. Ibadan:Nig. Coll.Arts Sc.Tech.

SCHOLZ C.R. (1945): Imidazoline derivatives with sympathomimetic activity. *Indust. Eng. Chem.*,37, 120-125.

Sonderband 3/85, 355–368

Traditional Manufacture of Tars for Water-Storage Vessels in North Africa and the Sahelian Countries

Samia Al Azharia Jahn

SUMMARY Different traditional manufactures of tars from conifer wood (Tunisia), oil-containing seeds, bones and even bugs (Sahelian countries: Sudan, Niger) and tar treatments for the inside and outside of different water storage vessels are described. The popular claims that tars have bactericide and fungicide properties are discussed on the basis of new experiments. Coloquint seed tar seems to lack this quality. Health risks for using tar concern oral toxicity and carcinogenic substances. Wood tars which are obtained in two "fractions" by distillation (m'hal and arūs) seem to create less hazards than tars made from substitutes. The author points out the particular dangers for the professional tar producers and the need to replace tar treatment of watercontaining vessels by other methods, while not underestimating the users' demand for drinking water which they perceive as agreeable to taste and smell.

RÉSUMÉ Le présent exposé traite des méthodes traditionelles de production de goudron à partir du bois des conifères (Tunisie), des graines d'oléagineux, de matières osseuses et même d'insectes, tels que les punaises (pays sahéliens: Soudan, Niger) ainsi que ses utilisations pour le traitement intérieur et extérieur des récipients d'eau. L'opinion populaire, selon laquelle le goudron possède des propriétés bactéricides et fongicides est discutée à la lumière d'expérimentations nouvelles. Le goudron extrait des graines de coloquinte semble ne pas posséder cette propriété. Les risques pour la santé, liés à l'emploi du goudron sont dus à la toxicité orale et aux substances carcinogènes. Les goudrons de bois obtenus en deux "fractions" par distillation (m'hal et arūs) semblent être moins dangereux que les goudrons obtenus à partir de succédânes. L'auteur attire L'attention du lecteur sur les dangers particuliers existant pour les fabricants de goudron et sur la nécessité de substituer au goudronnage des récipients d'eau d'autres méthodes de traitement qui tiennent également compte du désir des consommateurs de boire une eau agréable au goût et à l'odorat.

ZUSAMMENFASSUNG Verschiedene traditionelle Methoden der Teergewinnung aus Koniferenholz (Tunesien), ölhaltigen Samen, Knochen und sogar Pflanzenwanzen (Länder des Sahel: Sudan, Niger) sowie Teerbehandlungen für die Innen- und Außenseite verschiedener Gefäße zur Wasserspeicherung werden beschrieben. Die populäre Behauptung, daß Teere bakterien- und pilztötende Wirkungen haben, werden auf Grund von neuen Experimenten diskutiert. Koloquintensamenteer scheint diese Eigenschaften nicht zu besitzen. Gesundheitliche Gefahren bei Anwendung von Teeren betreffen die orale Toxizität und die Anwesenheit von karzinogenen Substanzen. Holzteere, die beim Destillieren in zwei "Fraktionen" erhalten werden (m'hal und arūs), scheinen weniger gefährlich zu sein als Teere, die aus Ersatzstoffen gewonnen werden. Die Autorin weist auf das besondere Risiko hin, dem professionelle Teerhersteller ausgesetzt sind und auf die Notwendigkeit, die Teerbehandlung von Wassergefäßen mit anderen Methoden zu ersetzten, ohne dabei außer Acht zu lassen, daß die Verbraucher ein Trinkwasser fordern, das nach ihrer Auffassung angenehm riecht und schmeckt.

ACKNOWLEDGEMENTS I wish to express my sincere gratitude to the numerous kind and generous informants who told me about tar uses and demonstrated their methods. Particular thanks I owe to the Commissioner of Khartoum Province, Qadi Talha Al Sadiq Talha from Abu Dilēq (Sudan), Marabout Resa from Timea (Niger), Eng. Ali

1. Introduction

The manufacture of wood tars seems to be one of the oldest chemo-technologies. There is evidence both from literature and from materials which were discovered at Saqqarah and analyzed by LAUER and ISKANDER, that different types of "cedar wood oils" were among the constituents of ancient Egyptian embalming fluids rubbed on the skin of mummies (LECA 1976). The vague term "tree oil" is applied to the initial watery acid distillate which appears during the destructive distillation of wood. It is known as Acetum pyrolignosum crudum (wood vinegar) or "Teergalle" (= tar-bile, PRECHTL 1852, LINDGREN 1918).

In classical Arab writings it is mentioned that tar not only preserves dead bodies from decomposition, but rubbed on the skin of man and animals it also repels and even kills lice and ticks and cures mangy camels and certain human skin diseases (KIRCHER 1967, SWISI 1975). These observations may account for the still current use of tars in the preparation of watercontaining hides and the regular daubing of water skins with tar. Tar is supposed to preserve the leather, to keep it smooth and to keep away undesirable vermin. The semi-nomadic Batahin in the Butana in the North-eastern part of Khartoum Province quote the following proverb:

"The horse must have the bridle,
Women must have the man,
Waterskins must have tar".

الحصان لا بدّ من اللجام
النساء لا بدّ من الرجل
الريى لا بدّ من القطران

Tar is also used for water containers made from other materials such as clay, wood and even coiled basketry. It is said of the mother of Moses that she put her child in a basket from bulrushes which she had daubed with "slime and tar" (Exodus II, 3). In this case the material is rendered water-tight.

The present paper, which is based on field work in the Sudan, Niger and Tunisia and some literature studies, is intended to serve as a background study providing detailed ethnographical data, critical comments on the claimed benefits of tar treatment and describing existing alternative methods. Samples of home-made tars collected in the three countries mentioned were in addition sent to Germany for experimental evaluation of carcinogenic polycyclic aromatic hydrocarbons. They were investigated chemically by Prof. Gernot Grimmer, Biochemical Institute of Environmental Carcinogens, Ahrensburg (cf. JAHN 1980 and GRIMMER forthcoming). Animal experiments with Sudanese coloquint tar conducted by Dr. Michael Habs (German Cancer Research Centre, Heidelberg) are still in progress.

Al Djebali, Director of the Rural Engineering Department in the Ministry of Agriculture in Tunis, the regional directors from Kasserine and Gafsa: Eng. Al Abidi Al Hilali and Eng. Boubaker Chouchane and the forestry officers Mr. Sassi Sehli (Kasserine) and Mr. Younis Al Djelali (Sbeitla) for valuable support of my field studies with transportation facilities, special licences and establishing of local contacts. In addition I gratefully acknowledge that several European institutions and colleagues kindly helped me in tracing comparative literature and in sending of photocopies: Pharmacological Unit of the Swedish Social Administration in Uppsala, Prof. Nils-Arvid Bringéus, Dept. of European Ethnology, University of Lund, Prof. Erika Hickel (Technical University, Braunschweig), Prof. D. Schmähl and Dr. Michael Habs (German Cancer Research Centre, Heidelberg). My sincere gratitude is also due to Mr. Abdallah Hussain Omar (Mechanical Drawings Office, University of Khartoum) for his valuable assistance in composing the technical drawings and their final outlay. The illustrations for tar manufacture in Scandinavia and Morocco have been re-drawn from the original publications. Finally I should like to thank the German Agency for Technical Cooperation (GTZ) for financing my mission to Niger and the preparation of the present paper.

2. Tar Manufacture

2.1 Raw materials

2.1.1 Wood: The most important materials for tar production in Tunisia are wood from resinous conifers: *Juniperus phoenicia* L. (*ʿarʿār*) and *Pinus halepensis* Mill. (*znūber*). The use of *Juniperus oxycedrus* L. is officially prohibited because this species has become scarce. The manufacture of wood tar and the number of trees which can be cut by a single tar producer for this purpose (at present 40 m^3 wood per annum) are restricted by a licence issued by the Forestry Authorities. However strict control of this trade in the vast mountainous areas of Kasserine and Gafsa Province is not always easy.

Juniperus phoenicia was called κεδρος (kedros) by the ancient Greeks and some entymologists maintain that the Arabic name for tar *qiṭrān* is a derivation from the name of the tree. Juniper tar is also the most highly valued raw material for Moroccan wood tar. The available species are *Juniperis oxycedrus* L. and *Juniperus communis* L., both known as *taga*. Besides light, fluid types of tar, the so-called *gatrane er-rekik* are obtained from the cedars of the Atlas mountains (*Cedrus atlantica* Man., syn.: *Cedrus Libani* Barrel, in Arabic, *arz* or *erz* and *Pinus halepensis* Mill., the Aleppo pine. A heavier type of tar, known as *gatrane er-relid* is made by combustion of wood from Thuja cedars (*Thuja* sp. NAUROY 1954).

According to Tunisian experience, the output of tar in relation to the amount of wood used for distillation is greater for pine trees than for juniper, but the quality of the latter is much better as reflected in the difference in price (juniper tar: 5 Dinars per liter, pine tar: 0,5 - 1 Dinar per liter in 1981, if purchased directly from the producer).

In Southern Tunisia the Marazig Arabs in the area of Douz are in fact well acquainted with the superior quality of juniper tar, but as the tree is not available in their region they have found traditional substitutes for their own production in certain desert shrubs, such as *Retama retam* Webb (*retam*), *Calligonum comosum* L'Her (*arta*) and *Calligonum azel* Maire (*azel*). Retam belongs to the family of *Papilionaceae* and the other two shrubs to the *Polygonaceae*.

Wood tars from the Maghrebian countries reach as far as the markets of Senegal and Mali (JAHN 1981). Nomads from Mauretania who were not able to procure Moroccan juniper tar were found to use wood from *Boscia senegalensis* Lam., belonging to the *Capparidaceae*, as a substitute (LERICHE 1953). In the Eastern Sudan tribesmen of the Shukriya extract their tar from the wood of another tree from the same family: *Capparis decidua* (Forssk.) Edgew. (*ṭundub*) which is abundant in their area. In addition they also make tar from *Acacia mellifera* (VAHL) Benth known as *kitir* (Dirar, Pers. Comm.).

2.1.2 Oil-containing seeds: Among the nomadic Arabized tribes of the Northern and Central Sudan, seeds from *Citrullus colocynthis* Schrad. (*habb al hanḍal*) are considered to be the most suitable material for tar manufacture. In the Blue Nile Province, Kordofan or Darfur, where coloquint seeds are rare or not available at all, tars of inferior quality are produced from the seeds of:
- melons (*habb al batikh or habb al bukhsa*) // - sesame (*simsim*) //
- cotton (*ghulghul*) // - endosperm of kernels from *Balanites aegyptiaca* (L.) Del. (*damlūdj al lalōb*).

This list is given in order of decreasing quality, according to Sudanese experience. Coloquint tar is much cheaper than the Maghrebian juniper tar. In 1979 the price was 0.5 - 0.6 L.S. per liter if bought from the producer in Abu Dilēq (Khartoum Province). On account of varying costs of transport, the price in other local markets can differ considerably.

The Tuaregs of the Ayr mountains in Niger prepare their tar also from the seeds of *Citrullus colocynthis* (in Tamacheq: *tagellat*) and in addition from seeds of *Ricinus comunis* L. (*foeni*). Even from Mauretania the manufacture of coloquint tar by nomads has been reported (CURASSON 1920).

2.1.3 Animal materials: In the markets of Omdurman, Tambul or other small provincial towns the cheapest tar is a variety made from the bones of slaughtered animals, with bone chips usually being taken from the long bones of the legs. The bedouins despise this type of tar, which may have been invented by the sedentary population. Certain dealers are accused of mixing authentic coloquint tar with bone tar in order to make higher profits. Nomads from the poor remote areas between the Rahad and the Blue Nile have until recently utilized a type of pentatomid bug, known in vernacular Arabic as *andat* (*Agonoscelis pubescens*) to manufacture tar. These bugs accumulate a store of body fat for their aestivation period during the dry season, when they are found in big clusters on certain trees and can be shaken off easily.

2.2 Methods of construction of different types of distillation sets

2.2.1 Equipment for manufacture at household level (Fig. 1): The usual container for the raw materials which are to undergo destructive distillation is a jar of burnt clay. In the Sudan these jars are called *murkāb* and are specially made for this purpose. They are smaller than ordinary water jars and provided with a narrow neck. The average capacity amounts to 1 1/2 malwa, which corresponds to about 6 liters. The mouth opening has four holes through which two tiny wooden sticks (*masalla*) crossing each other are inserted. The body of the vessel is tighly packed with seeds or other raw material up to the lower end of the neck. The neck itself contains a filter consisting of spongy plant material (*līf*) from *Luffa aegyptiaca* or date palms. If this is not available some sacking soaked in water can be used as a substitute.

The Tuaregs in Timea (Ayr mountains) have also specially made clay jars (*atekin*) or they take small water jars (*tin*) of 5 - 7 liter capacity which are covered with a suitable potsherd with a hole in the middle or a perforated old deep enamel plate. Clay jars for the production of home-made wood tars were even known in rural Russia in the Province of Perm (ALTHIN 1923). In Northern Sweden and Finnland the peasants worked with iron cauldrons (ALTHIN 1923, KEYLAND 1925).

These clay pots or cauldrons are placed upside down and partially buried in the ground or put on a suitable stone base. Combustion of the organic matter inside is accomplished by low temperature firing on top of the containers. The fuel consists of animal dung or brush wood. The gases arising are allowed to pass through a narrow channel such as an iron tube, simple brick constructions or stone grooves where they cool and condense. In the open distillation systems, as for example the Sudan-Arab *khandaq* (=groove) system, the tar is caught drop-wise in a collecting vessel. For this reason the Sudanese maintain that the term for tar *quṭrān* is derived from *qiṭra* which means drop. The Tuaregs work with a closed system in which the seed

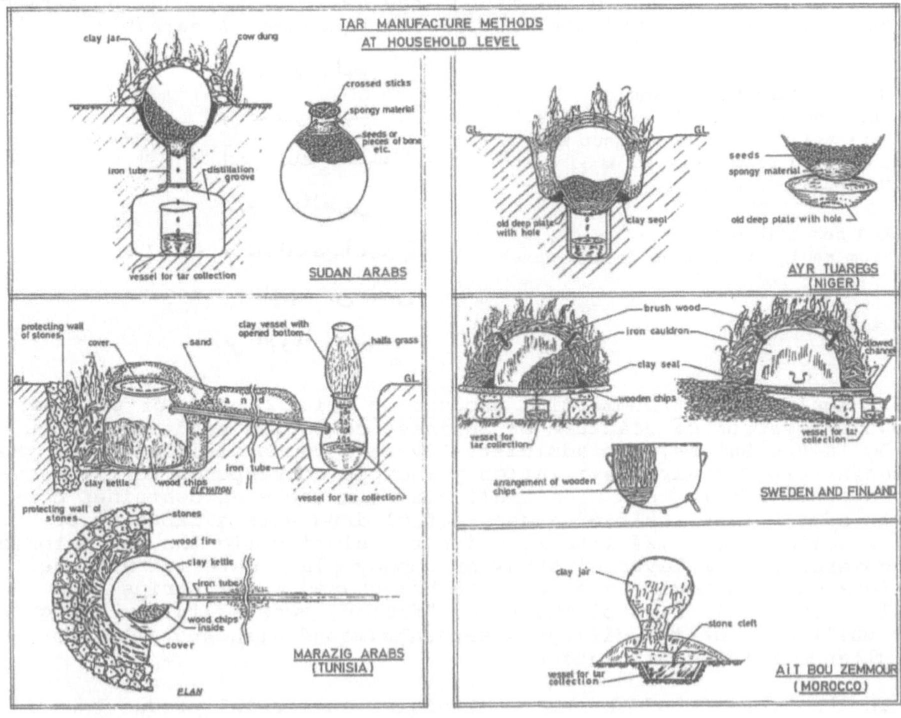

Fig. 1

container and the tar collecting vessel are directly attached to each other and tar formation can therefore not be observed. A more primitive set-up of this type was found in use among a Moroccan berber tribe, the Ait Bou Zemmour. A clay jar was put on a sloping triangular stone plate which also covered half of the iron vessel for tar collection. The other half of the collecting vessel was covered by a second stone, leaving a narrow gap bettwen them. The whole arrangement was buried in the ground except for the bottom part of the clay jar (COURSIMAULT 1921). In all cases it is very important to prevent the combustible gaseous reaction products from catching fire, because this would spoil the entire yield. Therefore the outlet requires good insulation and in certain cases tight clay seals. The distillation principle of the Marazig bedouins in Southern Tunisia is different. The container for the wood chips consists of an earthen or metal kettle (*nahās*) closed with a sealed cover and buried under a layer of sand. Heat is applied only from one side surrounding the container in a semi-circle. A stone wall is erected which prevents the desert winds or the sand from extinguishing the fire. Opposite to the heating zone an iron tube (*halqūm*) passes from a lateral opening in the kettle to an opening in the vase-like tar collector (mahbas). To facilitate condensation of the gases the cooling process is enhanced by a so-called *kaskās*. This is a similar shaped clay vessel which however is bottomless and filled with halfa grass. The air has access to the upper end. The two vessels are attached to each other with a tight seal made from wrappings of home-made string and fresh clay.

If the halfa grass is soaked with condensate, people call it "transpiration of the halfa". One of the most famous poets of the Douz region, Omar Bin Mohammed al Arab of the Awlad Selma, made up a riddle about the traditional tar distillation (*madjba al qeṭrān*):

We will sing you a riddle And riddles are full of wonders. Mark well, a female without spouse Conceived from chips of wood Wrapped in a blaze of fire. And her milk differs From region to region in an astonishing fashion.	نغنى لك بالنص و النصان عجيب انثى عليك اتغيب تلقح من العرص و تعطف من اللهيب و حليبها من النس فى الاوطان عجيب

2.2.2 Equipment for commercial production (Fig. 2): One of the best-known places for manufacture of Sudanese coloquint seed tar is Abu Dilēq in the Butana, the administrative and commercial centre of the Batahīn tribe. Their distillation principle corresponds to the *khandaq*-system, but instead of a small clay jar the seed container consists of the lower half of a used petrol drum with a capacity of 7 1/2 keila (about 124 liter). Under the sloping lid the raw material is covered with a layer of straw or spongy plant material and the perforated iron cover is fixed with bow-shaped metal strips and sealed with clay. Each of the three "factory owners" in Abu Dilēq has built outside the village a separate mound with 4-5 sites for simultaneous tar distillation.

In the Province of Kasserine (Tunisia) commercial production of wood tar is carried out for example in the mountains of Umm Djoudour (= site with many tree-trunks) close to Sbiba and in the forests of Wad Rashāh close to Thala. In Gafsa Province tar is made in the region of Bou Amrān. The dry distillation of wood takes place in simple charcoal kilns. The containers for the 5 - 20 cm-long wood chips may be a big clay jar or a petrol drum which can accomodate ca. 0.3 m^3 wood. Heating is provided from two lateral sites (*kūsha* or *beit al nār*). The gases pass through a pipe or hollowed out channel (*madjra al quṭrān*) and condense underground in a cemented groove. This can be either provided with a special tar-collecting vessel or serve directly as a "tar cistern". To prevent destructive forest fires the Tunisian government has fixed the period for tar manufacture from October to April. During this time the wood also has a lower water content which is advantageous for tar production. In the Sudan seed tars are manufactured without any government restrictions all the year round according to the demands of the market.

2.3 Tar fractions and yield

The chemotechnology of the dry distillation of wood has been studied in detail. Apart from the type of raw material, the temperature during firing is an important parameter. Heating of wood below 400°C results in a reaction which can be roughly described as (cf. ULLMANN 1919):

wood → wood-charcoal + H_2O (vapour) + CO_2 + CO + acetic acid + methanol + tar

The chemical composition of the tar depends on the type of wood and its resin content. The principal constituents of pine tar are for example: turpentine, resin, guaiacol, creosol, methylcreosol, phenol,

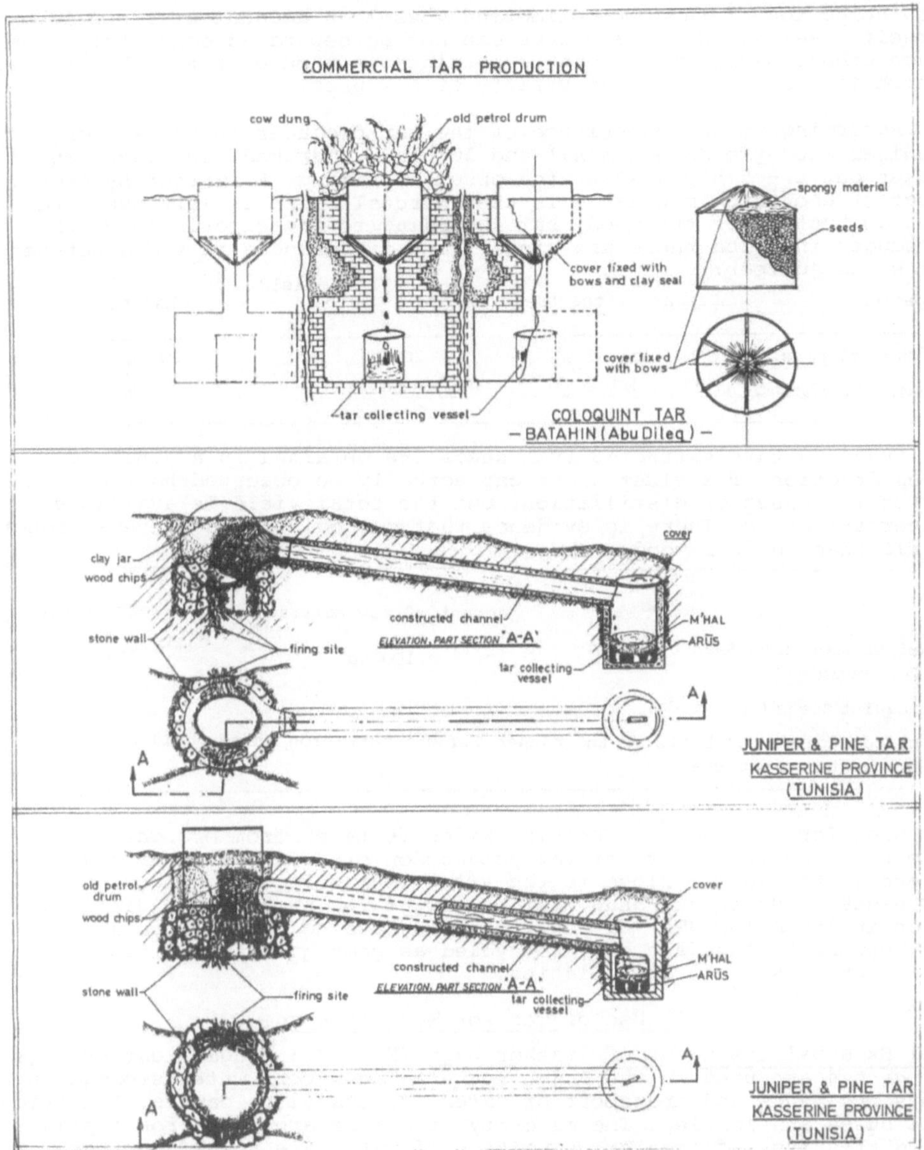

Fig. 2

phlorol, toulene, xylene and other hydrocarbons (Merck Index 1976). The first distillate obtained in the process of traditional manufacture in Tunisia is called *m'hal*. It is a watery, light-brown fraction corresponding to the "wood vinegar" (cf. introduction) and containing mainly acetic acid, acetone, volatile fatty acids, phenoles and creosote (cf. LINDGREN 1918). However, for the Tunisians *m'hal* is not a by-product but a "diluted tar". The dark-brown viscous second fraction representing the actual tar is called *arūs*. It sinks to the bottom of the tar-collecting vessel on account of its heigher specific weight. *M'hal* and *arūs* can not be separated completely from each other. Usually *arūs* can be obtained in a purer state than *m'hal*, which is traded in a great variety of mixtures.

According to the experience of the tar producer in Rashāh, dry juniper wood yields 50% *m'hal* and 50% *arūs*. Tar made on order can be taken out 4 - 5 hours after the onset of firing. A further by-product of economic importance is the charcoal which is left over from the combustion of the wood, but according to the experience of the producer in Sbiba there are significant differences in yield between pine and juniper:

Species	Height of the tree	Yield tar	charcoal
Pinus halepensis	ca. 3 m	20 l	10 kg
Juniperus phoenicia	ca. 5 m	30-40 l	30 kg

Sudanese tars extracted from seeds are obtained in a single viscous fraction. The first drops can actually be observed half an hour after the onset of distillation, but the total yield is available after 4-5 hours. There is evidence that coloquint seeds give a higher yield than juniper wood:

	Amount of raw material+	Yield of tar
Juniper wood (Bou Saad close to Bou Amrān)	100 kg	12 l
Coloquint **seeds** (Abu Dilēq)	100 l	13,5 l

+ calculated on the basis of the rather vague information which could be given by the tar producers

Wood for heating the Tunisian kilns is taken from branches or roots of the trees cut for tar production or from any other dead trees in the forest close to the site. To manufacture coloquint tar 12 sacks of dried cow dung must be bought for each single distillation in Abu Dilēq. The carbonized seeds have no economic impact as a by-product. They are only re-cycled as poor quality additional fuel for subsequent distillation.

3. Use of Tar for Water Storage

3.1 External treatment of leather bags (Fig. 3): Single leather bags or *qirbas* are used in the Sudan for drawing water, water storage in huts and tents and transport of water for travel on camels, traditional buses and lorries. The majority of *qirbas* are made from depilated goat-skins. If greater quantities of water are needed for the large number of people who attend marriages or mourning parties or for long journeys, hides are also taken from oxen or camels. Professional water vendors use double bags of leather which can be loaded on a donkey (*khurg*). In Kordofan and Darfur the removal of water from stores in baobab trees is carried out with bag-like buckets called *delu*. A further small water container for travelling religious men is known as *rakwa*. It contains the water needed for the ablutions before prayer and may also be used as a small supply of drinking water. Tar is only rubbed on the outside of these vessels. Apart from the preservation of the leather the tar also closes the pores of the animal skins and thus minimizes loss of precious water. At the same

Fig. 3

time this treatment does however, impair the cooling properties of the container. The frequency of external tar treatments varies between once per week to once every two months. The tar is either used alone or mixed with equal parts of oil. Water from leather bags which have been daubed with tar still has a very strong tar taste for 3-5 days, then the taste becomes weaker but may be still perceived by those who are not used to drinking from such containers.

3.2 Tar as a tanning agent for water skins: The traditional water skin in mountainous areas of Kasserine and Gafsa Province is a non-depilated goat skin (*shamma*) which serves for drawing water and as a storage vessel. Its preparation as a water container is the task of the women. The fresh skin is closed like a bag and filled with 1 kg salt (NaCl) which is distributed evenly by means of light beating from outside and left folded up in a basket for two to three weeks. Without rinsing, the skin is then filled with a mixture of 2 parts *m'hal* and 1 part *arūs*. Juniper tar is preferred because it has an agreeable smell and therefore gives the water a pleasant taste. Care is taken to ensure that the tar reaches all corners of the inside and therefore the bag is pressed several times from different directions. The tightly filled skin is left in this state for a further two weeks. Then the tar is poured out and after rinsing with water the water skin is ready for use. The same tar can be re-used to treat up to five other skins (Wad Rashāh).

<u>3.3. Tar for after-treatment following tanning</u>: According to another method the salt rubbed on the inside of a *shamma* is mixed with vegetal tanning agents, such as powdered pine bark or powdered juniper leaves. After 7-10 days the skin is filled first with *arūs*, then *m'hal*. Each tar fraction is left there for 3-4 days. Then the leather bag is thoroughly rinsed with water, but still not used until a further repetition of the *m'hal* treatment for another three days has been carried out (Forestry Office, Kasserine).

In the oases of the Djerid in Southern Tunisia, drawers for well water and domestic water storage vessels are made from depilated hides (*smāt*). In Daqash the salt applied to both sides of the fresh skin also facilitates depilation. Tanning is then carried out by a rather time-consuming process applying extracts from juniper leaves and bark. When this is completed the dry hides are rubbed both inside and outside with a mixture of 2 parts *m'hal* and one part *arūs* and left in this state for 3-4 days in an old broken clay jar used specifically for this treatment. The outside is then polished with palm ashes and the inside rinsed three or four times with water. Water stored in such a vessel has a very strong smell and taste of tar for 6-7 days, but this is subsequently hardly noticed by people accustomed to drinking from water skins. The tar treatment is often repeated every 6-8 months. The water skin is then either brought back to the elderly woman who first did the tanning or the "refreshing" is done at home. Water skins of this type are said to last for more than five years if well looked after. The Tuaregs in the Ayr mountains tan their small hairy goatskins from the inside with an extract from Acacia pods without further application of tar. However, big bucket-like water containers with a capacity of more than 15 liters which are used to raise water for irrigation or as large-scale drawers for well water are depilated, tanned and left for several days in coloquint or ricinus tar, called in Tamacheq *bekimei* (=black oil).

<u>3.4 Tar for baobab water stores</u>: Tars have been widely used in different parts of the world for the preservation and tightening of wood exposed to water, such as wooden fishing boats and even war ships. Thus it is not surprising that African tars are also utilized for wooden water containers. The German traveller, Gustav Nachtigal, observed more than 100 years ago how baobab trees (*Adansonia digitata*) in Darfur were hollowed out for water storage and mentioned that: "As soon as the chips are removed, the whole inner surface is tarred and the well is ready..." (FISHER and FISHER 1971). In Dar Hamar (Kordofan) the treating of the complete reservoir with tar has been abandoned, but tar is still used for annual repairs. To prevent loss of the scarce and precious water, the slightest damage in the wall due to softening or rotting of the wood needs to be repaired. Fresh pieces of wood are carved to patch over the damaged areas and tar is applied to stop further decomposition.

<u>3.5 Tar for clay jars, water baskets, and direct admixture with water</u>: Some town dwellers in Southern Tunisia make an interesting compromise between their present social status and their childhood experiences in huts and tents. The refrigerator may be used to store their milk and soft drinks, but drinking water - even if it comes from the tap - is kept in a traditional water skin, where it does not become too cold and acquires the pleasant "tar taste". Another alternative is the still widespread habit of rubbing the mouth of the amphora-like earthen water jars, known as *gullas* (capacity 10-15 l) with tar, which is then gradually washed down into the water. This tar usually consists of a mixture of *m'hal* and *arūs*. Tar for

this purpose is even sold in the traditional markets of the capital, such as Souk al Maharez in Tunis. The customer has to bring a suitable bottle or the tar is poured into miniature clay mugs, 9-10 cm in hight, which are sold in the same market quarter.

Similar tar treatment of earthen water storage vessels has been observed in Morocco (VOSSEN, Pers. Comm 1981). Tar was also rubbed on flat drinking cups of clay used to serve water to bigger groups of people and poured again and again in the same bowl (QUEDENFELD 1887). Before the advent of cheap plastic goods, goblets were plaited from palm leaves (*sāf*) in the oasis of Nefta (Tunisia) and the neighbouring Algerian Wad Souf. They were also rubbed with tar to make them water-tight and people enjoyed to drink water from them. The experience that basketry is rendered water-tight by closeness of texture and tar treatment was not only made in Africa, but has been also utilized by the American Aborigines. The Paiute Indians in Southern Utah, the Apache of the White Mountain district in Arizona and the Panamint Indians of Southeastern California manufactured even jar-like water storage baskets and used tars extracted from local Pinus species to make them impervious to water (MASON 1902).

In Tunisia tarring of jars for drinking water is done more frequently in summer, in some families as often as once per week. For some people this is just a "tradition" while others claim that the tar "is good for health" because it "kills germs". There is also the belief that its smell repels snakes, scorpions and even evil spirits. Besides this, in Daqash, close to Touzeur, tar is added to water which is sprinkled on the ground of the compound, the unpaved floor of the house and the walls of the house in order to keep away invasions of insects during summer. If this is not effective, pure *arūs* is poured along the entire periphery of the compound. This custom is also known in Sbiba. Both in the Sudan and in the Maghrebian countries certain people have developed a great liking for the flavour which water is given by any contact with tar. The preference for "eau de goudron" (= tar water) as "flavoured drinking water" has spread from Morocco as far as Southern France (QUEDENFELD 1887) and to trans-saharian countries. Dealers in Dakar recommend two drops of juniper tar per one liter of water for direct admixture (JAHN 1981).

4. Assessment of the Impact of Tar on Water Quality

4.1 Comments on claimed benefits of use of tar

4.1.1 Preservation of the leather of the water skins: Among ethnic groups who are traditionally accustomed to drinking water from leather containers the opinion that tar cannot be replaced by anything else is predominant. In the Sudan however, semi-nomads who cultivate sesame on rain-fed lands admit that mixtures of tar and sesame oil in proportions of 2: 1 or 1: 1 are better for the leather than tar alone, which eventually "may burn it". As they do not have to buy the oil they have no objection to using it. Some women of the Batahīn have also discovered that a mixture of sesame oil (4 parts) and wax from wild bees (1 part) is not only beneficial for their long black hair, but can also soften leather very efficiently. Thus tar is not absolutely essential in order to increase the durability of leather bags. Yet this method is not as yet an accepted substitute for tar treatment. If tar is occasionally not available, some women of the Marazig Arabs in the Douz area pour half-a-liter of olive oil into water skins which they have newly tanned with the powdered bark of the pomegranate tree. The oil is left inside for

4 days, after which the water skin is ready for use. Both methods are considered to be satisfactory as far as leather preservation is concerned, however, there are at the same time objections to the "missing tar flavour" or the very unpleasant bitter taste of the stored water in the second case.

4.1.2 Germicide properties of African tars: According to the studies of Maruzella and collaborators, tar made from *Juniperus oxycedrus* showed both alone and mixed with equal parts of olive oil some in vitro antibacterial activity against *Micrococcus citreus, Bacillus brevis* and *Micrococcus pyogenes*, but not against *Salmonella typhosa* and *Proteus morgani*. It also exhibited in vitro antifungal activity against 13 out of 15 fungi tested (OPDYKE 1975). Pine tar obtained from *Pinus palustris* and other species of Pinus and its by-product "pine oil" are commercially used as antiseptics in chronic skin diseases and as disinfectants (Merck Index 1976).

Some direct experiments on the possible bactericide effect of "tar waters" prepared from *m'hal* and *arūs* of *Pinus halepensis* and *Juniperus phoenicia* were carried out in the Departments of Organic Chemistry and Hygiene of the University of Heidelberg (TAUSCHER and FINK, Pers. Comm.). The samples were collected from tar producers in Kasserine Province during my field studies in 1981. Suspensions of 2,10 and 20 drops of the test material were prepared with the aid of ultra sound. The tar waters were then artificially contaminated with *Staphylococcus aureus, Streptococcus faecalis, Salmonella enteritidis, Escherichia coli* and *Pseudomonas aeruginosa* and incubated at 30°C. The initial reduction of germs after 8 hours was of a similar magnitude as in the control water samples. At a second reading after 24 hours (plate count procedure according to Koch) regrowth of germs had not only taken place in ordinary water but to the same extent in the tar waters.

Previous preliminary studies on the possible antimicrobial effects of Sudanese coloquint tar which were carried out in 1979 by Wolters and Eilert in the Institute of Pharmaceutical Biology, Braunschweig, failed also to reveal any activity (NAHRSTEDT, Pers. Comm.). In the petri plate diffusion assay the coloquint tar was dissolved in methanol/chloroform (1:1) in dilutions of 1: 1000, 1: 10 000 and 1: 100 000. Amounts of 0,2 ml solution were applied to test strips of filter paper, left to dry and afterwards inserted into the agar. With a dilution of 1: 1000 the resulting tar concentration was for example 200 µg tar per 2.25 cm^2 area. None of the chosen test organisms, consisting of :1 - phytopathogenic fungi (*Botrytis allii, Fusarium bulbigenum* and *F. lycopersici*), 2 - mould fungi (*Penicillium exparnum, Aspergillus orycae*), 3 - wood-destroying fungi (*Coniophora cerebella, Polyporus versicolor*), 4 - yeasts (*Saccharomyces carlsbergensis, Candida renkaufii*) and 5 - bacteriae (*Bacillus subtilis, Staphylococcus aureus, Serratia marcescens*) were inhibited in growth. Nor did the coloquint tar in a dilution of 1: 100 affect the growth of three fungi (*Polyporus versicolor, Coniophora cerebella, Phytophthora cactorum* which were investigated by the disk test.

4.2 Potential health hazards

4.2.1 Toxicological data on juniper tar: The acute oral lethal concentration for 50 per cent of the test animals dying within 24 or 48 hours (LC_{50}) for juniper tar given to rats exceeds 5g/kg body weight. For this reason in 1974 the Council of Europe probably included the so-called "cade oil" (tar prepared from *Juniperus oxycedrus*) in the list of flavouring substances temporarily admitted for use. In man, juniper tar can have slight local activity as an allergen (OPDYKE 1975). The lesions may vary from ordinary dermatitis to a diffuse type characterized by thickening, redness, burning and itching (GREENBERG and LESTER 1954).

4.2.2 Presence of carcinogenic polycyclic aromatic hydrocarbons: Among the raw materials for Japanese tar-containing skin drugs are pine wood and soyabeans from which the oil has been extracted. Both types of tar were found to contain polycyclic aromatic hydrocarbons known to induce tumours. "Glyteer" from soyabeans had an average benzo(a)pyrene content of 129 and pine tar a content of onyl 48 µg/10g. The results of subsequent animal experiments compared well with the chemical findings. The first skin tumours developed in the Glyteer group, appearing 24 weeks after the onset of treatment and not until after 33 weeks were the first tumors noticed in the pine tar group. The percentage of carcinomas after Glyteer was almost seven times higher than after the wood tar (HIROHATA et al. 1973). Similar carcinogenic substances have been identified in the African wood and seed tars as already mentioned in the introduction. The seed tars compare with the viscous fraction *arūs*, whereas *m'hal* has only low concentrations of polycyclic aromatic hydrocarbons. Studies on their accumulation in water exposed directly to tars or to tar-treated hides are still in progress.

5. Conclusions

In their quest for *tar*, nomadic tribes in the South of the Maghrebian countries and in the Sahel Zone have attempted to produce substitutes of the classic *conifer* tars from locally available woods, different types of seeds, bones and even bugs. They were only able to judge tar quality in terms of consistency and colour and even became accustomed to less pleasant smells than the really fragrant odour of the North African *juniper* tar, which people in the Sudan for example do not even know from personal experience. The principle of tar manufacture in their simplest and more sophisticated set-ups corresponds to a dry distillation but there are no comparable heating conditions. This means that in such a temperatur-sensitive reaction process as this incomplete combustion, the preconditions for the formation of chemical substances can vary considerably. Therefore tars will not only differ with respect to the type of raw material and its individual fluctuation in seasonal quality but also on account of the different reaction temperatures and their time course. The African tar producers, who are either illiterate or only basically educated can not be expected to realize these problems. According to their opinion any tar is considered to be a substitute for all the uses they know of for high-quality varieties. As mentioned before, one of the strong beliefs is that every tar is a germicide. Scientific confirmation has been given that tar from a specific juniper species has antimicrobial effects mainly as a *fungicide*. Yet *coloquint* tar seems to lack these properties and available results of experiments with tar waters prepared from Tunisian wood tars showed that even water with an admixture of *arūs* from juniper tar was of little use as far as some of the most common pathogens of hygienic importance are concerned. Besides it is not sure whether the mentioned tar substitutes have similar low oral toxicity as juniper tar.

On the other hand all tars represent oncogenic hazards, because they do contain *carcinogenic substances*. In this context the handling of a seed tar like the coloquint tar involves greater potential danger than wood tars because it is only used in a single concentrated fraction. Until further experimental data on the carcinogenic properties of African tars and the actual tar contamination of water kept in tar-treated containers are available (GRIMMER, HABS and JAHN forthcoming), it might be valuable if the health authorities in the concerned countries could arrange for clinical examinations of professional tar producers and tanners who work with tar for aftertreatment. At the same time facilities should be provided for detailed research on less harzardous methods for the preservation of traditional water skins. However, such methods must not only be feasible from a technical and economic point of view. The chances of their being accepted will be poor, unless particular consideration is also given to satisfy the users' desire for an agreeable smell and taste of the water from traditional containers.

REFERENCES

ALTHIN, Torsten (1923): Tjärbränning i gryta. In: *Några tjärbränningsmetoder i Västra Sverige.* Stockholm: Fataburen, 91-92.

COURSIMAULT (Capitaine) (1921): Note sur l'extraction du goudron liquide du bois d'A'rar (Thuya) chez les Ait Bou-Zemmoûr du Sud. *Hesperis* 1, 223-224.

CURASSON, Georges M. (192o): *Hygiène & Maladies du Dromedaire en Afrique Occidentale Française.* Gorêe, Imprimerie du gouvernement gênéral, Dakar.

DIRAR, Hamid: (Faculty of Agriculture, University of Khartoum): Personal Communication.

FISHER, A.G.G. and H.J. FISHER (1971): (Translators and Editors): *Gustav Nachtigal: Sahara und Sudan* 1879-1881. London.

GREENBERG, L.A. and LESTER D. (1954): *Handbook of cosmetic materials.* New York: Interscience Publishers.

HIROHATA, T., MASUDA, Y., HORIE, A. and KURATSUNE, M. (1973): Carcinogenicity of tar-containing skin drugs: animal experiment and chemical analysis. *Gann* 64, 323-33o.

JAHN, Samia Al Azharia (198o): Traditional practices of handling drinking water in tropical developing countries. Boon or hazard for new rural water supply projects. *Aqua No. 9/1o,* 14-15.

Ibid. (1981): *Traditional Water Purification in Tropical Developing Countries. Existing Methods and potential Application* (manual) German Agency for Technical Cooperation (SR 117), Eschborn.

KEYLAND, Nils (1925): Tjärbränning i tackjärnsgryta. In: *Några olika sätt att bränna tjära.* Stockholm: Fataburen, 19-24.

KIRCHER, Gisela (1967): *Die einfachen Heilmittel aus dem Handbuch der Chirurgie des Ibn al Quff.* Phil. Diss. University of Bonn.

LECA, Ange-Pierre (1976): *Les momies.* Librairie Hachette (France).

LERICHE, A. (1953): Phytothêrapie maure. De quelques plantes et produits végêtaux utilisés en thérapeutique. In: *Melanges Ethnologiques, Mémoires de Institut Français d'Afrique Noire* no. 23, Dakar, 267-3o6.

LINDGREN, John (1918): *Läkemedelsnamn. Ordförklaring och historik.* Lund.

MASON, Otis Tufton (19o2): Aboriginal American Basketry. In:*Report of National Museum,* Washington. Materials 197ff., Basket making 214 ff.

MERCK-INDEX (1976): *An Encyclopedia of Chemicals and Drugs,* 9th Edition, Rahway, USA: Merck & Co.

NAHRSTEDT, A. (Technical University, Braunschweig) (1979): unpublished data, Personal Communication.

NAUROY, Jacques (1954): *Contribution à l'étude de la pharmcopée marocaine traditionelle.* Thès. Pharm. Paris.

OPDYKE, D.L.J. (1975): Monographs on Fragrance Raw Materials, in:*Food and Cosmetics Toxicology* 13 (Suppl.) Special Issue II (cf. p. 733)

PRECHTL, Joh. Jos. R. von (1852): *Technologische Encyclopädie der Technologie der technischen Chemie und des Maschinenwesens.* vol. 18, Stuttgart.

QUEDENFELDT, M. (1887): Nahrungs-, Reiz- und kosmetische Mittel bei den Marokkanern. *Zeitschrift für Ethnologie* 19, 241-285.

SWISI, Mohammed (1975): Prescriptions of Ibn Sina (Avicenna) - With annotations of the author. *Islamic Studies Series* No. 3. University of Tunis.(In Arabic)

TAUSCHER, Bernhard and FINK, A. (Department of Organic Chemistry, University of Heidelberg) (1981): Unpublished data, Personal Communication.

ULLMANN, Fritz (1919): Holzteer und Holzverkohlung. In: *Enzyklopädie der technischen Chemie.* Berlin/Wien, Bd. IV, 438 -46o.

VOSSEN, Rüdiger (Hamburgisches Museum für Völkerkunde) (1981): Unpublished data on pottery studies in Morocco, Personal Communication.

VI.
Regionale ethnobotanische Übersichten
Regional ethnobotanical overviews

Wochendmarkt in Bangkok (Foto-Ketusinh)

Friedr. Vieweg & Sohn Verlag, Braunschweig/Wiesbaden

Sonderband 3/85, 370–382 Ethnobotanik 

Thailändische Arzneimittelpflanzen - eine Literaturübersicht

Hans Becker/Supa Chavadej

Jedes Mal, wenn ein Greis stirbt,
verschwindet eine Bibliothek.
L. Girre (1980)

ZUSAMMENFASSUNG Es wird eine Literaturübersicht (Stand 1980) über die bisher erfolgte Bearbeitung thailändischer Arzneipflanzen gegeben. Die entsprechenden Pflanzen werden unter den alphabetisch geordneten Pflanzenfamilien aufgeführt.*

SUMMARY A literature review of Thai medicinal plants (up to 1980) is given. The plants are listed within their respective plant family.

RESUME Une revue de littêrature des plantes mêdecinales en Thailand (jusqu'à 1980) est donnée. Les plantes sont mentioneés dans ses familles botaniques.

Der eingangs zitierte Satz läßt sich gut auf die Situation auf dem Arzneipflanzensektor übertragen, insbesondere bei solchen Völkern, wo die mündliche Überlieferung des Erfahrungsgutes überwiegt und wo die schriftliche Fixierung gering ist. Durch das Vordringen westlicher Medizin und der damit verbundenen stark und rasch wirkenden Medikamente geraten traditionelle Heilverfahren und mit ihnen die Behandlung durch Arzneipflanzen in den Hintergrund. Glücklicherweise erfolgt in den letzten Jahren, nicht nur in den sogenannten Entwicklungsländern, aus mehrfacher Hinsicht eine Rückbesinnung. Gründe hierfür sind z.B. die Erkenntnis,

- daß mit modernen Arzneimitteln häufig eine rasche symptomatische Wirkung aber keine Heilung zu erzielen ist,
- daß die Arzneimittel nicht nur beabsichtigte Wirkung, sondern auch z.T. gravierende Nebenwirkungen haben,
- daß die Behandlung für den Patienten zu teuer und wegen der Devisenabhängigkeit auch für die entsprechenden Länder schwer zu finanzieren ist,
- daß die Umstellung von der traditionellen zur modernen Medizin weitgehend nur in den Städten aber nicht auf dem flachen Land erfolgt.

Hinzu kommt das Arzt-Patienten-Verhältnis, das sich beim Übergang von der traditionellen zur modernen Medizin auch verändert. Über die Aspekte der Interaktion zwischen Ärzten und Patienten in Thailand berichtet eingehend HINDERLING (1972). Diesem Bericht ist zu entnehmen, daß die traditionellen Ärzte (*môô booran*) oft erhebliche Kenntnisse von Pflanzen und Drogen haben. Zur Heilung werden vorwiegend Kräuter und Drogen verwendet, deren Präparation und Geschmack eine Rolle spielen.

* Nach Auskunft durch den Autor (5.3.85) sind seither keine wesentlichen weiteren Arbeiten zum Thema erschienen, der Herausgeber.

Friedr. Vieweg & Sohn Verlag, Braunschweig/Wiesbaden

"Chinesische"-Apotheke in Bangkok. Es werden überwiegend Arzneipflanzen und deren Zubereitung angeboten. Einen großen Anteil der Pflanzen machen chinesiche Importe (meist über Hongkong) aus. Foto: Prof. Ketusinh/Bangkok).

Selbst moderne Ärzte verwenden nach diesem Bericht gelegentlich Kräuter. Der Anteil der traditionellen Medizin geht auch aus einer 1969 erschienenen Untersuchung (WAKE et al. 1969) über die pharmazeutische Industrie in Thailand hervor. Danach produzierten von 1066 registrierten Firmen nur 134 "moderne" Arzneimittel, während der Rest (fast 90%!) traditionelle Arzneimittel herstellt. HINDERLING (S. 21), der vorwiegend die soziologischen Aspekte untersucht hat, schreibt: "Um auf die Einzelheiten der Heilungstechniken einzugehen, wäre eine umfangreiche Abhandlung erforderlich, die aufzeigen müßte, welche botanischen Spezies die *móó booran* anwenden und welches ihre pharmakologischen Bestandteile und die therapeutische Wirkung sind ... . Das Thema sei hier also lediglich aufgezeigt und als Anregung an Botaniker, Pharmakologen und Mediziner weitergegeben; insbesondere wäre es wohl eine Aufgabe für die thailändischen Naturwissenschaftler und Mediziner selbst". Nach KETUSINH (1980) erfolgten die ersten wissenschaftlichen Untersuchungen über die Zusammensetzung und Wirkung thailändischer Arzneipflanzen 1938. Ohne auf die historische Entwicklung einzugehen, soll im Folgenden versucht werden, darzustellen, inwieweit inzwischen eine Bestandsaufnahme und neuere Untersuchungen erfolgt sind.

Zahlreiche Aktivitäten wurden durch ein thailändisches-japanisches Forschungsprojekt initiiert und durchgeführt. Dieses Projekt wurde in den Jahren 1967 - 1973 mit einer Nachlaufperiode bis 1975 von der japanischen "Overseas Technical Cooperation Agency" (spätere Bezeichnung "Japan International Cooperation Agency") finanziert. Im Rahmen des Projekts fand ein Austausch von Wissenschaftlern statt und eine Überlassung von Geräten zur pharmakobotanischen Untersuchung, zur chemischen Identifizierung und zur pharmakologischen Testung. Die Ergebnisse dieses Forschungsprojekts sind in drei Berichten 1971, 1974 und 1976 niedergelegt. Eine weitere Fundgrube über Aktivitäten auf dem Arzneipflanzengebiet stellen die *Thai Abstracts, Series A, Science and Technology*, dar, die seit 1974 in regelmäßigen Abständen erscheinen. Hier sind insbesondere auch thailändische Artikel in englischer Sprache referiert. Schließlich fördern die Abstracts des "4th Asian Symposium on Medicinal Plants and Spices; Bangkok 1980" zahlreiche neuere Untersuchungen zu Tage. Beachtenswert ist dabei die Zusammenarbeit zwischen Chemikern/Pharmazeuten/Botanikern auf der einen Seite und Pharmakologen auf der anderen Seite, eine Zusammenarbeit, die bei uns leider selten auf dem Gebiet der Arzneipflanzen praktiziert wird.

Die Arbeiten, die hauptsächlich aus den drei zitierten Quellen stammen, wurden tabellarisch, geordnet nach Pflanzenfamilien, zusammengestellt. Um den Rahmen der tabellarischen Übersicht nicht zu sprengen, wurden darin nur solche Pflanzen aufgenommen, die in den Berichten selbst in einem eigenen Artikel beschrieben sind. In den Artikeln sind frühere Literaturstellen aufgeführt, so daß damit auch Zugang zu Literatur über Arzneipflanzen vor dem Berichtszeitraum (1967) besteht. Tabellen über ein "screening" mehrerer Pflanzen wurden nicht eingearbeitet.

Auf dem zitierten Symposium in Bangkok wurden auch zwei Vorträge über die traditionelle Medizin in Nord-Thailand gehalten (BRUN, SCHUMACHER). BRUN schlägt vor, daß das Erfahrungsgut auf breiter Linie von Linguisten, Botanikern und Ärzten gesammelt und mit Hilfe von Computern ausgewertet werden sollte. Der Verfasser glaubt, daß die Ergebnisse einer solchen Studie eine gute Richtlinie für Chemiker und Pharmazeuten sein könnten, die solchermaßen ihre Aktivitäten auf aussichtsreiche Projekte konzentrieren könnten. Die Realisierung solcher Projekte hängt sicherlich von vielen Faktoren ab - u.a. gut geschultes Personal, apparative Ausstattung der Institute, internationale Zusammenarbeit.

Wichtig erscheint jedoch, daß umgehend mit der Inventarisierung des Erfahrungsschatzes begonnen wird. Es bleibt zu überlegen, ob nicht eine bescheidene eigenständige Bearbeitung wertvoller ist, als noch so gut geplante Großprojekte, die doch neue Abhängigkeiten schaffen. In dieser Hinsicht sind zwei Bücher bemerkenswert, die kürzlich in thailändischer Sprache erschienen sind (S. JAIDIE et al. 1979, 1981). Darin werden die wichtigsten Daten zur Identifizierung, zu den Inhaltsstoffen und der Wirkung von 66 Arzneipflanzen beschrieben: volkstümlicher Name (thailändisch, chinesisch), lateinischer Name und Pflanzenfamilie, Beschreibung der Pflanze, Sammelzeit, verwendeter Pflanzenteil, Art der Verwendung, Indikationen, Toxicität, pharmakologische Untersuchungen und Inhaltsstoffe.

DANKSAGUNG Den Herren Professor Dr. Quay KETUSINH Bangkok, und F.P. SCHELP, Berlin, danken wir für wertvolle Literaturhinweise. Dem Erstgenannten außerdem für die Überlassung der Abbildungen. Den Herren Dr. BRUN, Copenhagen, und Dr. SCHUMACHER, Oslo, danken für für die Überlassung von Mansukripten.

Liste über thailändische Arzneipflanzen

Legende: Ch. = Inhaltsstoffe, An. = Anbau
Ph. = Pharmakognosie Med. = Pharm Untersuchung

Familie	Pflanze	Art d. Unters.	Literatur
Acanthaceae	Adhatoda vasica	Med.	Harada M., Ngarmwathanda W. (1974)
		Med.	Pengsritong et al.(1966)
	Andrographis paniculata	Med.	Meksongsee C. et al.(1980)
	Barleria lupulina	Med.	Pengsritong et al.(1966)
	Clinacanthus nutans	Med.	Cherdchu C. et al.(1977)
	Rhinacanthus nasutus	Med.	Meksongsee C. et al.(1980)
	Thunbergia laurifolia	Med.	Sunyapridakul L. (1980)
Annonaceae	Uvaria ovata	Ch.	Pootakahm K. et al.(1980)
Apocynaceae	Alstonia scholaris	Med.	Watanabe K. et al.(1974)
	Alyxia reinwardtii	Ch.	Supavilai P. et al. (1973)
	Catharanthus roseus	Med.	Mekongsee C. et al.(1980)
	Cerbera odollam	Ch.	Nishimoto K., Kun-Anake (1974)
	Cerbera spec.	Ch.	Kun-Anake A. et al.(1974)
	Rauwolfia cambodiana	Ch.	Boonchuay E., W.E.Court (1976)
		Ch.	Kanchanapee P., H. Taguchi (1974)
	Rauwolfia serpentina	An.	Boonkird T. (1971)
		Ch.	Wasuwat S. (1967)
		Ch.	Kanchanapee P., H. Taguchi (1974)
		Ch.	Wasuwat S., S. Donsagul (1969)
	Wrightia tomentosa	Ch.	Jewers K. (1966)
Araliaceae	Schefflera venulosa	Ch.	Satayavivad J. et al.(1980)
		Med.	Taesotikul T. et al.(1980)
Asteraceae	Blumea balsamifera	Ch.	Ruangrungsi N. et al.(1981)
	Chrysanthemum cinerariae folium	An.	Boonklinkajorn P. (1972)
	Spilanthes acmella	Med.	Harada M., W.Ngarmwathana (1974)
Balanophoraceae	Balanophora polyandra	Ch.	Podimuang V. et al.(1971)
		Ch.	Podimuang V. et al.(1971)
		Ch.	Podimuang V. (1971)

Boraginaceae	Rhabdia lycioides	Ch.	Podimuang V. et al.(1971)
		Ch.	Podimuang V. et al.(1971)
	Trichodesma indicum	Ph.	Konoshima M. et al.(1974)
Brassicaceae	Brassica nigra	Ch.	Koysookko R., T. Kimura (1971)
Caesalpiniaceae	Caesalpinia sappan	Ch.	Detanan K. (1975)
Cannabidaceae	Cannabis sp.	Ch.	Shoyama Y. et al.(1977)
Celastraceae	Celastrus paniculata	Med.	Pengsritong et al. (1966)
Cephalotaxaceae	Cephalotaxus harringtonia	Ch. Med	Utawanit T. (1975)
Combretaceae	Combretum acuminatum	Ch.	Panvisavas R. (1974)
	Combretum quadrangulare	Ch.	Somanabandhu A. et al. (1980)
Convolvulaceae	Ipomoea pes-caprae	Med.	Wasuwat S. (1969)
		Med.	Pengsritong et al.(1966)
	Ipomoea oes-caprae	Med.	Wasuwat S. et al.(1967)
Cucurbitaceae	Momordica charantia	Med.	Harada M. et al. (1974)
Dioscoreaceae	Dioscorea sp.	Med.	Apisariyakul A. (1980)
		Med.	Chansivistr W. et al.(1975)
Ebenaceae	Diospyros mollis	Ch.	Yoshihira K. et al.(1971)
		Ch.	Yoshihira K. et al.(1971)
		Med.	Pengsritong et al.(1966)
Euphorbiaceae	Baliospermum axiaxillare	Med.	Shibata M. et al.(1971)
		Med.	Kun-Anake A., H. Taguchi (1974)
	Croton sublyratus	Ch.	Ogiso A. et al. (1978)
	Phyllantus niruri	Med.	Harada M., W. Ngarmwathana (1974)
	Ricinus communis	An.	Duangpikil P. (1966)
Fabaceae	Albizzia myriophylla	Ch.	Munsakul S. (1973)
	Clitoria hanceana	Med.	Watanabe K. et al.(1974)
		Ch.	Kanchanapee P., H. Taguchi (1974)
	Clitoria macrophylla	Ch. Med.	Taguchi H. et al.(1977)
	Dalbergia parviflora	Ch.	Muangnoicharoen N., A.W. Trahm (1980
	Erythrina sp.	Ch.	Barakat I. et al.(1977)
	Pueraria mirifica	Med.	Pengsritong et al.(1966)
	Sophora tomentosa	Ch.	Kanchanapee P., K.Nishimoto (1971)
		Ch.	Anonym (1971)
	Tamarindus	Ch. Ph.	Johansson L. et al.(1967)

Familie	Pflanze	Art d. Unters.	Literatur
Geraniaceae	Pelargonium sp.	An.	Lawrence B.M. et al.(1971)
Guttiferae	Garcinia hauburi	Ch.	Jewers K. (1966)
	Mesua ferrea	Med.	Shibata M. et al.(1971)
	Ochrocarpus siamensis	Ch.	Thebtaranouth C. et al. (1975)
Illiciaceae	Illicium verum	Med.	Meksongsee C. et al.(1980)
Lamiaceae	Lavendula sp.	An.	Lawrence B.M. et al.(1971)
	Mentha arvensis	Med. Ch.	Kanjanapothi D. et al.(1980)
		Med.	Kanjanapothi D.et alt.(1980)
	Mentha arvensis var. piperascens	An. Ch.	Chomchalon N. et al.(1975)
		An.	Duriyaprapan S. et al.(1975)
	Mentha sp.	An.	Chomchalon N. (1975)
		An.	Chomchalon N. et al.(1975)
	Nepenthes rafflesiana	Ch.	Cannon J.R. et al.(1980)
	Ociumum basilicum	Ch.	Podimuang V., P.Pietiya (1967)
		Ch.	Lawrence B.M. (1971)
		An.	Chomchalon N. et al.(1970)
	Ocimum basilicum var. pilosum	Ch.	Podimang V., P. Pietiya (1967)
	Ocimum sanctum	Ch.	Podimang V.,P.Pietiya(1967)
		An.	Chomchalon N.et al.(1970)
		Ch.	Lawrence B.M.et al.(1971)
	Pogestemon cablin	An.	Wrenshall C.L.(1966)
Lauraceae	Cinnamomum sp.	Ch.	Podimang V.,P.Pietiya(1967)
Loganiaceae	Strychnos krabiensis	Med.	Pengsritong et al.(1966)
Loranthaceae	Dendropthoe pentandra	Ch.	Mongkolsuk S. et al.(1974)
	Loranthus pentandrus	Med.	Munsakul S. et al.(1972)
		Ch. Med.	Jindaprasarn S. et al.(1970)
		Med.	Pengsritong K. et al.(1966)
		Ch.	Johansson L. et al.(1967)
		Ch.	Chantarasomboon P. et al. (1974)
Lythraceae	Lagerstroemia flos-reginae	Med.	Pongsritong et al.(1966)
	Lagerstroemia speciosa	Med.	Johansson L. et al.(1972)
		Med.	Johansson L. (1967)

Malvaceae	Hibiscus sabdariffa	Ch.	Pavaro C. et al.(1973)
Meliaceae	Aglaia odorata	Ch.	Shiengthong D. et al.(1974)
Menispermaceae	Cissampelos pareira	Med.	Pengsritong et al.(1966)
	Cyclea barbata	Ch.	Goebel C. et al. (1972)
		Ch.	Yupraphat T. et al.(1974)
		Ch.	Hoffstadt B. et al.(1974)
		Ch.	Martin H.J. (1977)
		Ch.	Dahmen K. et al.(1977)
		Ch.	Goepel C. et al.(1972)
		Ch.	Yupraphat T. et al. (1974)
		Ch.	Goepel C.et al.(1974)
	Tiliacora triandra	Ch.	Wiriyachita P. et al.(1980)
		Ch.	Hishimoto K. (1974)
		Med.	Watanabe K. et al.(1974)
	Tinospora tuberculata	Ch.	Kimura T. (1971)
		Med.	Shibata M. et al.(1971)
Moraceae	Artocarpus lakoocha	Med.	Pengsritong et al.(1966)
		Ph. Ch.	Sambhandharaska Ch. et al. (1962)
		Ch.	Pavaro C. et al. (1975)
	Cudrania javanensis	Ch.	Kanchanapee P., S. Natori (1971)
	Streblus asper	Med.	Meksongsee C. et al.(1980)
Myrsinaceae	Ardisia colorata	Ch.	Kanchanapee P. et al.(1971)
	Ardisia polycephala	Ch.	Podimuang V. et al.(1971)
		Ch.	Podimuang V. et al.(1971)
Myrtaceae	Eugenia caryophyllata	Med.	Meksongsee C. et al.(1980)
Myristicaceae	Myristica fragrans	Med.	Meksongsee et al. (1980)
Oleaceae	Jasminum grandiflorum	An.	Chomchalon N. (1975)
	Jasminum sambac	Ch.	Podimuang V. (1967)
Palmae	Cocos nucifera	Ch.	Podimuang V. (1967)
Papaveraceae	Papaver somniferum	An.	Pavakul M. (1967)
Piperaceae	Piper chaba	Med.	Meksongsee C. et al.(1980)
	Piper sp.	Ph.	Konoshima M., T. Miyagawa (1977)
		Ph.	Konoshima M., T. Miyagawa (1976a)
		Ph.	Konoshima M., T. Miyagawa (1976b)
Poaceae	Cymbopogon citratus	Ch.	Podimuang V. et al.(1967)
	Imperata cylindrica	Ch.	Kanchanapee P. et al.(1971)
	Vetiver zizanioides	An.	Boonklinkajorn P. et al. (1970)

Familie	Pflanze	Art d. Unters.	Literatur
Polygonaceae	Rheum spec.	Ch. Med.	Tsukui M. et al.(1977)
Rubiaceae	Mitragyna speciosa	Ch.	Shellard E.J. et al.(1978)
		Ch.	Shellard E.J. et al.(1978)
		Ch.	Shellard E.J. et al.(1978)
	Oldenlandia sp.	Med.	Pengsritong et al.(1966)
	Ungarica homomalla	Ch.	Ponglux D. et al. (1977)
Rutaceae	Citrus hystrix	Ch.	Podimunag V. (1971)
		Ch.	Lawrence B.M. et al.(1970)
		Ch.	Podimuang V. et al.(1967)
	Zanthoxylum rehtza	Med.	Meksongsee C. et al.(1980)
Salicaceae	Salix tetrasperma	Med.	Johansson L. et al.(1972)
		Med.	Pengsritong et al.
		Med.	Johansson L. et al.(1967)
Simarubaceae	Brucea amarissima	Med.	Wasuwat S. et al.(1973)
		Med.	Pengsritong et al.(1966)
Solonaceae	Atropa belladonna	Ch.	Suvanprakorn P. (1969)
	Capsicum annum	Med.	Monsereenusorn Y. (1980)
Styracaceae	Styrax tonkinensis	Ch.	Podimuang V. et al.(1967)
Thymeleaceae	Aquilaria malaccensis	Ch. Med.	Gunasekera S.P. et al. (1981)
Verbenaceae	Clerodendron indicum	Med.	Harada M. et al.(1974)
	Vitex trifolia	Ch.	Taguchi H. (1974)
		Med.	Harada M. et al. (1974)
Zingiberaceae	Alpinia officinarum	Ph.	Knoshima M. et al.(1976)
	Amomum globosum	Ch.	Lawrence B.M. et al.(1971)
	Amomum krervanh	Med.	Meksongsee C. et al.(1980)
		Med.	Vongratanastit T. (1980)
	Boesenbergia pandurata	Ch.	Tuntiwachwuttikul P. et al. (1980)
		Ph.	Kimura T., S. Kimura et al. (1975)
	Curcuma comosa	Ph. Ch.	Kanchanapee P., T. Kimura (1971)
	Curcuma xanthorrhiza	Ph.	Kanchanapee P., T. Kimura (1971)
	Kaempferia galanga	Med.	Meksongsee C. et al.(1980)
	Kaempferia pandurata	Ch.	Lawerence B.M. et al.(1971)

Zingiber cassumunar	Ch.	Tuntiwachwuthikul P. et al. (1980)
	Med.	Harada M. et al. (1974)
	Ch.	Casey T.E. et al. (1971)
Zingiber officinale	Med.	Panthong A., P. Tejasen (1975)
	An.	Srivardhana A., P. Piramarn (1975)
Zingiber zerumbet	Med.	Harada M. et al. (1974)
	Ch.	Kun-Anake A., T. Kimura (1971)

LITERATURVERZEICHNIS ZU DEN TABELLEN

Es wurden folgende Abkürzungen benutzt:

Symp. 80 = Abstracts of the 4th Asian Symposium on Medicinal Plants and Spices, Bangkok, Thailand, 15-19 September 1980 (Government of Thailand in Cooperation with Unesco)

Abstr. ... = Thai Abstracts, Series A (Science and Technology) Thai National Documentation Centre, Applied Scientific Research Corporation of Thailand (=ASRCT). Bangkok 1 (1974) - 8 (1981)

Rep. ... = Reports on the Thai Medicinal Plants Research Projekct, Department of Medical Sciences, Ministry of Public Health, Bangkok, Thailand Published in Tokyo, Sponsored by OCTA, Japan (1967-1970) 1971, (1971-1973)= 1974, (1974)= 1976.

APISARIYAKUL A. 1980. *Symp.* 80, p. 133

BARAKAT I., JACKSON A.H., ABDULLA M.I. 1977. *Lloydia* (Cincin) 40, 471.

BOONCHUAY W. u. COURT W.E. 1976. *Planta med.* 29, 201.

BOONKIRD T. 1971. *Kasikorn* 44, 443: ref. 1016/Abstr. 5.

BOONKLINKAJORN P. 1972. *Kasikorn* 45, 107: ref. 1401/Abstr. 6.

BOONKLINKAJORN P. u. VISUTTIPITAKUL S. 1970. Root yield of vetiver grown in pot and polyethylene bag. *ASRCT* Bangkok: ref. 1250/Abstr. 5.

CANNON J.R., LOJANAPIWATNA V., RASTON C.L., SINCHAI W. u. WHITE A.H. 1980. *Symp. Symp.* 80, p. 80.

CASEY T.E., DOUGAN J., MATTHEWS W.S. u. WABNEY J. 1971. *Trop. Sci.* 13, 198: ref. 1635/Abstr. 6.

CHANSIVISTR W., PANTHONG A. u. TEJASEN P. 1975. *Chiang Mai Med. Bull.* 14, 123.

CHANTARASOMBOON, P., YOSHIHIRA K., NATORI S., WATANABE K., GOTO Y. u. KUGO M. 1974. *Syôyakugaku Zashi* 28, 7.

CHERDCHU C., POOPYRUCHPONG N., ADCHARIYASUCHA R. u. RATANABANANGKOON K. 1977. *Southeast Asian J. Trop. Med. Public Health* 8, 249.

CHOMCHALOW N. 1975. Essential oil production in the highlands of northern Thailand. *ASRCT*: ref. 1946/Abstr. 7.

CHOMCHALOW N., BURANASILPIN P., PICHITAKUL N., EURAREE A. u. PANGSPA A. 1975. Hilltribe mint production and processing. *ASRCT* Bangkok: ref. 1880/Abstr.7

CHOMCHALOW N., LAKNIYANON m. u. PHONGPHANGAN L. 1975. *Warasan Witayasat Kaset* 8: 125: ref. 1990/Abstr. 8.

CHOMCHALOW N., LEKSKUL S. u. VISUTTIPIKAKUL S. 1970. Further studies on the essential oil producing plants in the genus Ocimum. In: *Proceedings of the National Conference on Agricultur and Biological Sciences*, 9th Session, Plant Science Bangkok, Kasetsort Univ., 9, 168: ref. 1256/Abstr. 5.

DAHMEN K., PACHALY P. u. ZYMALKOWSKI F. 1977. *Arch. Pharm.* Weinheim, 310, 95.

DETANAN K. 1975. *Wanasan* 33, 63: ref. 1976/Abstr. 8.

DUANGPIKUL P. 1966. *Kasikorn* 39, 93:ref. 1975/Abstr. 1.

DURIYAPRAPAN S., SRIVARDHANA A. u. CHOMCHALOW N. 1975. The effects of spacing, age at harvest on yield and oil quality of Japanese mint. *ASRCT*.

GOEPEL C., KUERTEN S. von, YUPRAPHAT T., PACHALY P. u. ZYMALKOWSKI F. 1972. *Planta med.* 22, 402.

GOEBEL C., KUERTEN S.von, YUPRAPHAT T. PACHALY P. u. ZYMALKOWSKI F. 1972. *Planta med.* 22, 403:ref. 1377/Abstr. 6.

GOEBEL C., YUPRAPHAT T., PACHALY P. u. ZYMALKOWSKI F. 1974. *Planta med.* 26, 94.

GUNASEKERA S.P., KINGHORN D.A., CORDELL G.A. u. FARNSWORTH N.W. 1981. *Journal of Natural Products (Lloydia)* 44, 569.

HARADA M. u. NGARMWATHANA W. 1974. *Report* 74, p. 54.

HOFFSTADT B., MOECKE D., PACHALY P. u. ZIMALKOWSKI F. 1974. *Tetrahedron* 30, 307: ref. 1725/Abstr. 7.

JEWERS K. 1966. *Proceeding 11th Pacific Science Congress (Tokyo)* 8, 16: ref. 88/ Abstr. 1.

JINDAPRASARN S., JOHANSSON L. u. PICHITAKUL N. 1970. Extraction and fractionation of the active principle (s) of Loranthus pentandrus II. *ASRCT* Bangkok: ref. 1074/ Abstr. 5.

JOHANSSON S. 1967. Investigation of a method for blood sugar determination for pharmacological studies on the hypoglycemic active principle(s) of Lagerstroemia speciosa. *ASRCT* Bangkok: ref. 291/Abstr. 2.

JOHANSSON L., KASHEMSANTA S.M.L., MOKKHASNIT M., NGARMWATANA W., SAWASDIMONGKOL K. u. SATRAWAHA P. 1972. Pharmacological studies on the hypoglycemic activity of "Inthanin" (Lagerstroemia speciosa) leaves. *ASRCT* Bangkok: ref. 1454/Abstr.6.

JOHANSSON, L., NANDHASRI P. u. LIMPINANTANA C. 1967. Study of a heart-active principle from Salix tetrasperma. *ASRCT* Bangkok: ref. 810/Abst. 4.

JOHANSSON L., NANDHASRI P. u. LIMPINANTANA C. 1972. Preliminary study of a heart-active principle from Salix tetrasperma. *ASRCT* Bangkok: ref. 1455/Abstr. 6.

JOHANSSON L. u. PICHITAKUL N. 1967. Extraction and fractionation of the active principle(s) of Loranthus pentandrus. *ASRCT* Bangkok: ref. 475/Abstr. 2.

JOHANSSON L. u. PICHITAKUL N. 1967. Purification of tamarind kernel powder and preparation of tamarind seed jellose. *ASRCT* Bangkok:ref. 476/Abstr. 2.

KANCHANAPEE P. u. NISHIMOTO K. 1971. *Report*, p. 40.

KANCHANAPEE P. u. KIMURA T. 1971. *Report*, p. 49.

KANCHANAPEE P. u. NATORI S. 1971. *Report*, p. 65.

KANCHANAPEE P., NISHIMOTO K., KUWAMURA T. u. NATORI S. 1971. *Report*, p. 71.

KANCHANAPEE P., OGAWA H. u. NATORI S. 1971. *Report*, p. 75.

KANCHANAPEE P. u. TAGUCHI H. 1974. *Report*, p. 88.

KANCHANAPEE P. u. TAGUCHI H. 1974.*Report*, p. 91.

KANJANAPOTHI D., RATTANAPANONE V., PANTHONG A., TOESOTIKUL T. u. SMITASIRI Y. 1980. *Symp.* 80, p. 61.

KANJANAPOTHI D., SMITASIRI Y., PANTHONG A., TAESOTIKUL T. u. RATTANAPANONE V. 1980. *Symp.* 80, p. 62.

KIMURA T. 1971. *Report*, p. 53.

KIMURA T., KIMURA S. u. KONOSHIMA M. 1975. *Syoyakugaku Zasshi* 29, 166: ref. 2194/ Abstr. 8.

KONOSHIMA M., TABATA M. u. MIZUKANI H. 1974. *Syoyakugaku Zasshi* 28, 75: ref.2196/ Abstr. 8.

KONOSHIMA M. u. MIYAGAWA T. 1976a. *Syoyakugaku Zasshi* 30, 138.

KONOSHIMA M. u. MIYAGAWA T. 1976b. *Syoyakugaku Zasshi* 30, 155.

KONOSHIMA M., HONDA G. u. ONO T. 1976. *Syoyakugaku Zasshi* 30, 164.

KONOSHIMA M. u. MIYAGAWA T. 1977. *Syoyakugaku Zasshi* 31, 155.

KOYSOOKKO R. u. KIMURA T. 1971. *Report*, p. 50.

KUN-ANAKE A. u. KIMURA T. 1971. *Report*, p. 52.

KUN-ANAKE A., PANVISAVAS R. u. TAGUCHI H. 1974. *Report*, p. 103.

KUN-ANAKE A. u. TAGUCHI H. 1974. *Report*, p. 109.

LAWRENCE B.M., HOOG, J.W., TERHUNE S.J. u. PICHITAKUL N. 1971. The chemical composition of Ocimum basilicum and O. sanctum. *ASRCT* Bangkok: ref. 1346/Abst. 5.

LAWRENCE B.M., HOOG J.W., TERHUNE S.J. u. PICHITAKUL N. 1971. The essential oil of Amomum globosum *ASRCT* Bangkok: ref. 1347/Abstr. 5.

LAWRENCE B.M., HOOG J.W., TERHUNE, S.J. u. PICHITAKUL N. 1971. The essential oil of Kaempferia pandurata. *ASRCT* Bangkok: ref. 1348/Abst. 5.

LAWRENCE B.M., HOOG J.W., TERHUNE S.J. u. PODIMUANG V. 1970. The leaf and peel-oils of Citrus hystrix. *ASRCT* Bangkok: ref. 1349/Abstr. 5.

MARTIN H.J., PACHALY P. u. ZYMALKOWSKI F. 1977. *Arch. Pharm.* (Weinheim) 310, 314.

MEKSONGSEE C., JIAMCHAISRI Y., SINCHAISRI P. u. KASAMSUKSAKAN L. 1980. *Symp.* 80, p. 118.

MONGKOLSUK S. u. BHODIMUANG V. 1974. *J. Nat. Res. Counc.* Thailand 6, 51.

MONSEREENUSORN Y. 1980. *Symp.* 80, p. 143.

MUANGNOICHAROEN N. u. FRAHM A.W. 1980. *Symp.* 80, p. 163.

MUNSAKUL S. 1973. Preparation of Thai licorice. *ASRCT* Bangkok: ref. 1636/Abstr.6.

MUNSAKUL S. u. SAWASDIMONGKOL K. 1972. Extraction and fractionation of the active principle(s) of Loranthus pentandrus. *ASRCT* Bangkok: ref. 1460/Abstr. 6.

NISHIMOTO K. u. KUN-ANAKE 1974. *Report* , p. 113.

NISHIMOTO K., DECHATIWONGSE T. u. KANCHANAPEE P. 1974. *Report*, p. 116.

N.N. 1971. *The Bull. Dept. Med. Sci.* 13, 1: ref. 1723/Abstr. 7.

OGISO A. KITAZAWA E., KURABAYASHI M., SATO A., TAKAHASHI S., NOGUCHI H., KUWANO H., KOBAYASHI S. u. MISHIMA H. 1978. *Chem. Pharm. Bull.* (Tokyo) 26 (10), 3117.

PANTHONG A. U. TEJASEN P. 1975. *Chiang Mai Med. Bull.* 14, 221: ref. 1734/Abstr.7.

PANVISAVAS R., KUN-ANAKE A. u. TAGUCHI H. 1974. *Report*, p. 94.

PAVAKUL M. 1967. *Kasikorn* 40, 123: ref. 412/Abstr. 2.

PAVARO C. u. REUTRAKUL V. 1975. The chemistry of the 2,4,3',5' tetrahydrostilbene from artocarpus lakoocha. Abstracts of 1975 Bangkok Symposium on Scientific Research of the Faculty of Science, Mahidol University, p. 51: ref. 1664/Abstr. 7.

PAVARO C. SUTTHIVAIYAKIT S. REUTRAKUL V. u. KUSAMRAN K. 1973. A comparative study of the chemical constituents of the leaves, stem and fruit of Malvaceae, Hibiscus sabdariffa. *Abstracts of 1973 Bangkok Symposium on Scientific Research a the Faculty of Science, Chulalongkorn University*, p. 84: ref. 1665/Abstr. 7.

PENGSRITON K., JOHANSSON 1. and WASUWAT S. 1966. Review of literature and previous pharmakological work on candidate species selected for invital screening. *ASRCT* Bangkok: ref. 94/Abstr.1.

PODIMUANG V. 1971. The leaf and peel oils of citrus hystrix. *Procedings of the 1971 Bangkok Symposium on Science Research. The National Research Council of Thailand and the Science Society of Thailand, Bangkok,* p. 105: ref.1379/Abstr.6.

PODIMUANG V. 1971. The medicinal plant Balanophora polyandra. *Proceedings of the 1971 Bangkok Symposium on Science Research. The National Research Council of Thailand and the Science Society of Thailand, Bangkok,*p. 106: ref. 1380/Abstr. 6

PODIMUANG G., MONGKOLSUK S., YOSHIHIRA K. u. NATORI S. 1971. *Report,* p. 82.

PODIMUANG V., MONGKOLSUK S., KUNITOSHI Y. u. SHINSAKU N. 1971. *Chem. Pharm. Bull.* (Tokyo) 19, 207: ref. 1019/Abstr. 5.

PODIMUANG V. u. PIETIYA P. 1967. Results of screening test conducted from June 1965 to December 1966. *ASRCT* Bangkok: ref. 478/Abstr. 2.

PONGLUX D., TANTIVATANA P. u. PUMMANGURA S. 1977. *Planta med.* 31, 26.

POOTAKAHM K., WAIGH R.D. u. WATERMAN P.G. 1980. *Symp.* 80, p. 93.

RUANGRUNGSI N., TAPPAYNTHPIJARN P., TANTIVATANA P., BORRIS R.P. u. CORDELL G.A. 1981. *Journal of Natural Products (Lloydia)* 44, 541.

SAMBHANDHARASKA Ch. u. RATANACHAI T. 1962. *J. Nat. Res. Counc. of Thailand* 3, 245: ref.: 97/Abstr. 1.

SATAYAVIVAD J., BUNYAPRAPHATSARA N., SAIVISES R. u. SANVARINDA Y. 1980. *Symp.* 80, MA 11.

SHELLARD E.J., HOUGHTON P.J. u. RESHA M. 1978. *Planta med.* 33, 223.

SHELLARD E.J., HOUGHTON P.J. u. RESHA M. 1978. *Planta med.* 34, 26.

SHELLARD E.J., HOUGHTON P.J. u. RESHA M. 1978. *Planta med.*34, 253.

SHIBATA M., MOKKHASMIT M., SAWASDIMONGKOL K., SATRAVAHA P. u. LEKKONG B. 1971. *Report,* p. 55.

SHIENGTHONG D., KOKPOL K., KARNTIANG P. u. MASSYWESTROPP R.A. 1974. *Tetrahedron* 30, 2211: ref. 1736/Abstr. 7.

SHOYAMA Y., HIRANO H., MAKINO H., UMEKITA N. u. NISHIOKA I. 1977. *Chem. Pharm. Bull.* (Tokyo) 25, 2306.

SOMANABANDHU A., WUNGCHINDA S. u. WIWAT Ch. 1980. *Symp.* 80, p. 114.

SRIVARDHANA S. u. PIRAMARN P. 1975. Studying on optimum planting space and age at harvesting for ginger production. *ASRCT* Bangkok.

SUNYAPRIDAKUL L. 1980. *Symp.* 80, p. 132.

SUPAVILAI P., SADAVONGVIVAT C. u. REUTRAKUL V. 1973. Chemical Constituents of Alysia reinwardtii (Apocynaceae). *Abstracts of 1973 Bangkok Symposium on Scientific Research,* p. 83: ref. 1667/Abstr. 7.

SUVANPRAKORN P. 1969. *J. Pharm. Ass. Thailand* 22, 1: ref. 247/Abstr. 2.

TAESOTIKUL T., PANTHONG A. u. KANJANAPOTHI D. 1980. *Symp.* 80, MA 10.

TAGUCHI H. 1974. *Report,* p. 106.

TAGUCHI H., KANCHANAPEE P. u. AMATAYKUL T. 1977. *Chem. Pharm. Bull.*(Tokyo) 25,1026.

THEBTARANONTH C. u. IMRAPORN S. 1975. Investigation of the chemical constituents of Ochrocarpus siamensis. *Abstracts of 1975 Bangkok Symposium on Scientific Research, at the Faculty of Science, Mahidol University and Ramathibodi Hospital,* p. 28: ref. 1668/Abstr. 7.

TSUKUI M., KOMIYA T., IMAHORI M. u. MATSUOKA T. 1977. *J. Takeda Res. Lab.*, 36,22.

TUNTIWACHWUTTIKUL P., KANGHAE S., JAIPETCH T. u. REUTRAKUL V. 1980. *Symp.* 80, p.77.

TUNTIWACHWUTTIKUL P., LIMCHAWFAR B., REUTRAKUL V., PANCHAROEN O., JAIPETCH T.u. KASAMRAN K. 1980. *Symp.* 80, p. 164.

UTAWANIT T. 1975. Cephalotaxus alkaloid esters. *Abstracts of 1975 Bangkok Symposium on Scientific Research, at the Faculty of Science Mahidol University and Ramathibodi Hospital,* p. 41: 1670/Abstr. 7.

VONGRATANASHIT T. 1980. *Symp.* 80, p. 155.

WASUWAT S. 1967. Investigation of the alkaloid content of Thai Rauwolfia serpentina and formulation of tablets from the crude drug. *ASRCT* Bangkok: ref 341/ Abstr.2.

WASUWAT S. 1969. Further investigation of pharmacologically active principles of Ipomoea pes-caprae. *ASRCT* Bangkok: ref. 857/Abstr. 4.

WASUWAT S. u. DHAMA-UPAKORN P. 1967. Preliminary investigation of pharmacologically active principles in Ipomoea prescaprae. *ASRCT* Bangkok: ref. 343/Abstr. 2.

WASUWAT S. u. DONSAGUL S. 1969. *J. Pharm. Assoc. Thailand* 22,1: ref. 858/Abstr.4.

WASUWAT S., DISYABOOT P., CHANTARASOMBOON P., NANDHASRI P., THARAVANIJ S. u. NGAMWATANA W. 1973. Study on antiamoebiasis property, in vitro, of the extracts of Brucea amarissima. *ASRCT* Bangkok: ref. 1471/Abstr. 6.

WATANABE K., NGARMWATHANA W., SAWASDIMONGKOL K., SATRAVAHA P. u. PERMPHIPHAT U. 1974. *Report,* p. 9.

WIRIYACHITRA P. u. PHURIYAKORN B. 1980. *Symp.* 80, p. 55.

WRENSHALL C.L. 1966. Preliminary appraisal of the feasibility of producing oil patchouli in Kailang. *ASRCT* Bangkok: ref. 225/Abstr. 1.

YOSHIHIRA K., NATORI S. u. KANCHANAPEE P. 1971. *Report,* p. 77.

YOSHIHIRA K., TEZUKA M., KANCHANAPEE P. u. NATORI S. 1971. *Chem. Pharm. Bull.* 2271.

YUPRAPHAT T., PACHALY P. u. ZYMALKOWSKI F. 1974. *Planta med.* 25, 315: ref 1738/ Abstr. 7.

ALLGEMEINE LITERATUR

BRUN V. *Suggestions for a statistical Analysis of Prescriptions in Thai Traditional Medicine, Symp.* (Abkürzung s.o.) MA 7 (sowie freundlicherweise überlassenes Manuskript).

HINDERLING P. 1972. *Communication between Doctors and Patients in Thailand,* Part. III. Interviews with Traditional Doctors, Universität Saarbrücken.

JAIDIE S., PAWOWAT R., WITAYANATPAISAN S. et. al. 1979 (Teil I), 1981 (Teil II). *Utilization of Medicinal Plants; adaptive Technology of Herbal Drugs.* Fakultät für Pharmazie, Chulalongkorn Universität, Bangkok.

KETUSINH O. 1980. Mündliche Mitteilung sowie freundlicherweise überlassenes Manuskript.

SCHUMACHER T. *Medico-Botanical Investigations in Northern Thai Traditionel Medicine Symp.* (Abkürzung s.o.) MA 6 (sowie freundlicherweise überlassenes Manuskript).

WAKE N.L., PENGSRITONG K. u. WRENSHALL C.L. 1969. A Preliminary Study of the Pharmaceutical Manufacturing Industry in Thailand. *ASRCT* Bangkok: ref. 856/Abstr.4.

Thérapeutiques et pharmacopée traditionnelle du Yemen (Y.A.R.)

Jacques Fleurentin / Jean Marie Pelt

RESUME L'étude de la médecine traditionnelle du Yemen (Y.A.R.) met en évidence sa grande originalité mais aussi les étroites relations d'une part entre les plantes médicinales et la pathologie et d'autre part entre les pratiques actuelles et les pratiques médicales arabes anciennes.

SUMMARY The study of the traditional medicine of Yemen (Y.A.R.) shows its great originality but also the close relations between medicinal plants and pathology for one thing and between contemporary practices and ancient arab medical practices for the other.

ZUSAMMENFASSUNG Bis zum Jahre 1970 war der Jemen von der übrigen Welt isoliert und konnte so eine wirksame traditionelle Medizin bewahren, welche bei all den pathologischen Problemen Abhilfe schaffen mußte, die durch das Fehlen von Prävention und Hygiene entstehen. Diese traditionelle Medizin beruht auf der arabisch-islamischen Kultur; sie hat die griechische Wissenschaft bis zur Renaissance tradiert und damit alle Wissenschaften und insbesondere die Pharmazie bereichert. Die einheimische Flora ist durch lokale, auf den besonderen geographischen Verhältnissen beruhenden Eigenheiten gekennzeichnet; sie bietet originelle therapeutische Möglichkeiten.
Die im Jemen durchgeführte Feldforschung bestand aus einer sorgfältigen Untersuchung von Heilern und Heilpraktiken und der Zusammenstellung eines Herbars und einer Drogensammlung. In zweieinhalbjähriger Forschung wurden die bibliographischen Daten über die therapeutischen Quellen und die Resultate der modernen Pharmakologie in einer synoptischen Tafel zusammengestellt. Diese Aufstellung bringt folgende Ergebnisse: 1) die Hauptindikationen der Heilpflanzen spiegeln die in Jemen gegebene Frequenz von pathologischen Befunden wider, 2) die empfohlenen und verwendeten Heilpflanzen stammen aus zahlreichen unterschiedlichen Herkunftsländern, 3) die traditionelle Medizin im Jemen ist stark von der klassischen arabischen Medizin geprägt, aber sie verdankt ihre Originalität einer großen Zahl von neu eingeführten Pflanzen (32%) und zahlreichen therapeutischen Maßnahmen (53%), die in der Literatur nicht zitiert sind.

Introduction: L' intérêt de l'étude des médecines traditionnelles et le choix du pays

D'après les récentes orientations de l'OMS, les médecines traditionnelles doivent être considérées comme un complément et non comme un compétiteur des médecines "occidentales" afin de lutter contre la carence des infrastructures médicales du tiers-monde et de valoriser ses ressources et ses traditions. Fruit d'une certaine "sélection naturelle", résultant d'une longue expérience transmise de générations en générations, ces médecines traditionnelles présentent un apport thérapeutique intéressant, bien moins coûteux que la mise en place de structures médicales "à l'occidentale". La médecine traditionnelle du Yemen, non concurrencée par la médecine occidentale implantée dans les principales villes seulement, est d'autant plus développée qu'elle a dû faire face à 7 années de guerre civile (1962-1969) et que la pathologie est très importante. De plus, le Yemen est resté fermé aux occidentaux jusqu'en 1970 et les travaux sur les médecines traditionnelles sont peu nombreux (GANORA, 1931; QEDAN, 1974). L'expérience acquise au laboratoire sur l'étude des plantes médicinales d'Afghanistan (PELT et coll., 1965) nous a permis de mener à bien ce travail. Le séjour de l'un d'entre nous au Yemen a duré deux années et demi et s'est déroulé dans le cadre de la mission médicale française à l'hôpital républicain de Taez.

Friedr. Vieweg & Sohn Verlag, Braunschweig/Wiesbaden

Les sources de la médecine traditionnelle yemenite

A) Bref rappel historique

Pendant le 1er millênaire avant J.C., le Sud de l'Arabie a connu des civilisations florissantes, qui tiraient leurs richesses du commerce entre l'Extrême Orient et les pays méditerranéens (le royaume de Saba). Le déclin du commerce, concurrencé par le développement de la navigation sur la Mer Rouge, a déplacé les centres politiques du désert vers les hauts plateaux. Aux royaumes sabéens ont succédé les royaumes himyarites, puis yemenites. L'Islam a déferlé sur l'Arabie au 7è siècle et a influencé toute la culture yemenite. Le Yemen est marqué par son intégration dans le monde musulman où la religion, qui est une religion d'état, n'est pas un obstacle au développement des sciences car l'Islam encourage la recherche scientifique. Le Yemen est aussi marqué par son intégration dans le monde arabe car il y plonge ses racines.

B) Les origines de la médecine arabe

1 - L'époque de MOHAMED ou l'avènement de l'Islam : 7è et 8è siecle.

C'est l'époque des conquêtes, en 3 générations le croissant de fer fut porté victorieusement des Pyrénées à l'Himalaya et des déserts de l'Asie centrale à ceux du coeur de l'Afrique (PEYRONNET IN MOUTIER, 1928). Toute la science de la Grèce, des Indes, de la Perse et de Chaldée est assimilée et embrasse toutes les disciplines : la philosophie, la médecine, les mathématiques, l'alchimie, l'astrologie, la physique... Bagdad devient alors de centre culturel où abondent savants arabes et étrangers.

2 - L'apogée de la médecine arabe : 9è, 10è, 11è et 12è siecle.

Cette assimilation des sciences de l'Occident et de l'Orient commence à porter ses fruits au début du 10è siècle et la culture arabe atteint alors son apogée. Parmi les médecins les plus célèbres, il faut citer RHAZES et AVICENNE. Le 12è siècle est l'époque des croisades. L'Orient commence à décliner et l'Espagne musulmane prend le relai et devient le centre intellectuel et scientifique. Deux médecins AVENZOAR et son élève AVERROES, marqueront l'apogée de la médecine en Espagne.

3 - Le déclin de la civilisation musulmane

A partir du 12è siècle, l'équilibre de l'Asie est rompu ; les mongols mirent Bagdad à sac, les institutions furent abolies, les édifices minés et les bibliothèques devinrent la proie de l'incendie. Les sciences médicales et pharmaceutiques régressèrent et firent place à une médecine démoniaque qui fera la richesse de nombreux charlatans exerçant au titre de médecins.

4 - Apport de la médecine arabe

Entre-temps, l'Europe dès le 11è siècle, avide de s'instruire, et privée qu'elle était des sources originales grecques, prit contact avec un enthousiasme qui ne fit que croître avec cette "présentation arabe" de la science antique et la rétablit sous un "costume latin" (BROWNE, 1933). Consciente de son infériorité intellectuelle, l'europe combla sa littérature déficiente par la traduction en latin de l'ensemble des sciences arabes. Le canon d'AVICENNE, traduit en latin, servira de base à tout l'enseignement médical jusqu'au 17è siecle, et aura une grande influence sur l'avènement de la thérapeutique occidentale. Considérée par certains comme un trait d'union entre la civilisation grecque et la renaissance, la civilisation arabo-islamique a, non seulement transmis le flambeau de la science, mais a su l'enrichir dans tous les domaines et en particulier en médecine et en pharmacie.

C) Les fondements botaniques de la pharmacopée yemenite

1 - La flore indigène marquée par un fort endemisme

Situé aux confins d'une Arabie désertique, le Yemen est limité au Nord et à l'Est par des étendues désertiques, à lOuest et au Sud par la Mer Rouge et l'Océan Indien. Les hauts plateaux du centre occupent une position privilégiée, avec des précipitations abondantes (d'où le surnom d'Arabie heureuse), mais isolée par rapport à la péninsule arabique. Cependant, la proximité des hauts plateaux d'Ethiopie au delà de la Mer Rouge influence le couvert végétal. On y trouve:

- des espèces d'Afrique de l'Est et d'Arabie du Sud-Ouest caractéristiques des hauts plateaux ;
- des espèces saharo-sindiennes (dans la plaine côtière et dans le désert du Rub al Khali) ;
- des espèces endémiques liées à la position géographique très particulière du Yemen (endémisme montagnard).

2 - La vocation agricole du Yemen

Situé au carrefour de plusieurs civilisations, la vocation agricole du Yemen a permis l'introduction et la culture de nouvelles espèces végétales.

3 - L'influence de la médecine arabe traditionnelle sur l'importation de drogues

Il existe dans tout le monde arabe une vingtaine de drogues végétales caractéristiques que l'on retrouve dans tous les pays soumis à l'influence de la littérature médicale arabe classique. Ces drogues, lorsqu'elles font défaut dans le pays, sont importées d'Orient.

Méthodologie et travail

A) L'enquête auprès des guérisseurs

1 - Les pratiques médicales traditionnelles

On peut distinguer quatre types de pratiques médicales :

. la médecine arabe : Elle est pratiquée par des "guérisseurs professionnels" qui sont les héritiers de la médecine arabe classique : après l'interrogatoire et l'auscultation sommaire du malade, ils prescrivent des traitements symptomatiques principalement à base de drogues végétales (simples ou composées). Ils interviennent aussi bien sur les maladies internes que sur les traumatismes tels que l'extraction de balles de fusil ou la réduction de fractures.

. la médecine démoniaque : Les croyances populaires concernant les mauvais esprits "les djinns", le mauvais oeil ou les imprécations sont très ancrées dans les mentalités. Ces croyances sont en général des vestiges des civilisations payennes qui ont été intégrées par l'Islam. Ces mauvais génies sont à l'origine des différents maux et seuls des "envoyés de Dieu", les "guérisseurs marabouts" pourront guérir ou protéger le malade à l'aide de plantes, d'écritures ou d'amulettes redoutées des Djinns.

. la médecine occasionnelle: C'est une thérapeutique effectuée par des "guérisseurs occasionnels" qui consiste à focaliser à l'extérieur une douleur par cautérisation ou par brûlure.

. la médecine populaire : Les Yemenites ont une connaissance étendue des plantes, de leur environnement proche et de leurs propriétés alimentaires, médicinales ou toxiques ; ce sont en particulier les femmes qui pratiquent "l'automédication".

A côté de ces quatre types de pratiques médicales, on rencontre aussi des guérisseurs itinérants spécialisés pour l'opération de la cataracte par exemple ; dans les villes et les villages, les droguistes et herboristes commercialisent des drogues "courantes" d'importation, de culture ou de cueillette.

2 - Le choix des guérisseurs

Notre enquête a porté sur des guérisseurs qui pratiquent la médecine arabe classique traditionnelle exempte de pratique magico-religieuse : ce sont les "guérisseurs professionnels", les femmes pratiquant l'automédication et les herboristes. L'enquête auprès des "guérisseurs professionnels" est sans aucun doute la plus riche de renseignements, mais elle nécessite l'élaboration de relations amicales et professionnelles et des visites nombreuses et règulières : les premiers entretiens épuisent les recettes classiques, les suivants révèlent des remèdes plus spécifiques et plus intéressants. L'enquête auprès des femmes pratiquant l'automédication nous renseigne sur les plantes spontanées couramment utilisées et spécifiques de chaque biotope. L'enquête auprès des herboristes des souks permet de connaître les espèces médicinales communes à toutes les régions du Yemen.

Cette étude doit couvrir toutes les régions géobotaniques ; ainsi nous avons enquêté dans les hauts plateaux (Jebel Saber, Jebel Hobbeich, Sanaa), dans les moyens plateaux (région de Taez, de Ibb et de Turba) et dans la plaine côtière désertique (région de Zabid, de Beit-el-Faquih et de Moka). La connaissance de l'arabe est quasiment indispensable et nous avons acquis la pratique de cette langue afin de mener à bien cette enquête.

B) Le recueil des informations et la constitution des collections

Pour chaque drogue, toute information a été transcrite sur une feuille ronéotypée comprenant :
- nom : arabe, local, botanique
- prescripteur
- date et lieu
- propriétés
- utilisation, posologie, préparation
- lieu d'origine, altitude, date de la récolte, partie utilisée, espèce spontanée ou cultivée
- associations thérapeutiques

Nous avons recueilli 280 informations et chaque information a toujours été accompagnée de la drogue ou de la plante elle-même ; le nom est porté en arabe sur le sachet, ainsi que le lieu de la récolte ou de l'achat de la drogue ; ainsi nous avons réalisé un droguier, un herbier et une collection de diapositives.

C) L'identification des espèces

La diversité des échantillons permet d'effectuer des contrôles par recoupement. Les espèces ont été identifiées par des botanistes spécialisés et en particulier par John WOOD qui travaille depuis 4 années sur la flore du Yemen et par Jean LAVRANOS qui est un spécialiste des espèces succulentes d'Afrique et d'Arabie.

D) Bibliographie

Le travail bibliographique a porté d'une part sur la recherche de l'origine thérapeutique des plantes utilisées : ces plantes étaient-elles connues ou mentionnées par :
- les auteurs grecs
- les auteurs arabes du 9è au 13è siècle : cette période correspond à l'apogée de la civilisation arabe du Moyen-Orient ; IBN

EL BEITHAR nous a laissé un ouvrage remarquable traduit par LECLERC (1877-1883)

- les auteurs arabes du 18è siècle : afin d'avoir une notion des pratiques de la médecine arabe traditionnelle récente grâce à deux auteurs d'Afrique du Nord ayant intégré les acquis médicaux de l'Espagne musulmane (ABDERREZZAQ, 1874 et RENAUD et COLIN 1934)

et d'autre part sur la recherche des travaux et des connaissances chimiques et pharmacologiques récentes de ces plantes.

E) Tableau synoptique

Toutes les données ont été rassemblées dans un tableau synoptique qui se présente sous la forme de colonnes dans lesquelles sont portées successivement :

- le nom botanique, le nom vernaculaire, la partie utilisée,l'aire de répartition de l'espèce, les principales indications thérapeutiques,la constitution chimique, les propriétés pharmacologiques et les origines thérapeutiques (grecques, arabes avant le 13è siècle et arabes du 18è siècle).

Ce tableau qui sera publié ultérieurement nous a permis d'établir des classifications des plantes médicinales, de situer la pharmacopée yemenite dans son contexte culturel et de mettre en évidence l'originalité de certaines espèces.

Resultats

A) Relations entre les plantes médicinales et la pathologie

1 - Les plantes médicinales ont été classées en fonction de leur principale indication thérapeutique.

Indications thérapeutiques	Nombre de plantes	pourcentage
antiinfectieux (dermatologie)	16	15
analgésiques	11	10
appareil urinaire : antiseptiques, anti-calculs, diurétiques	10	9
appareil broncho-pulmonaire	8	8
affections ophtalmologiques et auriculaires	8	8
antiparasitaires et alexitères	7	7
Systeme nerveux central: hypnotiques, excitants	6	5
dépuratif, laxatif	6	5
appareil digestif	5	5
amulettes	5	5
hémostatiques	4	4
aphrodisiaques	4	4
antipyretiques	3	3
autres (hypoglycemiants, etc...)	13	12
TOTAL	106	100

Les plantes à propriétés dépuratives et laxatives ont été regroupées car elles ont généralement une signification identique : elles signent la persistance de thérapeutiques parallèles venant de la médecine populaire ; les mauvais esprits sont éliminés au moyen de dépuratifs ou tout simplement de laxatifs qui permettent des thérapeutiques magico-religieuses.

2 - La pathologie au Yemen

Il n'est pas possible actuellement de faire une analyse précise de la pathologie au Yemen étant donné la manque d'étude statistiques et épidémiologiques.

Il existe des statistiques émanant des services spécialisés des hôpitaux, mais ces résultats ne reflètent pas un échantillonnage représentatif de la pathologie car les patients sont pré-orientés et les hôpitaux sont rares. Il existe aussi des statistiques du Ministère de la Santé mais elles sont sujettes aux mêmes critiques.

En faisant la synthèse des différents travaux publiés (Ministry of Health, 1976 ; FAUVEAU, 1978 ; BRIANCON, 1980), nous avons classé les principales causes de maladies en 5 groupes :

- les maladies parasitaires
- la pathologie pulmonaire et tuberculeuse
- la pathologie gastro-intestinale
- la pathologie uro-génitale
- la pathologie oculaire

a) les maladies parasitaires : elles représentaient 30 % des hospitalisations en 1975 (Ministry of Health, 1976).

Une étude systématique chez des sujets sains donne une idée de l'infestation des parasites intestinaux (étude effectuée sur les selles de 83 sujets au laboratoire de la mission médicale française) (BRIANCON, 1980).

Parasites	Nombre de sujets	Pourcentage
0	13	16
1	20	24
2	26	31
3	21	25
4	3	4
TOTAL	83	100

84 % des sujets sont porteurs d'au moins un parasite et 60 % sont polyparasités ; les parasites se répartissent de la manière suivante:

Parasites	Nombre de cas	Pourcentage
Entamoeba histolytica (Kystes)	46	55
Entamoeba Coli (Kystes)	31	37
Ascaris lumbricoïdes	27	33
Trichiuris trichiura	14	17
Giardia intestinalis (Kystes)	14	17
Hymenolepsis nana	10	12
Shistosoma mansoni	2	2
Trichomonas hominis (Trophozoïtes)	2	2
Ankylostoma duodenale	1	1

Les amibes, bien que très fréquentes à l'état de kystes, n'entraînent que peu de manifestations pathologiques ; par contre, la bilharzioze avec Shistosoma Mansoni et Shistosoma haematobium, ainsi que l'ankylostomiase représentent une pathologie importante, dans les régions où les eaux sont contaminées, et très grave avec un polymorphisme des localisations aberrantes et des tableaux cliniques alarmants (anémie à 800 000GR/mm³). La malaria sévit principalement dans la plaine côtière et une goutte épaisse effectuée à Yakhtul sur 310 enfants de moins de 10 ans est très significative : 45 % des lames sont positives dont 42 % sont dues à Plasmodium Falciparum (FAUVEAU, 1978).

b) La pathologie pulmonaire et tuberculeuse : elle représentait 12,5% des hospitalisations en 1975 d'après le Ministère de la Santé et 34% des malades reçus en consultation spécialisée à la mission médicale française. La tuberculose pulmonaire (avec aussi des tuberculoses extrapulmonaires) domine nettement cette pathologie favorisée par le manque d'hygiène, la mal nutrition et la promiscuité. Si la pathologie infectieuse est banale, il faut remarquer l'absence actuelle de cancer bronchitique vraisemblablement liée au caractère récent de l'introduction de la cigarette blonde (BRIANCON, 1980).

c) La pathologie gastro-intestinale : Elle représentait 11,5 % des hospitalisations en 1975.

C'est la gastrite qui prédomine et aurait une éthiologie psychosomatique (en particulier chez les femmes citadines) et alimentaire (utilisation de piments). Puis viennent les inflammations intestinales et les affections des voies biliaires (lithiase) et hépatiques (cyrrhose et hépatite). Il faut remarquer que le cancer du foie est rare.

d) La pathologie uro-génitale : Elle représentait 9 % des hospitalisations en 1975. Les lithiases urinaires sont très fréquentes de même que les infections urinaires. Ainsi sur 90 urgences reçues par LENOIR à l'hôpital de Hoddeidah 15 étaient dues à des coliques néphrétiques.

d) La pathologie oculaire: D'après l'ophtalmologue GOLOVINE (1957), elle est très importante et se répartit principalement en kerato-conjonctivite épidermiques et en atteintes microbiennes ou virales (le trachome représentant 20 % des cas). On peut aussi mentionner la pathologie cardio-vasculaire où on note une pathologie valvulaire rhumatismale fréquente, la rareté de la pathologie coronarienne, et une pathologie psychosomatique qui atteint surtout les femmes. Si l'on compare la répartition des plantes médicinales classées en fonction de leur principale indication avec la pathologie au Yemen, plusieurs remarques s'imposent :

- la prépondérance des maladies infectieuses et des infections dermatologiques au Yemen est étroitement liée au manque d'hygiène et de prévention ainsi qu'à la promiscuité ; il en résulte une mortalité infantile en 1975 de 40 %. Ceci explique la 1ère place prise par les plantes anti-infectieuses administrées en usage externe ; cependant les maladies dermatologiques n'apparaissent pas dans les statistiques d'hospitalisation, car elles ne suscitent une hospitalisation que dans les cas les plus graves, et les hôpitaux ne sont implantés que dans les villes.

- les plantes à propriétés analgésiques constituent un groupe à part qui n'apparaît évidemment pas dans la pathologie.

- pour le reste, la thérapeutique reflète parfaitement la pathologie yemenite : parmi les 5 causes d'hospitalisation les plus fréquentes au Yemen, 4 se situent dans les 6 premières catégories de plantes médicinales : la pathologie parasitaire, respiratoire, urinaire et oculaire. On remarque aussi la coïncidence entre l'absence de plantes antitumorales et la rareté de la pathologie cancéreuse.

B) Relations entre les plantes médicinales et le milieu

Les espèces médicinales ont été réparties en fonction de leur chorologie :

Origine	Nombre d'espèces	Pourcentage
Espèces cultivées	21	19
Espèces importées	20	18
Ethiopie-Yemen	17	16
Saharo-sindiennes	8	8
Endémiques	7	6
Afrique trop. Asie Ouest	7	6
Mer Rouge - Arabie	6	5
Afrique Inde	5	5
Tropicale - Subtropicale	4	4
Espèces introduites	4	4
Ancien monde	3	3
Asie Ouest	2	2
Divers	4	4
TOTAL	108	100

Mis à part les espèces importées et les espèces cultivées on remarque :

- que ce sont les espèces communes des hauts plateaux du Yemen et d'Ethiopie qui dominent (il doit exister des similitudes entre les thérapeutiques africaines et yemenites) ainsi que les espèces saharo-sindiennes et les endémiques

- que la médecine traditionnelle a sélectionné des espèces médicinales de tous les biotopes et qu'elle a intégré aussi des espèces introduites plus récemment comme l'eucalyptus ou le Thevetia peruviana.

C) Relations entre la pharmacopée yemenite et les médecines grecques et arabes

1 - L'origine de la connaissance des plantes médicinales

Plantes médicinales citées dans la littérature			Plantes	Nbre de	%
Grecque	Arabe jusqu'au 13è s	Arabe du 18è s	du Yemen	plantes	
+	+	+	+	48	43
			+	34	32
	+	+	+	15	14
	+		+	6	6
		+	+	2	2
+	+		+	2	2
+			+	1	1
		TOTAL		108	100

Ce tableau met en évidence l'influence de la médecine arabe classique sur la médecine traditionnelle yemenite puisque 43 % des espèces médicinales appartiennent à une "matière médicale" commune déjà connue des grecs puis véhiculée et perfectionnée par les arabes. Il faut noter que le 1/3 des espèces ne figure pas dans la littérature et constitue donc un apport important et original de la médecine traditionnelle du Yemen. 15 % des espèces utilisées n'étaient décrites que par les auteurs arabes, d'autres espèces médicinales abandonnées par les auteurs arabes du 18è siècle ont été reprises par les Yemenites.

2 - L'origine des indications thérapeutiques

Espèces médicinales dont les indications thérapeutiques sont :	Nombre de plantes	%
propres au Yemen	56	54
empruntés à la médecine arabe classique	35	34
empruntés à la médecine grecque	6	6
empruntés à d'autres médecines (occidentales, etc...)	6	6
TOTAL	103	100

Le tableau ci-dessus met en évidence la grande originalité de la médecine traditionnelle yemenite car plus de la moitié des indications thérapeutiques sont propres au Yemen et ne figurent pas dans la littérature : en d'autres termes, la thérapeutique yemenite a évolué de manière originale à partir du vieux fond gréco-arabe, ce qui n'est pas étonnant,vu la position géographique excentrée et le fort endémisme de cette région.

Conclusion

Cette approche de la médecine traditionnelle nous montre :

- son appartenance et son intégration à la médecine arabe classique; il existe un fond commun de drogues que l'on retrouve dans tout le monde arabe du Moyen-Orient à l'Afrique du Nord ;

- sa profonde originalité due :

. à un apport important d'espèces nouvelles (32 %) et d'indications thérapeutiques non décrites dans la littérature (54 %) ;

. à la diversité des régions géobotaniques auxquelles ces plantes appartiennent ;

. à l'intégration de thérapeutiques nouvelles émanant de découvertes plus récentes ou d'espèces introduites, démontrant l'évolution constante des thérapeutiques traditionnelles ;

- son intérêt comme reflet fidèle de la pathologie locale.

Cette approche synthétique des thérapeutiques et pharmacopées du Yemen devrait nous permettre d'orienter notre choix vers des espèces médicinales originales, tant du point de vue botanique que culturel ou thérapeutique, afin d'entreprendre une recherche pharmacologique et chimique approfondie.

BIBLIOGRAPHIE ABD ER-REZZAQ ED-DJEZAIRY traduit par LECLERC L. 1974. *Kachef er-roumouz, Révélation des énigmes ou traité de matière médicale arabe*. Ed.Leroux E. Paris, 381 p. // AMMAR S. 1965. *En souvenir de la médecine arabe*. Ed. Bascone et Muscat, Tunis, 218 p. // BRIANCON D. 1980. *Deux années de pratique médicale en république arabe du Yemen, bilan et réflexions*. Thèse méd., Nancy, 257 p. // BROWNE G. 1933. *La médecine arabe*. Ed. Librairie Coloniale et Orientaliste, La Rose, Paris, 173 p. // FAUVEAU V. 1978. *Vers un plan de santé maternelle et infantile au Yemen*. Thèse méd., Toulouse, 150 p. // FLEURENTIN J., PELT J.M. 1982. Repertory of drugs and medicinal plants of Yemen. *J. of Ethnopharmacology* 6 (1):85-108. // GANORA R. 1931. Flora medicinale dello Yemen. *Arch. Ital. Sci. Med.* 12, 288-309. // GOLOVINE S. 1957. Quatre ans et demi au service de sa majesté l'imam du Yemen. *Presse Med.*, 65:193-194. // IBN EL-BEITHAR traduit par LECLERC L. 1877-1883. *Traité des Simples*. Ed. Imp. Nat., Paris, 1, 478 p.; 2, 492 p.; 3, 483 p. // LECLERC L. 1876. *Histoire de la médecine arabe*. Ed. Leroux E., Paris, 1, 558 p.; 2, 527 p. // Ministry of health of the Y.A.R., National health programme 1976/1977-1981/1982. Sanaa, YAR, 200 p. // MOUTIER L. 1928. *La thérapeutique de l'Islam*. Thèse Pharmacie et méd., Toulouse, 196 p. // PELT J.M., HAYON J.C., YOUNOS C. 1965. Plantes médicinales et drogues de l'Afghanistan. *Bull. Soc. Pharm. Nancy*. 66:16-77. // PELT J.M. 1970. Traditions thérapeutiques et pharmacopées empiriques de l'Afrique occidentale. *Bull. Soc. Pharm. Lille*. 2, 15 p. // PELT J.M. 1980. Les plantes médicinales dans les perspectives de l'écologie. *Rev. med. Fonctionnelle*: 25-46. // QEDAN von S. 1974. Heimische Arzneipflanzen des arabischen Volksmedizin, *Planta medica*. 26(1):65-74. // RENAUD H.P.J., COLIN G.S. 1934. *Tuhfat al-ahbâb, Glossaire de la matière médicale marocaine*. Ed. Libr. Orientaliste, Geuthner P., Paris, 282 p.

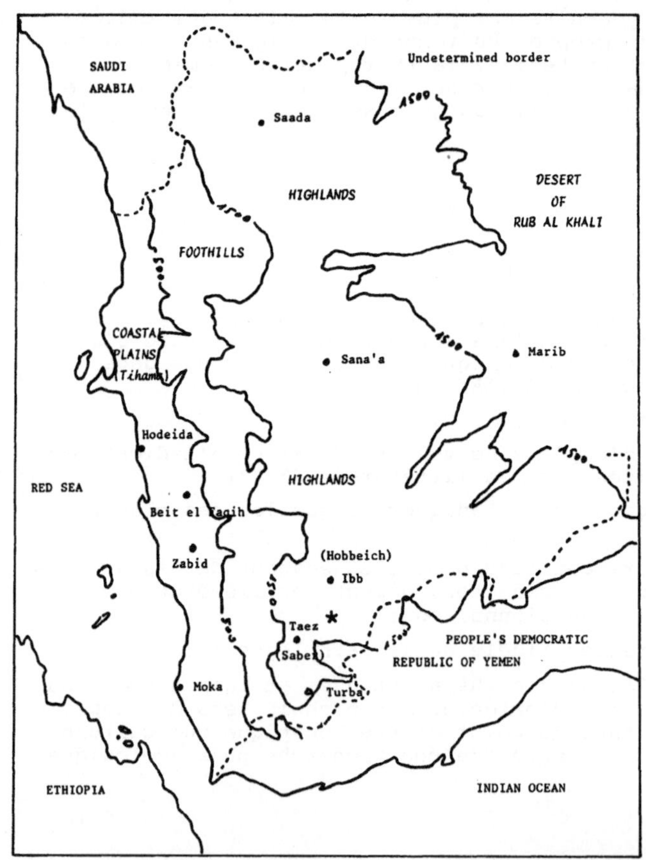

Yemen Arab Republic.
Scale 1:2 000 000.
Approximate contours:
500 m and 1500 m
* Taez

Herbalism in Seychelles

Henk J. G. Bilo / Corry E. Bilo-Groen

SUMMARY Geography, people and witchcraft of the Seychelles are described briefly. A list of locally used medicinal herbs has been prepared; local name, English name, botanical and family name are given, preparation, use and agegroup for which used are described. Some comments about our own experiences, beneficial as well as harmful, are added. Finally, some other, non-herbal local medicines are mentioned.

ZUSAMMENFASSUNG Geographie, Bevölkerung, Phytotherapie und Magie auf den Seychellen werden kurz beschrieben. Es folgen eine Liste der lokalen Heilkräuter, geordnet nach dem lokalen Namen, dem englischen, dem botanischen und dem der botanischen Familie, sowie der Zubereitung, dem Gebrauch und der Alterzielgruppen, sowie Beobachtungen zur Verträglichkeit.

RÉSUMÉ L'auteur décrit brièvement la géographie, la population, la phytothérapie et la magie des Seychelles. Il rapporte une liste de plantes médicinales en indiquant pour chacune : nom vernaculaire, nom anglais, nom botanique, famille botanique, préparation, emploi et âge du patient pour l'application. Il fait également quelques observations sur l'action des remèdes. gm

GEOGRAPHY: The Republic of Seychelles is an independent country, consisting of some 92 islands, scattered over 388.000 square kilometers of the Indian Ocean. The total landarea is small, only 440 square kilometers. The total population at present is around 64.000. The North-Eastern group of 42 islands is a granite-formation on which most of the population is concentrated. The total surface-area of these granite-islands is about 232 square kilometers. The most important and largest island is Mahé (145 square kilometers); here one finds about 88% of the population. The capital and only town of consequence is Victoria on Mahé. The other two main islands are Praslin and la Digue, which lie 5 miles apart and 25 miles east of Mahé, with together about 10% of the population. The coralline islands are scattered over a large area of ocean. Most of these islands are uninhabited, but on some islands plantation and agriculture are possible. Here one finds small labourforces, consisting mainly of contractworkers. These people and the inhabitants of the other granitic islands make up about 2% of the total population.

POPULATION: The population is a mixture of negroes, whites, chinese and indians, with as a result a very handsome type of people. It is not without reason that some visitors describe the women on the islands as the most beautiful women on the world. There are no original inhabitants of the Seychelles. Around 1750 Frenche settlers from Mauritius (at that time named 'Ile des France') with their black slaves started the colonisation. The English took over in the Napoleontic time and made this official in 1815. The population grew quickly in the first half of last century, when the English fleet transported freed negroes from captured slavetraders to these islands. Many of these blacks had their roots in Western Africa. This inheritance still has its influence of the traditions of the Seychellois, also of course on the witchcraft and herbalism. Both are part of life on these islands. Influence is quickly diminishing now, but certainly in the lower layers of the community, especially in those people of African descendence, superstition and faith in herbalism still play an important role.

Friedr. Vieweg & Sohn Verlag, Braunschweig/Wiesbaden

HERBALISM: Especially the "white" witches often have a good knowledge of medicinal herbs and use them frequently. These people, partly witch, partly *weirdo*, partly herbalist are called *bonhommes du bois*, the good and wise men of the forest. These wise men however are not the only ones who like to prescribe the good things of nature. Again old women too have a good knowledge of the herbs one can use. This information is handed over from generation to generation, resulting in the treatment of lots of minor diseases by these 'grand-mères' or 'tantines', with often reasonable to good results. They especially like to use a certain type of brew, the 'rafrâichissement' (freely translated: refreshment), a sort of tea prepared from various roots, leaves and/or flowers on its own or in combination. A rafrâichissement is believed to clean the body-organs of noxious substances, to remove the bile, to steady the liver, to clean the kidneys, etc., etc.

WITCHCRAFT: Witchcraft will only be superficially described, since the main issue of this article will be herbalism. Regarding the witchcraft some observers think to see a certain similarity with the voodoo culture on Haiti and other Caribbean islands. The Seychellois expression for their witchcraft is *grigri*. Two types of *grigri* exist as opposites: the black and white one. Black *grigri* is the evil, the destructing witchcraft and white *grigri* is the good, the restoring one. A *grigri*-man or -woman receives the knowledge either by training in the own family (most common) or sometimes as a trainee of a witch with a more than local fame. Most witches see their work as a fulltime job, but some old women like also parttime spellcasting. Some remarkable items are regarded to be necessary for good witchcraft, e.g. a big mass book, a tall candle (if possible black), black cats, sometimes puppets who resemble persons, etc.

Witches are specialised in either the white or the black *grigri*. A spell of black *grigri* is often asked for by an enemy of the future victim. The amount to pay for this service depends on the extent of the ill-wishing. A private item of the victim often facilitates the spellcasting. Many people, who feel themselves bewitched by black *grigri*, have strong reactions of fear, sometimes resulting in hysterical outbreaks, sometimes in unexplained symptoms of sickness, but always in a deep hate towards the one who asked for the witchcraft. They will go very far to get to know the name of the enemy. Of course in their fear they quite often accuse innocent people. Violent reactions are certainly possible, but the witch himself never seems to be attacked.

Another possibility is to go to a 'white' witch, who can try to exorcise the evil by means of his white *grigri*. Such a remedy can take time, but most often people feel much better after a consultation with a good man. Not always however, the struggle between good and bad has a good result. White *grigri* can also be asked for in a preventive way. When a child is born, parents can ask for a protective device. The white witch prepares a small packet with in it e.g. some herbs, spices, stones, animal bones, etc. This tightly packe 'medaillon' can be attached to the inside of the clothes. This protection is believed to be quite effective, but certainly not absolute.

METHODS: During our stay of two years in Seychelles we were able to make many good Seychellois friends. After a stay of five months on the the main island Mahê, we were sent to Praslin, the second largest island. On this island contact with herbalism was more or less a fact of every day' life. In the outpatient-department and on home visits we saw herbs used so many times, that we got interested in it and started collecting information. Thanks to some nurses and one of the ambulancedrivers we were able to make contact with several 'bonhommes du bois', who after a first period of cautiousness were willing to provide us with some information. Other informants were again the nurses and some the members of the hospital staff. Especially important for the recipes used for children were the talks with some old 'tantines'. One very good Seychellois friend, coming form a family of 'vieux blancs', descendent of one of the original planters families, had a great deal of knowledge about the flora and fauna of the islands. He showed us part of the herbs mentioned in the list and provided us with translations in French or English of the original Creole names of many of the herbs. His niece was a great help in this too. Creole is a mixture of French and African languages, with some English influences. In the normal contacts with the old 'tantines' and 'bonhommes du bois' this was the language used. With other people either Creole, French or English was used. Information coming from Praslin was as much as possible double-checked with another informant, a nun working was a sister in the main hospital at Mahé. She too added information to the list.

The plants and ferns could be ordered toxonomically thanks of the remarkable booklet of BAILEY, 'List of the flowering plants and ferns of Seychelles', without which this article probably would not have been possible. Part of the herbs and their effects we have been able to see and use ourselves; part of the information we have accepted in good faith. Although we cannot say with certainty that all information in this list is completely true, it gives still a good idea of the herbalism in Seychelles. The list is in alphabetical order, according to the local creole name. Local name, botanical and family name are given, the english name is mentioned as often as possible. The medicinal use is described together with the mode of preparation; as far as known the age group for which the medicine is used is mentioned.

OBSERVATIONS: Some of these local medicines are remarkable effective. One of the most potent mixtures is an extract of avocadobark, ginger and 'trainasse' (*Euphorbia prostrata L.*). Its use results in strong uterus-contraction, often followed by abortion. The reason for this effect is probably the high quinine-concentration of the components. Many coughmixtures help well in common cold. A hot lemon-half as a remedy for paronychia gives good results, but this cure is a painfull one! Basil and mint are a good and safe drink for windpain in babies. The described mixture for continuous fever (see citronelle) indeed seems to bring the temperature down. Coconut oil gives a good result in constipation, sometimes even resulting in diarrhoea. Onion and 'corossol' probably take away the dizziness in alcoholabuse, but vomiting certainly was a common side-effect. Sensitive plant in cases of teething with fever had a positive effect, which we are not able to explain, but was remarkable in some cases. No case of the use of 'capillaire' in measles was observed, since measles is nearly eradicated.

Other mixtures can be useless or even dangerous. Again the mixture described above needs mentioning. Quinine-intoxication is possible, but when taken on the end of the pregnancy to induce labour, it can result in a dead child because of the hypertonic reaction of the uterus, and sometimes even in uterusrupture. V.D. treatment with he herbs is useless and again dangerous in epidemiological aspect, also regarding the complications.

As a whole however, there are far more beneficial uses for these herbs than dangerous ones. In a short separate list we give some examples of other local medicines, not of herbal origin. Especially eggwhite we used every now and then in vomiting. This was taken reasonably well (maybe because it is such a light nutrient?).

Local name	engl. name	Botan. name	family name	used for/as	age group	preparation
aigrette or fleur d'aigrette		*Caesalpinia pulcherrima L.*	LEGUMINOSAE	asthma	adults	prepare a brew and drink
ail	garlic	*Allium sativum L.*	ALLIACEAE	hypertension	adults	a strong dose in the food
arouroute	arrow-root	*Maranta arundinacea L.*	MARANTACEAE	'refreshment' kid-neydisease cystitis	adults	boil and drink the water
ecorce d'avocat	avocado-bark	*Persea ameri-cana Mill.*	LAURACEAE	abortion	adults	prepare a strong brew and drink; preparation in com-bination with ginger and 'trainasse'
ayapana		*Eupatorium ayapana L.*	COMPOSITAE	upset or heavy stom-ach, indigestion stomachpain, head-ache	adolescents adults	prepare a brew and drink
ayapana sauvage (natchouli)		*Justicia gendarussa L.*	ACANTHACEAE	certain skinconditions		boil the leaves and apply locally
graine de damier	nut of the Indian Al-mond tree	*Terminalia cattappa L.*	COMBRETACEAE	wormcrisis	children	crush a nut with sugar and give it to the child in the evening, followed by a dose of Epsom's salt next morning
bambara		*Voandzeia sub-terranea Thou*	LEGUMINOSAE	relaxation	babies	prepare a brew with some leaves and give to drink
balsamine	balsam	*Impatiens walleriana L.*	BALSAMINACEAE	paronychia	all ages	flower is used to prepare a hot solution to soak the finger
basilic de France or Tox maria	basil	*Ocimum basilicum L.*	LABIATAE	windpain	babies	prepare a brew and give to drink
basilic (petite feuille)	basil	*Ocimum sanctum L.*	LABIATAE	windpain	babies	prepare a brew and give this tepid to drink with a bit of sugar
gros baume		*Plectranthus aromaticus L'Herit.*	LABIATAE	cough	children adults	prepare a brew and take with honey or sugar; pre-paration in combination with 'jacobet' and pat-chouli

belle de nuit	four o'clock or marvel of Peru	*Mirabilis jalapa L.*	NYCTAGINACEAE	any type of sores	all ages	apply locally
bois cateau		*Brexia madagascariensis Nor.*	BREXIACEAE	refreshment	adults	prepare a brew of the leaves and drink
ecorce de bois chauve-souris or bois jaune		*Ochrosia oppositifolia Juss.*	APOCYNACEAE	bloodpurification	adults	soak in tepid water and drink a cup every early morning
bois doux		*Craterispermum microdon Benth.*	RUBIACEAE	refreshment in case of syphylis	adults	prepare a brew and drink
bois joli coeur		*Pittosporum wrightii Banks.*	PITTOSPORACEAE	refreshment in case of menopausal compl.	adults	prepare a brew and drink
bois malgache or calli		*Euphorbia tirucalli L.*	EUPHORBIACEAE	diarrhoea, nausea, indigestion	adults	prepare a brew of the leaves and drink
bois savon or savonnier		*Colubrina asiatica Rich.*	RHAMNACEAE	refreshment in case of syphylis	adults	prepare a brew of the leaves and drink
bois sureau		*Premna obtusifolia L.*	VERBENACEAE	refreshment in colicky pains	adults	prepare a brew of the leaves and drink
bois tabac or veloutier à tabac fleurs	tree Heliotrope	*Tournefortia argentea L.*	BORAGINACEAE	refreshment in hernia	adults	prepare a very strong brew of the leaves and drink
brêde morongue		*Moringa oleifera Andans.*	MORINGACEAE	leaves-liverdiseases roots-rheumatism	adults adults	boil the leaves and drink; crush roots very well and mix with kitchen salt and vinegar; then apply on the affected part of the body for a sufficient period of time; preparation in combination with papayer.
coeur de canne à sucre	sugarcane	*Saccharum officinarum L.*	GRAMINEAE	refreshment	all ages	take the heart, boil and drink.
capillaire		*Adiantum caudatum L.*	ADIANTACEAE	measles	children	prepare a brew and give to drink.

Local name	engl. name	Botan. name	family name	used for/as	age group	preparation
casse puante		*Cassia occidentalis*	LEGUMINOSAE	cough	all ages	prepare a brew of the leaves and drink; seeds can be used as coffee.
catêpen	candle bush ringwormplant	*Cassia alata L.*	LEGUMINOSAE	ringworm	all ages	apply leaves locally.
citronelle	lemongrass	*Cymbopogon citratus Spreng.*	GRAMINEAE	continuous fever	adolescents adults	boil everything together and make with it a bath as hot as possible; prepare a brew of lime-roots or lime-seeds to drink and to sweat; dry very well.
citronnier	lemontreee	*Citrus medica L.*	RUTACEAE			
limonier		*Citrus acida L.*	RUTACEAE			
eucalyptus		*Eucalyptus*	MYRTACEAE			
canellier	cinnamon	*Cinnamomum zeylanicum Schaeffer*	LAURACEAE			
citrodora bois nounou						
citronnier	lemontree	*Citrus medica L.*	RUTACEAE	leaves-teething	babies	boil the leaves and bath the baby in the water when it is tepid.
				lemon-paronychia	adults	heat, cut in half and stick the affected finger in the warm lemon.
cocotier	coconuttree	*Cocos nucifera L.*	PALMAE	V.D.		boil the roots and drink
coco	coconut	different species		constipation	babies	take the oil of ripe coconuts and give one`teaspoon as pur - gative;
				sunstroke	adolescents	take the joice of a 'coco tendre' (unripe coconut) and apply on the head in an in- verted glass.
				bronchitis	adults	heat 'pounac' (the residue of coconut), put it in a cloth and apply on the chest.
coquette	yellow alder	*Turnera ulmifolia L.*	TURNERACEAE	eyediseases	adolescents adults	prepare a brew of the flowers and wash the eyes with it.
corossol		*Annona muricata L.*	ANNONACEAE	dizziness in alcoholabuse	adults	crush the leaves and take a smell; preparation in combi- nation with oignon.

Friedr. Vieweg & Sohn Verlag, Braunschweig/Wiesbaden

fataque		*Panicum maximum L.*	GRAMINEAE	refreshment	adults	prepare a brew of the leaves and drink.
fleur poison or fleur du diable	garden datura or thornapple	*Datura metel L.*	SOLANACEAE	asthma	adults	dry the flowers and smoke like a cigarette.
gingembre	ginger	*Zingiber officinale Boehm.*	ZINGIBERACEAE	abortion	adults	prepare a strong brew and drink preparation in combination with avocadobark and trainasse
goyavier	guava	*Psidium guajava L.*	MYRTACEAE	relaxation	adolescents adults	boil guava-hearts in a litre of water and boil down to a cupful
herbe chatte		*Acalypha indica L.*	EUPHORBIACEAE	catarrh	babies	crush to extract the juice and whip with honey; give one or two teaspoons to the baby;
				refreshment	all ages	prepare a brew to drink
herbe cochon		*Commelina Benghalensis L.*	COMMELINACEAE	refreshment		prepare a brew to drink
herbe de feu or herbe rouge or herbe de riz		*Striga asiatica Striga hermonthica Lour.*	SCROPHULARIACEAE SCROPGULARIACEAE	refreshment in case of V.D.	adults	prepare a brew to drink
herbe dure		*Sida rhombifolia L.*	MALVACEAE	overexcitement	adults	boil the leaves and take a bath in the tepid water
				refreshment	adults	prepare a brew and drink
herbe guérit vite or herbe de flacque		*Sigesbeckia orientalis L.*	COMPOSITAE	refreshment in windpain	all ages	preapre a brew and drink
herbe job or herbe collier		*Coix lachryma-jobi L.*	GRAMINEAE	refreshment in case of menopausal compl.	adults	prepare a brew and drink
herbe patte de poule or chiendent patte de poule		*Eleusine indica Gaertn.*	GRAMINEAE	sprains	all ages	crush the leaves; mix with salt and apply on the sprain with a bandage
jacobet or marron		*Gynura sechellensis Cass.*	COMPOSITAE	cough	all ages	prepare a brew and drink with honey or sugar; preparation in combination with 'gros baume' and patchouli

Local name	engl. name	Botan. name	family name	used for/as	age group	preparation
jean robert	lettuce	*Euphorbia hirta L.*	EUPHORBIACEAE	refreshment	adults	prepare a brew to drink
laitue	lettuce	*Lactuca sativa L.*	COMPOSITAE	insomnia	adults	take with a meal in the evening
lantana or vieille fille	lantana	*Lantana camara L.*	VERBENACEAE	cough	adults	prepare a brew and drink
liane d'argent		*Argyreia speciosa Lour.*	CONVOLVULACEAE	headaches	adults	prepare a brew of the leaves and drink
mais	corn	*Zea mays L.*	GRAMINEAE	refreshment	adults	prepare a brew of the 'barbe de mais' and drink
manioc or cassava or tapioca	manioc	*Manihot esculentus Mill.*	EUPHORBIACEAE	tubercles	adults	apply locally
melon d'eau	watermelon	*Citrullus lanatus Schrad.*	CUCURBITACEAE	pimples	all ages	apply locally
modestie	glorybower	*Clerodendrum fragrans L.*	VERBENACEAE	headaches	adults	apply the leaves on the middle of the hairy head
monte au ciel or dacca	lion's ear	*Leonotis nepetaefolia Pers. Pers.*	LABIATAE	refreshment in case of hernia	adults	prepare a brew and drink
oignon	onion	*Allium sepa L.*	ALLIACEAE	dizziness in alcoholabuse	adults	crush and take a smell; preparation in combination with 'corossol'
papayer	pawpaw	*Carica papaya L.*	CARICACEAE	rheumatism	adults	crush the roots well and mix with salt and vinegar; then apply on the affected part for a sufficient in combination with 'brède morongue'
patate	plantain	*Ipomoea batatas L.*	CONVOLVULACEAE	eyediseases	adolescents adults	prepare a brew and wash the eyes with it
patchouli	patchouli	*Pogostemon cablin Desf.*	Labiatae	cough	all ages	prepare a brew and drink with honey or sugar; preparation in combination with 'gros baume' and 'jacobet'

patte de lézard		*Selaginella sp. Beauv.*	SELAGINELLACEAE	rasch and sores	babies	prepare a brew with some leaves and give to drink; preparation in combination with 'villaqua'
feuille de piment		*Piment (3 sorts) Capsicum*	SOLANACEAE	furuncles and abscesses	adults	warm the leaves of the piment; soak in ricinusoil and apply
ricin or palma christi or tantan		*Ricinus communis L.*	EUPHORBIACEAE			
poivre camphre	pepper camphor	*Piper nigrum L.*	PIPERACEAE	common cold	babies	put a piece of camphor and some peppercorns in a small piece of cloth and attach to the underwear of the baby
quatre-épice	allspice	*Pimenta officinalis Lindl.*	MYRTACEAE	hypertension	adults	prepare a brew and drink
menthe	mint	*Mentha Arvensis L.*	LABIATAE	windpain	babies	prepare a brew with the leaves and give a tepid drink
rose amère or saponaire	madagascar periwinkle	*Catharanthus roseus G.Don.*	APOCYNACEAE	hyptertension bloodpurification liverdiseases	adults	soak leaves and/or roots in tepid water and drink a cupfull early every morning
sensitive or herbe sensible	sensitive plant	*Mimosa Pudica L.*	LEGUMINOSAE	teething with fever or convulsions	babies	prepare a brew and add this to a tepid bath for the baby
tantan or ricin or palma christi		*Ricinus communis L.*	EUPHORBIACEAE	headaches	adults	prepare a brew of the leaves and drink
trainasse blanche		*Euphorbia prostrata L.*	EUPHORBIACEAE	abortion	adults	prepare a brew of the leaves with salt and drink; preparation in combination with avocadobark and ginger
trainasse rouge		*Euphorbia prostrata var L.*	EUPHORBIACEAE			
villaqua or bevilaqua		*Centella asiatica L.*	HYDROCOTYLACEAE	refreshment in anorexia	adults	prepare a brew and dring; preparation in combination with 'patte de lézard'.

Some other local medicines

blanc d'oeuf	eggwhite	vomiting	all ages	whip till stiff and add boiled water; to be taken in small amounts
sable chaud	hot sand	bronchitis	adults	apply the hot sand on the chest.
sel lavage	Glauber's salt	blood-purification	adults	mix lemon, tepid water and Glauber's salt; drink one teacup every morning
farine	flour	relaxation	adolescent adults	make a solution of flour and water; use as magnesium-milk
graisse de poule	chickenfat	earaches	adolescent adults	melt the fat 'au bain marie' and put one drop in the ear

LITERATURE

BAILEY D. 1971. *List of the Flowering Plants and Ferns of Seychelles with their Vernacular names*. 3rd. Edition. Seychelles.

HARRIS L. 1972. *Seychelles - The Territory in Retrospect from Antiquity to Modern Times*.

LIONNET G. *Striking plants of Seychelles*.

Annual Report of the Ministry of Labour, Health and Welfare. Department of Health for the Year 1978.

Added by the editor:

ADJANOHOUN E.J., ABEL A., AKEASSI L., BROWN D., CHETTY K.S., CHONG-SENG L., EYMÉ J., FRIEDMAN F., GASSITA J.N., GOUDOTÉ E.N., GOVINDEN P., KEITA A., KOUDOGBO B., LAI-LAM G., LANDREAU D., LIONNET G., SOOPRAMANIEN A. 1983. *Médecine traditionelle et pharmacopée. Contribution aux études ethnobotaniques et floristiques aux Seychelles*. Paris: Agence de Coopération Culturelle et Technique (ACCT). ISBN 92-9028-046-8.

 Ethnobotanik Sonderband 3/85, 403–410

Jamu - die traditionellen Arzneimittel Indonesiens

Klaus D. Rehm

ZUSAMMENFASSUNG Seit Jahrhunderten sind indonesische Volksheilmittel (*jamu*) im Gebrauch, und ihre Verbreitung erstreckt sich über den gesamten Archipel. Eine Einteilung kann in zwei Gruppen erfolgen, nämlich in Frischpflanzenzubereitungen und in Zubereitungen aus getrocknetem Pflanzenmaterial. Erstere werden als JAMU GENDONG über Hausiererinnen vertrieben, während letztere als JAMU TEPUNG, als Pulverdroge in bunte Beuteln verpackt, oder al JAMU GODOGAN, als Infus und als JAMU MODERN als Pillen, Tabletten, Sirupe usw. auf den Basaren, im Kräuterladen, dem TOKO JAMU und dem TOKO OBAT erhältlich sind.
Die Philosophie der Jamu besteht darin, daß sie zur Verhütung und Unterdrückung von physiologischen Störungen angewendet wird. Die Behandlung zielt auf die Heilung des ganzen Körpers ab und nicht nur auf die Beseitigung der Symptome. Dies wird am Beispiel der Nierensteinbehandlung gezeigt. Als echte Volksmedizin gibt es Jamu für alle Situationen und Krankheiten und für kosmetische Zwecke. Letztere wurde in den Sultanpalästen Zentral-Javas zur beachtlichen Blüte entwickelt. Die Qualitätskontrolle bereitet große Schwierigkeiten wegen der komplexen Zusammensetzung der *jamu*, d.h. der bis zu 15 verschiedenen Drogen und der zahlreichen Inhaltsstoffe jeder einzelnen Drogenkomponente. Der überwiegende Teil der Inhaltsstoffe ist unbekannt, die Pflanzen unerforscht. Die wissenschaftliche Ausrüstung ist unvollständig und das Personal noch nicht auf die Aufgaben vorbereitet. Die mikrobiologische Kontamination, bei pflanzlichen Drogen besonders hoch, stellt ebenfalls ein Problem dar. Augenblicklich beschränkt sich die staatliche Kontrolle auf die Identifizierung der Drogenbestandteile und auf die Prüfung von Verschnitt mit synthetischen Arzneimitteln.

Ein Vergleich von modernen, synthetischen Arzneimitteln mit Jamu zeigt, daß Jamu sehr gute Wirkungen hat. Auf Grund der Begleitstoffe ist mit geringeren oder gar keinen Nebenwirkungen zu rechnen, wobei allerdings der Wirkungseintritt im Vergleich zu Monosubstanz in der Regel später erfolgt. Darauf beruht die von B. SUTRISNO vorgetragene SEES-Theorie. SEES steht für Side Effect Elimininating Substance oder für Secondary Effectiveness Enhancing Substance. Die Theorie besagt, daß SEES-Substanzen in Medizinpflanzen, nicht aber in synthetischen Substanzen vorkommen und gemäß beider Bedeutung wirken können, d.h. Nebenwirkungen nicht oder gemildert auftreten und Wirkungssteigerungen zu finden sind. Zwei Beispiele hierzu werden besprochen, nämlich die Glykoside der Digitalisblätter und die Alkaloide der Rauwolfia-Wurzel und einer kritischen Diskussion unterzogen. In obigem Zusammenhang wird noch auf die Bakterienresistenz von Penicillin eingegangen. - Die Erforschung der Jamu sollte sich daher nicht nur auf die Isolierung und Prüfung von Monosubstanzen beschränken, auch der Pflanzengesamtextrakt muß einem Screening unterzogen werden. Zum Schluß wird noch auf die spezielle Situation der Forschung in Indosesien und auf die vorhandenen Schwierigkeiten eingegangen.

SUMMARY The delimitation and classification of *jamu* are explained, also its philosophy and the application in the medical and cosmetical field. The difficulties of examination are discussed. The author puts out the values of jamu and gives some examples of the SEES-theory. Finally he throws some glimpses on the research in traditional medical plants in Indonesia.

RESUME La délimitation et la classification des *jamu* sont expliquées et on parle rapidement de la philosophie et de l'application dans le domaine médical et cosmétique. La problématique des essais est discutées. Il est ensuite discuté de la valeur des jamu et on explique les théories en les illustrant par quelques exemples. Enfin, on aborde la recherche dans le domaine des médicaments traditionnels de l'Indonésie. gm

Friedr. Vieweg & Sohn Verlag, Braunschweig/Wiesbaden

Die traditionellen Arzneimittel in Indonesien bestehen zum überwiegenden Teil aus pflanzlichem, weniger, wie z.B. in der chinesischen Medizin, die ebenfalls in Indonesien vorkommt, auch aus tierischem Material. Der Artenreichtum der Flora in der südostasiatischen Region ist überwältigend, teilweise noch unerforscht, sodaß sich daraus eine Fülle von, oft regional abgegrenzten, Medizinalpflanzen anbietet. Jamu ist über Jahrhunderte in Indonesien im Gebrauch. Ihr Nutzen empirisch ermittelt, ihre Wirkung erkannt und daher sollte JAMU nicht mit unseriöser Quacksalbermedizin, die ebenfalls aus Pflanzenmaterial besteht, in einen Topf geworfen werden. Hier sei an die Verhältnisse in Europa erinnert, wo wertvolle Arzneipflanzen, wie Baldrian, Kamille, etc..., heute noch im Gebrauch sind.

JAMU kann in zwei Gruppen unterteilt werden, nämlich in Zubereitungen aus Frischpflanzen und in Zubereitungen aus getrocknetem Pflanzenmaterial :

1. Frischpflanzenzubereitungen werden von Einzelpersonen hergestellt, die sie für den Eigengebrauch verwenden oder kranken Verwandten oder Nachbarn geben. Ferner werden sie von den DUKUNS, den Heilkundigen im Dorf- oder Stammes-Verband benutzt. Diese Frischpflanzenzubereitungen sind Familiengeheimnisse, nicht gekennzeichnet oder ettikettiert, sie unterliegen daher auch nicht der Registrierungspflicht. Die populärsten Frischpflanzenpräparate sind die JAMU GENDONG (=JAMU=Volksmedizin, GENDONG=in einem Korb, Kraxe auf dem Rücken tragen). Vertrieben werden diese JAMU GENDONG von jungen Frauen, die von Haus zu Haus gehen. Einige sind sehr schön, hübsch mit SARONG und KEBAYA bekleidet, ein charmantes Lächeln aufgesetzt. Es ist daher nicht verwunderlich, wenn hübsche JAMU GENDONG - Hausiererinnen ihre Ware schneller verkaufen als solche mit einer nicht so attraktiven Erscheinung. Sie haben nur ein kleines Angebot von den beliebtesten trinkfertigen Medizinen, die sie - wie oben erwähnt - in einem Korb, der mittels eines SLENDANG (=Batikschal) am Rücken getragen wird. In der Hand tragen sie einen Wasserkübel, der zum Spühlen der mitgeführten Trinkgläser dient. Die JAMU wird portionsweise aus großen Flaschen, die sich im Korb befinden, in die Trinkgläser an die Kunden ausgeschenkt. Die Herstellung der JAMU wird täglich oder wöchentlich zuhause im Kampong (Dorf) von der JAMU GENDONG -Hausiererin alleine oder im Familienverband vorgenommen.

2. Die zweite Gruppe umschließt Drogen, die entweder durch Trocknung oder anderen adäquaten Methoden haltbar gemacht wurden. Diese sind weit verbreitet, normalerweise in bunten Packungen im Handel. Diese Kategorie muß in Indonesien durch Ministererlaß registriert werden, d.h. die Zusammensetzung der Pflanzenbestandteile muß auf der Verpackung erscheinen. Die gepulverte Form, die JAMU TEPUNG (=Pulver), in bunten Beuteln für wenige Rupien erhältlich, ist die am meisten verbreitete Form. Eine Reihe von einheimischen Arzneimittelfabriken, die teilweise sogar Arzneipflanzenanbau und Standardisierung betreiben, also nicht nur Wildpflanzen verarbeiten, stellen JAMU TEPUNG unter Namen her wie AIR MANCUR (Springbrunnen, Jungborn), DJAGO (=Hahn), SORGA (=Himmel), MUSTIKA RATU (=königlich), NONYA MENEER. Daneben gibt es die JAMU GODOGAN d.h. die Zubereitungen als Infus (Aufguß) und die JAMU MODERN, die als Pillen, Tabletten, Kapseln, Sirup, Wein, Liniment usw. in den Handel kommen. Vertrieben werden diese JAMU auf den Basaren und in den TOKO JAMU, den JAMU-Läden, sowie den TOKO OBAT.

Obwohl einige indonesische Medizinalpflanzen antimikrobielle Aktivitäten besitzen, wird die Hauptmenge der JAMU zur Verhütung und Unterdrückung von physiologischen Störungen, wie hoher Blutdruck, Nierensteine, Fettleibigkeit, Hyperglykämie etc... verwendet. Da die aktiven Prinzipien der JAMU noch im Pflanzengewebe verborgen sind, tritt die Wirkung der JAMU sehr langsam ein und eine Behandlung erfordert gewöhnlich Zeit. Die Behandlung zielt auf die Heilung des ganzen Körpers ab und nicht nur auf die Schmerzbeseitigung in den befallenen Gebieten. Die Philosophie der JAMU besteht darin, den Körper gesund zu machen und gesund zu erhalten und nicht nur die Symptome zu beseitigen.

Ein gutes Beispiel ist die Behandlung von Nierensteinen. Bei der modernen Behandlungsmethode besteht das Medikament aus einer Kombination von einem Schmerzmittel mit einem Antibiotikum, wegen der Annahme, die Nierenwand ist durch Steinirritationen verletzt und infiziert, sowie mit einem Diuretikum. Bei Behandlung mit JAMU aber erhält der Patient eine pflanzliche Zubereitung, bestehend aus Drogen, wie Sonchus oder Strobilanthes, die Nierensteine auflösen und diuretisch wirken und normalerweise ist in solch einer Mischung eine Substanz mitenthalten, die den kolloidalen Inhalt des Urins erhöht und so die Wiederbildung von Nierensteinen verhindert.

JAMU, als echte Volksmedizin, gibt es für jeden, für alle Lebenssituationen, von der Geburt bis zum Tod. Dutzende von JAMU helfen einem von Krankheit wiederzugenesen, Gewicht zu verlieren, an Gewicht zuzunehmen, das Blut zu verbessern, gut zu schlafen. Sie behandeln auch allgemeine Krankheiten, wie Husten, Erkältungen, Asthma, Diarrhö Fieber, Malaria und Magenschmerzen. Daneben gibt es geschlechtsspezifische JAMU , dutzende von JAMU zur Anregung und Erhaltung und Wiedergewinnung der Sexualfunktionen. Darüber hinaus gibt es tausende von JAMU für kosmetische Zwecke. Einfache Zubereitungen werden zuhause selbst hergestellt, wie z.B. eine Hautlotion aus gepulverter Wurzel, Honig, Eigelb und wenig Wasser. Aber die höchste Kunst der JAMU-Kosmetik-Bereitung wurde im KRATON (=Sultanspalast) von Surakarta in Zentral-Java erreicht.

Die Qualitätskontrolle von JAMU ist nicht einfach. Sie ist schon allein in der komplexen Zusammensetzung der Einzeldroge und noch mehr durch das Gemisch von verschiedenartigen Pflanzen begründet (ca.15 Stück). Es muß eine Standardisierung angestrebt werden, was ungemein mühsam und oft garnicht durchführbar ist. Traditionelle Arzneimittel wurden immer schon als leicht herstellbare Medizinen angesehen, aber die Qualitätskontrolle ist mit Sicherheit nicht so einfach wie allgemein geglaubt wird, denn ein Großteil der verwendeten Pflanzen ist unbekannt, wissenschaftlich nicht beschrieben und unerforscht, die Inhaltsstoffe, wirksame und unwirksame, an Zahl und Zusammensetzung (Struktur) unbekannt. Die Identifizierung kann nur mittels Referenzmuster aus einer Drogensammlung bei Ganz- und Schnittdrogen, mittels Mikroskop bei Pulvern durchgeführt werden, scheitert aber bei Vorliegen unbekannter Drogen. Die Untersuchung der Inhaltsstoffe mittels spektroskopischer (UV, IR) und chromatographischer (DC, GC, HPLC) Methoden scheitert meistens am Fehlen der Referenzsubstanzen. Dazu kommen die üblichen Schwierigkeiten, die in Entwicklungsländern herrschen, wie veraltete oder lückenhaft vorhandene analytische Ausrüstung, große Schwierigkeiten beim Bezug wissenschaftlicher Einrichtungen, bedingt durch schlechte Infrastruktur und Geldmangel, sowie nur mangelhaft ausgebildetes Laborpersonal. Kurz es fehlt noch weitgehend die Voraussetzung für phytochemisches Arbeiten. Ein weiteres Problem stellt die mikrobiologische Kontamination dar, der durch die GMP (Good Manufacturing Practice) -Richtlinien in den Industriestaaten in den letzten Jahren sehr große Aufmerksamkeit geschenkt wurde, aber gleichzeitig hohe Investitionen nachsichzog. In einem Entwicklungsland, wo oft die einfachsten hygienischen Grundbedingungen nicht vorhanden sind oder nicht eingehalten werden können, wäre es sicher übertrieben diese auf die traditionellen Arzneimittel anwenden zu wollen. Im Gesundheitsministerium Indonesiens besteht bei POM, dem Generaldirektorat für die Untersuchung und Registrierung von Arznei- und Nahrungsmitteln, neben vier weiteren Direktoraten eines speziell für traditionelle Arzneimittel. Dort beschränkt man sich bis jetzt auf die Identifizierung der Drogenbestandteile und auf den Nachweis von Verschnitt der JAMU mit synthetischen Arzneimitteln und Chemotherapeutika. Dies ist kraft Gesetz verboten, kommt aber sehr häufig vor, so z.B. Acetylsalicylsäure oder Pyrazolone in JAMU gegen Schmerzen, oder Kortikosteroide in JAMU gegen Rheuma usw..

Sind die indonesischen Volksheilmittel modernen Arzneimitteln unterlegen oder gleichwertig ?

Antibiotika z.B. sind als moderne Arzneimittel unersetzlich. JAMU-Medizinen haben nur eine sehr schwache antimikrobielle Wirkung, aber bei der Behandlung von physiologischen und psychischen Störungen zeigen JAMU erstaunliche Wirkungen. Das Beispiel über Nierensteinbehandlung wurde oben schon besprochen. Arzneimittel sollten aber nicht allein nach ihrer Wirksamkeit bewertet, sondern es sollte auch die Stärke unerwünschter Nebenwirkungen mit einbezogen werden. Normalerweise besteht ein Arzneimittel aus einer hochreinen chemischen Substanz, ein Arzneistoff der hoch bewertet wird, während eine pflanzliche Droge ihm gegenüber als unterlegen betrachtet wird, da sie zuviele Begleitstoffe enthält, die in der Regel als Balast- und unnütze Stoffe bewertet werden. Vom gewissen Standpunkt aus mag diese Meinung richtig sein, aber wenn man sich einige Arzneimittelkatastrophen, wie z.B. die Thalidomidaffäre, ins Gedächtnis zurückruft, wird man sich nicht ohne weiteres der idealistischen Meinung über Monosubstanzen anschließen

Obwohl nicht klinisch geprüft, scheint die Jamu weniger Nebenwirkungen zu haben als Monosubstanzen. Umgekehrt ist bekannt, daß Pflanzengesamtextrakte eine günstigere Wirkung haben als die Monosubstanzen. Hier sei an unser uraltes Volksheilmittel Baldrian und an dessen Inhaltsstoffe, den Valprotiaten, erinnert. Auf dieser Tatsache beruht die SEES-Theorie, die von Drs. Bambang Sutrisno, Direktor für traditionelle Arzneimittel im Gesundheitsministerium,Jakarta, zur FAPA 1976 (6th Asian Congress of Pharmaceutical Sciences) vorgetragen wurde.

Die Abkürzung SEES steht für Side Effect Eliminating Substance (Substanzen, die Nebenwirkungen unterdrücken bzw. beseitigen) oder für Secondary Effectivness Enhancing Substance (Substanzen, die sekundär eine Wirkungssteigerung hervorrufen). Eine natürliche Substanz, im Gegensatz zu einer synthetischen, kann gemäß beider Bedeutungen wirken. Die SEES-Substanzen findet man in Medizinalpflanzen, nicht aber in reinen Chemikalien. Von Forschungsdaten wissen wir,daß von 10 000 neuen synthetischen Substanzen, nach langer zeit- und kostenaufwendigen Forschungen (in der BRD:Zeit: 10-15 Jahre,Kosten: 70-90 Mill. DM), nur eine Substanz als neues Arzneimittel in den Markt eingeführt werden kann, da die restlichen zu toxisch sind, obwohl sie eine gute Wirkung haben. Es ist erwiesen, daß Reinsubstanzen Nebenwirkungen haben, die umso größer sind, je stärker wirksam die Monosubstanzen sind. Die Nebenwirkungen können auch nicht durch geschickte pharmazeutisch-technologische Bearbeitung beseitigt werden. Nebenwirkungen haften also der Reinsubstanz fest an und sind in der chemischen Struktur der Substanz begründet. Jedoch im Falle der pflanzlichen Drogen, die immer Balast- und Begleitsubstanzen, Metaboliten (Umwandlungsprodukte durch den pflanzlichen Stoffwechsel) und Gemische von verschiedenen Stoffen, wie z.B. Valprotiate im Baldrian oder Glykosidgemische im Fingerhut, enthalten, können letztere als SIDE EFFECT ELIMINATING SUBSTANCES und gleichzeitig als SECONDARY EFFECTIVENESS ENHANCING SUBSTANCES wirken.

Zwei Beispiele wurden von Drs. B. Sutrisno zur Stützung der SEES-Theorie vorgetragen :
Das erste Beispiel sind die Glykoside der Digitalisblätter, hier das Digitoxin und Verodoxin. Es ist heute bekannt, daß der therapeutische Effekt von 6 Teilen Digitoxin gemischt mit 4 Teilen Verodoxin einen therapeutischen Effekt von 10 Teilen Digitoxin alleine entspricht : 6 Digitoxin + 4 Verodoxin = 10 Digitoxin. Verodoxin hat jedoch keine cardiotonische Wirkung (Anmerkung: Verodoxin hat eine Wirkung). Diese Phänomen ist von großer Bedeutung, da einmal durch Zugabe von Verodoxin die Dosis an Digitoxin um 40 % gesenkt werden kann, zum andern die Intensität der Nebenwirkung des Digitoxins durch Absenken der Dosis bei gleichbleibenden therapeutischen Effekt deutlich vermindert wird. In diesem Beispiel wirkt Verodoxin im Sinne beider Bedeutungen der SEES-Theorie.

Das zweite Beispiel ist die Rauwolfiawurzel und das Reserpin. Reserpin ist das Hauptwirkprinzip der Rauwolfiawurzel und beide werden als Hypotensiva eingesetzt. Der therapeutische Effekt von 250 mg Rauwolfiawurzel entspricht 1/4 mg Reserpin. Jedoch enthalten 250 mg Rauwolfiawurzel nur 1/16 mg Reserpin. 1/16 mg Reserpin (Wurzel) = 1/4 mg Reserpin (Reinsubstanz). Also können wir sagen, daß Reserpin in der Wurzeldroge 4 mal stärker wirkt als die Monosubstanz. (Anmerkung: BRD 60 Extrakte, 46 Monosubstanz-Präparate). In der Rauwolfiawurzel müssen daher Substanzen sein, die als SEES des Reserpin wirken. (Anmerkung: in der Droge liegt ein Alkaloidgemisch vor, ferner kann eine Resorptionsverbesserung durch Begleitstoffe bewirkt werden.).

Bakterienresistenz als Erweiterung der SEES-Theorie

In der Natur herrscht immer ein biologisches Gleichgewicht.Z.B. legt die arktische Eule viele Eier wenn die Population der arktischen Maus angestiegen ist, legt aber nur ein Ei, wenn die Mauspopulation gering ist. Dies kann auch auf das Gleichgewicht des Penicillin-Schimmelpilzes und der Bakterien übertragen werden. Penicillium wird nicht nur Penicillin, sondern auch andere Substanzen produzieren, welche die Wirksamkeit des Penicillins vervielfältigen und als penicillinase-neutralisierende Stoffe wirken können. Dadurch entwickelt sich keine natürliche Bakterienresistenz. Resistenz tritt nur auf, wenn Penicillin als Reinsubstanz verwendet wird. Daher ist Bakterienresistenz ein durch den Menschen erzeugtes Phänomen, und dieses Phänomen bereitet, wie hinreichend bekannt, sehr große Schwierigkeiten. (Anmerkung: Mutationen sind in Plasmiden und Episomen determiniert). Man sollte deshalb versuchen, das SEES neben dem Antibiotikum zu isolieren und in der Arzneiform zusammenzumischen. Dadurch könnte Bakterienresistenz wesentlich verringert werden.

Daraus ergibt sich für die Erforschung der JAMU, daß nicht nur Monosubstanzen isoliert und geprüft (=klassische Methode), sondern daneben auch die Gesamtextrakte einem Screening unterzogen werden müßten (aktives Prinzip des SEES). Aber welcher Pharmakologe ist bereit Extrakte zu prüfen, die ein Gemisch von vielen Substanzen darstellen, wo er schon bei zwei Monosubstanzen nicht bereit ist, diese gleichzeitig zu testen ? Die Situation der Forschung auf dem Arzneipflanzensektor in Indonesien ist folgende : Die Universitäten (8 für Pharmazie) sind noch nicht oder nur mangelhaft darauf vorbereitet: Ausrüstung, ausgebildetes Personal, Interesse und Einsicht. Allerdings sind in den letzten Jahren durch Eigeninitiative und Anstöße von Außen (Entwicklungshilfe) Ansätze vorhanden. Es ist ein deutlicher Trend zu JAMU, nicht nur bei der Bevölkerung (ca 80 %), sondern auch bei den staatlichen Gesundheitsbehörden zu verzeichnen. So wurde z.B. vor kurzem im PUSKESMAS (stattliche Gesundheitszentrale in jedem größeren Ort) Jakarta ein JAMU-Garten angelegt. Die stets noch mangelhafte Versorgung der PUSKESMAS mit Medikamenten könnte durch JAMU wesentlich verbessert werden. Dies initiert natürlich die

Forschung und die staatliche Forschungsstelle LITBANG befaßt sich mit pflanzlichen Drogen wie z.B. mit Dioscoreaarten (Antibabypille). Eine Forschung der Privatindustrie existiert bis jetzt meines Wissens noch nicht und auch die ausländischen Firmen zeigen wenig Interesse sich auf diesem Gebiet in Indonesien zu engagieren.

Ein großes Problem stellen die Geheimmedizinen dar, die oft nur einem sehr beschränktem Personenkreis zugänglich gemacht werden. Sehr wünschenswert wäre daher eine zentrale Sammelstelle, in der alle Informationen über JAMU in ganzen Land gesammelt und ausgewertet würden. Darauf aufbauend könnte ein realistischer und vernünftiger Plan zur Erforschung der JAMU erstellt werden. Es ist eine aufwendige, aber lohnende Aufgabe, der einzig realistische Weg, nachdem man sich auf die traditionellen Arzneimittel besonnen hat und sich ihnen wieder zuwendet. Ein weiteres Problem der JAMU-Forschung stellt die große Zahl der Pflanzen dar, die wissenschaftlich noch nicht beschrieben und daher unbekannt sind, sowie von DUKUNS (Heilkundige) alle Information unverfälscht zu bekommen. Letzteres ist deshalb so schwierig, da die von den DUKUNS verwendeten JAMU geheim sind und nicht an Außenstehende weitergegeben werden dürfen. Man kommt hier nur weiter, wenn das Vertrauen des DUKUN erworben werden kann.

Ich bin überzeugt, daß eine große Anzahl wirksamer Arzneimittel im Schatz der JAMU schlummern und es ist die Aufgabe der Forschung den Spreu vom Weizen zu trennen, wobei Fortschritt gemeint ist und nicht Rückschritt, hervorgerufen durch unerwünschte Nebenwirkungen.

ANHANG -

Weiterführende Literatur zur indonesischen Arzneimittelkunde

JAP TJIANG BENG 1965. *Über indonesische Volksheilkunde anhand der Pharmacopocia Indica des Hermann Nikolaus Grimm.* Frankfurt/M.: Govi.

WECK W. 1976. *Heilkunde und Volkstum auf Bali.* P.T. BAP Bali, PT. Intermasa.

ANWAR JAZANUL et al. 1978. *A survey on traditional healers in 5 regencies in North Sumatera, Indonesia.* Medan: Medical School, University of North Sumatera.

SCHIEFENHÖVEL W. 1970. *Ergebnisse ethnomedizinischer Untersuchungen bei den Kaluli und Waragu in Neuguinea.* Inaugural-Dissertation, Universität Erlangen-Nürnberg.

STERLY J. 1970. *Heilpflanzen der Einwohner Melanesiens.* Hamburg.

KEYS J.D. 1976. *Chinese Herbs.* Hong Kong. Swindon Book Company Ltd.

VOOGD C.N.A. de. 1950. *Ken Je die Plant? Beknopte planten atlas voon Indonesie.* s-Gravenhage/Bandung:NV. Uitgeverij W. van Hoeve.

FROHNE D., ROSSKOPF G., WICHTL. M. 1977. *Tropische Arznei- und Nutzpflanzen.* Arbeitsgemeinschaft für Pharmazeutische Verfahrenstechnik e.V. Hafenstraße 23, Mainz.

WICHTL M., ROSSKOPF S., FROHNE D. 1978. Pharmakobotanische Exkursion der APV in den Malaiischen Archipel. *Deutsche Apotheker Zeitung.* 118, Nr.26:970-974; 118, Nr.28:1059-1063; 118, Nr.30:1108-1112.

REHM K.D. Survey in Arzneipflanzen in Mangarai, West-Flores, NTT. Unveröffentliche Projektunterlagen.

VAN STEENIS-KRUSEMAN M.J. 1953. *Selected Indonesian Medical Plants.* Jakarta.

HEYNE K. 1922/1950. *De nuttige Planten von Nederländisch-Indie.* Batavia: Ruygrok & Co., bzw. W.V. Nitgeveriy van Hoeve Gravenhage, Bandung.

OCHSE J.J. 1931. *Vruchten en Vruchtenteelt in Nederländisch-Oost-Indie.* Batavia: Uitgave G. Kolff & Co.

OCHSE J.J. 1855. *Flora van nederländisch Indie.* Leipzig: Fried. Fleischer.

VAN STEENIS C.G.J. 1955-1958. *Flora Melesiana.* Djakarta: Noordhoff-Kolff N.V.

FRAUKE W. 1976. *Nutzpflanzenkunde.* Stuttgart: Thieme.

SCHENK E.G., KRAUT H. 1966. *Lexikon der tropischen, subtropischen und mediterranen Nahrungs- und Genußmittel.* Herford: Nicolaische Verlagsbuchhandlung.

ESCDORN I., PIRSON H. 1973. *Die Nutzpflanzen der Tropen und Subtropen in der Weltwirtschaft.* Stuttgart: Gustav Fischer.

SUTRISNO B. 1974. *Ihtisar Farmakognosi.* Jakarta:Pharmascience Pacific.

LEMBAGA BIOLOGI NASIONAL (LIPI) 1978. *Tumbuhan Obat.* Bogor.

Departemen Kesehatan Republik Indonesia. ab 1977. *Materia Medika Indonesia.* Vol.I-X.

PENELITIAN HUTAN PUSAT. *Daftar Nama Pohon-Pohonan.*

SENO SASTROAMIDJOJO. *Obat asli Indonesia.*

SOEPARDI R. 1964. *Apotik Hijau.* Surakarta:PT. Purna Wana.

MARDISISWAJO S., RAJAKMANGUNSUDARSO H. 1968. *Cabe Pajang, Warisan Nenek Moyang.* Vol. I-III. Jakarta.

NAFED. June 1976. International Pharmaceutical and Medicotechnical Exhibition. *Jamu in the Health & Beauty of the Javanese Women.* Jakarta.

BACKER C.A. 1963. *Flora von Java.* Vol.1-3. Groningen:N.V.P. Noordhoff.

VAN STEENIS C.G.J. 1972. *The mountain flora of Java.* Leiden: E.J. Brill.

BURKHILL J.H. 1935. *A dictionary of the economic products of the Malay Peninsula.* Goverments of the Straits Settlements and Federal Malay States by the Crown Agents for the Colonies. 4 Millbank London SW 1. Neuauflage 1966. Vol.1u2.

HOLTTUM R.E. 1954. *Plant Life in Malaya.* London, New York, Toronto: Longmans, Green and Co.

ELMER MERRIL D. 1946. *Plant Life of the Pacific World.* New York: Macmillan.

BARLETT H.H. 1926. *Sumatran plants collected in Asahan and Karoland with notes of their vernacular names.* Pap. Mich. Acad. Sc. Arts and Lett:6, 1-66.

KLOPPENBURG-VERSTEEGH J. 1934. *Wenken en Raadgevingen betreffende Het Gebruik van indische Planten Vruchte.* N.V. Boekhandel en Drukkerij G.C.T. van Dorp u. Co. Semarang, Soerabaya.

GILLILAND H.B. 1953. *Common malayan plants.* Kuala Lumpur: University of Malaya Press.

SMYTHIES B.E. 1965. *Common Sarawak Trees.* Borneo Literature Bureau.

WANG PEK JIN. 1965. *Some Wild Flowers and Trees in Sarawak.* Borneo Literature Bureau.

CORNER E.J.H., WATANEBE K. 1969. *Illustrated guide to tropical plants.* Tokyo: Hirokawa Publishing Co.

Rumänische Forschungen auf dem Gebiet der pharmakologischen Ethnobotanik

Nicolae Dunăre

ZUSAMMENFASSUNG Wie überall in Europa findet sich auf dem Territorium des heutigen rumänischen Staates eine alte Traditon der Beobachtung, Erforschung und Prüfung der ethnobotanischen Pharmakologie. Dies begann schon mit DIOSCORIDES, der sich mit dem Heilpflanzengebrauch der Daker beschäftigte. Archäologische Funde weisen auf Pflanzen gegen Augenleiden. Italienische Reisende des 15. u. 16. Jahrhunderts setzen die Zeugnisse über verschiedenste Heilkräuter fort. Im folgenden Text werden die dazugehörigen Krankheiten aufgezeichnet. Da ihr Wert bekannt ist, werden diese heute in Speziallaboratorien weiterverarbeitet.
es

SUMMARY As in other European territories in the Roumania of today is to be found a rich tradition of research and investigational observation in ethnobotanical pharmacology. This began with DIOSCORIDES, who treated on the use of medicinal plants of the Dacian. Archeological hints show medicinal plants against eyes disease. Italien travellers of the 15th and 16th century go on reporting on different medical plants in use. In the following contributions the author puts the treated diseases to these plants. Because of the well known value of these plants they are prepared nowadays in laboratoris specialized on ethnobotanical pharmacology.
es

RESUME Comme dans d'autres pays européens, sur le territoire habité par les Roumains, existe une vieille tradition d'observations, d'investigations et de recherches concernant l'ethnobotanique pharmacologique : dans le 1er siècle, Dioscorides atteste l'utilisation des plantes médicinales par les Daces ; les fouilles archéologiques ont permis de découvrir des inscriptions qui témoignent de la guérison des maladies oculaires (p. ex., chez Apulum, Transylvanie) par les plantes ; le registre pour les taxes papales (1208-1235) consigne "les pouvoirs des herbes" dans la région d'Oradea ; etc ... Des constatations similaires ont été notées par les voyageurs italiens A. Possevino, Fr. Massaro, etc... (aux XV et XVIème siècles). Les chercheurs, au cours des siècles suivants, sont d'accord pour considérer les plantes médicinales les plus fréquemment utilisées : Artemisia abrotanum L., Atropa belladona L., Betula verrucosa Ehrh., Bryonia alba L., Cornus mas L., Conium maculatum L., Dipsacus laciniatus L., Equisetum arvence L., Galium verum L., Gentiana asclepiadea L., Geum urbanum L., Levisticum officinale L., Matricaria chamomilla L., Pulmonaria officinalis L., Rubus idaeus L., Sambucus nigra L., Tilia cordata Mill., Urtica dioica L., etc... Dans cette étude, nous indiquerons les maladies correspondantes. Connaissant leur valeur thérapeutique, ces plantes sont préparées dans des laboratoires spécialisés en ethnobotanique pharmacologique.
gm

Es ist allgemein bekannt, daß bei den alten euroasiatischen Völkern (Ägypter, Chinesen, Indier, Sumerer, Kreter, Thrazier etc.), bei den präkolumbischen Völkern (Azteken, Maya, etc.) wie auch in anderen Kontinenten die Volksmedizin und die Volkspharmazie im Kontext und von einem und demselben Heiler ausgeübt wurden. Der soziale Rechtsstand und das moralische Ansehen der Volksheilkundigen haben der pharmakologischen Ethnobotanik eine bedeutende Glaubwürdigkeit verliehen und zu einer ständigen Überprüfung und Auswertung der Kenntnisse auf diesem Gebiet beigetragen. Schon im Altertum vermerkte und bestätigte das monumentale Werk *Pen-Tsao-Mang-Mu* (2700 v.u.Z.) über 1.000 Pflanzenprodukte mit pharmakologisch-therapeutischem Charakter. Ebenso verwendet auch das im heutigen Rumänien wohnende Volk über die Zeiten hinweg ca. 300 Heilkräuter.

Friedr. Vieweg & Sohn Verlag, Braunschweig/Wiesbaden

So wie auch in anderen europäischen Ländern bestand auf dem von den Thrako-Dakern, den Vorfahren der Rumänen, bewohnten Territorium eine alte Tradition von Beobachtungen, Untersuchungen und Forschungen über die pharmakologische Ethnobotanik. Die ethnomedizinische Tradition in Dazien wird bereits im 1.Jh.v.u.Z. vom griechischen Heilkundigen Pedanios DIOSCORIDES in seinem berühmten Werk *De materia medica* attestiert. Dioscorides verzeichnet über 40 dakische Benennungen von Heilkräutern. Später hat Pseudo-APULEIUS (2. Jh. u.Z.) auch andere dakische Benennungen von Heilkräutern in seiner in lateinischer Sprache verfaßten Abhandlung *De herbarum virtutibus* vermerkt, ein Werk, das im Laufe des 7.-15.Jh. u.Z. vielfach kopiert wurde. Daraus ist zu ersehen, daß die traditionelle, auf ethnobotanische Kenntnisse basierende Medizin -ergänzt mit psychotherapeutischen Mitteln (Zaubersprüche, Zauberei, Suggestion)- im geistigen Leben der Daker einen bedeutenden Platz eingenommen hat.

Andererseits haben die archäologischen Ausgrabungen eine Anzahl von Werkzeugen zum Aufbereiten der Heilkräuter ans Tageslicht gebracht sowie auch Inschriften, die die Heilung gewisser Krankheiten mit Hilfe der Heilkräuter bestätigen (z.B. was Augenkrankheiten betrifft, Apulum-Alba Iulia). Die hauptsächlichsten ethnobotanischen Arten mit pharmakologischer Anwendung in diesem Gebiet wurden im *Codex Vindobonensis* im Jahre 512 aufgezeichnet, womit die Interferenz der Erfahrungen der thrakodakischen Ethnobotanik mit der griechisch-römischen attestiert wird. Zu Anfang des rumänischen Mittelalters verzeichnet das Register für päpstliche Abgaben (1208-1235) die Kenntnisse der Bevölkerung im Westen Transylvaniens (Oradea) über die "Heilkraft der Kräuter". Ähnliches stellen die italienischen Reisenden A. POSSEVINO, Fr.MOSSARO u.a. (15-17Jh.) fest, während D. FRÖLICH, C.I. HILTEBRANDT, der Pfarrer DÜRR und besonders F. PÁPAI PÁRIZ (*Pax corporis*) ethnobotanische pharmakologische Forschungen auf dem rumänischen Territorium unternommen haben.

Weiterhin ist der vermehrte Beitrag einer Reihe von rumänischen Forschern hervorzuheben, so im 18.Jh. der Historiker D. CANTEMIR,Mitglied der Deutschen Akademie, im 19.Jh. die Historiker G. BARIŢ, T. CIPARIU, B.P. HASDEU und die Folkloristen S. MANGIUCA, S.Fl.MARIAN; sowie in der ersten Hälfte des 20. Jh. die Ärzte-Historiker V.L.BOLOGA, Gr. GRIGORIU-RIGO, C. LAUGIER, N. LEON, die Ethnobotaniker Al.BORZA, V. BUTURA, I. MORARU, C.Z. PANŢU, die Folkloristen oder Ethnographen G. BUJOREANU, I.A. CANDREA, M. ELIADE, A. GOROVEI, T.Gh. KIRILEANU, T. PAMFILE. Viel zahlreicher sind die rumänischen Veröffentlichungen auf dem Gebiet der pharmakologischen Ethnobotanik, die in der zweiten Hälfte u.Jh. von E. ANTONI, M. BOCŞE, O. BUJOR, Al. BORZA, Gh.BRATESCU, V. BUTURA, A, COICIU, D.Gr. CONSTANTINESCU, N. DUNĂRE, C. LAZAR-SZINI, A. MAROSSY, Gh. PAVELESCU, G.RÁCZ, A. RADU, L. SPIELMANN, I. TODOR, C. VÁCZI u.a. verfasst wurden.

Außer der ethnohistorischen und ethnolinguistischen als auch komparativen Bedeutung dieser Forschungen haben diese in vielen praktischen Ergebnissen ihren Niederschlag gefunden. Die rumänischen Heilkundigen und im allgemeinen die Pharmazeuten, die die Heilkräuter verwenden, bereiten sie auf als Tee, Aufgüsse, Brühen (Dekokte), Tinkturen, Extrakte oder als spezifische pharmazeutische Erzeugnisse. Diese und insbesondere die aktiven Prinzipien der Heilkräuter nehmen in der heutigen Heilkunde einen bedeutenden Platz ein, da sie in die Zusammensetzung vieler rumänischer pharmazeutischer Erzeugnisse eingehen in Form von Tropfen, Tabletten, injizierbaren Lösungen, Sirupe, etc.

Aus der großen Anzahl der in der rumänischen Volkspharmakopöe bekannten Heilkräuter und in Übereinstimmung mit den Feststellungen der vorher erwähnten Forscher, werden wir uns in der Folge auf jene beziehen, die häufiger angewandt werden.

ABIES ALBA Mill. (rum.brad:Tanne), Fam. *Abietaceae*. Die Nadeln enthalten Öl und Vitamin C. Besaß eine weite etnomedizinische Verwendung bei: Rheuma, Lungenkrankheiten, Leberschmerzen, Hautkrankheiten u.a. Die Tanne ist seit alther im Brauchtum, im Glauben und in der Folklore stark vertreten.

ALLIUM CEPA L. (rum. ceapă:Zwiebel), Fam. *Liliaceae*. Wegen ihres reichen Inhalts an Alzynsulfiden, Enzymen und Vitamin C wurde sie bereits im Altertum infolge ihrer desinfizierenden (bakteriostatischen) Wirkung gegen Dysenterie, thyphöses Fieber und Cholera hervorrufende Mikroorganismen geschätzt.

ALLIUM SATIVUM L. (rum. usturoi: Knoblauch), Fam. *Liliaceae*, sowie auch *ARNICA MONTANA* L. (rum.arnica: Arnika), Fam. *Compositae*, erfreute sich einer weiten Anwendung gegen erhöhten Blutdruck (hypotensive kardiovaskuläre Wirkung). Der Knoblauch enthält lösbare Kohlenhydrate, Vitamin C, ätherische Öle mit spezifischen Gerüchen, hervorgerufen durch Dialyldisulfid, Dialyltrisulfid, Propylalylsulfid u.a. und besitzt eine starke bakterizide Wirkung. Arnika enthält ätherisches Öl, Arnizin, Gerbstoffe, Gallussäure, Inulin, Harz, findet auch Anwendung in der Behandlung von Geschwülsten und Kontusionen.

ARTEMISIA ABROTANUM L. (rum. lemnul Domnului: Eberraute), Fam. *Compositae*. Der Inhalt an bitteren Stoffen, ätherischem Öl, Rutin, Cholin u.a. macht sie zur Behandlung von Zahn- und Augenkrankheiten als auch der Malaria geeignet. Ebenso in Pulverform aus getrockneten Blättern zur Behandlung der Syphilis.

ATROPA BELLADONNA L. (rum. mătrăgună: Tollkirsche), Fam. *Solanaceae*. Der reiche Inhalt an Alkaloiden (Hyoszyamin, Atropin, Skopolamin, Belladonnin u.a.) machen sie zur Behandlung von Malaria, Rheuma, Geschwülsten und Husten geeignet. Sowohl in Rumänien als auch in ganz Europa wurde sie häufig in magischen Praktiken verwendet.

BETULA VERRUCOSA Ehrh. (rum. mesteacăn: Birke), Fam. *Betulaceae*. Enthält Arbutin, Tannin, Vitamin C. u.a. Von den zahlreichen ethnomedizinischen Anwendungen sind zu erwähnen: als Haarwuchsmittel für Mädchen, gegen Herzschmerzen, Hohen Blutdruck, Rheuma, Gicht, Nierenleiden, Typhus, Diabetes, Hypertension.

BRYONIA ALBA L. (rum. împărăteasă: Zaunrübe). Fam. *Curcubitaceae*. Ihre Wurzeln enthalten Alkaloide, Glykoside, Harze u.a. So wie es ihr Namen (împărăteasă=Kaiserin) andeutet, hat sie in der Ethnomedizin vielfache Anwendungen und zwar u.a. gegen Haarausfall, Kopfschmerzen, Malaria, typhöses Fieber, Darmkolik, Rheuma, Krampfadern Leistenbruch, Hautkrankheiten.

CONIUM MACULATUM L. (rum. cucută: Schierling), Fam. *Umbelliferae*. Enthält Alkaloide (Konin, Konizerin u.a.), besonders lokalisiert in Blüten bzw. im Blütenstand. Kommt zur Anwendung in der Behandlung von Mandelentzündung, Leistenbruch, Hüftweh, Geschwüren, Schlangenbissen u.a.

CORNUS MAS L. (rum. corn: Kornelkirsche), Fam. *Cornaceae*. Die Frucht enthält Vitamin C, Tannin, Querzitin u.a. Kommt zur Anwendung bei Gelbsucht, Malaria, Diarrhöe, Dysentherie, Hautkrankheiten. Gegen Gelbsucht wird auch *CROCUS SATIVUS L.* (rum. sofran: Krokus), Fam. *Iridaceae* wegen seines spezifischen Gehalts an ätherischen Ölen und Krokinglykosid in einer Mixtur mit Branntwein, Sauerampfer (*RUMEX ACETOSA L.*, rum. măcriş) und gelber Schwertlilie (*IRIS PSEUDACORUS L.*, rum. stînjen galben) verwendet.

CYNANCHUM VINCETOXICUM L. (rum. iarba fierului, pl. fiarelor: magisches Kraut), Fam. *Asclepiadaceae*. Sein Rhizom enthält ein Glukoidkomplex und hat eine blutstillende wie auch blutreinigende Wirkung. Es gilt als das Wunderkraut, das alle (Eisen-) Schlösser aufschließt, deshalb auch seine zahlreichen Anwendungen: die Blätter werden auf Geschwüre aufgelegt; der Samenflaum auf Schnittwunden; die blumentragenden Stengel mildern Fußschmerzen; getrocknet und zu Pulver zerstampft, mit starkem Branntwein gemischt, erhält man ein bitteres Dekokt gegen Leistenbruch; das Wurzeldekokt wirkt diuretisch und ist auch gegen Darmwürmer wirksam.

DIPSACUS LACINIATUS L. (rum. scaiete: Distel), Fam. *Dipsacaceae*. Enthält Saponoside und findet Anwendung bei psychischen Störungen, Augenleiden, Frauenleiden und Flechten.

EQUISETUM ARVENSE L. (rum. coada calului: Schachtelhalm), Fam. *Equisetaceae*. Enthält Siliziumoxyde, Saponin, Flavonoside. Wird verwendet zur Behandlung von Magenleiden (Verstopfung, Diarrhöe) sowie gegen Nieren-, Blasen-, Leber-, Lungenkrankheiten (Lungenentzündung, Tuberkulose), Leukorrhöe und Hautkrankheiten.

GALIUM VERUM L. (rum. sînziene: Labkraut), Fam. *Rubiaceae*. Enthält Flavoglukoside, Saponin, Tannin u.a. Wird gegen Malaria und Leistenbruch verwendet.

GENTIANA ASCLEPIADEA L. (rum. lumînărica pămîntului: Würgerenzian), Fam. *Gentianaceae*. Enthält bittere Substanzen von glukosider Natur (Gentiamarin, Gentiopikrin u.a.), Enzyme, Alkaloide u.a. Die Blätter werden auf Wunden und Schnittwunden aufgelegt, dienen aber auch als Appetitanreger und zur Bekämpfung von Mägen- und Kopfschmerzen, Asthma und Gelbsucht.

GEUM URBANUM L. (rum. cerenţel: Silberwurz), Fam. *Rosaceae*. Enthält Tannin, ätherisches Öl mit Eugenol und Geinglykosid. Wird verwendet zur Behandlung mehrerer Krankheiten wie thyphöses Fieber, Enteritis, Diarrhöe, Dysentherie, Magenkrämpfe, Ekzeme sowie zur Stärkung des Knochensystems.

LEVISTICUM OFFICINALIS Koch (rum. leustean: Liebstöckel), Fam. *Umbelliferae*. Enthält ätherisches Öl, Enzyme und Kumarin. Wird verwendet gegen Kopf- und Magenschmerzen, Urtikaria, Husten (mit Schnupfen oder Keuchhusten), thyphöses Fieber, Stechen, Schlangenbisse.

MATRICARIA CHAMOMILLA L. (rum. muşeţel: Kamille), Fam. *Compositae*. Die Blüten enthalten ein an Azulen reiches flüchtiges Öl, spezifische Glukoside, Tannin, Salizylsäure u.a. Wegen seiner aktiven Eigenschaften werden die Kamillenblüten dem Bad der Neugeborenen beigegeben. Als Tee werden die Blüten verwendet gegen Husten, Erkältung, Rheuma, Magenleiden, Leistenbruch, Zahn- und Halsschmerzen, Milderung der Schmerzen während und nach der Geburt.

PULMONARIA OFFICINALIS L. (rum. mierea ursului oder plămînărică: Lungenkraut), Fam. *Boraginaceae*. Enthält Tannin, Saponine, Schleimstoffe. Die Blüten sind reich an Nektar. In Form von Tee wird dieses Kraut verabreicht gegen Husten und verschiedene Lungenaffektionen sowie gegen Magen- und Leberleiden.

RUBEUS IDAEUS L. (rum. zmeur: Himbeerstrauch), Fam. *Rosaceae*. Seine Blätter enthalten Tannin, organische Säure u.a. und werden verwendet in der Form von Tee zur Behandlung von Husten, Erkältung, Kopf-, Magen-, Herz- und Nierenschmerzen. Die Früchte enthalten Pektine, organische Säuren, Zucker u.a. und werden in Form von Sirup in der Behandlung der Lungenentzündung und Dauerbehandlung der Tuberkulose verwendet. Gegen Tuberkulose sowie gegen Gelbsucht, Hautkrankheiten u.a. wird auch *RUMEX PATIENTIA* (rum. ştevie: Gartenampfer), Fam. *Palygonaceae*, verwendet.

SAMBUCUS NIGRA L. (rum. soc: Holunder), Fam. *Caprifoliaceae*. Die Holunderblüten enthalten flüchtige Öle, Schleimstoffe, Tannin, schweißstimulierende Glukoside u.a. Außer einem erfrischenden Getränk ergeben die Blüten einen Tee zur Behandlung von Husten, Asthma, Affektionen des Respirationsapparates, Gelbsucht, Malaria, Windpocken, Drüsengeschwülste, Rotlauf u.a.

URTICA DIOICA L. (rum. urzică: Brennessel), Fam. *Urticaceae*. Enthält Tannin und Vitamin A, C, K. Ist im Frühling ein regenerierendes Nahrungsmittel. Ein aus den Blättern hergestellter (mit Honig oder Zucker gesüßter) Tee ist gegen Husten, Asthma und Brustschmerzen wirksam; Tee aus Blüten oder Samen gegen Malaria; das Wurzeldekokt gegen Verstopfung, Wasser, Hämorrhagie u.a.; das Blätterdekokt gegen Übelkeiten und Ohnmacht; hingegen wurden gegen Pest Umschläge aus gekochten Blättern und Wurzeln verwendet.

TILIA CORDATE Mill. (rum. tei pădureţ: Linde), Fam. *Tiliaceae*. Die Blüten enthalten Nektar, Schleimstoffe, Tannin, Malate, Tartrate, Farbstoffe u.a. Sie werden als Tee gegen Husten, Bronchitis, Asthma, Lungen- und Herzleiden, sowie Rheuma verwendet.

VERATRUM ALBUM L. (rum. steregoaie: weißer Germer), Fam. *Liliaceae*. Die Rhizome dieser Pflanze enthalten eine Reihe von Alkaloiden (Sinain, Verin, Rubiverin), Glukoalkaloiden (Veratramin), veresterte Alkalis (Protoverein, Germin) und freie Alkamine (Veratromin, Rubijervin, Isorubijervin, Gervin). Diese haben bemerkenswerte hypotensive Eigenschaften, ebenso wie *VISCUM ALBUM L.* (rum. vîsc: Mistel), Fam. *Loranthaceae* mit Viskotoxin-, Histamin- und Leansäuregehalt.

Besonders wollen wir auf zwei Heilkräuter hinweisen, die von der rumänischen Volkspharmakopöe in der Krebsbehandlung erprobt worden sind.

COLCHICUM AUTUMNALE L. (rum. brînduşă de toamnă oder ceapa ciorii: Herbstzeitlose), Fam. *Liliaceae*. Enthält Colchicin, Colcamin und andere toxische Substanzen. Das aus dem Bulbus und den Samen isolierte Colchicin ist eine chemische Substanz, die durch ihre antikarzinomatösen Eigenschaften die Entwicklung der Tumoren hemmt. So kann neben dem chirurgischen Eingriff und der Wirkung ionisierender Strahlen die erwähnte Hemmung mittels chemischer Substanzen (antikarzinomatöse Chemotherapie) erzielt werden. Dieses Heilkraut findet ferner gegen Rotlauf (rum. brîncă), Wunden, Frostbeulen Rheuma sowie in der Kosmetik Anwendung. Die in den letzten vier Jahrzehnten angestellten Forschungen haben gezeigt, daß -neben Colchicin- die Samen dieser Pflanze auch ein anderes Alkaloid (Demecolcin) sowie auch ein Glukoalkaloid (Colchicosid) enthalten. Diese haben ebenfalls *antitumorale* Eigenschaften. Alle diese drei aus dem Bulbus und den Samen dieser Pflanze isolierten Wirkstoffe üben einen identischen Mechanismus auf die Krebszellen aus u.zw. verhindern sie deren Vermehrung. Da sie die Zeitentwicklungsstufe der Kernteilungen einschränken, sind sie auch unter dem Begriff zellteilungs-(mitose-)hemmende Substanzen bekannt.

VINCA ROSEA L. (in der Wissenschaft auch unter dem Namen *Lochnera rosea* oder *Catharanthus roseus* L. bekannt) ist ein in Rumänien akklimatisiertes Heilkraut. Es enthält über 60 Alkaloide. Zwei von diesen haben antitumorale Eigenschaften, die durch den gleichen Mechanismus wirken wie das aus der Herbstzeitlose (Colchicum autumnale) isolierte Colchicin. Diese beiden Alkaloide werden in der Behandlung der Leukämie, des M.Hodgkin u.a. angewendet.

Als Ethnologe bedauere ich es, daß ich nicht über die notwendige Zeit verfüge, um eine Reihe mythologischer und ethnopsychologischer Aspekte hervorzuheben, die aus dem ursprünglichen Mythos der Schaffung des gesamten Kosmos, also auch der Pflanzenwelt herrühren sowie der Auffassung des Volkes, daß die Produkte eines "Übels" - giftige Pflanzen- in der Bekämpfung gerade dieses Übels wirksam sind, u.a. Dies würde nicht nur in ethnohistorischer und kulturell-komparativer, sondern auch in medizinpsychologischer Hinsicht von großem Interesse sein. Die rumänische medizinische Ethnobotanik gibt somit zahlreiche und verschiedenartige pharmakologische Antworten von bemerkenswertem therapeutischen Wert, so auf Fragen in der Behandlung von Herz-, Respirations- und Verdauungsleiden, Infektionen, Haut-, Augen- und Geschlechtskrankheiten, Rheuma, Affektionen des zentralen und peripherischen Nervensystems sowie auch bei einigen Formen des Krebses.

In diesem kurzgefaßten Beitrag habe ich lediglich einige der Ergebnissen der rumänischen Forschung dargestellt, die sich auf eine reiche, heute noch im Karpaten-Donau-Schwarzes Meer-Gebiet existierende Flora beziehen. Sollte eine Verlag oder ein Fachinstitut daran Interesse haben, so käme ein umfangreiches Werk in Betracht von bedeutendem industriell-pharmakologischen und medizinischem Nutzen. Ein solches Werk würde sich nicht nur auf ein Schrifttum von ca. 400 Titeln stützen, sondern auch mit ca. 300 wissenschaftlichen Abbildungen zur Identifizierung der auf dem Territorium Rumäniens existierenden Heilkräuter ausgestattet sein.

AUSGEWÄHLTE BIBLIOGRAPHIE

BARIT G. 1858, 1859. *Vocabulariu de numele plantelor transilvane, românesc, latinesc, nemţesc şi unguresc.* In: Călindariu pentru poporul român, Braşov.

BOCŞE Maria. 1974. *Un sat din Munţii Apuseni, specializat în medicina populară.* In: Probleme de etnologie medicală, Cluj. // --. 1976. *Cercetări de etnoiatrie în Munţii Apuseni.* In: Anuarul Muzeului etnografic al Transilvaniei, VIII, S. 229-261. Cluj-Napoca.

BORZA Al. 1968. *Dicţionar etnobotanic.* Bucureşti.

BOT N. 1971. *Cînepa în credințele și practicile magice românești*. In: Anuarul Muzeului etnografic al Transilvaniei, V, 127-219. Cluj.

BRĂTESCU G. (Herausg.) 1973. *Aspecte istorice ale medicinii în mediul rural*. București.

BUIA Al. 1944. *Plantele noastre medicinale*. Timișoara.

BUJOREANU G. 1936. *Boli, leacuri și plante de leac cunoscute de țărănimea română*. Sibiu.

BUTURĂ V. 1939. *Etnobotanica*. In: Sociologie Românească, IV, 1-4, S. 30-40. București. // --. 1979. *Enciclopedie de etnobotanică românească*. București.

CANDREA I.-A. 1928. *Iarba fiarelor*. București. // --. 1944. *Folclor medical român comparat*. București.

CANTEMIR D. 1973. *Descrierea Moldovei*. București.

CONSTANTINESCU D. Gr., BOJOR O. 1969. *Plante medicinale*. București.

DIOSCORIDES P. 1902. *Arzneimittellehre*. Stuttgart.

DUNĂRE N. 1960. *La trépanation, une pratique chirurgicale empirique dans la vie pastorale des Roumains*. In: VI-e CISAE, II, S.523-529. Paris. // --. 1961. *Trépanation an den Schafen als Volksheilpraktikum in der karpatischen Schäferei*. In: SN, IX, 4, S.579-609. // --. 1973. *Procédés traditionnels magiques et empiriques (non-chirurgicaux) pour le traitement des moutons affectés par Taenia coenurus cerebralis*. In: Aspecte istorice ale medicinii în mediul rural (Herausg. G. Brătescu), S.114-127. București. // --. und Mitarb. 1974. *Probleme de etnologie medicală*. Subcomisia de antropologie și etnologie, Cluj. // --. 1979. *Die familialen Funktionen der Frau als traditionelle Elemente von Gesundheit und ethnokultureller Stabilität*. In: Curare, II, 2, S.105-110. Heidelberg.

ELIADE M. 1939. *Ierburile de sub cruce*. In: Revista Fundațiilor, IV, II, S.356-368. București. // --. 1940-1942. *La mandragore et les mythes de la "Naissance Miraculeuse"*. In: Zalmoxis, III, S.3-48. București. // --. 1970. *De Zalmoxis à Gengis-Han*. Paris. // --. 1970. *Traité de l'histoire des religions*. Paris.

GOROVEI A., LUPESCU M. 1915. *Botanica poporului român*. In: Sezătoarea, XV, S.7-166.

HASDEU B.P. 1886. *Etymologicum Magnum Romaniae*. București.

LAUGIER C. 1925. *Contribuțiuni la etnografia medicală a Olteniei*. Craiova.

LEON N. 1903. *Istoria naturală medicală a poporului român*. București.

MAROSSY A., GIURGIUCA V. 1974. *Plante folosite în medicina populară din bazinul Crișului Negru în tratarea afecțiunilor reumatice*. In: Probleme de etnologie medicală. Cluj.

PANȚU C.Z. 1906. *Plante cunoscute de poporul român*. București.

PÁPAI PÁRIZ F. 1690. *Pax Corporis*. Cluj (Kolozsvár).

PAVELESCU Gh. 1970. *Folclor medical din Valea Sebeșului*. In: Apulum, VIII, S.549-578.

PRODAN I. 1939. *Flora*. I, II. Cluj.

RÁCZ G., LÁZÁR-SZINI Carolina 1970. *Valoarea terapeutică a unor diuretice de origine vegetală întrebuințate în medicina populară românească*. In: Despre medicina populară românească, București, S. 81-94. // --, RÁCZ-KOTILLA E. 1974. *Acțiunea farmacodinamică a unor remedii vegetale folosite în medicina populară românească*. In: Probleme de etnologie medicală. S.104-106. Cluj. // --., SPIELMANN L., LÁZÁR-SZINI C., ORBAN I. 1969. *Remedii vegetale utilizate în medicina populară românească*. In: Revista Medicală, IV, 2, S.250-253. Tg. Mureș.

RADU A. 1974. *Botanică farmaceutică*. București.

VACZI C. 1968-1972. *Nomenclatura dacică a plantelor la Dioscorides si Pseudo-Apuleius*. In: Acta musei Napocensis, V, S.115-129; VIII, S.109-133; IX, S.107-117.

A Decade of Studies on Traditional Medicine and Ethnobotany in Mexico

Xavier Lozoya

ZUSAMMENFASSUNG Interesse an der Erforschung der eigenen Volksmedizin besteht in Mexiko seit den 70er Jahren, angeregt durch die programmatischen der WHO. Mexiko hat ein beträchtliches prähispanisches indianisches Erbe, das in Verbindung mit europäischen Konzepten u. Quellen über die Jahrhunderte der Kolonisation eine ausgeprägte, vielschichtige Volksmedizin hervorgebracht hat. Bislang war diese Ethnomedizin vor allem eine Domäne der Ethnologen, die ihr vor allem wegen einiger halluzinogener Pilze und dazugehöriger Zeremonien einen internationalen Bekanntsheitsgrad als Exotikum gaben. Volkstümlicher empirischer Gebrauch der Pflanzen überlebte zum Teil und wird daher als der konkreteste Ausdruck der traditionellen Medizin angesehen. Daher wird in Mexiko die traditionelle Medizin als ein primär ethnobotanisches Arbeitsfeld zum Studium der empirischen Heilweisen verstanden, die wissenschaftlich ausgewertet werden sollen. In diesem Rahmen wurde 1975 IMEPLAM gegründet. Es widmet sich der botanischen, chemischen und pharmakologischen Erforschung der mexikanischen Flora. 1981 wurde die Arbeitsgruppe in den nationalen Gesundheitssektor integriert als biomedizinische Forschungsstelle zur trad. Medizin und Kräuterkunde (MTH) des nat. Inst. für soziale Sicherheit (IMSS). Eine Übersicht über relevante Heilpflanzen wird gegeben. es

SUMMARY The interest in a systematic study of indigenous medicines first appeared in Mexico in the seventies of this century. It was, as in other countries, influenced by the vindicative movement of the World Health Organization (WHO). Owning a vigorous heritage of prehispanic indian culture, Mexico appears as a nation with strong manifestations of traditional medicine, and their combination with medical european concepts and resources, occurred during several centuries of colonial life, produced a complex cultural wealth. The traditional medicine of Mexico was considered only a theme of certain anthropologists' erudition, and some psychoactive mushrooms or ritual ceremonies in the use of hallucinogenic plants gave us international recognition as an exotic society. That was the framework of reference when IMEPLAM (the Mexican Institute for Research in Medicinal Plants) was created in 1975. The activities of this team considered the integration of botanical, chemical and pharmacological studies on the Mexican flora trying to rescue the popular knowledge in the use of plants. Six years later, in 1981 this group was incorporated to the health official sector of the governmental research system under its actual denomination of Biomedical Research Unit in Traditional Medicine and Herbolary (MTH) dependent of the National Social Security Institute. (IMSS). An overview on relevant medical plants is given.

RESUME Depuis dix ans il y a des recherches sur la médecine indigène au Mexique, dont on trouve un héritage tres riche, mélange de médecine pré-espagnole indienne ainsi que de ses modifications sous la domination chrétienne pendant des siêcles et son l'influence culturelle européenne. L'usage populaire empirique des plantes médicinales survécut le plus visiblement, pour cela la médecine traditionnelle au Mexique est surtout un domaine d'études ethnobotaniques. C'etait le cadre où naquit IMEPLAM en 1975. Cette institution avait pour but la promotion des études de la flore mexicaine et de l'évaluation des drogues actives. Aujourd'hui elle est part intégrée de l'Inst.Nat. de Sécurité Sociale (IMSS). L'auteur informe ainsi des nouvelles plantes médicinales y décrites. es

Friedr. Vieweg & Sohn Verlag, Braunschweig/Wiesbaden

Introduction

The interest in a systematic study of indigenous medicines, first appeared in Mexico in the seventies of this century. It was, as in other countries, influenced by the vindicative movement of the World Health Organization (WHO), resulted from the impact produced by the "Chinese experience" which striked Western medical world in those years. Suddenly, western medicine "discovered" that the People's Republic of China with millions of population had been solving their primary medical necessities recurring to ancestral - at that time unknown by western science - procedures and therapies with a high degree of success. Their heterodoxal programs of primary health care "combining" *western* and *traditional* resources (herbal remedies, acupuncture, "barefoot doctors", etc.) appeared to be a pragmatic solution to historical problems of sanity, nutrition and medical assistance. Very soon this extraordinary influence reached and awaked other developing countries in Africa and Latinamerica; the term *Traditional Medicine* was created to refer to any of the subjacent *indigenous medicines* of "Third World" countries - according to the terminology of those days - until then, considered by western science as: primitive, underdeveloped or obsolete procedures. By the contrary, after WHO promotion, traditional medicines appeared to be suitable alternatives to be studied and developed considering the applicability of their human and therapeutical resources in the framework of WHO's goal: "health for all in year 2000".

Owning a vigorous heritage of prehispanic indian culture, Mexico appears as a nation with strong manifestations of traditional medicine and their combination with medical european concepts and resources, occured during several centuries of colonial life, produced a complex cultural wealth. Nevertheless, medicine, biology, botany, sociology and other related to this field disciplines cultivated in mexican universities, have been exclusively western oriented and ideologically dependent of the foreign centers of high industrial development. The traditional medicine of Mexico was considered only a theme of certain anthropologists'erudition, and some psychoactive mushrooms or ritual ceremonies in the use of hallucinogenic plants gave us international recognition as an exotic society were frequently, some northamerican and european researchers used to be confused with the hippie calamity of past epoques.

The universities and big centers of specialities of the Mexican official medicine were, still in the seventies, sceptic respect influences coming from any other part of the world with the exception of Northamerica. In those years, by example, acupunture was considered "act of faith" ant the Mexican physicians used to leave the conference rooms when somebody tried to demonstrate the novelty of this technique. Only several years later, when USA research centers and universities started to publisch the first studies on acupuncture, the Mexican institutions manifested some interest in this topic. The ethnobotany was not the exception. This discipline grew up during the same period under the influence of European and Northamerican academic groups which promoted the study of the indigenous flora of the developing countries, as a manifestation ot the "renaissance" in the use of herbal remedies occurred in their postindustrialized societies. This "green", "natural", "ecological", social movement born in European nations has nourished, at least in a significant degree, the appearance of *ethno*-pharmacological, *ethno*botanical and *ethno*medical scopes in the study of other societies of Asia, Africa and Latinamerica. Once the studies have been produced and the local groups of scientists participated of this interesting influence, an expected reality has arised: not all the *traditional medicines* could be considered at the same level of complexity and development. Chinese, Japanese and Ayurvedic medicines might

Friedr. Vieweg & Sohn Verlag, Braunschweig/Wiesbaden

be reconsidered in a particular situation in force due to their systematized and integral theoretical fundaments closely related to their intact platform of resources and ideas, in use during many centuries; by the contrary, in the case of Indian Latinamerican and several African Medicines, the picture was fairly incomplete because the original indigenous theoretical framework was lost or deeply modified under the influence of cultural European colonial past. For these countries, the existence of a theoretical general framework of reference on traditional medicine was difficult to be established. Books, schools and practitioners of the indigenous medicine were destroyed or convicted during centuries of permanent persecution. Christian religion implanted discriminative doctrinal fundaments against indigenous cultures and colonial governments imposed the rest of the determinant factors which stopped the natural development of ancestral medicinal indian practices. In such perspective the popular empirical use of plants has partially survived and resulted to be the most concrete aspect of traditional medicine to be seized. This was the case of Mexico where traditional medicine has been basically understood as an ethnobotanical field of study of empiric healing procedures which demand to be scientifically evaluated. In that scope, the creation of a strategy for a national health program which could combine in the near future *traditional* with *western* resources, initially recquires of a detailled knowledge of mexican medical flora.

In general terms that was the framework of reference when IMEPLAM (the Mexican Institute for Research in Medicinal Plants) was created in 1975. The activities of this team considered the integration of botanical, chemical and pharmacological studies on the Mexican flora trying to rescue the popular knowledge in the use of plants. Six years later, in 1981 this group was incorporated to the health official sector of the governmental research system under its actual denomination of Biomedical Research Unit in Traditional Medicine and Herbolary (MTH) dependent of the National Social Security Institute.

Which are the results and conclusions produced after ten years of ethnobotanical studies of this group?; How many medicinal plants are in use by Mexican population?; which are the concrete possibilities of including herbal remedies in modern official medicine? These are some of the questions, I will try to answer in the present paper: A synthesis of a decade of pioneer work in ethnobotany performed in the study of traditional medicine of Mexico.

The Ethnobotanical Information

The initial activities of IMEPLAM were directed to determine the level of information existing in Mexico respecting plants reported as medicinal in the national historical bibliography. The results of the study were published (DIAZ et al.1976) when was implemented our first data bank exploring the main historical sources related with herbolary. The sources resulted to be a collection of fascinating books of medicine, biology and history preserved in different libraries including ancient literature from XVI to XIX centuries. The information gap between the data reported in past centuries and our time was atonishing. According to the historical sources, the reported Mexican medicinal flora was integrated by almost 2000 different plants corresponding to 168 families and 915 genus. The common names reported reached a total of 5782 popular denominations in several indigenous languages. This type of historical bibliographical information was soon considered difficult to be systematized, in view of the evident confusion existing in the scientific synonymity and because taxonomy has changed significantly during the last two centuries and resulted risked to evaluate comparatively the information of plants reported in books of XVI century together with sources of the final years of the XIX century, specially without sufficient iconography. Nevertheless, this first attempt was determinant to design the following studies (DIAZ et al.1977) and particularly because it showed us the difficulties in the implementation of computarized data banks for these purposes. The second step was to determine the actual use of medicinal plants among the population and the creation of a reference herbarium specialized in medicinal ethnobotany. The task took 7 years of ethnobotanical field research and allowed to create the first and unique medicinal herbarium in the country (IMSSM). AGUILAR (1983) has described the different stages recquired to develop the actual collection of plants containing 4553 vouchers corresponding to 1892 species in current use and recognized exclusively as medical. The selection of the collected materials all along the country was performed applying precise ethnobotanical criteria on uses, posologies, distribution, ecology, cultivation, etc. The statistical studies of this collection allowed to establish not only the specific flora in use by the Mexican population, but also the most frequently used species, and their geographical distribution (AGUILAR et al. 1984, 1985). The obtained results confirmed a suspected idea that in Mexico exists a "basic" group of medicinal plants accepted and distributed in all the country for the same therapeutical purposes, besides local species resultant of ecological and cultural conditions. Moreover, the ethnobotanical studies had reflected in some aspect the epidemiological picture of the rural areas of the country depending on the type of medicinal plant utilized: 38% of the collected plants are specifically used to treat infectious diseases of digestive and respiratory apparata, the main group of ailments occurring in the country, together with 17% used to combat skin infections and traumatisms. More than 60% of the medicinal plants in use by the actual traditional Mexican medicine (around 1380 species) are directly used to treat the pathology included in the concept of primary health attendance. Parallel projects have been directed to publish the *Mexican medicinal flora*, as a series of volumes with deeper and actualized information (with chemical, pharmacological and toxicological data) for selected groups of plants (AGUILAR and ZOLLA 1982; LOZOLA and MECKES-LOZOLA 1983b).

Together with the ethnobotanical research work, the information on traditional medicine as social phenomena has been obtained following a permanent program of study. We recognized three main areas of study closely linked but in fact to be evaluated separately: the study of the healer, as human resource to be supported and recognized for future health policies; the study and systematization of the fragmentary ideological framework of traditional medicine, its categories, nosologies and classifications and the therapeutical resources. Assisted by the personnel of the Social Security network of rural programs of medical care, the MTH Unit collected, during four years, the information about traditional practices in almost 3,000 of small indian communities. It has been possible to stablish contact with at least 14,000 traditional therapists through the 4,000 institutional rural small medical consultories distributed along the country and located in communities with a population below 2,500 persons. The first statistical data about traditional medicine practitioners, have been obtained at a national level including information about their different professional categories (variants or local versions of healers, midwifes, bonesetters, herbalists and others). It has been also determined, their medical area or activity including parameters of populations's distribution, predominance in age, sex and forms of transmission of knowledge (ZOLLA et al.1984).

The obtained data are eloquent: in general terms, in the rural areas of Mexico the people dedicated to practice healing is, at least, 4-5 times more numerous than the prepared by the official medicinal system. Other complementary data in this field of research ("epidemiology of traditional medicine") are now considered crucial for the understanding and future design of some health programs in Mexico (LOZOYA and ZOLLA, 1984). Part of these studies have been published in the series "*Estudios de Etnobotanica y Antropologia Medica*" (1976-1979) and through the IMEPLAM's Journal *Medicina Traditional* (1977-1980).

Experimental plant research

The study of medicinal plants recquires a multidisciplinary scope. The sole phytochemical or pharmacological approaches are not sufficient to reach a congruent validation of the efficacy and utility of resources which had been selected by the population, usually, through a complex cultural process taking long periods of time.

The orthodoxal mechanicist approach followed in the study of plants and performed under the influence of pharmaceutical companies and some institutions of research of natural products has to be modified. Unfortunately, that is an approach which rarely considers and estimates the cultural, practical information existing for every medicinal plant at popular level. It is frequently observed that, some screening studies of dozens (also hundreds) of plants are designed exclusively based on the technological reality that biochemistry and spectrometry have facilitated the search of active compounds, ignoring or rejecting as secondary the popular use of such resources. However, that is at the same time the reason of a proportional low percentage of succesfully results in the study of thousands of promising medicinal plants.

By the contrary, a detailed analysis of the ethnobotanical information of a plant in close interaction with the traditional therapist will facilitate the design of the pharmacological and chemical screening studies. In this case, the research is directed to validate a popular practice with a given plant, considering the form and recquirements established for its traditional use. The isolation of an active compound and its ulterior chemical characterization are, under this scope, part of the methodological steps to be performed and not the unique objectives of the study. On the other hand, the pharmacological properties and the presentation form of the herbal product play a very important role in the subsequent utilization of the drug in official medicine once it has been scientifically validated; otherwise, a contradiction will arise: to give back to the population sofisticated and expensive forms of plant remedies obtained from their original traditional and cheep conditions: the most frequently used herbal form in traditional medicine is an infusion or decoction of the plant material for oral administration. However, water extracts of plants used to be less atractive products for the typical chemist being accustomed to isolate compounds (alkaloids, lactones, terpenes and other typical products) obtained from organic extracts. With the arrival of the HPLC (High Performance Liquid Chromatography) the chemical determination of water extract content allowed to modify classical procedures in the analysis of a plant drug. Nevertheless these techniques are difficult to be performed in developing countries because they are expensive and recquire more research to extend their possibilities.

Finally, it is evident that the chemical and pharmacological knowledge of medicinal plants is still very superficial in all the world. Only a few families of compounds have be recognized during decades of systematic studies on chemical taxonomy of plants. Once a plant is discovered by science (usually emerging from traditional medicine) a significant number of studies are published and dozens of compounds are immediately isolated or also synthetized, following a strategy that many times produces contradictory and disorderly information (That is the actual case of *Momordica charantia*, a very common plant used by traditional medicine of several countries, usefull as anticonceptive or anticancer drug depending on the side of the world involved in its study).

The experimental plant research in the MTH Unit has been devoted to the scientific validation of the plant remedy in the form and for the purposes established by traditional medicine information. The institution is interested in the production of herbal remedies with minor technological recquirements, just the necessary to assure an industrial production of the drug at national level. Crude plant extracts, juices, lyophylized decoctions or raw plant material, are the common terminal products to be integrated in a group of "alternative herbal drugs" for medical use in the official vademecum of drugs for the institution.

The four main groups of plants under study in the MTH Unit have been: traditional products related with diverse infectious processes; those used for treatment of arterial hypertension and other cardiovascular disorders; plants used in the treatment of diabetes mellitus symptomatology and some plants related with reproduction biology, since these are the prevalent medicinal priorities for the country.

The following constitutes some examples of the performed research:

- *Psidium guajava* and *Gnaphalium semiamplexicaule* are the most frequently used plants for treatment of infectious diarrhea and cough, respectively. *P. guajava* was know to contain a considerable number of tanins, although actually a group of antimicrobial compounds have also been reported. Its use as efficient antidiarrheic remedy has been demonstrated in a well controled group of clinical studies. *G. semiamplexicaule* has been proved to facilitate the handling of cough specially in children because without inducing sedation it helps to eliminate the exacerbation of the reflex. These two traditional remedies are obtaining important recognition in the institutional medicine due to their easy and cheap management in the so called autolimitant syndromes when the use of antibiotics and sedatives represent an inefficient and expensive practice particularly among pediatricians.
- *Casimiroa edulis* has been deeply studied by our team due to the important hypotensive properties ot its seeds used in a water-alcoholic extract and administered orally. According to the tradition this plant was already in use in aztec medicine to induce sleep. The active compounds - mono and dimethylhistamine derivatives - produce a state of general sedation and central and peripherical vasodilatation with benefits for the treatment of essential hypertension. The content of active compounds in extract and in raw material has been standardized for industrial production and appropriate medical dosification (LOZOYA et al. 1977; 1978; 1981; ROMERO et al. 1983; ENRIQUEZ et al. 1984).
- *Opuntia streptacantha* is a widely used cactus of Mexico in the treatment of hyperglycemia in diabetes mellitus. The hypoglycemic effect of its sap been clearly confirmed in animal and clinical studies and its utilization in modern mexican medicine is adcquiring an important dimension (IBANEZ 1978; IBANEZ et al. 1979; 1983a; 1983b). *Tecoma stans* and *Cecropia obtusifolia* are also been studied by the team according to ethnobotanical support information which classifies them as the most frequently used plant remedies for treatment of diabetes (MELLADO and MECKES, 1984; MECKES, 1985).
- *Montanoa tomentosa* represents a historical tradition in the knowledge of indigenous plants of Mexico used to induce delivery. Used since prehispanic times this plant is being studied in several

countries and the contribution or our group have allowed to determine the main active compounds and its mechanism of action. The plant has been promoted as a safety inducer of menses and during labor (BEJAR et al. 1983; LOZOYA et al. 1983a; ENRIQUEZ et al. 1983; REYNOLDS et al. 1984).

- *Guatteria gaumeri* (ENRIQUEZ et al. 1980a), *Perezia adnata* (ENRIQUEZ et al. 1980b), *Magnolia grandiflora* (MELLADO 1979; MELLADO et al. 1980; LOZOYA et al. 1980; LOZOYA and MELLADO 1981a), *Annona cherimolia* (MECKES LOZOYA 1978; MECKES and LOZOYA 1980), are other examples of plants investigated in the MTH Unit although their implementation in medicine has not been succesfull or recquires still of more complete studies.

In our experience the time of a new understanding of use of many medicinal plants is just arriving. After reviewing the medicinal use of an abundant flora as the mexican, it is evident the existence of a high number of medicinal plants with "unspecific" properties and used for the treatment of common, non severe ailments; in contrast, a small group of plant remedies possess "specific" and "strong" pharmacological effects and are used for treatment of more evident ailments. We think that the last group has monopolized the scientific interest in chemical composition of plants of the majority of the research groups during a long period including our own activities. Now due to technological facilities and a better understanding of molecular pharmacology, the "unspecific group" of plants is demanding more attention and new ideas in experimental pharmacology. An increase of the bodily resistance as an effect of plant drugs, by example, has been postulated as a new field of study. Some plant products which do not show any effect in current pharmacological experiments might stimulate bodily resistance with the consequent improvement of physiological functions. Studies on immunostimulation, antiviral capacity and bodily resistance are bringing back to life old scientific concepts such as "adaptogen" and "soft drug" used in the past to explain the therapeutical effects of many plants occurring in all the traditional medicines which properties do not fit with the actual understanding of the conventional pharmacology. That is the challenge in medicinal plant research for the next two decades.

By way of conclusion:

1) Traditional medicine in Mexico plays an important role basically in the solution of therapeutical problems classified as primary care attendance. The human and therapeutical resources represent an incontroversible wealth necessary to be recognized and incorporated in governmental health policies.

2) In the case of Mexico its main contribution is represented by a rich empirical knowledge in the use of medicinal plants (indigenous and others incorporated from Europe); this practice is present in all the country but with a basic plant group widely used and distributed for the treatment of the same diseases, which is detectable.

3) Plants can be classifyed in two main categories: "specific" and "unspecific" depending on the type of ailment are used for and the therapeutical properties or "potency" recognized by traditional practitioners.

4) The fundamental information task has been accomplished by our team including the existence of a regular reference herbarium and an ethnobotanical data bank at national level. However, the information on efficacy and medicinal properties of plant remedies is a process which recquires several years of pharmacological and chemical studies. In this case multidisciplinary directed experiments based on ethnobotanical information are indispensable to reach practical applicable results.

5) A modest but significant number of medicinal plants obtained from traditional medicines have been incorporated to the institutional practice configuring a plant group of "alternatives" although gradually being accepted by medical doctors, with immediate economical repercussion in governmental's drug budget. Traditional herbal remedies, once scientifically validated, configure a type of resource which characteristics (culturally accepted by patients, cheap for massive production and possible to be produced by the national industry) motivate health authorities to promote their use.

6) A new understanding in the effects produced in human organism by plant products is taking place. Different pharmacological approaches and observations are recquired together with chemical studies of plant compounds, some of them in the past time considered as biologically inactive, could explain the therapeutical effects produced in the whole organism.

REFERENCES

AGUILAR A. and ZOLLA C. 1982: *Plantas tóxicas de Mexico*. Ed. IMSS. México.

AGUILAR A. 1983: El herbario de la Unitad de Investigación Biomédica en Medicina Tradicional y Herbolaria del IMSS. *Sup. Bol. Macpalxochitl*. 104:1-3.

AGUILAR A. and CAMACHO J.R. 1984: Revisión del Herbario IMSSM. IX Congreso Mexicano de Botânica. México. 64-65.

AGUILAR A, CAMACHO J.R. and LOZOYA X. 1985: Mexican medicinal plants in current use according to the IMSSM ethnobotanical herbarium. Parts I, II, III. *J. Ethnopharmacology*. (in press).

BEJAR E., LOZOYA X., ENRIQUEZ R., ESCOBAR L. 1983: Efecto comparativo de los productos del zoapatle (Montanoa tomentosa) y del verapamil sobre la contractilidad uterina de la rata in vitro. *Arch. Inv. Méd.* (Méx.) 15:223.

DIAZ J.L. (Editor) 1976: *Indice y Sinonimia de las Plantas Medicinales de México. Monografías Científicas I*, IMEPLAM, México.

DIAZ J.L. (Editor) 1977: *Usos de las Plantas Medicinales de México. Monografías Científicas II*. IMEPLAM, México.

ENRIQUEZ R.G., CHAVEZ M.A. and JAUREQUI F. 1980a: Propenylbenzenes from Guatteria gaumeri. *Phytochemistry*. 79:2024-2025.

ENRIQUEZ R.G., ORTEGA J. and LOZOYA X. 1980b: Active components in Perezia roots. *J. of Ethnopharmacology*. 2:37-41.

ENRIQUEZ R.G., ESCOBAR L.I., ROMERO M.L., CHAVEZ M.A. and LOZOYA X. 1983: Determination of grandiflorenic acid in organic and aqueous extracts of Montanoa tomentosa (zoapatle) by reversed-phase high-performance liquid chromatography. *J. of Chromatography*. 258:297-301.

ENRIQUEZ R.G., ROMERO M.L., ESCOBAR L.I., JOSEPH-NATHAN P. and REYNOLDS W.F. 1984: HPLC study of Casimiroa edulis II. Determination of furocoumarins. *J. of Chromatography*. 287:209-214.

IBANEZ R. 1978: Nopal (*Opuntia sp*) *Med. Trad.* I, 4.

IBANEZ-CAMACHO R., y ROMAN-RAMOS R. 1979: Efecto hipoglucemiante del nopal. *Arch. Inv. Méd.* (Méx.) 10:223.

IBANEZ-CAMACHO R. y MECKES-LOZOYA M. 1983a: Efecto de un producto semipurificado obtenido de Opuntia streptacantha L. (Nopal) sobre la glucemia y la trigliceridemia del conejo. *Arch. Inv. Méd.* (Méx.) 14:437.

IBANEZ-CAMACHO R, MECKES-LOZOYA M. and MELLADO-CAMPOS V. 1983b: The hypoglucemic effect of Opuntia streptacantha studied in different animal experimental models. *J. of Ethnopharmacology*. 7:175-181.

LOZOYA X, ROMERO G., OLMEDO M. and BONDANI A. 1977: Farmacodinamia de los extractos alcohólico y acuoso de la semilla de Casimiroa edulis. *Arch. Inv. Méd.* (Méx.) 8:145-154.

LOZOYA X., RODRIGUEZ D., ORTEGA J. and ENRIQUEZ R. 1978: Aislamiento de una sustancia hipotensora de la semilla de Casimiroa edulis. *Arch. Inv. Méd.* (Méx.) 9:565-574.

LOZOYA X., 1980: Mexican medicinal plants used for treatment of cardiovascular diseases. *Amer. J. of Chinese Med.* VIII. 3:268-270.

LOZOYA X. y MELLADO V. 1981a: Plantas medicinales mexicanas y sus efectos en el aparato cardiovascular. *Rev. Méd. ISSSTE.* III. 1, 5.

LOZOYA X. and ENRIQUEZ R.G. 1981b: *El zapote blanco. Valoración científica de una planta medicinal mexicana.* CONACYT, México.

LOZOYA X., ENRIQUEZ R.G., BEJAR E., ESTRADA A.V., GIRON H., PONCE-MONTER H. and GALLEGOS A.J. 1983a: The effect of kauradienoic acid upon uterin contractility. *Contraception.* 27, 3:267-279.

LOZOYA X., MECKES-LOZOYA M. 1983b: *Flora Medicinal de México: Primera Parte. Plantas Indígenas.* Ed. IMSS, México.

LOZOYA X., and ZOLLA C. 1984: Medicina tradicional en México. *Bol. Of. Sanit. Panamer.* 96 (4):360-364.

MECKES-LOZOYA M. 1978: Quauhtzapotl (Annona cherimola L.) Fascículo. *Med. Trad.* II, 5.

MECKES-LOZOYA M. and LOZOYA X. 1980: A uterotonic substance from Annona cherimola seeds. *Amer. J. of Chinese Med.* VIII, 3:268-270.

MECKES-LOZOYA M. 1985: Is the Tecoma stans infusion an antidiabetic remedy? *J. of Ethnopharmacology* 13. (in press).

MELLADO V., 1979: Magnolia (Magnolia grandiflora) yoloxochitl (Talauma mexicana) Fascículo *Med. Trad.* II. 7.

MELLADO V., CHAVEZ SOTO M.A., LOZOYA X. 1980: Rastreo de las propiedades farmacológicas del extracto acuoso de Magnolia grandiflora L. *Arch. Inv. Méd.* (Méx.) 11:335.

MELLADO V. and MECKES-LOZOYA. 1984: Effect of the aqueous extract of Cecropia obtusifolia on the blood sugar of normal and pancreatectomyzed dogs. *Int. J. Crude Drug Res.* 2:11-16.

REYNOLDS W.F., ENRIQUEZ R.G., ESCOBAR L.I. and LOZOYA X. 1984: Total assigment of 1H and 13C spectra of kauradien-9 (11)-16-oic acid with the aid of heteronuclear correlated 2D spectra optimized for general vicinal 13C-1H coupling constants: or what to do when "INADEQUATE" is impossible. *Can. J. of Chem.* 62 (11):2421-2425.

ROMERO M.L., ESCOBAR L.I., LOZOYA X. and ENRIQUEZ R.G. 1983: High performance liquid chromatographic study of Casimiroa edulis I. Determination of imidazole derivatives and rutin in aqueous and organic extracts. *J. of Chromatography.* 281:245-251.

ZOLLA C. et al. 1984: *Atlas Estadístico de la Medicina Tradicional de México.* Ed. IMSS. México.

APPENDIX

PLANTS MORE FREQUENTLY USED IN MEXICAN TRADITIONAL MEDICINE* p.426

* According to the IMSSM Herbarium information (AGUILAR A. 1985), the National MTH survey (ZOLLA C. et al. 1985) and some the main bibliographical sources. The selection was performed using criteria of frequency of use and geographical distribution of the most commonly recognized species.

(e) Indicates the existence of experimental studies confirming the attributed properties or a scientific explanation of its therapeutical use.

1. Treatment of gastrointestinal disorders

ANTHELMINTIC: *Chenopodium ambrosioides* L. (e) *Ficus glabrata* (e) *Artemisia ludoviciana* Nutt. (e), *Cucurbita* pepo

AMEBICIDE: *Castela nicholsoni* (e) *Castela tortuosa*

CHOLERETIC: *Taraxacum officinale* (e) *Peumus boldus* (e)

SPASMOLITIC: *Marrubium vulgare* L. *Chrysantemum parthenim* (L.) Bernh. *Matricaria recutita* L. (e) *Cinnamomum zeylanicum* (e) *Mentha piperita* (e) *Tagetes lucida* Cav. *Salvia mycrophylla* H.B.K. (e) *Foeniculum vulgare* Mill. (e)

LAXATIVE: *Ricinus communis* (e) *Tamarindus indica* (e) *Spondias mombin* (e) *Cassia fistula* (e) *Perezia adnata* (e)

ANTIDIARRHEIC: *Psidium guajava* L. (e) *Plantago major* (e) *Guazuma ulmifolia* Lam *Lepidium virginicum* L. *Persea americana* Mill. (e)

2. Treatment of respiratory disorders

ANTITUSSIVE: *Sambucus mexicana* Presl. *Gnaphalium semiamplexicaule* (e) *Bouganvillea glabra Choisy*

BRONCODILATATOR ANTIMICROBIAL AGENT: *Thymus vulgaris* (e) *Rosmarinus officinalis* (e) *Lantana camara* L. *Eucalyptus globulus* Labill. (e) *Origanum vulgare* L. (e)

3. Treatment of skin affections and traumatisms

ANTIMICROBIAL AGENT: *Croton draco* Schlecht *Malva parviflora* L. *Verbena carolina* L. *Kalanchoe pinnata* Pers.

ANTIINFLAMATORY: *Oenothera rosea* Ait. *Cuphea aequipetala* Cav. *Hetherotheca inuloides* Cass. *Sida rhombifolia* L.

CICATRIZANT: *Hammelia patens* Jacq. *Solanum hispidum* L. (e)

4. Treatment of urinary disorders

DIURETIC: *Equisetum robustum* A. Br. *Zea mays* L. (e) *Bidens pilosa* L.

FOR LITHIASIS: *Larrea tridentata* (DC.) Cov. *Eryngium heterophyllum*

5. Female reproductive biology

AMENORRHEA: *Lippia dulcis* Trev. *Petroselinum sativum*

INDUCTION OF DELIVERY: *Montanoa tomentosa* (e) *Ruta chalepensis* *Adiantum tenerum*

6. Treatment of hyperglucemia and/or metabolic dysfunctions

HYPOGLUCEMIANT: *Opuntia streptacantha* (e) *Tecoma stans* (e) *Cecropia obtusifolia* (e)

HYPOCHOLESTEROLEMIANT: *Guatteria gaumeri* (e) *Coutarea latifolia*

7. Treatment of cardiovascular affections

HYPOTENSOR: *Casimiroa edulis* (e) *Sechium edule*

CARDIOTONIC: *Talauma mexicana* (e) *Magnolia grandiflora* (e) *Thevetia yocotli* (e)

ACTIVATOR OF PERIPHERICAL CIRCULATION: *Jacobinia spicigera* *Rivina humilis*

8. Treatment of nervous affections

SEDATIVE: *Citrus aurantium* L. (e) *Citrus sinensis* (L.) Osbeck (e) *Ternstroemia sylvatica* Schlecht. Cham. *Agastache mexicana* (Kunth.) *Tilia mexicana*

Ethnobotanische Forschungen erweitern unser Bild von den Volksheilkunden. Ein Überblick mit besonderer Berücksichtigung Indiens*

Sudhanshu Kumar Jain

ZUSAMMENFASSUNG In vielen Stammesgesellschaften werden die unterschiedlichen traditionellen indischen Medizinsysteme durch Volksheilmittel ergänzt. Zu verschiedenen, keineswegs seltenen Gelegenheiten stellen diese sogar die ausschließlichen Mittel dar, um bei Mensch und Tier Krankheiten zu bekämpfen. Im folgenden gibt der Autor einen Überblick über verschiedene methodische Verfahrensweisen, wie sie für eine ethnobotanische Forschung in verschiedensten Ländern auf der ganzen Welt entwickelt wurden. Über 60 verschiedene Heilpflanzen werden aufgeführt, die bei verschiedenen indischen Ethnien verwendet werden. Dabei werden Details zum Lokalnamen, zu wissenschaftlichen Bezeichnungen, Methoden zur Zubereitung, Anwendung und Dosierung benannt. Der Bericht schließt auch etliche Anwendungen ein, die anscheinend in der Literatur weder bekannt noch sonstwie übermittelt sind. So haben unsere Ergebnisse gezeigt, daß noch viel wertvolle Information ungenutzt und ungeprüft geblieben ist. Der Autor betont, daß die ethnobotanischen Forschungen einer Brückenfunktion zwischen Botanik und medizinischen Gesichtspunkten der Pflanzen dienen und letztlich einem neuen Verständnis und einer erweiterten Anwendung und Akzeptierung der traditionellen Medizinen dienen können.

ABSTRACT Folk medicines complement other systems of traditional Indian medicines in many tribal societies. In certain situations, which are not uncommon, they are exclusive means of combating human as well as cattle diseases. A summary of methodologies adopted for ethnobotanical research in several countries of the world is given; their applicability in Indian conditions is discussed. An account of about sixty plants used in medicine among certain tribals of India is given; details of local name, scientific name, method of application or administration and dosage are given. These reports include several uses which do not seem to be known or recorded in literature.
These studies have shown that much valuable information has remained unverified and unutilised. It is discussed that ethnobotanical research acts as a bridge between botany and medicinal aspects of plants, and assists in the wider application and acceptance of traditional medicine.

RESUME Les médecines populaires sont complémentaires des autres systèmes de médecines traditionnelles de l'Inde dans beaucoup de sociétés tribales. Dans certains cas, qui ne sont pas inhabituels, elles sont les seuls moyens de combattre les maladies de l'homme ainsi que celles qui frappent le bétail. Après un résumé des méthodologies adoptées pour la recherche ethnobotanique dans plusieurs pays, l'auteur discute leur applicabilité dans le cas de l'Inde. Sont ensuite passées en revue environ soixante plantes ayant des usages médicaux dans certaines tribus de l'Inde. Pour chacune d'elles sont indiqués le nom local, le nom scientifique, le mode d'administration et le dosage. Plusieurs usages ne semblent pas avoir été signalés jusqu'ici. Ces études ont montré que des informations très précieuses n'ont pas été vérifiées et sont restées inutilisées. Les recherches ethnobotaniques sont un pont entre la botanique et la phytothérapie. Elles contribuent à la plus large utilisation et acceptation de la médecine traditionnelle.
gm

* Der Artikel wurde unter dem Titel *Ethnobotanical Research Unfolds New Vistas of Traditional Medicine* erstmalig auf der 1st International Conference on Traditional Asian Medicine (ICTAM) in Canberra 1979 als Vortrag gehalten und erschien im Reader *Glimpses of Indian Ethnobotany*, der vom gleichen Autor herausgegeben wurde (New Delhi, Bombay, Calcutta: Oxford & IBH Publishing Co., 1981, p. 13-36. Adress of the Comp.: 66 Janpath, New Delhi 11 0001). Der Beitrag wurde mit freundlicher Genehmigung von S.K. JAIN für den *curare*-Sonderband Ethnobotanik von Ekkehard SCHRÖDER übersetzt.

Friedr. Vieweg & Sohn Verlag, Braunschweig/Wiesbaden

Einführung

Alle Systeme der traditionellen indischen Medizin hatten in der einen oder anderen Weise ihre Wurzeln in den Volks- und Hausmedizinen. Ein Teil dieser frühen Heilmittel und Verfahren fand weite Verbreitung und wurde durch professionelle Heilkundige verschiedenst fortentwickelt, überprüft und durch die Anwendung verbessert. So gelangten sie in strukturierte und organisierte Medikalsysteme. Ein größerer Teil dieser Volksmedizinen blieb jedoch in der Anwendung auf bestimmte Gegenden oder Völker im Lande beschränkt. Fehlende Kommunikationskanäle, fehlende Anregungen und Auseinandersetzungen mit neuen Ideen sowie auch die verschiedensten Lebensumstände führten dazu, daß ein Großteil dieser Heilmittel praktisch nur über das gesprochene Wort von Generation zu Generation überliefert wurde. Dies trifft auch heute noch für viele Gegenden in Indien und wo anders zu, besonders in den abgelegenen ländlichen Regionen und in Stammesgesellschaften. Das teilweise Fehlen akkulturierender Einflüsse hat sogar in etlichen Fällen eine fast autentische Überlieferung dieses Wissens in seiner originären Form bewirkt.

Der Begriff "traditionelle Medizin" wird irrtümlicherweise nur auf strukturierte, organisierte und anerkannte Systeme einheimischer Medizinen angewandt. So bezieht sich in jüngster Zeit noch ein sehr angesehenes Werk auf Ayurveda, Unani, Siddha und Yoga als die einzigen Bestandteile der traditionellen Medizin in Indien. Ein kurzer Blick auf die Definition bzw. das Konzept von "traditioneller Medizin" in einem WHO-Technical Report (1978) schafft hier Klarheit:".. die Summe aller Kenntnisse und Praktiken, ob erklärbar oder nicht, die in Diagnose, Vorbeugung und Beseitigung von körperlichen, seelischen oder sozialen Störungen angewandt werden und alleine auf praktischer Erfahrung und Beobachtung beruhen und mündlich oder schriftlich von Generation zu Generation überliefert werden. Traditionelle Medizin kann auch als ein solides Gemisch von dynamischem medizinischem Know How und überlieferter Erfahrung begriffen werden."

Ich möchte hier zwei Stichworte betonen: 'erklärbar oder nicht', und 'mündlich oder schriftlich von Generation zu Generation überliefert'. Das Wissen über Pflanzen nun, das mündlich über die Generationen weitergegeben worden ist, ist der Hauptgegenstand der ethnobotanischen Forschung. So hat Ethnobotanik als Wissenschaft erst jetzt in einigen Teilen der Welt viel Aufmerksamkeit auf sich gezogen, besonders in Entwicklungsländern bzw. solchen, wo kleinere oder größere Teile der Bevölkerung noch ganz von den natürlichen Ressourcen in praktisch überkommener Art und Weise abhängen und die Herausforderung moderner Medizinsysteme überhaupt noch nicht eingetreten ist. So haben unsere ethno-botanischen Forschungen der letzten 15 Jahre uns hier in Indien ganz neue und beeindruckende Sichtweisen über Volksmedizin eröffnet.

Ethnobotanische Forschungsmethoden

Manchmal wird Ethnobotanik als die bloße Aufzeichnung der volksmedizinischen Kräuteranwendungen verstanden. Auch spricht man von medizinischer Botanik (medicobotany). Ethnobotanik ist eine multidisziplinäre Wissenschaft. Sie bezieht Anthropologie, Soziologe, Botanik, aber auch medizinische Botanik und Wirtschaftsbotanik mit ein. Die Wissenschaftsrichtung hat sich in verschiedenen Ländern unabhängig voneinander entwickelt. Unter den Hauptrichtungen und Werkzeugen der ethnobotanischen Erforschung, soweit sie die traditionelle Medizin betrifft, wären folgende zu nennen:

1) Feldforschung:
Bei verschiedenen Stämmen in etlichen Teilen der Welt wurden intensive Feldforschungen durchgeführt, so z.B. die Arbeiten von GUNTHER (1945), SCHULTES (1956, 1962, 1963a,b), TURNER und BELL (1971), BARRAU (1958, 1961), MARTIN (1971) und VIDAL (1959, 1960, 1961a,b, 1962). Für Indien sollten folgende Arbeiten genannt werden: BODDING (1925, 1927) und ELWIN (1943) in Zentralindien, GUPTA (1963) in BIHAR und SHAH und JOSHI (1971) im Kumaon-Himalaya. Neueste Forschungen fanden vor allem in unseren Labors in Madhya Pradesh, Bihar, Orissa, Andhra Pradesh, Bengalen und NO-Indien statt (JAIN 1963-1967b, JAIN et al. 1973, JAIN und DAM 1979, JAIN und TARAFDAR 1963, 1970).

Die Erfahrungen während wiederholter Feldforschungen bei sehr verschiedenen Völkern führten zu einer gewissen Standardisierung der Feldmethoden und Vorgehensweisen. Dies kann man im Detail nachlesen, z.B. in unseren Veröffentlichungen (JAIN 1964, 1965b, 1967b). Ethnobotanische Feldforschung unterscheidet sich vom Botanisieren oder von ethnologischen Studien. Man muß kenntnisreiche Informanden ausmachen und dann verläßliche, unverzerrte Daten erheben - eine Aufgabe, die nach einiger Übung erworben werden kann. Die Daten werden für die verwendeten Pflanzenteile, die Sammeltechnik, die Zubereitung der jeweiligen Droge, die Dosierung und Anwendung zusammengetragen. Zur Absicherung der Information und für künftige Verweise werden Pflanzenmuster mitgesammelt. Lokalnamen werden aufgezeichnet. Dies hilft, wenn die nämliche Pflanze diskutiert wird und erleichtert zukünftige Sammelaktivitäten in größerem Stile. Die Lokalbezeichnungen stellen manchmal morphologische Merkmale, Standort oder Verwendung der Pflanze dar (JAIN 1963b). Wenn möglich, wird die Information nach den Konzepten der Diagnose und Krankheitsklassifikationen aufgenommen.

2) Literatur:
Eine weitere wichtige Quelle ethnobotanischer Informationen stellt alte oder nicht festgehaltene sowie veröffentlichte und nicht veröffentlichte Literatur dar. Ein hervorragendes Beispiel zur Verwendung von Literatur in der ethnobotanischen Forschung stellt die umfangreiche Kompilation antitumoröser Pflanzen aus alten Texten und lokaler Volksmedizin aus der ganzen Welt von HARTWELL (1967-1971) dar. In dieses Werk sind mehrere tausend Referenzen eingegangen, und es werden die ganze Medizingeschichte, Pharmakologie, medizinische Botanik, Ethnobotanik und Volksüberlieferungen eingeschlossen.

Das umfangreiche Erbe vedischer und die dazugehörige Sekundär-Literatur in Indien können als gültige ethnobotanische Quelle verwendet werden. Unter diesem Aspekt gehören hier die Arbeiten von SARMAH (1968-69), SARMAH (1971, 72, 73) über die vedische Literatur und über neuere Literatur von JAIN und TARAFDAR (1970), MAJUMDAR (1927) und OMPRAKASH (1961). Viele Pflanzen werden unter ihrem gebräuchlichen Namen geführt; das Allgemeinwissen läßt bei einer größeren Anzahl die genaue Identifizierung eher zweifelhaft bleiben. Manche Pflanzen bleiben bis heute rätselhaft und unaufgeschlüsselt. Dazu gehört der Fall *Soma* in den Hinduepen, denn etwa 20 Pflanzen werden diesem Namen zugeordnet. Diese variieren zwischen Pflanzen arider Zonen (*Sarcostemma*) zu solchen aus gemäßigten Gebieten (*Amanita muscaria*, vgl. die Pilzforschungen WASSONs). WASSON (1972) wird weiterhin diskutiert, auch wenn er sich im Übermaß auf die altindische Literatur stützt. Andere bedeutende Pflanzennamen mit unsicherer botanischer Identifikation sind *Brahmi*, *Punarnava*, *Jatamansi*, *Rudanti*, *Bala* und *Kalpavriksha*. Die Hauptschwierigkeit bei der botanischen Bestimmung alter Pflanzendrogen beruht auf dem Mangel sauberer Beschreibung und Abbildung. Natürlich kann man irgendein System der

Aufbewahrung von Mustern für Produkte zum therapeutischen oder sonstigen Gebrauch erwarten. Üblicherweise finden wir nur einen lokalen oder allgemein gebräuchlichen Namen und Gebrauch. Manchmal findet man auch eine kurze Anmerkung zum Vorkommen und zum Aufbau. Die Lokalnamen der Pflanzen oder Zubereitungen sind über die Jahrhunderte nicht unbedingt die gleichen geblieben. So ist es heute oft schwer, die meisten alten Bezeichnungen mit den heutigen Namen zu korrelieren, auch wenn einige dies durch Äußeres und den Inhalt zu früheren diskutierten Abhandlungen suggerieren. Die den Pflanzen zugeschriebenen Eigenschaften helfen in manchen Fällen weiter. Kleine Notizen zur Struktur oder Morphologie der Pflanze sind meist schwierig zu interpretieren. Tatsächlich führen sie meist eher zu unterschiedlichen Interpretationen, wie man dies im Falle *Soma* sieht, deren Beschreibung übereinstimmt mit verzweigten Stauden wie *Sarcostemma* und *Ephedra*, aber auch Kletterpflanzen wie *Cocculus hirsutus* oder *Dioscorea bulbifera* und dem Lamellenpilz *Amanita muscaria* (SHAH und BADOLA 1977) usw.

Dies soll auch die mögliche und wichtige Frage in den Köpfen manches Lesers beantworten, warum so viele in der alten Literatur oder in ethnobotanischen Traktaten aufgezählte Pflanzen nicht pharmakologischen Evaluierungen unterzogen werden können. Auch zeigen u.U. die falschen Pflanzen negative Ergebnisse. Lokale Pflanzenbezeichnungen in der alten Literatur oder bei der Feldarbeit sind schwerwiegende Hindernisse, aber oft auch von großem Nutzen.

Die Lokalnamen von Arzneipflanzen, die im Zuge ethnobotanischer Forschung gesammelt werden, spielen eine große Rolle unter den praktischen, angewandten Aspekten der traditionellen Medizin, z.B. Herbeischaffen von Material, denn nur diese Namen alleine ordnen innerhalb einer Ethnie die Pflanzen einer eindeutigen Identität beim Pflanzensammeln zu. Botanische Namen bedeuten natürlich in jedem Busch, Wald oder Stammesgebiet sehr wenig, wenn überhaupt für den Nichtbotaniker. Oft sind selbst übliche Handelsnamen unbekannt bzw. Fremdworte in primitiven Gesellschaften. Daher müssen hier diejenigen Bezeichnungen angewandt werden, die ihnen vertraut sind, wenn ihre Mithilfe zur Beschaffung von Material zur Information, Forschung und Verarbeitung verlangt wird. Diese zu kennen ist hier das einzige ethnobotanische Rüstzeug.

3) Herbarien und Museen:
Herbarbögen und Museumsmuster sowie Feldaufzeichnungen haben sich ebenfalls als sehr gute ethnobotanische Quelle erwiesen. Über den Fortschritt bei den zur Verfügung stehenden Herbarien schrieb SCHULTES (1963a): "These reports have several advantages. Unlike much of the literature, they are, in great part, first hand; they are attached to an actual plant specimen, and there can be therefore, no problem concerning the proper identification of the plant; the ethnobotanical data are anchored down, through the information on the specimen label, to a definite locality and often times to speficic people who employ the plant."

Das herausragendste Werk dieser Art ist das von ALTSCHUL (1968, 1970a,b), der über 25 *lakh*-Pflanzenmuster in den Harvardherbarien forschte. In Indien listeten AGARWAL und SAHA (1968) 65 Arten von medizinischer Bedeutung aus dem Economic Herbarium der Industriesektion des Indian Museum (BSIS) auf und JAIN und DAM (1979) im Kanjilal-Herbarium (ASSAM).

Eine Überprüfung des Materials vom Genus *Solanum* im Central National Herbarium in Kalkutta (CAL) erbrachte viele unbekannte Anwendungen, die in den Herbarbögen aufgezeichnet waren, so z.B. der Gebrauch von *S. crassipetalum* bei den Lepchas in Sikkhim bei Maul- und Klauenerkrankungen des Rindviehs, oder die Anwendung von Früchten der *S. trilobatum* als Nahrung in Andhra und Tamil Nadu. Einige weitere Beispiele seien hier aufgeführt: 1) *Acacia farnesiana (Hirjua-araung):* Rindensaft zur Linderung von Magenschmerzen; 2) *Cassia tora (Hadi-dika-araung):* Blätter als Abführmittel; Blätter und Samen enthalten einen wirksamen Stoff bei Hautkrankheiten, besonders bei Juckreiz und Ringelflechte (Mykose, der Hrsg.; vgl. auch SCHIEFENHÖVEL, S. 143 in diesem Band); 3) *Dolichos lablab (Thapak):* Blättersaft, gemischt mit Kalkwasser, äußerlich auf den Kropf; 4) *Illigera villosa:* Ausläufer als fiebersenkend; 5) *Lagenaria siceraria (Baung)*: Pulver aus getrocknetem Samen wird gegen Kropf geschnupft; 6) *Natsiatum herpeticum (Han-palu):* Der Blättersaft wird bei Grippe auf Stirn und Steiß eingerieben; 7) *Ocimum basilicum (Warak-hanchau):* Die Blätter sind medizinisch wirksam und werden bei Katarrh und verschiedenen Lungenaffektionen angewandt; 8) *Sida rhombifolia:* Die Wurzeln finden medizinisch bei Harnwegserkrankungen Verwendung. 9) *Zanthoxylum nitidum (Jamir, Tezmuli-araung):* Verwendung bei Dyspepsie und einigen Diarrhöformen. Die Wurzelrinde tonisiert und aromatisiert und kann mit Erfolg bei Rheuma und Dyspepsie angewandt werden. Die kleineren Zweige und Dornen werden bei Zahnschmerzen angewendet, Samen und Rinde bei Fieber, Dyspepsie, Diarrhö und Cholera verordnet.

4) Archäologische Überbleibsel:
Ein anderer Aspekt der Ethnobotanik ist die Erforschung archäologischer Überreste, so bei BARTLETT (1931), HELBÄK (1960), STEWART (1976) etc. Indien ist reich an archäologischen Skulpturen. Diese können sehr wertvoll werden, wenn die Pflanzen, die während der älteren zivilisatorischen Epochen benutzt wurden, aufgezeichnet werden. Erst jetzt versuchte SITHOLEY (1970) die Beschreibung solcher Pflanzen auf dem Basrelief der Tore der großen Stupa von Sanchi und der Geländer der Bharhut Stupa aus dem 1. und 2. Jahrhundert vor unserer Zeitrechnung. 40 Pflanzendarstellungen sind in dieser Arbeit enthalten. Archäologische Skulpturen können auch helfen, die ersten Anwendungen der Pflanzen zu datieren.

Verläßlichkeit

Mitunter wird die Authentizität der während ethnobotanischer Feldarbeit gesammelten Informationen angezweifelt. Die Erfahrungen der letzten 15 Jahre in 3 verschiedenen Regionen unseres Landes, d.h. in Zentral-, Südost- und Ostindien (JAIN 1963a,b,c; 1965a,b; JAIN u. TARAFDER 1963; JAIN et al., 1973) haben gezeigt, daß man mit einer gewissen Umsicht und wiederholten Kontrollen der an einem Ort durch verschiedene Informanten gesammelten Daten und, im Vergleich zu verschiedenen Regionen, doch gewöhnlich recht genaue, spezifische und verläßliche Informationen sowohl über die Quelle der Droge erhalten kann als auch über Dosierung, Zubereitung und Anwendungsweisen usw. Manchmal ist es ungemein interessant zu sehen, wie die Stämme und andere ländliche Bewohner sehr kritisch die Merkmale der Pflanzen beobachtet haben und ihre morphologischen oder chemischen Eigenheiten zu ihrem Nutzen gebrauchen.

Aegle marmelos wird für Verdauungsbeschwerden sowohl in den alten Kernländern verwandt als auch bei Altsiedlern der Andameninseln. Ist es nicht verblüffend, daß die Ongi, eine kleine Altgruppe der Andamanen, die Blätter der Palme *Licuala peltata* genauso für ihre Schirme benutzen wie dies von den Gond in Madhya Pradesh auf dem Festland berichtet wird? Viele Pflanzen wurden gefunden, die zu gleichen medizinischen Zwecken in sehr unterschiedlichen Teilen des Landes verwendet werden.

Anwendung

Vielerorts bestand die Meinung,daß die traditionelle Medizin auf keinerlei pharmakologischen Experimenten oder wissenschaftlichen Testen beruht. Solch eine Vorstellung irrt sehr, denn die Ziele und Gegenstände der pharmakologischen Experimente oder andere Mittel zur wissenschaftlichen Erprobung werden in der traditionellen Medizin in großem Maßstab durch Studien und Analysen von Eigenschaften, Therapie und aktuellen Erprobungen über lange Zeit hinweg an Fällen gewonnen.

Traditionelle Medizin hatte sehr wohl pharmakologische Prinzipien, wenn auch ohne eine systematische experimentelle oder analytische Basis. In ihrem Überblick zur Geschichte der Drogenevaluierung im alten Indien haben GAUR und GUPTA (1970) mehrere Nachweise und Belege für Analyse und Annäherung aufgezeigt, die pharmakologischen Erforschungen aus alten Zeiten gleichen.

Die Basis pharmakologischer Evaluierung der Drogen kann unter folgende Komponenten zusammengefaßt verstanden werden:

1) Die Idee, ein einzelnes Produkt einer Untersuchung zu unterziehen,
2) Die botanische Identität, Beschreibung und Wiedererkennung der Quelle dieses Produktes,
3) Ein allgemein gebräuchlicher Name, durch den die Quelle (in unserer Diskussion die Pflanze) in verschiedenen Teilen der Welt bekannt ist, besonders im Herkunftsgebiet.
4) Beschaffung von Material guter Qualität. Dies schließt Daten des natürlichen Vorkommens, der Häufigkeit, Daten der klimatischen Bedingungen oder der Biologie der Quelle und zu jahreszeitlichen Abweichungen ein; sowie im Falle der Knappheit bestimmter Materialien die Möglichkeiten des Ersatzes, der Zugangsabsicherung und der Konservierung.
5) Untersuchungen zu pharmakologischen Aktivitäten.

Wie man an diesen genannten Punkten sehen kann, beziehen sich alle bis auf den letzten auf Botanik oder Ethnobotanik.

Ethnobotanische Informationen basieren ganz wesentlich auf persönlichen Erfahrungen in denjenigen Gesellschaften, wo unter der Einwirkung der entsprechenden Umstände die Menschen selbst als Werkzeug der Erprobung gedient haben. Es mag viele Menschenleben über die Zeit hinweg gekostet haben, um bestimmte schädliche Drogen aus der traditionellen Medizin herauszufiltern, aber es muß eine direktere, schnellere und sicherlich effektivere Methode des Experiments gewesen sein, denn dabei konnte ein Anzahl von Elementen, die durch Verwässerung oder Falsifizierung der Resultate und Beobachtungen entstand, ausgemerzt werden.

Ethnobotanik oder Ethnomedizin ist nun aufgegliedert in mehrere unterschiedliche Disziplinen, die ganz vom Forschungsrahmen des Untersuchers abhängen: So tauchten Arbeiten unter dem Fach Ethnonarcotics auf (SCHULTES 1956), oder Ethnopädiatrie und Ethnogynäkologie (SCHULTES 1963b, ALTSCHUL 1970a,b). EFFRON(1967) betonte die Rolle der Ethnopharmakologie auf der Suche nach psychoaktiven Pflanzen. Es gibt eine Zeitschrift, die nur diesem Bereich gewidmet ist. Ich erwähne dies nur, um einmal mehr die Bedeutung und das Gewicht ethnobotanischer Studien in ihrem Bezug zu verschiedenen Krankheitsgruppen zu betonen. Experimente mit diesen Drogen werden immer mehr anerkannt.

Die Erforschung von überkommenen Anwendungen mehrerer spezifischer Pflanzenfamilien ist von unterschiedlichen Autoren hervorgehoben worden: Für Halluzinogene HOFFER und OSMUND (1967), für Narkotika LEWIN (1964) und für Knochenheilungen JAIN (1967a). Kritische und vergleichende Studien von einzelnen Species der Arznei- oder Wirtschaftspflanzen hat Informationen auch zur Botanik selbst zusammengetragen und zu Verbreitungen und vergleichenden Aspekten der Pflanzennutzung, z.B. *Coix* (JAIN u. BANERJI 1974), *Nyctanthes arbortristis* (JAIN und TARAFDER 1964), und zu *Semecarpus anacardium* (Rai CHAUDHURI und PAL 1975).

Informanten:

In Indien gibt es noch einen anderen Aspekt der praktischen Nutz- und Anwendbarkeit der ethnobotanischen Forschungen zur traditionellen Medizin. Während der ethnobotanischen Studien werden Medizinmänner und -frauen in den unterschiedlichsten Stammesgesellschaften aufgesucht. Sorgfältig werden Details der Informanten notiert. Gewöhnlich gibt es einen Hauptmedizinmann in einer Stammesansiedlung oder in einem Dorf, der ein oder zwei Schüler haben kann. Die Medizinmänner tragen unterschiedliche Namen, z.B. *Gaita* bei den Gonds in Zentralindien, *Ojha* für Zaubermediziner und *Muthia Ojha* für die Medizinmänner der Lodhas in Bengalen; *Baid* bei den Munda, Oraon and Kondhs in Orissa, *Laudet* oder *Uche* bei den assamesischen Mikir.

Es sollte möglich sein, einige erprobte Rezepturen der organisierten Medizin, etwa der Ayurveda oder Unani zu erhalten, so wie sie in den Stammesgesllschaften durch das Medium Medizinmann angewendet werden. Es kann aber zu Schwierigkeiten kommen, sie von der Notwendigkeit solcher Drogen zu überzeugen, mit denen sie weniger vertraut sind, aber u.U. kann solch ein Hindernis auch überwunden werden dank einer angepaßten Auswahl von 'Rezepturen', die auf lokalen Produkten aufbauen. So mag es auch überlegenswert sein, einige der jüngeren Schüler dieser Medizinmänner für die Handhabung solcher 'Rezepturen' traditioneller Medizinen auszubilden, um diese mit den eigenen Anordnungen des Medizinmannes mit zu verwenden.

Erst neulich schlug der Tropenmediziner Prof. E.E. Sopurunov aus der UdSSR vor (Statesman, 11. Aug., 1979), daß westlich ausgebildete Ärzte zusammen mit traditionellen Medizinmännern in den Entwicklungsregionen die verschiedenen Krankheiten angehen sollten. Die Medizinmänner könnten als 'Kanal' benutzt werden, um Anordnungen weiterzugeben. Die Anzucht einiger Arzneipflanzen in den Stammesgebieten, die sich mit den Familien überlappen, die die lokalen Medizinmänner verwenden, mag hierbei allmählich die Kommunikationslücke überbrücken helfen und den Ausbau eines Arzneipflanzenanbaus für den lokalen Bedarf ermöglichen. Eine Erhebung über Informanten und auch deren Schüler, der zukünftigen Medizinmänner, mag hierbei eine hilfreiche Vorarbeit darstellen, um die traditionelle Medizin zu fördern.

Die indischen Gegebenheiten

Nachdem ich die verschiedenen Quellen der ethnobotanischen Datenerhebung sowie einige methodologische Aspekte und Anwendungsfragen dargestellt habe, möchte ich hierzu eine kurze Bestandsaufnahme im Indien von heute skizzieren: Auch heute leben 80% der Inder in Dörfern. Eine beträchtliche Anzahl der Inder zählt sich zu den verschiedenen Stammesgruppierungen. Natürlich hängen heute keinesweg alle ländlichen Bewohner oder Stammesangehörige nur von Volksmedizinen oder Hausrezepten ab, aber für eine Mehrheit gilt dies. In einigen Teilen Indiens überwiegt sogar die Stammesbevölkerung, z.B. im Zentrum, den östlichen Teilen des Zentrums und der indischen Halbinsel und in den östlichen Regionen. Ethnobotanische Forschungen haben soweit bislang über 500 verschiedene Pflanzen aufgewiesen, die von den Stämmen für verschiedene Zwecke verwendet werden.

Bis vor 20 Jahren wurde nur wenig Ethnobotanik hier im Lande geleistet. Organisierte Feldforschung und andere Erhebungen in diesem Bereich gingen erstmals vom 'Botanical Survey of India' aus (JAIN 1963a,b,c; 1964; 1965a,b; 1967a,b), und eine aktive ethnobotanische Lehrrichtung existiert nun in dieser Abteilung. Mehr noch, die Öffentlichkeitsarbeit dieser Gruppe in den frühen Sechzigern triggerte an vielen anderen Ecken ethnobotanische Aktivitäten. So entstanden in den letzten 15 Jahren Berichte, die auf intensiven Forschungen in kleinen Gebieten im Norden, im Zentrum, Westen, Süden und Südosten wie auch im Osten Indiens aufbauten. Gültige Informationen, und zwar nicht nur über Arzneipflanzen, sondern auch über weniger bekannte Nahrungspflanzen, Färbe- und Gerbemittel tauchten auf. Auch gab es Arbeiten über Spezialaspekte wie über den Ursprung und die Grundlage von Lokalbezeichnungen bei den tribalen Gesellschaften. Auch wurde in Herbarien und in Museen intensiv geforscht, um weniger bekannte medizinische Anwendungen zu orten. Dann gab es auch einige kritische Stimmen zu den Informationen über Arzneipflanzen, die aus der Literatur aufgesucht wurden. Multidisziplinäre ethnobotanische Projekte und solche im Institutsverbund mit speziellem Bezug zur Arzneipflanze wurden geplant, um solche Daten herbeizuschaffen.

Unsere ethnobotanischen Forschungen wurden ins Leben gerufen, um alle gebräuchlichen und mißbräuchlichen Anwendungen von Pflanzen seitens primitiver Völker Indiens herauszufinden. Das erste Volk war das der Gond in Zentralindien (JAIN 1963a, 1964, 1965b). Man sammelte auch Nutzpflanzen (Nahrung, Färben, Gerben, Drogen, Rauschmittel, Getränke, Rohmaterial für Gebrauchsgegenstände, Waffen, Seile, Medizin). Dabei fiel auf, daß eine große Anzahl von Pflanzen, die als medizinisch bezeichnet wurden, bislang für solchen Gebrauch in der Literatur noch nicht enthalten waren (JAIN 1965a,b). Diese Studien ermöglichten es uns, die Arbeiten dann auf die östlichen Teile und die Halbinsel auszudehnen (Bihar, Orissa, Andhra Pradesh), später auch ganz im Osten in Arunachal Pradesh, Meghalaya und Manipur).

Eine kurze Auflistung von über 50 Pflanzen der Volksmedizin in verschiedensten Teilen Indiens soll im Folgenden gegeben werden. Dabei wurden folgende Abkürzungen benutzt:

B	Bengali	Ko	Kondh	Nag	Naga
Bh	Bhumij	K	Kui	Or	Oraon
Bi	Birhor	L	Lodha	O	Oriya
G	Gond	M	Marhi	Sa	Santali
H	Halba	Mik	Mikir	S	Saora
Kh	Kheria	Mu	Mundari	T	Telugu

1) *Alangium salvifolium* (*Amkol* or *Barranga*: H; *Koyemara*: G; *Ulge*: T): Früchte gegessen zur Verhütung und Heilung von Augenkrankheiten.

2) *Anogeissus acuminata* (*Dhara, Gora-hasel*: Ko): Pulver der getrockneten Pflanzenrinde wird zur Appetitanregung mit der Frucht von *Terminalia chebula* (*Hara*: Ko) oder einfach gesalzen gegessen.

3) *Asparagus racemosus* (*Painajapri, Painasaperi*: Ko) Die Wurzel wird mit den roten Luftwurzeln der *Smilax prolifera* (*Raipan*: Ko): zerstoßen und als Getränk zur Heilung von Harnwegserkrankungen angeordnet als auch gegen blutigen Harn.

4) *Atylosia scarabaeoides* (*Bankulthi*: B, Kh; *Birhara*: Sa): Blätteraufguß gegen Dysenterie. Gemischt mit Honig auch für Frauen nach einer Geburt.

5) *Baccaurea sapida* (*Tampaiuk*: Mik): Rinde gegen Verstopfung; Erwachsene kauen sie; Kinder erhalten 100 cm^3 des Saftes früh am Morgen.

6) *Barleria cristata* (*Thintigach, Sore-ara-ba*: L; *Daskarada*: O): 2 oder 3 Blätter werden gegen Zahnweh zerkaut und geschluckt. Ein Wurzelaufguß der *B. strigosa* und Trockenfisch wird gegen Anämie gegeben.

7) *Eranthemum platiferum* (*Longlamak*: Mik): Eine Paste aus der Wurzel mit Blättern der *Naravelia zeylanica* zu gleichen Gewichtsteilen wird auf Knochenbrüche aufgetragen und jeden Tag erneuert bis zur Heilung.

8) *Erythrina variegata* var. *orientalis* (*Kandamadar*: B; *Paldha*: Bh): Warmer Blättersaft wird bei Husten auf die Brust gegeben. Die Rinde wird für eine Augenarznei verwendet, speziell für Säuglinge. Eine Suppe aus der Rinde und Blättern der *Adhatoda vasica* wird gegen Husten und Erkältung verabreicht.

9) *Flacourtia indica* (*Kevti, Kakai*: H; *Bhainch*: O): Eine Paste aus 7 Teilen Rinde mit 2 Teilen Senf in einem irdenen Topf erhitzt wird gegen Dysenterie zweimal täglich gegeben.

10) *Helicteres isora* (*Antmachra*: B, Sa; *Machra*: Bh; *Keheli*: K; *Kurkure*: S): Früchte in erhitztem Senföl gesotten; das Öl wird äußerlich im Falle von Magenbeschwerden bei Kindern angewendet. Das Öl wird auf die schmerzenden Körperpartien massiert.

11) *Hemidesmus indicus* (*Dandarlaha*: H; *Matiatonda*: M): Die Pflanze wird zerquetscht und der Extrakt bei Fieber eingenommen.

12) *Heteropogon contortus* (*Ukda*: G; *Sukul*: H): Öl wird aus den Grannen gewonnen, eine kleine Menge (entsprechend einem Stecknadelkopf) wird mit Betelblättern gegen Asthma eingenommen. Die Wurzel wird entweder von denjenigen gekaut, die von Schlangen gebissen wurden oder die in Wasser zerstampften Wurzeln werden eingeflößt.

13) *Houttuynia cordata* (*Hakongpi*: Nag): Die Naga glauben manchmal, daß sie Muskelschmerzen haben, die von bösen Geistern kommen, wenn sie aus dem Dschungel zurückkommen. Dagegen werden 200 cm^3 Rohblattsaft dreimal täglich eingenommen.

14) *Hoya globulosa* (*Mithanadai*: Mik; *'Thaihom'*: Nag): Blattasche regelmäßg auf Hundebißwunden bis zur Heilung.

15) *Hygrophila auriculata* (*Munkoye*: G; *Kihiri-gacha*: Ko; *Gormidi*: T): Blätterpaste äußerlich bei Leibschmerzen. Blätterextrakt in Tropfenform oral; auch bei Gelbsucht angewandt. Der Same wird für tonisierend und aphrodisierend gehalten.

16) *Hyptianthera stricta* (*Mirherai*: Mik): Ein oder zwei Teelöffel voll Aufguß oder getrocknete zerstoßene Blätter mit heißem Wasser vermischt täglich einmal für werdende Mütter.

17) *Ipomoea aquatica* (*Mendka*: H; *Pandratonda*: M): Zerquetschte Blüten, von denen das Filtrat in die entzündeten Augen gegeben wird.

18) *Ixora acuminata* (*Longlapranpi-theka*: Mik; *Tudana*: Nag): Unterirdische Teile zu einer Paste verarbeitet und auf Wunden gelegt. Der Wurzeldekokt ist laktationsfördernd.

19) *Leonotis nepetaefolia* (*Gadbheli*: H): Bei aufgeblähtem Bauch infolge Flatulenz oder bei Frauen während der Geburt ein Dampfbad mit einer Pflanzenmischung hiervon und mit *Barleria* sp. und *Hygrophila auriculata*

20) *Leucas aspera* (*Tumakusir*: G; *Gubibuta*: H; *Kupping-Kucha*: Ko; *Gandudummi*: T): Blättersaft in die Augen, zwei bis dreimal täglich, um Brennen zu lindern und Rötungen zu bessern. Wurzelsaft wird in die gleichseitigen Nasenlöcher eingeträufelt(in Ardhashishi).

21) *Maytenus emarginata* (*Dantiya-cettu*: T): Blätter bei schmerzhafter Augenreizung. Blätteraufguß bei Husten, drei bis vier Blätter hierbei.

22) *Michelia champaca* (*Champa*: O): Rinde als Abortiv zwei bis drei Monate nach begonnener Schwangerschaft. Als orales Kontrazeptivum Wurzeln (6-8 cm lang) zu einer Paste verarbeitet zusammen mit 21 schwarzen Pfefferkörnern und nach der Periode jeden dritten Tag eingenommen.

23) *Mikania cordata* (*Ranusinga*: Nag): Nützlich bei Magenschmerzen und Dysenterie. Etwa 150 cm^3 Blättersaft dreimal am Tage.

24) *Millettia caudata* (*Longlatanap*: Mik): Blätter hiervon mit *Ixora acuminata* und Wurzeln der *Stauranthera grandiflora* zu gleichen Gewichtsteilen vermischt als Paste auf Schlangenbisse.

25) *Musa velutina* (*Khoyancham*: Nag): Bei Dysenterie ca. 100 cm^3 des Rohsaftes des Pseudofruchtkörpers dreimal täglich; auch zum Blutstillen hilfreich.

26) *Nyctanthes arbor-tristis* (*Gargad*: G; *Kharsa*: T; *Khirsari*: Hindi): Rinde mit der der *Terminalia arjuna* gemischt und zerstoßen. Die Paste daraus auf den Körper reiben bei inneren Unpäßlichkeiten wie Fallsucht. Man glaubt auch, daß sie gebrochene Knochen heilen läßt. Blüte und junge Frucht in Wasser zerstoßen zur Hustenlinderung.

27) *Ocimum basilicum* (*Hundipunga*: Ko): Reife Samen in Wasser eingeweicht und in die Augen geträufelt zur Entfernung von Fremdkörpern.

28) *Olax acuminata* (*Hang-Kang-Yang*, *Horn-misang*: Mik): Blätter als Gemüse verwendet; es lindert bei Darmbewegungen, Magenschmerzen und Lungenentzündung.

29) *Phyllanthus asperulatus* (*Bhui-amla*: O; *Nelaoshireku*: T): Blätter mit Körnern des *Panicum* sp.-Grases sollen sexuelle Lust steigern.

30) *Picrasma javanica* (*Chap-alau*, *Sheng-lauksau*: Mik): Etwa 10 ml des Rindendekokt zweimal pro Tag bei Dysenterie. Mehr wirkt fiebersenkend. Pulver aus der trockenen Frucht bei Magenschmerzen, ca 20 gr. zweimal pro Tag.

31) *Piper attenuatum* (*Aibithi*: Mik; *Insipane*: Nag): Bei banalen Erkältungen 25 cm^3 Wurzelsaft dreimal täglich.

32) *Plesmonium margaritiferum* (*Oal*: O): Den Höcker (ungefähr 1 cm lang) kochen, in gekochtem Reis drücken, zweimal täglich Schlucken als Hämorrhoidenkur.

33) *Plumbago zeylanica* (*Cita*: H): Gewaschene Wurzeln zerstoßen und in Milch gekocht zur Linderung von Muskelschmerzen; auch um die Handgelenke gebunden oder um den Arm zum gleichen Zweck.

34) *Polygonum glabrum* (*Raktarohida*: Ko): Wurzeln zerstoßen und den Opfern von Schlangebissen gegeben.

35) *Polygonum plebejum* (*Catibhaji*: H; *Mui-ara*: Sa): Bei Amöbenruhr die zerquetschte Pflanze zusammen mit Spitzen von oberirdischen Wurzeln des *Ficus bengalensis* essen sowie Rindenstücke der *Butea* sp. Die ganze Pflanze gegen Dysenterie. Als Gemüse soll die Pflanze die Laktation fördern.

36) *Pterocarpus marsupium* (*Murga*: B, Bh und Bi): Rinde bei Dysenterie und bei blutigem Harn; auch bei Zungenerkrankungen gesaugt oder auch Wurzelsaft äusserlich.

37) *Pterospermum acerifolium* (*Hatipahele*: Bh; *Muchkundachapa* oder *Mukundachapa*: B): Die Rinde hilft bei Leibschmerzen, Kopfweh und Geburtswehen, die Blüte bei Kopfweh.

38) *Rothia indica* (*Papra*: O): Pflanzendekokt (50 g. mit 10 g Ingwer, 3 g lange Pfefferschoten und 5 g schwarzen Pfeffer und 10 g Blätter der *Andrographis paniculata* in 8 gleiche Teile geteilt, zweimal täglich über 4 Tage bei Fieber mit Symptomen einer entzündeten Gallenblase.

39) *Saccolabium praemorsum* (*Chind*, *Vajnik*: T): Bei Knochenfrakturen eine Paste aus den Blättern; Blätter können auch um die gebrochenen Teile gewickelt werden.

Sapindus emarginatus (*Homi*: T,G; *Rohan*: H): Rinde gestoßen, einige Gramm in Wasser zwei oder drei Stunden geweicht. Der Aufgruß zwei- bis dreimal täglich zur Linderung von Leib- und Kopfweh. Wenn Rinder während des Kalbens Geschwüre haben, die von Würmern entzündet sind, den Wurzeldekokt geben; die Rinde wird Tieren auch um den Hals gebunden.

Saprosma ternatum (*Rakang-manthu, Thabai-banghi*: Mik): Etwa 1/4 ltr. gesalzenen Rindensaft mit schwarzem Pfeffer gemischt dreimal täglich bei schlechter Verdauung. Etwa 20 ml Wurzelsaft zweimal täglich bei schmerzhafter Urinentleerung. 50 ml Blätteraufguß mit Ingwer dreimal täglich bei Malaria.

Scoparia dulcis (*Tand-dhanya*: Bh; *Ghodatulsi, Mithi-patti*: H; *Atisirsa*: K; *Bangangai*: O; *Boradajing*: S; *Jastimadhu*: Sa): Die ganze Pflanze gequetscht und mit Zucker zur Verdauung essen. Blätter gestoßen, zu reiskorngroßen Pillen gedreht und dreimal täglich gegen "Samenschwäche". - Ein kühlendes Getränk aus den Samen durch Einweichen über Nacht. Dieser Pflanzengebrauch wird hier von den Halbi in Madhya Pradesh berichtet, aber interessanterweise auch aus Westindien, wo die Zweige dem Trinkwasser zur Kühlung beigegeben werden. - Ein Wurzelstück wird einer Stillenden um den Arm gebunden, weil es günstig auf den Milchfluß wirken soll.

Smilax macrophylla (*Ramdatum*: L; *Atikiri*: Sa; *Mutri*: O): Wurzelsaft gemischt mit pulverisiertem *Biridal (Phaseolus mungo)*, zu Kuchen geformt und in warmer Milch gegen Kopf und Rheuma. Der Patient darf seine Mahlzeiten nicht salzen. - Zwei bis drei Schößlinge des Austriebes, 2 bis 3 Erdwürmer und 3 bis 4 rote Krabben 30 - 45 min. zusammen mit Senföl gekocht, als medizinisches Öl zweimal täglich zur Heilung von Lepra-Wunden. Vor Anwendung des Öls wird die Wunde gereinigt entweder mit Milch von grünen Kokosnüssen oder mit Kochwasser von *Azadirachta indica*-Blättern und 5 Wurzeln des *Hemidesmus indicus*.

Smilax prolifer (*Multrilaha* oder *Phonsar*: H; *Ramdatun*: G): Kinder, die an Einnässen leiden, werden davon geheilt, wenn sie ihre Nahrung auf den Blättern dieser Pflanze angerichtet bekommen, und der Stamm wird als Zahnreiniger benutzt.

Solanum surattense (*Rengahapa*: M; *Mulkasettu*: T): Der Saft zerdrückter Früchte in schmerzende Ohren geträufelt.

Solanum torvum (*Pajoka*: Ko; *Nulludioti*: O; *Pagoka*: S; *Bongered Chitrakaya-Chettu*: T): Die Wurzel wird mit Tamarinde zerstoßen (*Tamarindus indica*) und als Gegenmittel bei Vergiftungen gegeben. - Die Wurzelrinde dieser Pflanze und die des *Achyranthes aspera* (*Akudisti*: T) und die Rinde von *Santalum album* (*Devasondo*: O) werden zu Pillen verarbeitet, diese dreimal täglich bei Malaria eingenommen. Zarte Früchte werden getrocknet und zusammen mit *Raghi* gegen Nachtblindheit gegessen.

Streblus asper (*Khashi*: Bh; *Khaksa*: Bj; *Litiphal, Pitaliti*: H; *Barengmara*: M; *Barenkacettu*: T): Der Rindenauszug wird bei Rotfärbung des Urins gegeben. Ein Rindenaufguß mit Warmwasser bei Magenweh. Das Latex wird bei Lungenentzündung auf die Brust gegeben; auch innerlich ein halber Teelöffel voll, vermischt mit 6 Pfefferkörnern gibt genügend für 2-3 Gaben, einmal täglich. Latex wird auch auf gerötete Augen aufgetragen. Die gequetschten Früchte und Blätter werden als Augenwasser bei Erkrankungen angewandt.

Tamarix ericoides (*Gajri*: G; *Jhau*: Hindi): Einige Blätter mit Reis kochen für Kinder zur Hustendämpfung. Der Blätteraufguß soll bei vergrößerter Milz Kindern und Erwachsenen helfen.

Tectona grandis (*Sagvan*: Hindi): Das aus Spänen destillierte Öl soll Ekzeme und Ringwurmflechte heilen.

Tephrosia purpurea (*Aurdaida*: S; *Kulanthiya*: Or): Der Wurzelbrei auf den Bauch soll bei Dyspepsie helfen; gekaut gegen Koliken. Der Wurzelsaft wird mit Molasse gemischt und gegen Magenschmerzen eingenommen.

Viscum orientale (*Dare-banda*): Der Pflanzensaft soll ins Ohr geträufelt Eiterbildung heilen. Die Pflanzenasche im Ohr soll Schmerzen nehmen.

52) *Woodfordia* (*fruticosa Daul, Dhaul, Dhavai*: H; *Dhia*: O; *Sija nape*: S; *Jaji*: T:) Blüten dienen als Tonicum. Ein Brei aus den Blüten wird bei Husten gegeben, in 2 bis 3 Tagen soll er ausheilen. Ein Aufguß von 5-6 Blüten pro Dosis mit Honig über 3 bis 4 Tage hilft bei Übelkeit und Nahrungsabneigung bei Schwangerschaft. Es wird auch gegen Windpocken benutzt.

53) *Xeromphis spinosa* (*Dudhributa*: H; *Telaga*: T): Wurzeln werden gegen Gonorrhö eingesetzt oder gegen Krankheiten der ableitenden Harnwege. Wurzelrinde und Mark in Wasser zerstoßen als Brei mit Milch und Zucker dreimal täglich.

54) *Xylocarpus granatus* (*Chapa* oder *Sisu*: O): Samenbrei bei Mums aufgelegt, auch bei Beulen, geschwollenen Brüsten und Zahnschmerzen.

55) *Xylosma longifolium* (*Thengpi-ani-araung, Thengpi-kani-araung*: Mik): Rinde ist ein verbreitetes Hausmittel der Mikir gegen Magenschmerzen und Würmer. 5 g getrocknet und pulverisiert gegen Magenweh, während größere Dosen früh morgens eingenommen gegen Würmer verwendet werden. Die Mikir machen einen Auszug aus jungen Blättern, der Opium ähnelt und mit ihm zusammen angewendet wird.

56) *Zanthoxylum budrunga* (*Kuil*: Or): Ein Aufguß aus Trieben und Zweigen gegen Fieber. Ein Stück Rinde unter die Zunge gelegt fördert die Speichelproduktion.

57) *Zingiber montanum* (*Ramkedar*: O): Das Rhizom wird als Tonikum und Appetitanreger genommen; mit schwarzem Pfeffer gegen Cholera und als wurmvertreibend.

Schlußfolgerung

Ethnobotanik bietet sich als Brücke zwischen Botanik und den Arzneipflanzen an; aber tatsächlich stellt sie mehr dar. Sie setzt noch einen Schritt vor die Botanik an in dem Sinne, als sie die 'Idee' und das Rohmaterial für die botanische Forschung verschafft. Darüber führt sie uns zu der Nützlichkeit von Arzneipflanzen. Sie geht auch einen Schritt weiter und hilft uns, das Wissen über Medizinpflanzen bei Naturvölkern anzuwenden.

Ethnobotanische Studien sollten zu einer sinnvollen Interaktion von Volksmedizin und traditionellen Medizinen genutzt werden. Die meisten Stämme akzeptieren kaum andere Medizinen als die von ihren Medizinmännern verordneten. Das Medium Medizinmann sollte daher sinnvoll zur Einführung der organisierten und getesteten Arzneimittel bei den Naturvölkern genutzt werden, auch indem diese Gelegenheit für einen umgekehrten Fluß genutzt wird, - erstens als Antwort und Reaktion der Naturvölker auf die neu eingeführte Medizin, und zweitens zur Erlangung von Daten über ihr eigenes volksmedizinisches Wissen zur organisierten wissenschaftlichen Testung. Der ungeheure Reichtum botanischer Ressourcen wurde bereits von SCHULTES (1963a) betont; er untermauerte statistisch, daß nur eine kleine Menge der Pflanzenressourcen bis jetzt durch den Menschen genutzt wird, besonders bezüglich der aktiven Wirkprinzipien. Auch weiß man noch sehr wenig und dies vor allem nur über höhere Pflanzen. Die große Anzahl niedrigerer Pflanzen bleibt noch weitgehend unerforscht.

Da noch große Teile der indischen Bevölkerung in Dörfern, entlegenen Wäldern und manchmal auch in den Städten meist nur von der Volksmedizin und der Hausmedizin abhängen, kann nicht genug betont werden, daß Informantionen über all dies Wissen nicht früh genug gesammelt werden sollten, um es nach einer wissenschaftlichen Testung in andere traditionelle medizinische Systeme Indiens einzuführen. Indiens Flora ist sehr artenreich und besitzt bestimmt noch viele Neuheiten.

Intensiveres Literaturstudium, Herbarien und Museen, Feldarbeit bei Naturvölkern und Sammlungen von Hausrezepten durch die heutigen Massenmedien sind alles Gebote der Stunde. Mit unseren beschränkten Mitteln nähern wir uns dem Problem von allen Ecken. Wissenschaftler suchen emsig nach relevanter Literatur, durchstöbern Herbarmaterialien und arbeiten mit den Naturvölkern im Feld. Aufrufe wurden auch im 'All India Radio' und in der Presse zum Sammeln von Hausrezepten gestartet.

Ethnobotanische Forschung führt uns zu neuen, wenig bekannten Arzneipflanzen aus der traditionellen Medizin, gibt Hinweise auf neue Vorlagen für die pharmakologische und klinische Untersuchung, bietet Daten zu neuen Lokalbezeichnungen und Verteilungsgebieten für die Rohware, und zu zumeist billigen und leicht erreichbaren Materialien.

Dank der niedrigen psychologischen Schwelle genießen die Volksmedizinen eine weitgehende Akzeptanz auf der lokalen Ebene und gewähren eine breite Basis für Bezugsnahmen zu anderen Praktiken und Anordnungen. Darin liegen die Bedeutung und die neuen Perspektiven, die durch Ethnobotanik für die Anwendung, Einführung und Popularisierung traditioneller Medizinen eröffnet werden.

REFERENCES

AGRAWAL V.S. and S. SAHA. 1968. Unreported medicinal plants of India. *J. Andhra Pradesh Acad. Sci.* 2:21-23.

ALTSCHUL SIRI VON REIS. 1968. Useful food plants in herbarium record. *Econ.Bot.* 22:293-296.//--1970a. Ethnopediatric notes in the Harvard University Herbaria. *Lloydia* 33:195-198.//--1970b. Ethnogynaecological notes in the Harvard University Herbaria. *Bot. Mus. Leafl. Harv. Univ.* 22:333-343.

ANONYMOUS 1978. The promotion and development of traditional medicine. *WHO Technical Report Series*, no. 622:8. Geneva.

BARRAU J. 1958. *Subsistence Agriculture in Melanesia.* Honolulu. // -- 1961. *Subsistence Agriculture in Polynesia and Micronesia.* Honolulu.

BARTLETT K. 1931. Prehistoric Pueblo foods. *Mus. Arizona Notes* 4(4):1-4.

BODDING P. O. 1925. Studies in Santal medicine and connected folklore - I. Santals and disease. *Mem. Asiat. Soc. Bengal.* 10(1):1-132. // -- 1927. Studies in Santal medicine and connected folklore - II, Santal medicine, *ibid.* 10(2):133-426.

EFFRON D.H. (ed.) 1967. Ethnopharmacologic search for psychoactive drugs. *Public Health Publ.* no. 1645, Washington.

ELWIN V. 1943. *Maria Murder and Suicide.* Bumbay (2nd ed. 1950).

GAUR D.S. and L.P. GUPTA (1970). A study on drug evaluation in ancient India. In: *Advances in Res. in Indian Med.*, EDUPA et al. (ed.). Varanasi.

GUNTHER Erna.1945. *Ethnobotany of Western Washington.* Seattle.

GUPTA S.P. 1963. An appraisal of Chotanagpur tribal Pharmacopea. *Bull. Bihar Trib. Res. Inst.* 5(2):1-18.

HARTWELL J.L. 1967-71. Plants used against cancer - a survey. *Lloydia* 30(4): 379-436; 31(2):71-170; 32(1):79-107; 32(2):153-205; 32(3):247-296; 33(1):97-194; 33(3):288-392; 34(1):103-160; 34(2):204-255; 34(3):310-360; 34(4):386-425.

HELBEK H. 1960. The Palaeo-ethnobotany of the Near-east and Europe. In Prehistoric investigations in Iraqi Kurdistan, In: *Stud. in Ancient Orient. Civiliz.*, J.J. BRIADWOOD & B. HOWE (eds.), Chicago.

HOFFER A. and H. OSMUND. 1967. *The Hallucinogens.* New York.

JAIN S.K. 1963a. Observations on the ethnobotany of the tribals of Madhya Pradesh. *Vanyajati* 11:177-183. // -- 1963b. The origin and utility of vernacular plant names. *Proc. nation. Acad. Sci.* 33B:525-530. // -- 1963c. Plants used in medicine by tribals of Madhya Pradesh. *Bull. reg. Res. Lab. Jammu* 1:126-128. // -- 1964. Wild plant foods of the tribals of Bastar (Madhya Pradesh). *Proc. nation. Inst. Sci.* 30B:56-80. // -- 1965a. On the prospects of some new or less common medicinal plant resources. *Ind. Med. J.* 59:270-272. // -- 1965b. Medicinal plantlore of the tribals of Bastar. *Econ. Bot.* 19:236-250. // -- 1967a. Plants in Indian medicine and folklore associated with healing of bones. *Ind. J. Orth.* 1:95-104. // -- 1967b. Ethnobotany, its scope and study. *Ind. mus. Bull.* 2:39-43. // -- and D.K. BANERJI. 1974. Observations on Ethnobotany of *Coix* L., *Econ. Bot.* 28:38-42. // JAIN S.K., D.K. BANERJEE and D.C. PAL. 1973. Medicinal plants among certain Adivasis in India. *Bull. bot. Surv. India* 15:85-91. // JAIN S.K. and N. DAM. 1979. Some ethnobotanical notes from northeastern India. *Econ. Bot.* // JAIN S.K. and C.R. TARAFDER 1963. Native plant remedies for snakebite among Adivasis of Central India. *Ind. med. J.* 57:307-309. // -- 1964. Observations on *Nyctanthes arbortristis* L. *J. Soc. Ind. For.* 4:97-101. // -- 1970. Medicinal Plantlore of the Santals (A revival of P.O. Bodding's work). *Econ. Bot.* 24:241-278.

LEWIN L. 1964. *Phantastica: narcotics and stimulating drugs, their use and abuse.* New. York.

MAJUMDER G.P. 1927. *Vanaspati - Plant and plant life as in Indian treatises and traditions.* Calcutta.

MARTIN M. 1971. *Introduction a l'ethnobotanique du Cambodge.* Paris.

OM PRAKASH. 1961. *Food habits* (Food and drinks in ancient India from earliest times to about 1200 A.D.). Delhi.

RAI CHAUDHURI H.N. and D.C. PAL. 1975. Ethnobotany of 'Vallatak'. *J. Sci. Cl.* 29: 106-110.

SARMAH D.C. 1968-69. Vedon men Dravyagun Shastra. *J. Gujarat Ayurv. Univ.* 2:62-74.

SARMAH P.V. 1971. Trimala Bhatt: His date and work with special reference to his 'Materia Medica' in one hundred verses. *Ind. J. Hist. Sci.* 61(1):67-74. // --1972. Bhava Misra - A landmark in the history of Indian medicine. *J. Res. Ind. Med.* 7(1):63-75. // -- 1973. Drugs as landmark of the history of Indian medicine. *Ibid.* 8(4):86-93.

SCHULTES R.E. 1956. The strange narcotic snuffs of eastern Colombia: their source, preparation and effect on an American botanist. *London News* 229:520-521. // -- 1962. The role of ethnobotanist in the search for new medicinal plants. *Lloydia* 25:257-266. // -- 1963a. The widening panorama in medical botany. *Rhodora* 65(762): 97-120. // -- 1963b. Plantae Colombianae XVI, Plants as oral contraceptives in N.W. Amazon. *Lloydia* 26(2):67-74.

SHAH N.C. and D. BADOLA 1977. 'Soma' ka Sahityik Vivechan. *Sachitra Ayurveda* 207-214. // SHAH N.C. and M.C. JOSHI 1971. An ethnobotanical study of the Kumaon region of India. *Econ. Bot.* 25:414-422.

SITHOLE R.V. 1976. Plants represented in ancient Indian sculpture. *Geophy.* 6(1): 15-26.

STEWART R.B. 1976. Palaeo-ethnobotanical report - Cayonu 1972. *Econ. Bot.* 30: 219-225.

TURNOR N.C.and M.A.M. BELL. 1971. The Ethnobotany of the Coast Salish Indians of Vancouver Island. *Ibid.*, 25:63-104.

VIDAL J.E. 1959. Plantes utiles du Laos (Cryptogames)-I. *J. Agric. Trop. Bot. Appl.* (Paris) 6:392-404. // -- 1960. Plantes utiles du Laos (Gymnospermes)-II. *Ibid.* 6:589-594. // -- 1961a. Plantes utiles du Laos (Monocotyledones)-III. *Ibid.* 7:417-440. // -- 1961b. Plantes utiles du Laos (Monocotyledones)-IV. *Ibid.* 7: 560-587. // -- 1962. Plantes utiles du Laos (Monocotyledones)-V. *Ibid.* 8:356-385.

WASSON G. 1972. *The Soma.* Bot. Mus. Harv. Univ. Mass.

Friedr. Vieweg & Sohn Verlag, Braunschweig/Wiesbaden

Anhang

Friedr. Vieweg & Sohn Verlag, Braunschweig/Wiesbaden

Autorenindex

Länderindex

Aufgeführt sind die hauptsächlichen, lediglich politisch definierte Gebiete, aus denen in diesem Band ethnobotanische Informationen vermittelt werden.

Ausgewählter Sachindex

Auswahl einiger in diesem Sonderband detaillierter dargestellte Pflanzen und Verweise auf verwandte, in einigen Artikeln tabellarisch aufgelistete Pflanzen:

Friedr. Vieweg & Sohn Verlag, Braunschweig/Wiesbaden

Hinweise auf Literatur und Pflanzensammeln

Monographische Titel

MÄGDEFRAU Karl. 1973. *Geschichte der Botanik. Leben und Leistung großer Forscher.* Stuttgart: G. Fischer.

DELAVEAU Pierre. 1982. *Histoire et renouveau des plantes médicinales.* Paris: Albin Michel. (ISBN 2-226-01629-5).

OEI-KOCH Angelika. 1978. *Phytochemische Untersuchungen einer indonesichen Wurzeldroge 'Pasak Bumi' (Eurycoma longifolia* Jack). Biolog. Diss., Univ. Hamburg.

WOLFF-EGGERT Raina. 1977. *Über Heilpflanzen von Papua-Neuguinea.* Naturwiss. Diss., Univ. Erlangen-Nürnberg.

JAIN S.K. 1981. *Glimpses of Indian Ethnobotany.* New Delhi-Bombay-Calcutta: Oxford & IBH Publishing Co.

LEUNG Albert Y. 1985. *Chinesische Heilkräuter.* Köln: Eugen Diederichs Verlag. (ISBN 3-424-00796-x).

PALUCH Adam. 1984. *Świat roślin w tradycyjnyhc praktykach leczniczych wsi polskiej. (Die Pflanzenwelt in den traditionellen Heilpraktiken des polnischen Dorfes).* Acta Universitatis Wratislaviensis No. 752. Wydawnictwo Uniwersytetu Wrocławskiego. Wrocław.

MARTINEZ Fernando Sánches. 1978. *Arqueobotanica (Métodos y Aplicaciones).* Instituto Nacional de Antropología e Historia. Córdova, Mexico.

LOZOYA Xavier. 1984. *Bibliografiá básica sobre herbolaria medicinal de México.* Secretaria de Desarrollo Urbano y Ecologia. Mexico.

LOZOYA Xavier, LOZOYA Mariana. 1982. *Flora Medicinal de Mexico. Primera Parte: Plantas Indigenas.* Instituto Mexicano del Seguro Social. Mexico.

Conselho Nacional de Persquisas-Instituto Brasileiro de Bibliografia e Documentação. 1957. *Curare - Bibliografia.* Rio de Janeiro.

van den BERG Maria Elizabeth. 1982. *Plantas Medicinais na Amazônia. Contribuição ao seu Conhecimento Sistematico.* Belém.

VI. Simpósio de Plantas Medicinais do Brasil. 1980. Ciência e Cultura, Sumplemento. Fortaleza, Brasilien.

SENGBUSCH Volker v., DIPPOLD Max F. 1980. *Das Entwicklungspotential afrikanischer Heilpflanzen - Kamerun, Tschad, Gabun.* Möckmühl: IFB. (ISBN 3-922-846-00-9).

KERHARO J., BOUQUET A., DEBRAY J. 1975. *Médecines et Pharmacopées traditionnelles du Sénégal, du Congo et de Madagascar.* Etudes Médicales. 88 S.

WONG TING FOOK W.T.H. 1980. *The medicinal plants of Mauritius.* Dakar: enda.

ADJANOHOUN E.J., AKÉ ASSI L., FLORET J.J., GUINKO S., KOUMARÉ M., AHYI A.M.R., RAYNAL J. 1979. *Médecine traditionnelle et pharmacopée, contribution aux études ethnobotaniques et floristiques au Mali.* Rapport présenté à l'Agence de Coopération Culturelle et Technique. Paris. (ISBN 92-9028-016-6).

ADJANOHOUN E.J. et al.1980. *Médecine traditionnelle et pharmacopée, contribution aux études ethnobotaniques et floristiques au Niger.* Rapport présenté à l'Agence de Coopération Culturelle et Technique. Paris. (ISBN 92-9028-024-7).

AKÉ ASSI L., ABEYE J., GUINKO S., GIGUET R., BANGAVOU Y. 1981. *Contribution à l'identification et au recensement des plantes utilisées dans la médecine traditionnelle et la pharmcopée en République Centrafricaine.* Rapport présenté à l'Agence de Coopération Culturelle et Technique, 3e éd. Paris. (ISBN 92-9028-009-3).

RAYNAL J., TROUPIN G. & SITA P. 1981. *Flore et médecine traditionnelle, mission d'étude 1978 au Rwanda - I-observations floristiques*. Rapport présenté à l'Agence de Coopération Culturelle et Technique. 3e. éd. Paris. (ISBN 92-9028-015-8).

ADJANOHOUN E.J., AKÉ ASSI L., AHMED Ali, EYMÉ J., GUINKO S., KAYONGA A., KEITA A., LEBRAS M. 1982. *Contribution aux études ethnobotaniques et floristiques aux Comores*. Médecine traditionnelle et pharmacopée 5. Rapport présenté à l'Agence de Coopération Culturelle et Technique. Paris. (ISBN 92-9028-038-7).

ADJANOHOUN E.J., AKÉ ASSI L., EYMÉ J., GASSITA J.N., GOUDOTÉ E., GUÉHO J., IP F.S.L., JACKARIA D., KALACHAND S.K.K., KEITA A., KOUDOGBO B., LANDREU D., OWADALLY A.W., SOOPRAMANIEN A., 1983. *Contribution aux études ethnobotaniques et floristiques à Maurice (Iles Maurice et Rodrigues)*. Médecine traditionnelle et pharmacopée 7. Rapport présenté à l'Agence de Coopération Culturelle et Technique. Paris. (ISBN 92-9028-047-6).

ADJANOHOUN E.J., ABEL A.,AKE ASSI L., BROWN D., CHETTY K.S., CHONG-SENG L., EYMÉ J., FRIEDMAN F., GASSITA J.N., GOUDOTÉ E.N., GOVINDEN P., KEITA A., KOUDOGBO B., LEI-LAM G., LANDREAU D., LIONNET G., SOOPRAMANIEN A. 1983. *Contribution aux études ethnobotaniques et floristiques aux Seychelles*. Rapport présenté à l'Agence de Coopération Culturelle et Technique. Médecine traditionnelle et pharmacopée 6. Paris (ISBN 92-9028-046-8).

PROCEEDINGS 4th Symposium Pharmacognosy and Chemistry of Natural Products on *Development Cooperation in the Discovery and Use of Natural Resources for Drugs in the Third World*. Leiden 1978.

VÖLGER Gisela, von WELCK Karin (Hrsg.) 1982. *Rausch und Realität. Drogen im Kulturvergleich*. Bde. 1-3. Reinbek: Rowohlt (Kataloge).

SCHULTES R.E., HOFMANN A. 1980. *Pflanzen der Götter*. Bern, Stuttgart: Hallwag

Pflanzensammeln

STEHLI Georg, BRÜNNER Gerhard. 1968[1]. *Pflanzensammeln - aber richtig*. Stuttgart: Franckh'sche Verlagsbuchhandlung, mehrere Neuauflagen.

WALTHER Kurt, STERLY Joachim. 1974/1975. Anleitung zum Pflanzensammeln für Mediziner und Ethnologen. *Ethnomedizin* III (1,2):7-26.

ZEPERNICK Bernhard. 1971. Die zoologisch-botanische Nomenklatur als allgemeines Verständigungsmittel. *Ethnomedizin* I(1):113-121.

WOMERSLEY J.S. (o.J.) The Collection and Preparation of Botanical Specimens for the Herbarium and Timber Samples. Territory of Papua and New Guinea, Manuscript, 15 p.

SIWON J. Methods for the Collection of Plant Material for Botanical-Pharmacological and Pharmacognostical Examination. Manuscript, 3 p. Das Skript wurde auf der 5. Fachkonferenz Ethnomedizin verteilt, im Folgenden eine kleine Übersetzung, (S.446).

Für Pflanzenbestimmungsfragen können u.a. die Herrn J. Siwon (S.446) und A. Prinz (S.21) sowie in diesem Buch vertretene Spezialisten (vgl. S.17ff) Hinweise geben.

Johann SIWON: Anleitung zur Sammlung pflanzlicher Materialien für die botanisch-pharmakologische und pharmakognostische Auswertung

1) Herbarmaterial: Zur Identifizierung nötig bei kleinen Pflanzen: ganz einschl. der Wurzel, 2 oder 3 Proben - großen Pflanzen: repräsentative Auswahl, d.h. 2 bis 3 Äste mit Blättern u. Blüten und Früchten (für die Bestimmung sehr wichtig!), ein Stück vom Stamm, von dicken Zweigen u. den Wurzeln.

2) Sofort beim Sammeln an Ort und Stelle jeden Teil systematisch etikettieren u. nummerieren, am besten mit einem Bleistift, da dieser wasserfest ist. Ein Zettel läßt sich leicht aus Pappe u. Draht, bzw. Faden herstellen.

3) Jede Pflanze erhält eine Nummer, Proben der gleichen Pflanze nur für die gleiche Nummer. Nie die Materialien einer Pflanze zu einer anderen legen, egal, wie ähnlich die Muster erscheinen mögen. Für Notizen die gleiche Code-Nummer verwenden (Bleistift!).

4) Wichtige Daten sind: - Name des Sammlers, Adresse, Datum/ Ortsbeschreibung so genau wie möglich, 50 min. zu Fuß östl. des Dorfes.../Höhe/ Bodenbeschaffenheit/ Pflanzentyp: Kraut, Busch, Baum, Liane/ ungef.Höhe/ Vegetation, z.B. Wald, Savanne oder bebautes Land../ Daten zu nicht gesammelten Teilen/Daten zu flüchtigen Merkmalen: Farbe, Geruch u. Fleisch der Blätter, der Blüten und der Früchte/ lokale Namen (vernacular, local)/sonstige Auffälligkeiten: Insekten oder Vögel, die anfliegen, wie oft.../ Foto der Umgebung kann wertvoll sein.

5) Man kann nicht immer alle diese Daten zusammentragen, aber es gibt nie zuviel Information. Je mehr Fakten, je leichter die Identifikation.

6) Aufbewahrung des gesammelten Materials: Zweige mit Blättern, Blüten u. kleinen Früchten zwischen gefaltete Zeitungspapierblätter am gleichen Tage noch. Lange Zweige biegen u. befestigen. Blätter so schnell wie möglich flach legen und das ganze Päckchen gut zusammenpressen, damit die Blätter sich nicht aufrollen. Wenn viele Päckchen anfallen, kann man sie zwischen zwei Gitterrahmen legen und zusammengebunden in die Sonne hängen.

7) Im feuchten Klima kann das Trocknen bei 70° - 80°C erfolgen. Gute Belüftung ist jedoch wichtiger als Wärme. Wenn das Päckchen 20 cm oder dicker ist, das Papier erneuern. Während des Trocknens die Umschnürung kontrollieren, da es zu Materialschrumpfungen kommen kann. I.d.R. trocknet Material in 2 Tagen, es wird dann spröde und fühlt sich an den Lippen nicht mehr kühl an.

8) Große Früchte und Holzscheite oder Wurzel getrennt trocknen. Ganz durchgetrocknet kann das Muster in Plastiktüten zusammen mit einem Schutz (Kampferkugeln oder Formalintabletten) gegen Insekten.

9) Noch nicht ganz trockenes Material noch nicht in Plastik verpacken, sonst Schimmel.

10) Kann nicht getrocknet werden, so feuchte Aufbewahrung: das verschnürte Päckchen in einen dicken Plastiksack, der weiter mit Alkohol oder methyliertem Spiritus benetzt wird; dicht verschließen, damit kein Alkohol entweicht. Für ein 30 x 50 cm großes Paket reicht 1,5 ltr. Alkohol. Auf diese Weise bleibt das Material für Herbarzwecke in gutem Zustand über mehrere Monate. Für chemische Analysen ist diese Methode weniger geeignet, da Alkoloide gelöst werden können.

11) Für pharmakologisch-pharmakognostische Auswertung wichtige Daten: Gebrauch (Indikation)/ lokale Namen / Dosierungen (ugf.) z.B. handvoll Blätter/ verwendeter Pflanzenteil: Blatt, Rinde, Wurzel.../ Zubereitungsart: Heißwasseraufguß, Kochen, usw./ Häufigkeit der Anwendung/ Wirkungen/ wie gebraucht/ Fundorte: Wildnis, Straßenrand...

12) Für eine vorläufige pharmakologische Prüfung mindestens das 10-fache der üblichen Dosis, mehr immer brauchbar. Senden Sie Ihr Material zusammen mit Notizen u. Herbarmuster an: (Aus dem Engl. übers. von E. Schröder)

J. Siwon, Werkgroep Ethnofarmacie
p/a Vakgroep Farmacognosie, Garlaeus Laboratoria
Wassenaarseweg 76, P.O.B. 9502, NL-2300 RA Leiden

Ethnobotanische Zeitschriften

1) Bulletin bibliographique de la Société d'Ethnozoologie et d'Ethnobotanique. 1969 - , Nr. 1 - , Paris. Das Bulletin ist im Laufe der Jahre wechselnd betitelt, ab Nr. 19 (Nov. 1980) Titel: *Ethnoscience, éthnobotanique et éthnozoologie, médecines traditionnelles.* Ab Nr. 16 sind die Inhalte des JATBA abgedruckt: (Journal d'Agriculture traditionnelle et de Botanique appliquée, traveaux d'Ethnobotanique et d'Ethnozoologie, rev. trim. bilingue, seit 1921, 1983 wird Vol.XXX gezählt. Adr.: CNRS-U.A.882, Museum Nat. d'Hist.Naturelle, Lab. d' Ethnobotanique, 57, rue Cuvier, F 75231 Paris Cedex 05).

2) *Ethnomedizin* (-Ethnomedicine). Zeitschrift für interdisziplinäre Forschung. Vol. I-VII (1971 - 1981). Hamburg. Zahlreiche ethnobotanische Beiträge. (Vertrieb: Vlg. Mensch und Leben, Bregenzer Str. 7, 1 Berlin 15).

3) *Medicina tradicional.* Vol. I-III, Nr. 1-11, (1977-1981). México (Ed. IMEPLAM, Adr.: IMMS, Luz Saviñón 214, México 12, D.F.).

4) *curare.* Zeitschrift für Ethnomedizin und Transkulturelle Psychiatrie. Vol.1 - , (1979 -,) Wiesbaden/Braunschweig: Vieweg. Enthält gelegentliche ethnobotanische Arbeiten.

5) *Journal of Ethnopharmacology.* An interdisciplinary journal devoted to bioscientific research on indigenous drugs. Vol. 1 -, (1978 -). Dublin: Elsevier Sequoia. Seit 1981 zwei Vol. pro Jahr, bis 1982 Verlagsort in Lausanne, Stand: Vol.11/12 (1985).

Fachzeitschriften aus dem Bereich der pharmazeutischen Biologie, Phytochemie und der Phytotherapie sind nicht aufgeführt, ebenso nicht ethnologische Zeitschriften, in denen habituelle ethnobotanische Arbeiten zu finden sind.

Alle hier aufgeführten Literaturangaben (S. 444-447) sind Bestandteil der Literatursammlung der Arbeitsgemeinschaft Ethnomedizin (AGEM, Hauptstr. 235, 69 Heidelberg). Die Sammlung wird über Bücherspenden und Zeitschriftentausch aufgebaut. Seperate sind hier nicht aufgeführt. Zuwendungen willkommen. E. Schröder